新世纪电气自动化系列精品教材

UG NX 7.5 应用教程

主　编　缪德建
参　编　顾雪艳　谷育红　季　鹏
　　　　赵建峰　赵艺兵　唐成龙

东南大学出版社
·南　京·

内容提要

UG NX是汽车、摩托车行业使用最广泛的产品设计和数控加工软件之一，本书介绍的是UG NX 7.5版本。从CAD/CAM基础知识，UG的基本操作到工程实例的列举，深入浅出地介绍了UG的用法。

本书结构合理，知识全面，可读性、范例实用性和专业性较强。可作为高等院校数控、机制、机电一体化、模具等专业的教材，也可作为职业技术学院的教材，企业产品设计和数控加工人员的参考书。

图书在版编目(CIP)数据

UG NX 7.5应用教程 / 缪德建主编. —南京：东南大学出版社，2012.6

(新世纪电气自动化系列精品教材)

ISBN 978-7-5641-3394-8

Ⅰ.①U… Ⅱ.①缪… Ⅲ.①计算机辅助设计-应用软件，UG NX 7.5-教材 Ⅳ.①TP391.72

中国版本图书馆CIP数据核字(2012)第049023号

UG NX 7.5应用教程

出版发行 东南大学出版社
出 版 人 江建中
社 址 南京市四牌楼2号
邮 编 210096

经 销 全国各地新华书店
印 刷 南京京新印刷厂
开 本 787 mm×1092 mm 1/16
印 张 21.25
字 数 538千字
版 次 2012年6月第1版
印 次 2012年6月第1次印刷
书 号 ISBN 978-7-5641-3394-8
印 数 1—3500册
定 价 43.00元

(本社图书若有印装质量问题，请直接与营销部联系。电话：025-83791830)

前　言

我国已成为世界制造业的中心，机械制造企业都已使用数控机床加工产品，对企业而言迫切需要更强的竞争力。UG NX 软件是当今世界最为流行、优秀的 CAD/CAM 软件之一，它已成为国内汽车、摩托车行业产品设计和数控加工的主力软件。

本书从 CAD/CAM 的基础知识开始，浅入易懂地介绍 CAD/CAM 技术。UG 软件的操作从基本菜单开始，通过简单例子和实例理解操作和一些技巧，书中使用了大量插图，形象地解说建模和加工过程，某些章节的后面有一定数量的练习图和习题，以便学生操作练习和对概念的理解。

在教材编排结构上，1、2 章首先介绍 CAD/CAM 基本概念，第 3 章介绍相关的数控加工工艺知识，第 4～9 章介绍 UG 的草图、曲线、实体、曲面的建模操作，第 10 章是操作实例，第 11、第 12 章介绍 UG 的 CAM 加工，第 13 章介绍 CAD/CAM 在模具加工中的应用，其中列举了二个分模实例。

参加本书编写的人员有顾雪艳、谷育红、季鹏、赵建峰、赵艺兵、唐成龙，马金平负责审稿。

由于本书编写时间仓促，作者水平有限，因此书中难免有疏漏和不足，望广大读者不吝赐教，提出宝贵意见。

编者

2012 年 2 月

目　录

1 CAD/CAM 技术概述

1.1 CAD/CAM 基本概念

CAD/CAM 是计算机辅助设计/计算机辅助制造(Computer Aided Design/Computer Aided Manufacturing)的简称。其核心是利用计算机快速高效地处理各种信息，进行产品的设计与制造，它彻底改变了传统的设计、制造模式，利用现代计算机的图形处理技术、网络技术，把各种图形数据、工艺信息、加工数据，通过数据库集成在一起，供大家共享。信息处理的高度一体化，支撑着各种现代制造理念，是现代工业制造的基础。

CAD 以计算机图形处理学为基础，帮助设计人员完成数值计算、实验数据处理、计算机辅助绘图，进行图形尺寸、面积、体积、应力、应变等的计算和分析，即高效、优化地进行产品设计。

CAM 是指使用计算机辅助制造系统模拟、优化产品加工过程，并利用数控机床加工以及装配出产品(或监控生产过程)的技术。

把 CAD/CAM 作为一个整体来考虑，从产品设计开始到产品检验结束，贯穿于整个过程，可以取得明显的效果。CAD/CAM 与传统的制造模式相比有以下的优点：

(1) 能使个人技能、技巧等模拟量信息数字化，实现社会化共享。

(2) 能使各工序信息共享、数值基准统一，便于推行整个工程的标准化。

(3) 能够改变系统的顺序排列作业，进行并行化作业。

在制造业中使用 CAD/CAM 技术能提高产品质量，降低产品成本，缩短生产周期。近年来数控机床的普及以及 CAD/CAM 技术的快速推广，促进了我国制造业设备的更新换代，加强了我国产品在国际市场上的竞争力。在贸易全球化的趋势下，积极推广 CAD/CAM 技术，有利于我国企业加速融入全球的竞争机制。CAD/CAM 技术在机械制造方面的功能可用框图 1.1 表示。

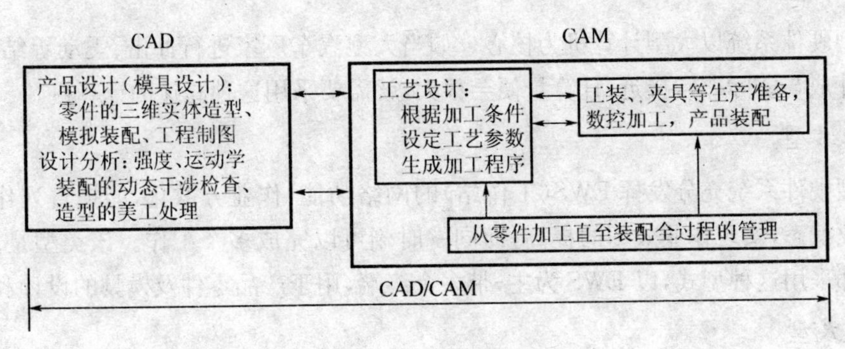

图 1.1 CAD/CAM 功能框图

① 产品设计:是指从产品意图设计开始到三维实体造型,设计装配图和详细的零件图,强度校核、运动学分析,以及动态干涉检查等的过程。

② 工艺设计(虚拟制造):根据所设计的产品类型、特征、外形形状、材料等,选择不同的加工方式,根据加工条件,设定加工路线,确定工艺参数和切削用量,生成刀具路径。仿真实体切削加工过程,根据仿真结果,修改切削用量重新仿真,直至达到最佳效果。最后生成加工程序。

近年来制造企业都已采用CAD/CAM技术,但由于采用不同厂家的软件,导致使用不同软件的厂家之间从工程图到三维实体图的重复造型工作,且企业内部网络化普及不够完善,所以单一数据库方式的数据共享有待进一步普及。理想化的CAD/CAM一体化模式如图1.2所示。

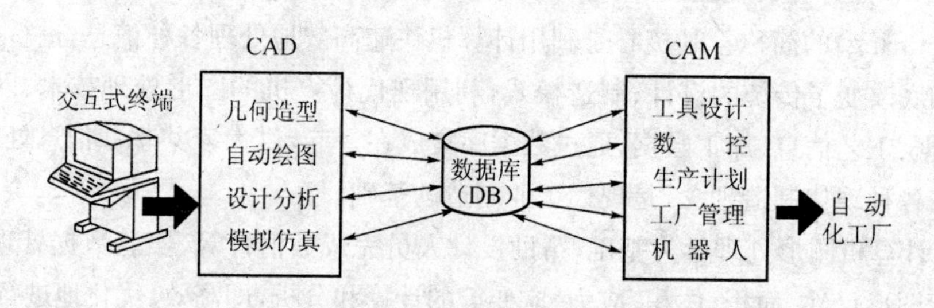

图1.2　单一数据库系统的理想模式

所有的CAD/CAM功能都与一个公共数据库相连,应用程序使用公共数据库的信息,实现产品设计、工艺规程编制、生产过程控制、质量控制、生产管理等产品生产全过程的信息集成。UG软件就是使用单一数据库最好的软件之一。

1.2　CAD/CAM的硬件系统

本节介绍CAD/CAM系统的硬件种类及构成、信息流程及硬件的要求和规格。

1.2.1　CAD/CAM系统的硬件种类

下面简单介绍系统的硬件种类,如图1.3所示。

1) 终端型

终端型硬件系统以大型计算机为核心。如当大型汽车厂家进行冲击、震动等结构分析时,把条件设计成与实际非常接近,计算量便会很大,就需要采用这种高速的计算机。

2) 网络型

网络型硬件系统充分发挥EWS(工作站)的网络功能,作业分散化,能把直列作业状态变为并列作业状态,实现作业效率的提高,即同一时刻可以完成多个工作。该类型是主流型式。许多厂家都采用这种型式,以EWS为主,带多个终端,用于产品零件及模具的设计和生产。

3) 台式型

EWS初期为台式型,看上去与PC机相同,不但轻巧,而且运算速度相当高。但用的是RISC

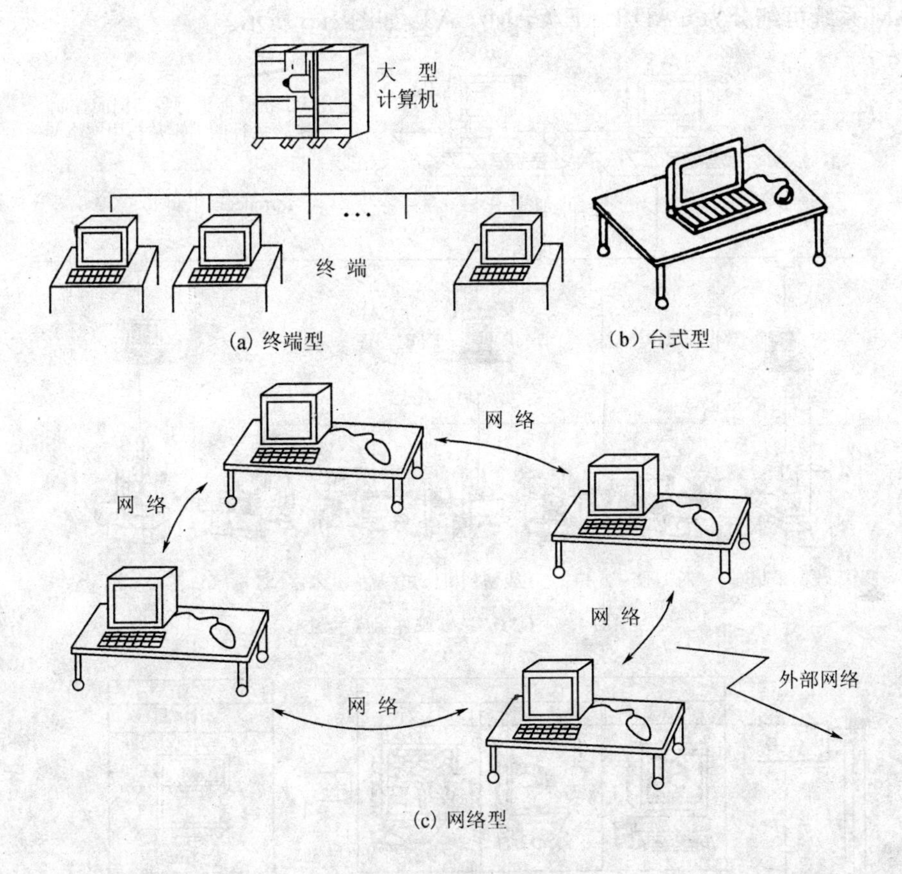

(a) 终端型　　(b) 台式型

(c) 网络型

图 1.3　常见的硬件种类

CPU，图形是高分辨率的，有独立的图形用 CPU。随着计算机技术的快速发展，计算机的性能，特别是 PC 机（个人计算机）的性能得到了大幅度提高，已完全达到了早期 EWS 的性能。

1.2.2　CAD/CAM 系统的硬件与信息流程

1) CAD/CAM 系统的硬件组成

以往一直是以大、中型计算机作为控制系统，并从中枢延伸出许多终端的方式为主流。由于计算机技术性能的大幅提高，网络化、小型化、分散化将成为发展的主流，EWS（或微机）将代替大型计算机，如图 1.4 所示。系统的核心部分是 EWS，把它作为上位机，依靠网络与下位机连接。下位机进行 CAM 和计算机辅助测量（Computer Aided Testing，CAT），也可进行工艺管理或生产管理及进行 DNC（群控）控制。EWS 的数值信息通过光缆网络传送给数控机床，加工所需的模具和零件。当有实体模型时，用 NC（数控）仿形机床作为 CAD 输入，把形状数据送入 EWS，实现高效率的 CAD 输入。在检验工序中，把 CAD 信息与三坐标测量仪测得的数据进行比较，组成了理想的单一数据库数据系统，并通过光缆网络连接在一起。其中作为 EWS 的计算机台数及机床台数，则根据企业的规模作相应的增减。在图 1.4 中有两台 EWS，一台为管理系统的服务器，另一台为 EWS 主机，其他计算机作为分机。通常所指的

CAD/CAM 系统可细分为 CAD/CAE/CAM/CAT，如图 1.5 所示。

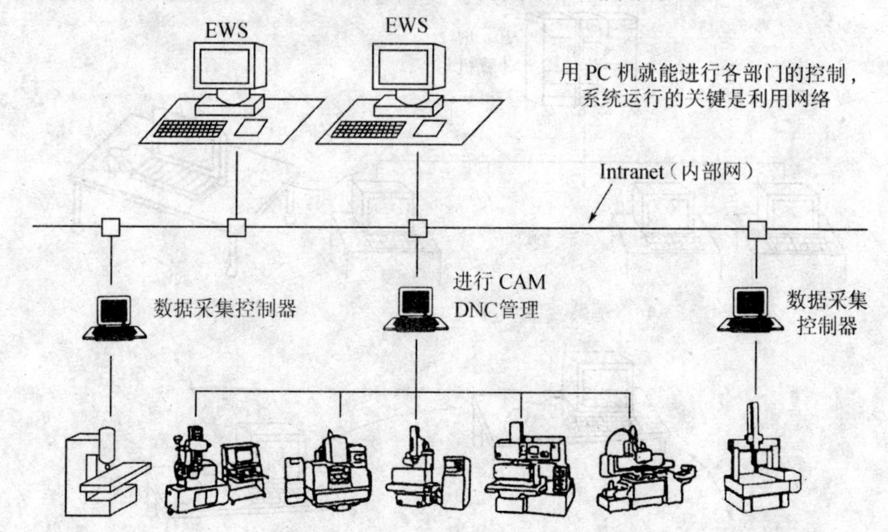

图 1.4　CAD/CAM 硬件组成示例

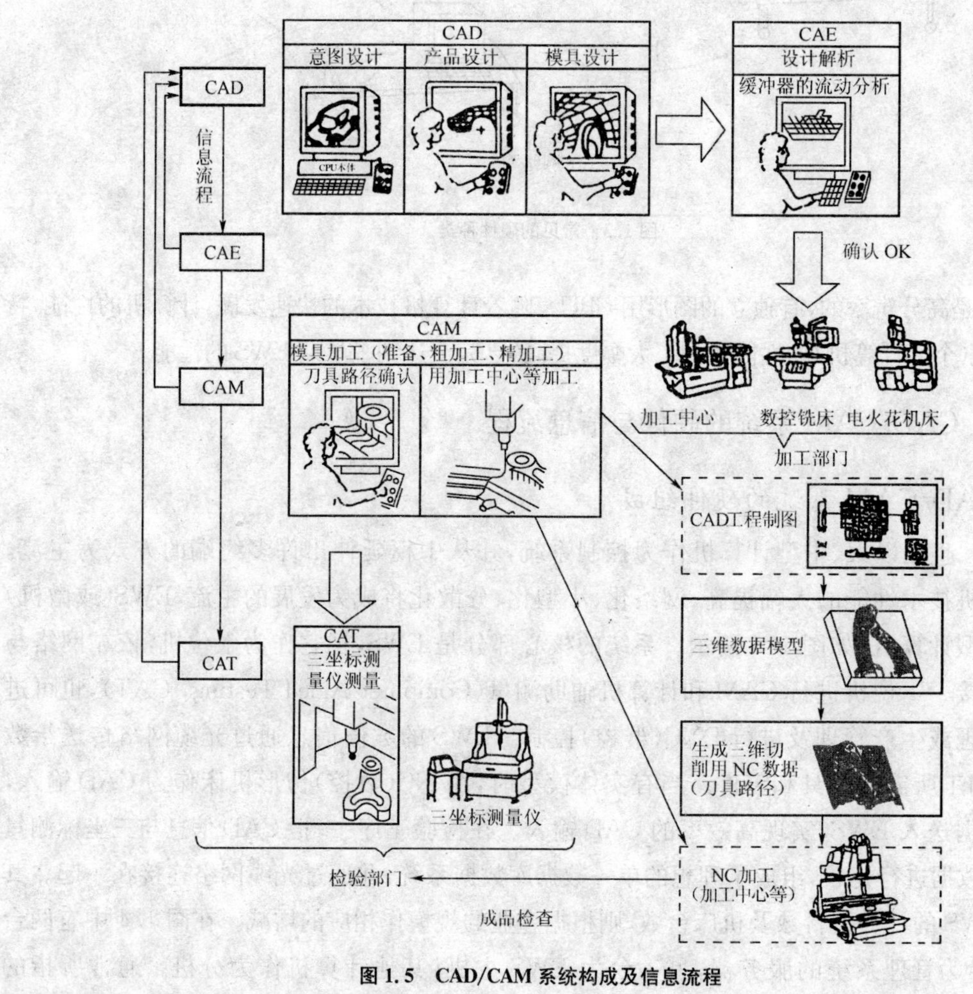

图 1.5　CAD/CAM 系统构成及信息流程

2）硬件上的信息流程

图1.5中的信息流程为：在EWS上进行CAD，利用CAD信息进行计算机辅助分析（Computer Aided Engineering，CAE），在CAM上生成适合各种NC机床的加工信息，然后分别在相应工序所需的NC机床上加工，最后由CAT检验CAM加工出的模具及产品。

对于三维模具的制造，其过程为：先用CAD进行产品的意图设计、产品设计、模具设计、三视图制图。有实体模型的用数据采集器读取形状数据。接着对CAD绘制的几何图形数据进行CAE，包括分析尺寸、应力、应变等，验证设计的合理性。之后，以CAD中的数据作为基础，确定加工方法，设定加工区域、加工刀具、走刀路径等，即根据加工机床的不同及加工条件的不同生成符合实际情况的粗、精加工用刀具路径，以及确认是否有刀具干涉，残余量大小是否合适等。

将模具或产品制作的信息在CAM中数字化，再把它送给数控机床或加工中心进行加工。机外对刀装置把测量出的刀具直径、长度以及磨损情况，通过串行口送给CAM的刀具管理系统，在CAM的刀具管理中起作用，刀具管理系统的合理使用能减少辅助时间，提高生产效率。

用三坐标测量仪测量已加工的产品、模具，将测得的数据与设计模型的信息进行比较，若有差异，则可返回到CAD，对模型进行分析，寻找原因。有时可能还要重新审核设计思路，对原有信息进行修改，经过反复的修正、编辑之后，再送入到CAM中。

设计人员通过比较实测数据和设计数据，审核已加工好的产品，也能够评价CAM中的加工方法。图1.4中系统的组成是把EWS作为主机，其他计算机作为分机，用网络把它连接在一起。通过网络，依靠EWS，就能进行高速分散化处理，不仅能实现CAM功能，而且容易实现包含工艺管理在内的FA（Factory Automation）环境。

1.2.3 硬件的要求和规格

如前所述的公共数据库的网络型系统比较理想，其关键硬件必须满足以下条件：

（1）建立能容纳大量数据的数据库。

（2）有快速响应性，不妨碍设计人员的思考。

（3）有良好的操作性。

显示自由曲面装配图的刷新速度须达到100万矢量/s，即显示图素点数为4万左右时，执行点、线等命令（或装配图的视角转换）的实时响应时间必须在1 s以内。若要选择满足以上要求的硬件，则其规格要点如下：

（1）CPU：主频3 GHz以上为好。

（2）数据总线：决定运算速度，必须64线以上，最好为128线。

（3）存储器：内存2 G以上为好；现在硬盘容量都很大已足够。

（4）显示器：17英寸（1英寸＝2.54 cm）以上，彩色。

（5）分辨率：1 024×768以上。

（6）显存：1 G以上为好。

(7) 刷新频率:70 Hz以上。

(8) 色彩:256色以上。

(9) 鼠标:真三键。

(10) 带有网卡。

1.3 CAD/CAM的软件系统

1.3.1 软件系统

CAD/CAM系统可以采用多种语言设计,应用较多的为C、C++、PROLOG、FORTRAN等。以前的工作站硬件占整个系统经济价值的主要部分,而现在软件系统在CAM中占有越来越重要的地位。目前CAM系统的性能主要由软件决定。

系统软件管理和控制计算机的各部分运行,充分发挥各设备的功能,提高了效率,为用户提供便利的操作环境。为了开发、销售的便利,软件系统被设计成模块化的。它主要包括操作系统、程序设计系统和服务程序三大模块。

(1) 操作系统:常用的有WIN视窗操作系统、UNIX操作系统和NT操作系统。

(2) 程序设计系统:主要包括各种程序设计语言的语言处理系统及程序处理系统。如:连接程序、装入程序、错误诊断及程序编辑等。

(3) 服务程序:主要包括数据转换、程序存档和程序管理,还包括监控系统和诊断系统。

1.3.2 应用软件

应用软件是面向某一应用领域而设计的程序包,是由CAD/CAM系统生产厂家或CAD/CAM软件开发公司提供的。一般包括图形处理软件、几何造型软件、有限元分析软件、优化设计软件、动态仿真软件、数控加工软件以及检测与质量控制软件等,也包括针对某一特定任务而设计的软件包。只有配备了这些应用软件之后,CAD/CAM系统才能具备相应的功能,所以应用软件是CAD/CAM的主干部分。数据库系统既可看作系统软件,也可看作应用软件,这取决于数据库系统的应用环境。

1.3.3 数据库及其建立

数据库系统一般是由数据库和数据库管理系统(Date Base Management System,DBMS)所构成。数据库管理系统可为用户提供管理和操作数据的功能,其中包括建立、输入数据,并对其进行查询、运算、更改和打印。它允许用户直接使用数据,而不必了解数据信息在其内部的存储细节。在数据库管理系统的集中管理下,数据和文件都具有较高的独立性,解决了数据的完整性和安全性的问题,为实现多用户的数据共享建立了良好的环境。

目前,国内外开发了许多通用数据库系统,比较著名的有:Oracal公司的用于微机的dBASE-Ⅱ、dBASE-Ⅳ、FOXBASE系统;IBM公司的IMS系统等。根据其应用领域的不同，数据库系统一般分为商用数据库系统和工程数据库系统。CAD/CAM 一般使用工程数据库中的数据，其数据库管理系统称为工程数据库管理系统（Engineering Date Base Management System，EDBMS）。CAD/CAM 系统的数据库与普通数据库相比，所存储的数据不仅量大，而且形式多样、关系复杂、动态性强。它除了要处理表格数据、曲线数据、函数数据和文字信息以外，还需要处理大量的图形数据。另外，它还支持交互操作，即能满足在 CAD/CAM 系统工作过程中的信息交互和数据修改等方面的要求。

CAD/CAM 系统及其应用环境对 EDBMS 的特殊要求可归纳为以下几个方面：

(1) 数据模式的动态性：随着设计过程的扩展不断地变化扩充。

(2) 交互式的用户接口：设计者要随时控制和操纵整个设计过程，因此要求 EDBMS 能提供一种灵活的、对话式的操作手段，即交互式作业方式，并要求系统作出快速、实时的响应。

(3) 多用户工作环境：一个大规模的工程需要许多设计人员分工协作，所以，EDBMS 的多用户环境是不可缺少的。而且还要提供多用户协调工作的条件，并保证各类数据的语义一致。

(4) 数据类型的多释义性：不仅能表示字符，还要能支持描述各种规范、标准以及图形信息，并能提供方便、灵活的操作和显示。

(5) 支持造型系统和多种表达模式：CAD/CAM 材料数据库主要包括两个方面：一方面是供设计者使用的各种材料的特性数据；另一方面是各种刀具材料对各种零件加工的加工数据，这是一种与工艺有关的信息。由于其加工情况复杂，如① 加工材料很多；② 切削加工方法很多，各种加工方法又分为粗加工、半精加工、精加工等；③ 切削刀具材料种类繁多，有多种硬质合金材料、陶瓷材料，又有多种高速钢材料等；④ 润滑条件对刀具的耐用度也有影响。因此，建立这种材料库的难度很大，需进行工件、刀具材料的各项综合试验，再把得到的数据送到工业部门试用，并与工业部门多年积累的数据综合，然后提供给数据库，还需要花费大量的人力、物力和财力。

1.3.4　常用 CAD/CAM 软件简介

(1) Unigraphics NX 是 SIEMENS 公司的软件，功能多，性能好。机械产品设计从上而下，从装配的约束关系开始，若改变装配图中任一零件尺寸，所有关联尺寸会自动作相应的修改。大大减少了设计修改中的失误，思路更清晰，更符合机械产品的设计方法和习惯。UG 除有以上的优越性能外，在以下功能方面也很突出：

① Unigraphics NX 的 Wave 功能——自动推断、优化设计，更方便、高效，产品的概念化设计、草图设计功能符合产品设计和零件外形设计方法，即从产品外形的美术设计开始，先设计出不同角度的二维工艺造型图的轮廓，再以这些轮廓曲线设计外形曲面，使造型更具艺术美。

② Unigraphics NX 的 CAM 模块相比其他品牌的 CAM 软件，它的加工模式、进给方法、刀具种类、压板的避让等设定的选项更丰富，功能更强。钣金模块具有现行工业设计中的各种钣金设计功能，如折边、展开、弯管、排料等。

③ Unigraphics NX 的 CAD 数据交换功能更是上了一个台阶，在这之前的各种 CAD/CAM 软件之间虽然可以进行各种标准化格式的转换，但转换后特征就丢失了，这是因为各品

牌软件特征的数学模型有差异。转换后的模型没有特征就难以再修改。而 Unigraphics NX 经过格式转换的模型同样可以修改。所以 Unigraphics NX 是 CAD/CAM 软件中功能最丰富、性能最优越的软件。UG 软件是基于标准的 IGES(Initial Graphic Exchange Specification)和 STEP(Standard for the Transfer and Exchange of Product Model Date)的产品，被公认为在数据交换方面位于世界领先。UG 还提供了大量的直接转换器(如 CATIA、CADDS、SDRC、EMC 和 AUTOCAD)，以确保同其他系统高效地进行数据交换。

(2) PRO/ENGINEER 是美国参数科技公司(Parametric Technology Corporation，PTC) 1989 年开发出的 CAD/CAE/CAM 软件，在我国有许多用户。它采用面向对象的单一数据库和基于特征的参数化造型技术，为三维实体造型提供了一个优良的平台，该系统用户界面简洁、概念清晰，符合工程人员设计零件的思路与习惯，是典型的参数化三维零件造型软件，有许多模块可供选择，操作方便，性能优良，这一点正是国内许多厂家选用 PRO/ENGNEER 作为机械设计软件的主要原因。零件的参数化设计使修改很方便，零件全部设计完后，能进行虚拟组装，组装后的模型可以进行动力学分析，验证零件相互之间是否有干涉。CAM 模块具有对曲面和实体的加工功能，还支持高速加工和多轴加工。带有多种图形文件接口。

(3) Cimatron 系统是源于以色列为了设计喷气式战斗机所开发出来的软件。它集成了设计、制图、分析与制造，是一套结合机械设计与 NC 加工的 CAD/CAE/CAM 软件。从零件建模设计开始，产生凹凸模、模具设计、建立组件、检查零件之间是否关联、建立刀具路径，到支持高速加工、图形文件的转换和数据管理等都做得相当成功。它具有 CAD/CAM 软件所有的通用功能。其 CAD 模块采用参数式设计，具有双向设计组合功能。CAM 模块功能除了能对含有实体和曲面的混合模型进行加工外，其进给路径能沿着残余量小的方向寻找最佳路线，使加工路径最优化，从而保证曲面加工残余量大小的一致性且无过切现象。CAM 的优化功能使零件、模具达到最佳的加工质量，此功能明显优于其他同类产品。

(4) Mastercam 是由美国 CNC Software 公司开发的。其运行于 Windows 2000 或 WindowsNT 平台，是国内引进最早、使用较多的 CAD/CAM 软件。CAM 功能操作简便、易学、实用。它包括 2D 绘图、3D 模型设计、NC 加工等，在使用线框造型方面具有代表性，具有各种连续曲面加工功能、自动过切保护以及刀具路径优化功能，可自动计算加工时间，并对刀具路径进行实体切削仿真，其后处理程序支持铣、车、线切割，激光加工以及多轴加工。Mastercam 提供多种图形文件接口，如 SAT、IGES、VDA、DXF、CADL 等。

(5) Solidworks 是一套智能型的高级 3D 实体绘图设计软件。它运行于 Windows 平台，拥有直觉式的设计空间，是三维实体造型 CAD 软件中用得最普遍的一个软件。它使用最新的物体导向软件技术，采用特征管理员的参数式 3D 设计方式及高效率的实体模型核心，并具有高度的文件兼容性，可输入编辑及输出 IGES、Parasolid、STL、ACIS、STEP、TIFF、VDAFS、VRML 等格式文件。

1.3.5 CAD/CAM 技术的发展

1) CAD/CAM 发展的回顾

CAD/CAM 的起源可以追溯到 20 世纪 50 年代美国麻省理工学院(MIT)的自动编程工具 APT。1962 年 MIT 的 I. E. Sutherland 开发出了用光笔与计算机进行对话、绘制图形的软件(SKETCHPAD),开创了 CAD 的历史。1963 年,通用汽车公司(GM)和工业商务管理公司(IBM)共同开发出可以进行图形处理的 DAC-Ⅰ,它生成的模型仅为二维平面上的线框模型。1964 年,MIT 的 S. A. Coons 发明了能够处理自由曲面的单片曲面,称为昆式曲面。1967 年,Lockheed 公司开发出了用于飞机设计制造的 CADAM,该系统是以主机型的 IBM 大型计算机为核心的终端方式系统。该系统在世界上被广泛使用。此时,从线框模型向曲面模型发展。但由于缺少面的结构信息、面的表里信息以及与面对应的立体位置,所以当时还没有出现面向三维自由曲面的实用化的用于模具设计、制造的 CAD/CAM 系统。

1973 年的国际会议 PROLAMAT 发表了现在还正在使用的实体模型表达方法,即 CSG(Constructive Solid Geometry)和 B-rep(Boundary representation)。其中 CSG 是由当时北海道大学的冲野嘉数用 TIPS 系统提出的方案。B-rep 是由英国剑桥大学的 Braid. Lang 用 BUILD 系统提出的方案,从而用实体模型解决了形状的难点。至此,出现了面向三维自由曲面的实用性强的模具设计、制造 CAD/CAM 系统。

有关图形的基(标)准化是从 20 世纪 70 年代末期开始的。美国提出了 CORE 系统方案,原联邦德国提出了 GKS 方案。到 1980 年发布了 CAD/CAM 三维数据转换标准 IGES。由此,规定了数据转换的约束条件,促进了不同系统之间的数据交换的标准化。到了 90 年代,丰田汽车公司等强烈提出“单一数据库化”,并倡导“CAD/CAE/CAM/CAT 的一体化”。

2) CAD/CAM 展望

当今信息革命的浪潮正在冲刷着世界的每一个角落,世界统一市场正在形成,全球经济一体化正以超乎寻常的速度发展。因此,制造业所面临的环境比以往任何时候都要复杂多变,竞争之激烈在时空上超越了国家、地区的界限,而延伸至全球的各个角落。制造业要有能力对其外部环境的瞬间变化作出快速反应,必须采用先进的制造技术、战略理念,以求得长期的生存与发展。

CAD/CAM 技术是先进的制造技术之一,是集成制造、敏捷制造、智能制造等先进理念和模式的基础技术。CAD/CAM 技术的发展将集中在以下两个方面:

(1) 高速宽带网络技术:把目前在内部 CAD/CAM 网络的单独场所的应用,扩展到多场所协同 CAD/CAM 应用,以满足制造业在全球化趋势下的协同 CAD/CAM 的需求。CAD/CAM 信息的快速网络传递也将成为现代集成制造系统(CIMS)的一个重要组成部分。多场所的协同 CAD/CAM 通常按以下形式工作:两个以上地理位置分散的 CAD/CAM 设计者,能够协同和交互进行三维 CAD 几何造型和编辑。协同设计完成之后,就可产生刀具路径。在刀具路径生成之后,后置处理生成的加工程序立即被发送到产品销售区域的加工厂用于加工。这种工作形式潜在的利益在于减少了市场导入时间，在合适的地点即可生产恰当的产品，缩短了产品的装运时间，提高了竞争力。从而消除了阻碍跨国企业运行的地理障碍。

（2）快速无图纸设计/制造技术：快速无图纸设计/制造技术是指依靠数字化设计，并利用并行工作技术快速地进行系统安排、详细设计、分析计算、工艺规划。该技术预先在计算机中进行虚拟制造，设计采用单一数据库，以三维的方式设计全部零件，并通过虚拟制造提高可靠性，使各部门可以共享所有设计模型，能尽早获得相关技术、工艺的反馈信息，使设计更快、更合理。

2 CAD/CAM 应用基础

2.1 模型

CAD/CAM 是以计算机图形处理为基础的。当一名熟练的操作人员，在制造“简单产品”时，他的脑子里就应该有要制作的模型，不需要图纸都能制造。如果是工业产品，就无法参照那样的无形模型，必须进行设计作业，把实体设计成信息化的图纸，根据图纸加工零件。其意义为：图纸就是制作对象物的模型描述。但模型只表达了实体的一个方面，根据不同的目的，需要各种不同的模型来表达，所以需绘制相应的图纸。

工业图纸是按标准规定绘制的，使用对象是能够理解其标准的人。所以至今为止设计图纸的画法或标记完全是依赖人的意识和推理能力。图纸制作及其理解就是设计制造中的信息生成和处理，这时图纸的绘制者必须明确要制造的对象才行，如果看图的人不能具体地理解图纸要表达的对象，他就不能读懂图纸。所以根据设计人员的理解程度（换句话说，在他的头脑里能够形成怎样的内部模型）的不同，作业的质量也有所不同。

计算机不可能像人一样智能地理解图纸，把握目的，独立地设计图纸。为此，在传统的以图纸为中心的设计方式中，计算机的作用仅限于接受用来制图的准备数据、指令并进行绘图，以及接受人解释的制作图纸的数据。

可是，如果计算机能根据人的指示，与人理解图纸一样制作信息、进行作业，那么计算机就能针对设计的对象，制作、处理信息。

图纸信息计算机化，不仅仅是编制绘图的程序，还必须在计算机内部存在规定的要制作对象的信息以及能够处理要制作对象的程序作为前提。将制作对象的信息和对其进行处理的程序称为设计对象的内部实体模型。

如果有程序能从模型中存在抽出必要（关键）信息，这样根据内部实体模型就能够生成工程图、说明图、装配图、分解图，就可以进行各种设计计算，并模拟制造过程、NC 加工以及进行机械装配等。

人机对话图解：因为计算机内部的信息处理过程设计人员是不清楚的，想要生成、处理外部实体模型，必须使应答可视化，只有在计算机接受图形的情况下，才能实施。因此，人机交互式绘图很有必要。必须把内部实体模型转化成人能理解的外部模型形式进行显示，并且人能对其进行操作，才能得到相应的结果。所以计算机图形处理系统需要配备优秀的图形界面。

随着科技的发展，通过网络与他人协同设计也将成为现实，在显示器界面上设计时，利用图形及图像的超级多媒体功能就能调出设计人员关心的详细信息，在可视化显示设计对象的工作过程、部件装配的情况下，完成产品的性能、外观设计。设计人员设计时可以对操作进行确认，所以，设计人员既可在线直接从数据库中取出与设计关联的信息来使用，又可与他人包括制造关联人员协同讨论设计对象，所以它将改变设计方法和设计质量。

2.2 内部模型

CAD/CAM 的目标是使机械零件的制造及装配自动化，使汽车车体、家电用品等外形工艺设计、分析、制造自动化。

为了利用计算机作图，由设计人员编写命令让机器代替圆规和直尺来移动笔绘图，但仅仅有绘图的程序移动笔和向 CRT 的显示缓冲面中写入画面的图素数据，计算机是不能绘制出图形的，这是因为计算机内部不存在图形的模型。要使计算机实现以上功能至少要在计算机内部存储用语言描述的图形要素以及它们之间的关系，即必须给计算机制作图形模型。

为了直观地进行上述操作，须使用计算机图形交互式输入手段，通过操作菜单、对话框进行零件的显示、选择并输入数据，最后在显示器上合成图形。与此对应的在计算机内部对图纸进行描述的程序就是内部模型。通过解释内部模型并在画面上进行图形显示。计算机要把立体图（投影显示在屏幕上的）解释成立体，必须制作内部模型，这种详细的描述相当麻烦。所以要使用与绘图时相同的交互手段，利用坐标变换、空间移动功能，在显示器上进行基本立体的组合、变形处理操作，合成出想要得到的立体。至此，由软件在计算机内部生成实体的特征模型。画面上的立体图不是内部特征模型的直接输出，是要经过以下处理，用假想的照相机拍摄立体的特征模型，生成二维信息的特征模型，再用图形处理命令输出二维特征模型。实体模型各部分附属的技术信息必须由设计人员输入。

形状模型是计算机内部描述和处理的对象，进行模型的构建和处理，对模型各部分的几何信息以及它所附加的非几何信息的提问给出合适的回答。首先用于内部描述到外部显示处理的转换，再用于设计时提供对象的体积、惯性、应力、刚性、热传导等等各种计算的数据，管理和控制工艺设计、日程制作、数控加工、装配、检查等。当机器人进行装配、检查时，除了需制造对象的形状模型以外，还要求增加特征模型占有空间的信息，快速发现物体相互干涉的部位，以及可能冲突的地方。这是因为计算机内部制作的模型不仅是制作对象，而且需要了解制作方的机械。随着制造过程自动化范围的扩大，根据计算机内部模型，进行制造、装配模拟测试，如果测试合格，则模拟用的指令就能用于实际作业。

2.3 产品模型

在理想的一体化 CAD/CAM 中，一旦给出产品要求，在概念设计的支持下，经过假设的产品设计过程制作产品规格，用多个设计方案验证产品概念，据此进行设计、制作产品。根据前面的设计制定产品基本计划，经过详细设计把产品信息传送给生产设计部门。制定出生产工艺框架，接着按工序制作详细的作业顺序，希望以后的工序“忠实”地执行所制定的指令直至产品最后完成。把这个作为目标就是模型化。包含产品和产品必要信息的模型就是产品模型。随着 CAD/CAM 的发展，产品模型有待继续开发。

上述 CAD/CAM 过程并不完全是自动化的，计算机是辅助的，人是主角。重要的是计算机能接受生成的信息。

产品模型处理的信息范围有如下几项：

(1) 制造对象：① 设计对象信息的生成与管理（支持系统和数据的接受）。② 对象的特征描述（三视图中标准的信息：形状、尺寸、公差；形状特征：表面精加工、材料及装配等的约束条件）。③ 生产准备信息（工序、作业、原材料、使用机械等）。④ 管理信息。

(2) 制造过程:设计顺序、生产准备顺序。

(3) 制造资源:设计关联数据、生产设备。

(4) 质量保证:产品检查的对象和方法。

传统的制造对象以基准形状为主,就其信息而言,希望上述几项能自动处理、检验,但在方法上,是否需要人介入,这要根据与装配相关的模型间的约束条件处理的自动化程度来定。不论人是否介入,重要的是向后面传递的信息要正确无误。

2.4 模型的表达

在CAD系统中,计算机内部存放的三维几何体称为几何模型。模具设计和制造中通常使用的几何模型有:"线框模型"、"曲面模型"、"实体模型"三种,它们在计算机内部所占存储空间"线框模型"最小,"实体模型"最大。

1) 线框模型(Wire frame model)

线框模型是以物体形状的轮廓、棱边或交线作为形状数据来描述物体的。在图2.1中,定义了8个三维空间点,图2.2是由这些点连成的线生成的立方体,该立方体就是用线条来表达立体的,所以称为线框模型。

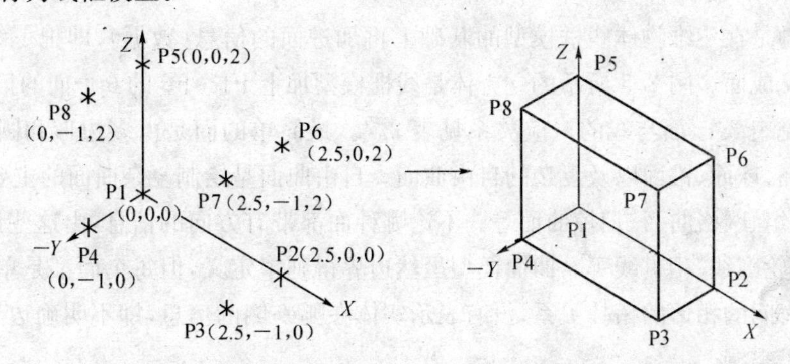

图2.1　立方体的8个空间点　　图2.2　立方体的线框模型

该立方体在内存中存放的数据结构如图2.3所示,表2.1为P1~P8顶点对应的8个坐标值,表2.2为12条线与顶点的对应关系。

图2.3　立方体各顶点及棱边

表2.1　顶点与坐标值的对应表

顶点	坐标值		
	X	Y	Z
P1	0	0	0
P2	2.5	0	0
P3	2.5	−1	0
P4	0	−1	0
P5	0	0	2
P6	2.5	0	2
P7	2.5	−1	2
P8	0	−1	2

表2.2　线与顶点的对应表

线	顶点	
S1	P1	P2
S2	P2	P3
S3	P3	P4
S4	P4	P1
S5	P5	P6
S6	P6	P7
S7	P7	P8
S8	P8	P5
S9	P1	P5
S10	P2	P6
S11	P3	P7
S12	P4	P8

像图 2.4(a)、(b)中所示的圆柱、圆锥等情况，除棱线以外没有轮廓线的多面体形状，用线框模型难以表达，即不清楚应该用怎样的棱线来形成侧面，所以需要添加图 2.4(c)所示的辅助线。

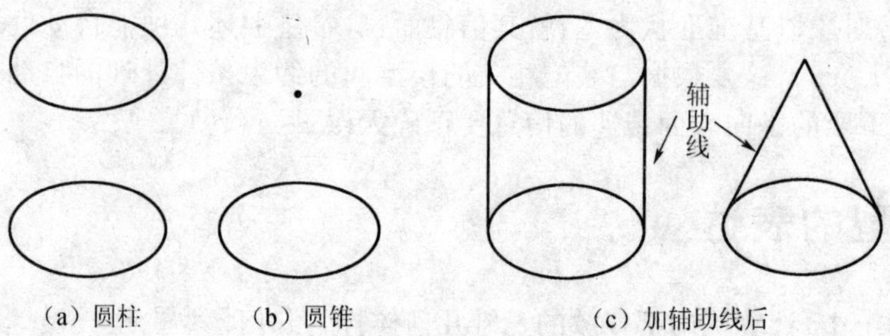

(a) 圆柱　　(b) 圆锥　　(c) 加辅助线后

图 2.4　线框模型表达外形有时需要加辅助线

线框模型在计算机内部数据存放结构简单，计算机处理速度快，但形状所带的信息不完整，所以无法得到剖面图、消除隐蔽线和两个形体间的交线，不能计算出物体的体积、表面积、重量、重心等。

2）曲面模型(Surface model)

曲面模型是在三维物体线框模型的基础上再加进面的信息(数据)，即把三维线框模型的物体表面定义成面。图 2.5 所示的立方体是线框模型加上 F1～F6 的 6 个面的信息，线与顶点的对应关系见表 2.3，面与线的对应关系见表 2.4。最简单的面是由多边形和圆形成的平面，其他有旋转面、球面、锥面以及复杂的自由曲面。自由曲面是绘制复杂曲面的主要手段，UG 中有:通过曲线组、网格曲面、扫掠曲面等。不论哪种面都带有方向的信息，由这些信息可以生成阴影线、截面轮廓线、相贯线等。曲面模型虽然边界得到了定义，但每个面都是单独存储，并未记录面与面之间的相邻的拓扑关系，没有表示实体在哪一侧的信息，即不明确边界面所包围的是实心体还是空洞。

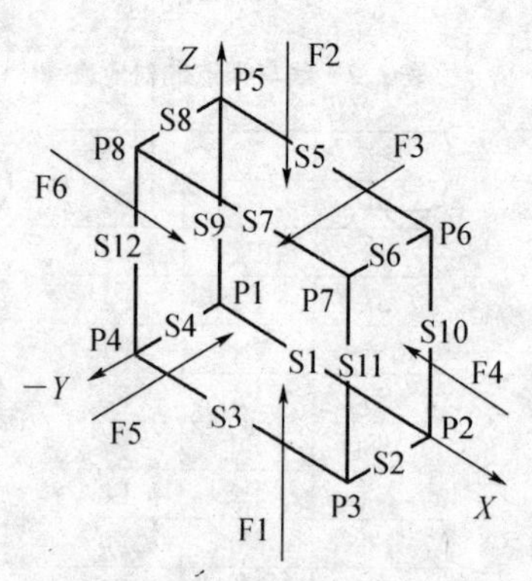

图 2.5　面与点线的对应关系

表2.3　线与顶点的对应表

线	顶点	
S1	P1	P2
S2	P2	P3
S3	P3	P4
S4	P4	P1
S5	P5	P6
S6	P6	P7
S7	P7	P8
S8	P8	P5
S9	P1	P5
S10	P2	P6
S11	P3	P7
S12	P4	P8

表2.4　面与线的对应表

面	线			
F1	S1	S4	S3	S2
F2	S5	S6	S7	S8
F3	S1	S10	S5	S9
F4	S2	S11	S6	S10
F5	S3	S12	S7	S11
F6	S4	S9	S8	S12

3）实体模型(Solid model)

实体模型是在曲面模型的基础上，定义了曲面相互之间的位置关系，即实体在面的那一侧的信息。定义实体侧的方法主要有三种，即一点指定法、法线矢量指定法、包围面的棱线指定法。如图 2.6 所示。

在图 2.6 中，一点指定法是指定实体所在的内侧。法线矢量指定法是指法线矢量指向实体的内侧。包围面的棱线指定法是按右螺旋指向实体侧，指定棱线的顺序，就面 F1 而言，顺序为 S1、S4、S3、S2。

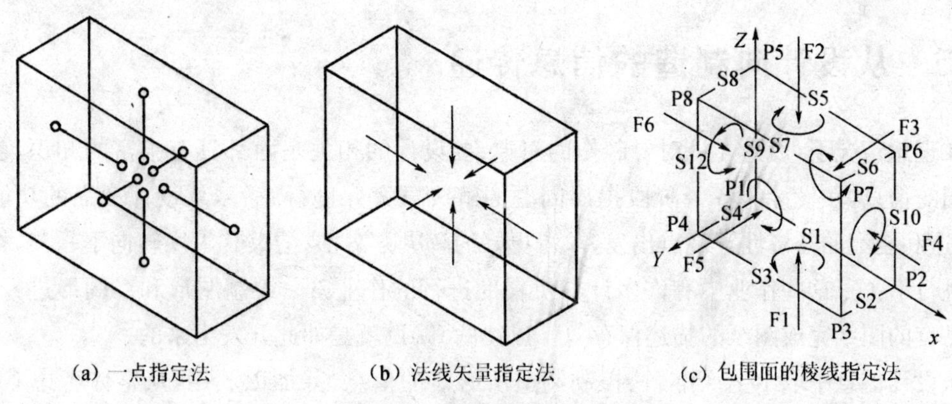

(a) 一点指定法 (b) 法线矢量指定法 (c) 包围面的棱线指定法

图 2.6 实体侧的定义方法

(1) 实体模型造型方法：主要有两种：CSG 法和 B - rep 法。

① CSG(Constructive Solid Geometry)结构实体造型表达法：使用立方体、圆柱体、圆锥体、四分之一圆柱体、倒圆角体等单一的基本实体进行和、差、残留共同部分的运算来表达复杂的形状，典型的基本实体如图 2.7 所示。

② B - rep(Boundary representation)实体边界表达法：用模型的面与面之间的边界来表达实体形状，即空间实体可以定义为被有限面包围而成，每个面都是由有限条边界围成的封闭域。

B - rep 表达法比 CSG 表达法麻烦一些，但边界表达法能清楚地表达出形体的面、边、点及其相互之间的关系。目前大多数几何造型系统都是以一种造型方法为主兼用另一种。

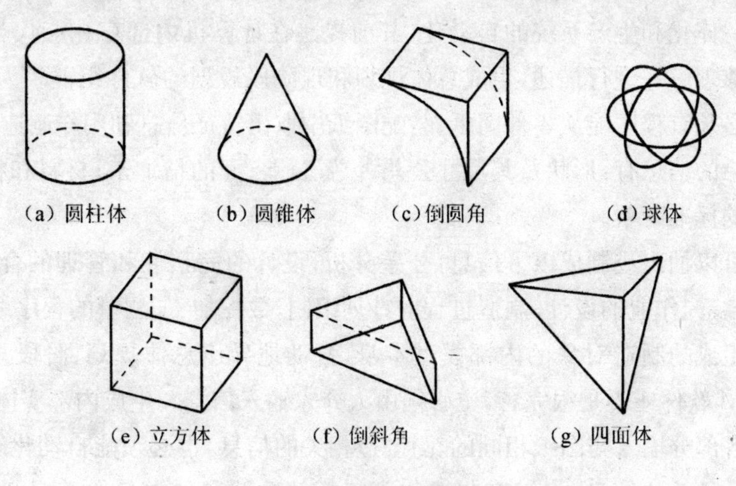
(a) 圆柱体 (b) 圆锥体 (c) 倒圆角 (d) 球体

(e) 立方体 (f) 倒斜角 (g) 四面体

图 2.7 典型的基本实体

(2) 特征建模(Feature modeling):实体模型在几何造型上已经很完善,它不仅仅是几何形状的描述,还能提供产品开发整个周期所需的信息。几何模型再加上工艺设计中所需的其他信息:如加工特征、材料、公差和表面粗糙度等,就称为零件特征。特征造型将促进 CAD/CAM 一体化的进程,实现工艺自动化。在零件设计时采用前述的具有某些使用功能和加工信息的形状特征进行组合、拼装,这样构建的模型称为特征模型。这种构造思维方式称为特征建模。

2.5　从设计向制造的信息传递

在理想情况下,设计人员对要制作的对象、要设计的相关东西都具有丰富的知识,参照所能利用的信息,在设计的各个阶段提出问题的解决方案并进行解答,从设计产品的功能和效率,制造和装配的经济性等观点出发,求得更好的解决方案,或结束其工序转向下一步,把设计工作进行下去。这些作业中有许多计算机辅助进行的作业——绘制图形和对图形进行计算,参照已有的图纸完成图纸的描述保存等。以往的 CAD 就是如此开发出来的。

从设计信息中取出生产准备、控制制造所必需的信息,并加以利用,从整体考虑 CAD 和 CAM 是以准确描述信息的形式和保持其意义的一贯性为前提的,这样才能使信息流程多样化,才能对上述设计作业流程进行修改。

在产品制作的先期——设计过程中,要详细生成制造对象的信息,但没有必要把所有的制造信息都表达出来。这是因为设计人员不可能对制作的所有细节都了解,同时因制作环境的不同,细节上的信息也会有所不同,因此不可能在设计时都预先描述出来。

集成了这些设计信息的制造部门,有必要进行规划,首先做什么,怎样做,用什么手段,这就是设计规划。短期规划要进行材料清单的处理、生产计划及数控程序的编制等繁杂的工作;中期规划有成本和质量管理计划;长期规划应具有最优化的手段以及对其投资的计划。

在这些计划下决定由谁做、什么时间、用什么、做多少,这就是过程计划。根据这些总规划和阶段计划,执行作业管理,这就是过程管理。

实现设计一体化和生产系统的自动化,其前提是在计算机内部存在能代替图纸的内部模型且计算机能够理解并进行描述,生成总体规划和现阶段规划的软件组群。为实现这个目的,在计算机内部必须有程序能从零件图纸、装配图纸中取出特征信息和用作制造的信息。

图纸中记录的信息有:形状及其尺寸公差;位置公差;面的精加工;材料和材质;零件清单;有关技术方面的标准事项。

以上这些可以抽出或制成以下信息:公差分析;设计的完整性和管理的合理性;标准零部件的使用管理;装配作业的设计;制造过程的计划编制;数控加工、测量的程序编制。

从设计时生成的制造对象的内部模型本身,自动地导出总体规划、阶段规划。到现在为止,所有的 CAM 软件还不是很完善,也必须由人介入输入信息。生成内部实体模型时,即使是由人给模型的各部分输入与图纸相同的、与制造相关的信息,也必须能自动化解释。为了能够取出与工程设计相关的信息,将带有制造作业特征的领域和种类名的模型,叫做基本特征模型。一般自动抽取这样的特征,是以加工条件、使用工具的文件(名)中的信息为基础,生成工艺设计,或从类似的特征中,取出已存在的工艺设计加以修改。

设计作业中的信息的生成以及下游信息的利用,过去都是无重叠的顺序流程,现在采用单一数据库,使信息能自由传递,并有多个流向,不仅能同时协同作业,而且下游能解释上游决定的信息,进而能参照其数据进行作业,与此对应,在上游生成信息时,下游就能参照其数据,就可提高下游作业的自动化效率。

3 数控加工工艺知识

3.1 数控加工工艺内容及特点

3.1.1 数控加工工艺的主要内容

所谓数控加工工艺，就是用数控机床加工零件的一种工艺方法。

数控加工与普通机床加工在方法和内容上有许多相似之处，不同点主要在控制方式上。以机械加工中小批零件为例，在通用机床上加工，就某工序而言，有工步的安排、机床运动的先后次序、进给路线及相关切削参数的选择等方面，虽然也有工艺文件说明，但操作上往往是由操作人员自行考虑和确定的，而且是用手工方式进行控制的。在数控机床上加工时，将工艺信息全部记录在控制介质上，即原先在通用机床上加工时需要操作人员考虑和决定的内容及动作，制作成数码信息输入数控机床的数控装置，对输入信息进行运算和控制，并不断向伺服机构发送信号，伺服机构对信号进行转换与放大处理，然后由伺服电机通过传动机构驱动机床按所编程序进行运动，加工出所需要的零件。可见，数控加工编程是关键。但必须有编程前的数控工艺准备和编程后的善后处理。严格地说，数控编程也属于数控工艺的范畴。因此，数控加工工艺主要包括以下几方面的内容：

(1) 选择并确定需要进行数控加工的零件及内容。

(2) 进行数控加工工艺设计。

(3) 对零件图形进行必要的数学处理。

(4) 编写加工程序(自动编程时为源程序，由计算机自动生成目标程序——加工程序)。

(5) 按程序单制作控制介质。

(6) 对程序进行校验与修改。

(7) 首件试加工与现场问题处理。

(8) 数控加工工艺技术文件的编写与归档。

3.1.2 数控加工工艺的特点

数控加工与通用机床加工相比，在许多方面遵循基本相同的原则，在使用方法上也有很多相似之处。但由于数控机床本身自动化程度较高，设备费用较高，设备功能较强，使数控加工相应形成了如下几个特点：

(1) 数控加工的工艺内容十分明确而且具体：进行数控加工时，数控机床是通过接受数控系统的指令来完成各种运动，从而实现加工的。因此，在编制加工程序之前，需要对影响加工过程的各种工艺因素，如切削用量、进给路线、刀具的几何形状，甚至工步的划分与安排等，一一作出定量描述，对每一个问题都要给出确切的答案和选择，而不能像采用通用机床加工那样，在大多数情况下对许多具体的工艺问题，由操作人员依据自己的实践经验和习惯自行考虑和决定。也就是说，本来由操作人员在加工中灵活掌握并可通过适时调整来处理的许多工艺问题，在数控加工时就转变为编程人员必须事先具体设计和明确安排的内容。

(2) 数控加工的工艺工作相当准确而且严密：数控加工不能像通用机床加工时那样可以根据加工过程中出现的问题由操作人员自由地进行调整。比如加工内螺纹时，在普通机床上操作人员可以随时根据孔中是否挤满了切屑而决定是否需要退一下刀或先清理一下切屑，而数控机床是不可以的。所以在数控加工的工艺设计中必须注意加工过程中的每一个细节，做到万无一失。尤其是在对图形进行数学处理、计算和编程时，一定要准确无误。在实际工作中，一个字符、一个小数点或一个逗号的差错都有可能酿成质量事故，甚至重大机床事故。因为数控机床比同类的普通机床价格昂贵，其加工的往往也是一些形状比较复杂、价值也较高的工件，如果损坏零件会造成较大的经济损失，特别是当程序错误造成数控机床损坏时，就会造成严重的经济损失。

根据大量加工实例分析，数控工艺考虑不周和计算与编程时粗心大意是造成数控加工失误的主要原因。因此，要求编程人员除必须具备较扎实的工艺基本知识和较丰富的实际工作经验外，还必须具有耐心和严谨的工作作风。

(3) 数控加工的工序相对集中：一般来说，在普通机床上加工是根据机床的种类进行单工序加工。而在数控机床上加工往往是在工件的一次装夹中完成对工件的钻、扩、铰、铣、镗、攻螺纹等多工序的加工。这种“多序合一”的现象属于“工序集中”的范畴，特定情况下，在一台加工中心上可以完成工件的全部加工内容。

3.1.3　数控加工的特点和适应性

1) 数控加工的特点

由于数控加工的特点和数控机床本身的性能与功能，使数控加工体现出如下优点：

(1) 柔性加工程度高：在数控机床上加工工件，主要取决于加工程序。它与普通机床不同，不必配备许多工装、夹具等，一般不需要很复杂的工艺装备，也不需要经常重新调整机床，就可以通过编程把形状复杂和精度要求较高的工件加工出来。因此能大大缩短产品研制周期，给产品的改型、改进和新产品研制开发提供了有利条件。

(2) 自动化程度高，改善了劳动条件：数控加工过程是按输入的程序自动完成的，一般情况下，操作人员主要是进行程序的输入和编辑、工件的装卸、刀具的准备、加工状态的监测等工作，而不需要像手工操作机床那样进行繁重的重复性工作，体力劳动强度和紧张程度可以大大减弱，从而相应的改善了劳动条件。

(3) 加工精度较高：数控机床是高度综合的机电一体化产品，是由精密机械和自动化控制系统组成的。数控机床本身具有很高的定位精度，机床的传动系统与机床的结构具有很高的刚度和热稳定性。在设计传动结构时采取了减少误差的措施，并由数控系统进行补偿，所以数控机床有较高的加工精度。更重要的是数控加工精度不受工件形状及复杂程度的影响，这一点是普通机床无法与之相比的。

(4) 加工质量稳定可靠：由于数控机床本身具有很高的重复定位精度，又是按所编程序自动完成加工的，消除了操作人员的各种人为误差，所以提高了同批工件加工尺寸的一致性，使加工质量稳定，产品合格率高。一般来说，只要工艺设计和程序正确合理，并按操作规程精心操作，就可实现长期稳定生产。

(5) 生产效率较高：由于数控机床具有良好的刚性，允许进行强力切削，主轴转速和进给量范围都较大，可以更合理地选择切削用量，而且空行程采用快速进给，从而节省了切削进给和空行程时间。数控机床加工时能在一次装夹中加工出很多待加工部位，既省去了通用机床加工时原有的一些辅助工序(如划线、检验等)，同时也大大缩短了生产准备时间。由于数控加工一致性好，整批工件一般只进行首件检验，加工过程中抽检即可，从而节省了测量和检测时间。因此其综合效率比通用机床加工有明显提高。如果采用加工中心，则能实现自动换刀，工作台自动换位，一台机床上完成多工序加工，缩短半成品周转时间，生产效率的提高就更加明显。

(6) 良好的经济效益：改变数控机床加工对象时，只需重新编写加工程序，不需要制造、更换许多工具、夹具和模具，更不需要更新机床。又因为加工精度高，质量稳定，减少了废品率，使生产成本下降，生产率提高，这样节省了大量工艺装备费用，获得了良好的经济效益。

(7) 有利于生产管理的现代化：利用数控机床加工，可预先准确计算加工工时，所使用的工具、夹具、刀具可进行规范化、现代化管理。数控机床将数字信号和标准代码作为控制信息，易于实现加工信息的标准化管理。数控机床易于构成柔性制造系统(FMS)，目前已与 CAD/CAM 有机地相结合。数控机床及其加工技术是现代集成制造技术的基础。

虽然数控加工具有上述许多优点，但还存在以下不足之处：

数控机床设备价格高，初期投资大，此外零配件价格也高，维修费用高，数控机床及数控加工技术对操作人员和管理人员的素质要求也较高。

因此，应该合理地选择和使用数控机床，才能提高企业的经济效益和竞争力。

2) 数控加工的适应性

数控机床是一种高度自动化的机床，有一般机床所不具备的许多优点，所以数控机床加工技术的应用范围在不断扩大，但数控机床这种高度机电一体化产品，技术含量高，成本高，使用与维修都有较高的要求。根据数控加工的优缺点及国内外的大量应用实践，一般可按适应程度将零件分为下列三类：

(1) 最适应数控加工零件类：① 形状复杂，加工精度要求高，用普通机床很难加工或虽然能加工但很难保证加工质量的零件。② 用数学模型描述的复杂曲线或曲面轮廓零件。③ 具有难测量、难控制进给、难控制尺寸的非敞开式内腔的壳体或盒形零件。④ 必须在一次装夹中合并完成铣、镗、铰或攻螺纹等多工序的零件。

(2) 较适应数控加工零件类：① 在通用机床上加工时极易受人为因素干扰，零件价值又高，一旦操作失误便会造成重大经济损失的零件。② 在通用机床上加工时必须制造复杂的专用工件安装的零件。③ 需要多次更改设计后才能定型的零件。④ 在通用机床上加工时需要做长时间调整的零件。⑤ 在通用机床上加工时，生产率很低或体力劳动强度很大的零件。

(3) 不适应数控加工零件类：① 生产批量大的零件(当然不排除其中个别工序用数控机床加工)。② 装夹困难或完全靠找正定位来保证加工精度的零件。③ 加工余量很不稳定的零件,且在数控机床上无在线检测系统用于自动调整零件坐标位置。④ 必须用特定的工艺装备协调加工的零件。

综上所述,对于多品种小批量、结构较复杂、精度要求较高的零件,需要频繁改型的零件,价格昂贵、不允许报废的关键零件和需要最小生产周期的急需零件要采用数控加工。

图 3.1 表示用普通机床、数控机床和专用机床加工的零件批量数与综合费用的关系。

图 3.2 表示零件复杂程度及批量大小与机床的选用关系。

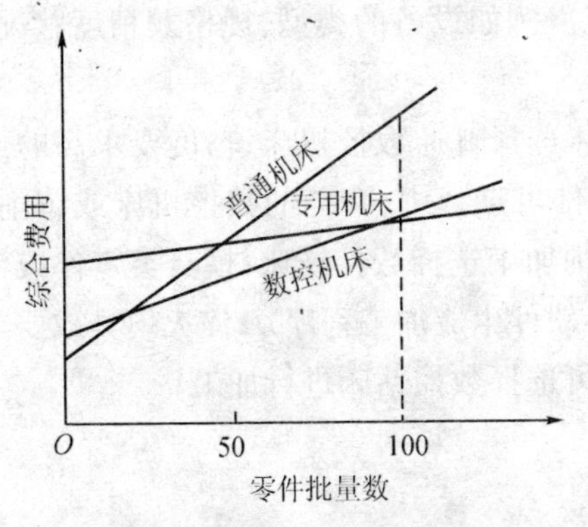

图 3.1　零件加工批量与综合费用关系

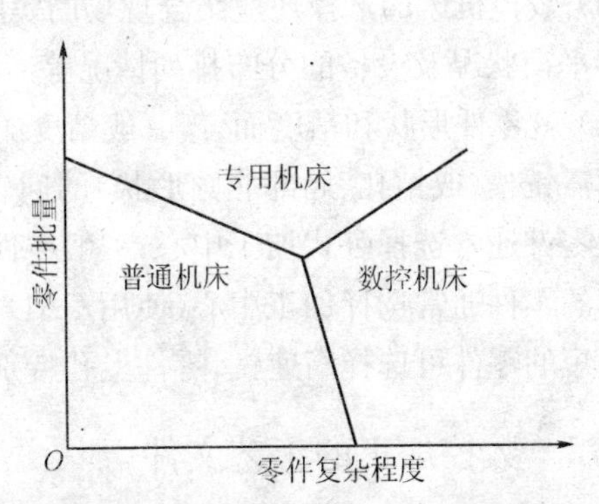

图 3.2　数控机床复杂程度与批量的关系

3.1.4　数控机床的选用

数控机床的种类很多,常用的有:车削中心、加工中心、数控钻床、高速铣、数控铣床、数控车床、数控磨床、线切割、电火花等。根据加工内容的不同需选择不同的数控机床进行加工(见图 3.3～图 3.6)。

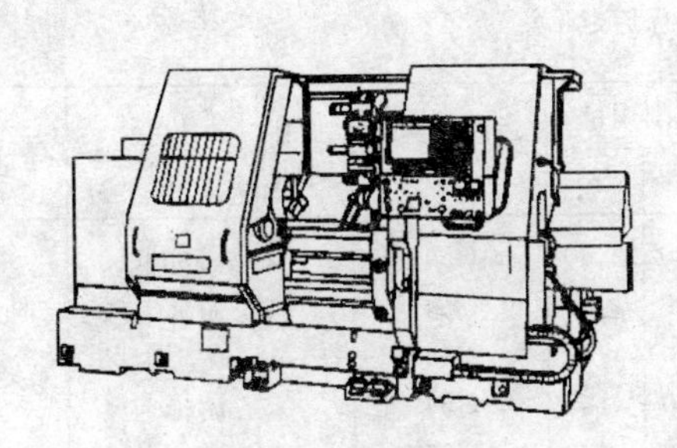

图 3.3　车削中心

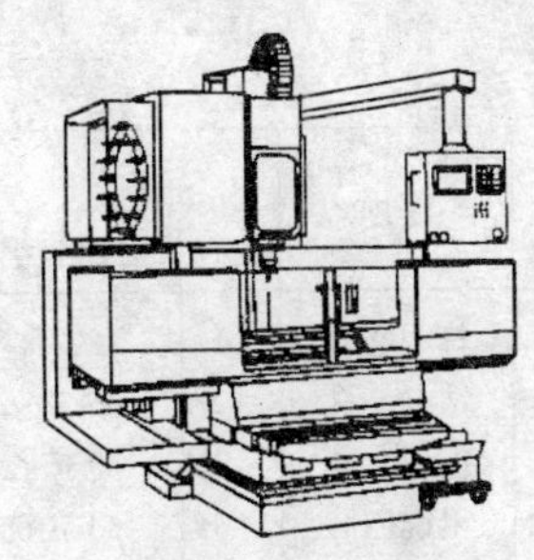

图 3.4　加工中心

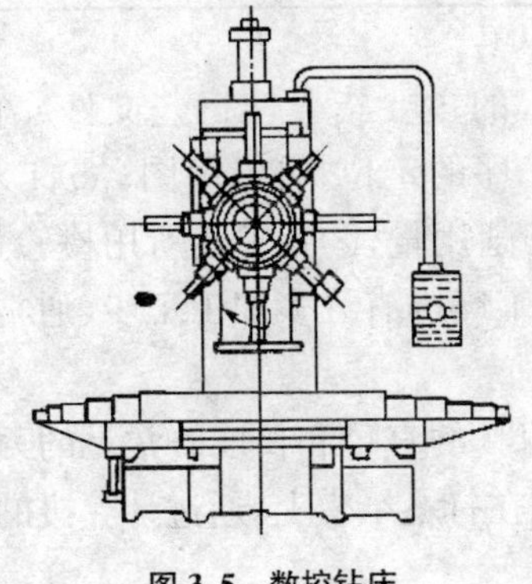

图 3.5　数控钻床

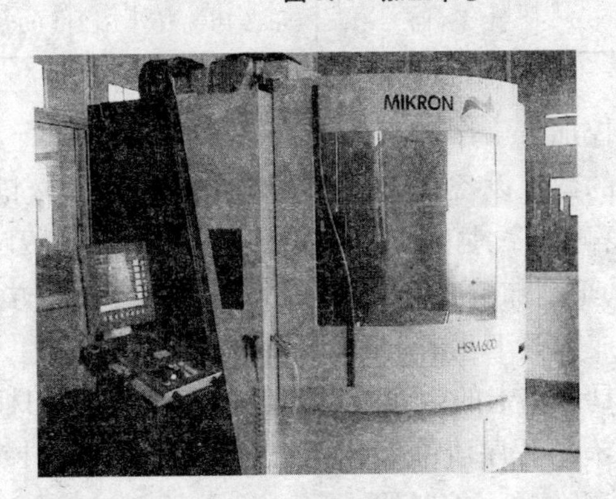

图 3.6　高速铣

选择数控机床主要取决于零件加工的内容、零件的尺寸大小、精度的高低。具体要求为：

(1) 数控机床的主要规格尺寸应与加工零件的外轮廓尺寸相适应，即小零件应选小机床，大零件应选大机床，做到设备合理选用。

(2) 数控机床精度应与工序要求的加工精度相适应。

(3) 数控机床的生产率应与加工零件的生产类型相适应。单件小批量生产选择通用设备，大批量生产选择高效的专用设备。

(4) 数控机床的选择还应结合现场的实际情况。例如设备的类型、规格及精度状况、设备负荷的平衡状况及设备的分布排列情况等。

(5) 就零件形状和精度而言，一般精度的回转体选择普通数控机床；精度要求高的或回转体端面需铣槽(或钻孔、局部非圆形状)的回转体零件可选择中、高档的数控机床或车削中心；箱体类零件通常选择卧式加工中心；一般零件的铣削加工选择数控铣床；模具类零件或带有曲面轮廓的零件通常选择加工中心(使用CAD/CAM软件生成加工程序)；淬火模具或要求加工时间很短的零件可选择高速铣；零件上孔特别多的可选择数控钻床进行加工。

3.1.5 数控加工的工艺文件

数控加工的工艺文件就是填写工艺规程的各种卡片。常见的加工工序卡见表3.1。

表3.1 数控加工工序卡

零件名称	程序号	零件图号	材料	机床型号
控制器面板	%120	NCS－01	铝	MCV－50A

零件工序简图
(定位、夹紧、程序原点示意)

序号	工序内容	刀具			切削用量		零点偏置代码	加工时间	检验量具	备注
		T码	规格、名称	补偿	S	F				
1	打中心孔	11	ϕ2中心钻	D11	1 500	60	G54		游标卡尺	
2	钻　孔	10	ϕ6.3钻头	D10	1 000	80	G54		游标卡尺	
3	扩　孔	9	ϕ9扩孔钻	D9	800	80	G54		游标卡尺	
4	粗铣内腔	8	ϕ8立铣刀	D8	1 600	180	G54		游标卡尺	
5	精铣内腔	7	ϕ6立铣刀	D7	2 000	120	G54		游标卡尺	
6	铣斜面	12	90°专用铣刀	D12	1 000	100	G54		游标卡尺	

注：G54中Z坐标值置为0，每把刀对刀得到的Z值，设定在刀具长度补偿参数中。

数控加工工序卡是数控机床操作人员进行数控加工的主要指导性工艺文件。它包括：①所用的数控设备；②程序号；③零件图号、材料；④本工序的定位、夹紧简图；⑤工步顺序、工步内容(工序具体加工内容)；⑥各工步所用刀具；⑦切削用量；⑧各工步所用检验量具等。在铣削、车削加工中心上加工，采用工序集中的方式，一个工序内有许多加工工步，通常把工艺文件分成数控工艺卡、刀具调整卡、程序清单。

刀具调整卡的内容有：刀具号、刀具名称、刀柄型号、刀具的直径和长度。常见的刀具调整卡见表3.2；程序清单为具体的程序，它存放在计算机中或在打孔纸带上，通过计算机的串行口(或读带机)送入控制器。

表 3.2 刀具调整卡

机床型号		MCV-50A	零件号	NCS-01	程 序 号		%120
刀具号	工序内容	刀柄型号	刀具名称		刀 具		备 注
					直径(mm)	长度(mm)	
T11	打中心孔	40BT-Z10-45	中心钻			H11	刀具长度用H号补偿
T10	钻 孔	40BT-Z10-45	钻 头		ϕ6.3	H10	
T9	扩 孔	40BT-Z10-45	扩孔钻		ϕ9	H9	
T8	粗铣内腔	40BT-Q1-75	立铣刀		ϕ8	H8	
T7	精铣内腔	40BT-Q1-75	立铣刀		ϕ6	H7	
T12	铣 斜 面	40BT-M2-60	90°专用铣刀			H12	

3.2 机械加工工艺基础

3.2.1 机械加工工艺过程的基本概念

1）生产过程和工艺过程

(1) 生产过程：生产过程是指由原材料到制成产品之间的各个相互关联的劳动过程的总和。一般包括原材料的运输和保存、生产准备、备料及毛坯制造、毛坯经机械加工而成为零件，装配与检验和试车、油漆和包装等。

在现代化生产中，某一产品的生产往往有许多模式。但从生产过程来看，某工厂所用的原材料、半成品或部件，却是另一些工厂的成品。而本工厂的成品，往往又是另外工厂的半成品或部件。

(2) 工艺过程：工艺过程是直接改变加工对象的形状、尺寸、相对位置和性能，使之成为成品的过程。工艺过程是生产过程中的主要过程；其余劳动过程如各项生产准备、质量检验、运输、保管等则是生产过程中的辅助过程。

在机械加工车间进行的那一部分工艺过程，称为机械加工工艺过程。用数控机床（数控车、数控铣、加工中心、线切割、电火花等）进行加工的工艺过程称为数控工艺过程。

这些工艺过程的有关内容写成工艺文件，称为工艺规程。它是指导生产的主要技术文件，是组织和管理生产的依据。

2）工艺过程的组成

机械加工工艺过程是由一系列的工序组合而成的，毛坯依次地通过这些工序而成为成品。工序是工艺过程的基本组成部分，也是生产计划和成本核算的基本单元。

数控加工工艺就是用数控机床加工的方法改变毛坯的形状、尺寸和材料等物理机械性质，成为所需的具有一定精度、粗糙度的零件。

(1) 工序：工序是工艺过程的基本单元。它是指一个（或一组）工人在一个工作地点，对一个（或同时对几个）工件连续完成的那一部分加工过程。划分工序的要点是工人、工作地点及工件三者不变并加上连续完成。只要工人、工作地点、工件这三者中改变了任两个或不是连续完成，则将成为另一工序。

(2) 安装或工位:安装就是指定位并夹紧的整个过程,又称之为装夹。工件在机床上占据的每一个加工位置称为工位。

(3) 工步与进给:工步是指在一个安装或工位中,加工表面、切削刀具及切削用量都不变的情况下所进行的那部分加工。因此改变加工表面、切削刀具及切削用量三者中其中的一个就变为另一个工步。有些工件,由于余量大,需要用同一刀具,在同一转速及进给量下对同一表面进行多次(分层) 切削,这每一次切削就称为进给。一个工步可能有几次走刀。走刀是构成工艺过程的最小单元。

3) 生产类型及工艺特点

某种产品(包括备品和废品在内)的年产量称为该产品的年生产纲领。生产纲领对工厂的生产过程和生产组织起决定性作用。生产纲领不同,各工作地点的专业化程度,所用的工艺方法、机床设备和工艺装备亦不相同。

根据年生产纲领大小的不同,可分成三种不同的生产类型,即单件生产、成批生产和大量生产。其工艺特点如下:

(1) 单件生产:指单个地制造不同结构和不同尺寸的产品,并且很少重复,甚至完全不重复。例如重型机器制造、大型船舶制造、航天设备制造、新产品试制等。

单件生产所用的机床设备,过去采用通用机床(一般的车、铣、刨、钻、磨等机床)和通用夹具、标准附件(如三爪卡盘、四爪卡盘、虎钳、分度头等),现在大部分采用数控机床,也有一些采用通用机床,用数控机床加工,生产出的产品质量好、效率高。

(2) 成批生产:一年中分批地制造相同的产品,生产呈周期性的重复。每批所制造的相同零件的数量称为批量。按照批量的大小和产品的特征,成批生产又可分为小批生产、中批生产及大批生产三种。小批生产在工艺方面接近于单件生产,两者常常相提并论。大批生产在工艺方面接近于大量生产。成批生产就其效率和成本而言,用数控机床加工最合适。

(3) 大量生产:产品生产数量很大,大多数工作地点长期进行某一个零件的某一道工序的加工。大量生产中,广泛采用专用机床、自动机床、自动生产线及专用工艺装备。车间内机床设备都按零件加工工艺先后顺序排列,采用流水生产的组织形式。各种加工零件都有详细的工艺规程卡片。

3.2.2 机械加工工艺规程

规定零件制造工艺过程和操作方法的工艺文件,称为工艺规程。它是在具体的生产条件下,以最合理或较合理的工艺过程和操作方法,并按规定的图表或文字形式书写成工艺文件,经审批后用来指导生产的。工艺规程一般应包括下列内容:零件加工的工艺路线;各工序的具体加工内容;各工序所用的机床及工艺装备;切削用量及工时定额等。

1) 工艺规程的作用

(1) 工艺规程是指导生产的主要技术文件:合理的工艺规程是在工艺理论和实践经验的基础上制定的。按照工艺规程进行生产不但可以保证产品的质量,并且有较高的生产率和良好的经济效益。一切生产人员都应严格执行既定的工艺规程。

(2) 工艺规程是生产管理工作的基本依据:在生产管理中,原材料及毛坯的供应、通用工艺装备的准备、机床负荷的调整、专用工艺装备的设计和制造、生产计划的制定、劳动力的组织以及生产成本的核算等，都是以工艺规程为基本依据的。

(3) 工艺规程是新建或扩建工厂、车间的基本资料：在新建或扩建工厂、车间时，只有根据工艺规程和生产纲领才能正确地确定生产所需的机床和其他设备的种类、规格和数量，车间的面积，机床的布置，生产工人的工种、等级及数量以及辅助部门的安排等。

2) 工艺规程制定时所需的原始资料

(1) 产品装配图和零件工作图。

(2) 产品的生产纲领。

(3) 产品验收的质量标准。

(4) 现有的生产条件和资料。它包括毛坯的生产条件或协作关系，工艺装备及专用设备的制造能力，加工和工艺设备的规格及性能，工人的技术水平以及各种工艺资料和标准等。

(5) 国内外同类产品的有关工艺资料等。

3) 制定工艺规程的步骤

制定工艺规程的步骤大致如下：

(1) 分析研究产品图纸：了解整个产品的原理和所加工零件在整个机器中的作用。分析零件图的尺寸公差和技术要求。分析产品的结构工艺性，包括零件的加工工艺性和装配工艺性。检查整个图纸的完整性。如果发现问题，要和设计部门联系解决。

(2) 选择毛坯：根据生产纲领和零件结构选择毛坯，毛坯的类型一般在零件图上已有规定。对于铸件和锻件，应了解其分模面、浇口、冒口位置和拔模率，以便在选择定位基准和计算加工余量时有所考虑。如果毛坯是用棒料或型材，则要按其标准确定尺寸规格，并决定每批加工件数。

(3) 拟定工艺路线：主要有两个方面的工作，其一是确定加工顺序和工序内容。安排工序的集中和分散程度，划分工艺阶段，这项工作与生产纲领有密切关系。其二是选择工艺基准。常常需要提出几个方案，进行分析比较后再确定。

(4) 确定各工序所用的加工设备和工艺装备：要确定各工序所用的加工设备(如机床)、夹具、刀具、量具及辅助工具。如果是通用的而本厂又没有则可安排生产计划或采购；如果是专用的，则要提出设计任务书及试制计划，由本厂或外单位进行研制。

(5) 计算加工余量、工序尺寸及公差：当计算各工序的加工余量和总的加工余量时，如果毛坯是棒料或型材，则应按棒料或型材标准进行圆整后修改确定。计算各个工序的尺寸及公差，就是要控制各工序的加工质量以保证最终的加工质量。

(6) 计算切削用量：如果有切削用量手册等资料，则可查阅并进行计算，否则就要按各工厂的实际经验来确定。目前，对单件小批生产一般不规定切削用量，而是由操作工人根据经验自行选定；数控加工中每一步切削都必须制定出切削用量；对于自动线和流水线，为了保证生产节拍，必须规定切削用量。

(7) 估算工时定额：传统的普通机床的加工，通常使用切削用量手册、工时定额手册等资料，用查表或由统计资料估算(不是很准确)。用 CAD/CAM 生成程序在数控机床上加工，CAM 系统根据操作人员设定的切削用量能自动精确地计算出确切的加工时间。

(8) 确定各主要工序的技术要求及检验方法:必要时,要设计和试制专用检具。

4) 定位基准

基准是指零件的设计基准或工艺基准,它是零件上的一个表面、一条线或一个点,根据这些面、线、点来确认其他的面、线、点的位置,前者称为后者的基准。

(1) 基准类型:基准可分为设计基准和工艺基准两类,设计基准是指零件设计时所用的基准;工艺基准是指在数控加工过程中所采用的基准。根据用途不同,工艺基准又可分为定位基准、工序基准、测量基准。

① 定位基准:加工时确定零件在机床或夹具中的位置所依据的点、线、面位置的基准,即确定被加工表面位置的基准。它是由工件定位基面与夹具定位元件的工作表面相接触的面、线、点决定的。

② 工序基准:在工序图上,用以标定被加工表面位置的面、线、点称为工序基准,所标注的加工面的位置尺寸叫工序尺寸,工序基准是工序尺寸的设计基准。

③ 测量基准:在测量时确定零件位置或零件上被测量面所依据的面、线、点称为测量基准。即测量被加工表面尺寸、位置所依据的基准。

(2) 定位基准的选择:定位基准的选择直接影响零件的加工精度、加工顺序的安排以及夹具结构的复杂程度等,所以它是制定工艺规程中的一个十分重要的问题,各工序定位基准的选择,应先根据工件定位要求来确定所需定位基准的个数,再按基准选择原则来选定每个定位基准。为使所选的定位基准能保证整个数控加工工艺过程顺利地进行,通常应先考虑如何选择精基准来加工各个表面,然后考虑如何选择粗基准把作为精基准的表面先加工出来。

① 精基准的选择:选择精基准时,应从整个工艺过程来考虑如何保证工件的尺寸精度和位置精度,并使装夹方便可靠。一般应按下列原则来选择:

a. 基准重合原则:应选用设计基准作定位基准。如图3.7所示,为主轴箱的定位基准情况。在生产批量不大时,应以设计基准底面M和导向面E作为定位基准来镗孔Ⅰ和孔Ⅱ。

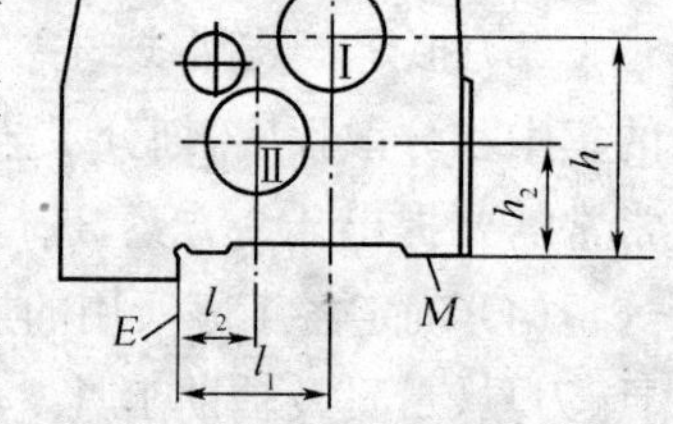

图3.7　主轴箱定位基准

b. 基准统一原则:应尽可能在多工序中选用一组统一的定位基准来加工其他各表面。采用基准统一原则可以避免基准转换所产生的误差,并可使各工序所用夹具的某些结构相同或相似,简化夹具的设计和制造。在数控加工中,加工中心带有刀库,一次安装能进行铣、钻、镗等许多工步的加工,所以精基准通常采用基准统一原则。

c. 自为基准原则:有些精加工或光整加工工序要求余量小而均匀,应选择加工表面本身作为定位基准。如磨削床身导轨面,就是以导轨面本身为基准来找正定位。

d. 互为基准原则:对相互位置精度要求高的表面,可以采用互为基准、反复加工的方法。例如车床主轴的主轴颈与主轴锥孔的同轴度要求高,一般先以轴颈定位加工锥孔,再以锥孔定位加工轴颈,如此反复加工来达到同轴度要求。

e. 可靠、方便原则:应选定位可靠、装夹方便的表面作基准。

② 粗基准的选择:选择粗基准主要是选择第一道机械加工工序的定位基准,以便为后续工序提供精基准。选择粗基准的出发点是:一要考虑如何合理分配各加工表面的余量;二要考虑怎样保证不加工表面与加工表面间的尺寸及相互位置要求。这两个要求常常是不能兼顾的,

因此,选择粗基准时应首先明确哪个要求是主要的。

一般应按下列原则来选择:

a. 若工件必须首先保证某重要表面的加工余量均匀,则应选该表面为粗基准。例如车床床身导轨面不仅精度要求高,而且要求耐磨。在铸造床身时,导轨面向下放置,使其表面层的金属组织细致均匀,无气孔、夹砂等缺陷。加工时要求从导轨面上只切去薄而均匀的余量,保留紧密耐磨的金属层组织。为此应选导轨面为粗基准加工床脚平面,再以床脚平面为精基准加工导轨面(见图 3.8(a))。反之,若选床脚平面为粗基准,会使导轨面的加工余量大而不均匀,降低导轨面的耐磨性(见图 3.8(b))。

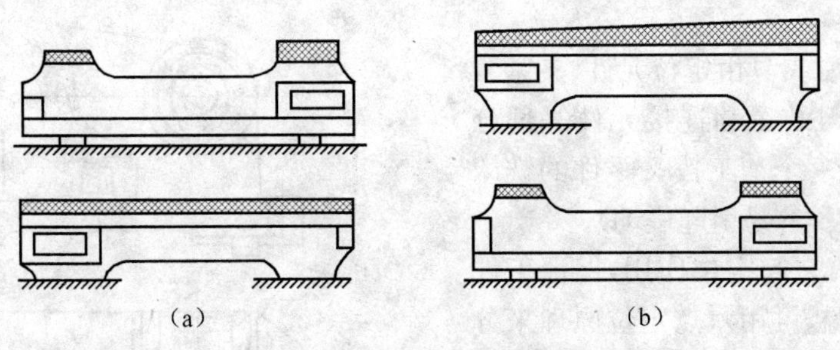

图 3.8　床身加工粗基准比较

b. 若工件每个表面都要求加工,为了保证各表面都有足够的余量,应选加工余量最小的表面为粗基准。如图 3.9 所示的阶梯锻轴,两段轴有 3 mm 的偏心,应选小端外圆面为粗基准。

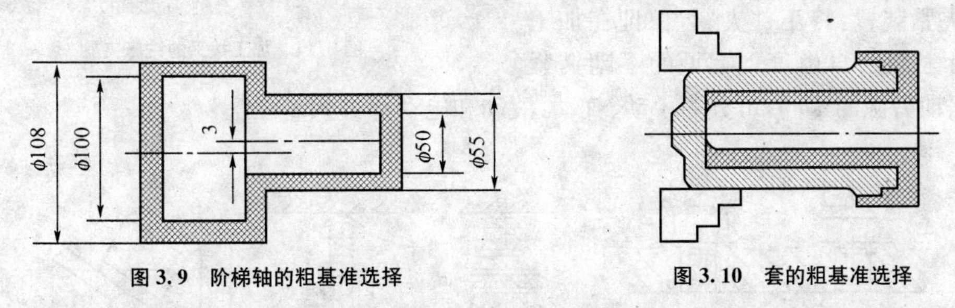

图 3.9　阶梯轴的粗基准选择　　　　图 3.10　套的粗基准选择

c. 若工件必须保证某不加工表面与加工表面之间的尺寸或位置要求,则应选该不加工表面为粗基准。如图 3.10 所示的零件要求壁厚均匀,应选不加工的外圆面为粗基准来镗孔。

d. 选作粗基准的表面应尽可能平整,没有飞边、浇口、冒口或其他缺陷。粗基准一般只允许使用一次。若两次装夹使用同一粗基准,则此两次装夹所加工的表面之间会产生较大的位置误差。只有当重复使用某一粗基准所产生的定位误差在允许的范围之内时,该粗基准才可以重复使用。

5) 加工余量

加工余量是指加工过程中,所切去的金属层厚度。余量有工序余量和加工总余量之分,工序余量是相邻两工序的尺寸之差;加工总余量是毛坯尺寸与零件图设计的尺寸之差,它等于各工序余量之和。

加工总余量的大小对零件的加工质量和制造的经济性有较大的影响。余量过大会浪费原材料、增加加工工时、机床刀具及能源的消耗;余量过小则不能消除上一道工序留下的各种误差、表面缺陷和本工序的装夹误差,容易造成废品。工序余量太大(或是局部太大),精加工时刀具受到的切削力大(切削力变化大),刀具受力变化大,容易产生形变误差;余量太小精加工时影响表面粗糙度。数控加工余量的选用原则与普通加工相同，可采用经验估算、查表修正和分析计算等方法。但同时要考虑到机床的刚性、工艺系统的刚性、机床参数的范围，从而合理确定加工余量。

3.2.3 夹具概述

机床夹具的定义及组成

(1) 定义：机床夹具是将工件进行定位、夹紧，并将刀具进行导向或对刀，以保证工件和刀具间的相对位置关系的附加装置，简称夹具。将工件在机床上进行定位、夹紧的装置，称为辅助工具。

(2) 组成：通常夹具由定位元件、夹紧装置、导向元件、对刀装置和连接元件等部分组成。图 3.11 是一个加工拨叉零件的铣床夹具(如果拨叉较长容易引起震动)。

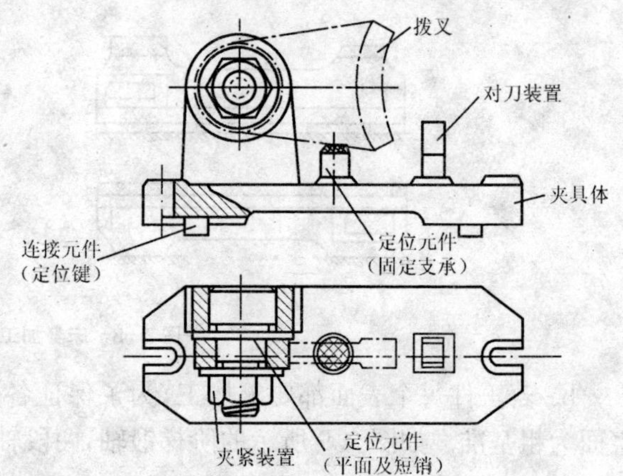

图 3.11 加工拨叉的铣床夹具

① 定位元件：它起定位作用，保证工件相对于夹具的位置，可用六点定位原理来分析其所限制的自由度。常用的定位元件有固定支承钉、板，可调支承钉，V 形块等。如图 3.12 所示。

② 夹紧装置：将工件夹紧，保证在加工时保持所限制的自由度。常见的手动夹紧机构根据动力源的不同，可分为手动、气动、液动和电动等方式。

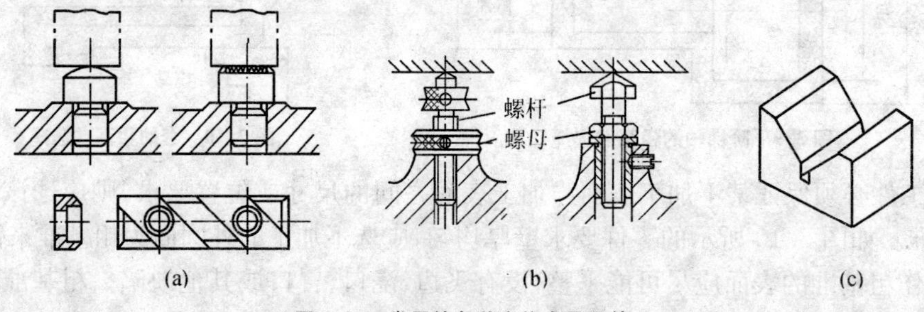

图 3.12 常用的各种定位支承元件

③ 导向元件和对刀装置：它是用来保证刀具相对于夹具的位置，对于钻头、扩孔钻、铰刀、镗刀等孔加工刀具用导向元件；对于铣刀、刨刀等用对刀装置，如图 3.11 所示。

④ 连接元件：它是用来保证夹具和机床工作台之间的相对位置，对于铣床夹具，有定位键与铣床工作台上的 T 形槽相配以进行定位，再用螺钉夹紧，如图 3.13 所示。对于钻床夹具，由于孔加工时只是沿轴向进给就可完成，用导向元件就可以保证相对位置(如钻模板上的钻套等)，因此，在将夹具装在工作台上时，用导向元件直接对刀具进行定位，不必再用连接元件定位了，所以一般的钻床夹具没有连接元件。

⑤ 夹具体：它是夹具的本体。定位元件、夹紧装置、导向元件、对刀装置、连接元件等都装在它上面，因此夹具体一般都比较复杂，它保证了各元件之间的相对位置。

⑥ 其他元件及装置：如动力装置的操作系统等。

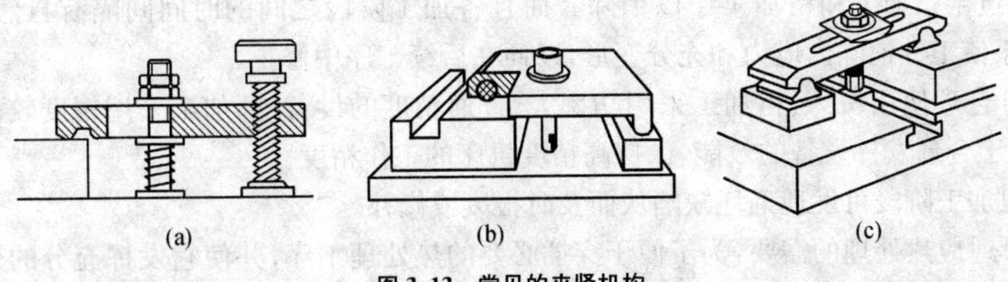

图 3.13 常见的夹紧机构

(3) 夹具的作用:① 保证加工质量、提高机床加工精度等级:如相对位置精度的保证,精度的一致性等;② 提高生产率:用夹具来定位、夹紧工件,避免了手工找正等操作,缩短了安装工件的时间;③ 减轻劳动强度:如可用气动、电动夹紧;④ 扩大机床的工艺范围:在机床上安装一些夹具就可以扩大其工艺范围,如在数控铣床上加一个数控分度盘,就可以在圆柱面上加工螺旋槽。

(4) 夹具的分类:它有多种分类方法:从专业化程度分;从使用机床的类型分;从动力来源分,等等。以下从专业化程度来分,可分为:

① 通用夹具:如常见的三爪卡盘、平口钳、V 形块、分度头和转台等。通常作为数控机床、通用机床的附件。

② 专用夹具:根据零件工艺过程中某工序的要求专门设计的夹具,此夹具仅用于该工序的零件加工用,都是用于成批和大量生产中。

③ 组合夹具:由许多标准件组合而成,可根据零件加工工序的需要拼装,用完后再拆卸,可用于单件、小批生产。数控铣床、加工中心用得较多。

3.3 数控加工路线设计

3.3.1 加工阶段的划分

(1) 工序的划分:零件的加工质量要求较高时,应把整个加工过程划分为以下几个阶段:

① 粗加工阶段:其任务是切除大部分加工余量,使毛坯在形状和尺寸上接近零件成品,目标是获得高的生产率。

② 半精加工阶段:其主要任务是使主要表面达到一定的精度,为主要表面的精加工做好准备。并完成一些次要表面的加工。

③ 精加工阶段:使各主要表面达到图纸规定的质量要求。

④ 光整加工阶段:对于质量要求很高(IT6 及其以上,$Ra \leqslant 0.32\ \mu m$)的表面,特别是曲面加工,需进行光整加工,主要用于进一步提高尺寸精度和减小表面粗糙度值(不能用来提高位置精度)。

(2) 划分加工阶段的原因

① 可保证加工质量:因为粗加工切除的余量大,切削力、夹紧力和切削热都较大(高速切削零件加工完后,零件不太热,热变形很小),致使工件产生较大的变形。同时,加工表面被切除一层金属后,内应力要重新分布,也会使工件变形。如果不划分加工阶段,则安排在前面的精加工工序的加工效果,必然会被后续的粗加工工序所破坏。而划分加工阶段,则粗加工造成的

误差可通过半精加工和精加工予以消除。而且各加工阶段之间的时间间隔有自然时效的作用,有利于使工件消除内应力和充分变形,以便在后续工序中修正。

② 可合理使用机床:粗加工采用功率大、普通精度的设备;精加工采用精度较高的机床。这样有利于合理发挥设备的效能,保持高精度机床的工作精度。

③ 粗加工阶段可发现毛坯缺陷从而及时报废或修补。

④ 可适应热处理的需要:为了便于穿插必要的热处理工序,并使它发挥充分的效果,就自然而然地将加工过程划分成几个阶段。例如精密主轴加工,在粗加工后进行时效处理,在半精加工后进行淬火,在精加工后进行冰冷处理及低温回火,最后进行光整加工。

⑤ 表面精加工安排在最后,可使这些表面少受或不受损伤。应当指出:加工阶段的划分不是绝对的。对于刚性好、余量小、加工要求不高或内应力影响不大的工件(如高速切削铝合金材料),可以不划分加工阶段。

(3) 在高速铣削中由于切削速度很大,通常可达到(1 000 m/min),与普通切削产生的切削热的传导有很大的不同,工件得到的热量很少,所以在高速铣削或加工中心加工中通常采用工序集中的加工方式,粗、精加工并不分开。节省了零件的装夹时间,更容易保证零件的位置精度。

3.3.2 加工工序的划分

1) 机械加工工序的安排原则

(1) 先基面后其他:先用粗基准定位加工出精基准面,再以精基准定位加工其他表面。如果精基准面需要变换,则应按基准转换次序和逐步提高加工精度的原则来安排基面和主要表面的加工。

(2) 先粗后精:当零件需要划分加工阶段时,先安排各表面的粗加工,中间安排半精加工,最后安排主要表面的精加工和光整加工。

(3) 先主后次:先加工零件上的装配基面和工作表面等主要表面,后加工键槽、紧固用的光孔与螺纹孔等次要表面。因为次要表面的加工面积较小,它们又往往与主要表面有一定的相互位置要求,所以一般应放在主要表面半精加工之后进行加工。

(4) 先面后孔:对于箱体、支架等类零件,由于平面的轮廓尺寸较大,以平面为精基准来加工孔,定位比较稳定可靠,故应先加工平面,后加工孔。

2) 热处理工序的安排

热处理工序在工艺路线中的位置安排,主要取决于热处理的目的。一般可分为:

(1) 预备热处理:退火与正火常安排在粗加工之前,以改善切削加工性能和消除毛坯的内应力;调质一般应放在粗加工之后、半精加工之前进行,以保证调质层的厚度;时效处理用以消除毛坯制造和机械加工中产生的内应力。对于精度要求不太高的工件,一般在毛坯进入机械加工之前安排一次人工时效即可。对于机床床身、立柱等结构复杂的铸件,应在粗加工前后都要进行时效处理。对一些刚性差的精密零件(如精密丝杠),在粗加工、半精加工和精加工过程中要安排多次人工时效。

(2) 最终热处理:主要用以提高零件的表面硬度和耐磨性以及防腐、美观等。淬火、渗碳淬火、淬火—回火等安排在半精加工之后、磨削加工之前进行;氮化处理由于温度低,变形小,且氮化层较薄，故应放在精磨之后进行。表面装饰性镀层、发蓝处理，应安排在机械加工完毕之后进行。

3）辅助工序的安排

检验工序是数控加工主要的辅助工序。在每道工序中，首件一定要检查，尺寸不合格或尺寸不在公差范围之内，修改补偿尺寸后再确认一次。以后加工一定数量，就要进行抽检，如刀具磨损要进行及时的补偿或换新的刀具，防止成批不合格件流向下道工序。除工序自检之外，还要独立安排抽检工序，做到不合格材料不投产，不合格毛坯不加工，不合格工序不转入下道工序。具体的抽检时间顺序安排为：重要和复杂毛坯加工之前；重要和费工时的工序之后；完工、入库之前。

此外，去毛刺、倒钝锐边、去磁、清洗及涂防锈油等都是不可忽视的辅助工序。

3.3.3　工序集中与分散

安排了加工顺序之后，需将各加工表面的各次加工，按不同的加工阶段和加工顺序组合成若干个工序，从而拟定出零件加工的工艺路线。组合时可采用工序集中或工序分散的原则。

（1）工序集中是把零件的加工集中在少数几道工序内完成。其特点是：

① 有利于采用高效的专用设备和工艺装备，生产效率高。

② 由于工件装夹次数少，不仅可减少辅助时间，缩短生产周期，而且可在一次安装中加工许多表面，容易保证它们的相互位置精度。

③ 工序数目少，可以减少机床数量，相应地减少了操作人员数和生产面积，并可简化生产计划和生产组织工作。

（2）工序分散是把零件的加工分散到许多工序内完成。其特点是：

① 机床与工艺装备比较简单，容易调整。生产准备工作量小，容易适应产品变换。

② 对工人的技术要求低。

③ 设备数量多，操作工人多，生产面积大。

工序集中与工序分散各有优缺点，应根据生产类型、零件的结构特点与技术要求以及现有设备条件等来确定工序集中或分散的程度。a. 单件小批生产宜于工序集中，采用通用机床或数控机床。b. 中小批量生产通常采用数控机床（加工中心）加工，一次安装可进行钻、铣、镗等加工，加工方式是工序顺序集中或组织集中。c. 大批量生产可采用多刀、多轴等高效、专用机床将工序集中，加工方式是工序平行集中；也可按工序分散组织流水生产，加工方式是工序分散。

3.3.4　进给路线的确定

数控加工中进给路线对加工时间、加工精度和表面质量有直接的影响。

铣削有顺铣和逆铣两种方式。当工件表面无硬皮，机床进给机构无间隙时，应选用顺铣，用顺铣方式安排进给路线。因为采用顺铣加工，已加工零件表面质量好，刀齿磨损小。精铣时，尤其是零件材料为铝镁合金、钛合金或耐热合金时，应尽量采用顺铣。当工件表面有硬皮，机床的进给机构有间隙时，应选用逆铣，按照逆铣安排进给路线。因为逆铣时，刀齿是从已加工表面切入，不会崩刃；机床进给机构的间隙不会引起振动和“爬行”。

1）铣削外轮廓的进给路线

铣削平面零件外轮廓时，一般是采用立铣刀侧刃切削。刀具切入零件时，应避免沿零件外轮廓的法向切入，以避免在切入处产生刀具的接刀痕，而应沿切削起始点延伸线或切线方向逐渐切入工件，保证零件曲线的平滑过渡。同样，在切离工件时，也应避免在切削终点处直接抬刀，要沿着切削终点延伸线或切线方向逐渐切离工件。如图 3.14 所示。

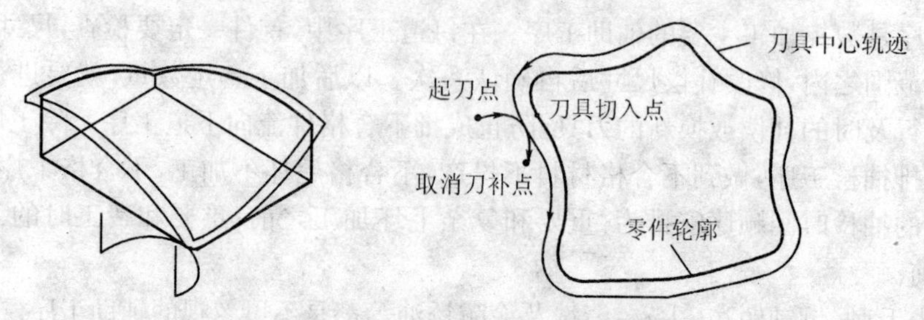

图 3.14　刀具切入和切出外轮廓的进给路线

2）铣削内轮廓的进给路线

铣削封闭的内轮廓表面时，同铣削外轮廓一样，刀具同样不能沿轮廓曲线的法向进刀和退刀。此时刀具可以沿过渡圆弧切入和切出工件轮廓。图 3.15 所示为铣切内腔的进给路线。

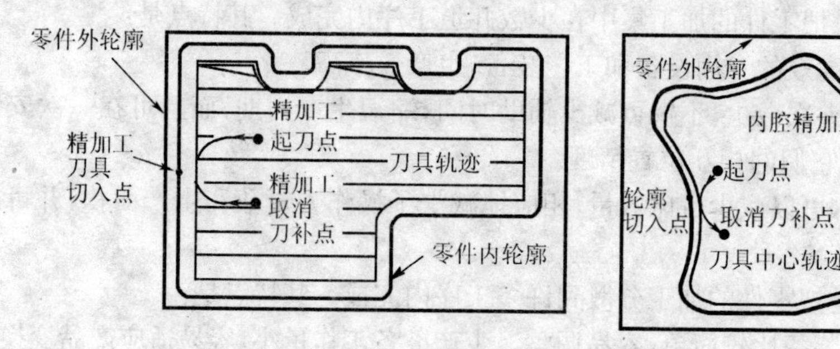

图 3.15　内腔精加工切入/切出路径

3）铣削曲面的进给路线与加工效果

对于曲面加工不论是精加工还是粗加工都有多种切削方式，针对不同的加工零件形状，选择一种进给路径较短的方式。图 3.16(b)所示的路径比图 3.16(a)的路径短。

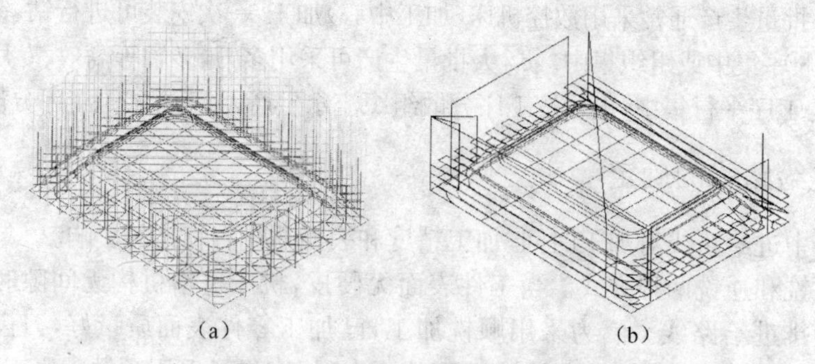

图 3.16　曲面加工的不同走刀路径

此外还必须考虑残余量大小的一致性，如平行铣削方式，平行 X 轴方向走刀，垂直走刀路径的曲面上残余量小，平行走刀路径的曲面上残余量大，如图 3.17(a)所示。这种粗加工结果不符合精加工切削用量均匀一致的要求。若改用45°方向走刀，效果如图 3.17(b)所示，虽然还有局部残余量还比较大，但整体残余量最大值变小，且其一致性比较好。

图 3.17 铣削曲面的两种进给路线

曲面精铣时如图 3.18 所示，使用平头刀和球头刀进给路径相同，但使用平头刀和球头刀的效果是不同的。图 3.18(b)是使用球头刀铣削的，圆圈中所示的最大残余量比图 3.18(a)用平头刀铣削的最大残余量的值要小，但底面（平面）的铣削用平头刀比球头刀效果好。

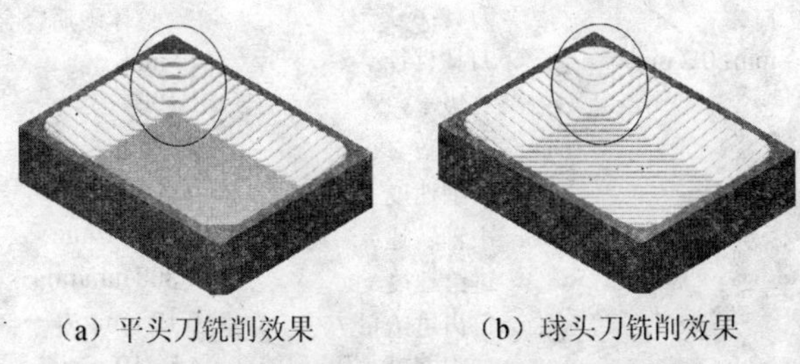

图 3.18 曲面铣削使用不同类型刀具的不同效果

在高速铣削中选择走刀路径方式，既要考虑刀具路径的长短，又要考虑刀具的受力。高速铣削方式下为了使切削力和脉动都小，在槽切削中通常采用摆线式切削。如图 3.19 所示。

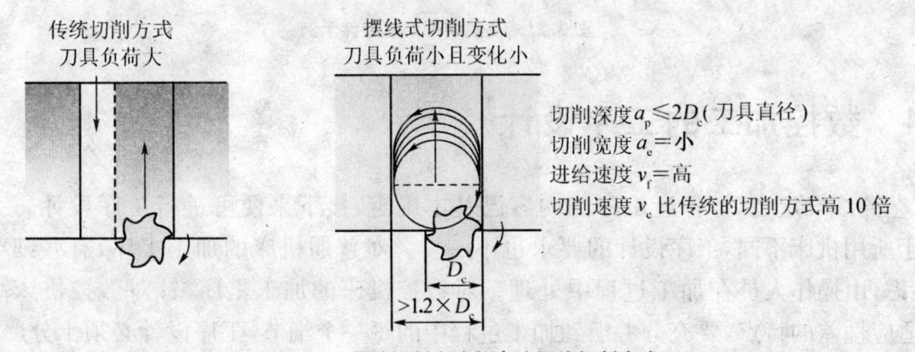

图 3.19 传统切削方式与高速摆线切削方式

4）Z 向进给

通常采用二刃键槽铣刀直接进刀，进刀路线短，但该方式进刀速率较小，加工效率不高，而且端面刀刃刀具中心部位的切削速度接近零，刀刃容易损坏。当采用直径较大的镶片立铣刀或高速铣削方式下，当采用坡走铣或螺旋式 Z 向进刀方式，中心部位刀刃有一定的切削速度，在刀具端面中心部位没有刀刃的情况下，也能连续地 Z 向进刀，且刀刃不容易损坏。图 3.20(a)所示为坡走铣、图 3.20(b)所示为螺旋式 Z 向进刀方式。高速切削的薄壁件，如图 3.21 所示。

总之，确定进给路线的原则是在保证零件加工精度和表面粗糙度的条件下，尽量缩短进给路线，以提高生产率。

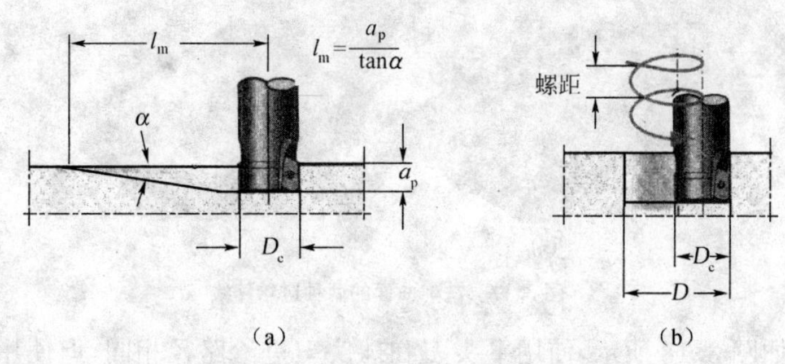

图 3.20　坡走铣与螺旋式 Z 向进刀方式

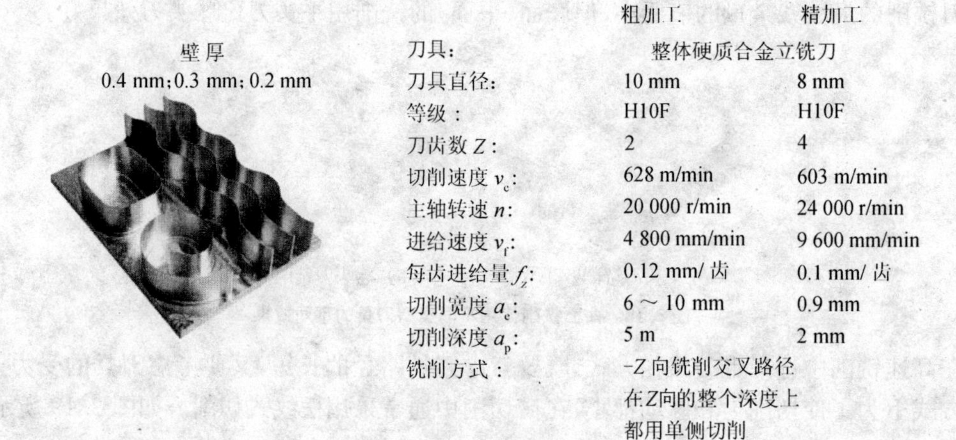

	粗加工	精加工
刀具:	整体硬质合金立铣刀	
刀具直径:	10 mm	8 mm
等级:	H10F	H10F
刀齿数 Z:	2	4
切削速度 v_c:	628 m/min	603 m/min
主轴转速 n:	20 000 r/min	24 000 r/min
进给速度 v_f:	4 800 mm/min	9 600 mm/min
每齿进给量 f_z:	0.12 mm/齿	0.1 mm/齿
切削宽度 a_e:	6～10 mm	0.9 mm
切削深度 a_p:	5 m	2 mm
铣削方式:	-Z 向铣削交叉路径 在Z向的整个深度上 都用单侧切削	

图 3.21　高速切削的薄壁件示例

3.4　数控加工的工序设计

工艺路线确定之后，各道工序的内容已基本确定，接下来便可进行工序设计。工序设计时，由于所用机床不同，工序设计的要求也不一样。对普通机床的加工工序，有些细节问题可不必考虑，由操作人员在加工过程中处理。对数控机床的加工工序，针对数控机床高度自动化、自适应性差的特点，要充分考虑到加工过程中的每一个细节，工序设计必须十分严密。

工序设计的主要任务是为每一道工序选择机床、夹具、刀具及量具，确定定位夹紧方案、刀具的进给路线、加工余量、工序尺寸及其公差、切削用量及工时定额等。

3.4.1　工件装夹与夹具选择

1）工件的定位

(1) 六点定位原理：工件在空间具有六个自由度，即沿 X、Y、Z 三个坐标轴方向的移动自由度 $\vec{X}$、$\vec{Y}$、$\vec{Z}$ 和绕 X、Y、Z 三个坐标轴的转动自由度 $\widehat{X}$、$\widehat{Y}$、$\widehat{Z}$，如图 3.22所示。因此，要完全确定工件的位置，就需要按一定的要求布置六个支承点（即定位元件）来限制工件

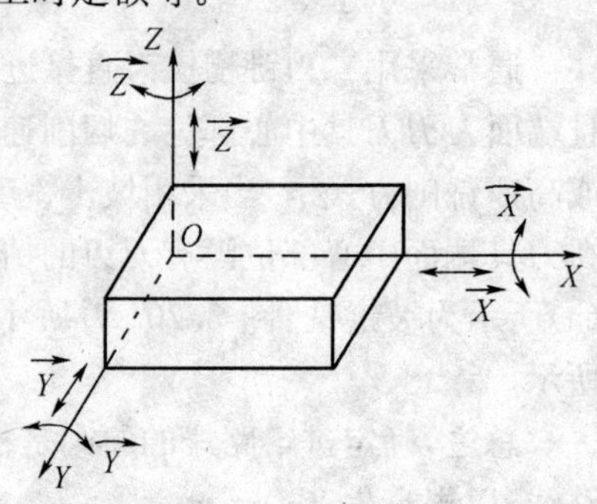

图 3.22　工件在空间的六个自由度

的六个自由度。其中每个支承点限制相应的一个自由度。这就是工件定位的“六点定位原理”。

如图3.23所示的长方形工件，底面A放置在不在同一直线上的三个支承上，限制了工件的$\widehat{X}$、$\widehat{Y}$、$\vec{Z}$三个自由度；工件侧面B紧靠在沿长度方向布置的两个支承点上，限制了$\vec{X}$、$\widehat{Z}$两个自由度；端面C紧靠在一个支承点上，限制了$\vec{Y}$自由度。

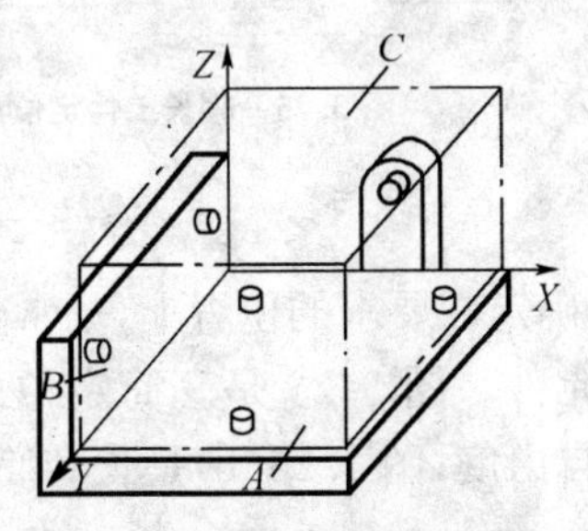

图3.23　长方形工件的六点定位

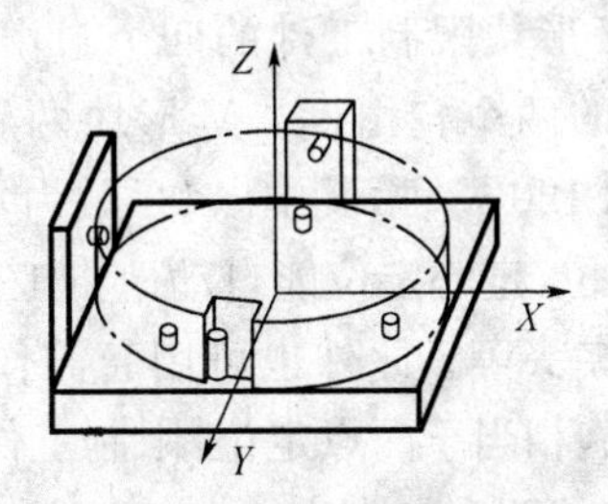

图3.24　盘状工件的六点定位

图3.24所示为盘状工件的六点定位情况。平面放在三个支承点上，限制了$\widehat{X}$、$\widehat{Y}$、$\vec{Z}$三个自由度；圆柱面靠在侧面的两个支承点上，限制了$\vec{X}$、$\vec{Y}$两个自由度；在槽的侧面放置一个支承点，限制了$\widehat{Z}$自由度。

由图3.23和图3.24可知，工件形状、定位表面不同，定位点的布置情况会各不相同。

(2) 限制工件自由度与加工要求的关系：根据工件加工表面加工要求的不同，有些自由度对加工要求有影响，有些自由度对加工要求无影响。工件定位时，影响加工要求的自由度必须限制，不影响加工要求的自由度不必限制。

(3) 完全定位与不完全定位：工件的六个自由度都被限制的定位称为完全定位（如图3.23、图3.24所示）。工件被限制的自由度少于六个，但不影响加工要求的定位称为不完全定位。

(4) 过定位与欠定位：按照加工要求应限制的自由度没有被限制的定位称为欠定位。欠定位是不允许的，因为欠定位保证不了加工要求。工件的一个或几个自由度被不同的定位元件重复限制的定位称为过定位。当过定位导致工件或定位元件变形，影响加工精度时，应严禁采用；但当过定位不影响工件的正确定位，并能提高工件刚度，有利于提高加工精度时，就可以采用。

2）工件的定位方式与定位元件

(1) 工件以平面定位：工件以平面作为定位基准时，常用的定位元件如下所述。

① 主要支承：主要支承用来限制工件的自由度，起定位作用。

a. 固定支承：固定支承有支承钉和支承板两种形式。在使用过程中，可根据坯料的情况（已加工表面或毛坯）选择不同头部结构的支承钉。

b. 可调支承：可调支承用于在工件定位过程中，支承钉的高度需要调整的场合。大多用于工件毛坯尺寸、形状变化较大，以及粗加工定位等情况。

c. 自位支承（浮动支承）：自位支承是在工件定位过程中，能自动调整位置的支承。相当于一个定位支承点，只限制工件一个自由度。用于提高工件的刚性和稳定性。

② 辅助支承：辅助支承用来提高工件的装夹刚性和稳定性，不起定位作用，也不允许破坏原有的定位。

(2) 工件以外圆柱面定位:有支承定位和定心定位两种。

① 支承定位:支承定位最常见的是V形块定位。图3.25(a)为常见V形块结构,用于较短工件精基准定位;图3.25(b)用于较长工件粗基准定位;如果定位基准与长度较大,则V形块不必做成整体钢件,而采用铸铁底座镶淬火钢垫,如图3.25(c)所示。长V形块限制工件的四个自由度,短V形块限制工件的两个自由度。V形块两斜面的夹角有60°、90°和120°三种,其中以90°最为常用。

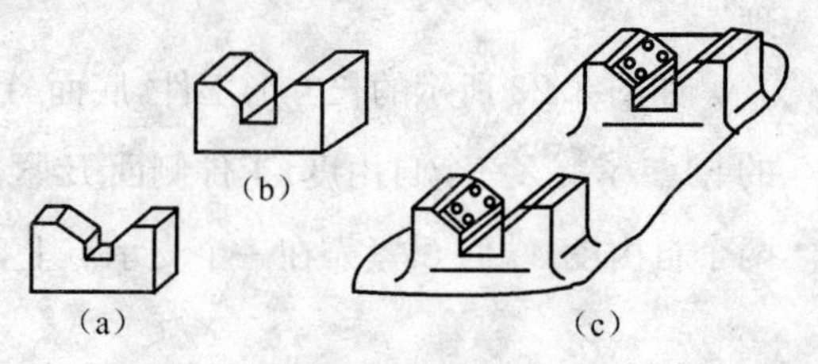

图3.25　较长工件定位用V形块

② 定心定位:定心定位能自动地将工件的轴线确定在要求的位置上,如常见的三爪自动定心卡盘和弹簧夹头等。此外也可用套筒作为定位元件。图3.26是套筒定位的实例,图3.26(a)是短套筒孔,相当于两点定位,限制工件的两个自由度;图3.26(b)是长套筒孔,相当于四点定位,限制工件的四个自由度。

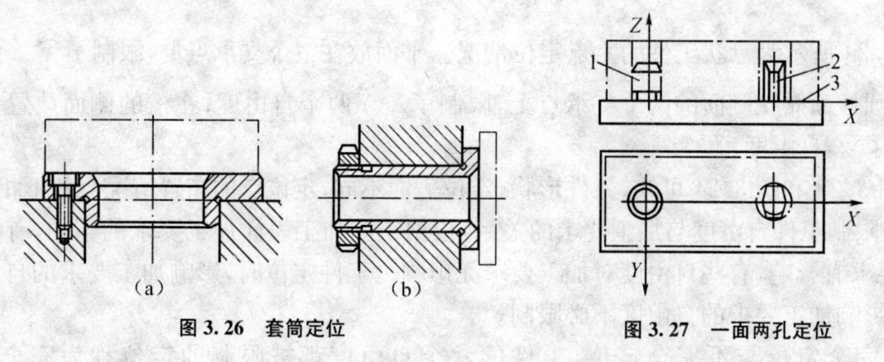

图3.26　套筒定位

图3.27　一面两孔定位

(3) 工件以圆孔定位:工件以圆孔内表面定位时,常用定位元件有:定位销、圆柱心轴、圆锥销、锥度心轴等。

(4) 工件以一面两孔定位:图3.27为一面两孔定位简图。利用工件上的一个大平面和与该平面垂直的两个圆孔作定位基准进行定位。夹具上如果采用一个平面支承(图中3,限制$\overset{\frown}{X}$、$\overset{\frown}{Y}$和$\vec{Z}$三个自由度)和两个圆柱销(都限制$\vec{X}$和$\vec{Y}$两个自由度)作定位元件,则在两销连心线方向产生过定位(重复限制$\vec{X}$自由度)。为了避免过定位,将其中一销做成削边销(见图中2)。削边销不限制$\vec{X}$自由度,限制$\overset{\frown}{Z}$自由度。

3) 定位误差

一批工件逐个在夹具上定位时,各个工件在夹具上所占据的位置不可能完全一致,所以加工后各工件的工序尺寸存在误差。这种因工件定位而产生的工序基准在工序尺寸方向上的最大变动量,称为定位误差,用ΔD表示。

(1) 定位误差产生的原因

① 基准不重合误差:定位基准与设计基准不重合时所产生的加工误差,称为基准不重合误差。在工艺文件上,设计基准已转化为工序基准,设计尺寸已转化为工序尺寸,此时基准不重合误差就是定位基准与工序基准之间尺寸的公差,用ΔB表示。

② 基准位移误差:一批工件定位基准相对于定位元件的位置最大变动量(或定位基准本身的位置变动量)称为基准位移误差,用ΔY表示。

(2) 常见定位方式的定位误差　① 工件以圆柱面配合定位的基准位移误差：a. 定位副固定单边接触。b. 定位副任意边接触：当心轴垂直放置时，工件可以与心轴任意边接触，此时定位误差为单边接触的双倍(不考虑定位孔与定位心轴间的最小配合间隙时)。

$$\Delta Y = D_{max} - d_{min} = T_D + T_d \quad (3.1)$$

式中：T_D——工件定位孔直径公差；T_d——定位心轴直径公差。

② 工件以外圆在V形块上定位的误差：如图3.28所示，工件以外圆在V形块上定位，定位基准是工件外圆轴心线，因工件外圆柱面直径有制造误差，因此产生的工件在垂直方向上的基准位移误差为：

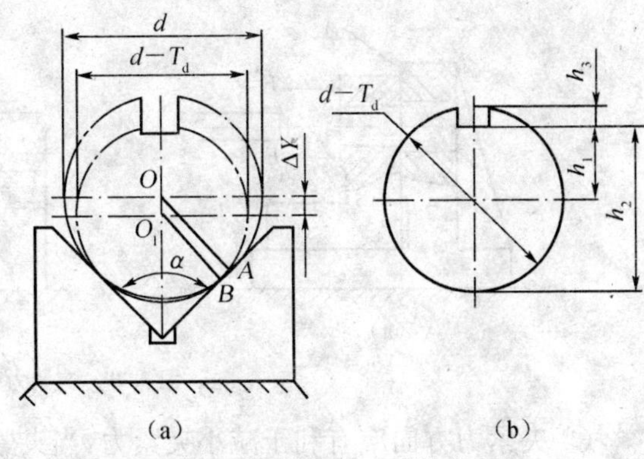

图 3.28　工件以外圆在V形块上定位

$$\Delta Y = OO_1 = \frac{d/2}{\sin(\alpha/2)} - \frac{(d-T_d)/2}{\sin(\alpha/2)} = T_d/2\sin(\alpha/2) \quad (3.2)$$

对于图3.28(b)中的三种工序尺寸标注，其定位误差分别为：当工序尺寸标为h_1时，因基准重合，$\Delta B = 0$，所以

$$\Delta D = \Delta Y = T_d/2\sin(\alpha/2) \quad (3.3)$$

当工序尺寸标为h_2时，工序基准为外圆柱面下母线，与定位基准不重合，两者以$(d-T_d)/2$相联系。所以$\Delta B = T_d/2$。由于工序基准在定位基面上，因此$\Delta D = |\Delta Y \pm \Delta B|$。符号的确定：当定位基面直径由大变小时，定位基准朝下运动，使h_2变大；当定位基面直径由大变小时，假定定位基准不动，工序基准相对于定位基准向上运动，使h_2变小。两者变动方向相反，故有：

$$\Delta D = |\Delta Y - \Delta B| = \left|\frac{T_d}{2\sin(\alpha/2)} - \frac{T_d}{2}\right| = \frac{T_d}{2}\left[\frac{1}{\sin(\alpha/2)} - 1\right] \quad (3.4)$$

当工序尺寸标为h_3时，工序基准为外圆柱面上母线，基准不重合，误差仍为$\Delta B = T_d/2$；当定位基准面直径由大变小时，ΔB和ΔY都使h_3变小，故有：

$$\Delta D = \Delta Y + \Delta B = \frac{T_d}{2\sin(\alpha/2)} + \frac{T_d}{2} = \frac{T_d}{2}\left[\frac{1}{\sin(\alpha/2)} + 1\right] \quad (3.5)$$

4) **工件的装夹**

加工过程中，为保证工件定位时确定的位置正确，防止工件在切削力、离心力、惯性力、重力等作用下产生位移和振动，需将工件夹紧。这种保证加工精度和安全生产的装置，称为夹紧装置。

(1) 对夹紧装置的基本要求：夹紧装置的自动化程度及复杂程度应与工件的产量和批量相适应。

① 夹紧过程中，不改变工件定位后所占据的正确位置。

② 夹紧力的大小适当：既要保证工件在加工过程中其位置稳定不变、震动小，又要使工件不产生较大的夹紧变形。

③ 操作方便、省力、安全。

(2) 夹紧力方向和作用点的选择

① 夹紧力应朝向主要定位基准：如图3.29(a)所示，被加工孔与左端面有垂直度要求，因此，要求夹紧力F_J朝向定位元件A面。如果夹紧力改朝B面，由于工件左端面与底面的夹角误差，夹紧时将破坏工件的定位，影响孔与左端面的垂直度要求。又如图3.29(b)所示，夹紧力F_J朝向V形块，使工件的装夹稳定可靠。但是，如果改为朝向B面，则夹紧时工件有可能会离

开 V 形块的工作面而破坏工件的定位。

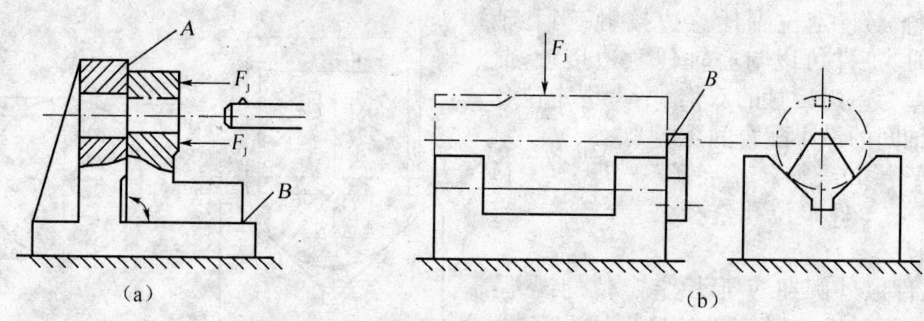

图 3.29　夹紧力朝向主要定位面

② 夹紧力方向应有利于减小夹紧力：当夹紧力与切削力、工件重力同方向时，加工过程所需的夹紧力可最小。

③ 夹紧力的作用点应选在工件刚性较好的方向和部位：这对刚性差的工件特别重要。

④ 夹紧力的作用点应尽量靠近工件加工面：这样既提高了工件的装夹刚性，又减少了加工过程中的振动。

⑤ 夹紧力作用点应落在定位支承范围内。

5）夹具的选择

单件小批量生产时，应优先选用组合夹具、通用夹具或可调夹具，以节省费用和缩短生产准备时间。成批生产时，可考虑采用专用夹具，但力求结构简单。

装卸工件要方便可靠，以缩短辅助时间，有条件且生产批量较大时，可采用液动、气动或多工位夹具，以提高加工效率。除上述几点外，还要求夹具在数控机床上安装准确，能协调工件和机床坐标系的尺寸关系。

3.4.2　刀具与切削用量选择

1）机床刀具

(1) 刀具材料应具备的性能：切削时，刀具切削部分不仅要承受很大的切削力，而且要承受切削变形和摩擦所产生的高温。要使刀具能在这样的条件下工作而不至于很快地变钝或损坏，保持其切削能力，就必须使刀具材料具有如下的性能：

① 高的硬度和耐磨性：刀具材料的硬度必须远远高于被加工材料的硬度，否则在高温高压下，就不能保持刀具锋利的几何形状。通常刀具材料的硬度都在 60HRC 以上。

② 足够的强度与韧性：刀具切削部分的材料在切削时要承受很大的切削力和冲击力。

③ 良好的耐热性和导热性：刀具材料的耐热性是指刀具材料在高温下保持其切削性能的能力。

④ 良好的工艺性：为了便于制造，要求刀具材料有较好的可加工性，包括锻压、焊接、切削加工、热处理、可磨性等。

⑤ 经济性：选择刀具材料时应注意经济效益，在满足要求的情况下，力求价格低廉。

(2) 刀具材料的种类：目前最常用的刀具材料有高速钢和硬质合金。陶瓷材料和超硬刀具材料（金刚石和立方氮化硼）应用也越来越多，它们的硬度很高，具有优良的抗磨损性能，刀具耐用度高，能保证高的加工精度。

① 高速钢：高速钢是含有较多的钨、铬、钼、钒等合金元素的高合金工具钢。按用途不同分

为通用型高速钢和高性能高速钢。

② 硬质合金:硬质合金是由硬度和熔点都很高的碳化物(WC、TiC、TaC、NbC 等),用 Co、Mo、Ni 作粘结剂制成的粉末冶金制品。在国内常用的硬质合金有三大类:钨钴类硬质合金(YG)、钨钛钴类硬质合金(YT)、钨钛钽(铌)类硬质合金(YW)。

③ 其他刀具材料:有涂层刀具材料、陶瓷、金刚石、立方氮化硼(CBN)。

近年来国内外,硬质合金涂层刀具用地很多,刀具的耐磨性、综合切削性比较好。国际上刀具牌号的分类为:P 类加工钢材;M 类加工不锈钢等;F 类加工铸铁;N 类加工有色金属;S 类加工耐热合金;H 类加工淬过火的高硬材料。

(3) 刀具分类:按刀具结构分类,有整体式、焊接式和机夹可转位式刀片等。按刀具切削刃数量划分,可分为单刃刀具、多刃刀具等。

① 整体式刀具:使用较多的整体式刀具有高速钢车刀、立铣刀等,如图 3.30 所示。近年来由于刀具制造技术的发展,整体式硬质合金键槽铣刀、球头铣刀使用越来越多。

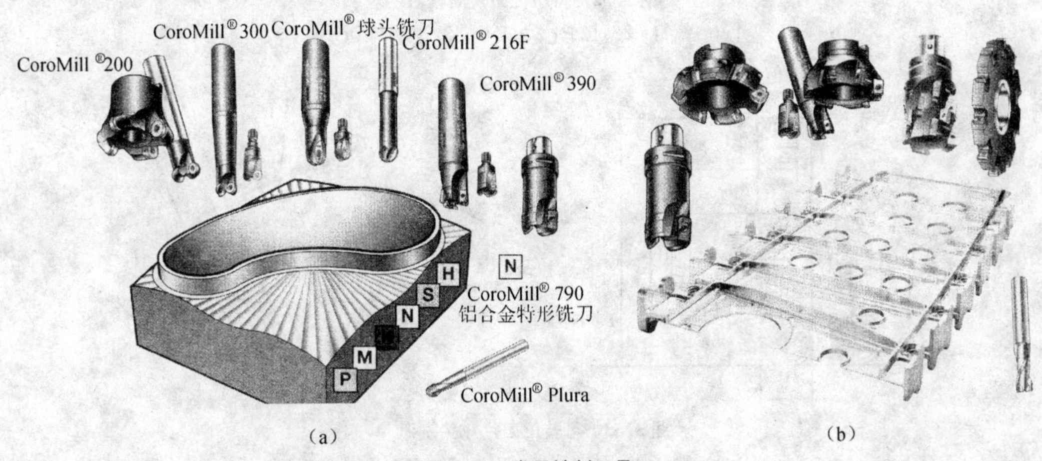

图 3.30 常见铣削刀具

② 焊接式刀具:焊接式刀具结构简单,刚性好,可根据加工要求较方便地刃磨出所需的几何形状,应用十分普遍。但焊接后的硬质合金刀具,经刃磨后易产生内应力和裂纹,使切削性能下降,影响生产率的提高。如图 3.31(c)所示。

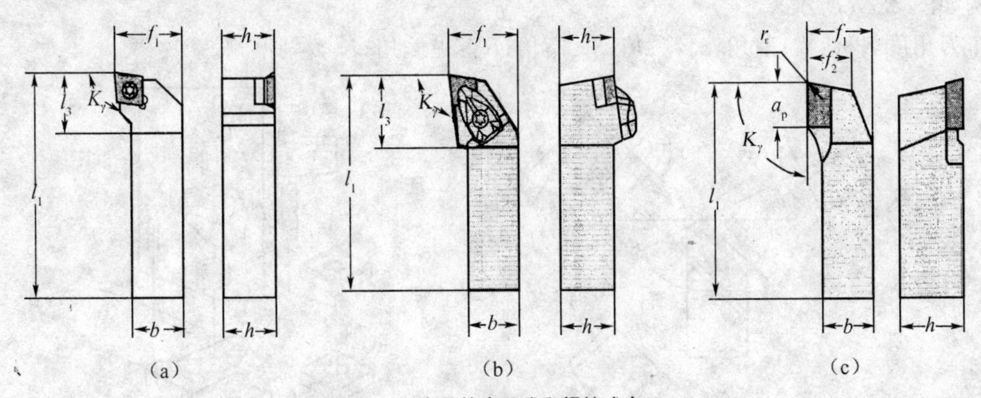

图 3.31 常见的夹固式和焊接式车刀

③ 机夹可转位刀片式刀具(机夹不重磨式刀具):以机夹可转位刀片式车刀为例,如图 3.31 的(a)、(b)所示,这种刀具具有一定几何角度的多边形刀片,以机械紧固的方法,装夹

在标准刀杆上。当刀片磨钝后，将夹紧机构松开，将刀片转位后即可继续切削。使用机夹不重磨刀具能提高硬质合金刀具的耐用度和刀片利用率，节约了刀杆和刃磨砂轮的消耗，简化了刀具的制造过程，有利于刀具标准化和生产组织管理。对于旋转刀具，目前也大量采用可转位刀片刀具，如图 3.32 所示为可转位刀片面铣刀，图 3.33 所示为可转位刀片球头铣刀。

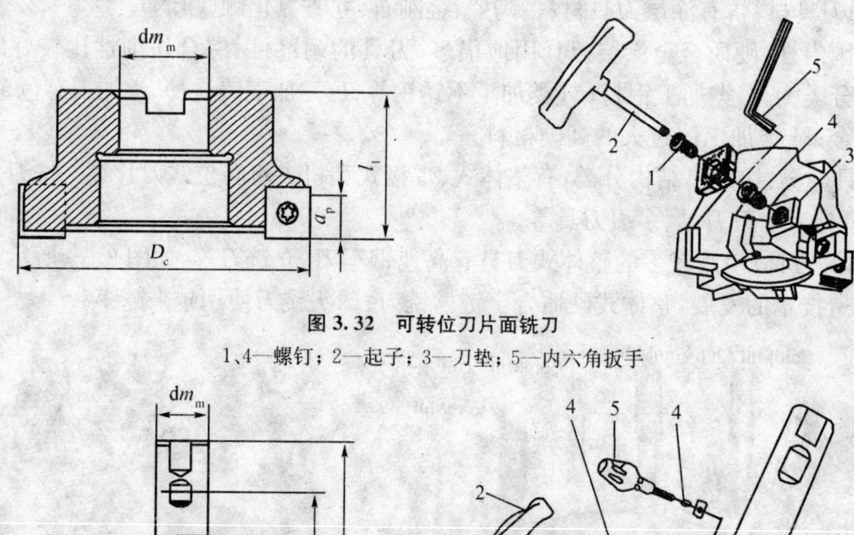

图 3.32　可转位刀片面铣刀

1、4—螺钉；2—起子；3—刀垫；5—内六角扳手

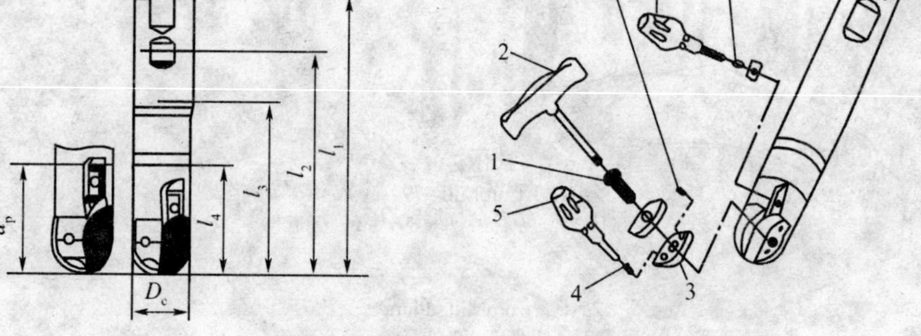

图 3.33　可转位刀片球头铣刀

1、4—螺钉；2—起子；3—刀垫；5—内六角扳手

(4) 刀具几何角度：刀具切削部分组成要素：刀具种类繁多，结构各异，但其切削部分的几何形状和参数都有共性，总是近似地以普通外圆车刀的切削部分为基础，确定刀具一般性定义，分析刀具切削部分的几何参数。普通外圆车刀刀具角度标注如图 3.34 所示。夹固式的夹紧机构如图 3.35 所示。

车刀角度名称：γ_0：前角；α_0：后角；β_0：楔角；K_γ：主偏角；K'_γ：副偏角。

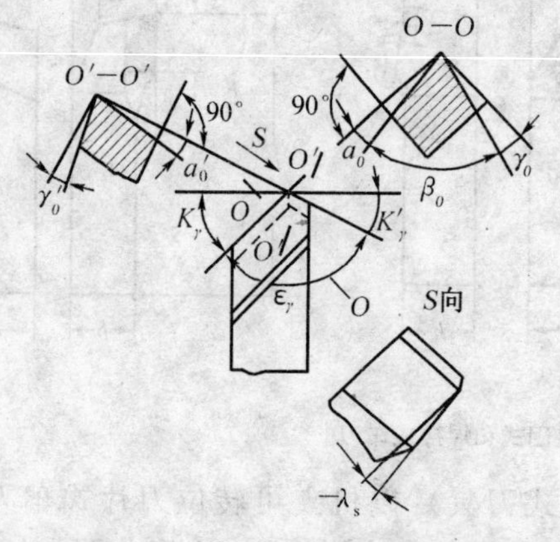

图 3.34　外圆车刀刀具角度标注

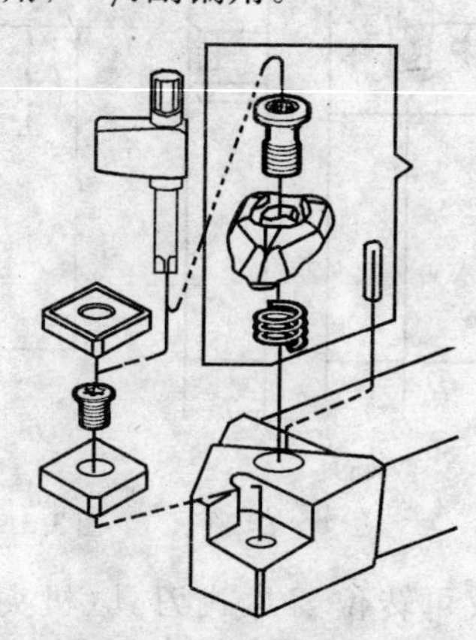

图 3.35　夹固式的夹紧机构

(5) 刀具的工作角度：上述的刀具角度是在刀具静止参考系中定义的角度，即在不考虑刀具的具体安装情况和运动影响的条件下而定义的刀具标注角度。实际上，在切削加工中，由于进给运动的影响或刀具相对于工件安装位置发生变化时，常常使刀具实际的切削角度发生变化。这种在实际切削过程中起作用的刀具角度，称为工作角度。通常进给运动对刀具角度的影响趋势为前角增大、后角减小。刀尖安装高度高于旋转中心时对刀具角度的影响与进给运动相同，低于则影响相反。

2) 刀具的选择

一般优先采用标准刀具，必要时也可采用各种高生产率的复合刀具及其他一些专用刀具。此外，应结合实际情况，尽可能选用各种先进刀具，如可转位刀具、整体硬质合金刀具、陶瓷涂层刀具等。刀具的类型、规格和精度等级应符合加工要求，刀具材料应与工件材料相适应。

(1) 对刀具性能的要求：在刀具性能上，数控机床加工所用刀具应高于普通机床加工所用刀具。所以选择数控机床加工刀具时，还应考虑以下几个方面：

① 切削性能好：为使刀具在切削粗加工或难加工材料的工件时，能采用大的背吃刀量和高速进给，刀具必须具有能够承受高速切削和强力切削的性能。同时，同一批刀具在切削性能和刀具寿命方面一定要稳定，以便实现按刀具使用寿命换刀或由数控系统对刀具寿命进行管理。

② 精度高：为适应数控加工的高精度和自动换刀等要求，刀具必须具有较高的精度。如有的整体式立铣刀的径向尺寸精度高达 0.005 mm 等。

③ 可靠性高：要保证数控加工中不会发生刀具意外损坏及因潜在缺陷而影响到加工的顺利进行等情况，要求刀具及与之组合的附件必须具有很好的可靠性及较强的适应性。

④ 耐用度高：数控加工的刀具，不论在粗加工或精加工中，都应比普通机床加工所用刀具具有更高的耐用度，以尽量减少更换(或修磨刀具)及对刀的次数，从而提高数控机床的加工效率，保证加工质量。

⑤ 断屑及排屑性能好：数控加工中，断屑和排屑不像普通机床加工那样，能及时由人工处理，切屑易缠绕在刀具和工件上，会损坏刀具和划伤工件已加工表面，甚至会发生伤人和设备事故，影响加工质量和机床的顺利、安全运行，所以要求刀具应具有较好的断屑和排屑性能。

(2) 立铣刀受力分析：从刀具受力，使用的方便性、经济性，特别是从学生实习的方便性角度来分析。三刃立铣刀的刀刃螺旋角大，切削时对于某一刀刃来讲，刀刃与工件的接触从切入时的一点逐渐增大到最大，然后减小到最小直至离开，当一个刀刃的切削力由大开始减小时另一个刀刃又已经开始切入，刀具受力变化小，受冲击小。二刃键槽铣刀，刀刃的螺旋角小，刀刃一旦切入工件，切削力几乎很快就达到最大值，当一个刀刃离开工件时另一个刀刃可能还没有切入工件，刀具受到的冲击力大。所以工厂里的铣工通常喜欢使用三刃铣刀，因其受冲击力小，铣削过程平稳，震动小，而键槽铣刀主要的一个优点是在精铣键槽时，二刃刀受力对称，铣出的键槽直线性好，通常用于铣削键槽，也是二刃刀被称为键槽铣刀的原因。就使用方便性而言，二刃铣刀能在工件中间进刀，使用三刃铣刀必须在下刀点预先钻孔，因为三刃铣刀在刀具端面中心处有一个刃磨用的顶针孔，刀刃不到中心部，所以 Z 向不能直接进刀，在 CAM 加工中，可选择坡走铣或螺旋下刀方式，而二刃铣刀刀刃到中心部，可以 Z 向直接进刀，所以使用方便，特别是对于学生实习。球头模具铣刀刀刃到中心部，也可以 Z 向直接进刀。从经济性考虑，普通立铣刀与球头模具立铣刀相比形状简单，要便宜得多。选择原则：二维轮廓的粗、精铣，三维曲面的粗铣选择键槽铣刀或镶片式立铣；三维曲面的精铣为了给后道工序留下较小的抛光余量,选择球头模具立铣刀。

粗加工铣削斜面时在相同的切削深度的情况下,键槽铣刀与球头模具铣刀铣削的残余量大小如图 3.36 所示。

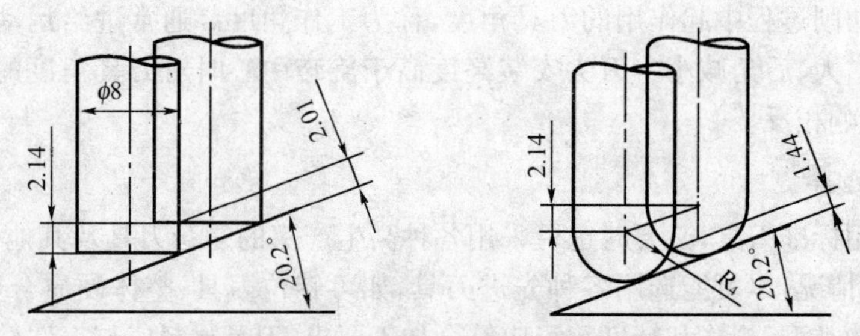

图 3.36　铣刀对残余量大小的影响

3) 切削用量的选择

(1) 刀具耐用度的定义:刀具由开始切削一直到磨损量达到磨钝标准为止的总切削时间称为刀具耐用度,以符号 C 来表示。

刀具耐用度与刀具寿命这两个名词含义不同。刀具寿命是表示一把新刀从投入切削起,到报废为止总的实际切削时间,其中包括该刀具多次重磨,因此刀具寿命等于这把刀的刃磨次数(包括新刀开刃)乘以刀具的耐用度。

(2) 切削用量与刀具耐用度的关系:切削速度对刀具耐用度影响最大,其次是进给量,最后是切削深度。

(3) 金属切除率与切削用量的选择:对于粗加工,要尽可能保证较高的单位时间金属切除量(金属切除率)和必要的刀具耐用度。在车削加工中,单位时间内的金属切除量可以用下式计算:

$$Z_{\omega} \approx 1\,000 v f a_{p} \tag{3.6}$$

式中:Z_{ω}——单位时间内的金属切除量(mm^3/s);v——切削速度(m/s);f——进给量(mm/r);a_p——切削深度(mm)。

提高切削速度、增大进给量和切削深度,都能提高金属切除率。同时考虑到切削用量与刀具耐用度的关系,所以,在选择粗加工切削用量时,应优先采用大的切削深度,其次考虑采用大的进给量,最后才选择合理的切削速度。

工厂中实际切削用量制定的通常方法是:

① 经验估算法:凭工艺人员的实践经验估计切削用量。

② 查表修正法:将工厂生产实践和试验研究积累的有关切削用量的资料制成表格,并汇编成册。确定切削用量时根据零件材料、刀具材料从手册中查出切削速度 v(m/min)和每转进给量 S_0(mm/r),以此计算出主轴转速和进给速度,再结合工厂的实际情况进行适当修正。计算公式如下(其中 D 为刀具直径,n 为主轴转速,F 为进给速度):

$$n = 1\,000 v/(\pi D) \quad \text{(r/min)} \tag{3.7}$$
$$F = S_0 n \quad \text{(mm/min)} \tag{3.8}$$

切削深度应根据工件的加工余量和机床—夹具—刀具—工件系统的刚性来确定。在保留半精加工、精加工必要余量的前提下,应当尽量将粗加工余量一次切掉。只有当总加工余量太大，一次实在切削不完时，才考虑分几次走刀。走刀次数多，从辅助时间来说，是不合适的。粗加工时限制进给量提高的因素是切削力。进给量主要根据机床—夹具—刀具—工件系统的刚性和强度来确定。在工艺系统的刚性和强度好的情况下，可选用大一些的进给量；在切削细长轴类、铣削大平面薄板件等刚性差的零件时，首先要考虑怎样提高加工系统的刚性，切削用量的选择要使加工系统的变形、震动控制在不影响加工精度的范围内。

断续切削时为了减少冲击，应降低一些切削速度和进给量。车削内孔时刀杆刚性差，应适当采用小一些的切削深度和进给量。车削端面时可适当提高一些切削速度，使平均速度接近车削外圆时的数值。

加工大型工件时，机床和工件的刚性较好，可采用较大的切削深度和进给量，但切削速度则应降低，以保证必要的刀具耐用度，同时也使工件旋转时的离心力不致太大。

(4) 加工精度、表面质量与切削用量选择的关系：半精加工、精加工时首先要保证加工精度和表面质量，同时应兼顾必要的刀具耐用度和生产效率。

半精加工、精加工时的切削深度根据粗加工留下的余量确定。限制进给量提高的主要因素是表面粗糙度。为了减小工艺系统的弹性变形，减小已加工表面的残留余量的大小，半精加工尤其是精加工时一般多采用较小的切削深度和进给量。在曲面加工和带有曲面的模具加工中，为了保证加工精度，粗加工选择切削用量时，通常采用小切深，快进给。以便给精加工留下均匀一致且比较小的残余量，使得精加工切削时切削力小，工艺系统的弹性变形小，应变引起的切削误差小。在切削深度和进给量确定之后，一般也是在保证合理刀具耐用度的前提下确定合理的切削速度。

为了抑制积屑瘤和鳞刺的产生，以提高表面质量，用硬质合金刀具进行精加工时一般多采用较高的切削速度，高速钢刀具则一般多采用较低的切削速度。例如，硬质合金精车刀的切削速度一般在 80～100 m/min。

精加工时刀尖磨损往往是影响加工精度的重要因素，因此应选用耐磨性好的刀具材料，并尽可能使之在最佳切削速度范围内工作。

在钻、扩、铰的工序中，通常为了保证孔的位置精度，先打中心孔，然后再钻、扩、铰，扩、铰的加工余量大小还可以根据钻夹头的跳动情况适当修改，一般情况采用附录 1 表格中的数据即可。当钻夹头的跳动很小时，可减小扩孔加工余量到 0.75 mm，铰加工余量到0.1 mm。在铸铁上加工直径为 ϕ30 mm(或 ϕ32 mm)的孔时，可直接用 ϕ28 mm(或ϕ30 mm) 钻头预钻一次。

但对于具体的数控机床，如小型数控车床、铣床，教学型的数控车床、铣床，应按相应的数控机床的刚性情况减小到所允许的合理切削用量范围内。

习 题

(1) 何为工艺过程？它对组织生产有何作用？

(2) 对零件图进行工艺分析，分析的内容是什么？作用是什么？

(3) 粗、精加工基准选择原则是什么？

(4) 工序集中与工序分散各有那些优缺点？加工中心加工通常采用哪种方式，为什么？

(5) 加工工序安排的主要原则有哪些？

(6) 数控机床所用的夹具通常有哪些？其作用是什么？

(7) 针对以下不同情况:粗、精加工;大批量、小批量;自动编程、手动编程,刀具、刀具材料的选择原则是什么?

(8) 试论述硬质合金、高速钢底基涂层(陶瓷、硬质合金等)、高速钢刀具材料的性能,实际加工中如何选择?

(9) 粗、精加工切削用量的选择原则是什么?

(10) 试分析进刀方式的选择与加工精度要求和刀具类型的关系。

4 UG 软件基本操作

4.1 UG NX 界面初步认识

打开 UG，在没有打开文件之前的用户界面如图 4.1 所示。

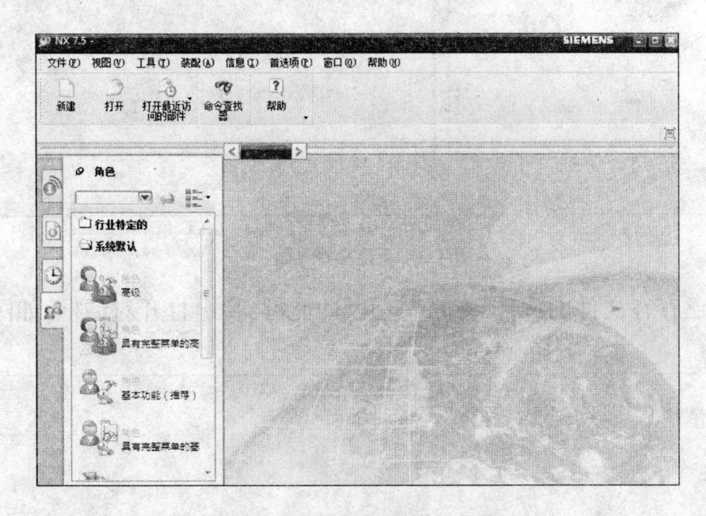

图 4.1 UG 启动后的初始界面

(1) 新建一个零件文件或打开一个已存在的零件文件。操作如下：

新建一个文件的操作：点击“新建”功能键，弹出新建文件对话框，如图 4.2 所示。

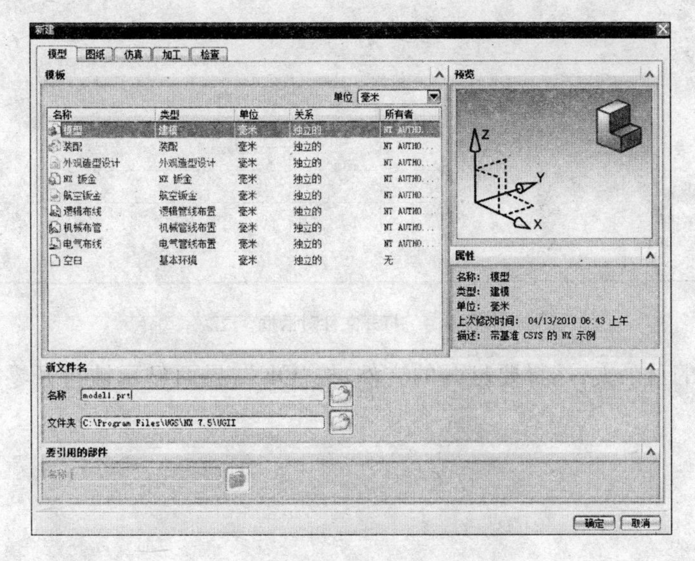

图 4.2 文件夹路径和文件名设定对话框

设定文件夹路径、文件名称(文件夹和文件名只能用英文不能用中文),按“OK”,界面如图 4.3所示。

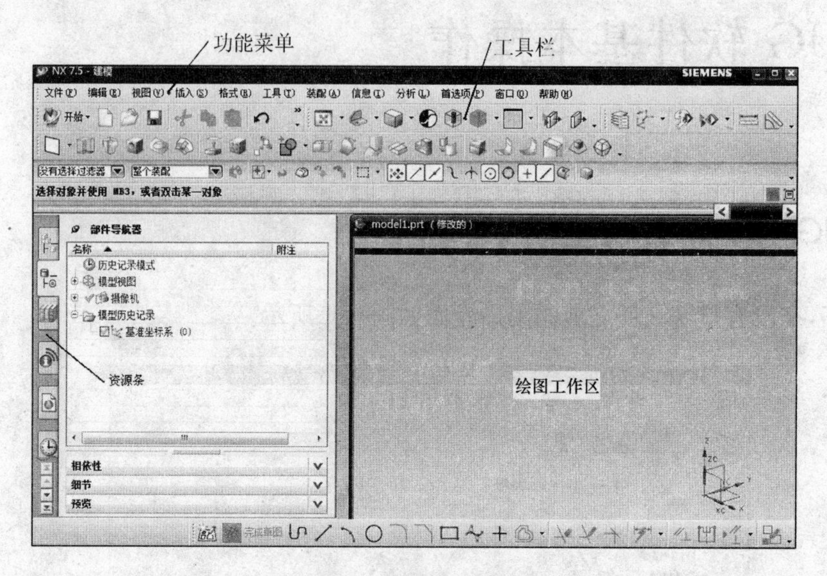

图 4.3 新建文件界面

(2) 打开一个已存在文件的操作:点击“打开”功能键,弹出打开对话框,如图 4.4 所示。

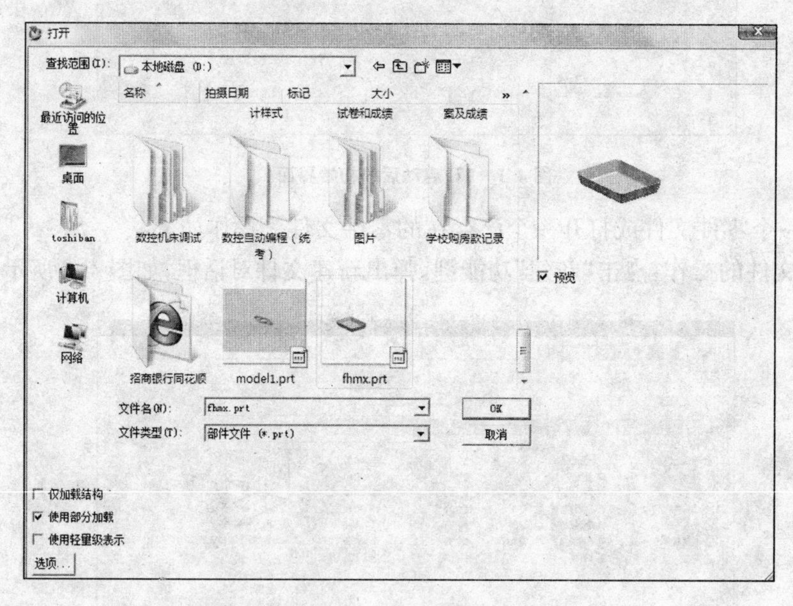

图 4.4 打开文件对话框

找到文件存放的目录夹,选择要打开的文件,按“OK”,界面显示被打开零件的图形模型,如图 4.5 所示。

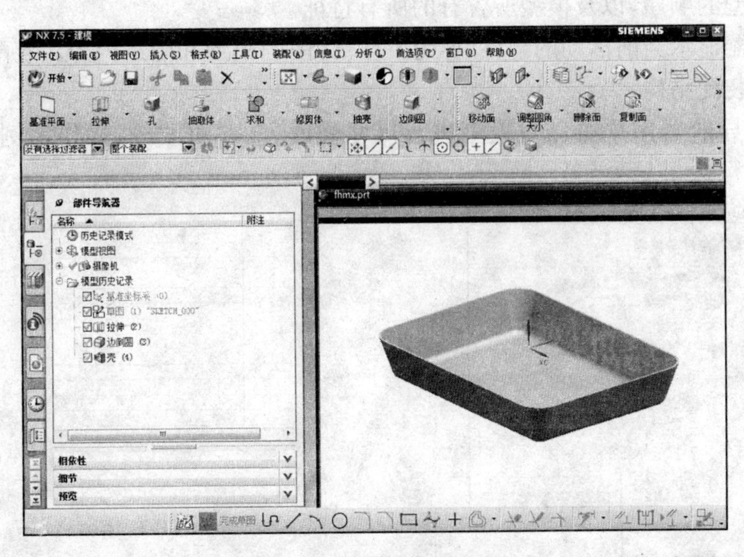

图 4.5　打开已存饭盒零件的界面

(3) 资源板

资源条包括一个资源条和相应的显示框。资源条中有装配导航器、部件导航器、重用库、HD3D 工具、Internet Explorer、历史记录、系统材料、Process Studio、加工向导、角色和系统可视化场景等内容。在资源条上选择所需要的选项,则在资源条相邻的右侧显示相应的内容,如图 4.6(a)所示的角色设定。通过使用资源板,用户可以很方便地获取相关的资源信息。

图 4.6(a)　资源板中的角色设定

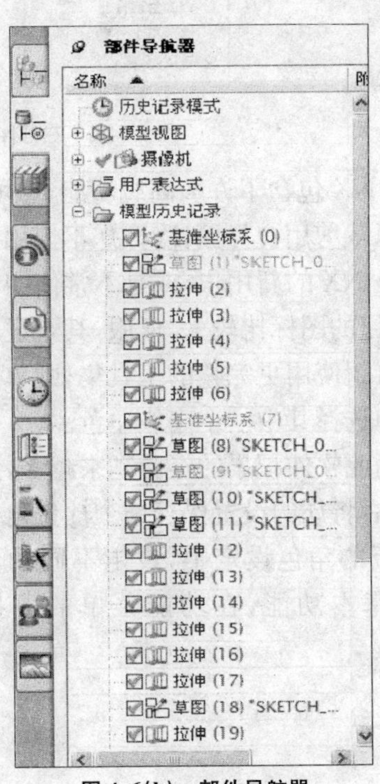

图 4.6(b)　部件导航器

① 部件导航器如图 4.6(b)所示,导航器位于资源条相邻的右侧。部件导航器中记录了用

户绘制零件模型的顺序,以及模型所含有的所有特征。

部件导航器显示当前活动的部件(称为工作部件)的模型和图纸内容。装配导航器显示顶级显示部件的装配结构。

通过部件导航器用户可以对模型进行尺寸修改、顺序更改等,操作示例如图 4.6(c)所示。

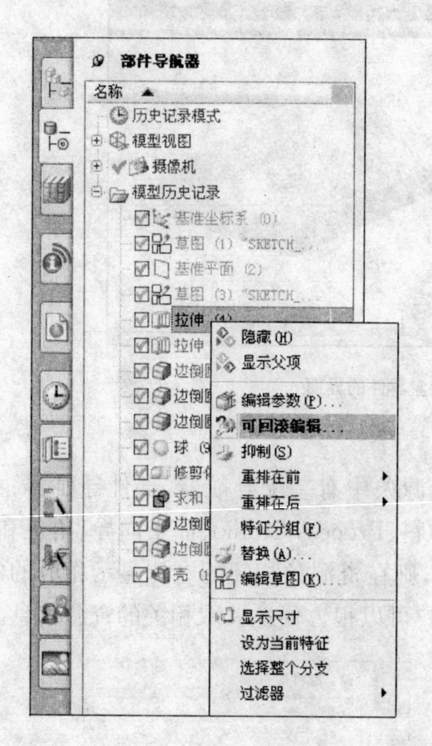

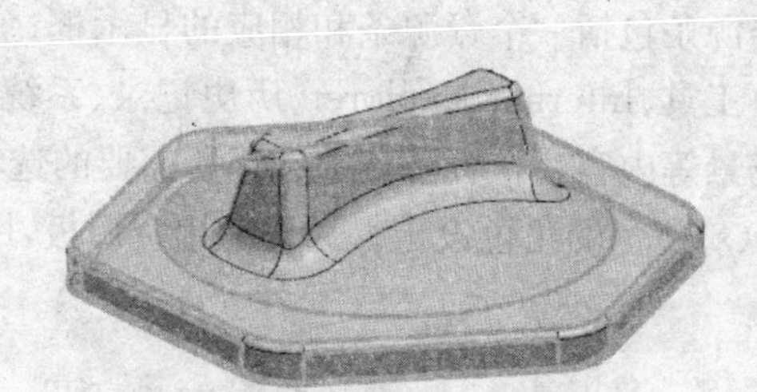

图 4.6(c) 在部件导航器中回滚编辑修改尺寸

② 角色:NX 包含了许多高级功能,您可以使用角色限制或定制用户界面上看到的工具。

角色可以裁剪用户界面,隐藏您不使用的工具,从而实现您特定的日常任务。

如果您是 NX 的新用户,或是不常使用 NX,我们建议您使用默认的基本功能角色,使用此角色,命令按钮的图标比较大,显眼,其下显示有命令名称。

如果您希望使用更完整的工具集,则单击屏幕一侧资源条中的角色选项卡,并在系统默认设置文件夹中选择其中一个高级角色。

随着使用此软件积累的经验越来越多,您还可以使用定制工具,根据自己的需要组织菜单和工具条,随后将您的设置保存为个性化角色。

在资源板的角色设定中,设定不同的角色,功能菜单中菜单功能的多少是不一样的。设定角色的基本功能,在功能菜单的下拉列表中,显示常用的基本功能,如图 4.6(d)所示。

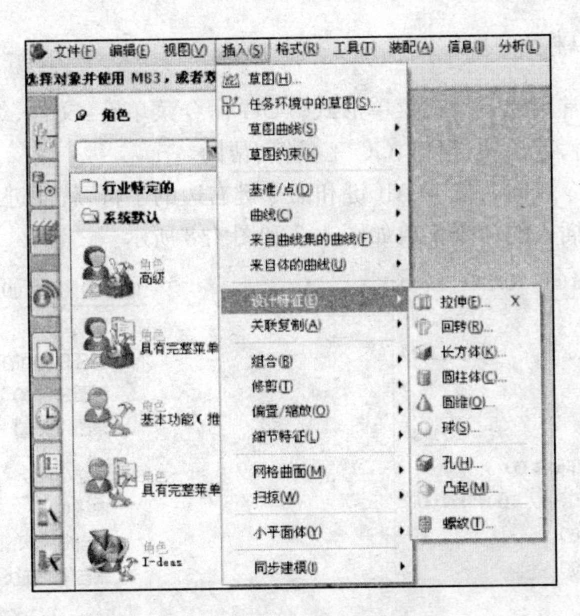

图 4.6(d)　基本角色功能的菜单

设定角色具有完整菜单的高级功能，则在功能菜单的下拉列表中，显示该菜单全部的功能，如图 4.6(e)所示。

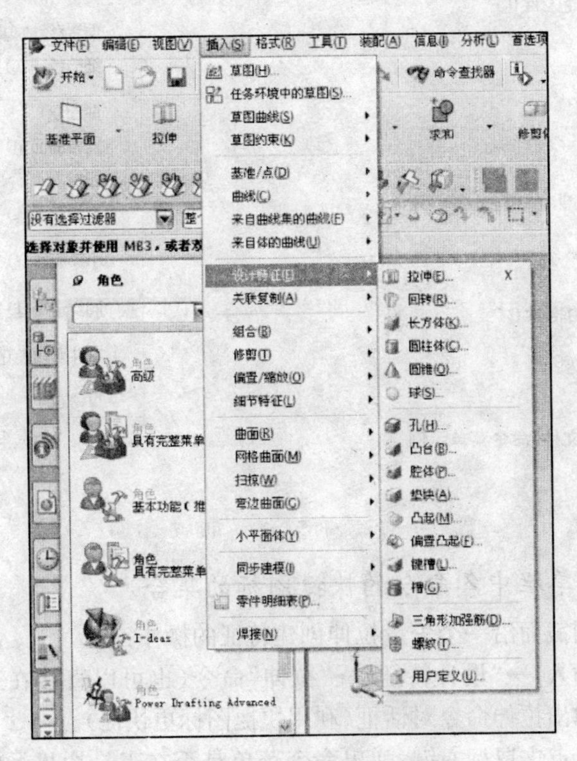

图 4.6(e)　具有完整菜单功能的角色

③ 历史记录：UG7.5 中，历史记录资源板中记录了用户最近使用（保存过）的文件，可以从中直接打开其零件。

4.1.1 命令菜单栏

命令菜单采用的是最常用的下拉式菜单形式。UG 命令菜单有：文件、编辑、视图、插入、格式、工具、装配、信息、分析、首选项、窗口、GC 工具箱、帮助。

直接点击菜单命令或同时按下 Alt 键和命令键右边的字符，就能进入相应的菜单功能。

文件管理与建模插入的命令菜单如图 4.7 和图 4.8 所示。

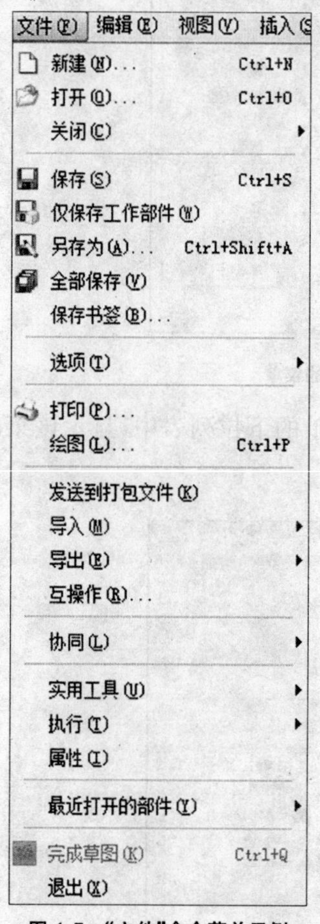

图 4.7 “文件”命令菜单示例

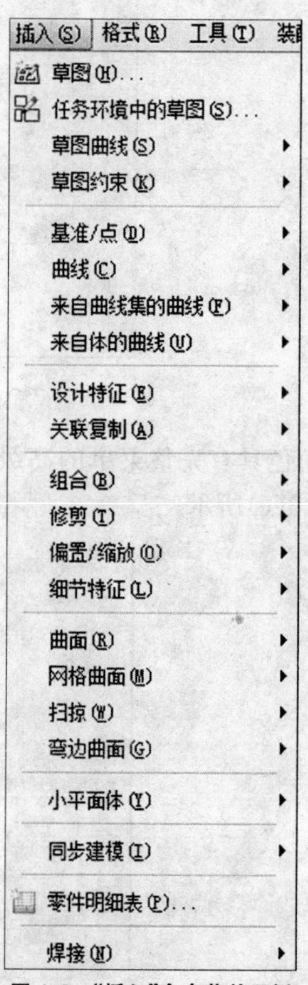

图 4.8 “插入”命令菜单示例

4.1.2 工具栏

1）工具栏是菜单栏中各命令的快捷图标的集合。

例如，将一个草图截面沿一个矢量拉伸创建特征的操作：

点击菜单栏的“插入”→“设计特征”→“拉伸”命令（也可以直接在工具栏界面中点击“拉伸”快捷图标命令），弹出拉伸命令对话框（利用快捷图标更快捷）。

在工具栏位置处，点击鼠标右键，弹出命令菜单是否在工具栏显示的选择栏，如图 4.9 所示。（菜单条很长，为了图示方便，截成了两段并列排放）。

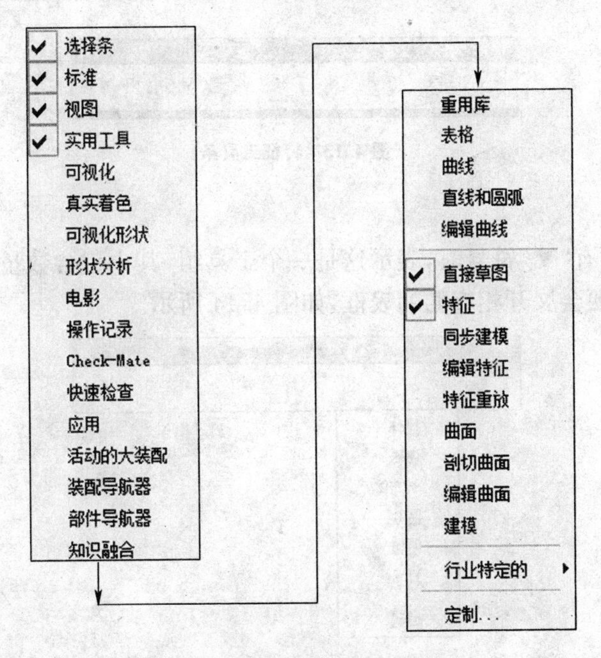

图 4.9 快捷菜单命令显示选择栏

在菜单命令前面打√，则快捷命令菜单在工具栏显示，否则不显示。

2) 在 UG 建模模块中工具条有三十几个，以下列出常用的几项。

(1) 标准工具条

提供常用模型文件管理，常用对象编辑等功能，如图 4.10 所示。

图 4.10 标准工具条

(2) 视图工具条

提供视图缩放、视角、是否着色显示等功能，如图 4.11 所示。

图 4.11 视图工具条

(3) 实用工具条

提供图层设置、坐标设置等功能，如图 4.12 所示。

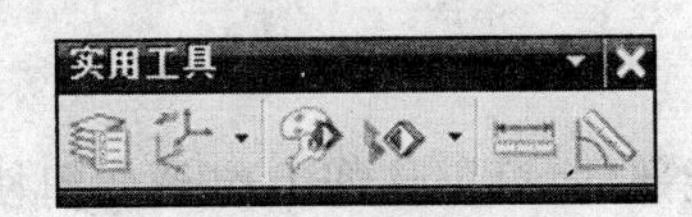

图 4.12 实用工具条

(4) 特征工具条

提供最常用实体特征，如拉伸、打孔、薄壳等操作，如图 4.13 所示。

图 4.13 特征工具条

3）工具组

当工具图标右侧有“▼”符号时，表示这是一个工具组，其中包含数量不等功能相近的命令图标，单击“▼”符号便会展开相应的列表框，如图 4.14 所示。

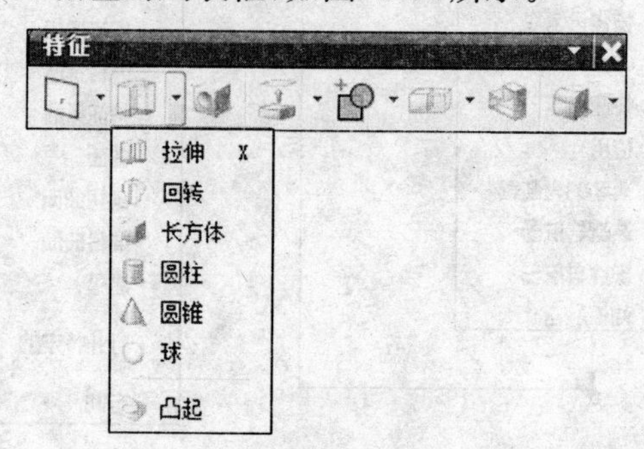

图 4.14 工具条功能展开

4）工具栏中对任一功能项命令图标的隐藏与显示

点击“工具条选项”，再点击“添加或移除”按钮，点击对应功能项，则展开该命令项的所有命令图标，选择打√就在工具图标栏显示，否则就隐藏不显示。见图 4.15 所示。

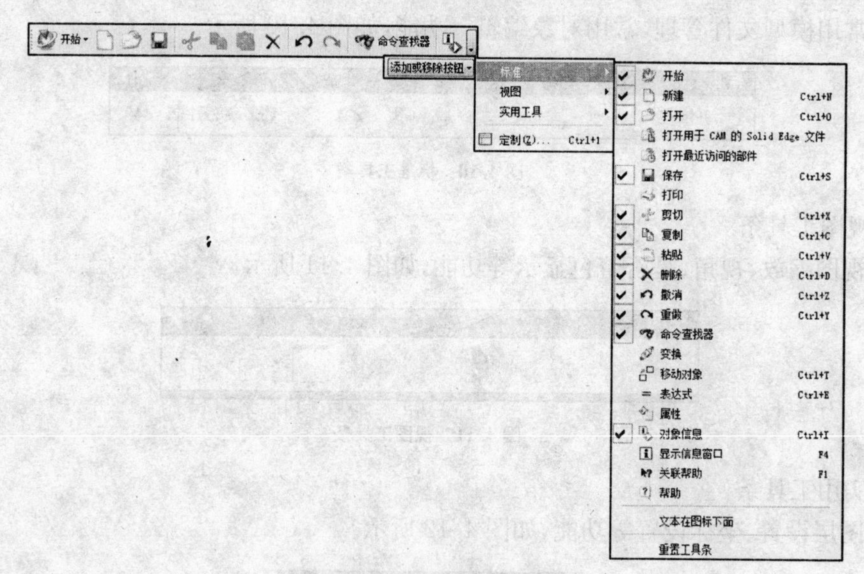

图 4.15 图标的隐藏与显示

许多命令都有一个内存功能部件，可记住您上次是如何使用该命令的。在重新打开一个命令对话框时，各个组按您上次排列的那样保留展开或折叠，而且您上次输入的值也会显示。要将对话框恢复其默认的状态，单击其标题栏上的重置按钮。

5) 定制工具栏

用户可以根据工作的需要对工具栏进行定制:显示或隐藏工具条、显示或隐藏按钮名称,以及添加、移除和重新排列工具条上的命令。

定制的目的是:尽可能地保证需用的功能图标显示在工具栏,同时绘图工作窗口面积尽可能大。

操作步骤(见图 4.16):

(1) 在工具条栏位置,点击右键,在弹出的工具条选项命令栏中点击“定制”(最下面的一行),弹出如图 4.16所示的“定制”对话框。

(2) 弹出的定制对话框中。在“工具条”选项卡界面中单击列表中任一选项,选中后的选项将在工具栏中显示,反之不显示。

(3) 移除工具栏中的图标:在“定制”对话框中的任一选项卡中,将要移除的命令图标拖离工具栏即可。

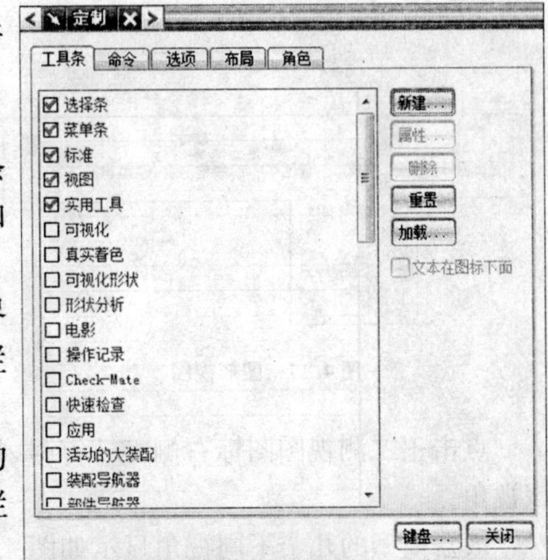

图 4.16 定制工具栏

(4) 添加命令到工具栏:切换到“命令”选项卡,选择类别后(点击展开某一类别),再从命令对话框中将该命令从对话框拖放到工具栏中。

(5) 移除和显示工具栏图标提示文字:点击工具条,在工具条的“工具栏”选项卡中选择任一选项,再选择对话框右边的“文本在图标下面”前方的复选框,则选择的工具栏将出现文字提示,若取消勾选,则显示文字消隐。

4.2 基本操作

4.2.1 鼠标与键盘的操作

旋转模型:按住鼠标中键(MB2)的同时拖动鼠标。要围绕模型上某一个位置旋转,可先在该位置按住 MB2 一会,然后开始拖动。

平移:按住鼠标中键和右键(MB2+MB3)的同时拖动鼠标。也可以按住 Shift 和 MB2。

缩放:按住鼠标左键和中键(MB1+MB2)的同时拖动鼠标。也可以使用鼠标滚轮,或按住 Ctrl 和 MB2。

要恢复正交视图或其他默认视图,右键单击图形窗口的空白区域,从定向视图菜单中选择一个视图。

4.2.2 模型的显示

1) 定向视图

模型在视图界面显示八种最基本的图形视角:正二测视图、正等测视图、俯视图、前视图、右视图、仰视图、后视图、左视图(见图 4.17)。

选择合适的视角便于在建模过程中对模型的观察,看清楚模型不同侧面的形状。

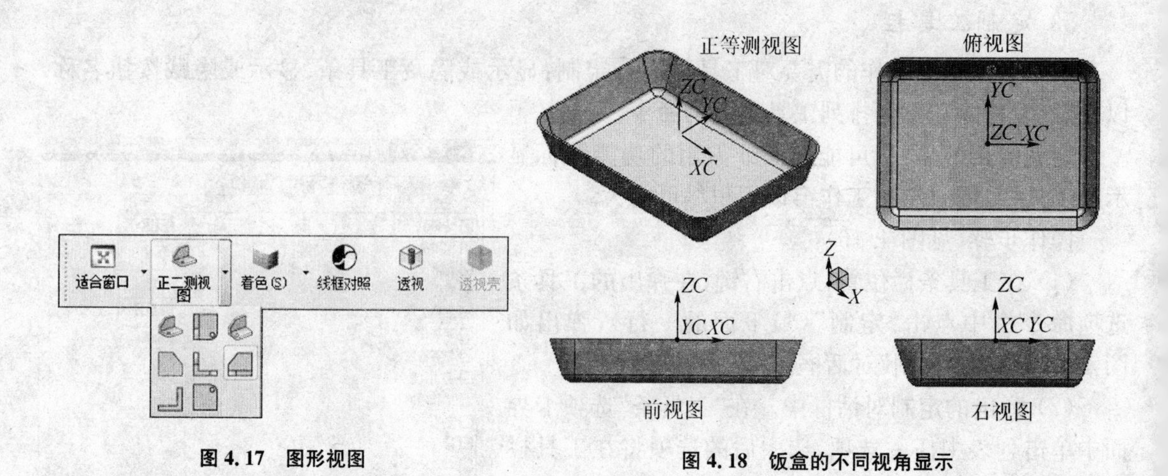

图 4.17　图形视图

图 4.18　饭盒的不同视角显示

点击正二测视图图标右侧"▼"符号，展开视角，选择其中某一视角，模型工作界面就进入该视角。

饭盒模型的几个不同视角显示如图 4.18 所示。

2）渲染样式

构建模型时为了便于观察，以及便于操作时的图素选择，就需要着色显示或线框模型等显示切换。

渲染样式：新部件的渲染样式是由用于创建该部件的模板决定的。要更改渲染样式，右键单击图形窗口的空白区域，从渲染样式菜单中选择一个样式。

真实着色："真实着色"工具条提供的选项可快速设置照片般逼真的实时显示。

操作如下：

点击视图工具条的显示模式的下拉展开按钮，如图 4.19 所示。

从中可以选择所需的某一显示模式，如饭盒模型的着色显示模式和静态线框显示模式，如图4.20所示。

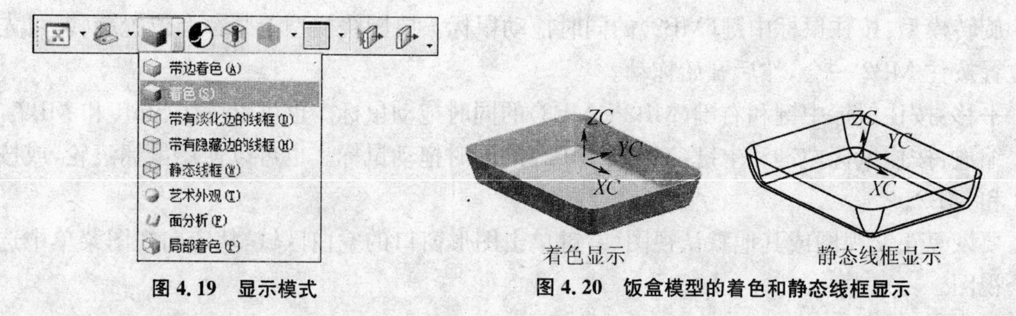

图 4.19　显示模式

图 4.20　饭盒模型的着色和静态线框显示

模型显示的入口路径除从菜单进入以外，也可以在建模工作区点击鼠标右键，弹出快捷菜单，从中选择一种模式，如图 4.21 所示。

注：在各种建模状态下，将光标放在图形模型上，点击右键，都能智能化的弹出相应的几种操作方式，其中包含显示方式。

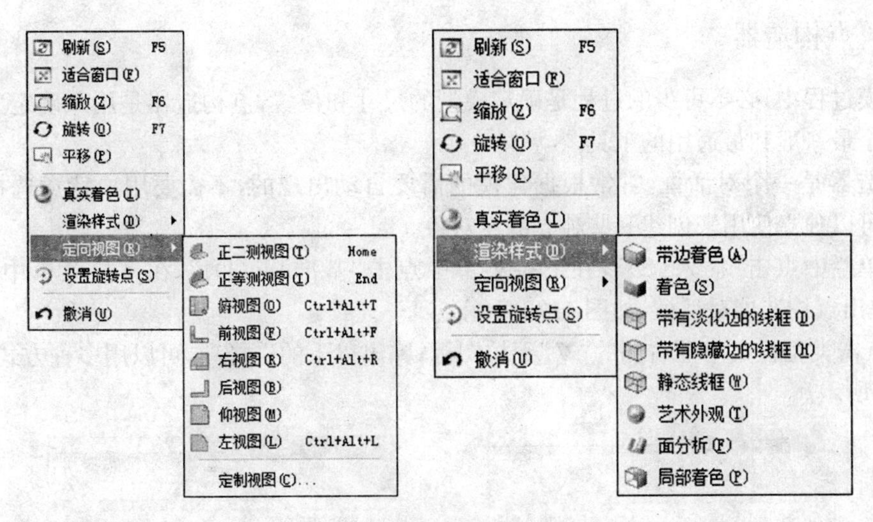

图 4.21　模型显示的快捷入口路径

4.2.3　图层操作

在 UG 软件的操作过程中，在同一视图界面中，可以同时显示出所有对象，但对模型的修改或对模型某些细节部分的观察不方便或分辨不清，也不便于对各种模型对象的管理。为此软件中引入了“图层”的概念。

图层相当于透明的图纸，每个图纸上可以放置各种对象，所有图层叠加起来就是模型的所有对象。且每个图层可以设定成可见或不可见，图层是三维的。

在菜单栏点击“格式”，再在下拉菜单中点击“图层设置”，弹出图层设置对话框，如图 4.22 所示。(为了图示方便，将对话框截成了两段并列排放)

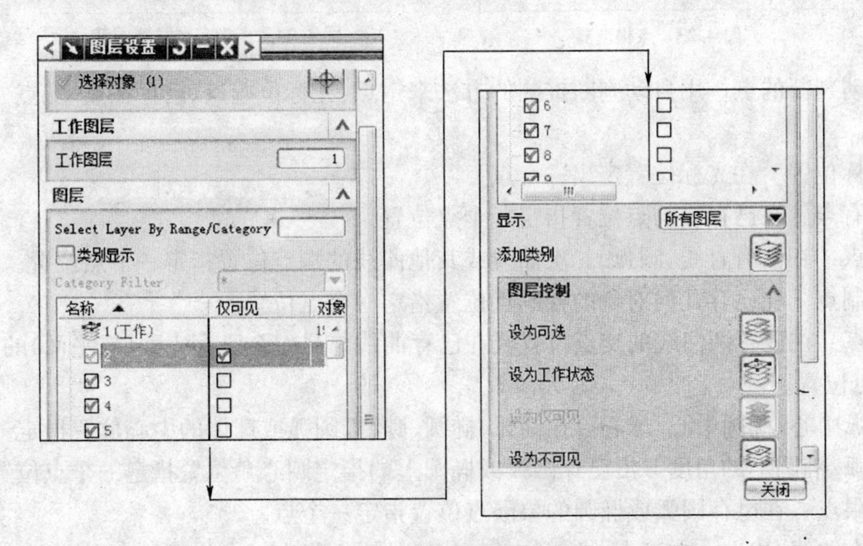

图 4.22　图层设置对话框

在工作图层设定文本框中，设定图层如“1”，1 层就是工作图层，即当前工作图层，工作图层一定是可选的、可见的。除当前图层外，其他图层可以设定成可见或不可见。

4.2.4　点构造器

在建模过程中，必不可少的过程是确定模型的尺寸和位置，点构造器是用来确定三维空间位置的一个最一般和最通用的工具。

点构造器是一个对话框，常常根据建模的需要自动出现的，不需要用户特意选择点构造器。但也可以独立使用来创建一些独立的点对象。

在菜单栏中点击“插入(S)”，在下拉菜单中点击“基准/点(D)”，在下拉菜单中点击“点(P)”，就弹出点构造器对话框，如图 4.23 所示。

(1) 点击类型栏文本框右侧的“▼”下拉图标，弹出以下的选择项，可以用多种方式产生点。如图 4.24 所示。

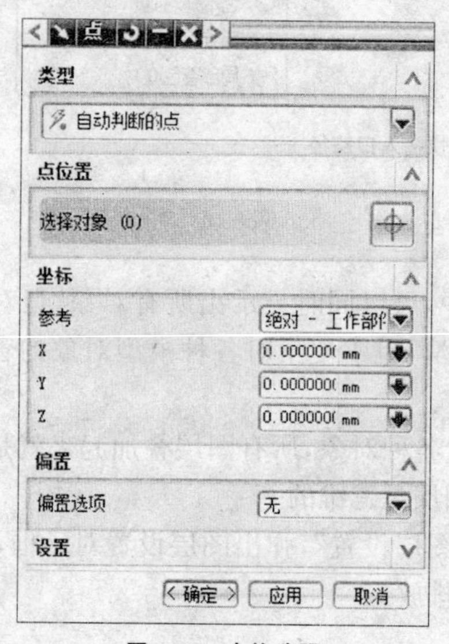

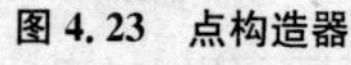
图 4.23　点构造器

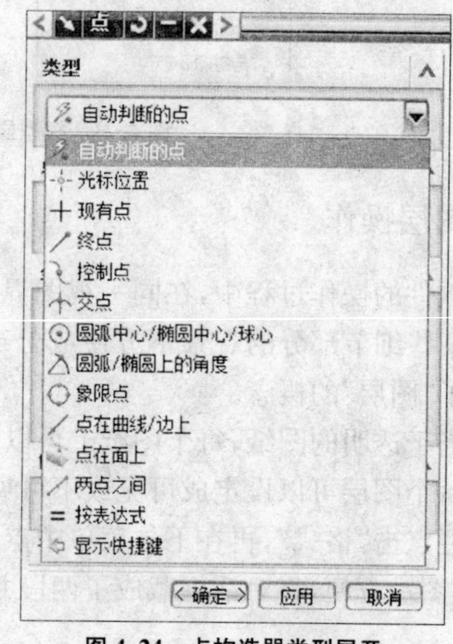

图 4.24　点构造器类型展开

① 自动判断的点　用自动判断推测的方法来定点：光标位置点、已存在点、端点、控制点或中心点。

② 光标位置　在光标位置定出一个点。

③ 现有点　在已存在的点位置指定一个点位置。

④ 终点　在已有直线、圆弧、二次曲线或其他曲线的端点位置指定一个点位置。

⑤ 控制点　在已存几何对象的控制点位置指定一个点位置。

⑥ 交点　在已存两曲线的交点位置或在已存曲线与另一个已存表面(或平面)的交点位置指定一个点位置。

⑦ 圆弧中心/椭圆中心/球心　在圆弧、椭圆、圆、椭圆弧或球体的中心位置指定一个位置。

⑧ 圆弧/椭圆上的角度　沿已存圆弧或椭圆上的指定圆心角位置指定一个点位置。

⑨ 象限点　在已存圆弧或椭圆的象限点位置指定一个点。

⑩ 点在曲线/边上　在已存曲线或实体、片体的边上指定一个位置。

⑪ 点在面上　在已存曲面上指定一个位置点。

⑫ 两点之间　在已存直线的两点之间指定一个点位置。

⑬ 按表达式　按表达式指定一个点位置。

（2）坐标栏中的参考：绝对、WCS 是指下面坐标栏中的坐标值的基准。

在坐标栏的 X、Y、Z 右侧的文本框中，输入所需坐标值，点击“确定”，就会在界面上产生一个三维坐标点。

（3）偏置

使用相对定位方法来确定点位置，即相对于指定的一个参考点再加上偏置值来确定一个点位置。相对定点方法相当于将坐标系原点移动到指定的参考点，然后相对于这一参考点，再偏置一个位置来确定一个点位置。偏置设定如图 4.25 所示可用五种方式。

① 矩形（直角坐标偏置）

输入的偏置值是相对于参考点和当前选择的坐标系来确定的。如图 4.26 所示。

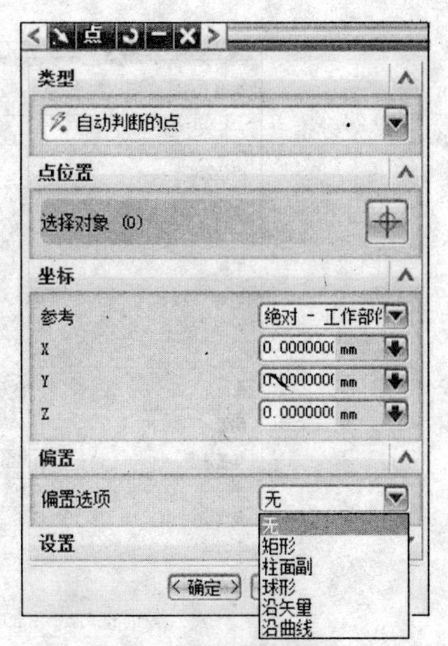

图 4.25　点构造器偏置展开

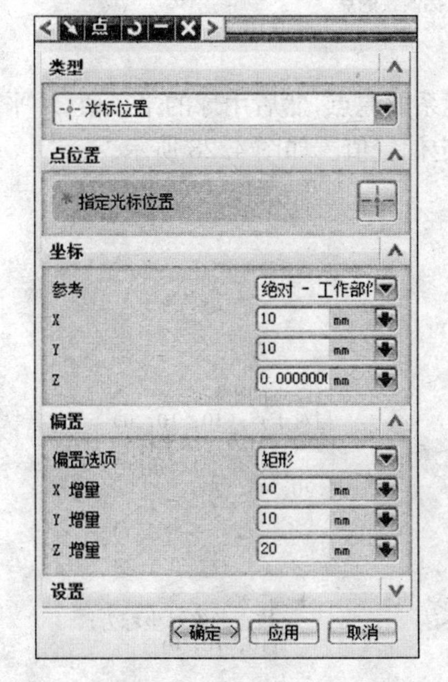

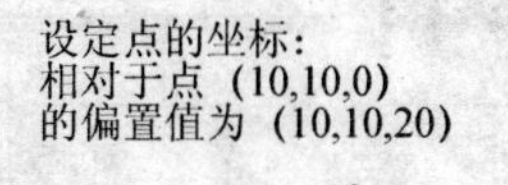

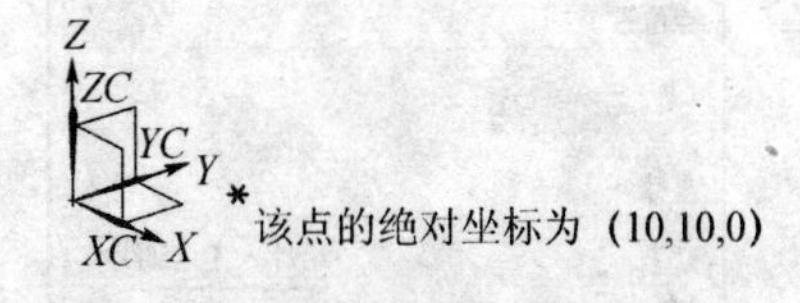

图 4.26　矩形坐标偏置的点

② 柱面副（圆柱坐标偏置）

用圆柱坐标系来指定偏置值，指定的参考点为圆柱坐标系的原点（圆柱坐标相对前面的参考点），然后用选择的当前坐标系 X 平面内的半径值、X 平面内的方位角和 沿 Z 轴的距离 ZC 来指定偏置值。如图 4.27 所示。

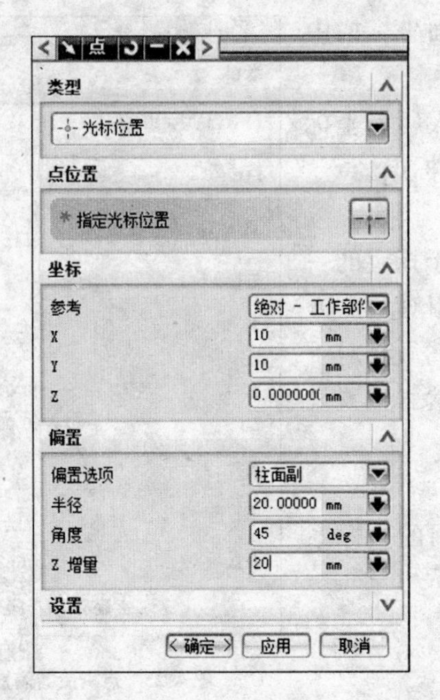

设定点的坐标：
相对于点（10,10,0）
的偏置值为（柱面坐标）
半径、角度、/Z增量）
（20、45、20）

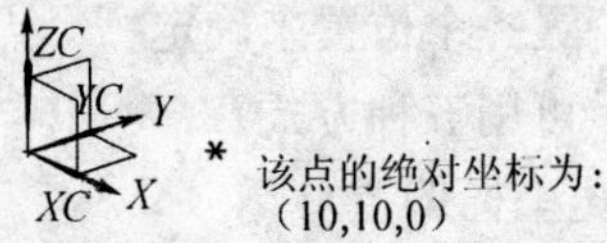

图 4.27 柱面副坐标偏置的点

③ 球形(球坐标偏置)

用球坐标来指定偏置值，指定的参考点为坐标系的原点，然后用球的半径值、X 平面内的方位角和半径矢量与 X－Y 平面的夹角来指定偏置值。如图 4.28 所示。

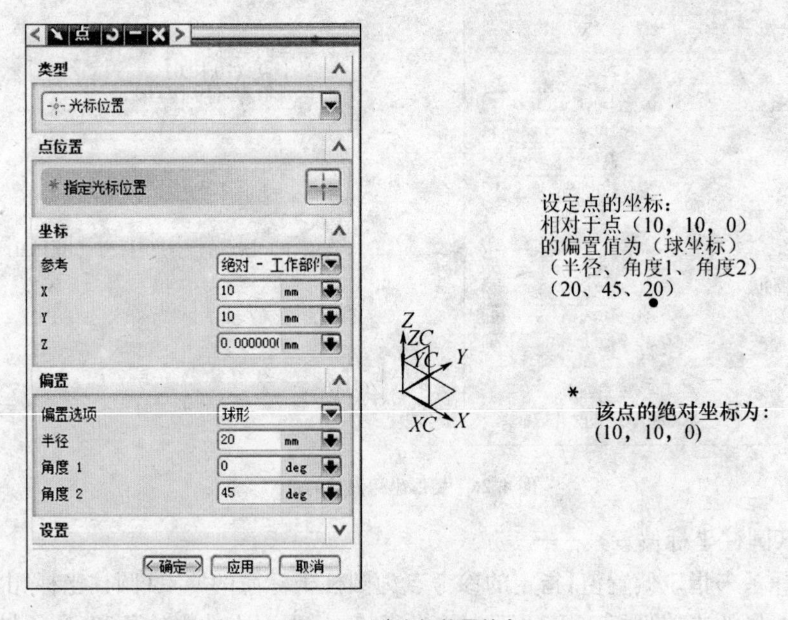

图 4.28 球坐标偏置的点

④ 沿矢量(矢量偏置)

沿指定的矢量方向来指定偏置值。如图 4.29 所示。

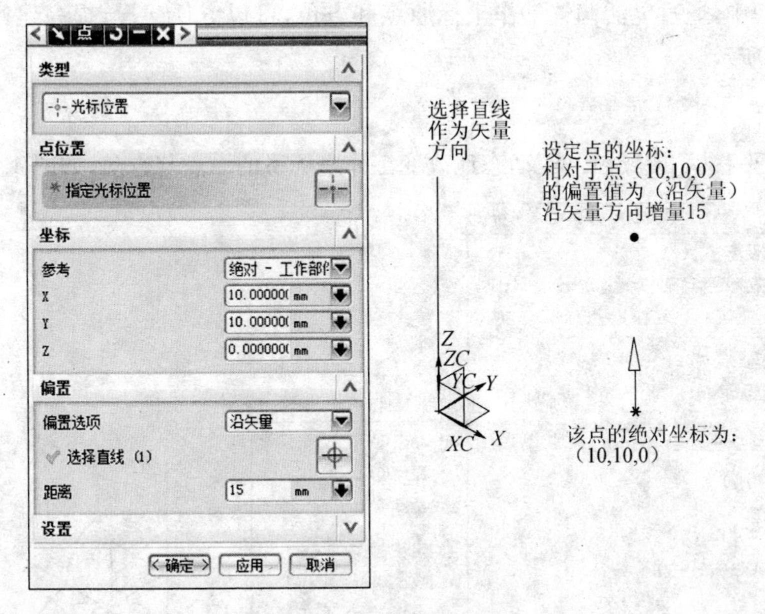

图 4.29　沿矢量偏置的点

⑤ 沿曲线(沿曲线偏置)

沿指定的曲线路径来指定偏置值，指定的参考点为偏置长度的起始点，然后选择一条曲线，并沿曲线的弧长或弧长占曲线总长的百分比来指定偏置值。见图 4.30 所示。

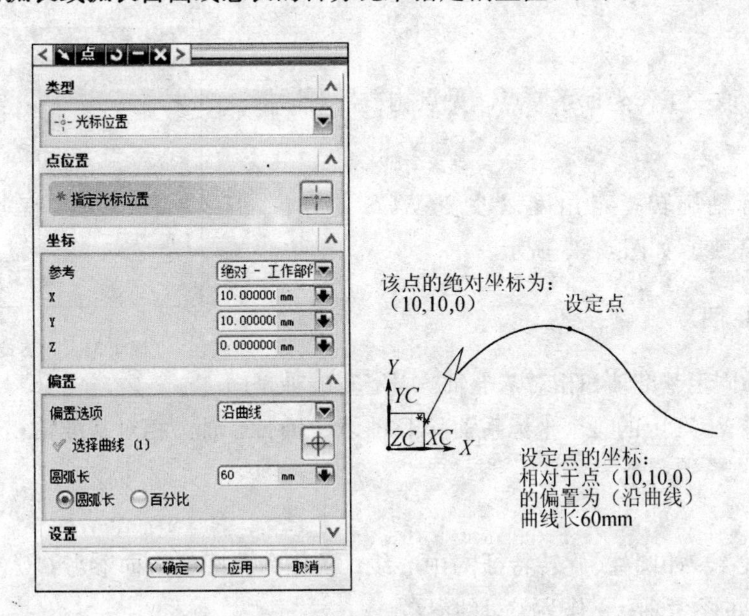

图 4.30　沿曲线偏置的点

4.2.5　坐标系构造器

用于改变当前工作坐标系(WCS)——原点与坐标轴方向；当把一个模型文件合并到当前工作模型文件中时也需要利用矢量构造器来确定对象加入到当前模型中的方位。

在建模过程中，通过灵活调整工作坐标原点和方位，可以方便建模，提高建模速度。入口路径如图 4.31 所示。

1）动态

通过拖动"平移柄"或"旋转柄"动态地改变工作坐标系的原点与方向，如图 4.32 所示。

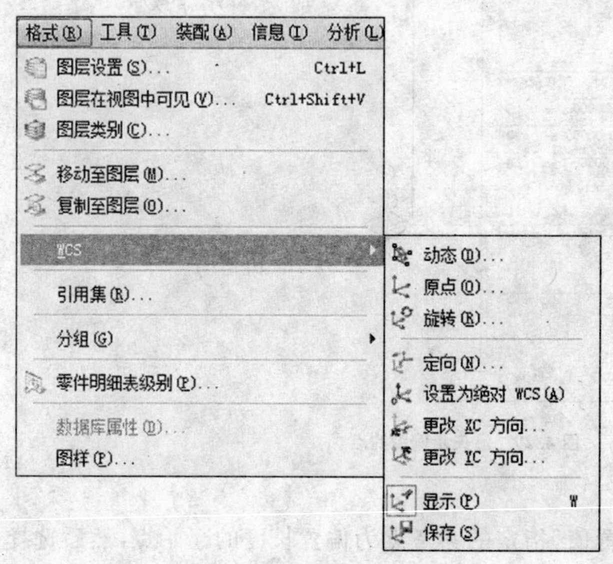

图 4.31　坐标系构造器入口路径

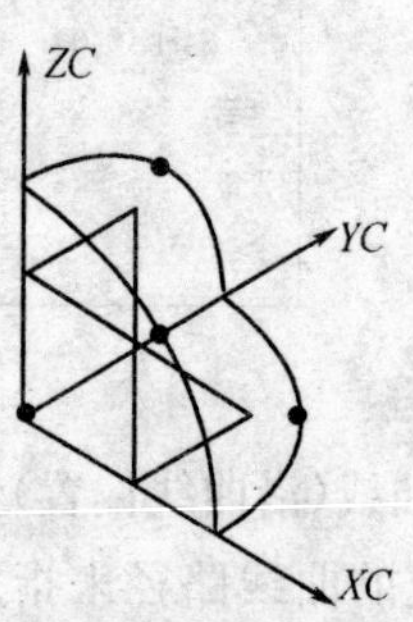

图 4.32　动态坐标系

2）原点

用点构造器改变工作坐标系原点。见点构造器对话框。

3）旋转

绕指定坐标轴旋转指定角度以改变 WCS 的方位，但 WCS 原点保持不变。如图 4.33 所示。

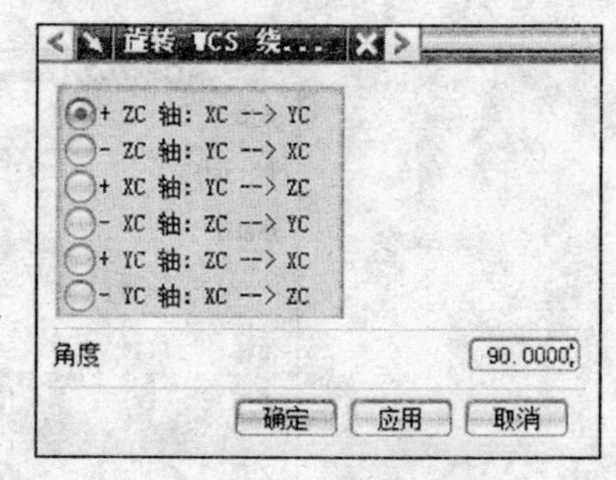

图 4.33　WCS 旋转对话框

4.2.6　基准轴

基准轴分为固定基准轴和相对基准轴。固定基准轴是固定在工作坐标系 WCS 上的三个坐标系轴：*XC* 轴、*YC* 轴、*ZC* 轴。相对基准轴相当于一个单位矢量。

用途：

① 作为中心线，如圆柱、旋转特征的中心线；② 作为草图的定向参考；③ 尺寸标注的参考；④ 旋转特征的参考轴；⑤ 作为矢量的参考。

操作：

点击"插入"→"基准/点"→"基准轴"菜单命令，弹出基准轴对话框（见图 4.34、图 4.35）。

图 4.34 基准轴对话框

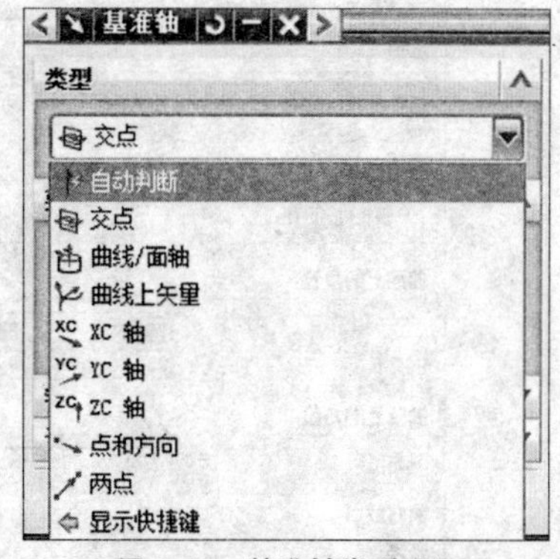

图 4.35 基准轴类型展开

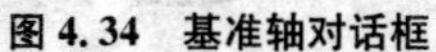

类型项展开：

“类型”下拉列表中包括各种定义基准轴的方式。

(1) 自动判断：根据选择的对象，系统自动选择相应的创建方式来产生基准轴。

(2) 交点：经过两个平面或基准平面的交线产生一条新的基准轴(见图 4.36)。

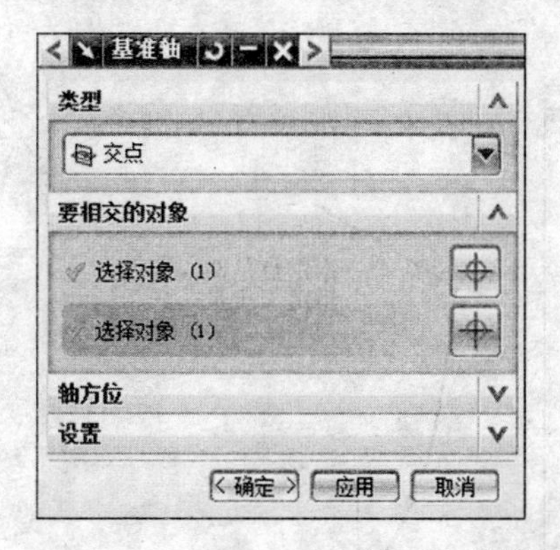

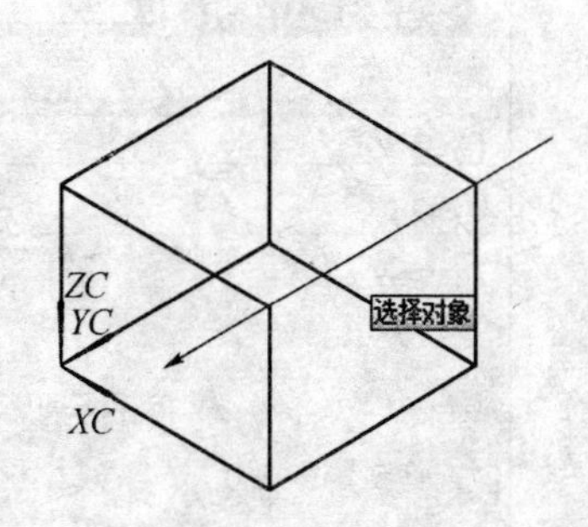

图 4.36 两面相交产生基准轴

(3) 曲线/面轴：以线性边、曲线、基准轴或柱面、锥面为定义基准轴的对象(见图 4.37)。

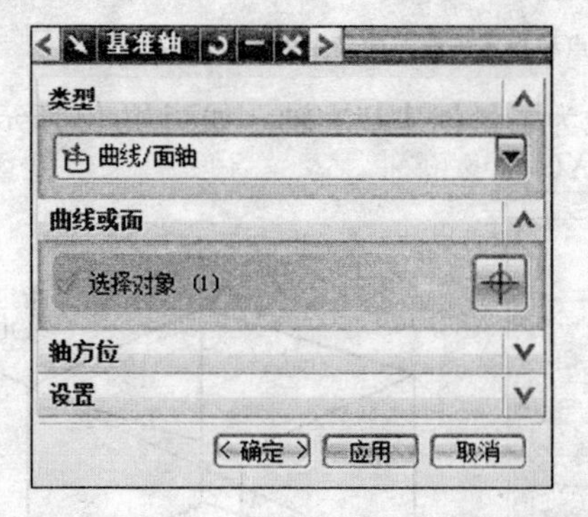

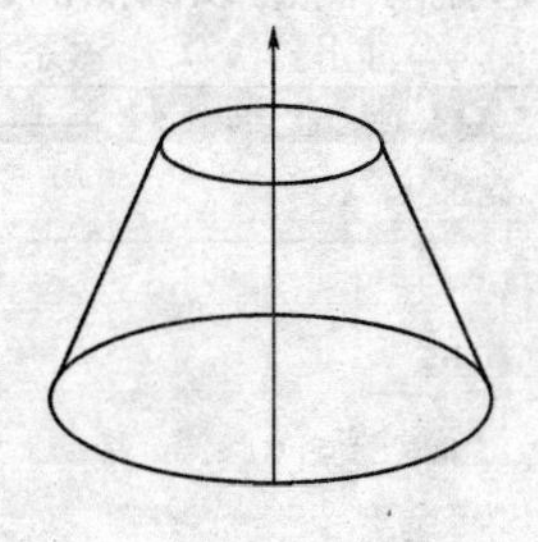

图 4.37 由面产生基准轴

(4) 曲线上矢量：选择一条曲线，通过在曲线上的点产生一条基准轴(见图 4.38)。

曲线上的位置：确定点位置有两种方式：圆弧长、%圆弧长。

曲线上的方位：有相切、法向、副法向、垂直于对象、平行于对象。

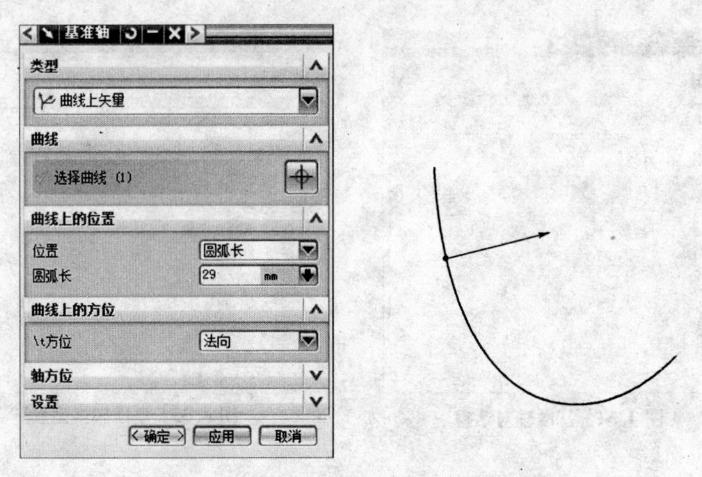

图 4.38　曲线上一点及其法向产生矢量

(5) XC 轴、YC 轴、ZC 轴：分别以 X、Y、Z 三个坐标轴为基准轴。

(6) 点和方向：选择一个点和一个矢量，将产生一条经过参考点且平行或垂直矢量的基准轴。如图 4.39 所示。

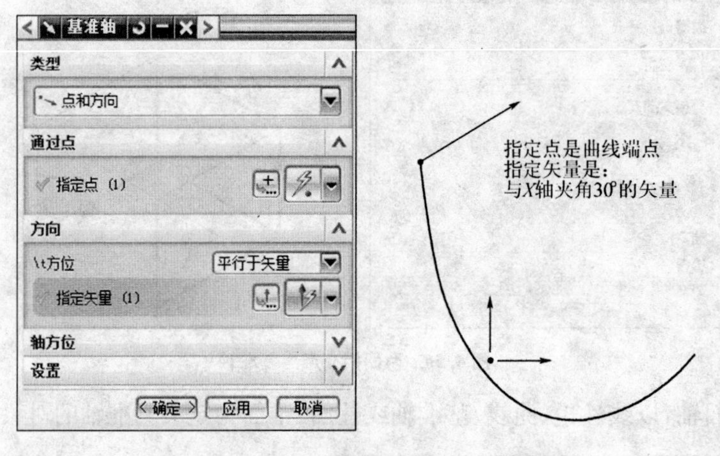

图 4.39　由点和指定矢量方向产生矢量

(7) 两点：选择两个点，以两点的连线为矢量创建基准轴。如图 4.40 所示。

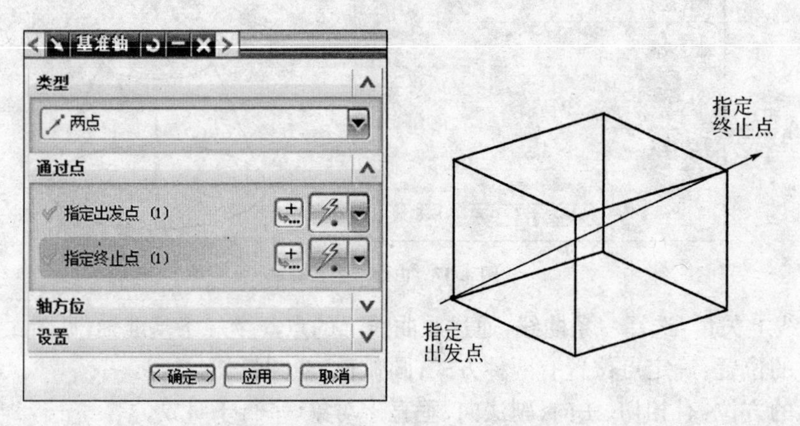

图 4.40　由两点产生矢量

习　题

简答题

(1) 写出 UG 软件的主要功能模块。

(2) 利用点构造器确定一个点的位置有哪三种方法?

(3) 对象选择器的操作有哪些?

(4) 矢量构造器的功能有哪些?

(5) 有哪几种参考特征?写出名称。

(6) UG NX 中层的状态可分为几种?层的操作有哪两种方式?

论述题

(1) 论述图层的概念、图层有哪些操作以及通用图层设置的规则。

(2) 论述 UG 有哪些特点。

(3) 论述 UG 常用应用模块的主要功能。

(4) 论述 UG 的主要功能。

(5) 论述 UG 中的建模坐标系。

(6) 论述 UG 中三维的显示方式。

(7) 论述 UG 中有哪些常用的对话框及其功能。

填空题

(1) UG NX 是 SIEMENS 公司的 PLM 产品,集成了________、________、________、________四大系统,提供产品开发的解决方案。

(2) UG NX 以________为建模核心,采用________技术,将显示建模、参数化建模、基于约束建模、后参数化技术融为一体。

(3) UG NX 中数据格式转化通过________、________两种方式实现。

(4) UG 系统中,通过新建一个部件文件或打开一个已存在的部件文件,然后选择________功能按钮从中选择相应的功能模块,如:________、________、________、________等,进入到设计状态。

(5) UG 软件中的坐标系可分为________、________。在设计中可以变换坐标系为________。

(6) ________在一个单独的窗口中以树型格式直观地再现了工作部件中的特征间的父子关系,部件中的每个特征在模型树上显示为一个节点,并让您对这些特征执行各种编辑操作。

(7) 参考特征包含有:________、________、________三种特征。

(8) 作为新一代的造型系统,UG NX 系统提供了________、________、________、________等先进的造型及辅助功能。

(9) 新建一个模型文件时,系统并不进行________,因此在建模过程中一定要注意保存文件。

(10) ________是系统坐标系,系统坐标仅有一个,在模型文件建立后系统坐标系便存在。而且在使用过程中,不能被更改,从而模型中的任何相对坐标是固定的并唯一的。

(11) 坐标系的创建是指____。

(12) 工具栏的定制是指利用系统提供的接口对工具栏进行____________________________这样可以按照自己的习惯进行工具栏的设计。同时也可以扩大绘图区面积。

(13) 在建模过程中,很多时候需要指定点的位置,这时需要利用________________________功能。

(14) 选择菜单命令“预设置”→“对象”,系统将弹出“对象预设置”对话框,通过该对话框可以定义新对象的层、颜色、线型和宽度。它不影响________,也不影响____________________________。

(15) 在 UG 的某些功能应用中,当需要定义方向和指定轴线位置时,常常需要使用________。在不同应用过程中,________的形式可能有所不同,但基本功能都是定义一个矢量方向。

选择题

(1) UG软件中图层的状态可分为selectable、work、invisible、visible only。新生成的独立几何对象是放在(　　)层。

A. selectable　　B. work　　C. invisible　　D. visible only

(2) 在模型导航树中，当出现如下形式：UNPARAMETERIZED_FEATURE时，它表示生成的实体是(　　)。

A. 参数化特征　　B. 非参数化特征　　C. 无效特征　　D. 体素特征

(3) 若在一张图上已创建了顶视图和正交视图，希望顶视图中的隐藏线用虚线表示，正交视图不显示隐藏线，如何做？(　　)。

A. 在View Display对话框中，分别设置隐藏线的线宽为不显示(No Show)

B. 在View Display对话框中，分别设置隐藏线的线型为虚线或不可见(Invisible)

C. 在Annotation Preferences对话框中，设置线型为不可见(Invisible)

D. 在Annotation Preferences对话框中，设置线宽为不显示(No Show)

(4) 利用三平面方法构造坐标系，需要通过先后选择3个平面来定义一个坐标系。第一个面与第二个面的交线方向为(　　)轴。

A. X　　B. Y　　C. Z　　D. W

(5) 矢量构造器功能提供了(　　)种矢量构造方式。

A. 8　　B. 12　　C. 15　　D. 16

(6) (　　)是指部件模型的各种向视图和轴测图，包括后视图、仰视图、前视图、左视图、右视图、正等测视图、正二测视图、俯视图和各种用户自定义视图。

A. 输入视图　　B. 正交视图　　C. 向视图　　D. 局部详图

(7) 选择任何一个主菜单命令，系统都会弹出一个下拉式菜单，其中显示出所有与该功能有关的命令选项。每个菜单命令后面的括号中有一个字母，它是该菜单的快捷字母，该字母为系统默认的，在工作过程中同时按下Alt+快捷字母即可打开相应的菜单，例如按下(　　)即可打开(编辑)菜单。

A. Alt+C　　B. Alt+E　　C. Alt+B　　D. Alt+S

(8) 图层的概念被图形图像软件广泛应用，图层是为了方便对模型对象的管理而设置的对象分类方法，每个层可以设置不同的属性(可见性、工作图层、可选择性等)，各个层不存在本质上的区别，任何对象原则上可以根据需要放置到任何一层中，以方便进行模型对象的管理为第一要义。UG NX系统最多可以设置(　　)个图层，每层上可含任意数量的对象。

A. 50　　B. 128　　C. 256　　D. 1 024

(9) 部件模型导航器的作用是(　　)。

A. 在图纸导航器上显示图纸之间的派生关系

B. 在导航器上显示建模的先后顺序和父子关系，方便用户操作

C. 在模型导航器上显示加工过程的先后顺序

D. 在装配导航器上显示装配的层次关系

(10) 若要修改已有对象的线型、线宽、颜色等属性设置，选择菜单命令(　　)。

A. “预设置”、“对象”　　B. “编辑”、“对象显示”

C. “编辑”、“属性”　　D. “预设置”、“可视化”

(11) 调节局部着色和全部着色显示模式下的物体显示质量，可以通过首选项中可视化的小平面化选项卡中(　　)选项来实现这个要求。

A. 着色面边缘　　B. 着色面边缘颜色　　C. 突出边缘　　D. 公差

5 创建草图

UG 草图简介：

草图是特征、且是具有约束的一组二维曲线，用于形成拉伸、旋转或扫描特征。

草图反映模型某一截面的大致轮廓，草图中所用的图形元素都可以进行参数化控制。

草图用途举例如图 5.1 所示。

UG 草图特点：

(1) UG 草图是二维特征，具有特征的操作性和可修改性。

(2) 草图特征是由定位在指定平面上的一组点和曲线组成，并用名字命名。

(3) 草图设计时，只要粗略画出零件轮廓大致形状，精确尺寸由约束来控制。

(4) 通过几何约束和尺寸约束得到精确二维几何尺寸。

5.1 草图任务环境

单击“插入”→“任务环境中的草图”，系统就进入建模功能的创建草图环境，如图 5.2 所示。

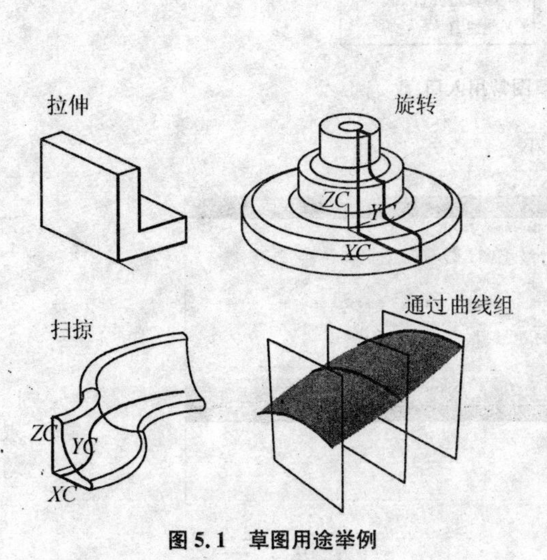

图 5.1 草图用途举例

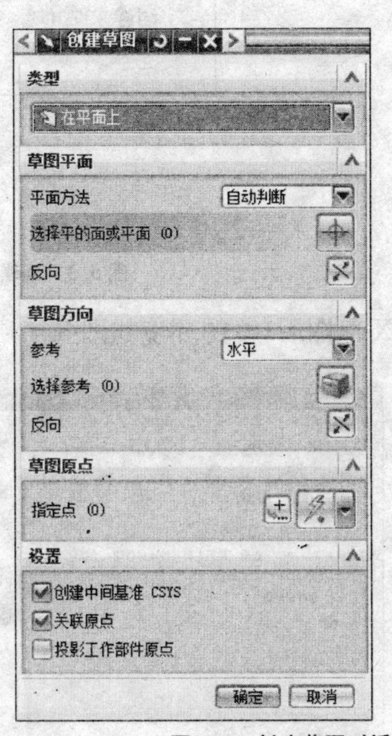

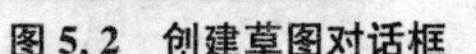

图 5.2 创建草图对话框

进入草图任务环境的其他入口：

① 在工具栏中单击草图按钮，点击右键，定向视图到草图。

② 已有草图，对其编辑的入口：

点击“编辑”→“草图”→选择要打开的草图→“确定”→点击右键定向视图到草图(如刚开始建模,还没有建有草图,不能从此入口进入)。

③ 对已创建的草图进行编辑,最常用的方法是:在部件导航器栏,将光标放在将要编辑的某个草图上,例如草图(5),点击右键,在弹出的菜单中,点击“可回滚编辑”,就进入草图状态,可以进行编辑,如图 5.3 所示。编辑结束,点击“完成草图”退出编辑。

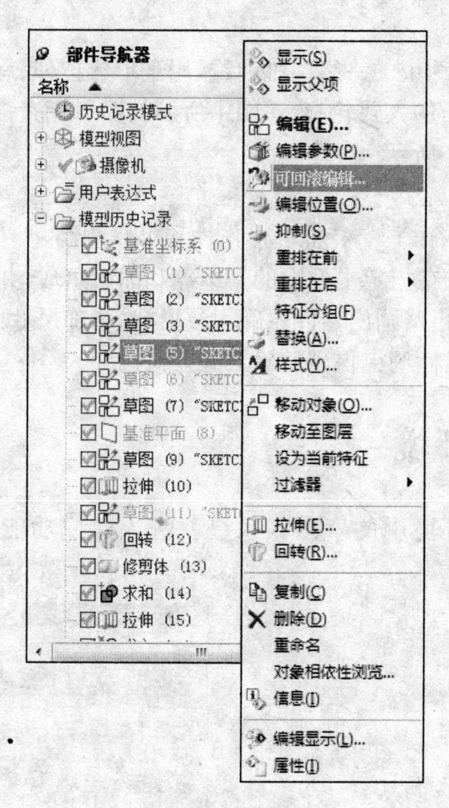

图 5.3　编辑草图常用入口

进入 UG NX 草图后,草图环境如图 5.4 所示。

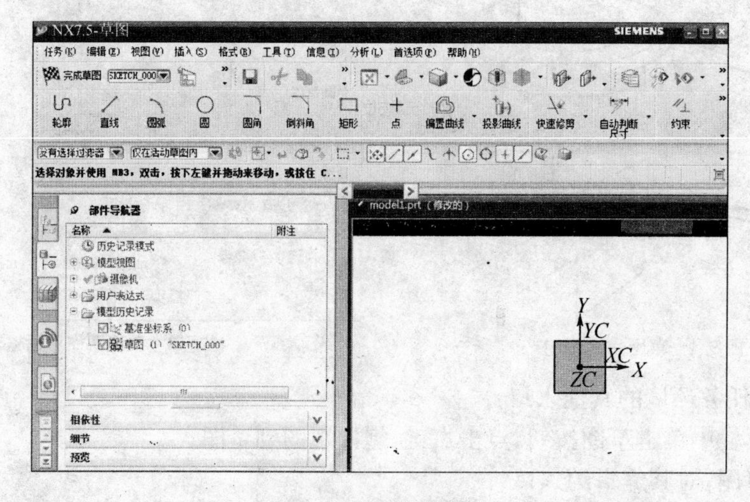

图 5.4　草图创建界面

点击草图工具栏中的“完成草图”按钮，就退出草图。

5.2　创建草图

5.2.1　产品零件一般设计过程

意图设计(分析零件设计方法)→设定工作层(草图放在哪一层)→检查预设置(检查预设计的约束、精度和尺寸)→指定草图平面→构建草图曲线(大致勾画轮廓)→添加约束(加几何、尺寸约束)→建立实体(应用拉伸等构建特征)→修改设计(编辑修改草图)。

5.2.2　明确设计意图

草图的强大功能在于能够捕捉设计意图，通过施加约束，可以使得草图按照我们的意图来改变。设计思路通常为：

① 分析零件，明确要控制的参数，对形状和轮廓的要求，潜在的变化区域在哪里。

② 明确设计方法。

③ 用哪个特征。

④ 建模分几步进行。

5.2.3　设定工作层和预设置

设定工作层是为了便于图形查看、修改等，参见图层管理。

检查预设置：利用草图首选项，可以进行草图文本高度、小数位数和默认前缀名称等基本参数设置，以便于更准确有效地绘制草图。

选择“首选项”→“草图”，打开草图首选项对话框，如图 5.5～图 5.7 所示。

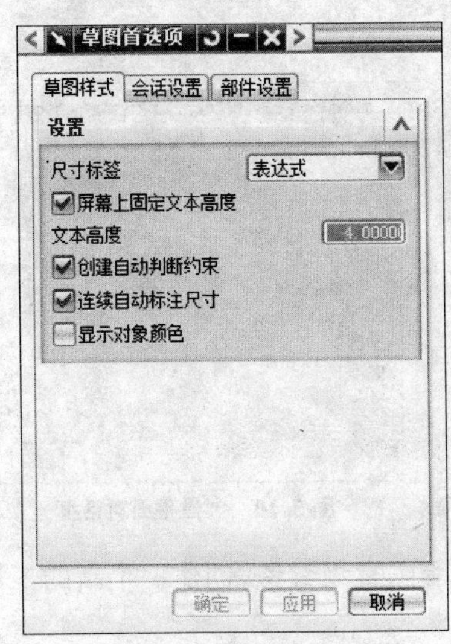

图 5.5　草图首选项 1

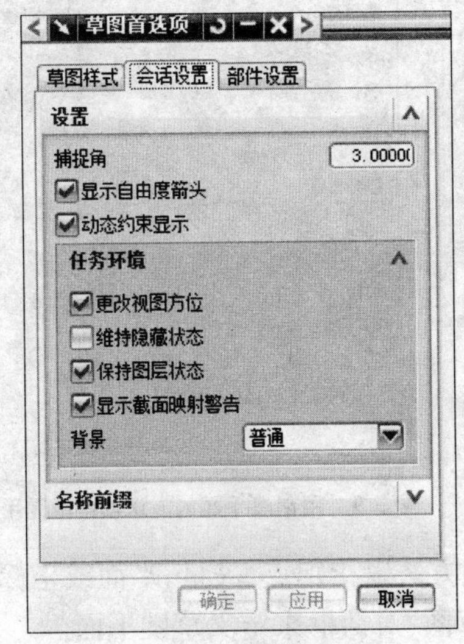

图 5.6　草图首选项 2

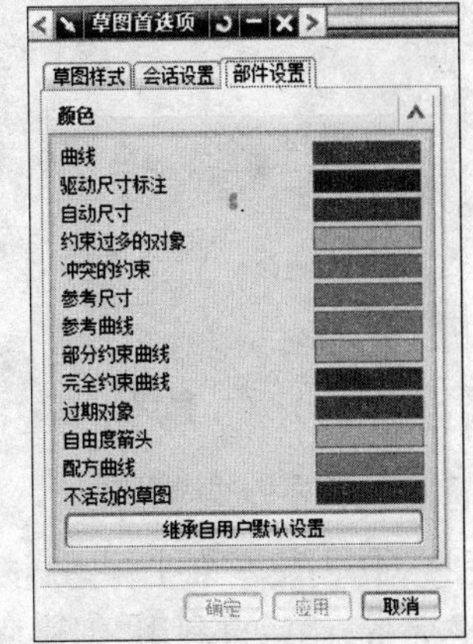

图 5.7　草图首选项 3

草图样式

屏幕上固定文本高度。不选取，则在草图工作界面中标注尺寸文本的大小，随着视觉的远近改变大小；打钩选取该项，则标注尺寸文本的大小，就是该选项下面的文本高度后的设定文本框中的数值大小。

其余选项意义见图 5.5～图 5.7 所示。

5.2.4 指定草图平面

创建草图类型有两种：在平面上、在轨迹上。

1）在平面上

（1）以平面为基础创建所需的草图平面。在"平面方法"下拉列表中，提供了 4 种指定草图工作平面的方式，如图 5.8 所示。

① 自动判断：可以是系统默认的或指定某一基准平面作为草图工作平面。

② 现有平面：可以将现有的任意基准面或模型中的平面设置为草图工作平面。

③ 创建平面：利用现有平面、曲线、点以及基准平面等元素为参照，创建出新的平面作为草图工作平面。用创建平面作为草图平面，如图 5.9 所示。

点击指定平面后面的"平面对话框"按钮，用弹出的平面对话框，如图 5.10 所示，创建出所需的工作平面。

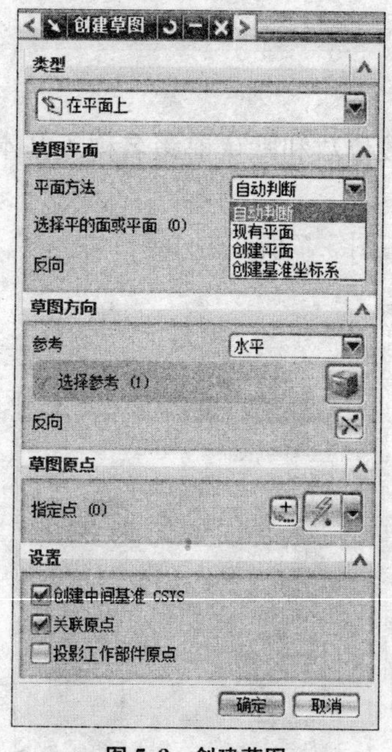

图 5.8 创建草图

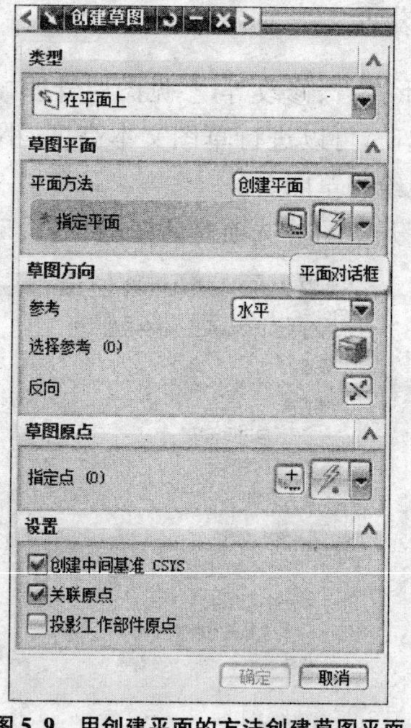

图 5.9 用创建平面的方法创建草图平面

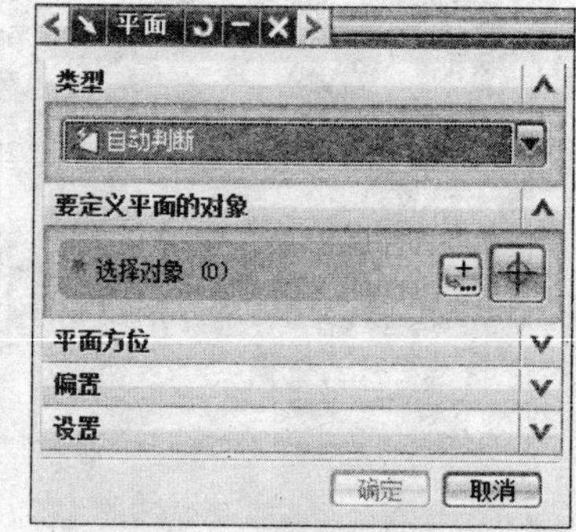

图 5.10 创建平面对话框

④ 创建基准坐标系：该方法以指定点、矢量、平面或坐标等图素为参考，创建一个新的工作坐标系，然后再利用"创建草图"对话框来定义草图平面。

在草图平面的平面方法中，单击"创建基准坐标系"按钮，如图 5.11 所示，弹出"基准 CSYS"对话框，创建所需的基准坐标系。如图 5.12 所示。

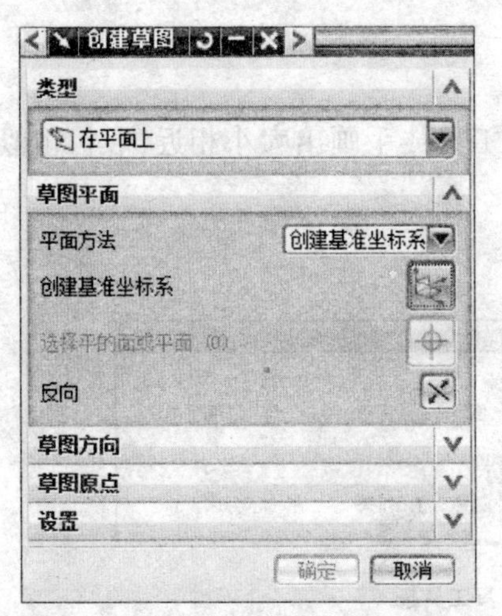

图 5.11 平面方法为创建基准坐标系

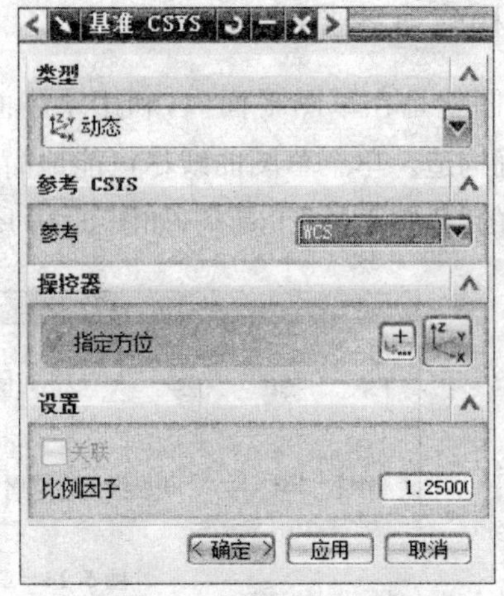

图 5.12 基准 CSYS 对话框

(2) 图 5.8 中的草图方向的参考下拉列表中有“水平”和“垂直”两种参考。

(3) 图 5.8 中的草图原点的指定点就是用点构造器指定坐标系原点。

2) 在轨迹上

利用直线、圆弧、圆，以及实体边线、棱边和截交线等现有曲线为轨迹，创建草图的工作平面。如图 5.13 所示，是以实体的一条边，在其长度的 35%地方创建垂直于或相切于该轨迹的草图工作平面。

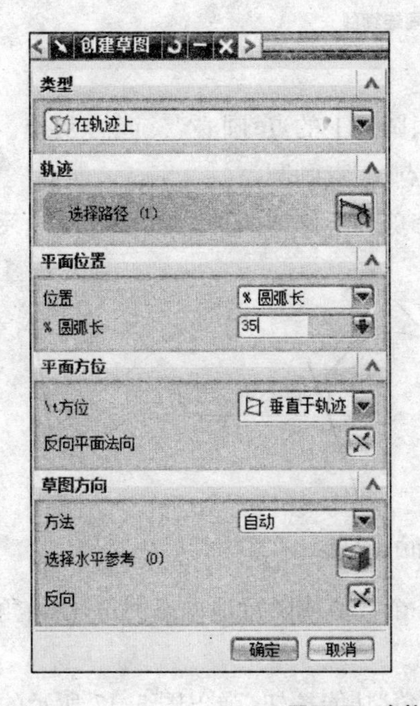

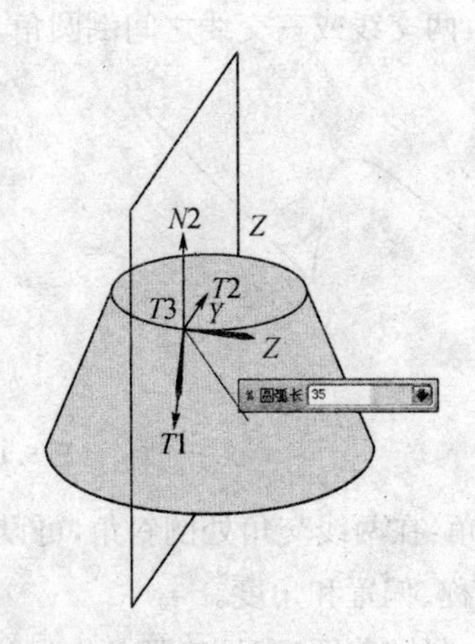

图 5.13 在轨迹上创建草图

预览以上草图平面，如合适，可直接按“确定”，创建出草图基准平面。

5.2.5　构建草图曲线

创建草图就是在草图平面内，利用草图曲线工具徒手画出大小相近、形状相似的草图曲线，不需精确构造。单个草图曲线尽可能地简单。

工具栏的“草图工具”工具条，如图 5.14 所示。

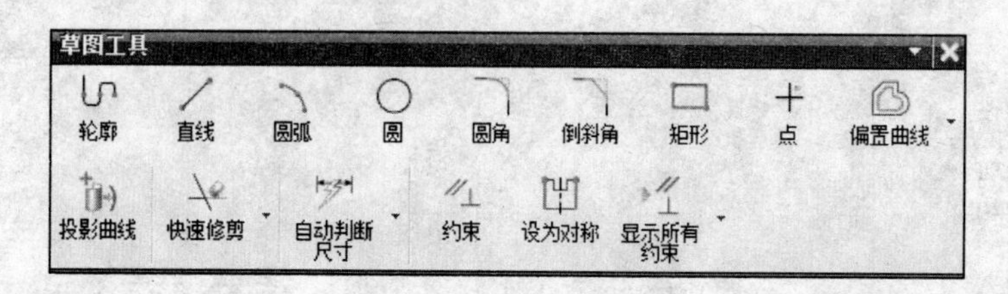

图 5.14　草图工具工具条

(1) 轮廓：连续地画线(或连续地画线、相切的圆弧)、画圆弧，接点处的圆圈表示相切。如图 5.15 所示。

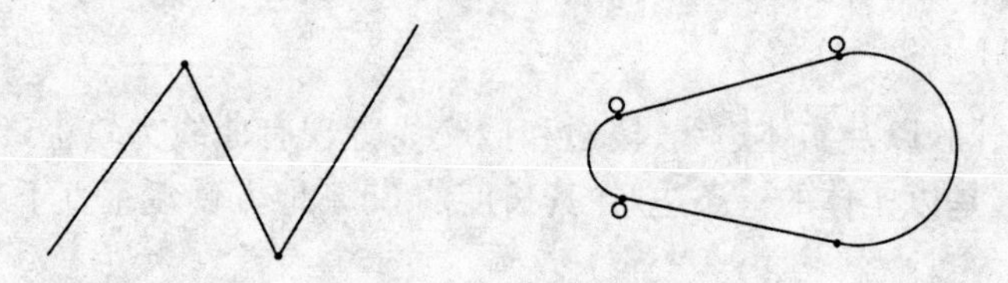

图 5.15　画连续线

(2) 直线：画直线。

(3) 圆弧：画圆弧。有两种方法：起点、终点、圆弧上的点；圆心点、起点、终点。

(4) 圆：画圆。有两种方法：圆心、圆上的一点；三点画圆。

(5) 圆角：两交线或三交线之间倒圆角，分修剪和不修剪两种。如图 5.16 所示。

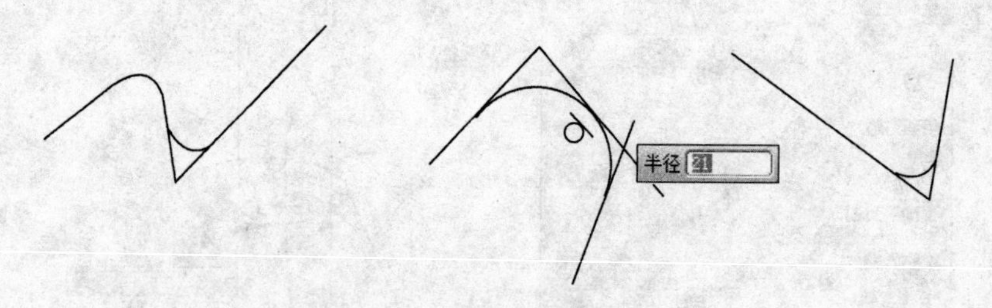

图 5.16　倒圆角图例

(6) 倒斜角：在两线交角处倒斜角，可设定一个数值或随意地动态倒角，倒斜角的偏置方式有：对称、非对称、偏置和角度。

点击工具栏的“草图工具”工具条中的“倒斜角”功能按钮，弹出图 5.17 所示的对话框。操作图例如图 5.18 所示。

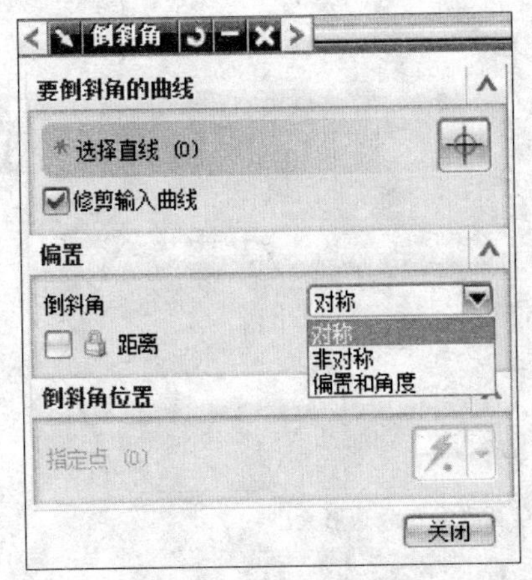

图 5.17　倒斜角对话框

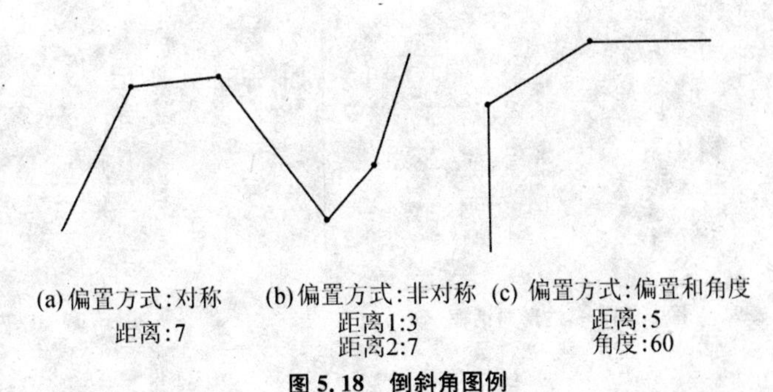

图 5.18　倒斜角图例

(7) 矩形:可以创建三种矩形。

点击工具栏的“草图工具”工具条中的“矩形”按钮,弹出矩形对话框,如图 5.19 所示。

① 两点:指定矩形的对角线上的两点创建矩形,如图 5.20 所示。

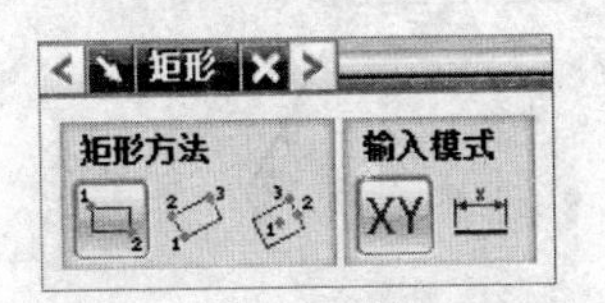

图 5.19　矩形对话框

图 5.20　两点创建矩形

② 三点:用三点定义,第一点起点,第二点确定矩形的宽度和角度,第三点确定矩形的高度,如图 5.21 所示。

③ 从中心:也是用三点定义,第一点为矩形的中心,第二点为矩形的宽度和角度,第三点确定矩形的高度。如图 5.22 所示。

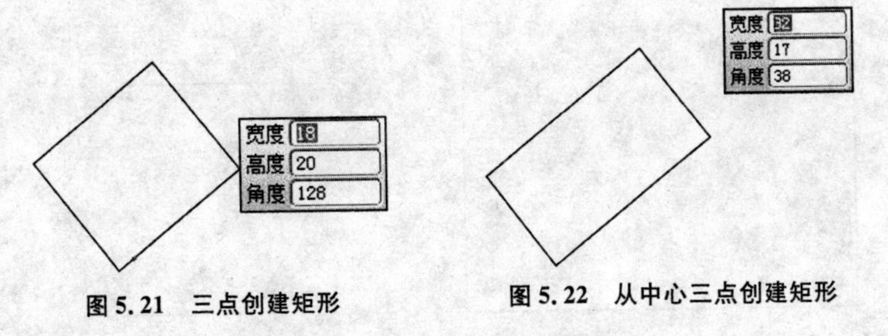

图 5.21　三点创建矩形　　图 5.22　从中心三点创建矩形

(8) 多边形:指定多边形的对称中心、设定边数、设定大小。

设定大小有三种形式:多边形的内接圆半径、外接圆半径、边长。

单击“草图工具”工具栏中的“多边形”按钮,弹出多边形对话框如图 5.23 所示。

以内、外半径定大小,见图 5.24、图 5.25 所示,以边长定大小,见图 5.26 所示。

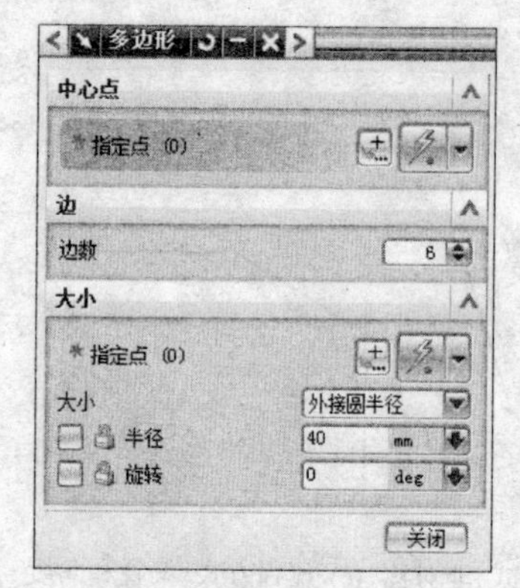

图 5.23　多边形对话框

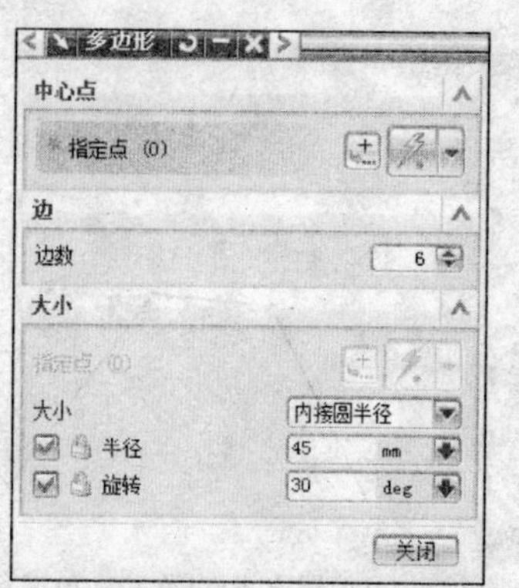

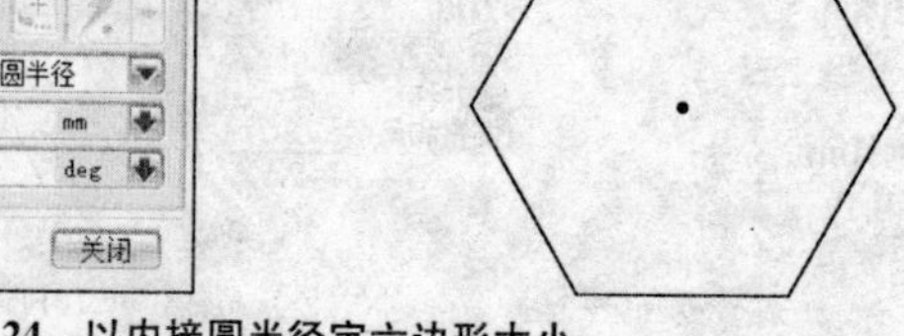

图 5.24　以内接圆半径定六边形大小

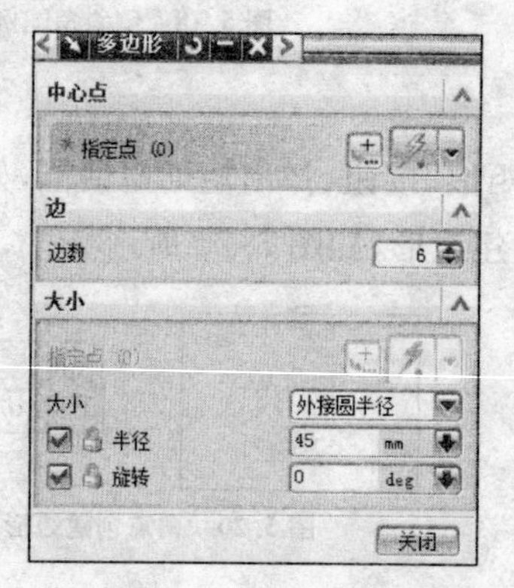

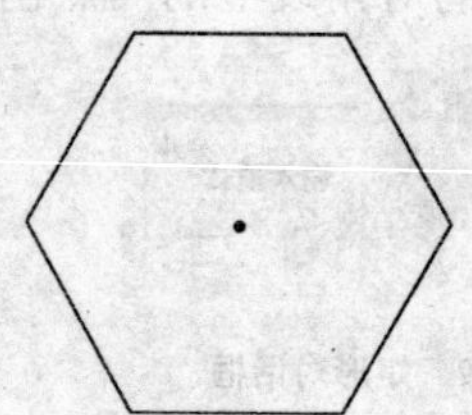

图 5.25　以外接圆半径定六边形大小

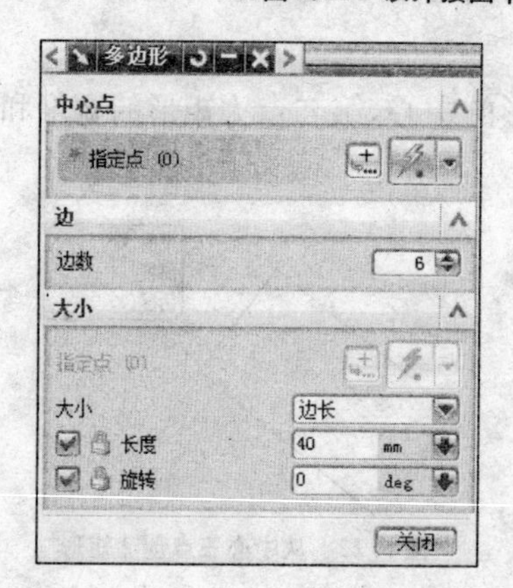

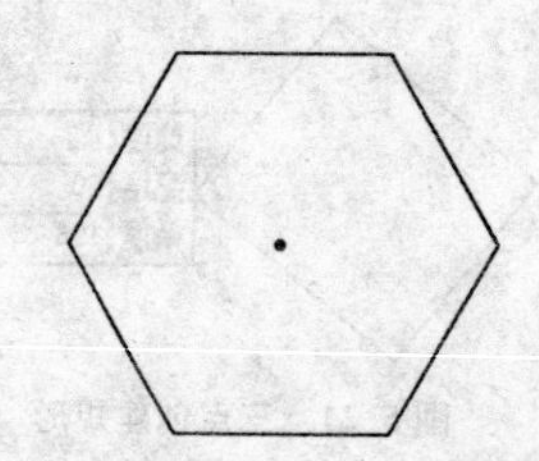

图 5.26　以边长定六边形大小

(9) 艺术样条:采用动态反馈的、交互的方法,通过定义点建立相关或不相关的一条曲线。

入口路径:点击“插入”→“曲线”→“艺术样条”命令,弹出艺术样条曲线对话框,如图 5.27(a)所示,(b)为通过点方法生成的艺术样条。艺术样条的每一个点都可以用光标拽着移动位置,动态地修改样条曲线的形状。

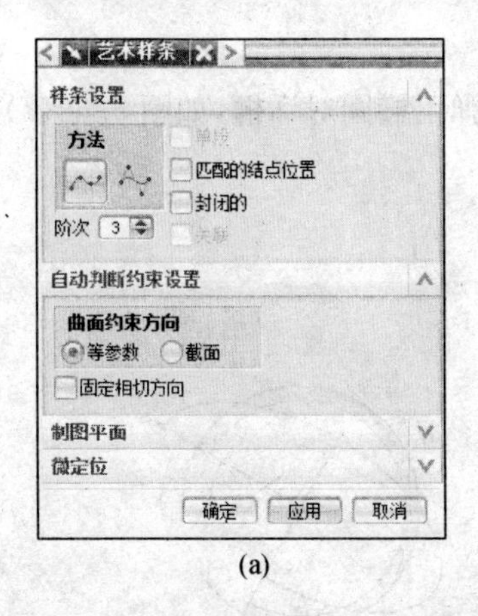

(a)

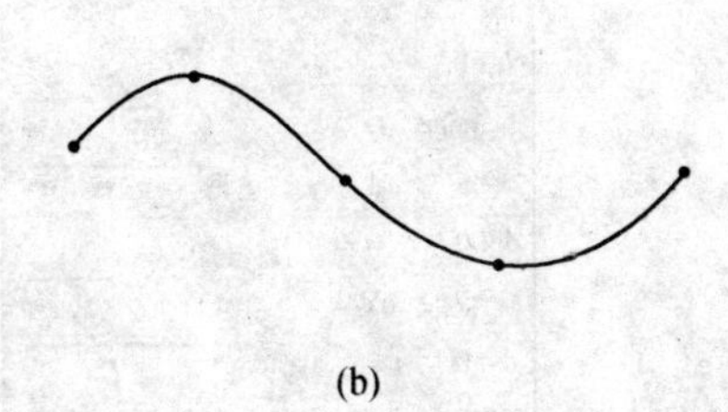

(b)

图 5.27　样条曲线通过点

根据极点的方法生成的艺术样条示例：艺术样条的每一个控制点都可以用光标拽着移动位置，动态地修改样条曲线的形状。如图 5.28 所示。

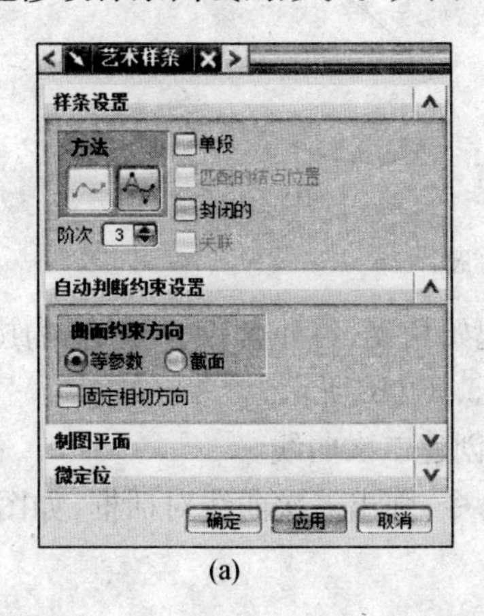

(a)

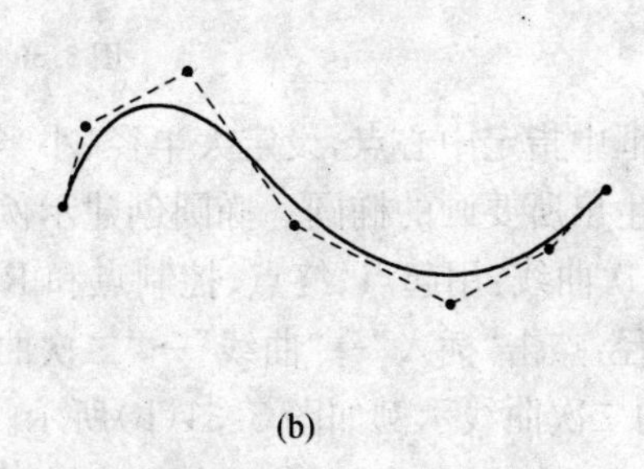

(b)

图 5.28　根据极点的方法生成的艺术样条

(10) 拟合样条：通过与指定的数据点拟合来创建样条。

入口路径：点击"插入"→"曲线"→"拟合样条"命令，弹出拟合样条曲线对话框，如图 5.29(a)所示：

类型：阶次 3 次，单段；选择步骤：用点构造器生成点，来产生的拟合曲线示例如图 5.29(b)所示。

(a)

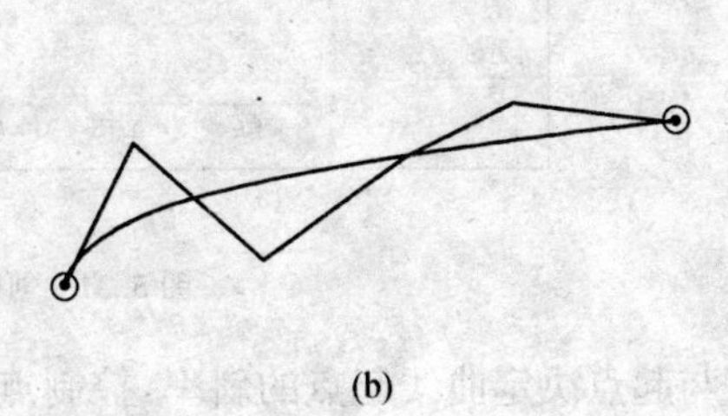

(b)

图 5.29　生成拟合样条曲线

(11) 椭圆:创建椭圆

入口路径:点击“插入”→“曲线”→“椭圆”命令,弹出椭圆对话框,如图 5.30(a)所示。

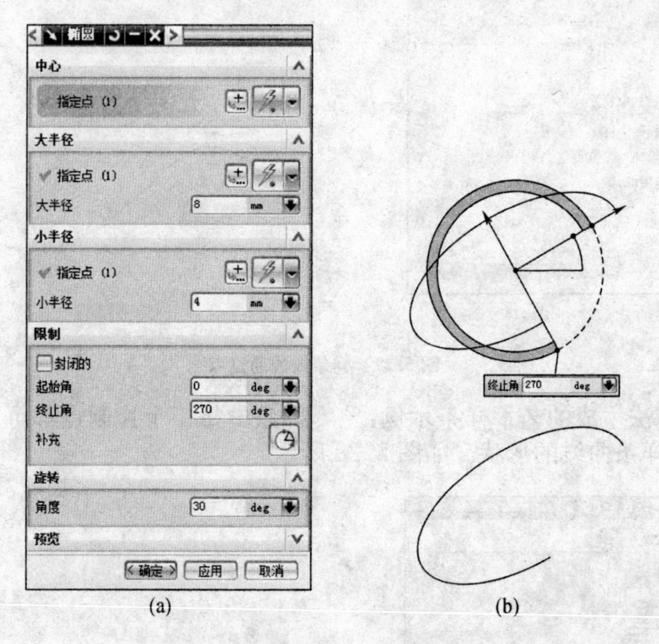

图 5.30 创建椭圆

在对话框中指定中心点,设定大半径、小半径、起始角度、终止角度、中心轴的旋转角度,按“确定”就产生出所要画的椭圆。椭圆创建示例如图 5.30(b)所示。

(12) 二次曲线:用起点、终点、控制点和 Rho 值创建二次曲线。

入口路径:点击“插入”→“曲线”→“二次曲线”命令,弹出二次曲线对话框,如图 5.31(a)所示,所创建的二次曲线示例如图 5.31(b)所示。

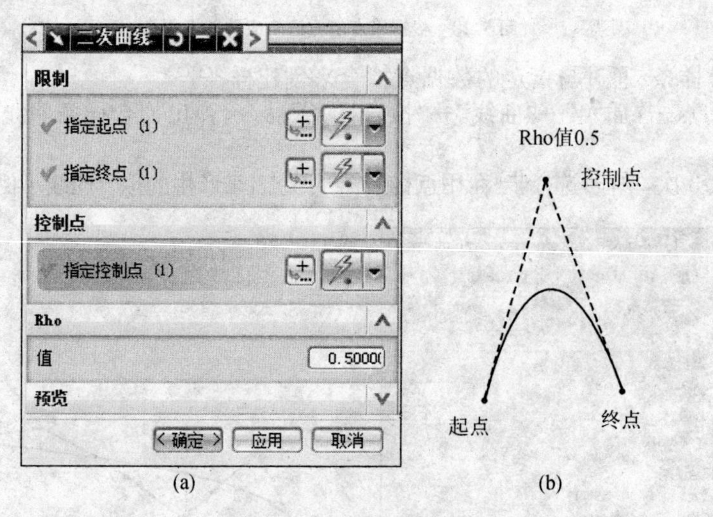

图 5.31 创建二次曲线

控制点与起点决定曲线起点的斜率,控制点与终点决定曲线终点的斜率,Rho 值决定曲线的弯曲程度,Rho 值大弯曲程度大,Rho 的意义参见后面的第 6.11.5 节。

5.2.5　来自曲线集的曲线

该项有五种功能：偏置、阵列、镜像、交点、现有曲线。

(1) 偏置曲线：对草图平面上的草图曲线或由曲线功能画出的曲线、边缘沿指定方向偏置一定距离而产生的新曲线。

单击“草图工具”工具栏中的偏置曲线命令，弹出偏置曲线对话框如图 5.32(a)所示，图(b)为创建偏置(向内)10 mm 的曲线。两曲线过渡处处理(端盖选项)：延伸端盖。

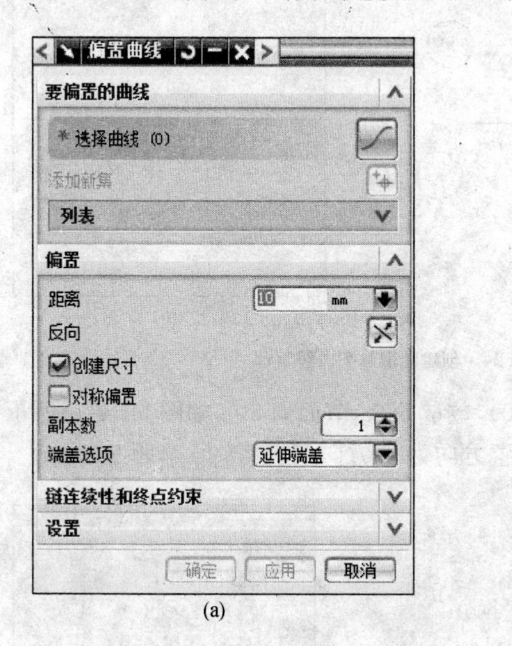

(a)

(b)

图 5.32　创建偏置曲线 1

创建偏置(向外)2 mm 的偏置示例，两曲线过渡处处理(端盖选项)：圆弧帽形体，即圆弧过渡，如图 5.33 所示。

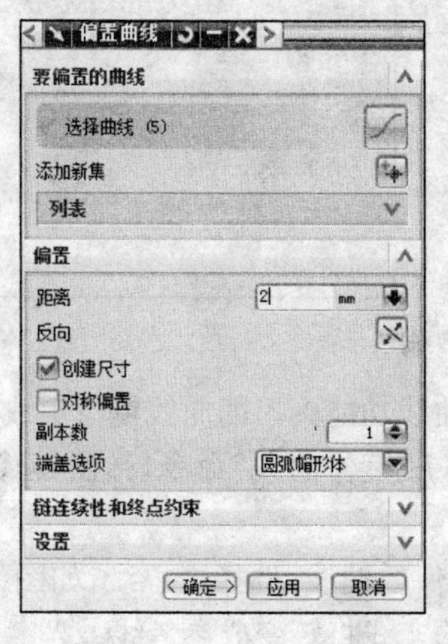

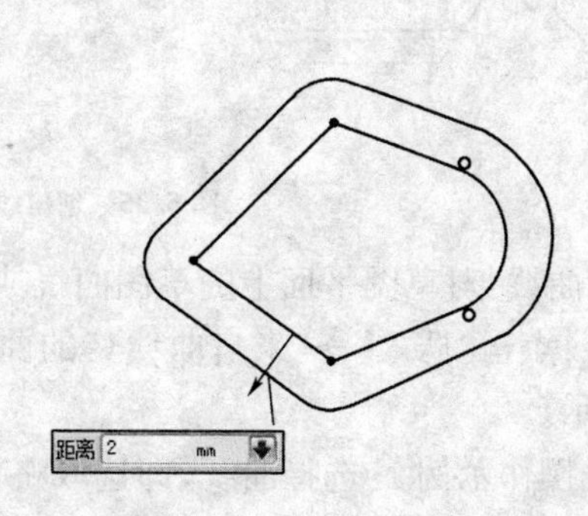

图 5.33　创建偏置曲线 2

(2) 阵列曲线：对草图平面上草图曲线或曲线功能画出的曲线进行阵列，生成阵列曲线。

入口路径：点击“插入”→“来自曲线集的曲线”→“阵列曲线”命令，弹出阵列曲线对话框，如图 5.34(b)所示。

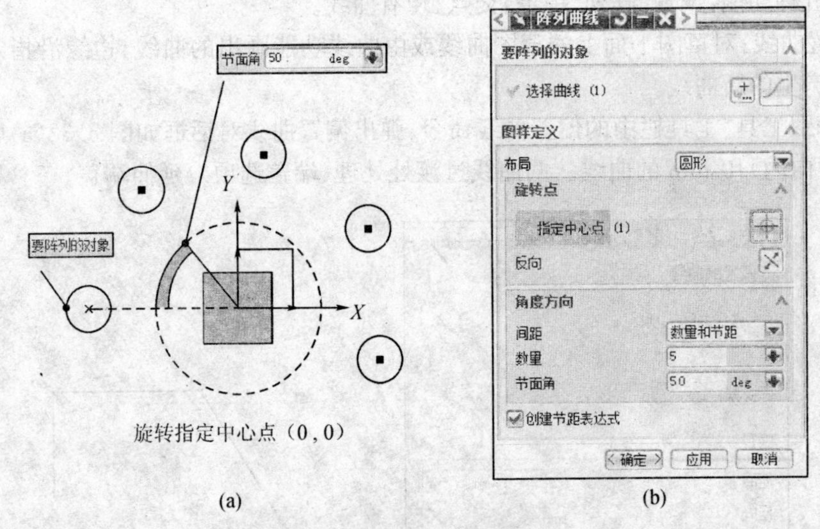

图 5.34 创建圆形阵列曲线示例

圆形阵列创建示例：对称中心(0,0)，数量 5 个，节面角 50°，如图 5.34(a)所示。

线性阵列示例如图 5.35 所示，偏置方向为 Y 方向，数量 3 个，节距 50 mm。

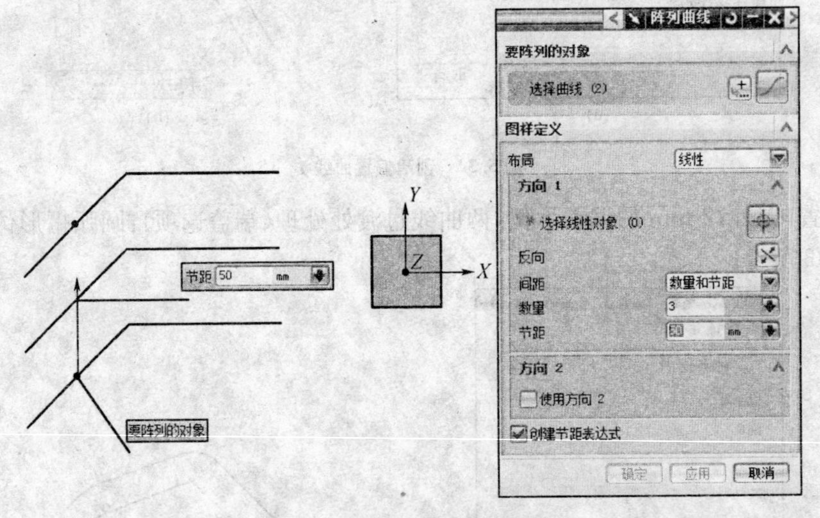

图 5.35 创建线性阵列曲线示例

(3) 镜像曲线：对草图平面上的草图曲线或由曲线功能画出的曲线镜像生成镜像曲线。

入口路径：点击“插入”→“来自曲线集的曲线”→“镜像曲线”命令，弹出镜像曲线对话框，如图 5.36 所示。

镜像曲线操作示例 1：选择曲线，即选取将要镜像的曲线，选择中心线，如图 5.37(a)所示，镜像结果如图 5.37(b)所示，其中作为镜像中心线的实线将转变成参考线。

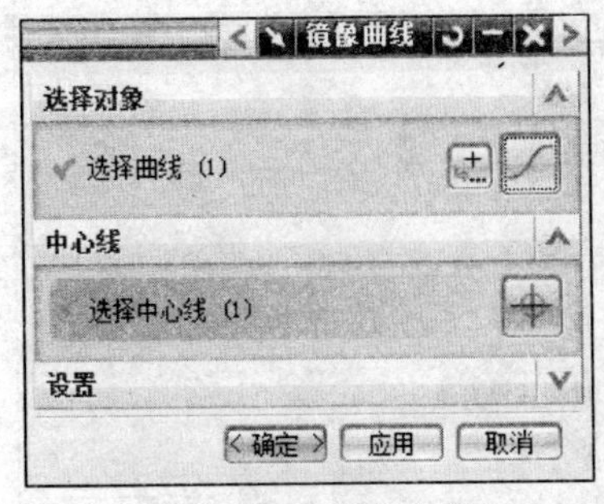

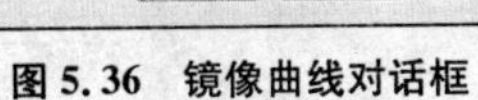
图 5.36 镜像曲线对话框

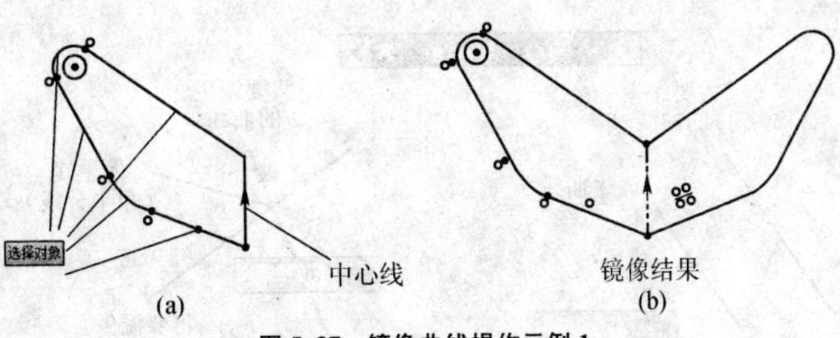

图 5.37 镜像曲线操作示例 1

镜像曲线操作示例 2:如图 5.38 所示,镜像中心线选择 Y 轴。

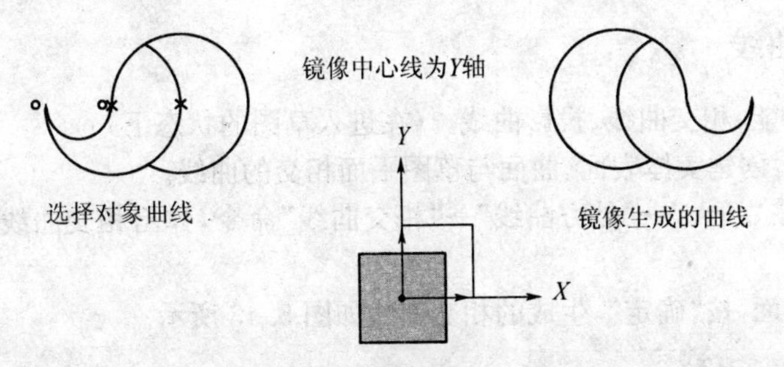

图 5.38 镜像曲线操作示例 2

(4) 交点:创建曲线与草图平面的交点。

在草图环境下,草图基准平面与所选择的曲线相交产生一个交点。

产生曲线与草图平面的交点示例,如图 5.39 所示。

入口路径:点击“插入”→“来自曲线集的曲线”→“交点”命令,弹出交点对话框,如图 5.39 所示。

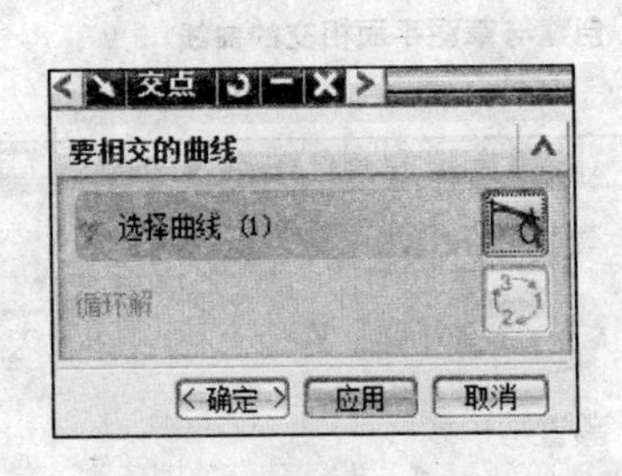

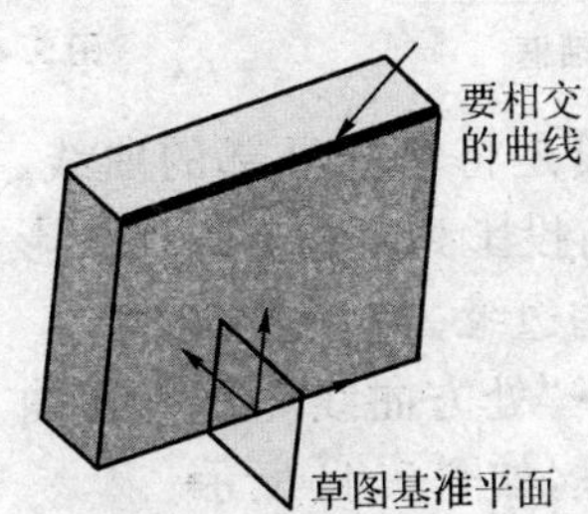

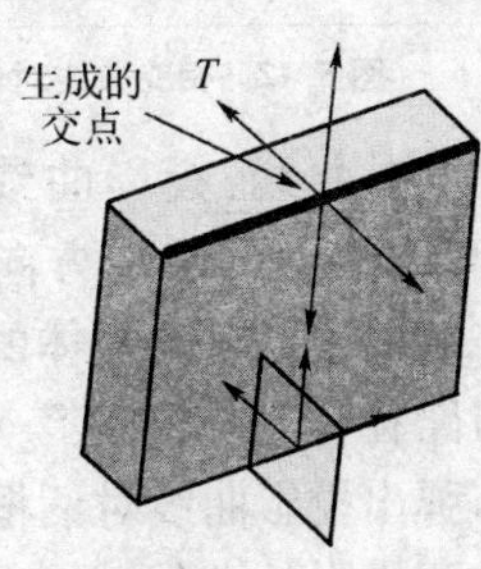

图 5.39 曲线与草图平面的交点

(5) 派生曲线:产生草图平面上的已有曲线的平行线或角平分线。

入口路径:点击“插入”→“来自曲线集的曲线”→“派生曲线”命令,弹出 Derived Line 对话框,如图 5.40 所示。

选取曲线(一条),在弹出的偏置文本输入框中输入偏置尺寸,如 45,回车,如图 5.40 所示。

选取第一条曲线,选取第二条曲线,在长度文本输入框中输入长度尺寸,如 70,回车,如图 5.40 所示。

(6) 现有曲线:对于在建模环境中利用“曲线”工具栏中的功能,构建的二维基本曲线,可以利用该功能将曲线转换成草图曲线。

入口路径:点击“插入”→“来自曲线集的曲线”→“现有曲线”命令,弹出添加曲线对话框,如图 5.41 所示。选取现有基本曲线,将其添加到草图中。

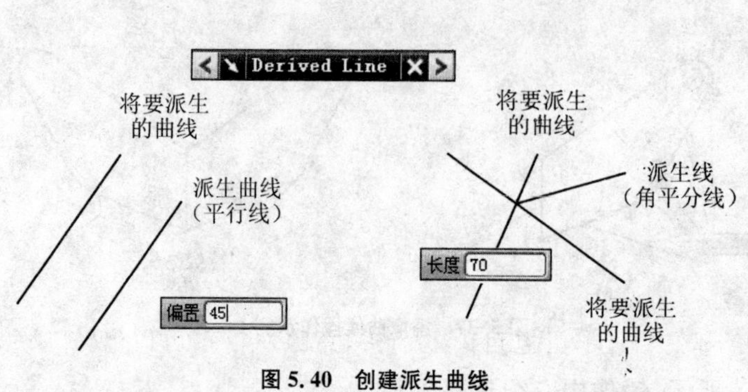

图 5.40　创建派生曲线

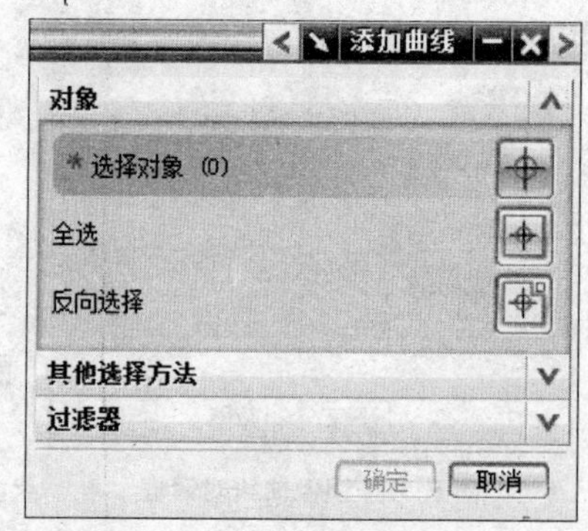

图 5.41　添加曲线

5.2.6　处方曲线

该项有两种功能：相交曲线、投影曲线。（在进入草图的状态下）

（1）相交曲线：创建实体表面、曲面与草图平面相交的曲线。

入口路径：点击“插入”→“处方曲线”→“相交曲线”命令，弹出相交曲线对话框，如图 5.42 所示。

选取要相交的面，按“确定”，生成的相交曲线如图 5.43 所示。

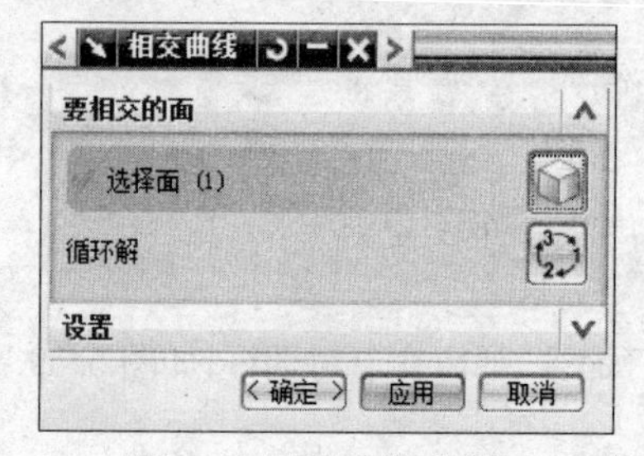

图 5.42　相交曲线对话框

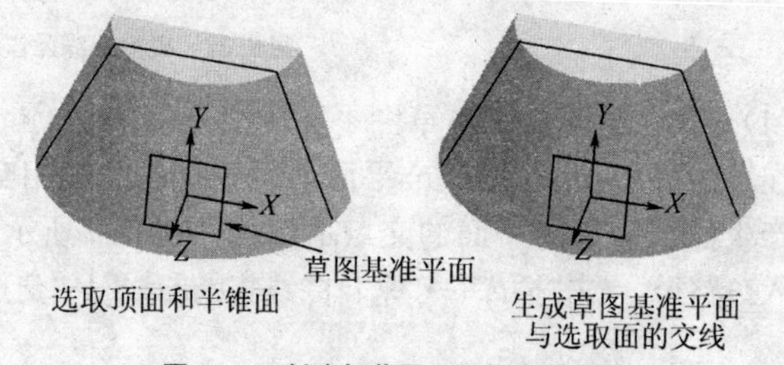

图 5.43　创建与草图平面相交的曲线

（2）投影曲线：投影曲线是将草图外部的曲线、边、点沿草图平面的法线方向投影到草图上。可投影所有的二维曲线、实体、片体的边缘。

入口路径：点击“插入”→“处方曲线”→“投影曲线”命令，弹出投影曲线对话框，如图 5.44 所示。

选取要投影的曲线或实体的边，曲线就投影到草图平面中，如图 5.45 所示。

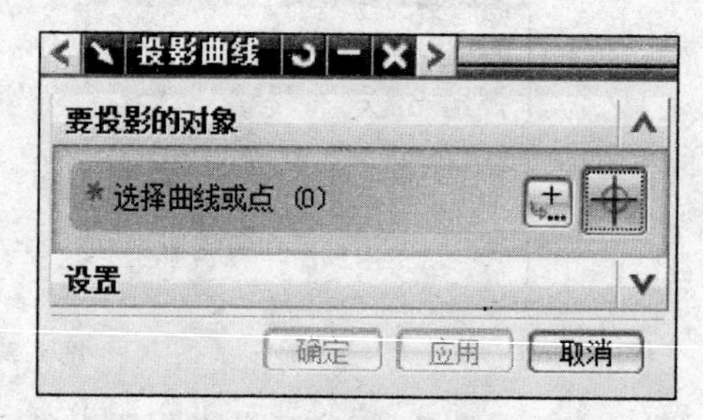

图 5.44　投影曲线对话框

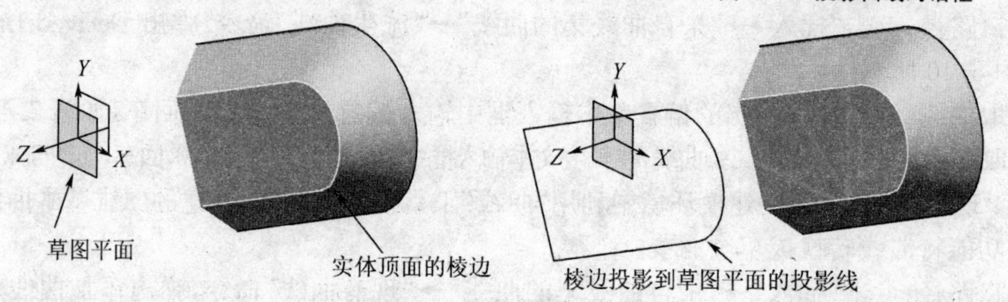

图 5.45　创建投影曲线

5.3　草图约束

5.3.1　基本概念

草图约束分为几何约束和尺寸约束，通过约束确定草图曲线的位置和尺寸。

1）约束与自由度

未加约束的草绘曲线在他们的草图点上显示黄色自由度箭头，意味着该点可以沿箭头方向移动，加约束将消除自由度。

2）草图约束状态

(1) 欠约束：草图上还存在橙色自由度箭头。状态栏显示“草图需要X个约束”。

(2) 充分约束：草图上没有自由度箭头，草图各对象都有唯一位置。状态栏显示“草图已完全约束”。

(3) 过约束：多余的约束被添加，草图曲线和尺寸变成红色，状态栏显示“草图包含过约束的几何体”。

(4) 为了便于约束的建立，在工具栏的工具条中有两个功能键：几何约束的“创建自动判断约束”和尺寸约束的“连续自动标注尺寸”。这两个功能键可以设定成是否有效。但是自动加上的约束不一定能满足设计人员的要求，通常设定几何自动约束有效，尺寸自动约束无效。

5.3.2　尺寸约束

入口路径：点击“插入”→“尺寸”→“自动判断”命令，弹出尺寸对话框(简约式)，如图5.46所示。

按“草图尺寸对话框”按钮，弹出展开式草图尺寸对话框如图5.47所示。

图5.46　尺寸对话框

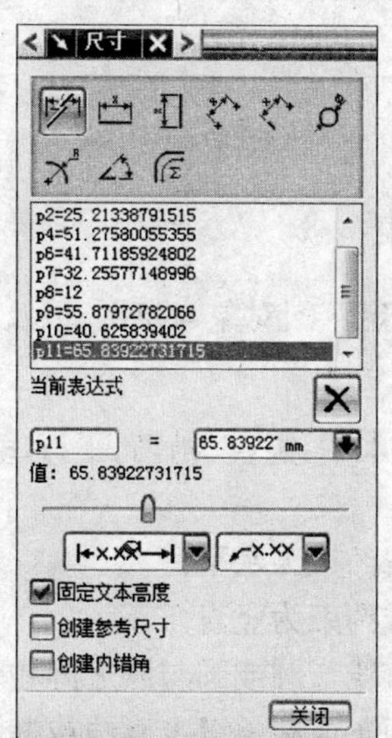

图5.47　尺寸对话框

尺寸标注常用的快捷入口，点击工具栏中的“自动判断尺寸”按钮，同样弹出尺寸对话框，如图5.47所示。当前表达式下面两个文本区域中显示约束尺寸的名称和数值。

尺寸约束项有：自动判断、水平、竖直、平行、垂直、角度、直径、半径、周长。

① 自动判断：系统能根据用户所选择的内容，对要生成的尺寸作出“最佳推断”。

② 水平：标注水平方向尺寸。

③ 竖直：标注竖直方向的尺寸。

④ 平行：在两点间标注与特征平行的尺寸。

⑤ 垂直：标注点与边之间的垂直距离。

⑥ 角度：标注两直线之间的夹角。

⑦ 直径：标注草图上圆的直径。

⑧ 半径：标注草图上圆弧的半径。

⑨ 周长：约束所选的直线和圆弧集体总长度。

尺寸标注示例，如图 5.48 和图 5.49 所示。

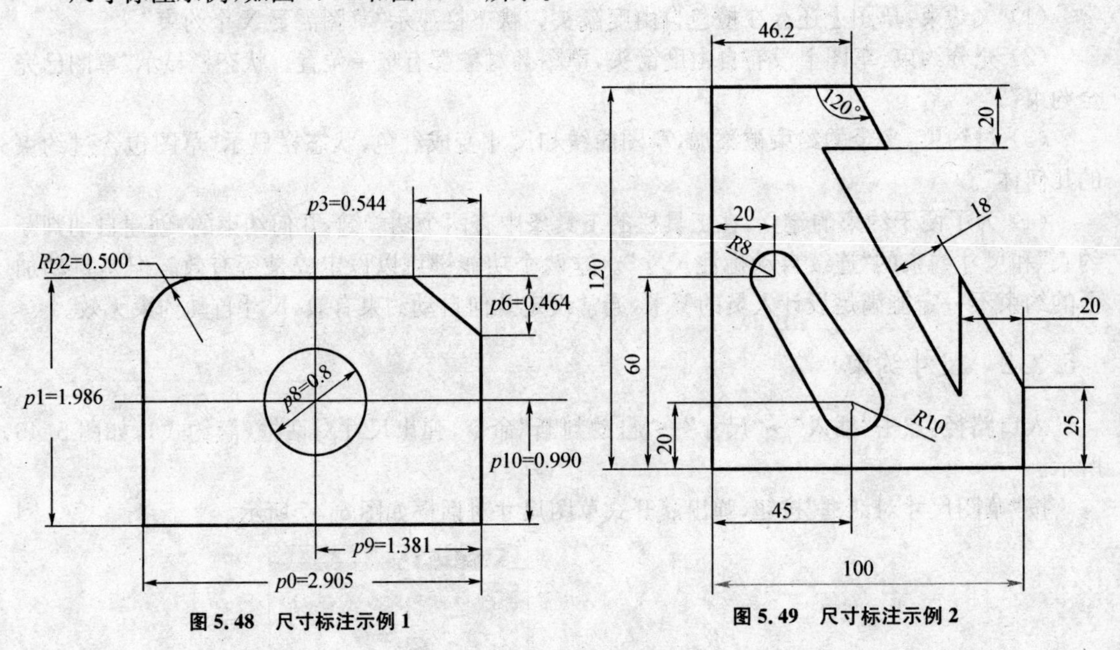

图 5.48 尺寸标注示例 1

图 5.49 尺寸标注示例 2

5.3.3 几何约束

几何约束用于确定草图对象与草图，以及草图对象与草图对象之间的几何关系。

1) 几何约束类型

几何约束类型有水平、竖直、相切、平行、垂直、共线、同心、等长、等半径、点在曲线上、重合这几种。

(1) 水平：将直线约束为水平。

(2) 竖直：将直线约束为竖直。

(3) 相切：定义直线与圆或圆与圆之间相切。

(4) 平行：定义两条或两条以上直线或椭圆之间相互平行。

(5) 垂直：定义直线之间为相互垂直。

(6) 共线：定义两条或两条以上直线重叠通过同一直线。

(7) 同心：定义两个或两个以上圆弧和椭圆具有同一中心。

(8) 等长:定义两条或两条以上直线具有相同的长度。

(9) 等半径:定义两个或两个以上圆弧具有相同的半径大小。

(10) 点在曲线上:定义点的位置在曲线上。

(11) 重合:定义两个或两个以上的点具有相同的位置。

自由约束入口路径:在“草图工具”的工具栏中点击“约束”命令,选择图素就弹出约束选项对话框,根据选择的图素的不同,约束对话框中的约束项内容也不一样,其中约束对话框示例见图 5.50所示。

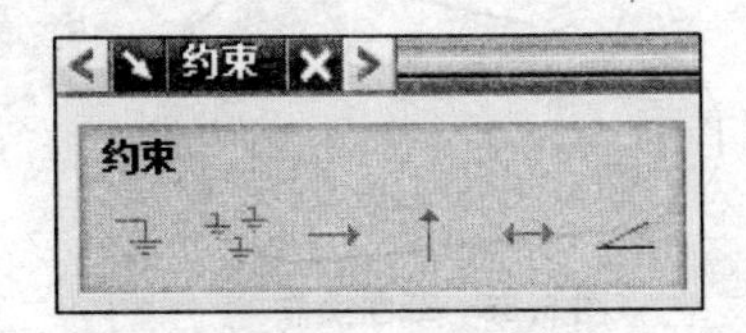

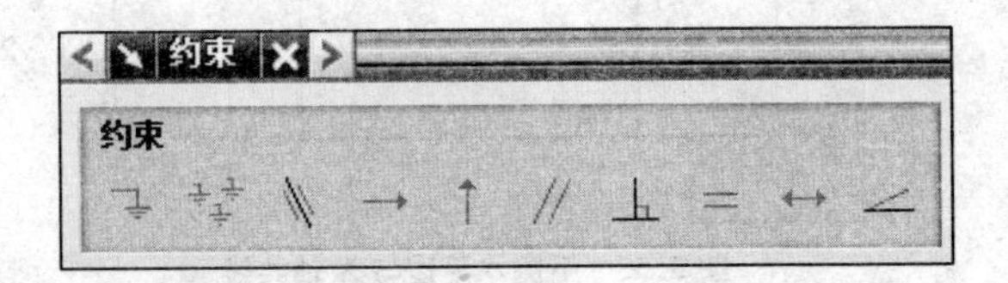

图 5.50 约束对话框示例

2) 操作示例

(1) 共线操作

进入草图操作环境,用矩形功能画一个任意矩形,如图 5.51 所示。

单击“草图工具”工具栏的约束命令,用鼠标选取基准轴 Y,选取矩形左侧的垂直边,如图 5.52所示。

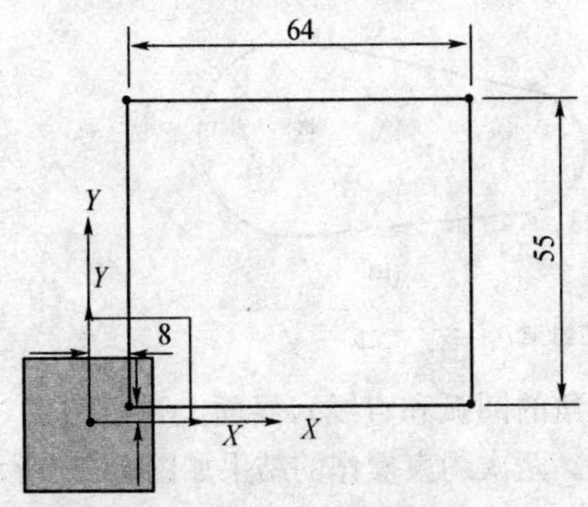

图 5.51 画一个任意矩形

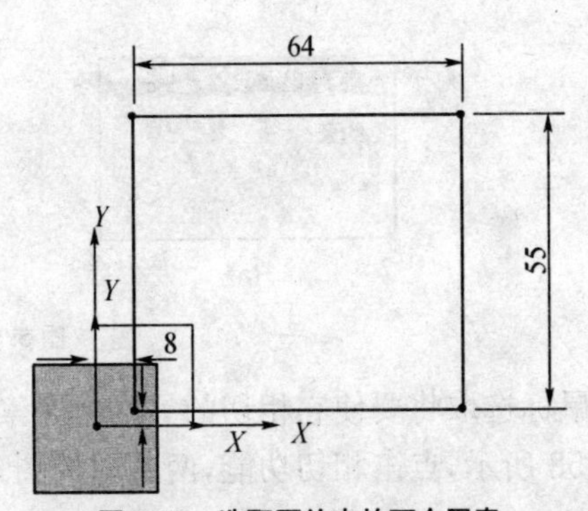

图 5.52 选取要约束的两个图素

在弹出的约束对话框中,点击共线约束,矩形左侧垂直边与 Y 轴共线,如图 5.53 所示。

用鼠标选取 X 轴,选取矩形的下侧水平边,如图 5.54 所示。

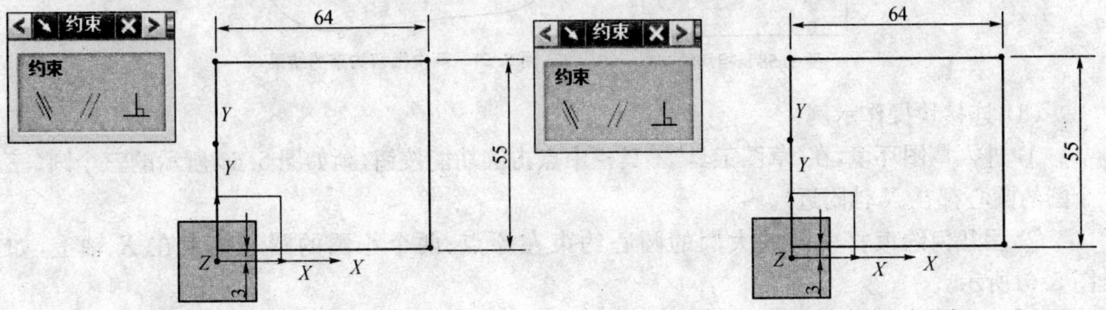

图 5.53 垂直边与 Y 轴共线

图 5.54 选取要约束的两个图素

在弹出的约束对话框中，点击共线约束，矩形的下侧水平边与 X 轴共线，如图 5.55 所示。

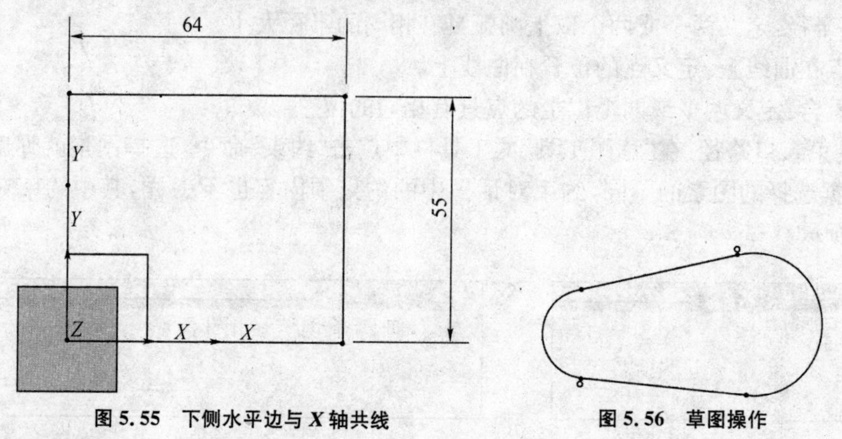

图 5.55　下侧水平边与 X 轴共线　　　图 5.56　草图操作

（2）相切操作

进入草图操作环境，用轮廓功能画出图 5.56 所示的一个草图，有圆圈的两处表示相切，无圆圈的另两个连接处不相切。

单击“草图工具”工具栏的约束命令，界面上弹出的约束对话框，如图 5.57(a)图所示，用鼠标选取将要使它相切的两个图素（左上角的圆弧和直线），点击相切功能，两选取的图素相切，如图 5.57(b)图所示。

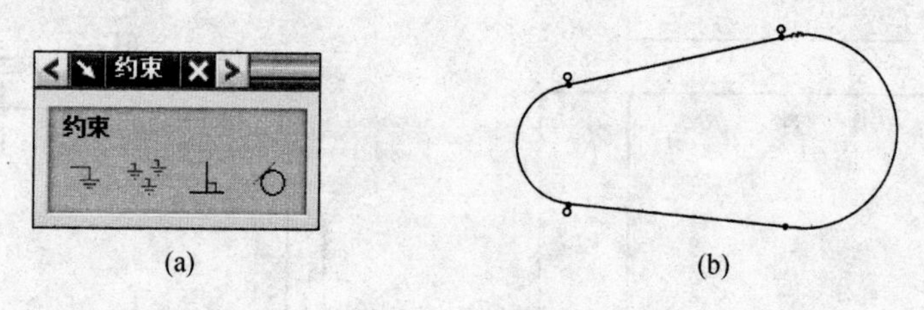

图 5.57　相切约束

用鼠标选取将要使它相切的另两个图素（右下角的圆弧和直线），界面上弹出约束对话框，如图 5.58 所示，点击相切功能，两选取的图素相切。两次约束操作的结果如图 5.59 所示。

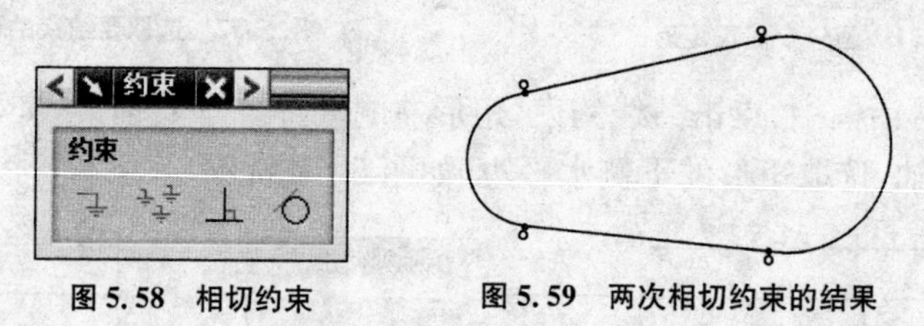

图 5.58　相切约束　　　图 5.59　两次相切约束的结果

（3）连接块操作示例

① 进入草图环境，在“草图工具”工具栏中点击圆功能按钮，画如图 5.60 所示的三个圆（三个圆的圆心都在 X 轴附近）。

② 用几何约束将中间的大圆的圆心约束在原点、两个小圆的圆心约束在 X 轴上，如图 5.61所示。

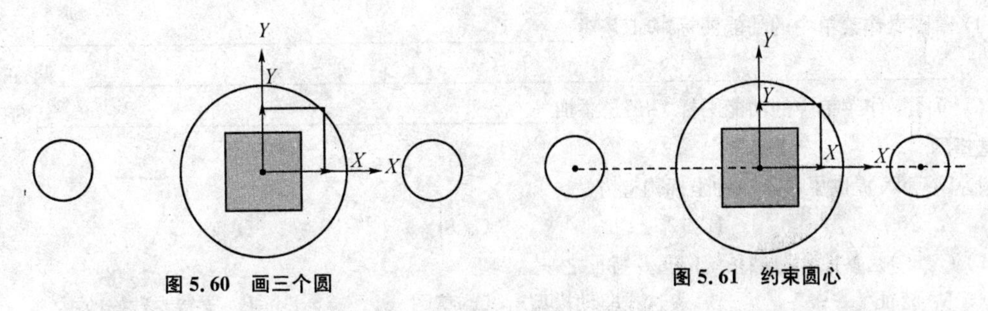

图 5.60 画三个圆　　　　图 5.61 约束圆心

③ 用“草图工具”工具栏的“自动判断尺寸”的尺寸约束标注以下的尺寸，如图 5.62 所示。

④ 用“草图工具”工具栏的“直线”绘图工具，画四条切线，如图 5.63 所示。

（如徒手画，不能保证相切，就用相切约束保证相切）

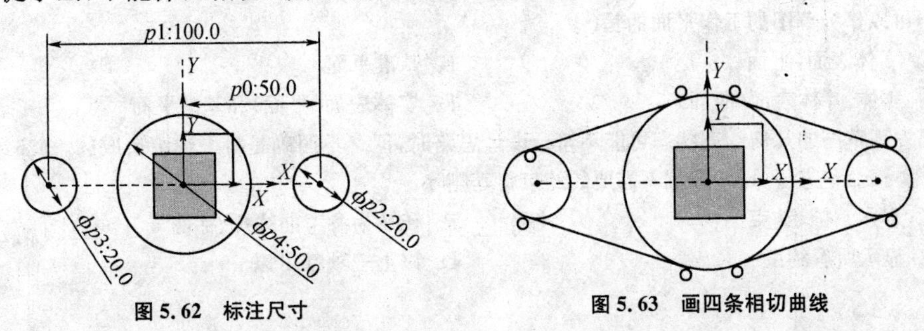

图 5.62 标注尺寸　　　　图 5.63 画四条相切曲线

⑤ 用“草图工具”工具栏的圆绘图工具，画三个圆，并用几何约束的同心功能约束其圆心位置，如图 5.64 所示。

⑥ 用“草图工具”工具栏的“自动判断尺寸”的尺寸约束，标注三个圆的尺寸，如图 5.65 所示。

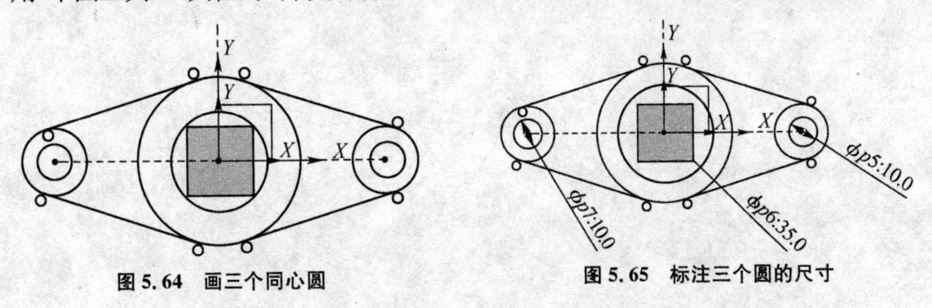

图 5.64 画三个同心圆　　　　图 5.65 标注三个圆的尺寸

习　题

名词解释

草图(Sketch)

问答题

构建草图的一般步骤？

填空题

(1) 草图约束菜单中图标“ ”的功能是：________________________________。

(2) 草图中的约束有________、________两种类型。

(3) 草图约束菜单中图标“ ”的功能是：________________________________

____。

(4) 草图操作菜单中的功能图标"[icon]"是对____偏置操作。

(5) 草图操作菜单中的功能图标"[icon]"是添加____________________的操作。

选择题

(1) UG NX 提供了(　　)种坐标构造方法。

A. 20　　B. 12　　C. 8　　D. 16

(2) (　　)是参数化造型系统的重要特征之一。

A. 特征　　B. 表达式驱动模型　　C. 草图　　D. 支持参数修改

(3) 草图特征不具备的能力是(　　)。

A. 二维轮廓的曲线集合　　B. 具有参数化驱动能力

C. 可以作为创建实体特征、曲面的截面　　D. 在曲面上创建草图曲线

(4) 不可以作为草图的工作平面的是(　　)。

A. 实体表面(平面)　　B. 基准平面

C. 实体、片体表面(曲面)　　D. 实体表面(平面)和基准平面

(5) 当发现草图的几何约束状态可能不符合设计思路时，但又不明确是哪个约束造成的。此时可以利用(　　)命令进行分析，找到不需要的约束将其删除。

A. 显示/移除约束　　B. 转换为参考曲线/激活曲线

C. 显示所有约束　　D. 以上三项都可以

6 创建曲线

UG创建曲线有两种方法：用草图创建曲线和用曲线功能创建曲线。用曲线功能创建曲线比用草图功能创建曲线功能多一些，但用曲线功能创建的曲线是非参数化的，具体对比见下表：

曲　线	草　图
设计时，准确按尺寸画出轮廓曲线，计算较麻烦	粗略画出轮廓尺寸大致形状，由约束确定准确尺寸
定位不可变	可参数化定位及重新安放草图
无表达式、可修改、但有局限性	参数化、有表达式、修改方便
不能传达设计意图	可用并行设计，如Word传达设计意图
曲线不能传递尺寸	草图尺寸可传递到工程制图中，可标注尺寸

草图与曲线的一般使用情况：

① 一般机械产品的截面设计都用草图；

② 截面线形状复杂，但又需要修改参数的情况用草图较合适；

③ 形状很复杂的截面用曲线；

④ 外形很复杂的曲面，如汽车覆盖件等用曲线。

曲线功能菜单入口路径有三个：曲线、来自曲线集的曲线和来自体的曲线。见图6.1、图6.2、图6.3所示。

图6.1　曲线菜单入口路径1

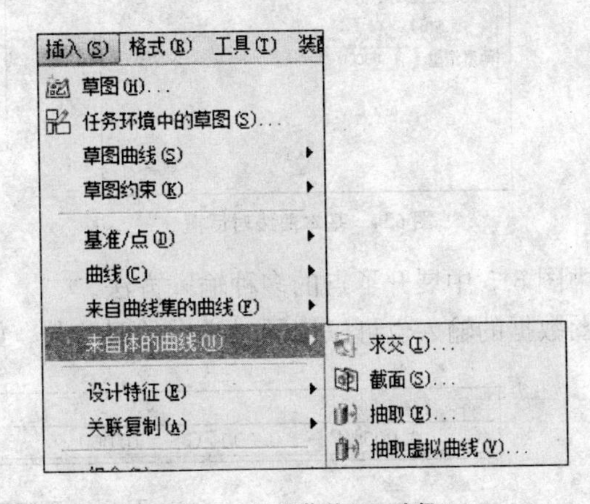

图6.2　曲线菜单入口路径2

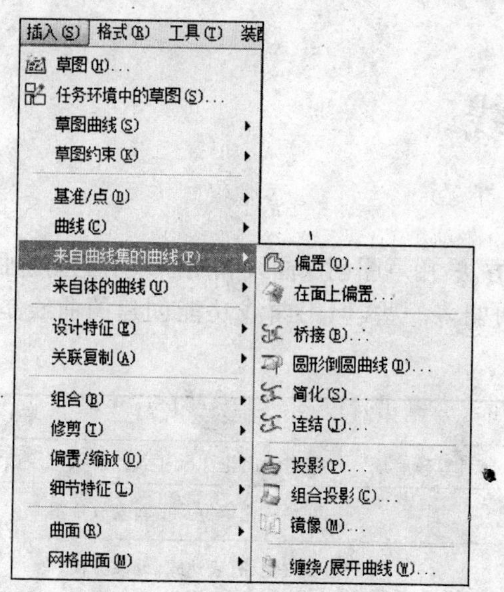

图 6.3　曲线菜单入口路径 3

6.1　基本曲线

点击“插入”→“曲线”→“基本曲线”命令，弹出如图 6.4 所示的基本曲线对话框。

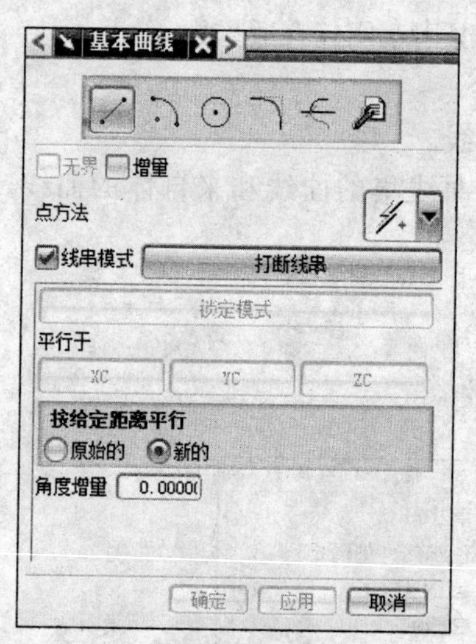

图 6.4　基本曲线对话框

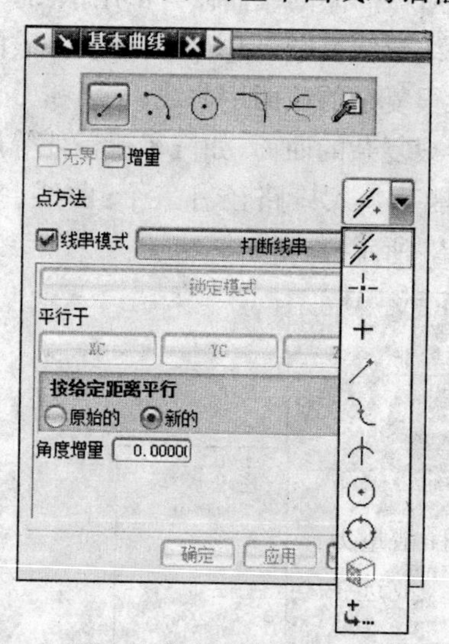

图 6.5　展开点的输入方法

其中图 6.5 中展开了点的多种输入方法。

绘图数据的输入也可以用同时弹出的跟踪条。如图 6.6 所示。

图 6.6　跟踪条

6.1.1 直线

选项的意义：

增量前的选项框打勾，就是用点方式，两点画线。

线串模式前的选项框打勾则画连续线，否则仅画单个线段。当线串模式没有被选中，无界选项才可以选择，无界前的选项框打勾，用两点画出的线，其长度充满整个绘图界面。

画直线时，输入第一点后，阴影显示的 *XC*、*YC*、*ZC* 按钮将转为实线显示，如图 6.7 所示。选择 *XC* 就打开水平线功能，选择 *YC* 就打开垂直线功能，接着输出第二点，就画出所需的线段。

在线串模式画连续线时，要结束连续线绘制，点击对话框中的“打断线串”按钮或按键盘的“Esc”键，或鼠标中键都可以。

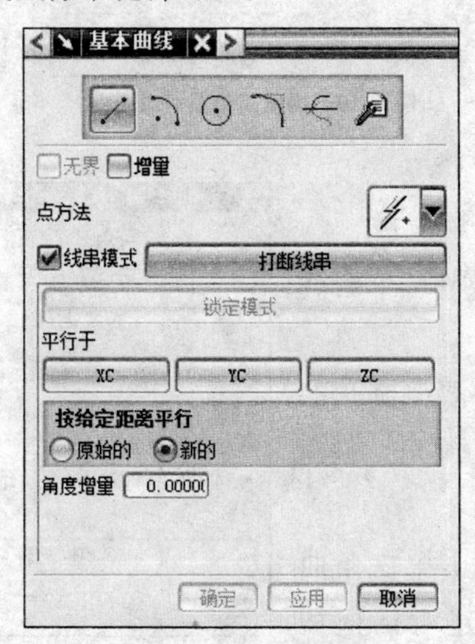

图 6.7 构建直线对话框

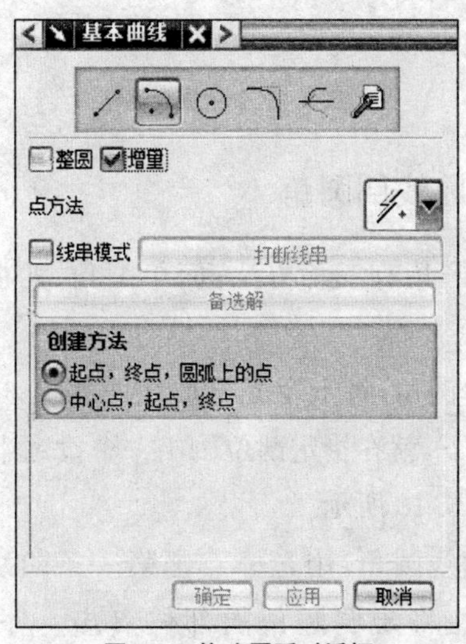

图 6.8 构建圆弧对话框

6.1.2 圆弧

圆弧的创建方法都是三点画弧有两种：① 起点、终点、圆弧上的点；② 中心点、起点、终点。

构建圆弧对话框，如图 6.8 所示。

选项选择增量方式，绘制出一段圆弧，选择整圆方式将绘制出整圆。

线串模式被选中，则可以连续地画弧，否则画单个圆弧。

6.1.3 圆

用圆心、边界上的一点画整圆。

当需要连续画多个直径相同的整圆时，可选取“多个位置”前的选项，则仅需输入圆心位置即可画直径与前一个圆相同的多个圆。画圆对话框如图 6.9 所示。

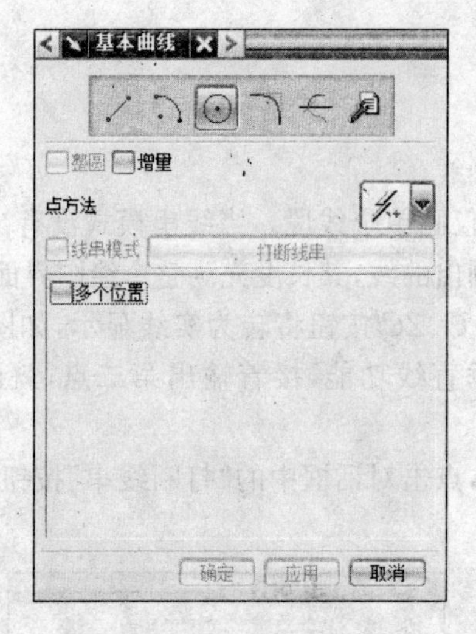

图 6.9　创建圆对话框

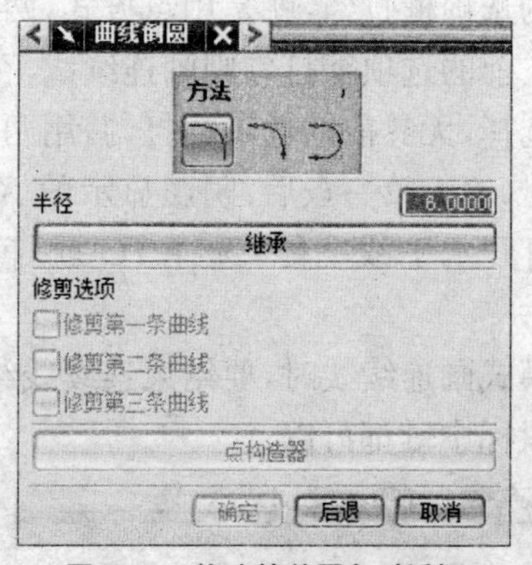

图 6.10　构建简单圆角对话框

6.1.4　曲线倒圆角

曲线倒圆角有三种方法：简单圆角、两曲线圆角、三曲线圆角。

① 简单圆角：将十字光标放在两相交线的将要倒圆角的部位点击一下，就在指定部位倒出一个设定半径的圆角。创建对话框如图 6.10 所示。

② 两曲线圆角：用光标点击第一条曲线，点击第二条曲线，再接着在将要倒圆角的部位点击一下，创建对话框如图 6.11所示。

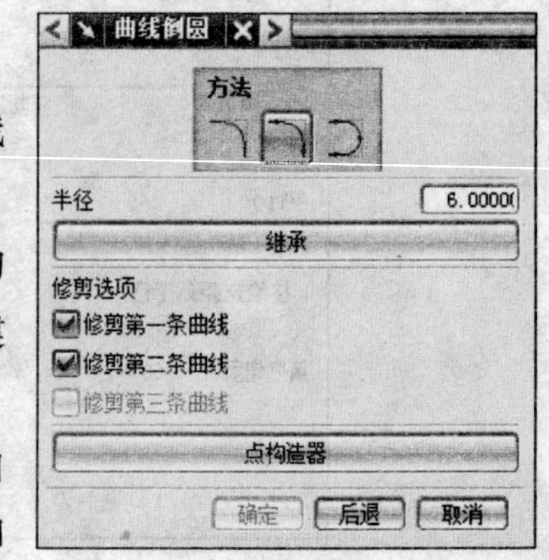

图 6.11　构建两曲线圆角对话框

修剪选项是设定倒圆角后，两条原直线。

图 6.12 为两条直线倒圆角，两直线都被修剪。

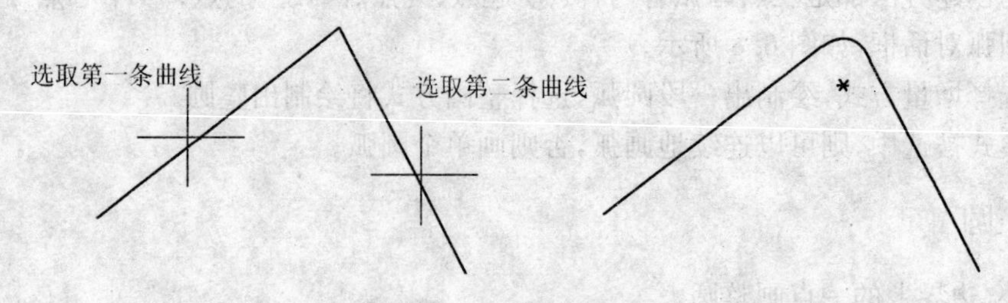

图 6.12　两曲线倒圆角

③ 三曲线圆角：在三曲线之间倒一个圆角，修剪选项可以设定其中的任一条曲线倒圆角后是否被修剪。创建对话框如图 6.13(a)图所示，图 6.13(b)图所示三曲线倒圆，三曲线都被修剪。

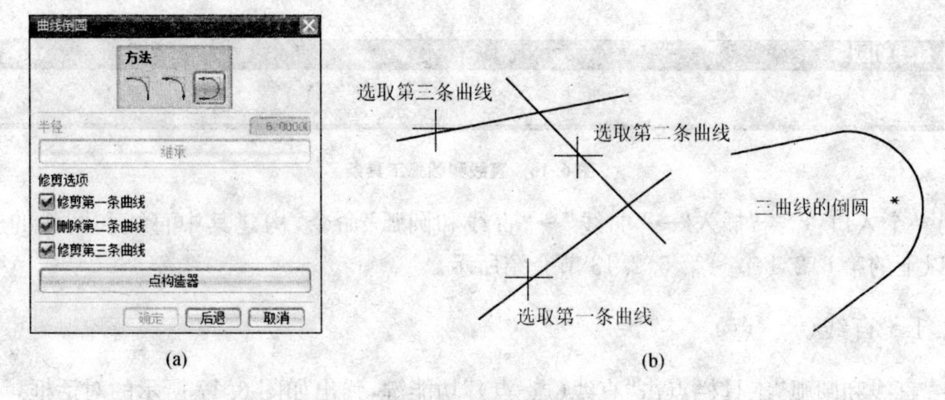

图 6.13　三曲线倒圆

④ 修剪曲线:修剪曲线的多余部分到指定的边界对象,或延长曲线一端到指定的边界对象。可指定一个或两个边界对象。操作示例如图 6.14、图 6.15 所示。

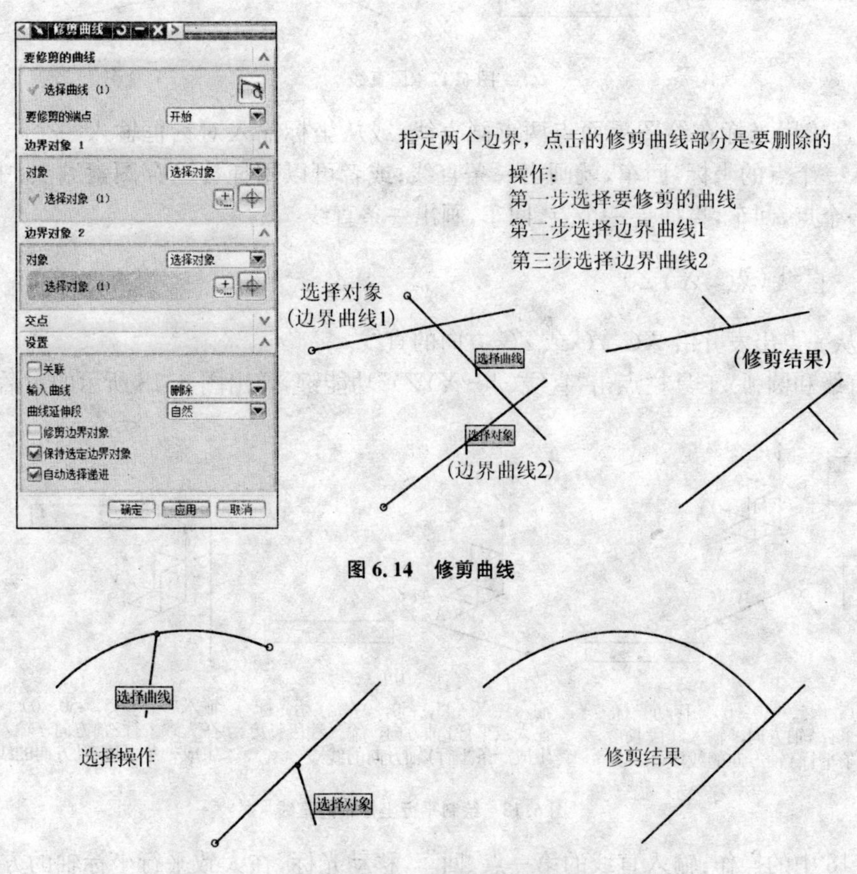

图 6.14　修剪曲线

图 6.15　用一个边界修剪延伸曲线

6.2　直线和圆弧

在工具栏的任一处点击鼠标右键,然后在弹出的快捷菜单中勾选“直线和圆弧”选项,在绘图工作区就弹出“直线和圆弧”工具条,直接点击所需命令键即可,如图 6.16 所示。

图 6.16　直线和圆弧工具条

另一个入口:点击“插入”→“曲线”→“直线和圆弧”命令,构建其中直线和圆弧的所有命令,如以下的第 6.2.1 节～第 6.2.13 节介绍所示。

6.2.1　直线(点-点)

在“直线和圆弧”工具栏点击“直线(点-点)”功能键,弹出如图 6.17 所示的对话框。

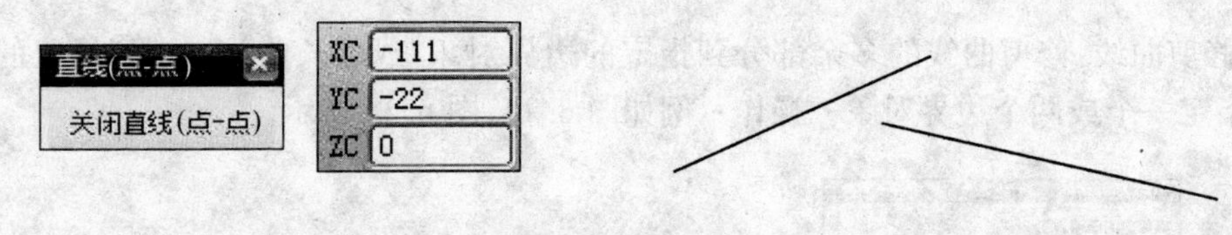

图 6.17　画直线

可以直接用光标在绘图界面点两点画直线;或从坐标输入对话框输入一个点的坐标,回车,再输入一个点的坐标,回车,就画出一条直线;或者可以用捕捉已存图素端点、中点等的办法,捕捉一个点,回车,再捕捉一个点,回车,画出一条直线。

6.2.2　直线(点- XYZ)

创建从一点出发并沿 XC、YC 或 ZC 方向的直线。

在“直线和圆弧”工具栏点击“直线(点- XYZ)”功能键,弹出图 6.18 所示的对话框。

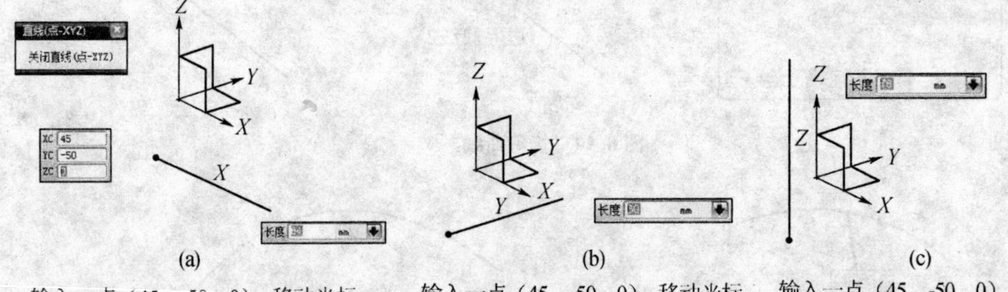

输入一点(45, -50, 0),移动光标在大致平行X轴方向,输入线段长度,生成一条平行X轴方向的线段

输入一点(45, -50, 0),移动光标在大致平行Y轴方向,输入线段长度,生成一条平行Y轴方向的线段

输入一点(45, -50, 0),移动光标在大致平行Z轴方向,输入线段长度,生成一条平行Z轴方向的线段

图 6.18　绘制平行坐标轴的直线

图 6.18 中的操作:输入直线的第一点,回车,移动光标,在大致平行坐标轴的方向,输入线段长度,就生成一条平行坐标轴方向的线段。

6.2.3　直线(点-平行)

创建从一点出发并平行于另一条直线的直线。

点击“直线(点-平行)”功能键,弹出如图 6.19(a)所示的对话框。

(a) 直线(点-平行)对话框　　(b)

图 6.19　画通过一点的平行线 1

指定起点,选择平行参考的直线,设定长度,回车,如图 6.19、图 2.20 所示。

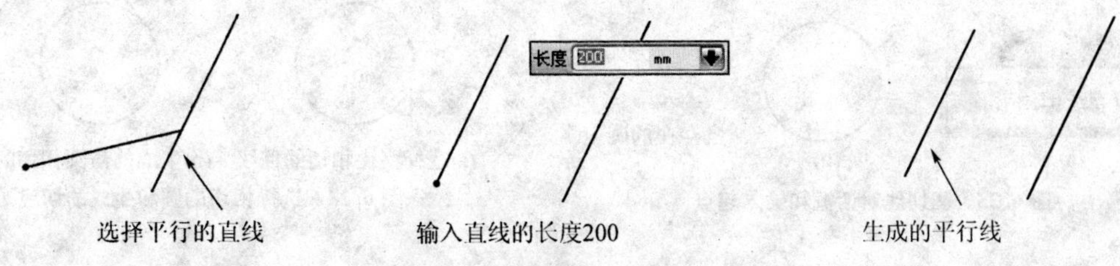

图 6.20　画通过一点的平行线 2

6.2.4　直线(点-垂直)

创建从一点出发并垂直于另一条直线的直线。

点击“直线(点-垂直)”功能键,弹出如图 6.21(a)所示的对话框。

指定起点,选择垂直参考的直线,如图 6.21 所示。

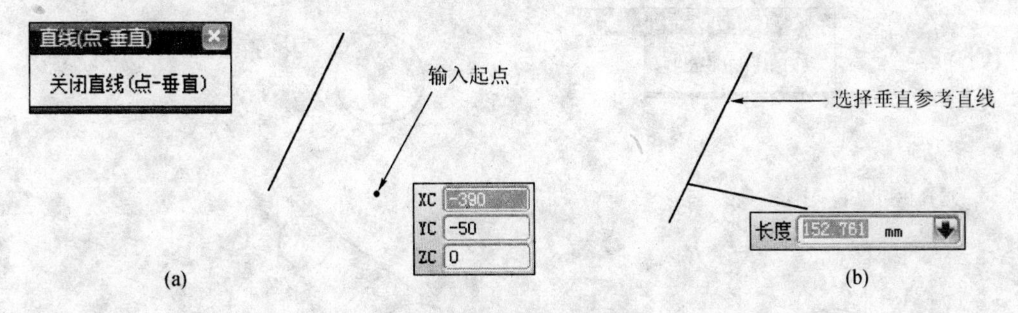

(a)　　(b)

图 6.21　画通过一点的垂线 1

设定长度,回车,生成一条垂直线,如图 6.22 所示。

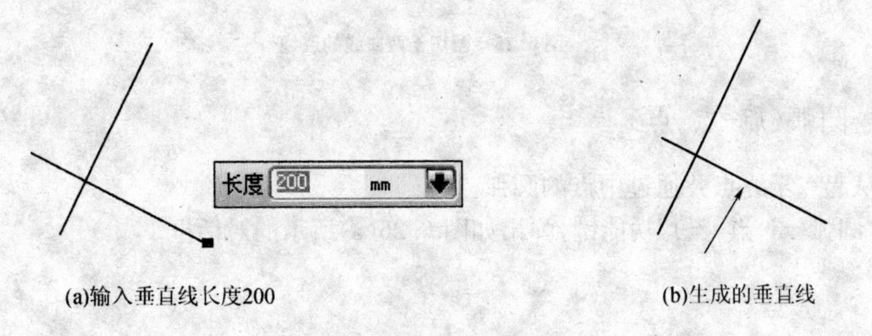

(a)输入垂直线长度200　　(b)生成的垂直线

图 6.22　画通过一点的垂线 2

6.2.5　直线(点-相切)

创建从一点出发与一条曲线相切的直线。

点击“直线(点-相切)”功能键,弹出如图 6.23(a)所示的对话框。

指定起点,如图 6.23(b)所示,选择相切参考的曲线(圆)如图 6.24(a)所示,生成一条从起点到相切圆切点的直线,如图 6.24(b)所示。

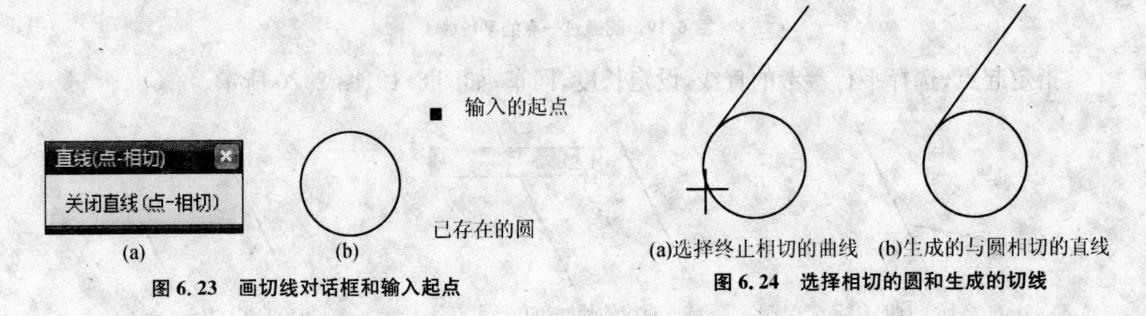

(a)　(b)

图 6.23　画切线对话框和输入起点

(a)选择终止相切的曲线　(b)生成的与圆相切的直线

图 6.24　选择相切的圆和生成的切线

6.2.6　直线(相切-相切)

创建与两条曲线相切的直线。

点击“直线(相切-相切)”功能键,弹出直线对话框。选择相切的第一个圆,选择相切的第二个圆,生成与两个圆相切的切线,如图 6.25 所示。

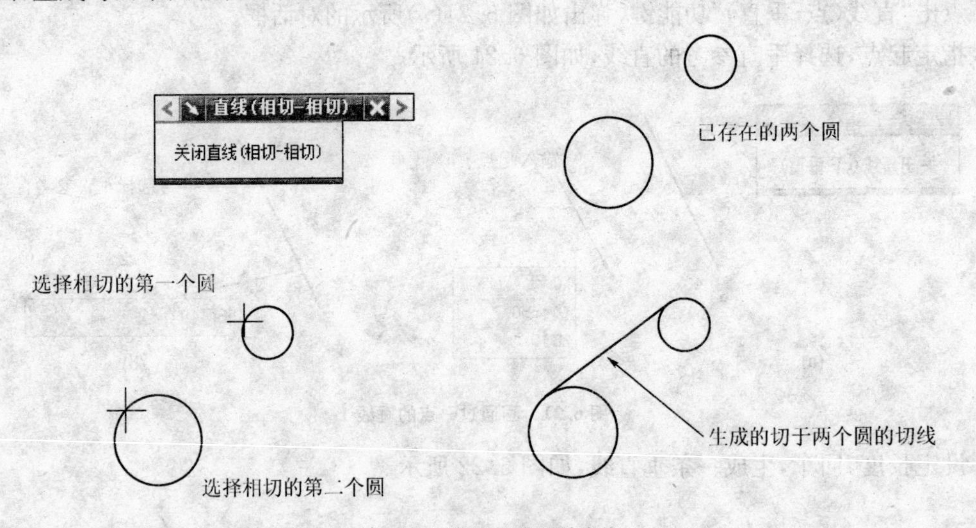

图 6.25　画切于两曲线的直线

6.2.7　圆弧(点-点-点)

创建从起点至终点并通过中点的圆弧。

点击“圆弧(点-点-点)”功能键,弹出如图 6.26(a)所示的对话框。

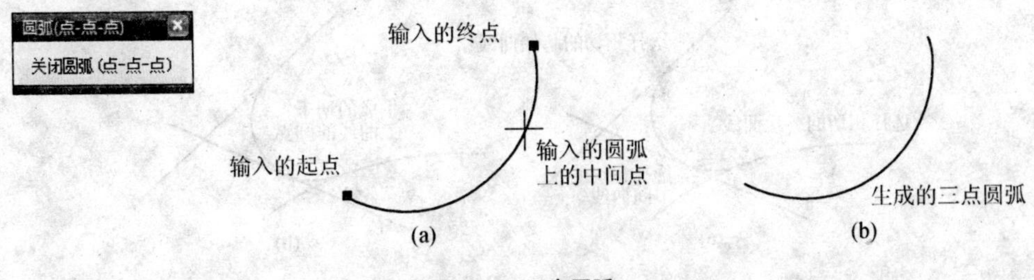

图 6.26 三点画弧

输入圆弧的起点,回车,输入圆弧的终点,回车,输入圆弧上的中间点,回车。生成如图 6.26(b)所示的圆弧。

与通过三点画弧功能和操作方法相同,该工具条中还有通过三点画圆功能。

6.2.8 圆弧(点-点-相切)

创建从起点至终点并与一条曲线相切的圆弧。

点击“圆弧(点-点-相切)”功能键,弹出如图 6.27 所示的对话框。

图 6.27 画圆弧对话框和一条已存直线

输入圆弧的起点,回车,输入圆弧的终点,回车,选择相切的直线,回车。生成如图 6.28(b)所示的圆弧。

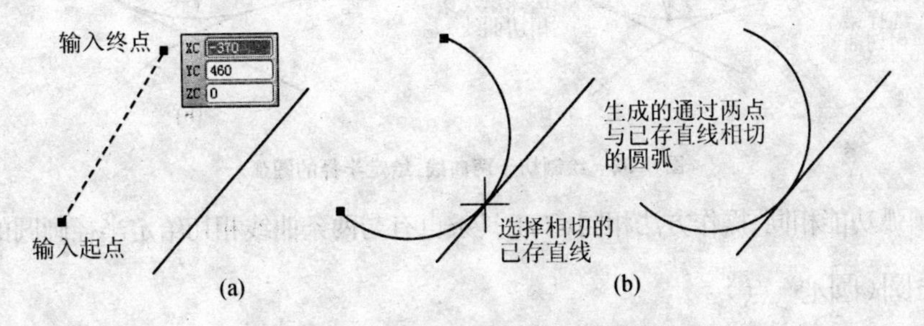

图 6.28 画通过两端点与一直线相切的弧

与该画圆弧功能相同、操作方法相同,该工具条也有通过两点与一条曲线相切画圆的功能。

6.2.9 圆弧(相切-相切-相切)

圆弧(相切-相切-相切)

关闭圆弧 (相切-相切-相切)

图 6.29 切于三曲线的圆弧对话框

创建与其他三条曲线相切的圆弧。

点击圆弧“相切-相切-相切”功能键,弹出如图 6.29 所示的对话框。

选择起始相切曲线,选择终止相切曲线,选择中间相切曲线,生成切于三曲线的圆弧,如图 6.30所示。

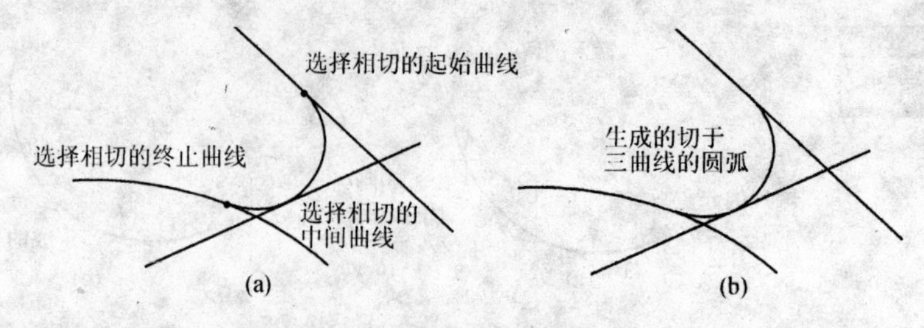

图 6.30 画切于三曲线的圆弧

与该画圆弧功能相同、操作方法相同，该工具条也有与三条曲线相切画圆的功能。

6.2.10 圆弧(相切-相切-半径)

创建与其他两条曲线相切并具有指定半径的圆弧。

点击圆弧“相切-相切-半径”功能键，弹出如图 6.31 所示的对话框。

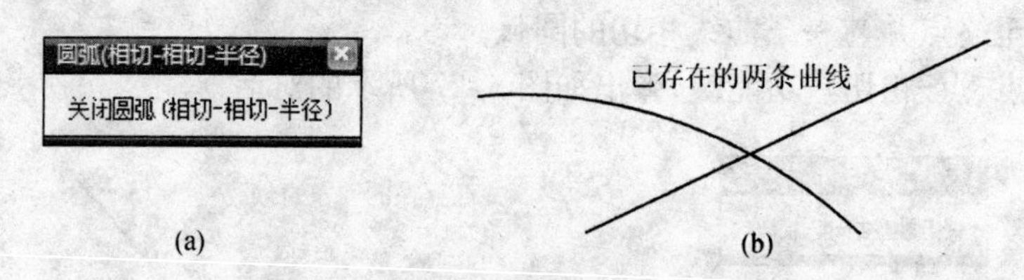

图 6.31 画切弧对话框和两条已存曲线

选择第一条相切的曲线，选择第二条相切的曲线，输入切弧半径，回车，生成如图 6.32 所示的圆弧。

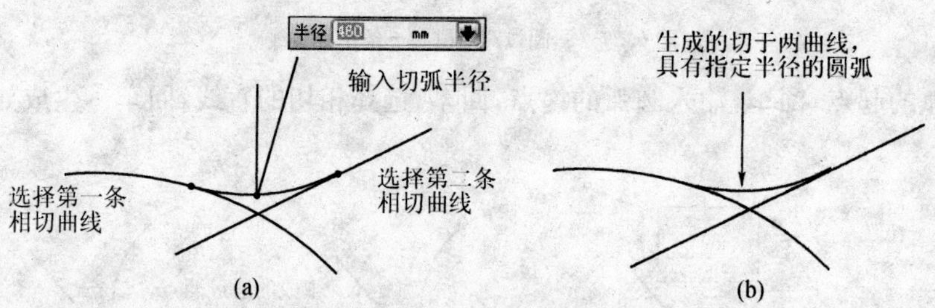

图 6.32 绘制切于两曲线、给定半径的圆弧

与该画圆弧功能相同、操作方法相同，该工具条也有与两条曲线相切给定半径画圆的功能。

6.2.11 圆(圆心-点)

创建具有指定中心点和圆上一点的圆。

点击“圆(圆心-点)”功能键，弹出如图 6.33(a)所示的对话框。

输入圆心坐标，回车，输入圆周上的一点，回车，生成如图 6.33(b)所示的圆。

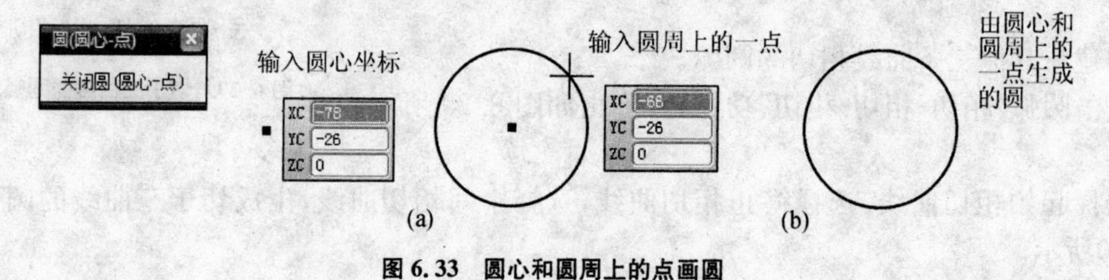

图 6.33 圆心和圆周上的点画圆

6.2.12 圆(圆心-半径)

创建具有指定中心点和半径的圆。

点击"圆(圆心-半径)"功能键,弹出画圆对话框,如图 6.34(a)所示,输入圆心坐标,回车,输入圆的半径,回车,生成如图 6.34(b)所示的圆。

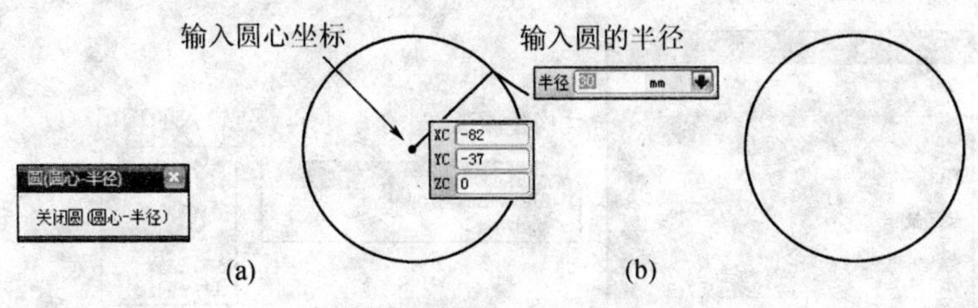

图 6.34 圆心和半径画圆

6.2.13 圆(圆心-相切)

创建具有指定中心点并与一条曲线相切的圆。

点击"圆(圆心-相切)"功能键,弹出画圆对话框,输入圆心坐标,回车,选择相切的曲线,回车,生成如图 6.35 所示的圆。

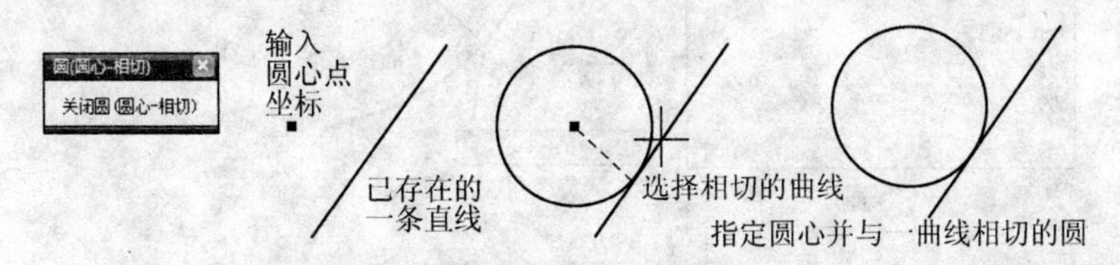

图 6.35 指定圆心与一条相切曲线画圆

6.3 直线

创建直线特征:点击"插入"→"曲线"→"直线"命令,弹出如图 6.36所示的对话框。或者是:在工具栏的任一处点击鼠标右键,在弹出的快捷菜单中勾选"曲线"选项,在工具栏就出现"曲线"绘图工具栏。在工具栏中点击"直线"命令,也弹出同样的对话框。其他可能的入口路径就不一一列出。

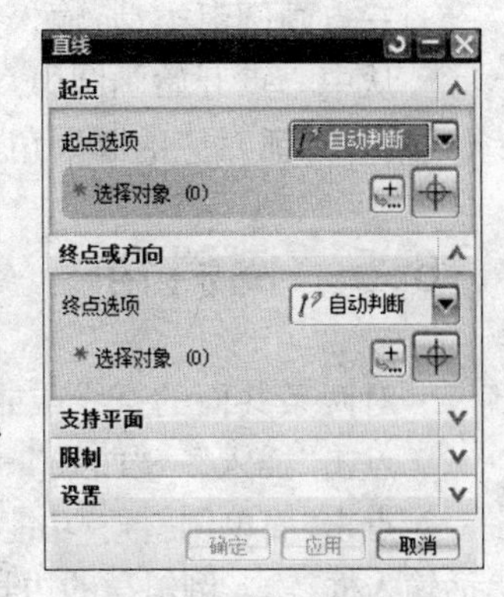

图 6.36 创建直线对话框

通过两点画直线:输入起点(点 1),回车,输入终点(点 2),回车,点击对话框的"确定",生成如图 6.37 所示的直线。

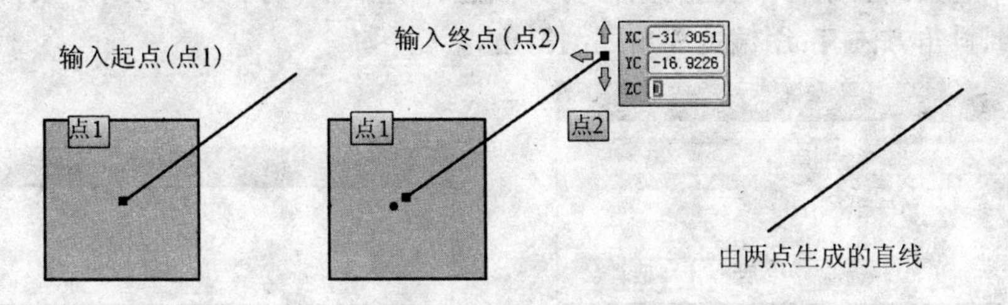

图 6.37 通过两点画直线

6.4　圆弧/圆

创建圆弧和圆的特征。

点击"插入"→"曲线"→"圆弧/圆"命令，弹出如图 6.38(a)所示的对话框。

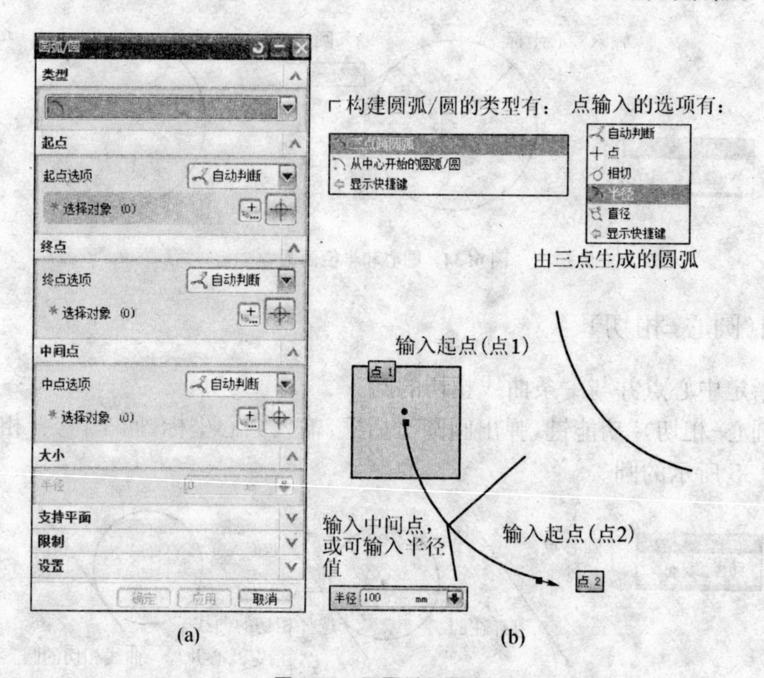

图 6.38　画圆弧和圆特征

三点画圆弧类型：输入起点、输入终点、输入圆弧上中间的一点，如图 6.38(b)所示。

从中心点开始画圆弧/圆：输入圆心点、输入圆周上的一点、按住圆弧另一端的箭头移动(或输入圆弧对应的圆周角)，移动到合适位置，点击"确定"，就生成圆弧。

6.5　倒斜角

对两条共面的直线或曲线之间的尖角进行倒斜角。

点击"插入"→"曲线"→"倒斜角"命令，弹出如图 6.39 所示的对话框。

点击"简单倒斜角"功能键，弹出倒斜角偏置对话框，如图 6.40 所示。在倒斜角偏置的文本对话输入框，输入倒斜角的边长，选择两个倒斜角的边，回车(或按"确定")，就倒出所需的斜角。

点击用户定义倒斜角，弹出倒斜角修剪方法选择对话框，有自动修剪、手动修剪或不修剪三种方法。倒斜角方法有：用偏置和角度倒斜角。

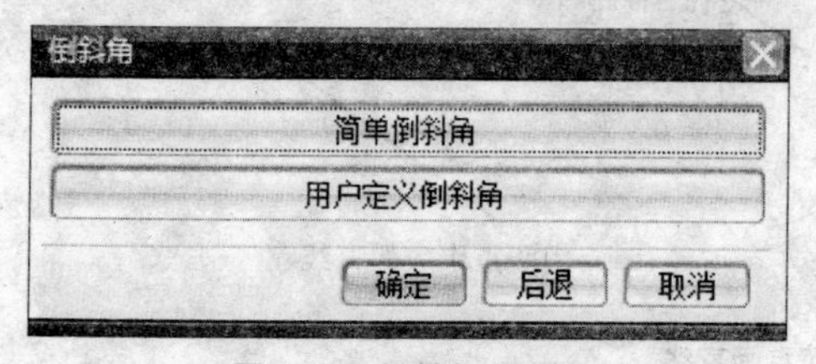

图 6.39　倒斜角对话框

图 6.40　倒斜角偏置对话框

6.6 矩形

通过选择两个对角来创建矩形。

点击“插入”→“曲线”→“矩形”命令，弹出如图 6.41(a)所示的对话框。

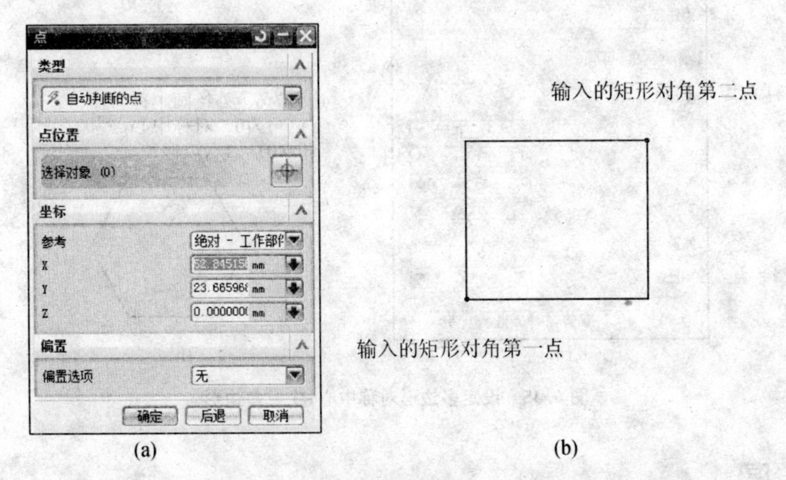

(a) (b)

图 6.41 创建矩形

用光标或从对话框的坐标区域输入矩形对角两个点的坐标，生成如图 6.41(b)所示的矩形。

6.7 多边形

创建具有指定边数的多边形(与草图中构建多边形方法基本相同)。

点击“插入”→“曲线”→“多边形”命令，弹出如图 6.42 所示的边数设定对话框。

图 6.42 多边形边数设定对话框

输入边数，如“6”，按“确定”，弹出多边形构建方式(有三种)对话框，如图 6.43 所示。

三种方式为：① 内接圆半径：设定内接圆半径和方位角，构建多边形。② 多边形边数：设定多边形边长，构建多边形。③ 外接圆半径：设定外接圆半径和方位角，构建多边形。

点击外接圆半径，弹出如图 6.44 所示的外接圆半径、方位角设定对话框。

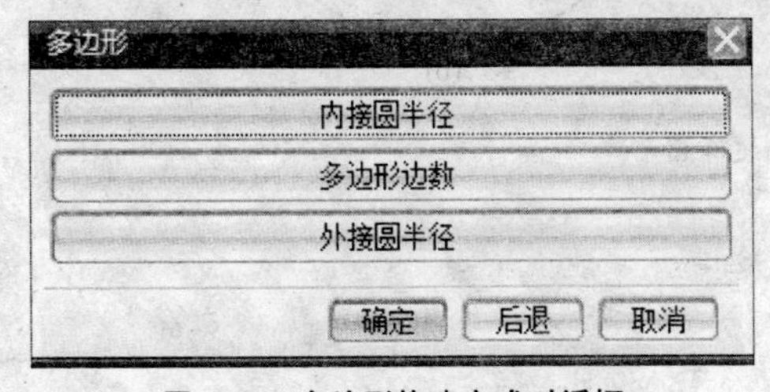

图 6.43 多边形构建方式对话框

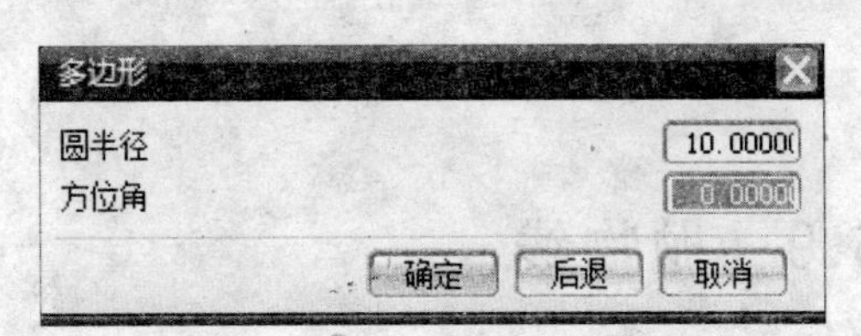

图 6.44 多边形大小、方位对话框

设定外接圆半径10、方位角0,按“确定”,弹出设定多边形位置(对称中心点)的点构造器对话框,如图6.45(a)图所示,输入原点(0,0,0),按“确定”,生成如图6.45(b)所示的多边形。

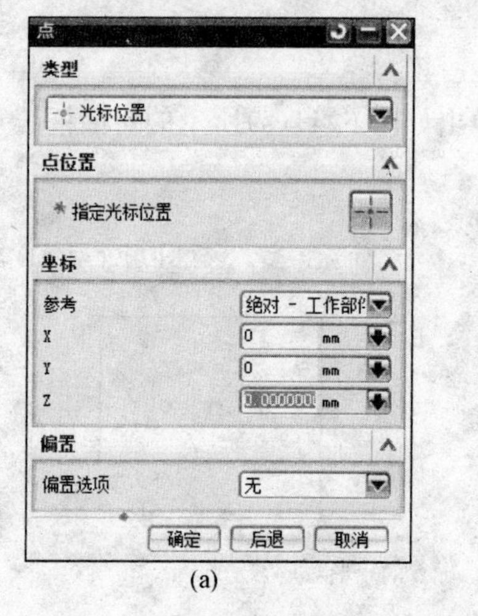

(a)

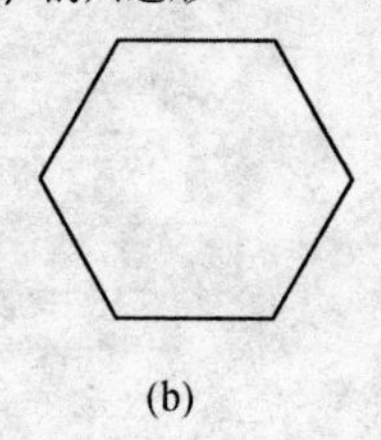

(b)

图6.45 设定多边形对称中心,生成多边形

6.8 椭圆

创建具有指定中心和尺寸的椭圆。

点击“插入”→“曲线”→“椭圆”命令,弹出确定椭圆对称点的点构造器对话框,如图6.46(a)所示,设定椭圆中心点(0,0,0),按“确定”,弹出椭圆参数设定对话框,设定参数,按“确定”,生成如图6.46(b)所示的椭圆。

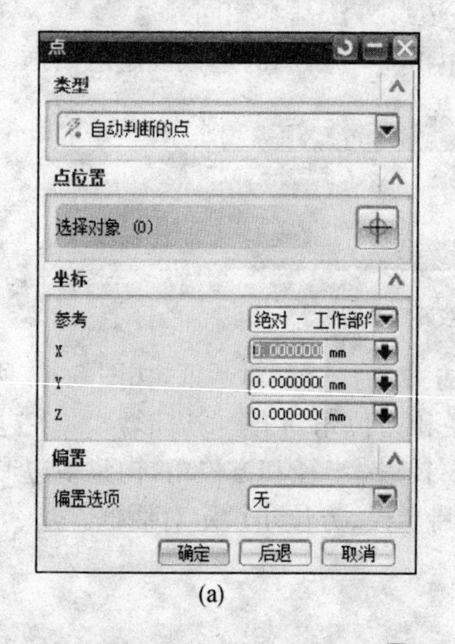

(a)

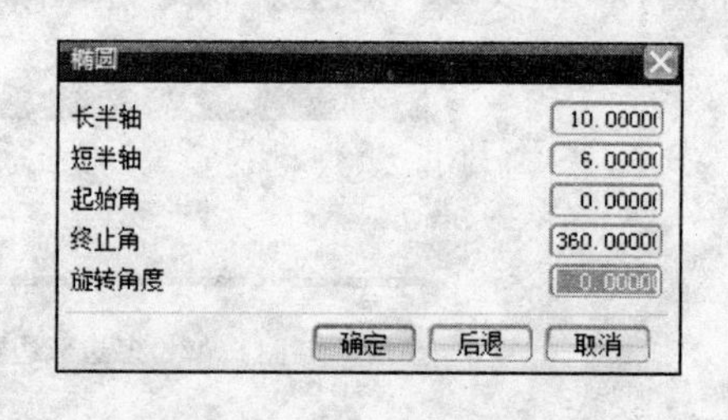

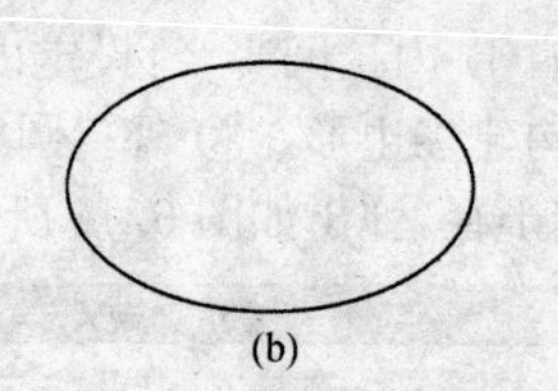
(b)

图6.46 创建椭圆

6.9 抛物线

创建具有指定边缘点和尺寸的抛物线。

点击“插入”→“曲线”→“抛物线”命令，弹出确定抛物线原点的点构造器的对话框，如图 6.47(a)所示，设定点(0,0,0)为抛物线顶点，按“确定”，弹出抛物线参数设定对话框，设定参数，按“确定”，生成如图 6.47(b)所示的抛物线。(注：抛物线标准方程 $y^2=2px$，其中抛物线的焦距长度为 $p/2$)。

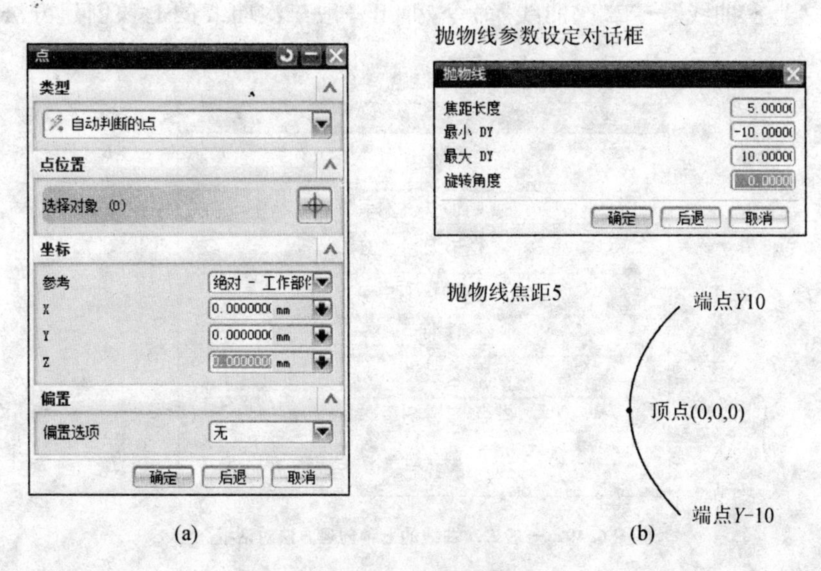

(a) (b)

图 6.47 创建抛物线

6.10 双曲线

创建具有指定顶点和尺寸的双曲线。

点击“插入”→“曲线”→“双曲线”命令，弹出确定双曲线原点的点构造器对话框，如图 6.48(a)所示，设定点(0,0,0)为双曲线原点，按“确定”，弹出双曲线参数设定对话框，设定参数，按“确定”，生成如图 6.48(b)所示的双曲线。

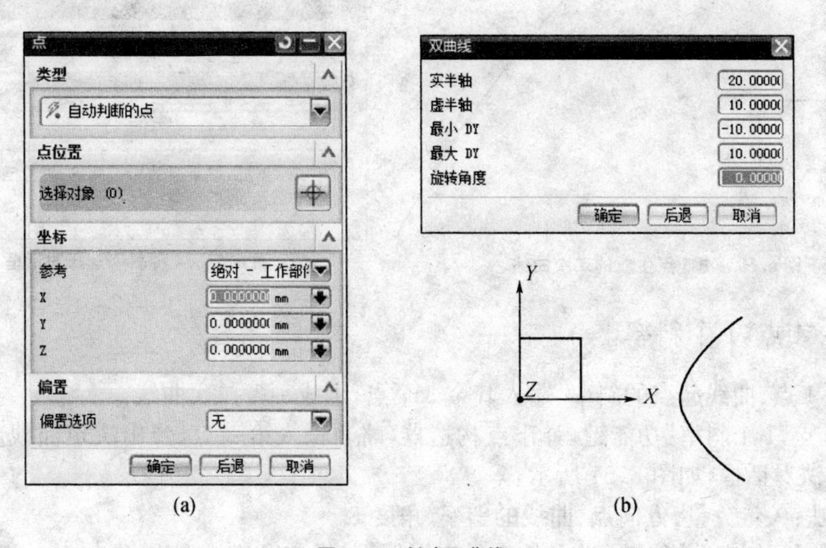

(a) (b)

图 6.48 创建双曲线

6.11　一般二次曲线

通过使用各种放样二次曲线方法或一般二次曲线方程来创建二次曲线。

点击“插入”→“曲线”→“二次曲线”命令，弹出一般二次曲线的七种创建方法对话框，如图 6.49所示。

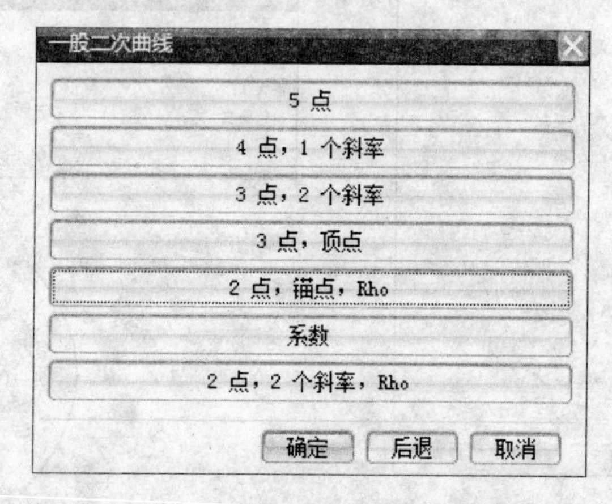

图 6.49　一般二次曲线的七种创建方法对话框

6.11.1　5 点

输入 5 点生成一条二次曲线。

点击“5 点”功能键，弹出设定 5 点的点构造器对话框，输入 1 点、2 点、3 点、4 点、5 点，输入 5 点后就生成如图 6.50 所示的二次曲线。

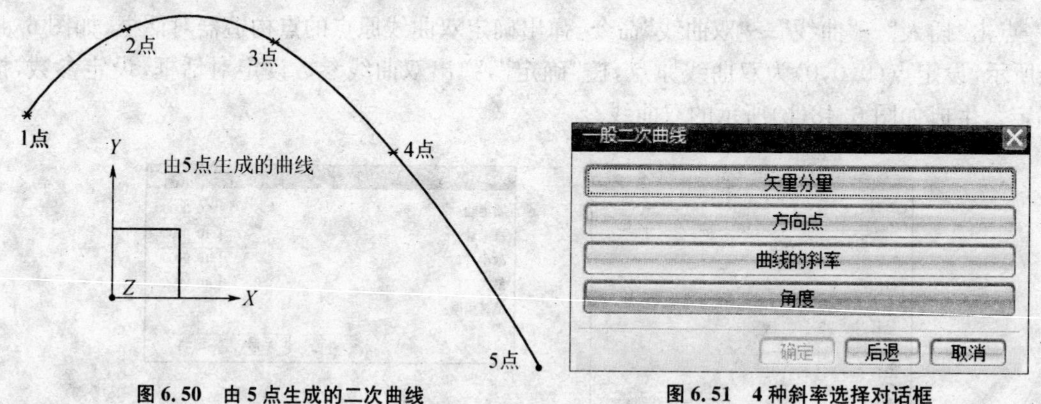

图 6.50　由 5 点生成的二次曲线　　图 6.51　4 种斜率选择对话框

6.11.2　4 点，1 个斜率

输入第 1 点、曲线起点的斜率、输入其余 3 个点，生成一条二次曲线。

点击“4 点，1 个斜率”功能键，弹出点构造器（略），输入第一点，弹出决定曲线起点切线斜率的 4 种方法对话框，如图 6.51 所示。

4 种方法：矢量分量、方向点、曲线的斜率、角度。

例如，点击“角度”功能键，弹出角度设定对话框，设定角度 60°，如图 6.52(a)所示，按“确定”，接着输入其余 3 点，按“确定”，生成如图 6.52(b)所示的二次曲线。

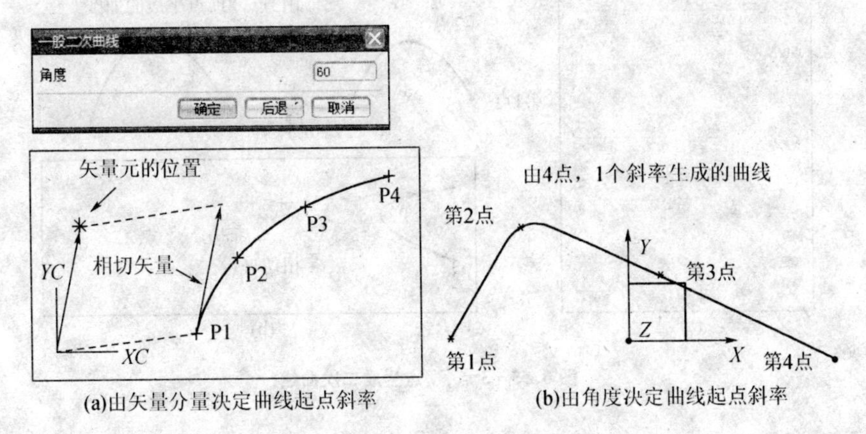

(a)由矢量分量决定曲线起点斜率　　(b)由角度决定曲线起点斜率

图 6.52　4 点，1 个斜率生成二次曲线

6.11.3　3 点，2 个斜率

输入第一点、曲线起点的斜率(或角度)、输入第 2 点、第 3 点，曲线终点的斜率(或角度)，生成一条二次曲线。

点击“3 点，2 个斜率”功能键，弹出点构造器(略)，输入第一点，弹出决定曲线起点切线斜率的 4 种方法对话框，如图 6.54(a)所示。点击“角度”功能键，弹出角度设定对话框，设定角度为 50°，按“确定”，接着输入第 2 点、第 3 点(终点)、弹出角度设定对话框，设定角度为 120°，按“确定”，生成如图 6.54(b)所示的二次曲线。

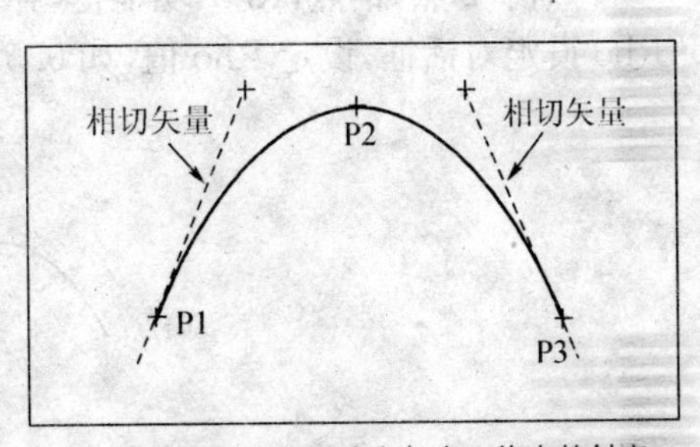

由两个相切矢量决定起点、终点的斜率

图 6.53　3 点，两个斜率构建二次曲线方法图例

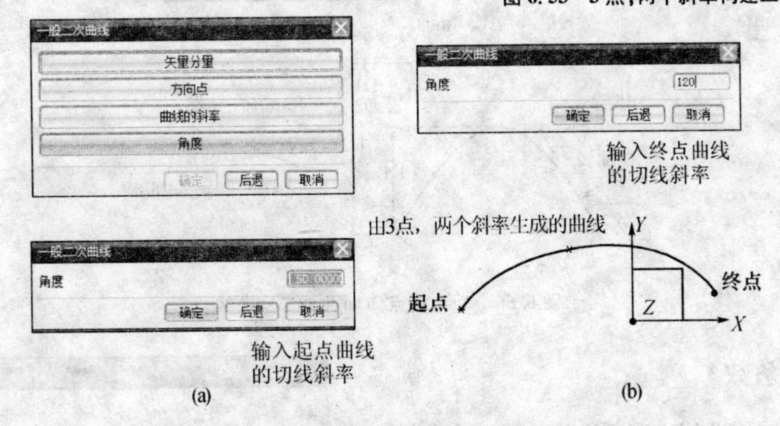

图 6.54　3 点，两个斜率创建二次曲线

6.11.4　3 点，顶点

输入曲线上的第 1 点、第 2 点、第 3 点，再输入顶点，生成一条二次曲线。

点击“3 点，顶点”功能键，弹出点构造器对话框，输入第 1 点、第 2 点、第 3 点，再输入顶点，生成如图 6.55(b)所示的二次曲线。

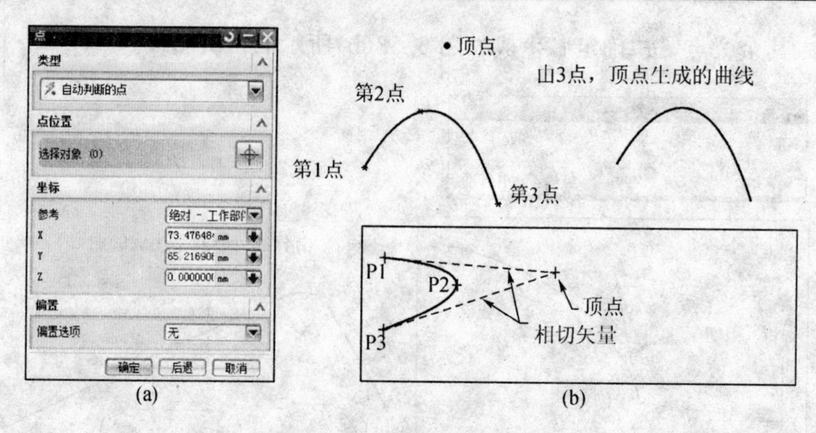

图 6.55　3 点，顶点生成二次曲线

6.11.5　2 点，锚点，Rho

输入曲线起点、终点、锚点和 Rho 值。

点击“2 点，锚点，Rho”功能键，弹出点构造器对话框，输入起点、输入终点，输入锚点，弹出 Rho 设定对话框，设定 Rho 值，如 0.5，按“确定”，生成如图 6.56 所示的二次曲线。

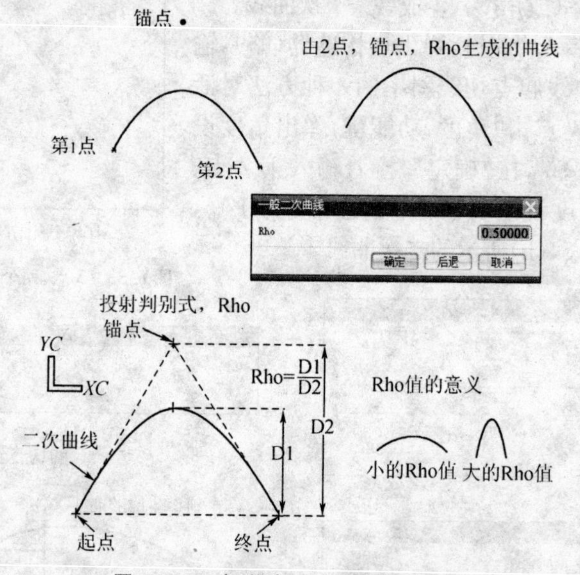

图 6.56　2 点，锚点，Rho 生成二次曲线

6.11.6　系数

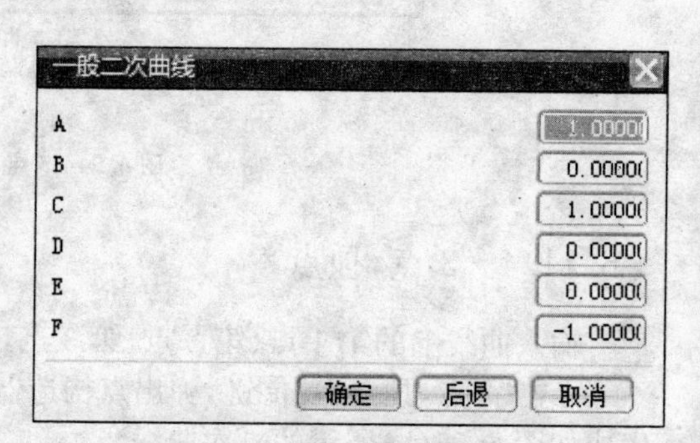

图 6.57　由系数生成二次曲线

通过设定二次曲线方程系数来生成二次曲线。

点击“系数”功能键，弹出一般二次曲线对话框，如图 6.57 所示，输入系数 A、B、C、D、E、F（输入的系数实际数值不一定正确，仅为输入方法示例），按“确定”按钮，生成一条二次曲线。

一般二次曲线方程为：$Ax^2+Bxy+Cy^2+Dx+Ey+F=0$。

6.11.7 2 点,2 个斜率,Rho

通过输入起点、终点,及曲线在起点、终点的斜率和 Rho 值来生成二次曲线。

点击"2 点,2 个斜率,Rho"功能键,弹出点构造器对话框,输入起点,弹出斜率设定对话框(有四种方法),如图 6.58(a)所示。设定斜率(点击"角度"按钮,设定角度为 50°),按"确定"按钮,输入终点,弹出斜率设定对话框,点击"角度"按钮,设定角度为 130°,按"确定"按钮,如图 6.58(b)所示,弹出 Rho 值设定对话框,如:设定 0.5,按"确定",生成由 2 点,2 个斜率,Rho 生成的二次曲线,如图 6.59(a)所示。

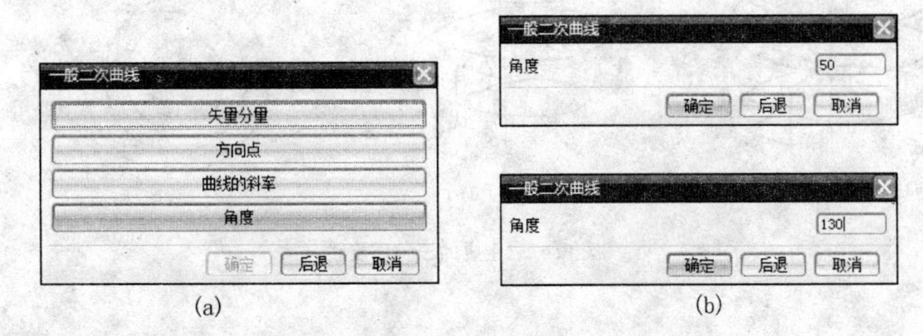

图 6.58 斜率设定和角度设定对话框

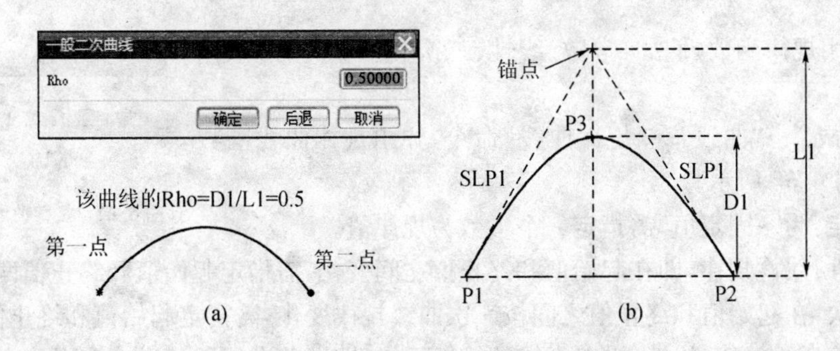

图 6.59 设定 Rho 和生成的二次曲线

6.12 螺旋线

创建具有指定圈数、螺距、半径、旋转方向的螺旋线。

点击"插入"→"曲线"→"螺旋线"命令,弹出螺旋线对话框,如图 6.60 所示。

(1) 圆柱螺旋线参数的设置示例:圈数 5、螺距 5、半径方法输入半径 10、旋转方向右手,按"确定"后,得到的图形如图 6.61(a)所示。

(2) 圆柱螺旋线参数设置示例:圈数 3、螺距 10、半径方法使用规律曲线(线性 10～25)、旋转方向右手,按"确定"后,得到的图形如图 6.61(b)所示。

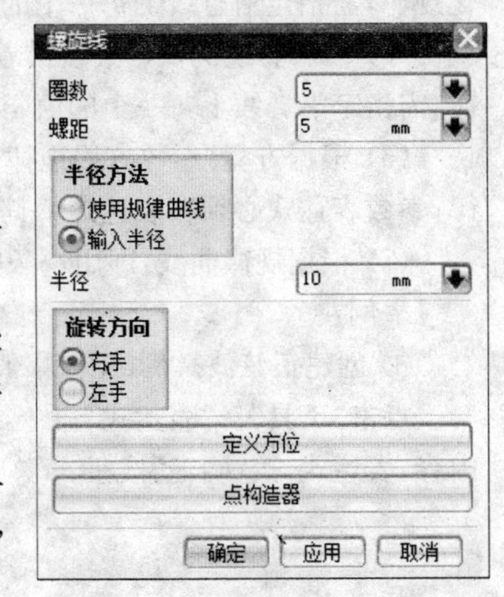

图 6.60 螺旋线设定对话框

(3) 盘形螺旋线参数设置示例:圈数 3、螺距 0、半径方法使用规律曲线(线性 10～25)、旋转方向右手,按“确定”后,得到的图形如图 6.61(c)所示。

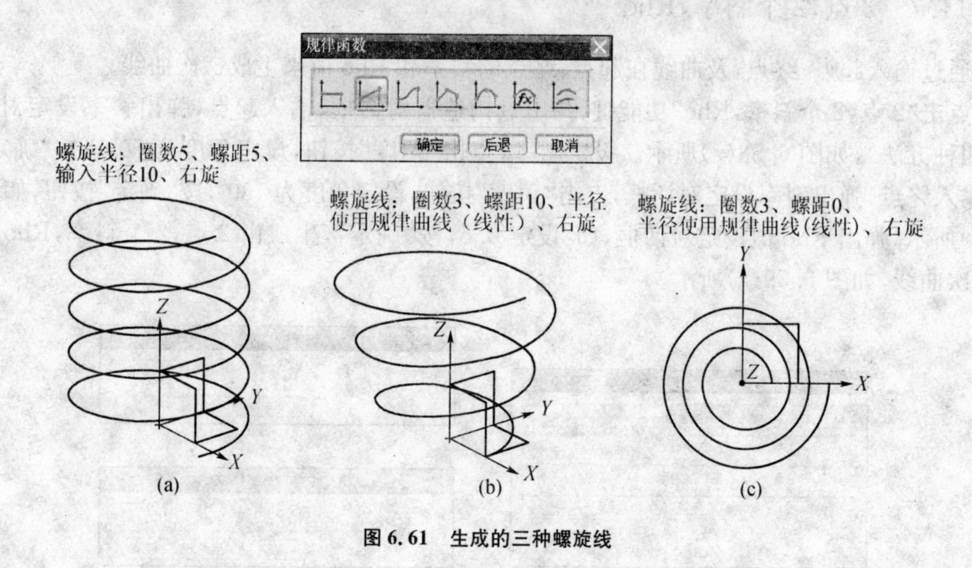

图 6.61 生成的三种螺旋线

6.13 规律曲线

通过使用规律函数(例如:常数、线性、三次和根据方程)来创建样条。

点击“插入”→“曲线”→“规律曲线”命令,弹出规律曲线函数对话框,如图 6.62 所示。

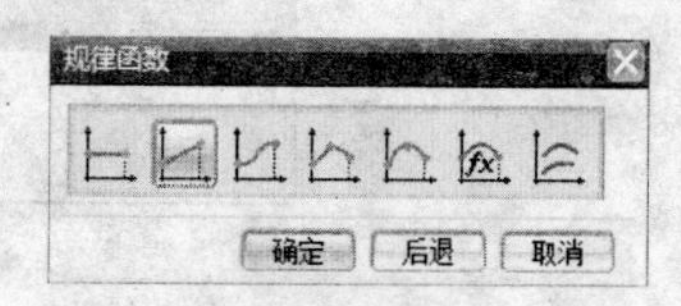

图 6.62 规律曲线函数对话框

(1) 恒定:为一固定值,需指定一个参数为规律值。

(2) 线性:线性规律,即在起始值和终止值之间变化,需指定起始值和终止值两个参数。

(3) 三次:在起始值和终止值之间按三次曲线规律变化,需指定起始值和终止值两个参数。

(4) 沿着脊线的值、线性:沿着脊线的线性规律,即沿着脊线用两个或多个值来定义线性变化规律,需指定沿脊线上每一个的值。

(5) 沿着脊线的值、三次:沿着脊线的三次规律,即沿着脊线用两个或多个值来定义三次规律,需指定沿脊线上每一个的值。

(6) 根据方程:参数方程规律,即用一参数表达式定义变化规律,参数表达式定义变化规律,参数表达式必须在表达式工具(“工具”→“表达式”)中定义。

(7) 根据规律曲线:即用一条曲线本身的规律作为规律值。

举例:

① 创建正弦波举例(正弦幅值 10 mm、二个周期、X 轴方向长 20 mm)

点击“工具”→“表达式”命令,弹出表达式对话框,如图 6.63 所示,输入如图 6.63 所示的内容、表达式,按“确定”按钮。

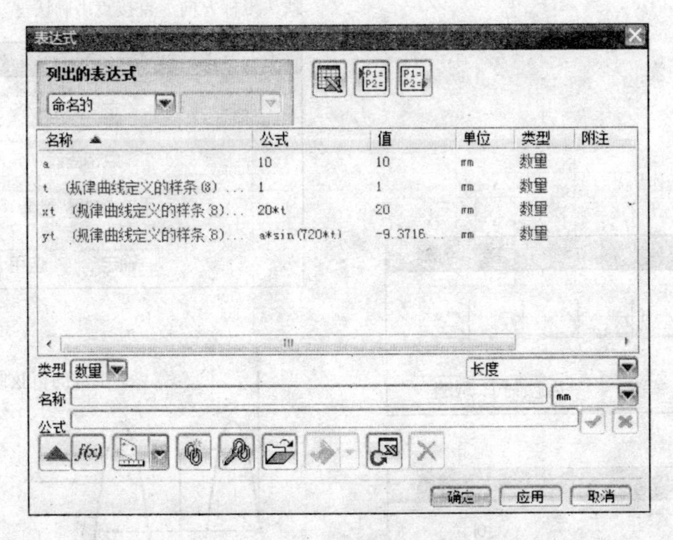

图 6.63　表达式对话框

点击"插入"→"曲线"→"规律曲线"命令，弹出规律曲线函数对话框：（X 规律：根据方程：参数 t、函数 X_t；Y 规律：根据方程：参数 t、函数 Y_t；Z 规律：恒定、值为 0）

点击"根据方程"功能（X 规律），在规律曲线输入的对话框中输入 t、回车；在定义对话框输入 X_t，回车；

点击"根据方程"功能（Y 规律），在规律曲线输入的对话框中输入 t、回车；

在定义 Y 对话框输入 Y_t（函数名），回车；如图 5.64 所示。

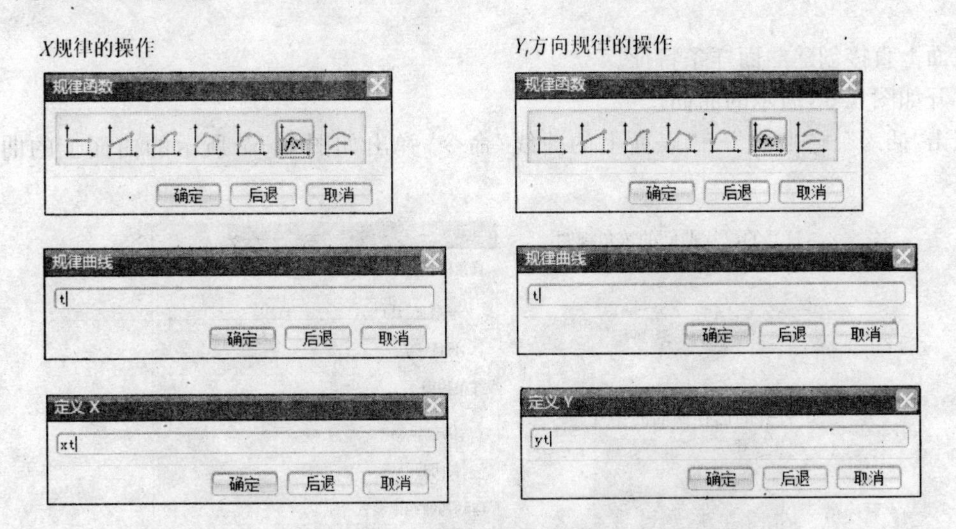

图 6.64　设定规律对话框

点击"恒定"功能（Z 规律），在规律控制对话框输入规律值"0"，回车。如图 6.65(a)所示。

弹出规律曲线对话框，如使用默认坐标方位，直接点击"确定"按钮，就生成出如图 6.65(b)所示的 0～720°的正弦函数曲线图形。

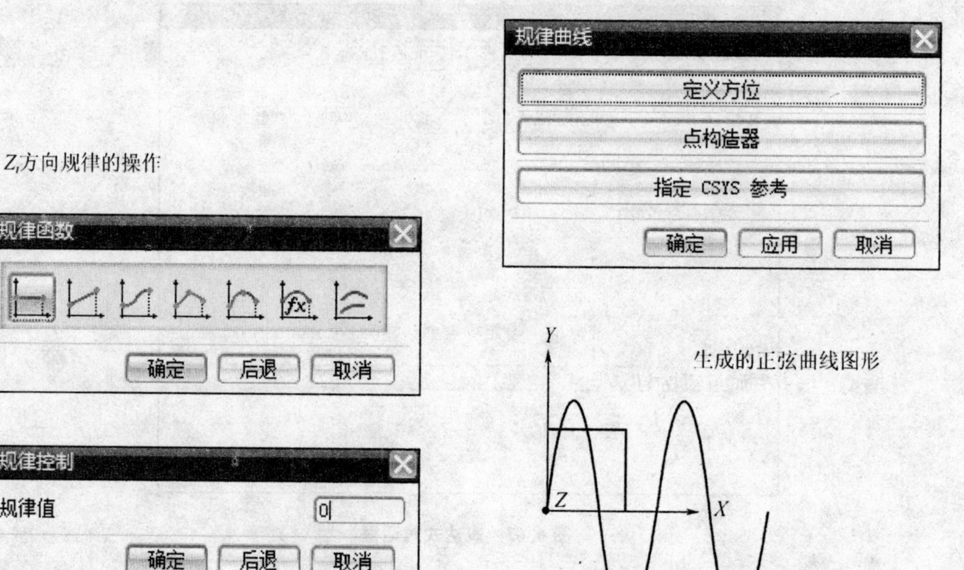

图 6.65　生成规律曲线——正弦曲线

6.14　表面上的曲线

在面上直接创建曲面样条特征。

打开如图 6.66 所示的曲面。

点击“插入”→“曲线”→“表面上的曲线”命令，弹出如图 6.67 所示的曲面上的曲线对话框。

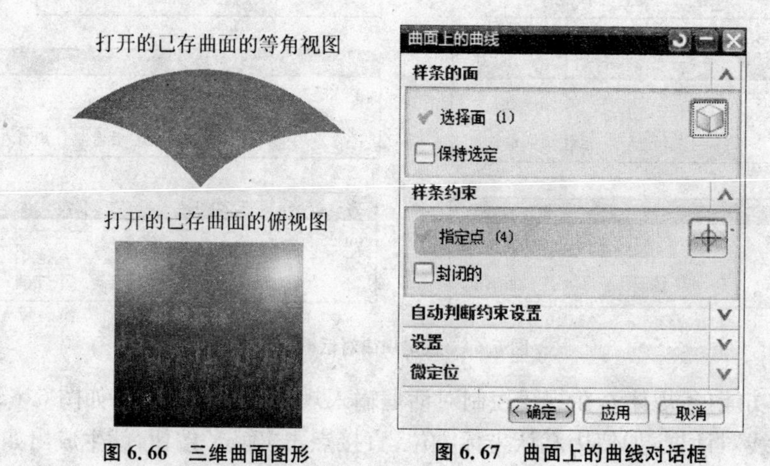

图 6.66　三维曲面图形　　图 6.67　曲面上的曲线对话框

首先选取曲面，再点击样条框组的指定点，然后在曲面上(曲面范围内)指定一个个点(XY平面中的二维坐标点)，如图 6.68 所示。

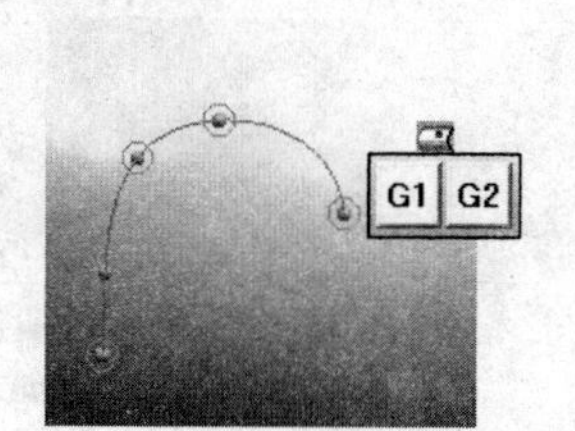

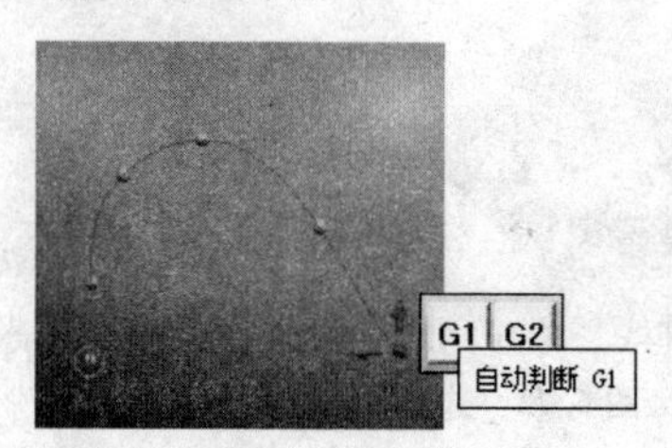

图 6.68 设定样条曲线设定点

指定完所有点，按“确定”按钮，生成如图 6.69 所示的曲线。

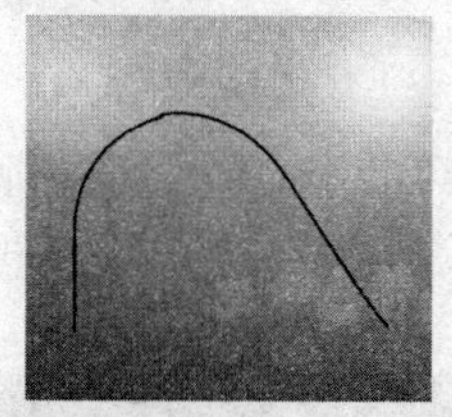

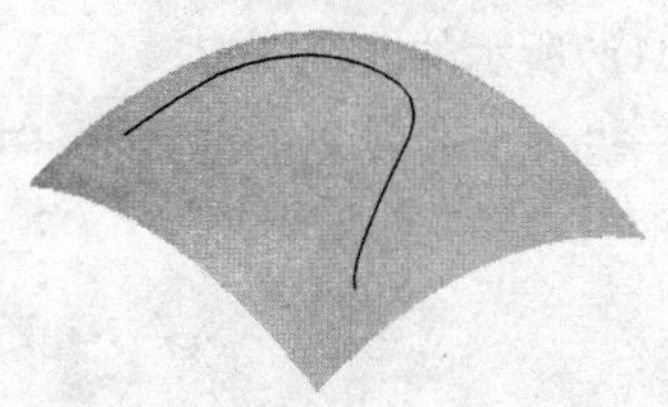

图 6.69 曲面上的曲线

6.15 在面上偏置

沿曲线所在的面偏置曲线。打开曲面上有一条曲线的图形，如图 6.70 所示。

点击“插入”→“来自曲线集的曲线”→“在面上偏置”命令，弹出面中的偏置曲线对话框，如图 6.71 所示。

图6.70 曲面图形、面上有一条曲线

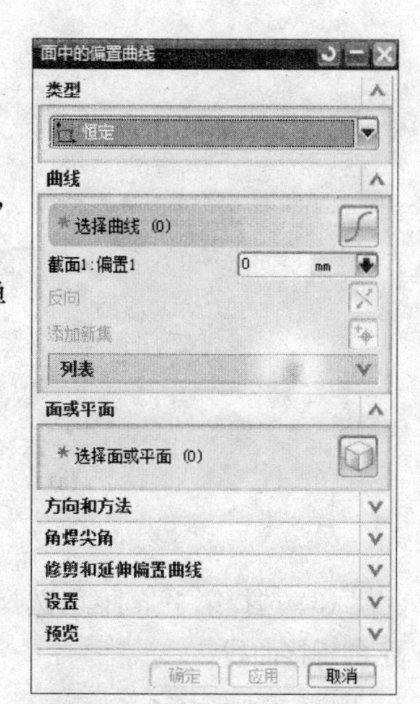

图 6.71 面中偏置曲线对话框

首先选取将要偏置的曲线(在曲线框组，点击“曲线”按钮，点击曲面上的曲线)，如图 6.72(a)所示，接着选择偏置的曲面(点击面或平面框组中的“面或平面”按钮，点击曲面)，如图 6.72(b)。

在曲线框组中，可以根据需要设置偏置值的大小或改变偏置的方向，按“确定”按钮，生成如图 6.73 所示的偏置曲线。

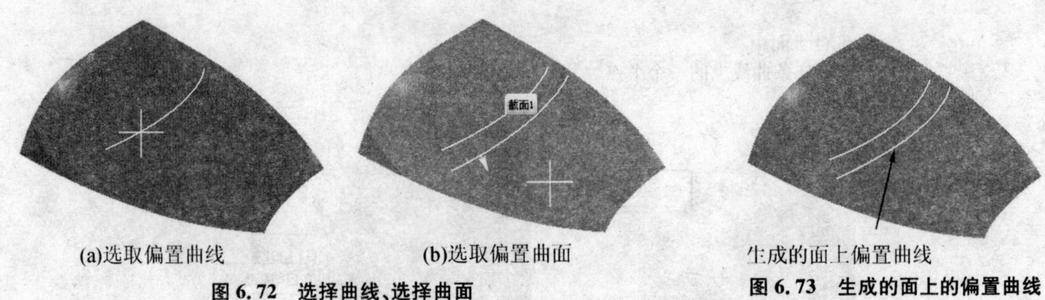

(a)选取偏置曲线 (b)选取偏置曲面

图 6.72 选择曲线、选择曲面 **图 6.73 生成的面上的偏置曲线**

6.16 桥接

创建两条曲线之间一段光滑的连接曲线。

(1) 打开图 6.74(a)所示的曲线图形。

(2) 点击"插入"→"来自曲线集的曲线"→"桥接"命令，弹出桥接曲线对话框(见图 6.74(b))。

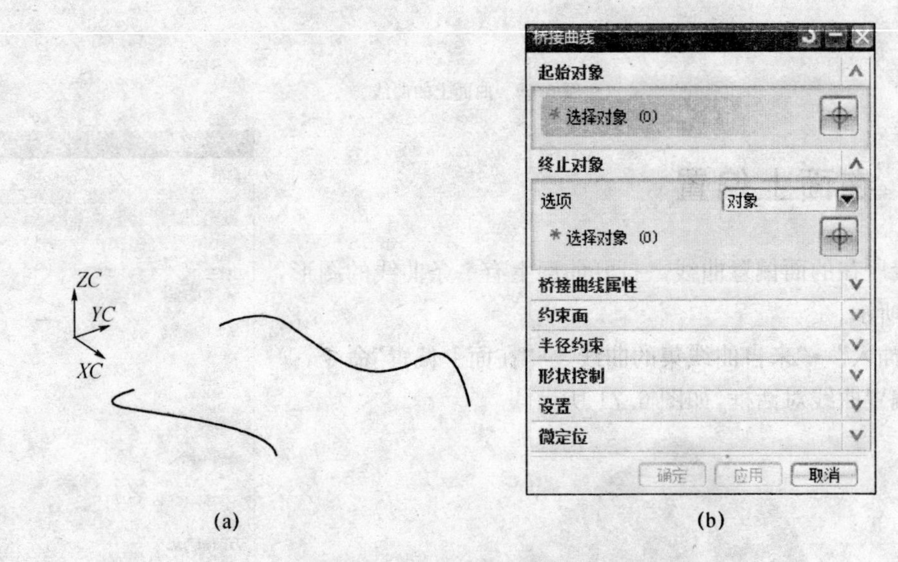

(a) (b)

图 6.74 二条曲线和桥接曲线对话框

(3) 选择第一条曲线，选择第二条曲线，如图 6.75 所示。按"确定"按钮，生成如图 6.76 所示的桥接曲线。

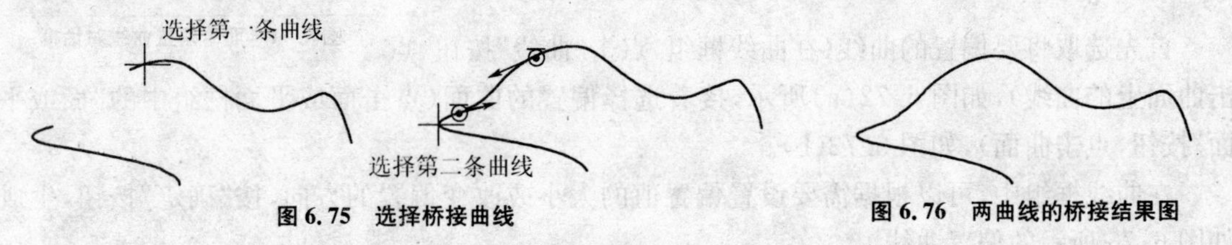

图 6.75 选择桥接曲线 **图 6.76 两曲线的桥接结果图**

(4) 其中桥接曲线属性，在开始或结束处连续性的约束有：G0(位置)、G1(相切)、G2(曲率)、G3(流)。如图 6.77 所示。

① G0(位置):连接在一起。

② G1(相切):在连接的端点相切。

③ G2(曲率):在连接的端点曲率连续。

④ G3(流):在连接的端点处以流线状过渡。

(5) 在形状控制的类型中有:相切幅值、深度和歪斜度、二次曲线、参考成型曲线,如图 6.78 所示。

① 相切幅值:改变桥接曲线与第一条曲线或第二条曲线连接点的切矢量值,来控制曲线形状。要改变的切矢量值,通过拖动“开始”或“终点”选项中的滑块,或直接在其右侧的文本框中分别输入切矢量值来改变曲线形状。

② 深度和歪斜度:通过改变曲线峰值点的深度和倾斜度值来控制曲线形状,操作方法与“相切幅值”相同。

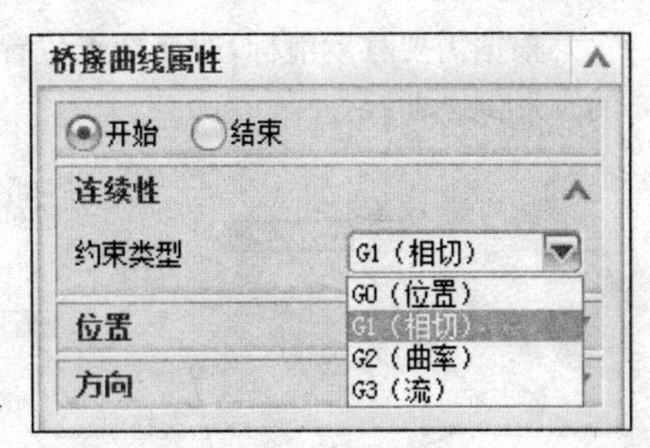

图 6.77　桥接曲线属性

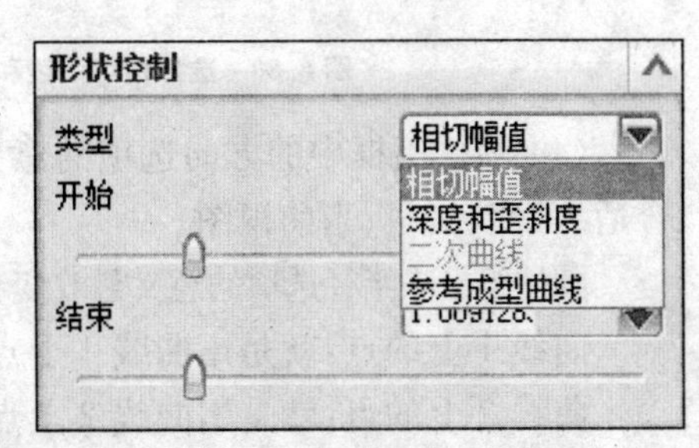

图 6.78　桥接曲线的形状控制

6.17　圆形倒圆曲线

创建两个曲线链之间具有指定方向的圆形倒圆曲线。

(1) 绘制图 6.79(a)所示的曲线图形。

(2) 点击“插入”→“来自曲线集的曲线”→“圆形倒圆曲线”命令,弹出圆形倒圆曲线对话框,如图 6.79(b)所示。

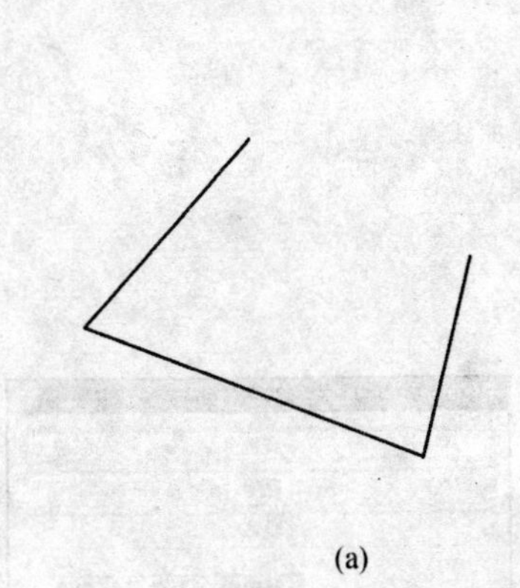

(a)　　　　　　　　　　　　(b)

图 6.79　圆形倒圆曲线图形和圆形倒圆曲线对话框

(3) 选择曲线 1,按中键,选择曲线 2,按中键,如图 6.80(a)所示。

根据需要移动滑标，改变切点位置，如图 6.80(b)所示，按"确定"按钮，生成如图 6.81 所示的圆形倒圆曲线。

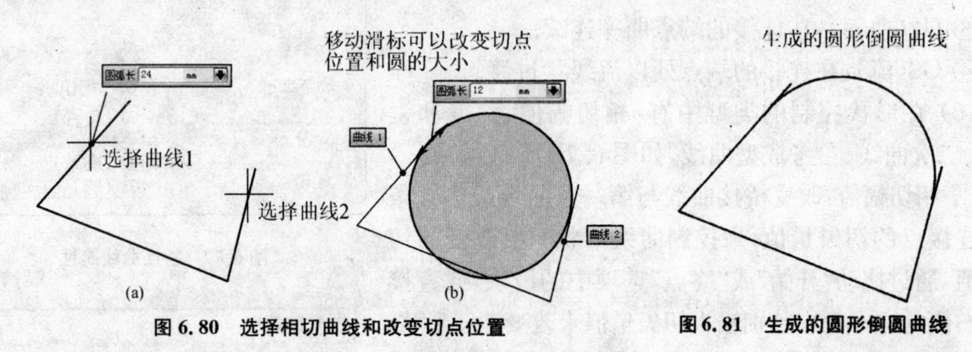

图 6.80　选择相切曲线和改变切点位置　　图 6.81　生成的圆形倒圆曲线

(4) 圆柱组框中的方向选项的意义是设定圆柱轴线的矢量方向。具体设定选项方法有：最合适、可变、矢量、当前视图。

圆柱组框中半径选项的意义是改变半径的方法。具体选项有：曲线 1 上的点、曲线 2 上的点、值。

曲线 1 上的点：就是用曲线 1 上点滑标改变圆柱半径。

曲线 2 上的点：就是用曲线 2 上点滑标改变圆柱半径。

值：就是直接设定圆柱半径数值。

显示圆柱前的选项框，打勾则界面上显示相切圆柱形状，如图 6.82(a)所示。

设置组框的"补弧"按钮是最后生成的切弧是否是补弧，如图 6.82(b)所示。

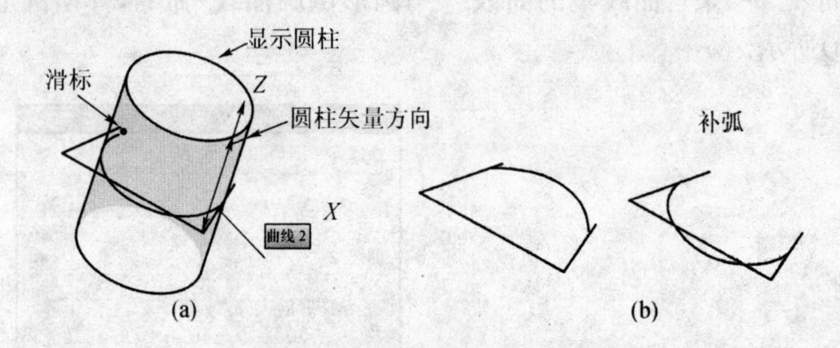

图 6.82　圆柱方向设定和补弧设定

6.18　简化

从曲线链创建一串最佳拟合直线和圆弧。

(1) 绘制如图 6.83(a)所示的样条曲线图形。

图 6.83　样条曲线和简化曲线对话框

(2) 点击“插入”→“来自曲线集的曲线”→“简化”命令，弹出简化曲线对话框，如图 6.83(b)所示。

简化曲线功能将曲线拟合成直线和圆弧之后，对原有曲线的处理有三种方法：保持、删除、隐藏。

(3) 点击“隐藏”功能，选取曲线，如图 6.84 所示，按“确定”按钮。生成简化的多段圆弧组成的替代线串，如图 6.85 所示。

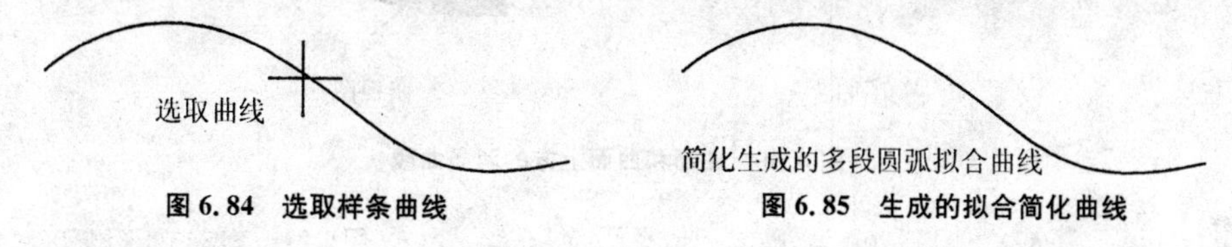

图 6.84 选取样条曲线　　图 6.85 生成的拟合简化曲线

6.19 连接

将多段曲线连接在一起创建单个样条曲线。

(1) 打开如图 6.86 所示的多曲线段曲线。

(2) 点击“插入”→“来自曲线集的曲线”→“连接”命令，弹出连接曲线对话框，如图 6.87 所示。(注：设置输入曲线隐藏)

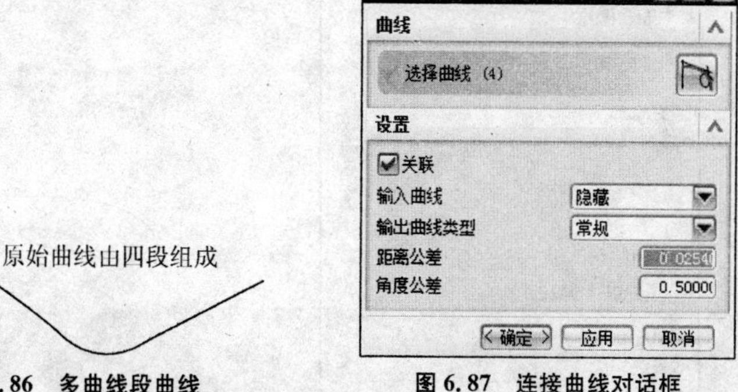

图 6.86 多曲线段曲线　　图 6.87 连接曲线对话框

(3) 点击曲线，如图 6.88 所示，按“确定”按钮，将四段曲线转成单条样条曲线，如图 6.89 所示。

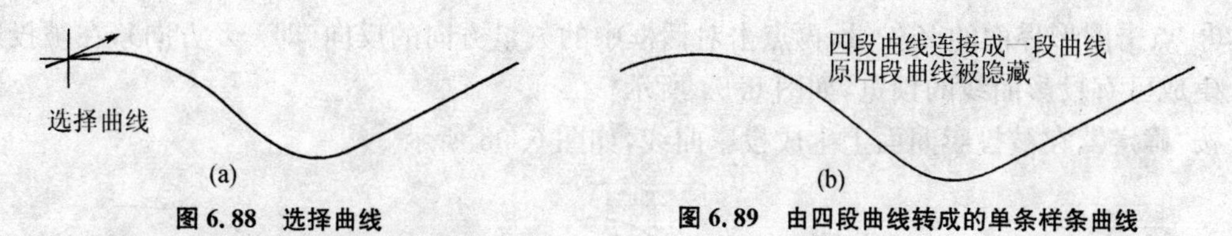

图 6.88 选择曲线　　图 6.89 由四段曲线转成的单条样条曲线

注：“连接”与“简化”是一对逆向的功能。

6.20 投影

将曲线、边或点投影至面或平面。

打开如图 6.90 所示的图形，曲面和曲面上方的两条曲线。

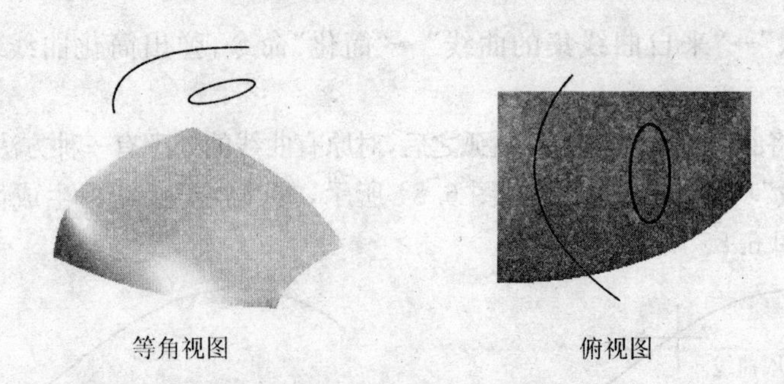

图 6.90　曲面和曲面上方的两条曲线

操作：

① 点击“插入”→“曲线”→“来自曲线集的曲线”→“投影”命令，弹出投影曲线对话框，如图 6.91所示。

② 选择曲线(样条曲线和椭圆)，按中键，如图 6.92 所示，选择被投影曲面，按中键，如图 6.93所示。

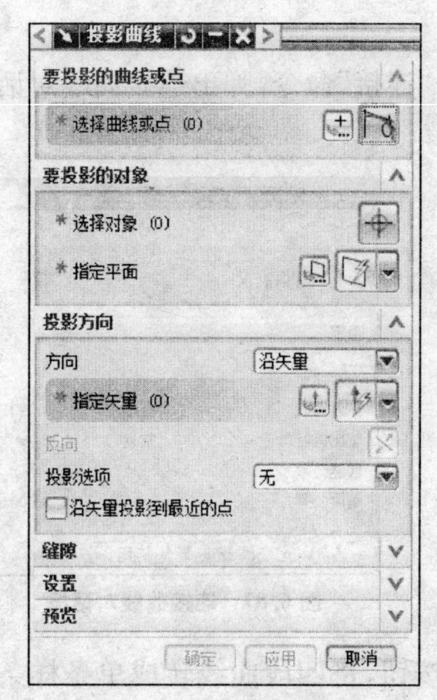

图 6.91　投影曲线对话框

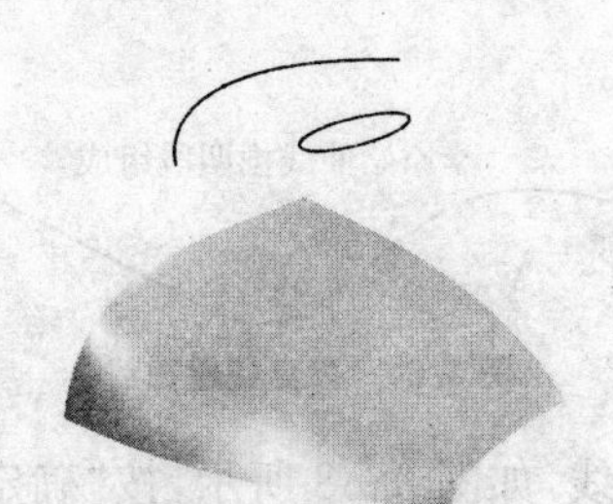

图 6.92　选择曲线

③ 点击图形界面的 Z 矢量，再点击对话框中的矢量方向的反向(即 $-Z$ 方向)，在被投影曲面上生成已有投影曲线的预览，如图 6.94 所示。

按“确定”，在被投影曲面上生成投影曲线，如图 6.95 所示。

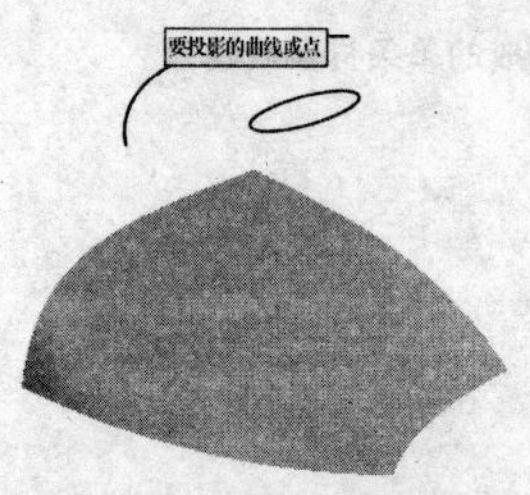

图 6.93　选择被投影曲面

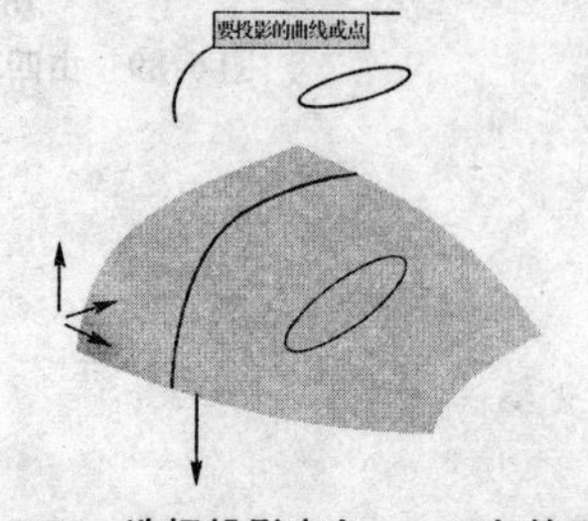

图 6.94　选择投影方向——Z 向的反向

图 6.95　被投影曲面上生成的投影曲线

6.21　组合投影

组合两个现有曲线链的投影交集构建一条组合投影曲线。

(1) 打开如图 6.96 所示的图形。

(2) 点击“插入”→“来自曲线集的曲线”→“组合投影”命令，弹出组合投影对话框，如图 6.97所示。

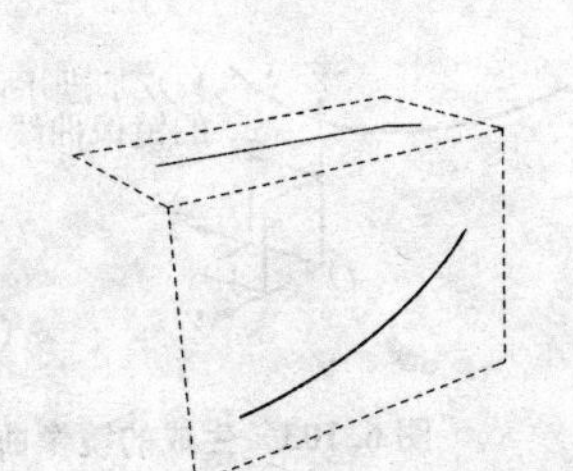

图 6.96　两个不同面中的两条曲线

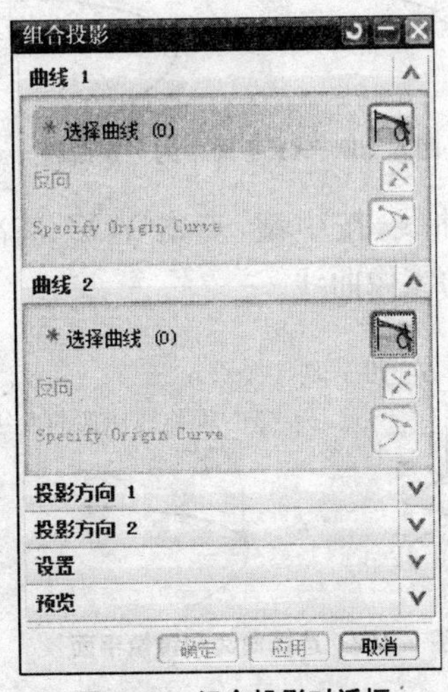

图 6.97　组合投影对话框

(3) 点击曲线 1，回车，如图 6.98(a)所示，点击曲线 2，回车，如图 6.98(b)所示。

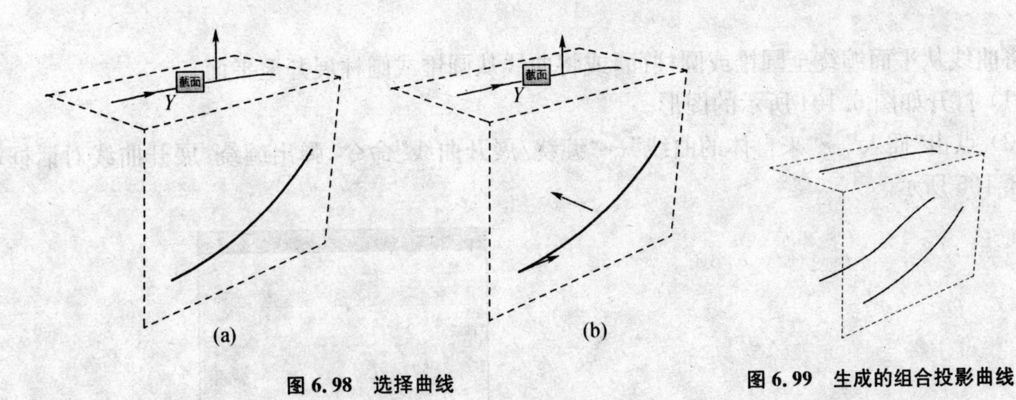

图 6.98　选择曲线

图 6.99　生成的组合投影曲线

按“确定”，生成如图 6.99 所示的组合投影曲线。

6.22　镜像

以基准平面或平的曲面为对称平面创建镜像曲线。

(1) 在 *XOY* 平面绘制如图 6.100 所示的一条曲线。

(2) 点击“插入”→“来自曲线集的曲线”→“镜像”命令，弹出镜像曲线对话框，如图 6.101 所示。

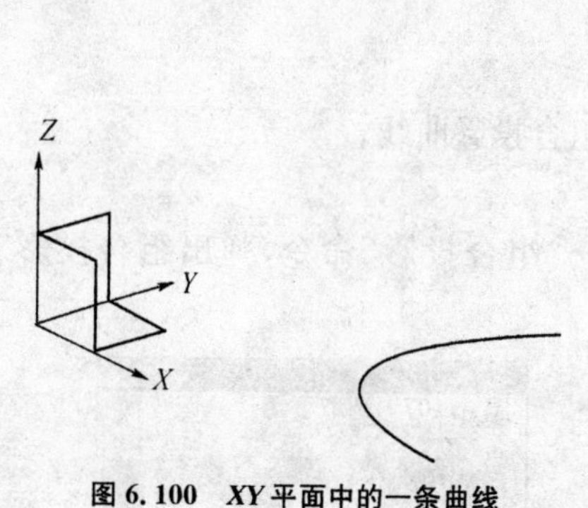

图 6.100　*XY* 平面中的一条曲线

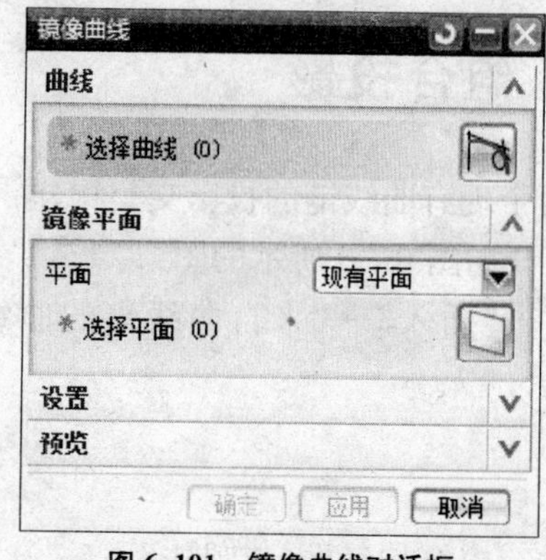

图 6.101　镜像曲线对话框

(3) 点击曲线，按中键，点击 *YOZ* 基准平面，如图 6.102 所示，按“确定”按钮，生成如图 6.103所示的镜像曲线。

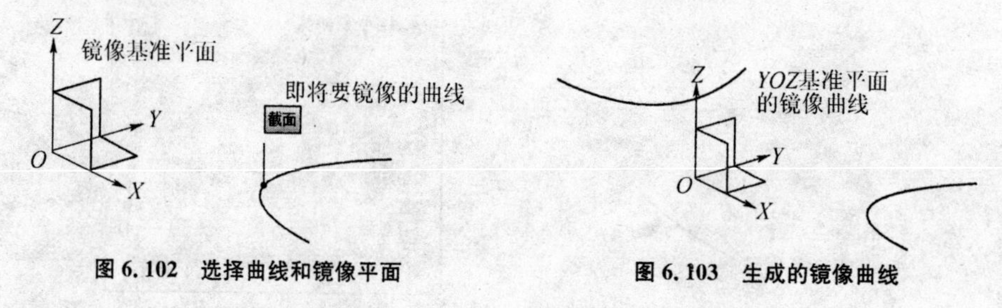

图 6.102　选择曲线和镜像平面　　图 6.103　生成的镜像曲线

6.23　缠绕/展开曲线

将曲线从平面缠绕至圆锥或圆柱面，或将曲线从圆锥或圆柱展开至平面。

(1) 打开如图 6.104 所示的图形。

(2) 点击“插入”→“来自体的曲线”→“缠绕/展开曲线”命令，弹出缠绕/展开曲线对话框，如图 6.105 所示。

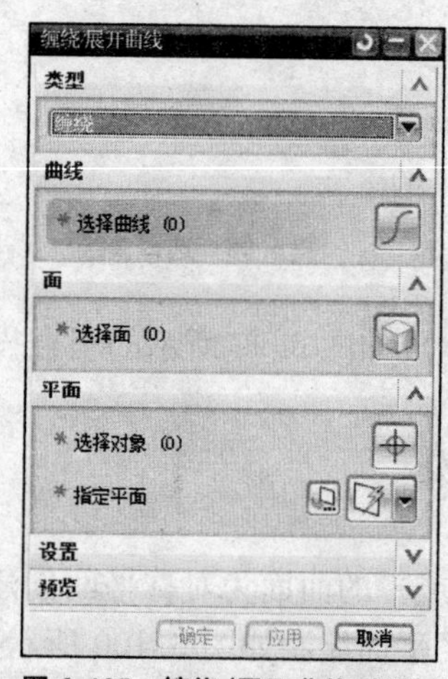

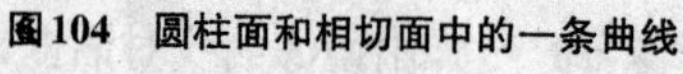
图104　圆柱面和相切面中的一条曲线　　图 6.105　缠绕/展开曲线对话框

(3) 一段一段选取将要缠绕的曲线，按中键，如图 6.106 所示，选取用于缠绕的圆柱面，按住中键，如图 6.107 所示。

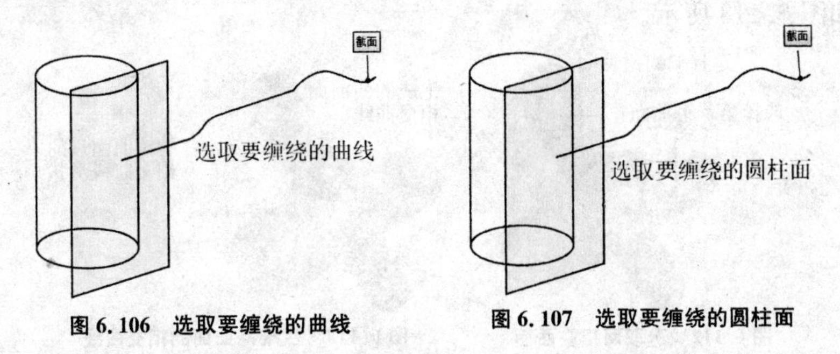

图 6.106　选取要缠绕的曲线　　**图 6.107　选取要缠绕的圆柱面**

选取曲线所在的平面(与圆柱面相切)，如图 6.108 所示，按“确定”，生成如图 6.109 所示的缠绕曲线。

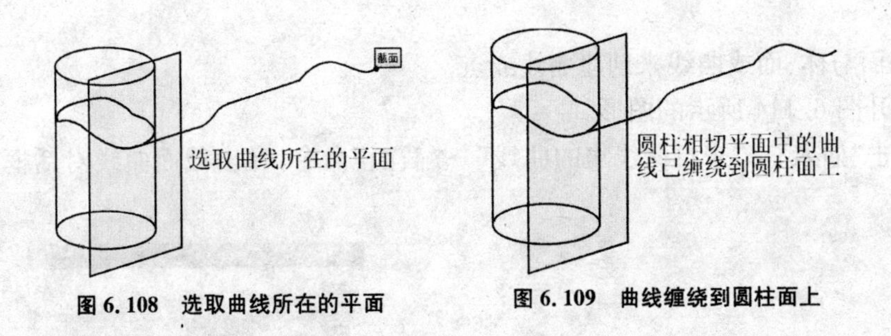

图 6.108　选取曲线所在的平面　　**图 6.109　曲线缠绕到圆柱面上**

6.24　求交

创建两对象集之间的相交曲线。

(1) 打开如图 6.110 所示的两相交圆筒。

(2) 点击“插入”→“来自体的曲线”→“求交”命令，弹出相交曲线对话框，如图 6.111 所示。

图 6.110　两相交圆筒

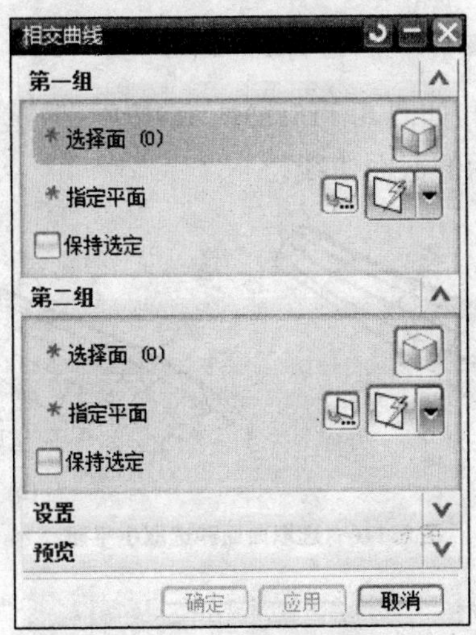

图 6.111　相交曲线对话框

(3) 选取第一组曲面，按中键，选取第二组曲面，按中键，如图 6.112 所示。按"确定"，生成的相交曲线如图 6.113 所示。

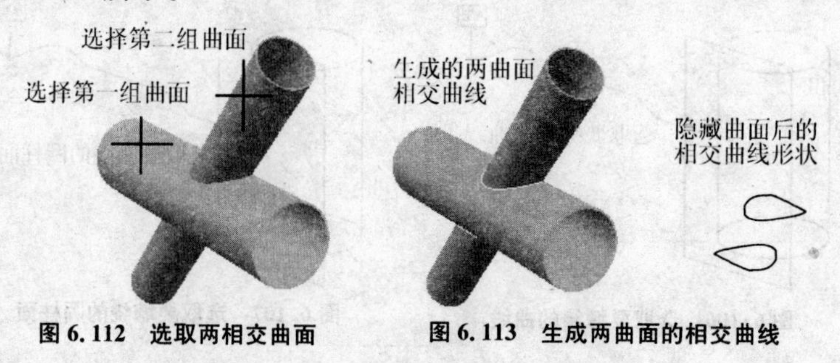

图 6.112　选取两相交曲面　　图 6.113　生成两曲面的相交曲线

6.25　截面

通过平面与体、面或曲线来创建曲线或点。

(1) 打开图 6.114 所示的图形。

(2) 点击"插入"→"来自曲线集的曲线"→"截面"命令，弹出截面曲线对话框，如图 6.115 所示。

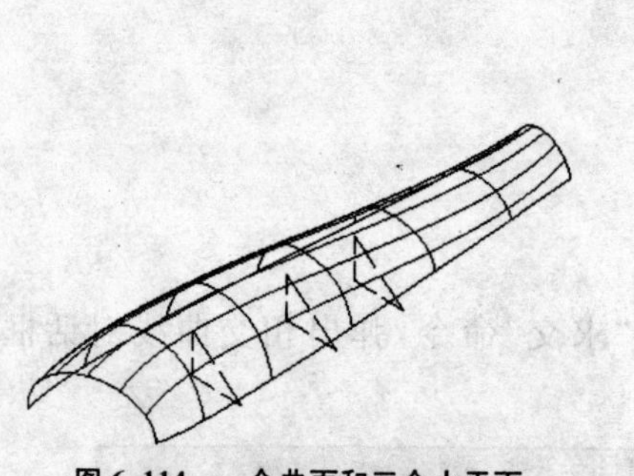

图 6.114　一个曲面和三个小平面

图 6.115　截面曲线对话框

(3) 选取曲面，如图 6.116(a)所示，按中键，选取小平面，如图 6.116(b)所示。按中键，生成如图 6.117 所示的截面曲线。

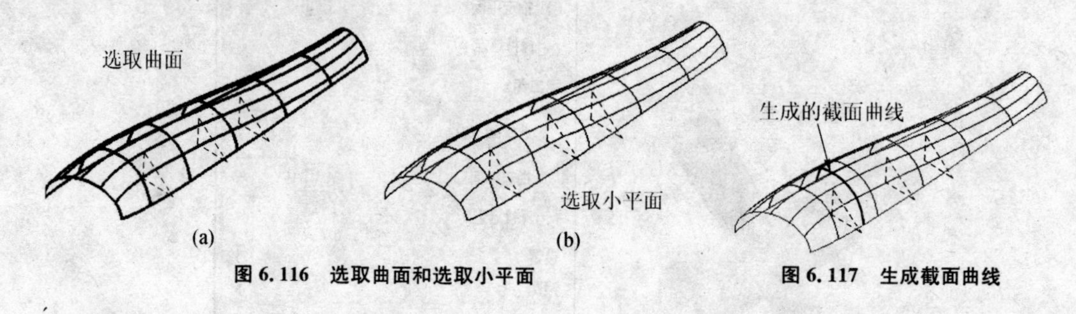

图 6.116　选取曲面和选取小平面　　图 6.117　生成截面曲线

6.26 抽取

从体的边和面创建曲线。

(1) 打开图 6.118 所示的曲面图形。

(2) 点击"插入"→"来自体的曲线"→"抽取"命令,弹出抽取曲线对话框,如图 6.119 所示。

(3) 点击对话框的"边曲线"功能键,弹出单边曲线对话框,选取曲面的一个边缘,如图 6.120所示。按"确定",抽取出曲面的边界生成曲线。

图 6.118 曲面

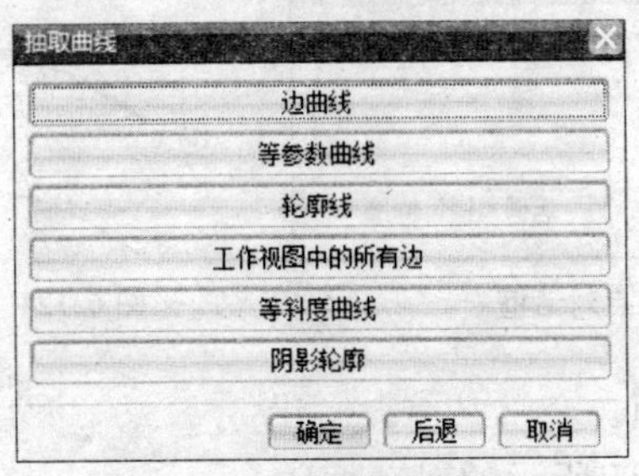

图 6.119 抽取曲线对话框

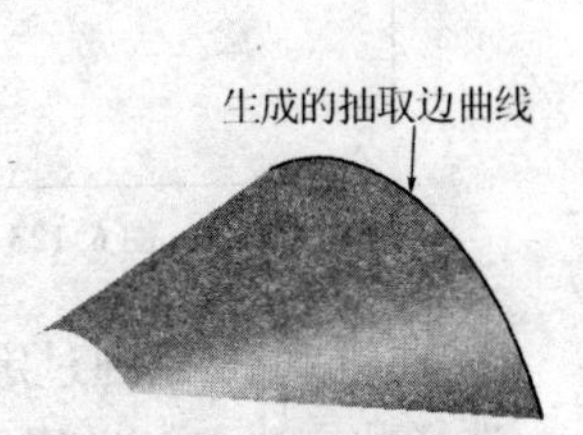

图 6.120 生成边界曲线

6.27 样条

创建样条曲线。

入口路径:点击"插入"→"曲线"→"样条"命令,弹出样条曲线对话框,如图 6.121 所示。

其中有 4 种生成样条曲线的方法。选择其中一种方法,如根据极点。弹出如图 6.122 所示对话框。

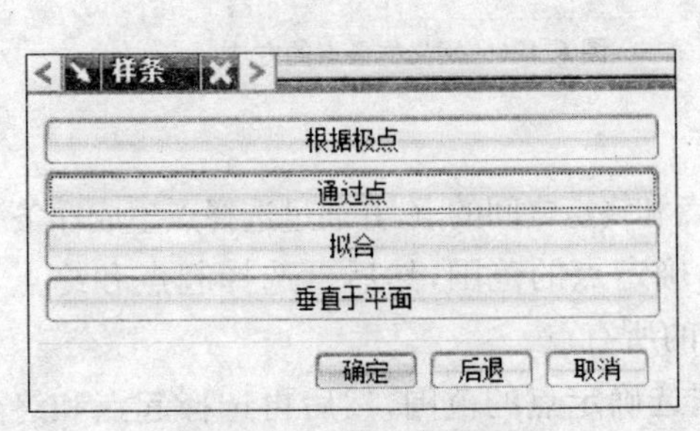

图 6.121 样条曲线对话框

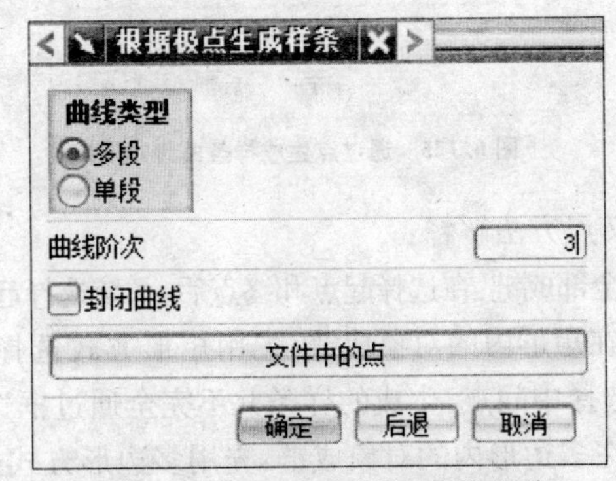

图 6.122 根据极点生成样条曲线对话框

样条曲线定义内容:

曲线类型:有单段和多段。

单段:用一个多项式方程来描述的曲线,在数学上表示为一段贝塞尔曲线,单段样条的次数=输入点−1;单段样条的点数最多为 25,最高阶次 24;动一点整个曲线全动;只能为开口曲线。

多段:用多个多项式方程来描述的曲线;多项式的样条阶次≤点数−1;动一点仅该点周围

局部变化；可为开口或封闭样条；在曲线段的拼接处自动保持二阶连续。

① 根据极点：样条的各个数据，除端点外，并不通过极点。

选择此方法，弹出如图 6.122 所示的对话框。

设定：多段，曲线阶次 3 次。按“确定”按钮，弹出点对话框(图略)。

输入一个个数据点，输入完按中键，弹出指定点对话框，如图 6.123 所示。

按“确定”按钮，生成如图 6.124 所示的样条曲线，图(a)是未刷新的图，图(b)是刷新后的效果图。

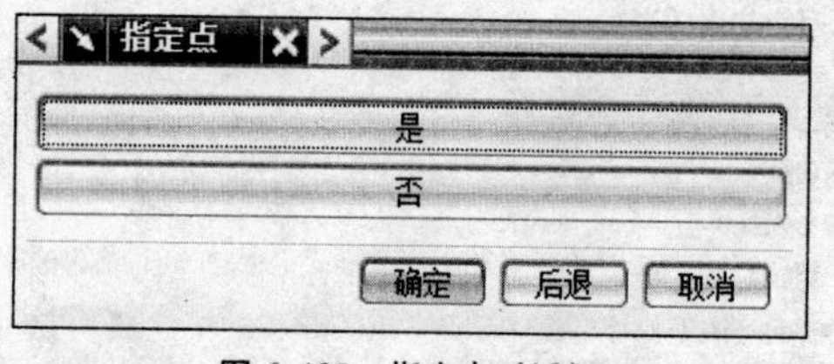

图 6.123　指定点对话框

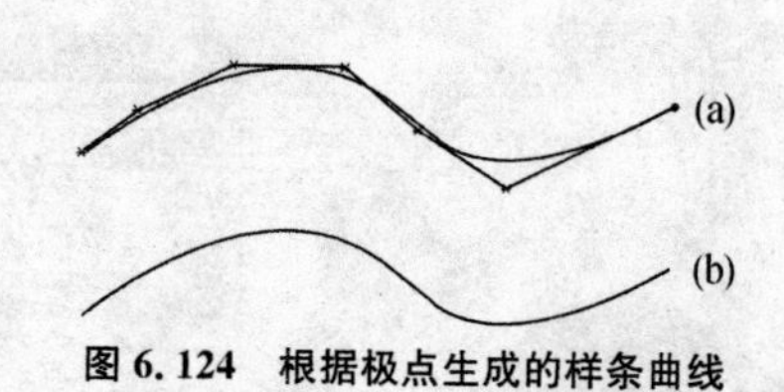

图 6.124　根据极点生成的样条曲线

② 通过点：样条通过定义点。

选择此方法，弹出如图 6.125 所示的对话框。

按“确定”，弹出定义样条点的方法，如图 6.126 所示，其中有四种方法。

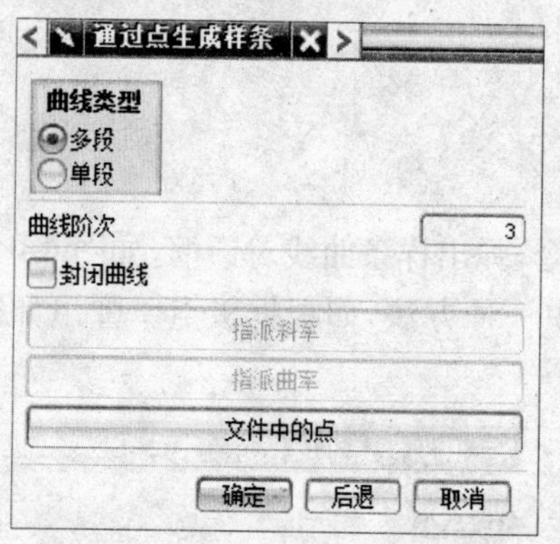

图 6.125　通过点生成样条曲线对话框

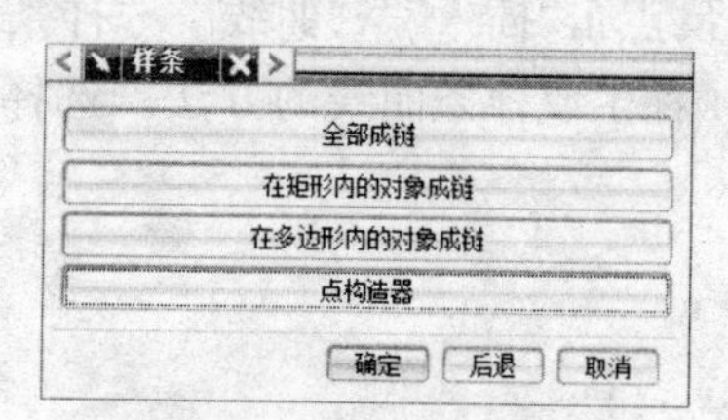

图 6.126　定义样条点的方法

定义点方法解释：

a. 全部成链：在选择起点和终点后，系统选择起点和终点之间的点，并通过选择点生成样条。

b. 在矩形内的对象成链：先用矩形方式选择，确定点的范围，然后再选择起点和终点，系统自动选择中间点，生成的样条并不完全通过框选的所有点。

c. 在多边形内的对象成链：先用多边形方式框选确定点的范围，然后再选择起点和终点，系统自动选择中间点，生成的样条并不完全通过框选的所有点。

d. 点构造器：选择此方式将弹出点构造器对话框，用各种创建点的方式创建点或选择已有点来生成样条。

点击点构造器，弹出点对话框。输入一个一个数据点，输入完按中键，弹出指定点对话框，如图 6.127 所示。

按“确定”，退回通过点生成样条对话框，可指派斜率或曲率，直接按“确定”，生成如图 6.128所示的样条曲线。

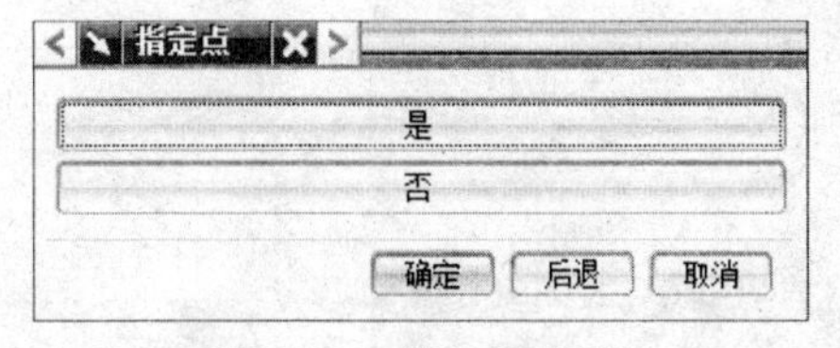

图 6.127 指定点对话框

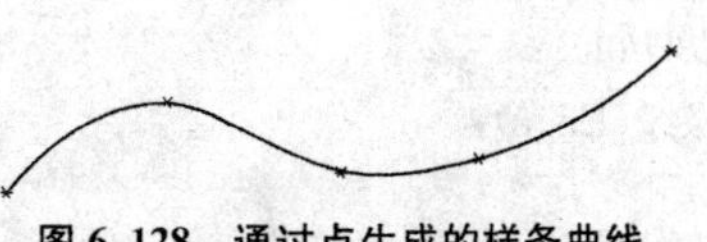

图 6.128 通过点生成的样条曲线

③ 拟合:使用指定参数将样条与其定义点拟合,但不必通过点。

选择此方式,弹出定义样条点的方法,如图 6.129 所示。

点击点构造器,弹出点对话框。输入一个一个数据点,输入完按中键,弹出指定点对话框,如图 6.131 所示。

按“确定”,再按“确定”,生成如图 6.130 所示的样条曲线。

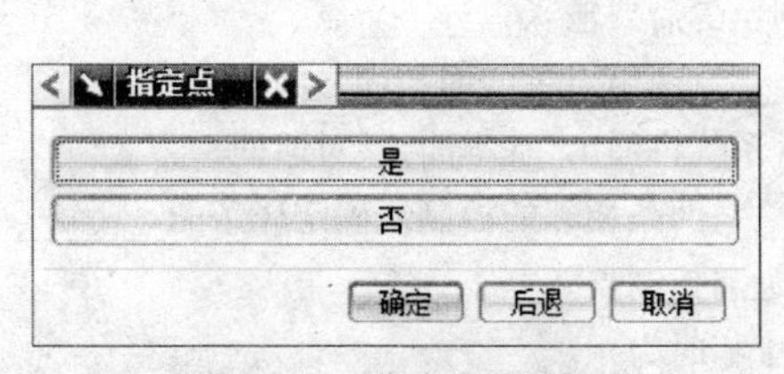

图 6.129 指定点对话框

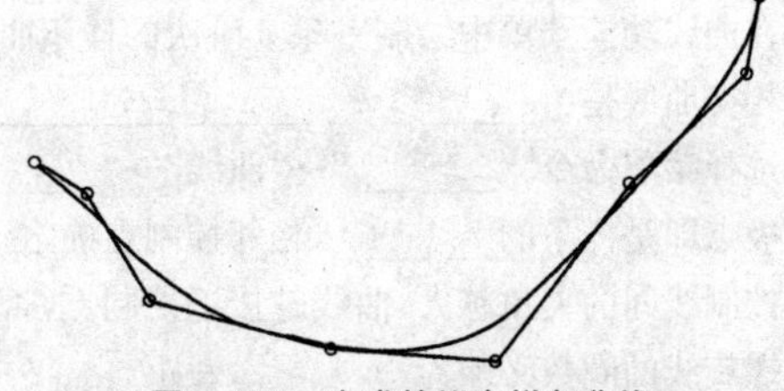

图 6.130 生成的拟合样条曲线

④ 垂直于平面:样条通过垂直用于定义样条的一组平面。

在平行面之间创建直线段,在非平行面之间创建圆弧段,平面的数量不得多于 100 个。

选择此方式,弹出如图 6.131 所示的对话框。

按“平面子功能”按钮,定义样条垂直的起始平面(用两条直线定义面),定义第一个平面上的起点(即样条曲线的起点),可用选取端点的方法,接着选择一个平面,按“确定”按钮,再选择一个平面,按“确定”,再选择一个平面,按“确定”,生成出垂直于平面的样条曲线,如图 6.132 所示。

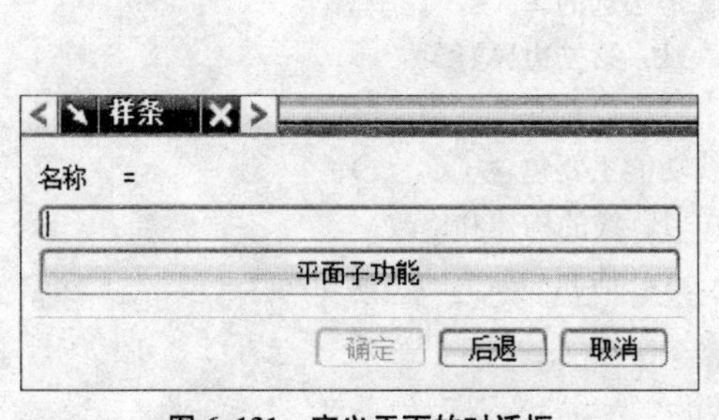

图 6.131 定义平面的对话框

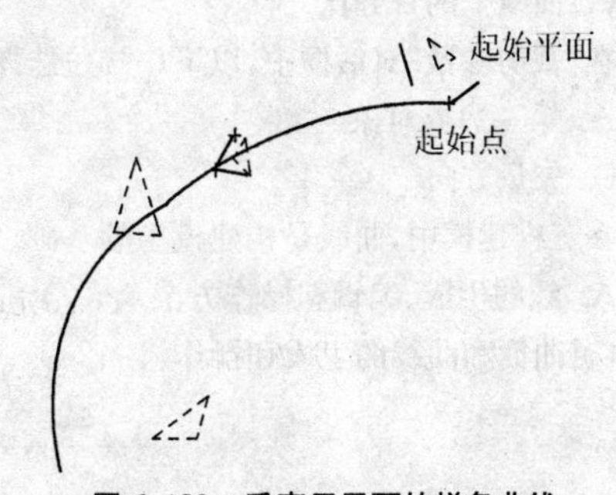

图 6.132 垂直于平面的样条曲线

习 题

名词解释

(1) 圆弧(Arc):

(2) 父曲线(Parent Curve):

(3) 直线(Line):

(4) 二次曲线(Conic)：

(5) 曲率(Curvature)：

(6) 极点(Pole)：

(7) 边缘线(Edge)：

简答题

(1) 在曲线功能菜单中,构建多边形有几种方法,分别对应设定什么参数?

(2) 绘制一段抛物线,其方程为 $y^2=2x$,顶点(−10,10),通过点(−30,30)和点(−30,−10),写出操作路径、过程和设定的参数。

(3) 写出分割曲线的所有操作方法。

填空题

(1) 在曲线功能菜单中构建抛物线,其中参数焦距(Focal length)对应于抛物线方程(如 y * y=2px)中的参数值为:________。

(2) 在曲线功能菜单中绘制一条5阶次的样条曲线,则至少需要输入________点。

(3) 相交曲线是由________、________、________、________两组对象的面与面之间定义的曲线。

(4) 选择菜单命令"________"→"曲线"→"________",系统将弹出"基本曲线"对话框。

(5) 极点即是样条的________,相邻控制点确定________,两条相邻的控制线确定样条的________。相邻控制线间的夹角越大,曲线越接近控制点,否则将远离控制点。

(6) 螺旋线的圈数必须为________,螺距________,等于零时为________。

选择题

(1) 在UG中样条曲线的最高阶次可以达24次,建议尽可能采用(　　)次样条曲线。

A. 3　　B. 5　　C. 24　　D. 10

(2) 非均匀有理B样条曲线被称为(　　)。

A. BEZIER 曲线　　B. NURBS 曲线

C. SPINE 曲线　　D. CURVE 曲线

(3) 下面(　　)用于创建间隔分布在曲线上的点集。

A. 曲线上的点　　B. 在曲线上加点

C. 曲线上的百分比　　D. 样条定义点

(4) 在"裁剪参数"对话框中,以下(　　)选择步骤是必选的。

A. 第一边界对象　　B. 第二边界对象

C. 矢量方向　　D. 要裁减的线串

(5) 在三维建模中,曲线是构建模型的基础。曲线功能主要包含了(　　)。

A. 线的生成、编辑和操作方法　　B. 线的构建和修改

C. 曲面和曲线的生成和操作　　D. 曲面和曲线的生成和修改

7 实体建模

UG 软件是以创建三维实体造型为主的三维图形设计软件。特征是组成三维实体造型的基本元素，创建一个三维实体模型都是以最基本的特征建模开始，用特征建模来构建实体的。

特征模型主要包含基准特征、体素特征、扫描特征、设计特征等。通常使用两种方法创建特征模型：一种是首先设计二维草图或者曲线轮廓，然后通过扫描等特征生成三维实体；另一种是直接使用基本体素特征来创建最基本的三维实体。

7.1 基准特征

基准特征是指利用“基准平面”、“基准轴”、“基准 CSYS”等基准工具创建一个基准，为所创建的三维模型、曲面特征或进行装配提供基准。

基准平面

基准平面是一个可以为其他特征提供参考的无限大的辅助平面。

入口路径：点击“插入”→“基准/点”→“基准平面”命令，弹出基准平面对话框，如图 7.1 所示。

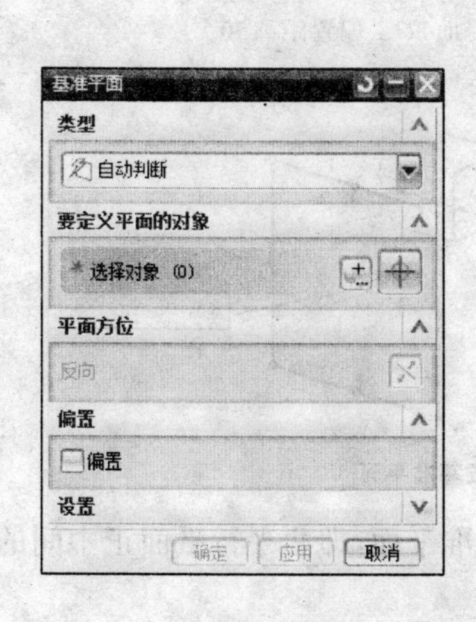

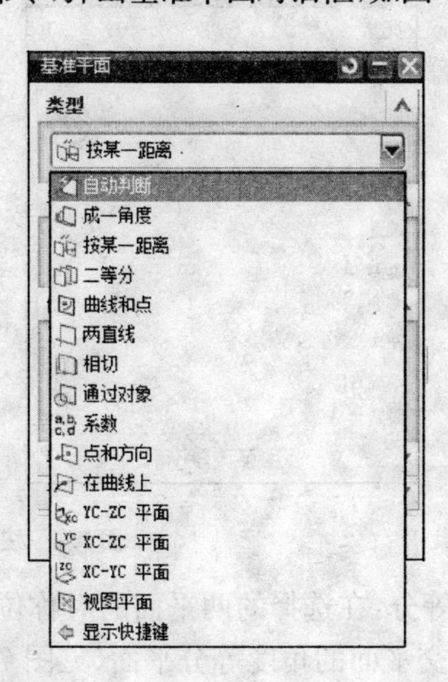

图 7.1 基准平面对话框

点击类型组框的类型选择框，下拉列表中列出了所有 15 种类型，即有 15 种创建基准平面的方法。

（1）自动判断：根据所选择的对象，系统根据推理自动采用相应的方式创建基准平面。

例如：选择一平面，通常会产生一平行距离的基准平面；选择一基准轴，则产生一垂直于基准轴的基准平面；选择一个点，则会产生一个通过该点的平行于 *XC-YC* 平面的基准平面。如图 7.2 所示。

（2）成一角度：首先选择平面参考对象（基准平面、平面），然后选择通过参考平面的一个基准轴，参考平面能绕基准轴旋转，并设置一旋转角度，生成旋转一角度的基准平面。如图 7.3 所示。

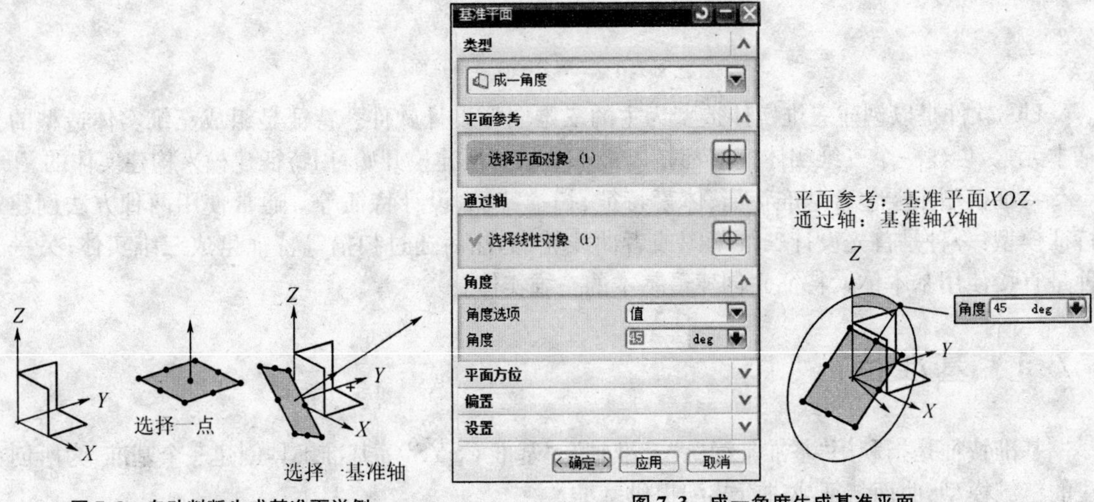

图 7.2　自动判断生成基准面举例

图 7.3　成一角度生成基准平面

（3）按某一距离：选择平面，产生平行该平面的基准平面，两平面间的距离为设定的偏置值（见图 7.4）。

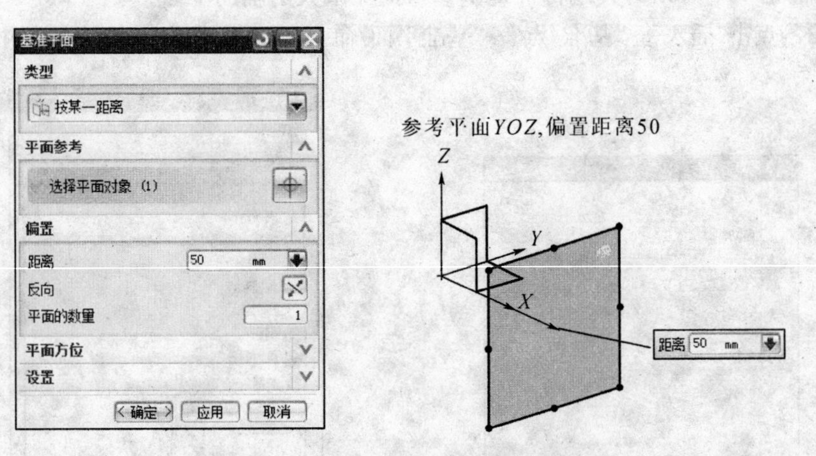

图 7.4　按某一距离生成基准平面

（4）二等分：在选择的两平面的对称位置产生基准平面，即两平行平面正中间的等距平行平面或两相交平面的角度等分平面（见图 7.5）。

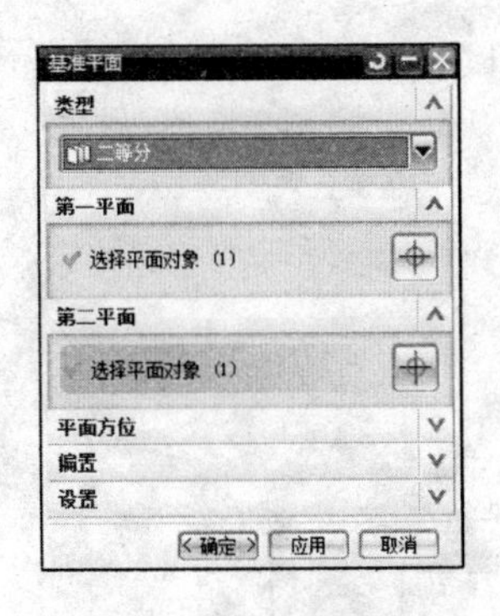

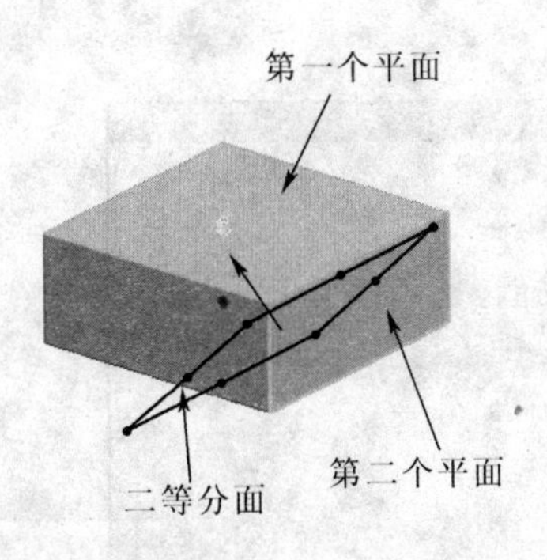

图 7.5 二等分生成基准平面

(5) 曲线和点:曲线和点的“子类型”下拉列表中包含六种创建方式,如图 7.6 所示。

① 曲线和点(自动判断):根据用户指定的曲线上的点,基准平面通过该点并垂直于通过该点的切线,如图 7.7 所示。

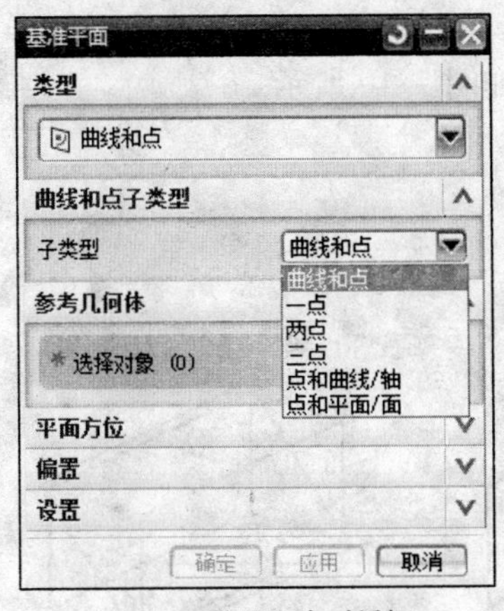

图 7.6 曲线和点对话框

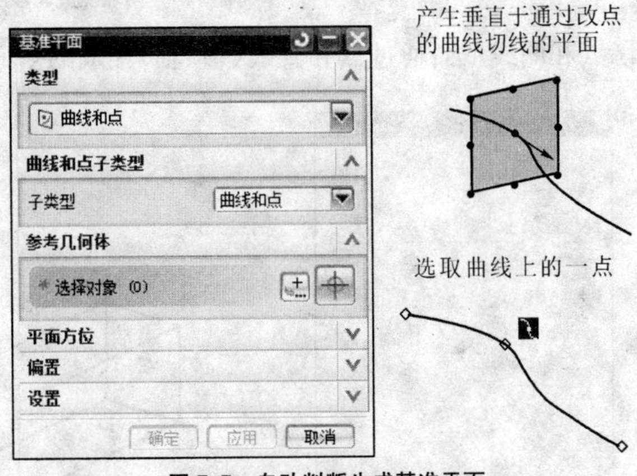

图 7.7 自动判断生成基准平面

② 一点:经过选取的点,并垂直于曲线在该点的切线(见图 7.8)。

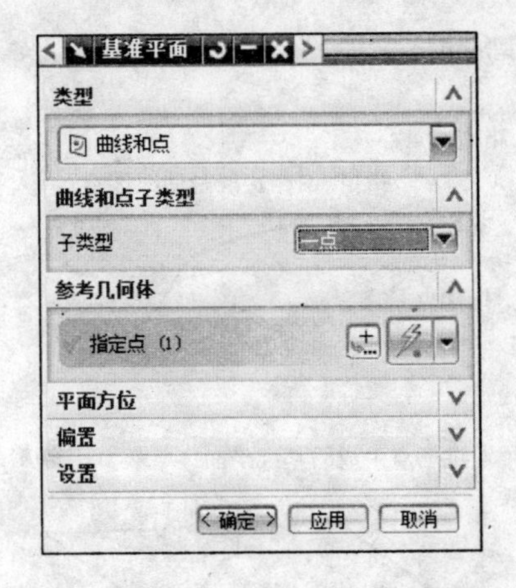

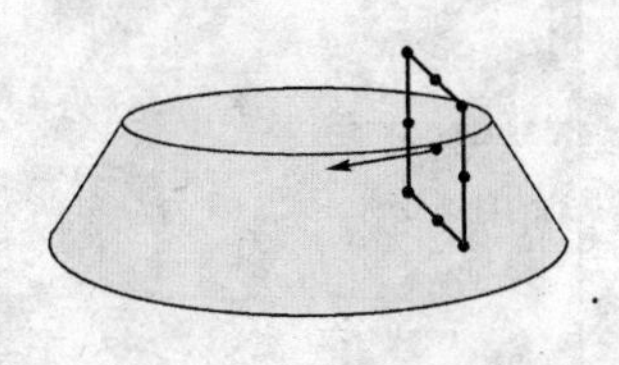

图 7.8 通过一点生成基准平面

③ 两点:通过选取的第一点,垂直于两点所定义的矢量,第一点指向第二点,如图 7.9

所示。

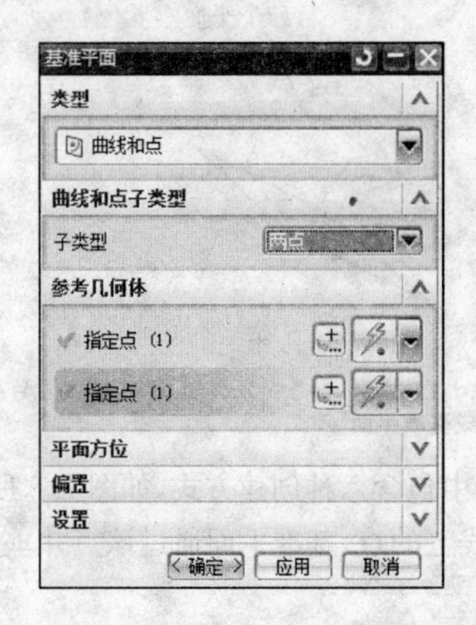

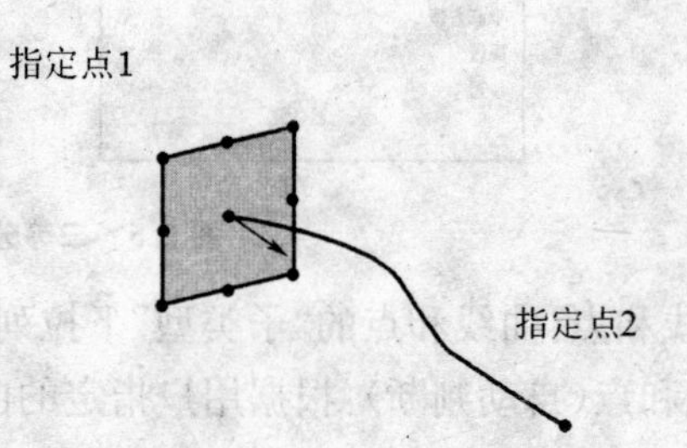

图 7.9　两点生成基准平面

④ 点和曲线/轴:通过点和直线(边、轴)生成的平面,如图 7.10 所示。

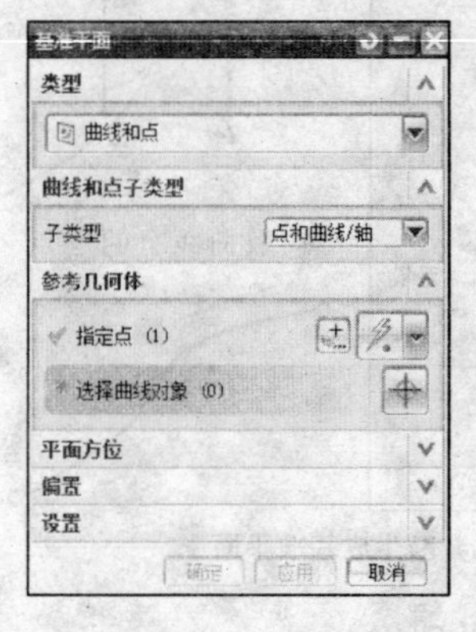

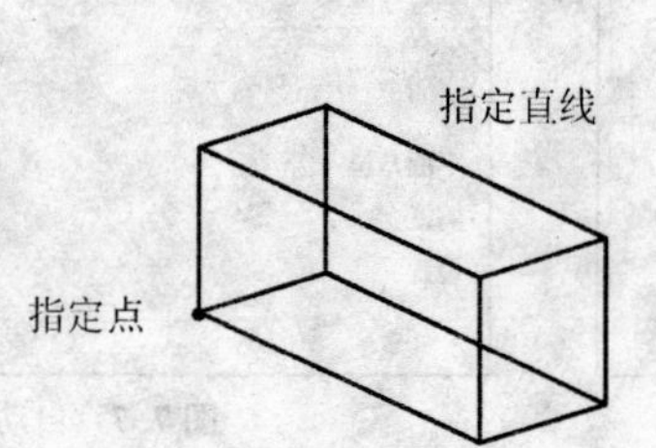

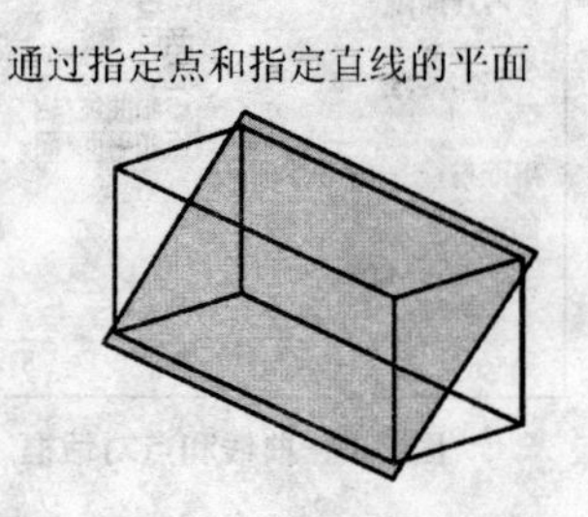

图 7.10　通过点和曲线/轴生成基准平面

⑤ 三点:通过三点创建基准平面,如图 7.11 所示。

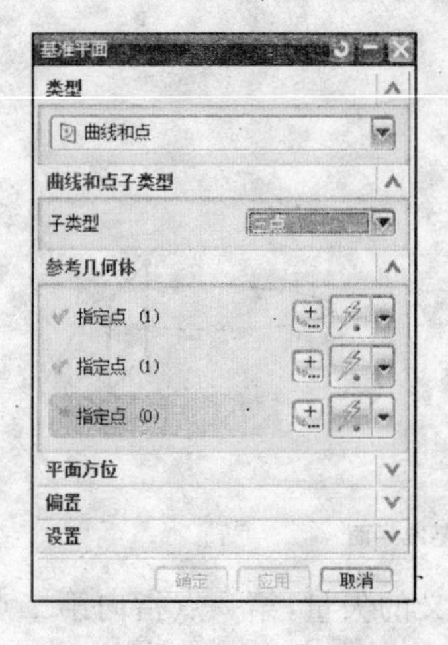

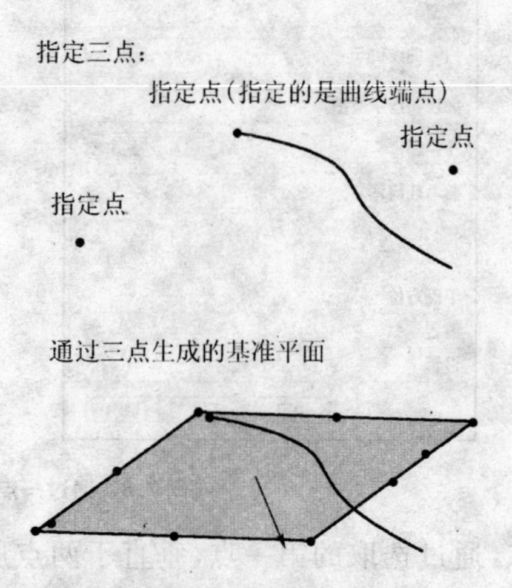

图 7.11　通过三点生成基准平面

⑥ 点和平面/面:通过点,以平面法向为法向矢量产生平面,如图 7.12 所示。

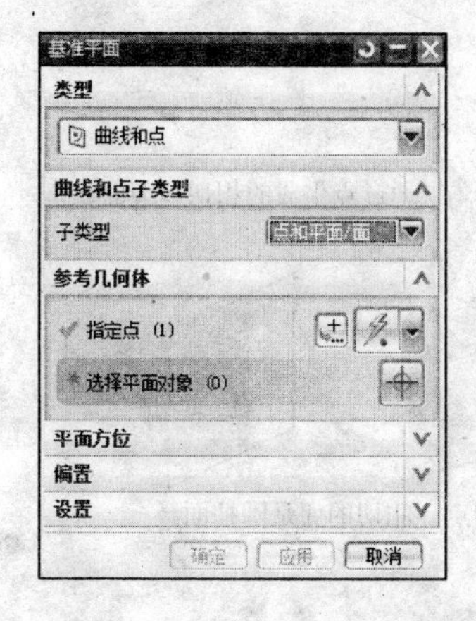

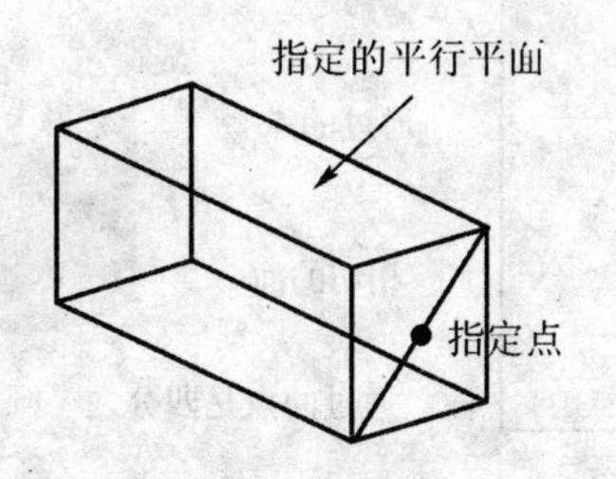

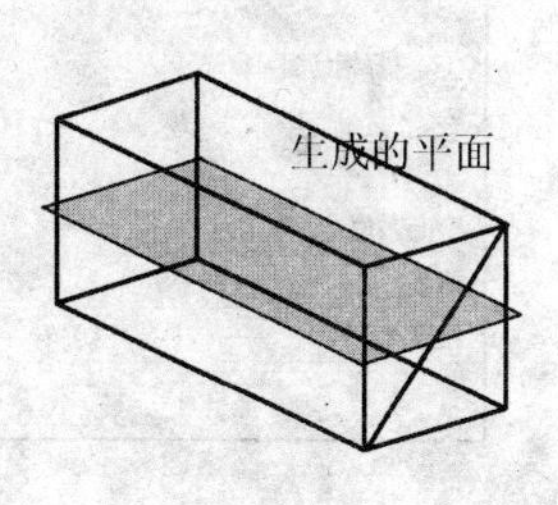

图 7.12　通过点和平面/平面生成基准平面

(6) 两直线:通过两条指定直线生成平面,两直线是平行的,如图 7.13 所示。

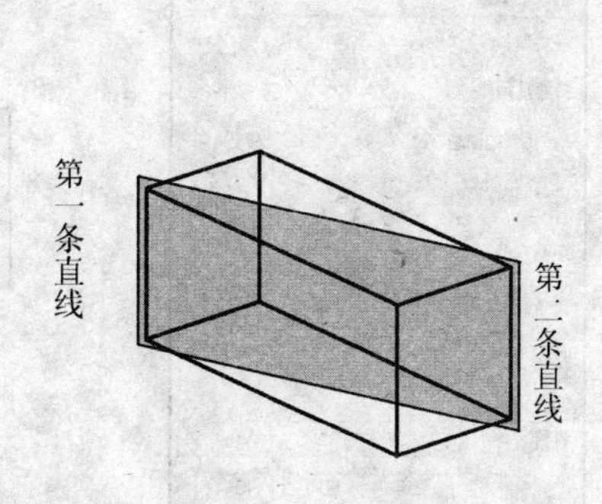

图 7.13　通过两直线生成基准平面

(7) 相切:在点、线或面上与面相切。在相切子类型中总共有六种类型,如图 7.14 所示。

① 相切:根据用户选择的参考不同,自动选用一种方式来产生基准平面。

② 一个面:产生一个与柱面或锥面相切的基准平面,如图 7.15 所示。

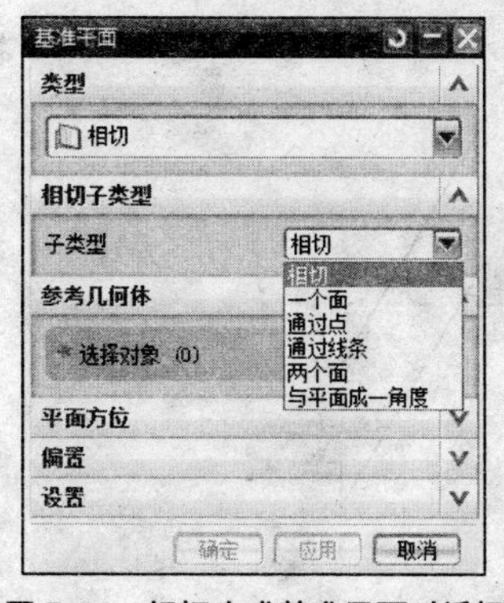

图 7.14　相切生成基准平面对话框

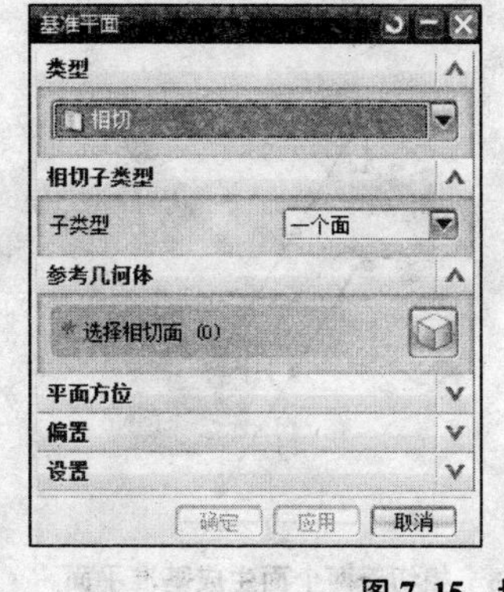

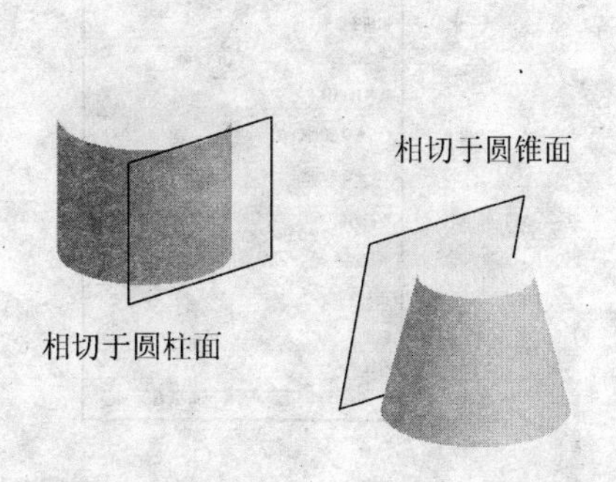

图 7.15　切于一个面生成基准平面

③ 通过点:通过一点与柱面相切,产生基准平面,如图 7.16 所示。

图 7.16　通过点生成基准平面

④ 通过线条:通过线(或边、轴)与柱面相切,产生基准平面,如图 7.17 所示。

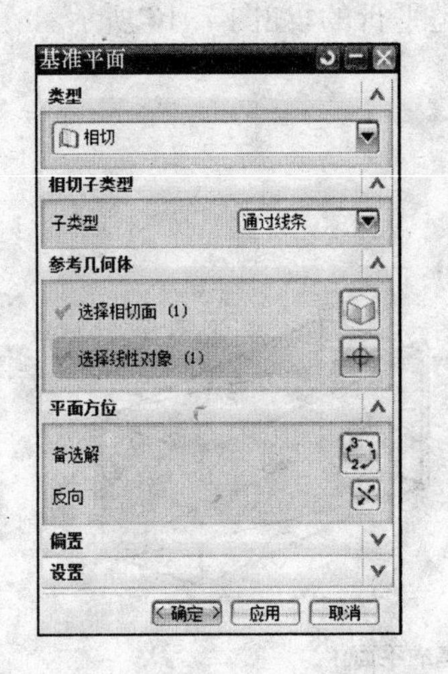

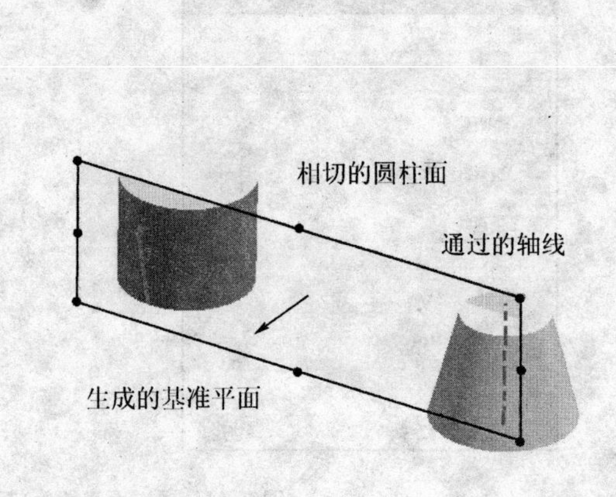

图 7.17　通过线条生成基准平面

⑤ 两个面:产生相切于两个面的平面,产生基准平面,如图 7.18 所示。

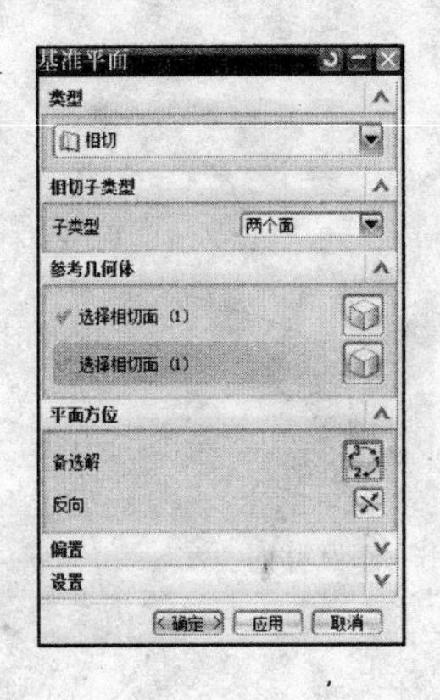

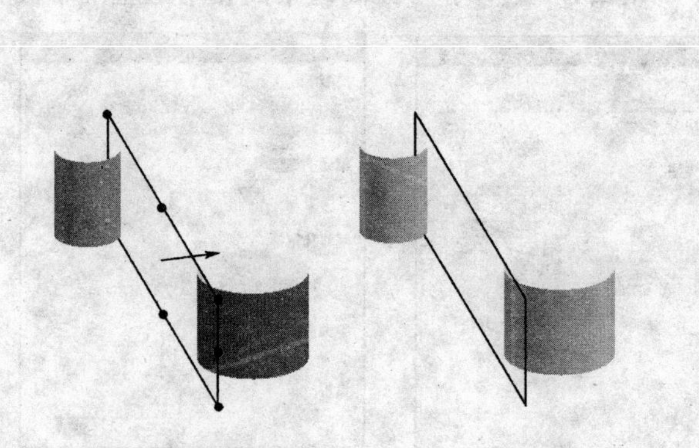

图 7.18　相切于两个面生成基准平面

⑥ 与平面成一角度:产生一个与柱面相切,并与所选择平面成一角度的基准平面,如

图 7.19所示。

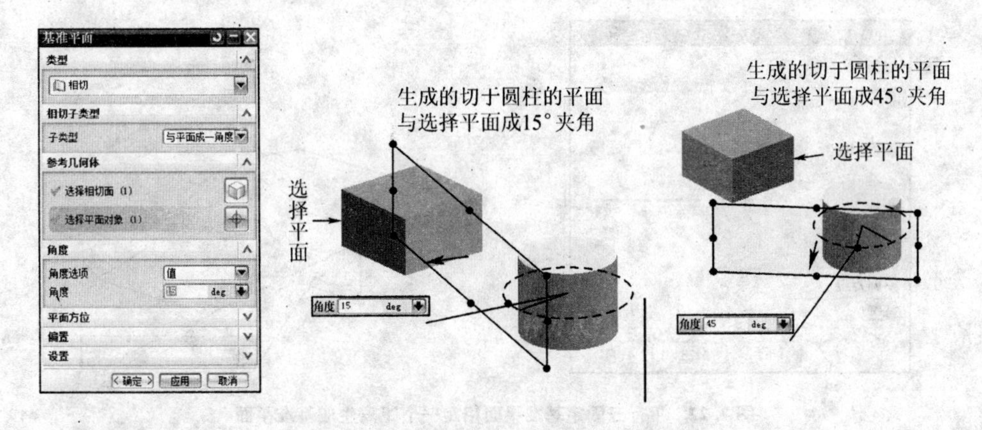

图 7.19 通过与面成一角度生成基准平面

(8) 通过对象:根据所选的对象来产生新基准平面,如图 7.20 所示。

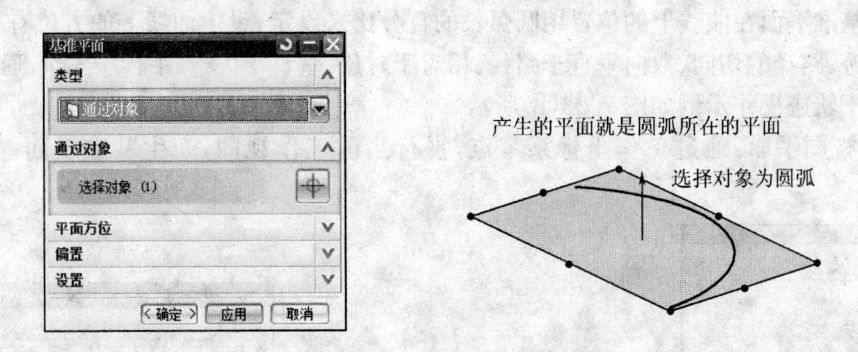

图 7.20 通过对象生成基准平面

操作对话框中的偏置,可将平面再设置成偏置一个距离。当选择的对象是直线时,平面通过端点,垂直于直线。

(9) 系数:通过指定系数 a、b、c、d 来定义平面(操作略)。

(10) 点和方向:通过点,以指定矢量为法向产生基准平面,如图 7.21 所示。

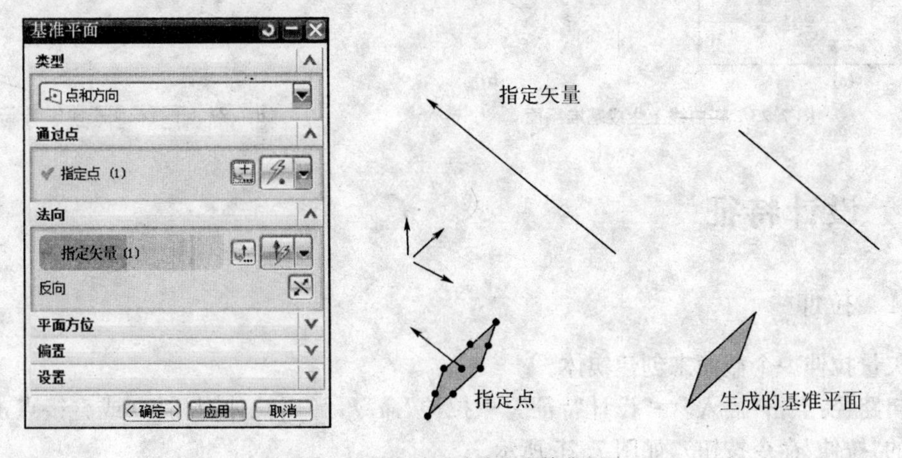

图 7.21 通过点和方向生成基准平面

(11) XC-YC/XC-ZC/YC-ZC 平面：将固定基准平面偏置一个距离。如图 7.22 所示。

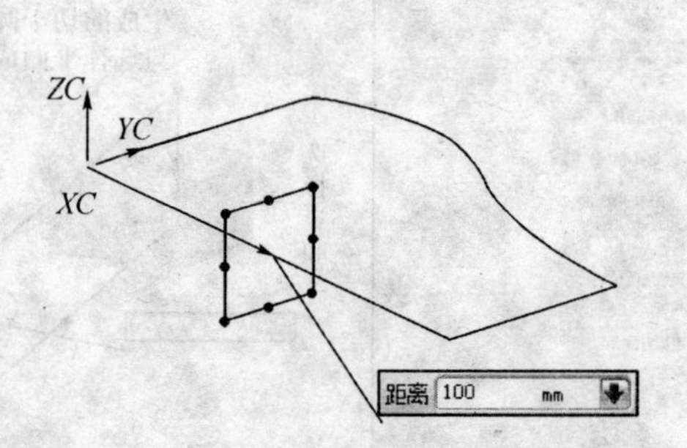

图 7.22　平行三固定基准平面相距一个距离生成基准平面

(12) 在曲线上

通过所选的曲线上的某一点产生一个基准平面。在曲线上的操作对话框，如图 7.23(a)所示。其中基准平面在曲线上的位置用圆弧长的百分比来设定，设定曲线上的方位有 7 种方式：垂直于轨迹、路径的切向、双向垂直于路径、相对于对象、垂直于矢量、平行于矢量、通过轴。

垂直于轨迹操作示例如图 7.23(b)所示。

(13) 视图平面：通过工作坐标系零点，平行当前工作视图，产生基准平面，如图 7.24 所示。

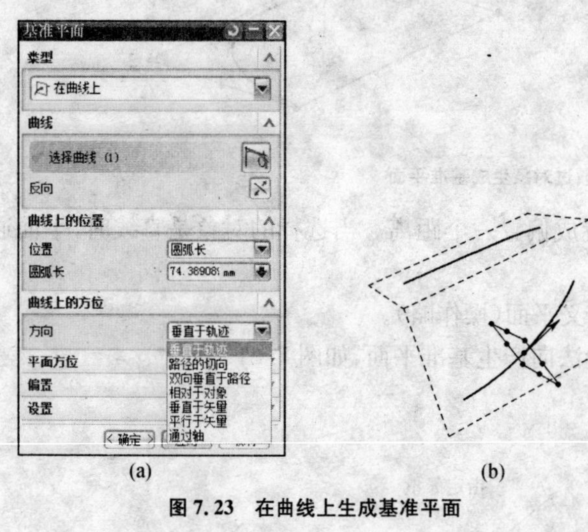

图 7.23　在曲线上生成基准平面

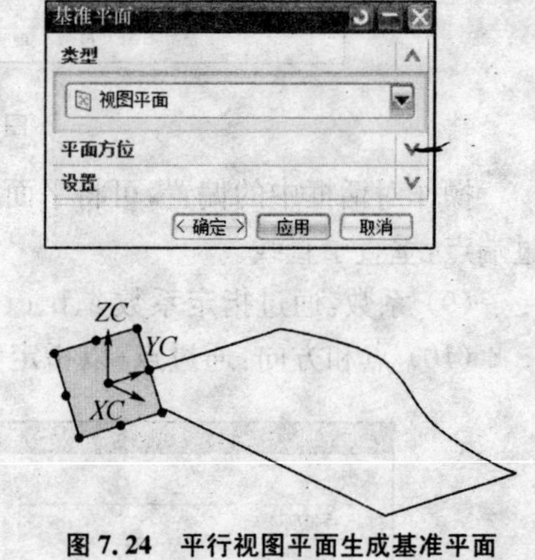

图 7.24　平行视图平面生成基准平面

7.2　设计特征

7.2.1　拉伸

沿矢量拉伸一个截面来创建实体。

入口路径：点击“插入”→“设计特征”→“拉伸”命令，弹出拉伸对话框(或直接点击特征工具条中的“拉伸”命令按钮)，如图 7.25 所示。

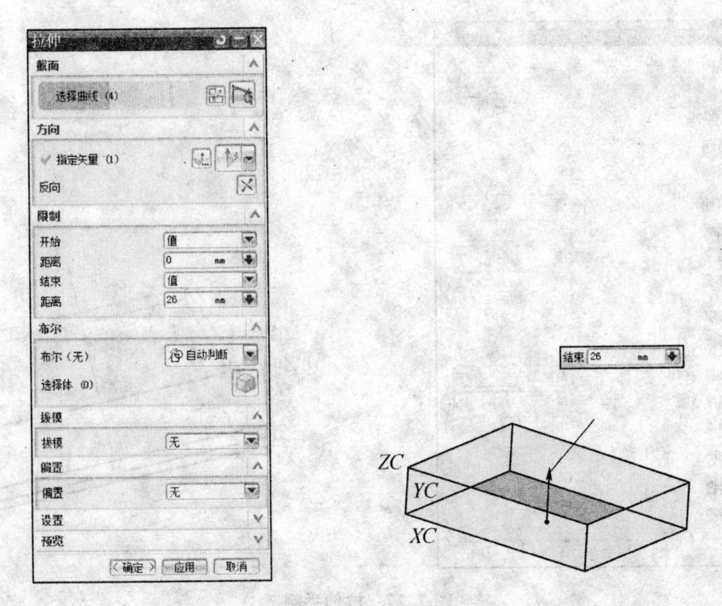

图 7.25　基本拉伸操作

操作举例：

举例 1：拉伸距离从 30～60，拔模从起始限制位置开始，单一拔模角度 20°。如图 7.26 所示。

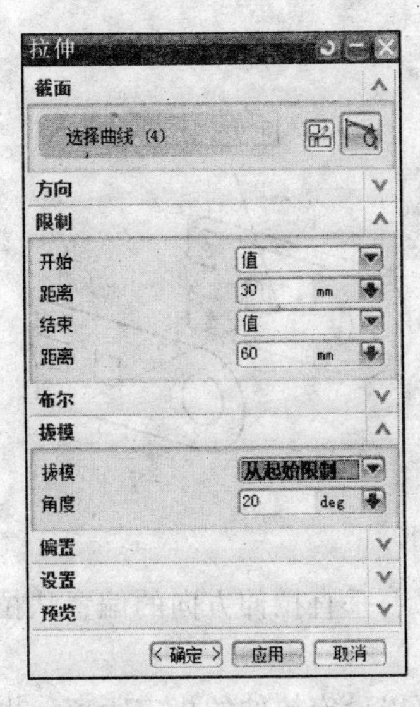

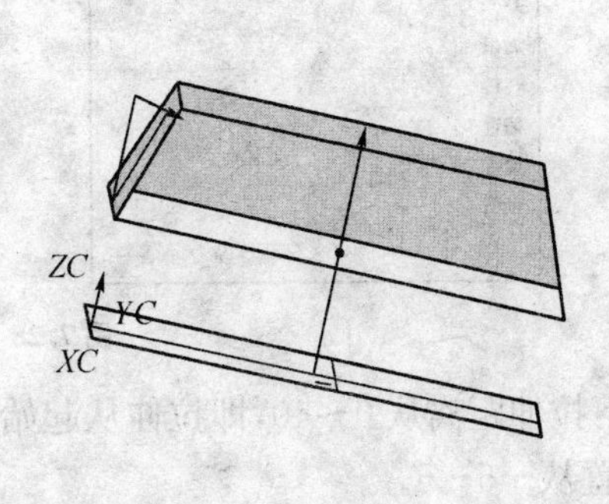

图 7.26　拉伸举例 1

举例 2：拉伸距离从 30～60，拔模起始位置从截面开始，单一拔模角度 20°。如图 7.27 所示。

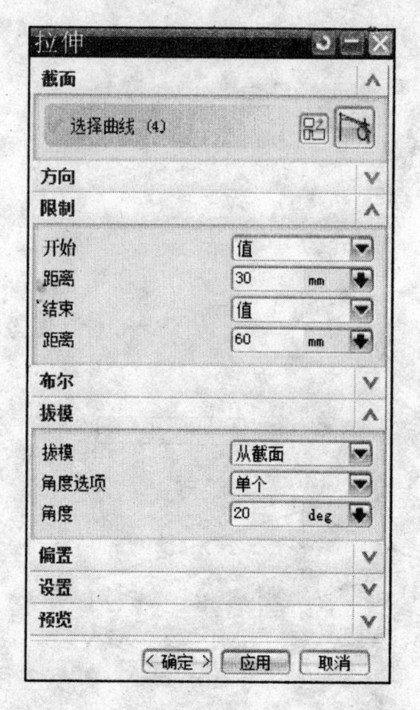

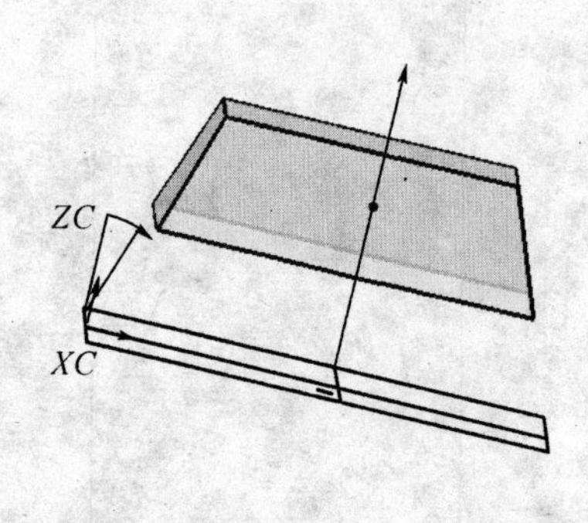

图 7.27　拉伸举例 2

举例 3：拉伸距离从 90～100，截面曲线是特征曲线，截面曲线内部的封闭曲线拉出的是空腔。如图 7.28 所示。

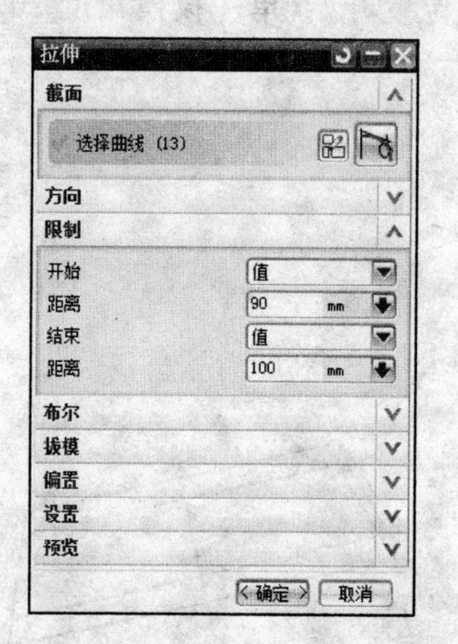

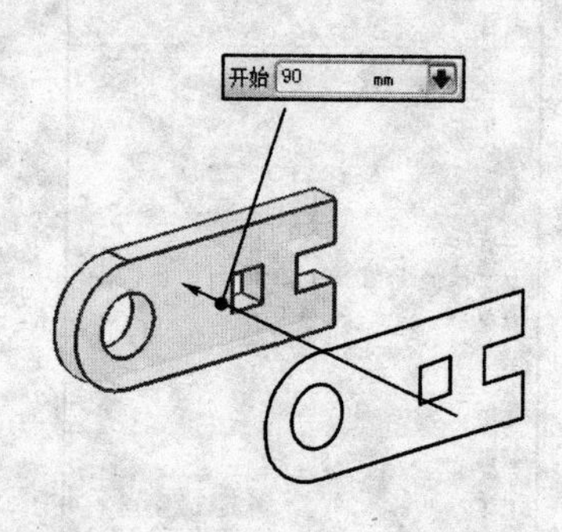

图 7.28　拉伸举例 3

举例 4：拉伸距离从 0～40，即拉伸从起始位置开始，垂直拉伸方向的偏置从拉伸外形开始向两侧，偏置从－5～5。

截面的拉伸距离：起始和终止值都可以设定，即可以设定拉伸的指定距离。也可以拉伸到指定的对象，同时可以设定拔模角度和第二偏置。如图 7.29 所示。

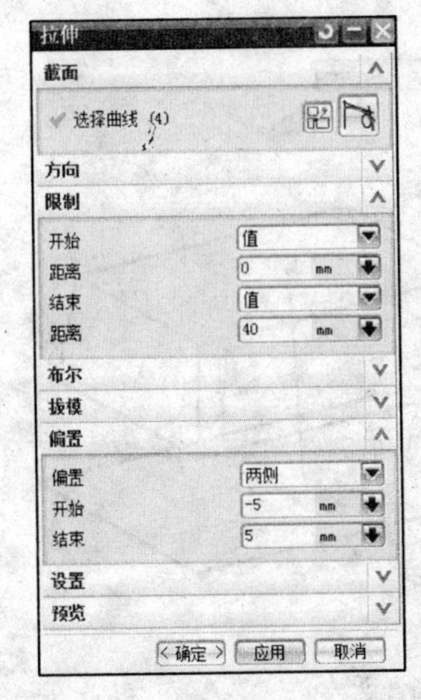

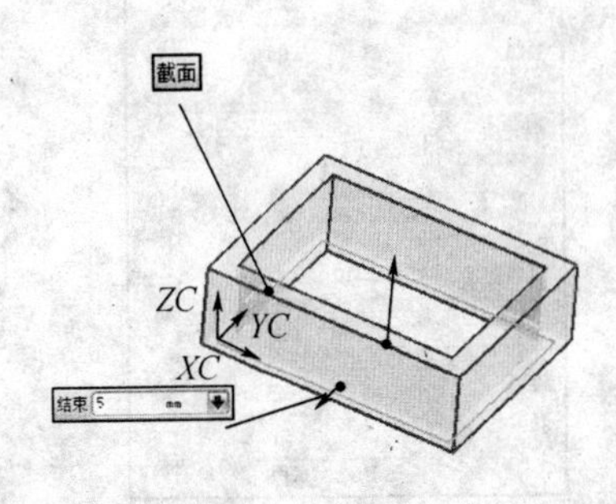

图 7.29 拉伸举例 4

参数说明：

(1) 截面组框的选择曲线，用于选择拉伸的界面曲线。曲线选择可用曲线规则根据需要选择，如图 7.30 所示。合理地利用曲线规则，可以提高建模效率。

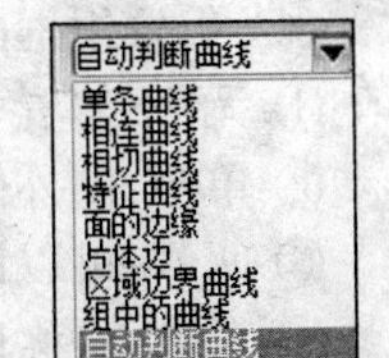

图 7.30 曲线选择规则

截面曲线可以是封闭的，也可以是开放式的。开放式截面曲线当偏置无设置时，拉伸生成片体。

(2) 方向组框的指定矢量，用于指定实体的拉伸方向。

(3) 限制组框的开始、结束距离，用于设定拉伸的开始和结束位置，如图 7.31 所示。

值
值
对称值
直至下一个
直至选定对象
直到被延伸
贯通

图 7.31 拉伸位置的限制设置

开始、结束选项中的拉伸方式有：

值：特征将从草图平面开始拉伸的数值，具体数值通过下一项的输入距离确定。

对称值：选择该选项特征将从草图特征向两侧均匀拉伸。

直至下一个：特征将从草图特征拉伸到下一个曲面或实体面。

直至选定对象：特征将从草图特征拉伸到所选的对象物。

贯通：特征将从草图特征开始沿拉伸方向贯通所有物体。

(4) 布尔：在构建实体的操作过程中是否与已构建的实体进行(求和、求差、求交)逻辑运算。

(5) 拔模组框的设置：设置拉伸实体是否拔模以及拔模角度的设置。

① 无：不拔模，如图 7.25 所示。

② 从起始限制：从拉伸起始位置开始拔模，如图 7.26 所示。

③ 从截面：从拉伸的截面曲线就开始拔模，如图 7.27 所示。

当拉伸限制开始距离为 0 时，以上两项拔模没有区别，效果一样。当开始距离不为 0 时以上两项效果才不同，如图 7.26 和图 7.28 所示。

拔模组的第二个选项，角度选项设定为单一时，拔模体四周以单一角度拔模；当角度选项设定为多个时，例如，四边形截面曲线拔模，四个边可以设定不同的拔模角度，如图 7.32 所示，有一边拔模角度为 20°，其余 3 边拔模角度为 10°。

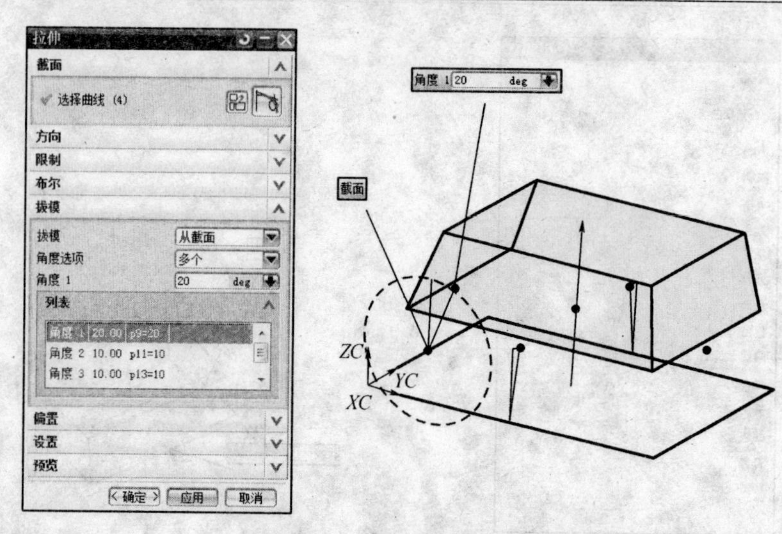

图 7.32　多个拔模角度的意义

(6) 偏置组框的设置：拉伸截面曲线在垂直拉伸方向的偏置设置。

① 无：不偏置，如图 7.25、图 7.26 所示等。

② 单侧：向外侧偏置，偏置为负时向内侧偏置。

③ 两侧：可以设置不同的数值向内、外两侧偏置，如图 7.29 所示。

④ 对称：对称地向内、外两侧偏置。

7.2.2　回转

将截面曲线绕指定轴旋转-指定角度来创建特征。

入口路径：点击“插入”→“设计特征”→“回转”命令，弹出回转对话框，如图 7.33(a)所示，图中矩形截面绕 X 轴旋转 180°，生成的半圆柱实体如图 7.33(b)所示。

例题：如图 7.34 所示的截面，在如图 7.35 中绕 Y 轴旋转 270°，生成的旋转体。

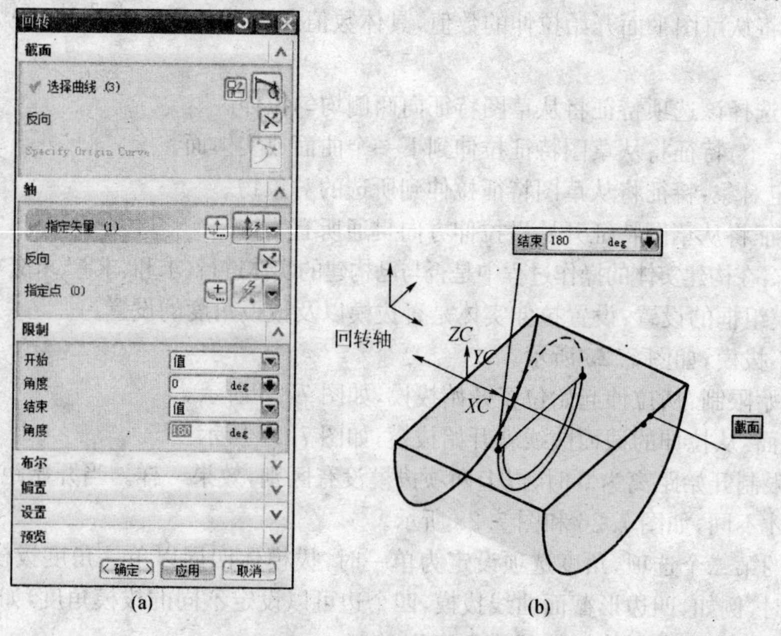

图 7.33　回转操作示例

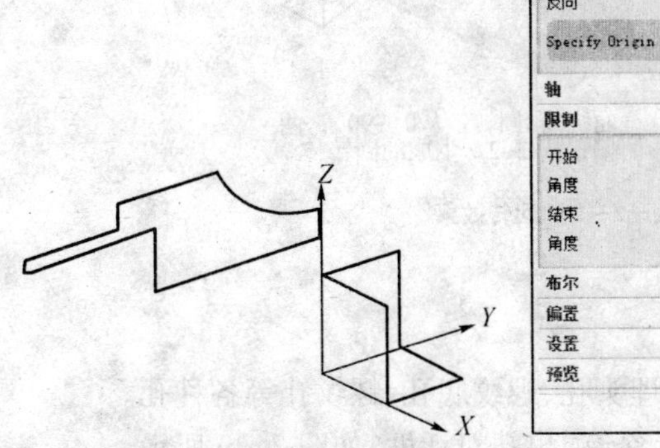

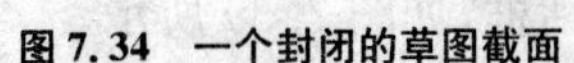

图 7.34　一个封闭的草图截面

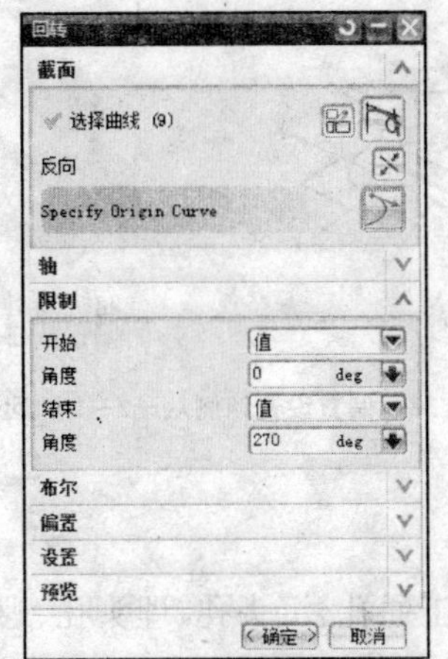

图 7.35　草图截面绕 Y 轴旋转 270°

回转对话框参数说明：

(1) 截面组框的选择曲线用于选择回转的截面曲线。根据需要按曲线规则选择截面曲线。

(2) 轴组框的指定矢量，用于指定回转轴矢量。反向用于改变回转的方向。

(3) 限制组框的开始，结束角度用于设定回转的开始和结束角度，如图 7.37 所示。图 7.34 所示的截面，绕 Y 轴旋转，从 90°到 270°生成的实体，如图 7.36 所示。

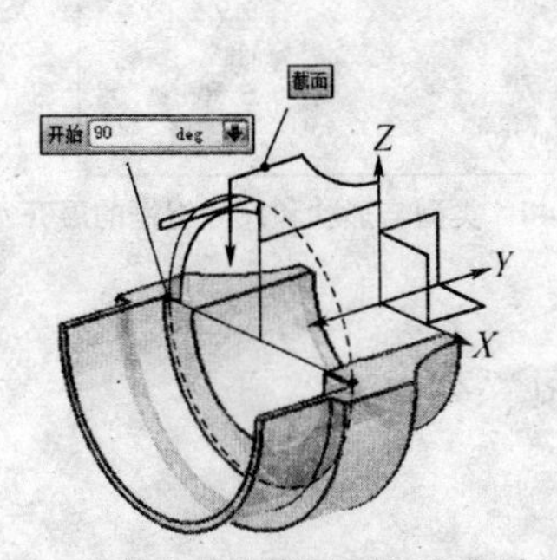

图 7.36　回转角度从截面开始 90 度到 270 度

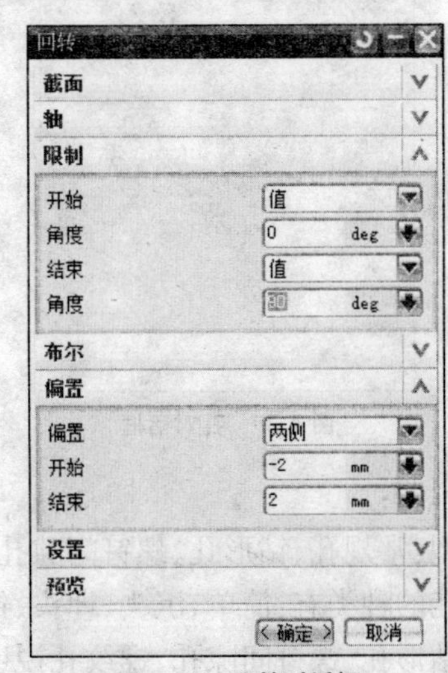

图 7.37　回转对话框

(4) 布尔：在构建实体的操作过程中是否与已构建的实体进行(求和、求差、求交)的逻辑运算。

(5) 偏置组框：旋转截面曲线在截面所在的平面内向内、向外的偏置设置，图 7.37 所示对话框设置的参数所构建的回转实体效果如图 7.38 所示。

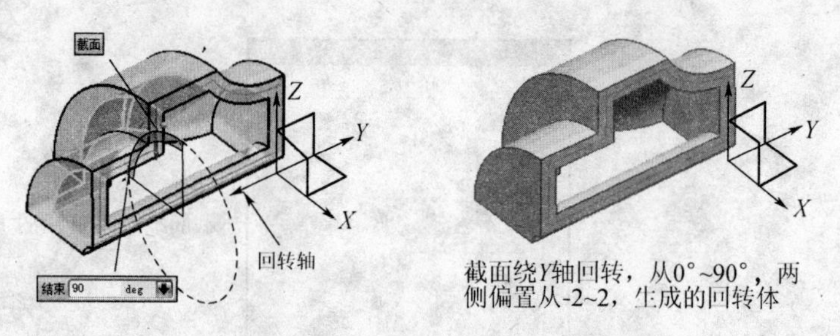

图 7.38　偏置设置两侧从－2～2 的回转效果

7.2.3　孔

在部件或装配中的实体上加工通孔、沉头孔、埋头孔、螺纹底孔、螺纹孔等各种孔。

入口路经,点击“插入”→“设计特征”→“孔”命令、弹出孔对话框,如图 7.39 所示。

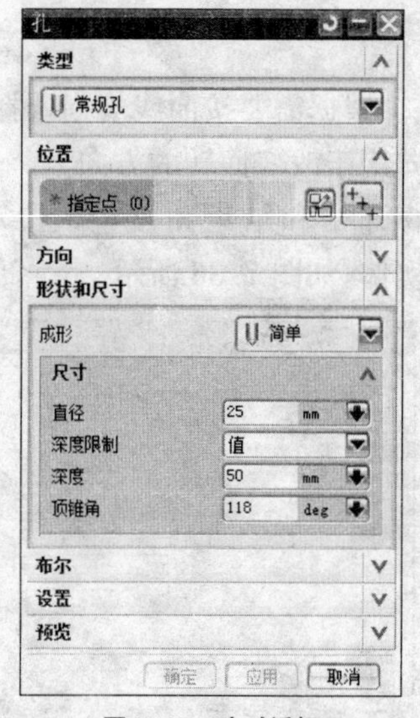

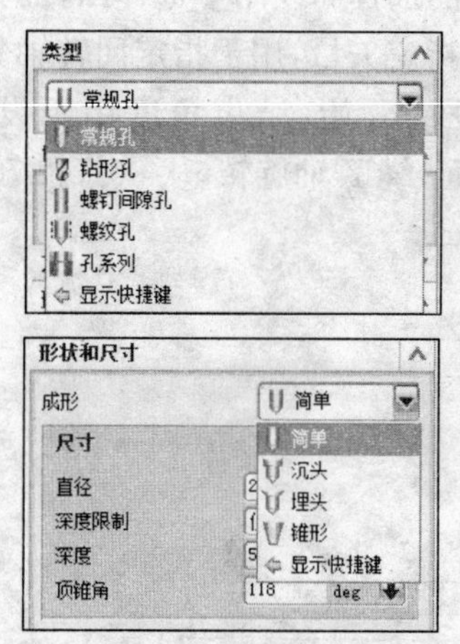

图 7.39　孔对话框　　　　图 7.40　类型与形状和尺寸组框的展开

参数说明:

孔类型:常规孔、钻形孔、螺钉间隙孔、螺纹孔、孔系列。

常规孔的种类有:简单、沉头、埋头、锥形孔等。

其中钻形孔、螺钉间隙孔、螺纹孔说明。

钻形孔:钻孔所有的规格尺寸都有。

螺钉间隙孔:可以钻各种规格的螺钉贯穿孔。

螺纹孔:钻一系列的螺纹底孔。

孔系列:其中分两种:一种是钻螺纹孔;另一种是钻螺栓贯穿孔。

7.2.4　凸台

在实体平面上添加一个圆柱形凸台。

入口路经:点击“插入”→“设计特征”→“凸台”命令,弹出凸台对话框,如图 7.41(a)所示,用鼠标点击右侧表面如图 7.41(b)所示,点击“应用” 设定位置尺寸(略),生成如图 7.41(c)所示的凸台。

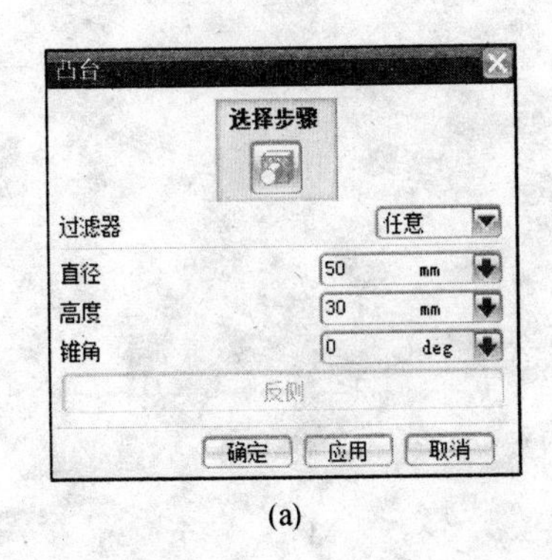

(a)

(b)

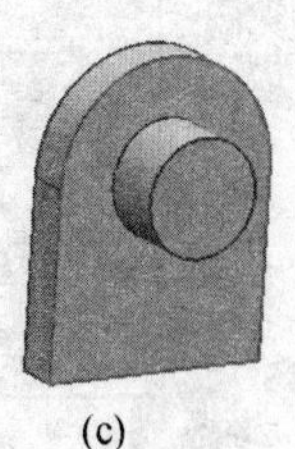

(c)

图 7.41　凸台对话框和操作举例

7.2.5　腔体

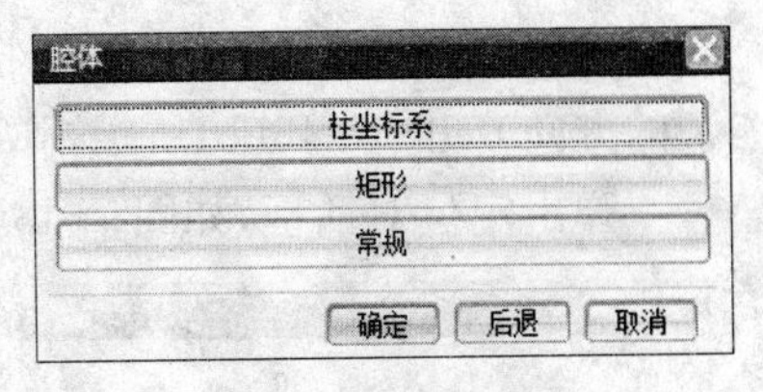

图 7.42　腔体对话框

从实体移除材料，或用沿矢量对截面进行投影生成的面来修剪实体。

构建一个 120×90×50 的立方体块。

入口路经：点击“插入”→“设计特征”→“腔体”命令，弹出腔体对话框，如图 7.42 所示。

(1) 点击“柱坐标系”功能键，弹出如图 7.43(a)所示的对话框，选取矩形块的上表面，如图 7.43(b)所示，设定参数，点击“确定”按钮，生成如图 7.43(c)所示的圆柱形腔体。

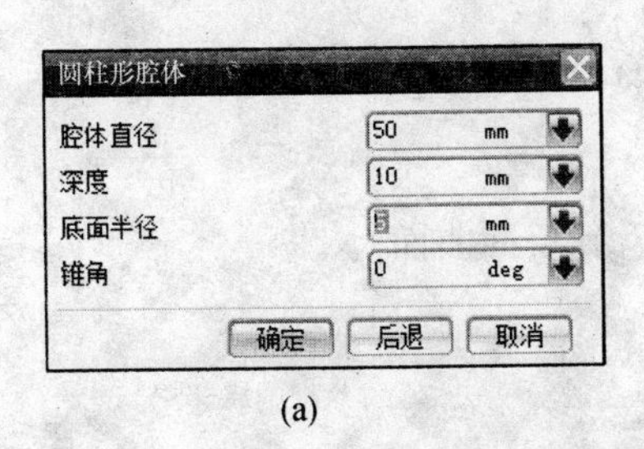

(a)

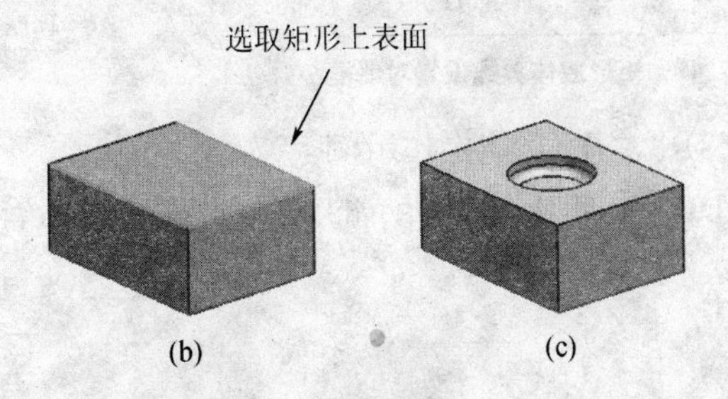

(b)　　(c)

图 7.43　构建圆柱形腔体

(2) 点击“矩形” 功能键，弹出如图 7.44 所示的对话框，选取放置面(矩形块上表面)，如图 7.45所示。

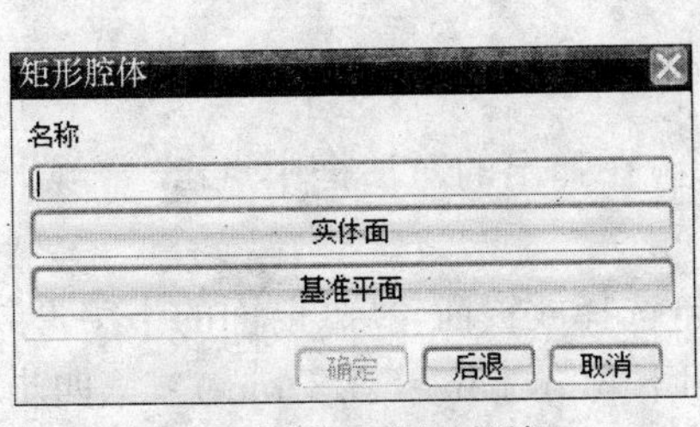

图 7.44　矩形腔体对话框

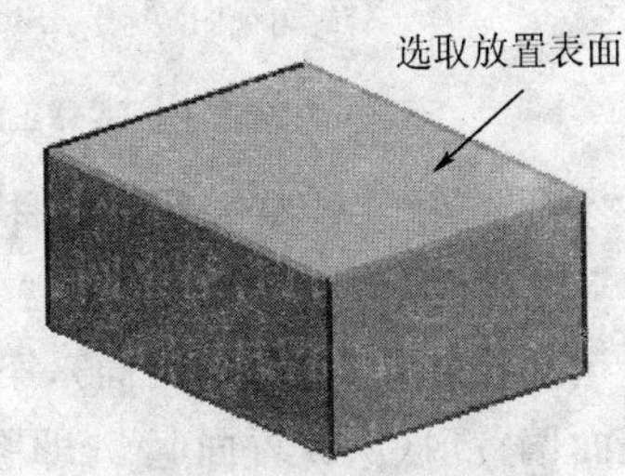

图 7.45　选取放置面

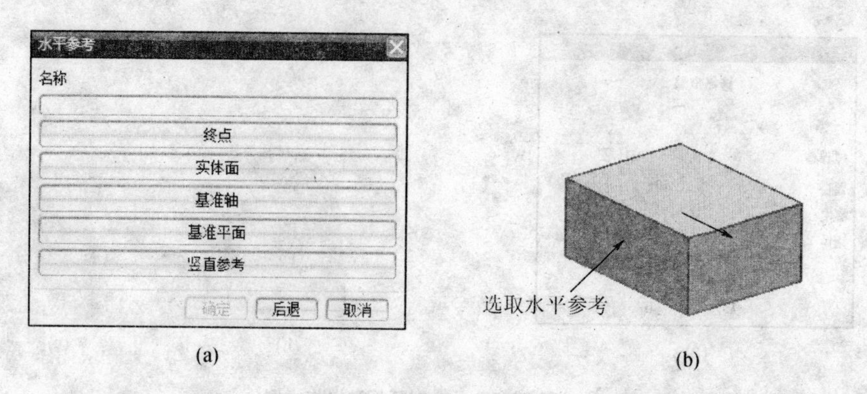

(a)　　(b)

图 7.46　选择水平参考

弹出如图 7.46 所示的对话框，选取水平参考(矩形块上前面)，水平参考方向(即矩形腔的长的方向)如图 7.46(b)所示，弹出如图 7.47 所示的对话框，设定参数，按“确定” 按钮。

弹出定位对话框，如图 7.48(a)所示。定位尺寸，生成的腔体如图 7.48(b)所示。

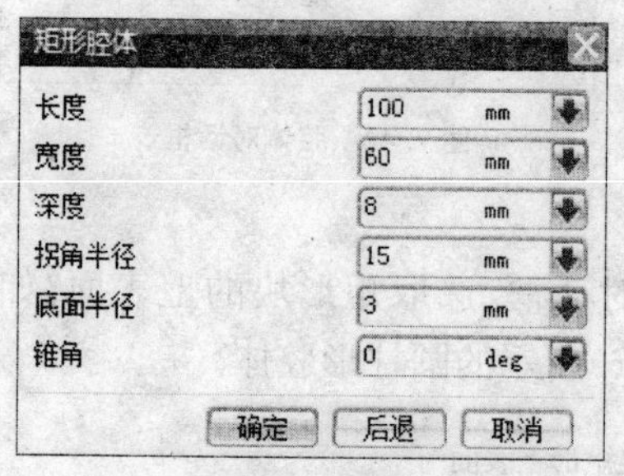

图 7.47　矩形腔体参数设置对话框

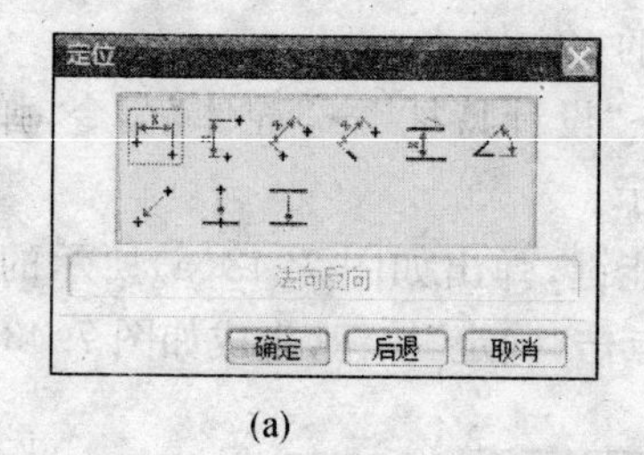

(a)　　(b)

图 7.48　尺寸定位对话框和生成的矩形

(3) “常规”功能操作示例

① 打开如图 7.49 所示的图形(分两个视角看，能看到反面曲面)。

图 7.49　实体正面是十字形封闭曲线背面是曲面

② 点击“插入”→“设计特征”→“腔体”命令，在弹出的对话框中点击“常规” 功能按钮，弹出“常规腔体” 对话框。

第一步：选择放置面(背面的曲面)，第二步：选择放置面轮廓(前面的十字形封闭曲线)，第三步：设定底面偏置值(从放置面起 5，即腔体凹下 5 in(1 in=25.4 mm))，第四步：底面轮廓曲线，设定锥角为 0°(见图 7.50 和图 7.51)，第五步：目标体，选择工作窗口的实体。

按“确定”按钮。以上操作步骤和生成的腔体结果见图 7.52(b)所示。

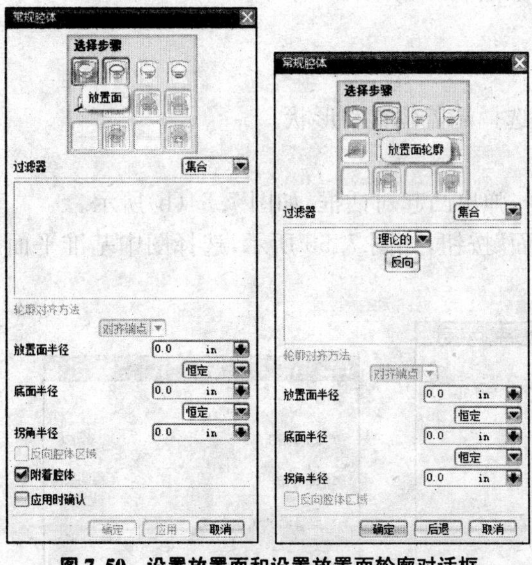

图 7.50　设置放置面和设置放置面轮廓对话框

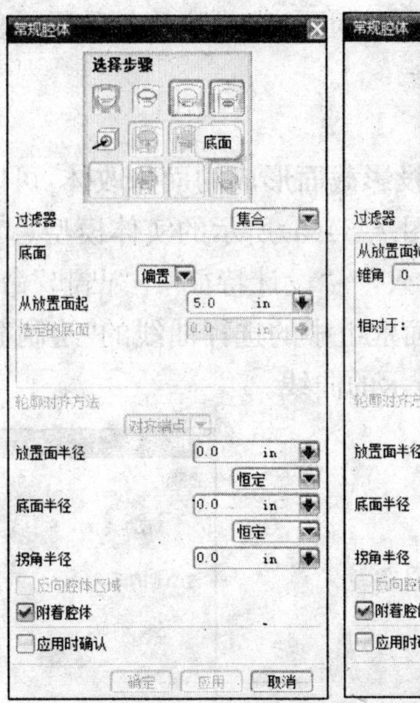

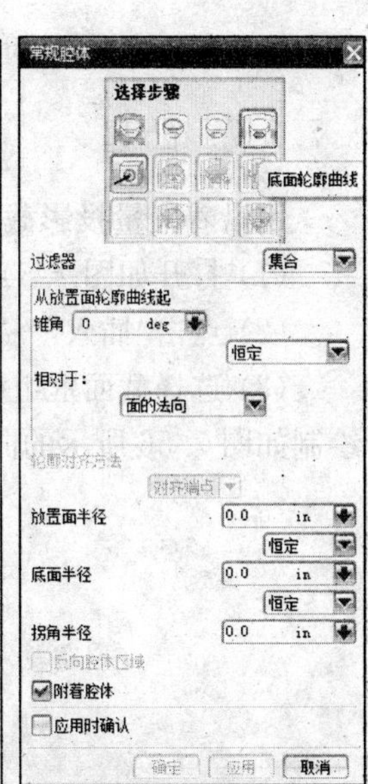

图 7.51　设置底面和设置底面轮廓线对话框

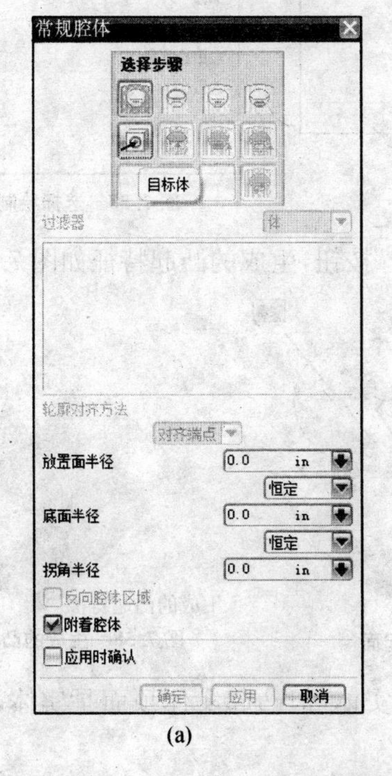

(a)

在反面生成的相同深度的凹腔

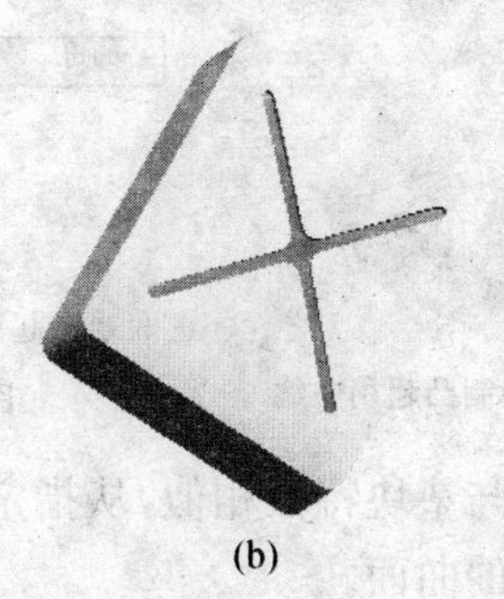

(b)

图 7.52　选择目标体对话框和生成的十字形凹腔

7.2.6　垫块

向实体添加材料，或用沿矢量对截面进行投影生成的面来修改实体。

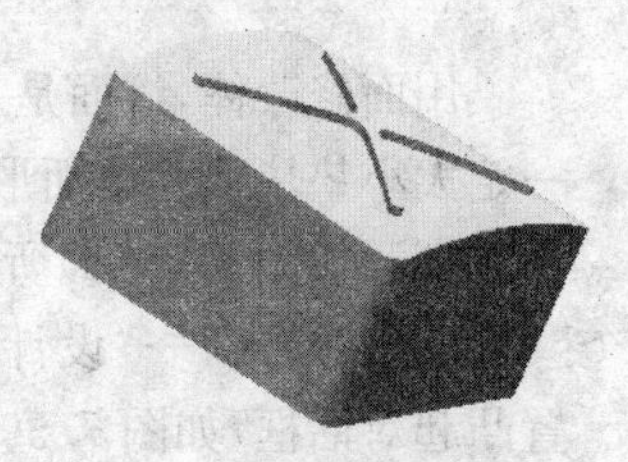

图 7.53　生成垫块示例

点击“插入”→“设计特征”→“垫块”命令，弹出带垫块命令的对话框，有两个命令按钮：矩形和常规。与“腔体”对应功能的操作完全相同，不同的仅是腔体是切除材料凹进去的，垫块是添加材料凸出来的。操作与上例完全相同，生成垫块的效果示例如图 7.53 所示。

7.2.7　凸起

用沿着矢量投影截面形成的面修改体，可以选择端盖位置和形状。

(1) 打开如图 7.54(a)所示的实体模型。

(2) 点击“插入”→“设计特征”→“凸起”命令，弹出凸起对话框，如图 7.54(b)所示。

(3) 选择截面框组中的选择曲线的“绘制截面”按钮，如图 7.55 所示，选择图中基准平面，绘制如图 7.56 所示的曲线。

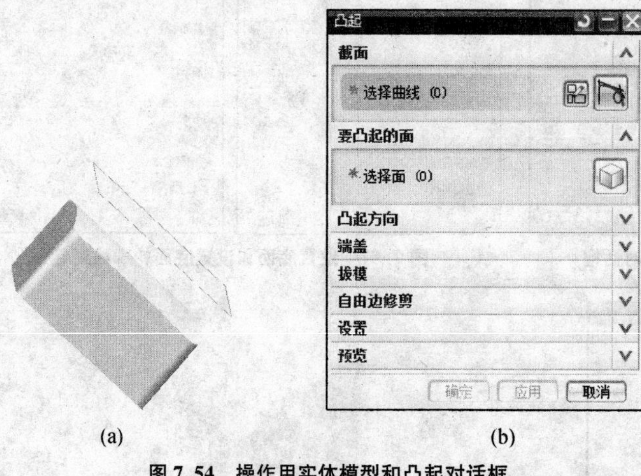

图 7.54　操作用实体模型和凸起对话框

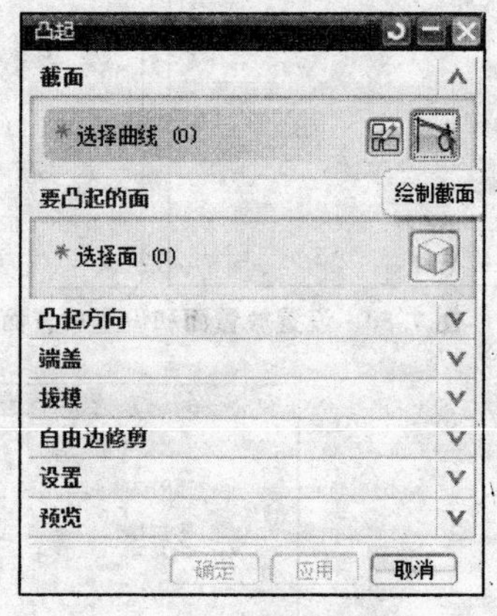

图 7.55　选择绘制截面

(4) 选择要凸起的面，如图 7.57 所示，按“确定”按钮，生成的凸起特征如图 7.58 所示。

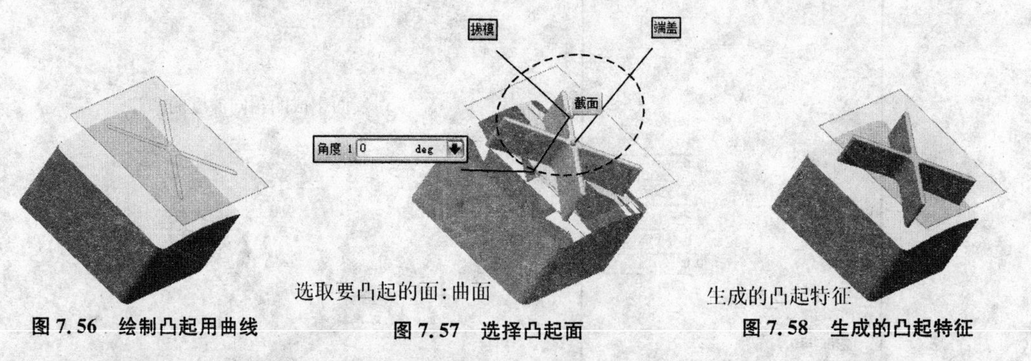

图 7.56　绘制凸起用曲线　　图 7.57　选择凸起面　　图 7.58　生成的凸起特征

凸起特征与垫块特征相似，从指定的曲面凸出实体，但凸起实体顶面是实体，垫块顶面曲面平行于指定的曲面。

7.2.8　偏置凸起

用面修改体，该面是基于点或曲线通过的面，创建具有一定大小垫块或腔体而形成的片体。

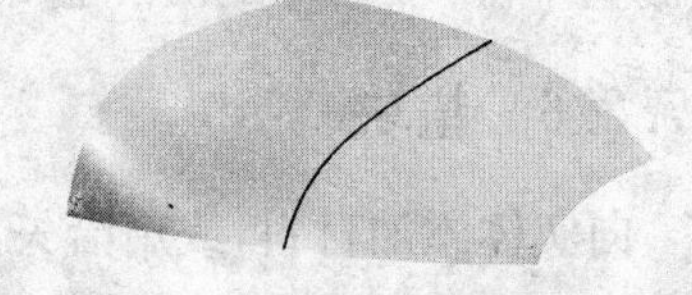

图 7.59(a)　曲面和基于曲面的一条曲线

打开如图 7.59(a)所示的图形模型。

点击“插入”→“设计特征”→“偏置凸起”命令，弹出偏置凸起对话框，如图 7.59(b)左图所示。

选择要偏置的体(曲面)、选择要遵循的轨迹(即图中的轨迹曲线)、设定偏置高度30、左右偏置宽度各40、在高度方向向里收进3、偏置方向向上。按“确定”,生成的偏置凸起曲面如图7.59(c)所示。

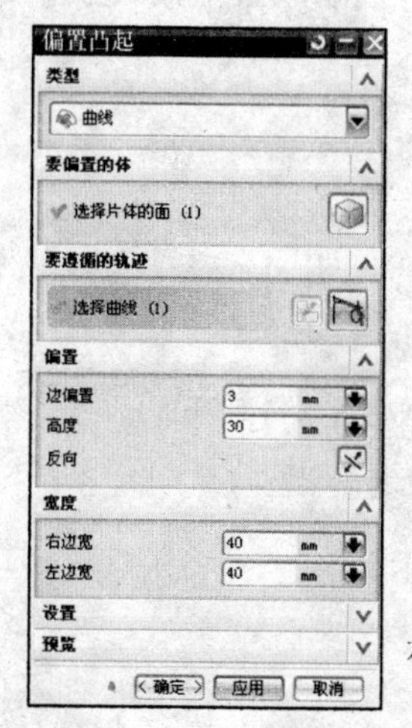

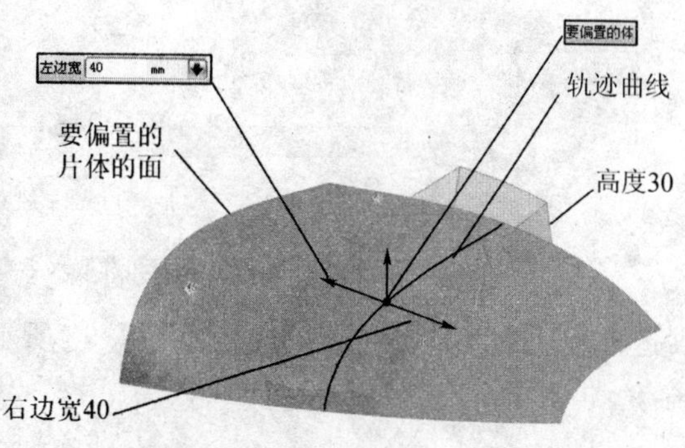

图7.59(b) 偏置凸起对话框和其操作选择

图7.59(c) 生成的偏置凸起的片体

7.2.9 键槽

以直槽形状添加一条通道,使其通过实体或在实体内部,即可以是通槽也可以是不通槽。通槽的情况下,操作设定槽的形状(宽度、深度等,没有槽的长度),然后设定槽的位置(槽的对称中心位置相距基块不同方向两个边的距离),不通槽的情况,在形状的设定中有槽的长度的设定。

打开如图7.60所示的矩形方块实体。

点击“插入”→“设计特征”→“键槽”命令,弹出键槽对话框,如图7.61所示。

图7.60 矩形方块

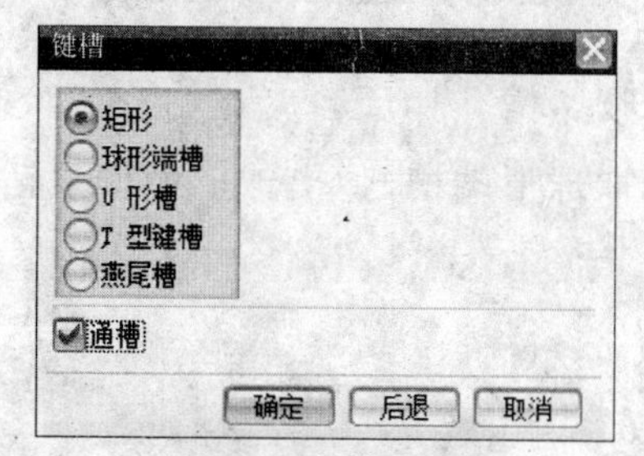

图7.61 键槽对话框

其中有五种键槽槽型:矩形、球形端槽、U形槽、T型键槽、燕尾槽。

5种键槽虽然槽型不同,但操作方法、步骤基本相同。

(注:如要构建通槽,就勾选通槽选项)

1）矩形(键槽)

在一个矩形基块上创建一个矩形键槽。

(1) 选取"矩形"选项，按"确定"，弹出矩形键槽对话框，选取放置平面，选取水平参考面，如图 7.62 所示。

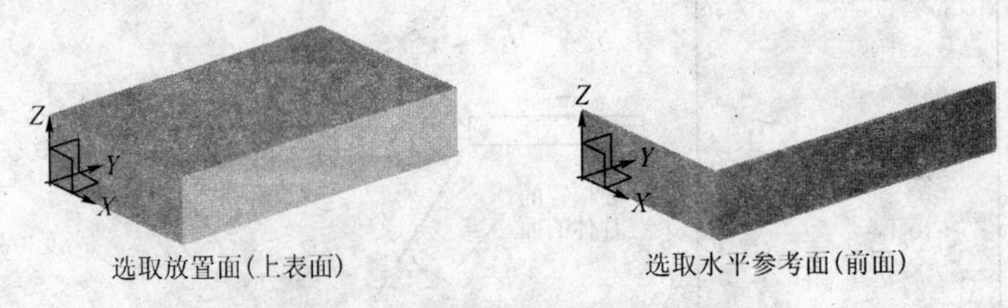

图 7.62　选取放置面和选取水平参考面

(2) 选取起始通过面，选取终止通过面，如图 7.63 所示。

图 7.63　选取起始通过面和选取终止通过面

(3) 弹出键槽参数对话框，设定如图 7.64 所示的参数，按"确定"，设定键槽两个方向的位置尺寸，按"确定"，结果如图 7.65 所示。

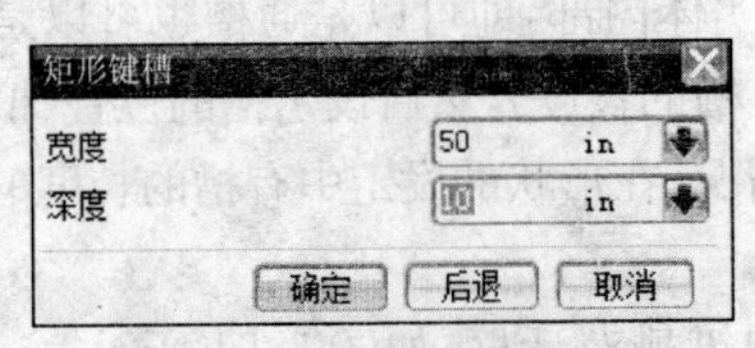

图 7.64　矩形键槽参数对话框

图 7.65　生成的矩形键槽

2）球形端槽

(1) 选取球形端槽，弹出球形键槽对话框，选取放置平面，选取水平参考面，如图 7.66 所示。

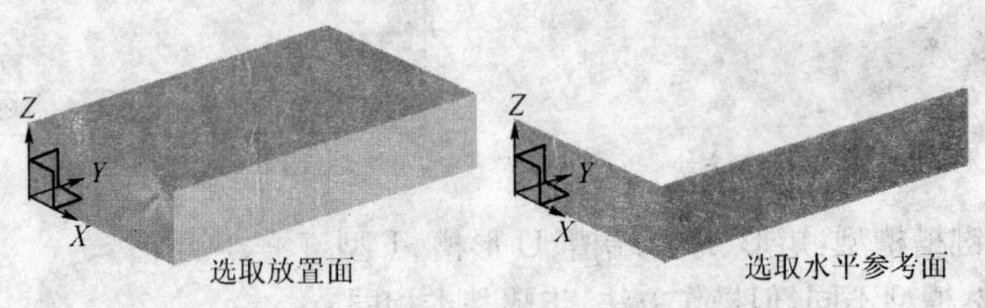

图 7.66　选取放置面和选取水平参考面

(2) 选取起始通过面，选取终止通过面，如图 7.67 所示，

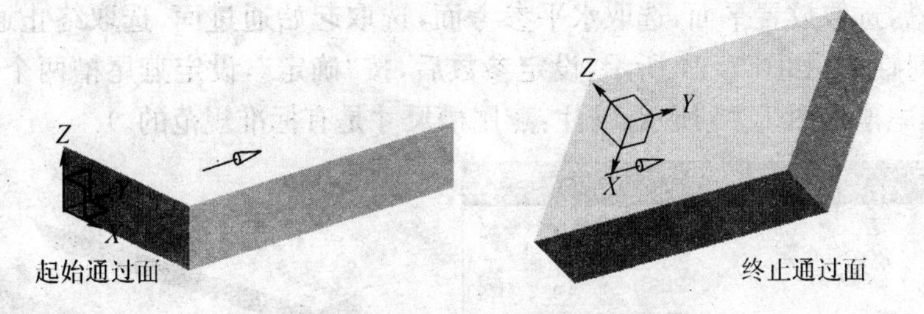

图 7.67 选取起始通过面和选取终止通过面

(3) 弹出球形键槽参数对话框，设定的参数如图 7.68 所示，设定键槽两个方向的键槽位置尺寸后，按“确定”按钮，结果如图 7.69 所示。

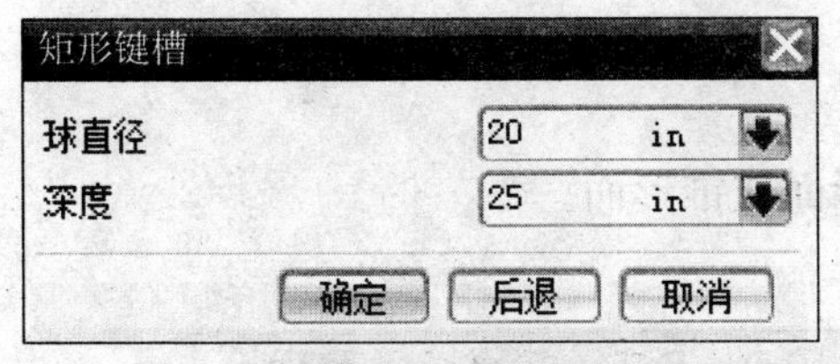

图 7.68 球形键槽对话框

图 7.69 生成的球形键槽

3) U 形槽

选取 U 形槽，选取放置平面，选取水平参考面，选取起始通过面，选取终止通过面(操作与前例相同)，弹出 U 形槽参数对话框，如图 7.70 所示，设定参数后，按“确定”，设定 U 形槽两个方向的位置尺寸后，生成的 U 形槽如图 7.71 所示。

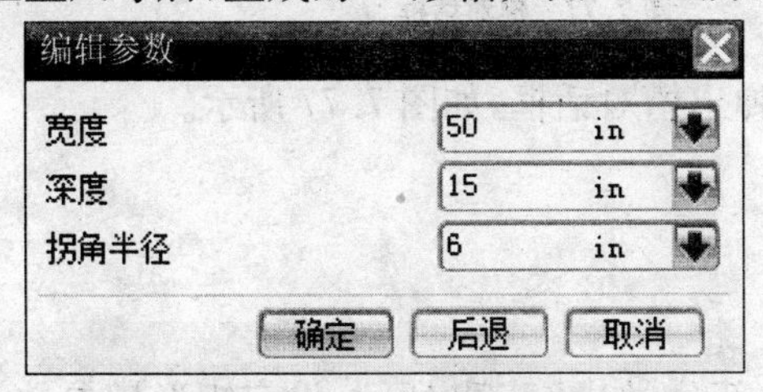

图 7.70 编辑参数对话框

图 7.71 生成的 U 形槽

4) T 形键槽

选取 T 形键槽，选取放置平面，选取水平参考面，选取起始通过面，选取终止通过面，弹出 T 形槽参数对话框，如图 7.72 所示，设定参数后，按“确定”，设定 T 形槽两个方向的位置尺寸后，生成的 T 形槽如图 7.73 所示。(注：T 形键槽尺寸是有标准规范的)。

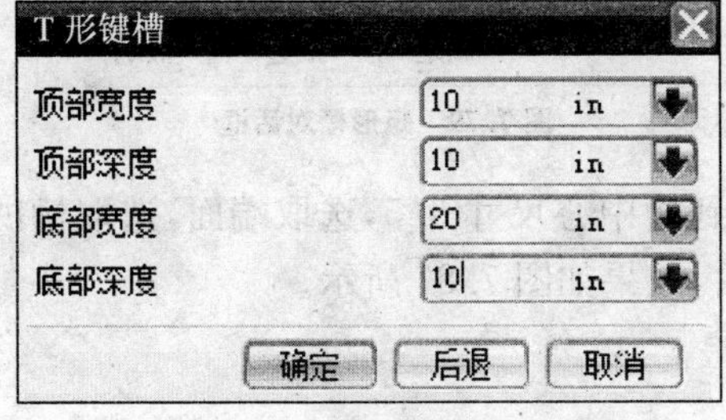

图 7.72 T 形键槽参数对话框

图 7.73 生成的 T 形键槽

5）燕尾槽

选取燕尾槽，选取放置平面，选取水平参考面，选取起始通过面，选取终止通过面，弹出燕尾槽设定参数对话框，如图7.74所示，设定参数后，按“确定”，设定燕尾槽两个方向的位置尺寸后，生成的燕尾槽如图7.75所示。（注：燕尾槽尺寸是有标准规范的。）

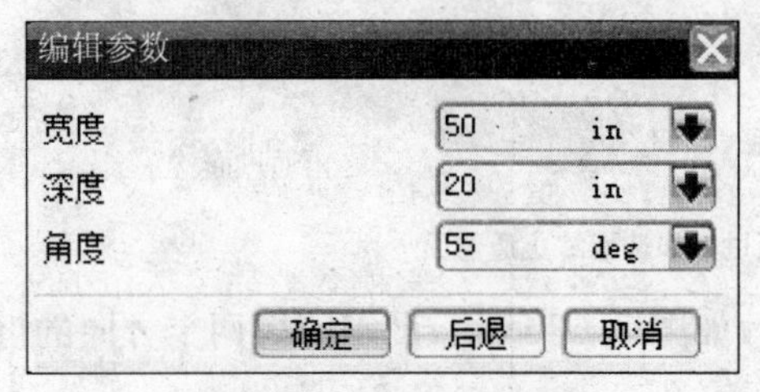

图7.74 编辑参数对话框

图7.75 生成的燕尾槽

7.2.9 槽（圆周槽）

将一个内部或外部槽添加到实体的圆柱形面或锥形面。

打开如图7.76所示的圆筒实体。

图7.76 圆筒实体

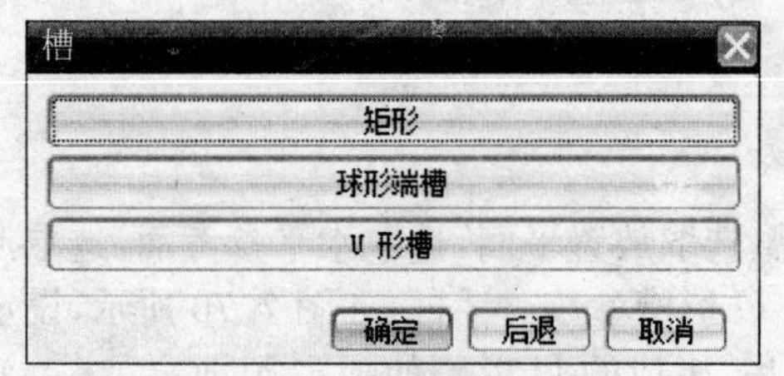

图7.77 槽对话框

点击“插入”→“设计特征”→“键槽”命令，弹出槽对话框，如图7.77所示。

槽类型有三种：矩形、球形端槽、U形槽。

槽功能可在外圆周面或内孔面上割槽。

1）矩形槽

点击矩形槽功能，选择放置面，内表面深色部分，如图7.78所示，设定矩形槽参数，槽直径34，宽度3，如图7.79所示。

图7.78 选择放置面

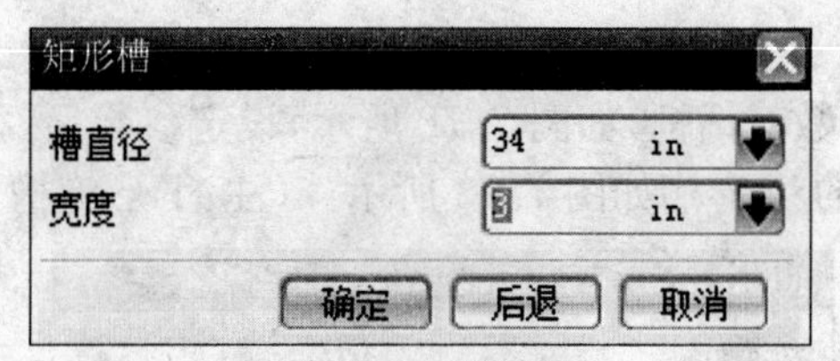

图7.79 矩形槽对话框

按“确定”按钮，设置内槽的轴向位置，端面到槽中心尺寸6.5，选取端面，选取槽的中心线（轴向）如图7.80所示。生成的内槽轴向剖切后，效果如图7.81所示。

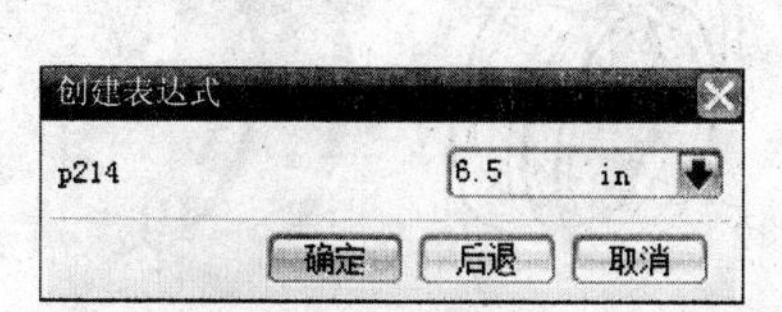

端面到槽的轴向中心尺寸6.5

图 7.80 设置内槽尺寸

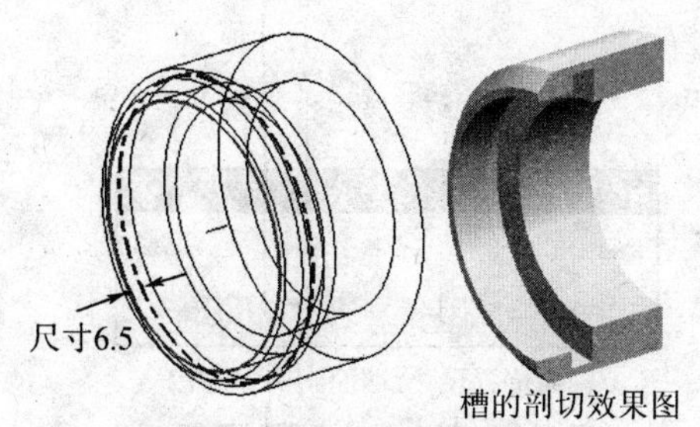

图 7.81 内槽剖切效果

外圆周槽的情况，选取放置面(外圆周表面)如图 7.82 所示。设定槽参数如图 7.83 所示。

图7.82 选择放置面

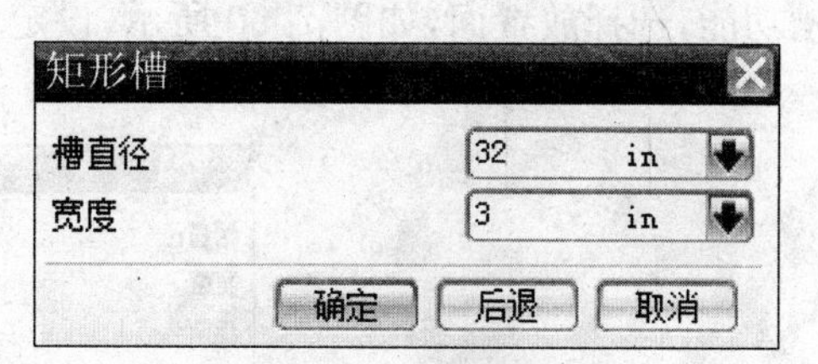

图 7.83 矩形槽对话框

设置外槽的轴向位置，端面到槽中心尺寸 12。选取端面，选取槽的中心线(轴向)，如图 7.84所示。生成的外槽轴向剖切后，效果如图 7.85 所示。

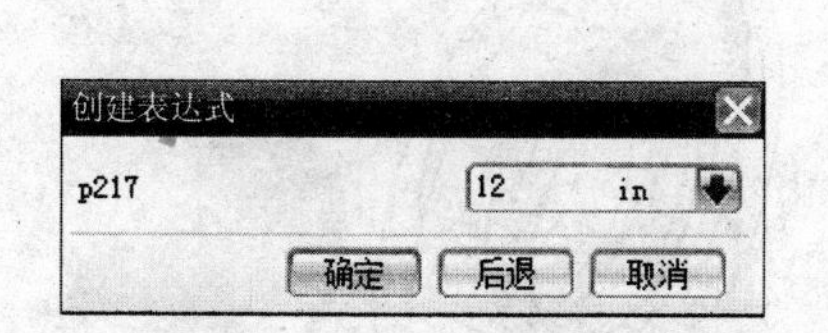

轴向位置尺寸:端面到槽中心12

图 7.84 轴向尺寸设置对话框

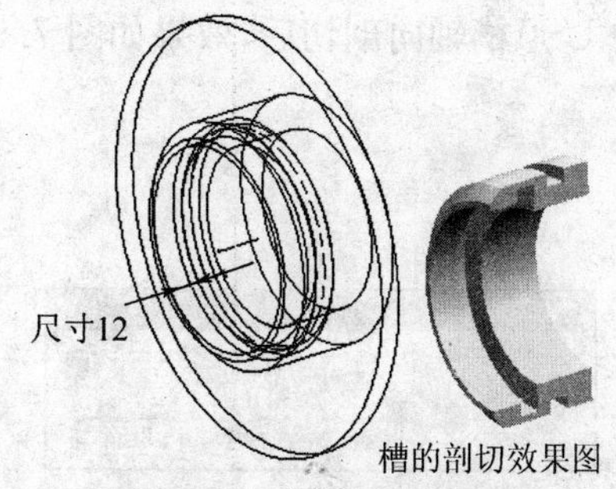

图 7.85 外槽剖切效果图

2) 球形端槽

点击球形端槽，选取放置(外表面)，如图 7.86 所示，设定槽参数，如图 7.87 所示。

图7.86 选取放置面

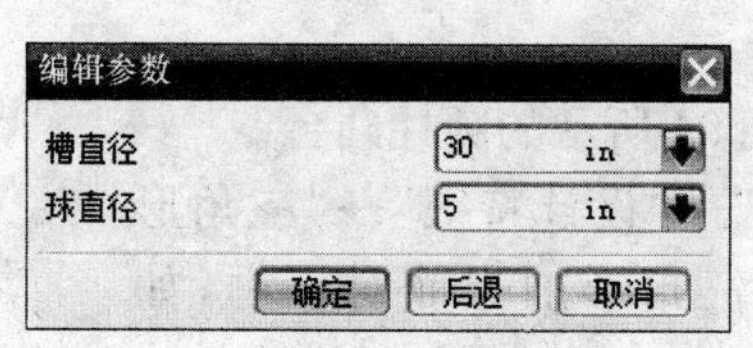

图 7.87 设定槽参数

设置槽的轴向位置，端面到槽中心尺寸 12，选取端面，选取槽的中心线(轴向)，如图 7.88 所示，生成的球形端槽轴向剖切后，效果如图 7.89 所示。

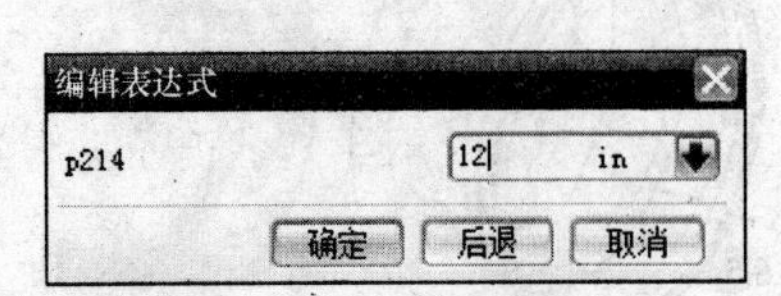

轴向位置尺寸:端面到槽中心12

图 7.88 轴向尺寸设置对话框

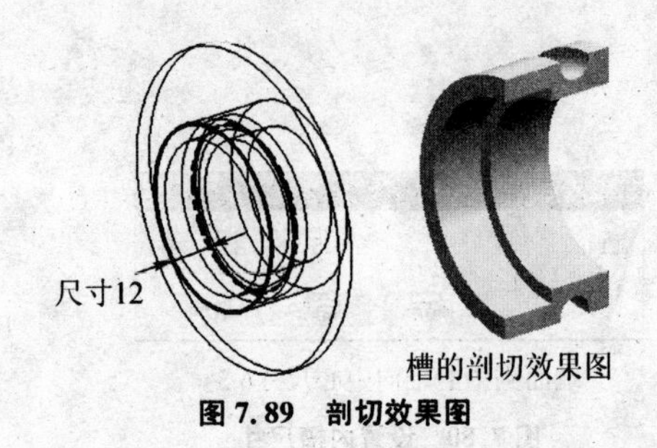

槽的剖切效果图

图 7.89 剖切效果图

3) U 形槽

点击 U 形槽功能，选择放置面，如图 7.90 所示，设定 U 形槽参数，如图 7.91 所示。

图 7.90 选取放置面

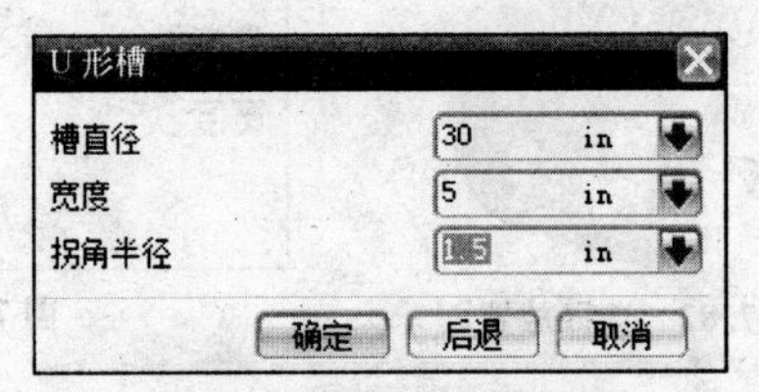

图 7.91 设定 U 形槽参数

设置槽的轴向位置，端面到槽中心尺寸 12，选取端面，选取槽的中心线(轴向)，如图 7.92 所示，生成的 U 形槽轴向剖切后，效果如图 7.93 所示。

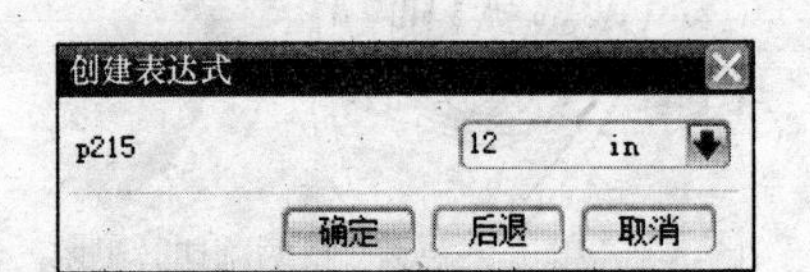

轴向位置尺寸:端面到槽中心12

图 7.92 轴向尺寸设置对话框

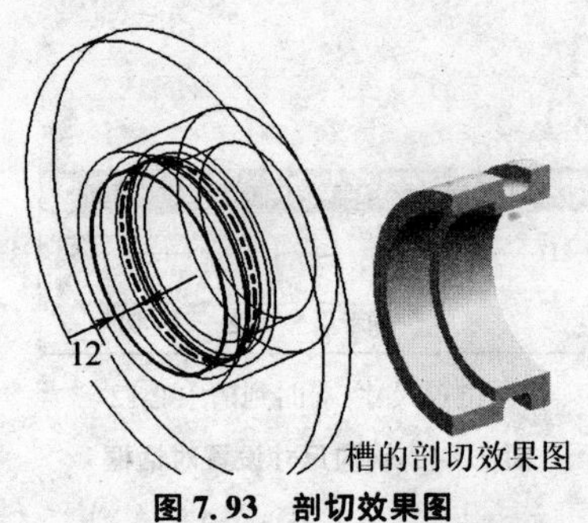

槽的剖切效果图

图 7.93 剖切效果图

7.2.10 三角形加强筋

沿两组面的相交曲线添加三角形加强筋特征。

(1) 绘制如图 7.94 所示的圆柱凸台。

(2) 点击“插入”→“设计特征”→“三角形加强筋”命令，弹出三角形加强筋对话框，如图 7.95所示。

(3) 选取第一个面，回车，选取第二个面，回车，如图 7.96 所示。

(4) 在方法组框中，移动圆弧长下方的滑标，将加强筋定位到所需位置，设定加强筋尺寸，如图 7.95 中的数据，按“确定”按钮，生成的

图 7.94 圆柱凸台

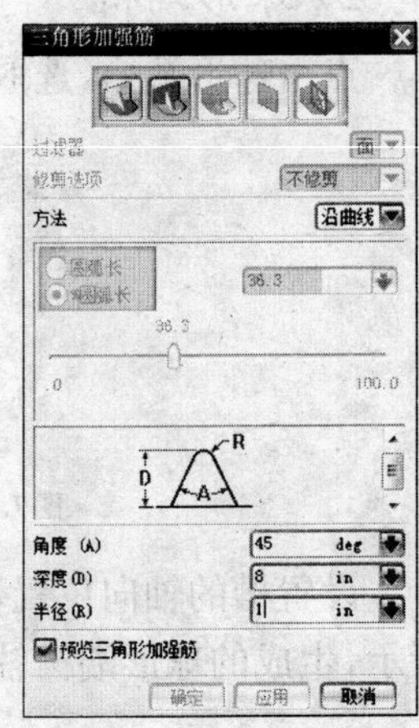

图 7.95 三角形加强筋

加强筋如图 7.97 所示。

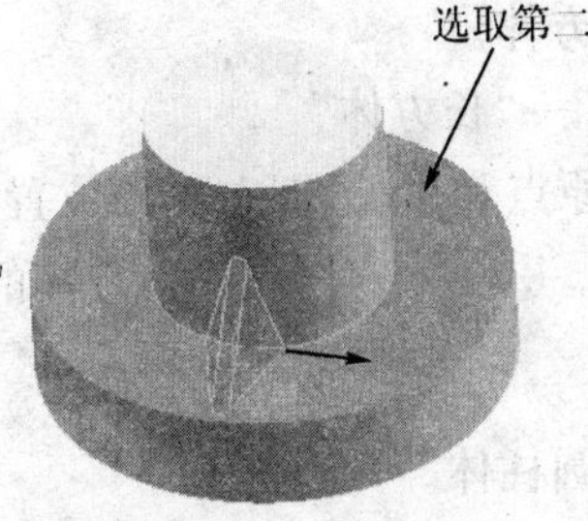

图 7.96 选取二个面

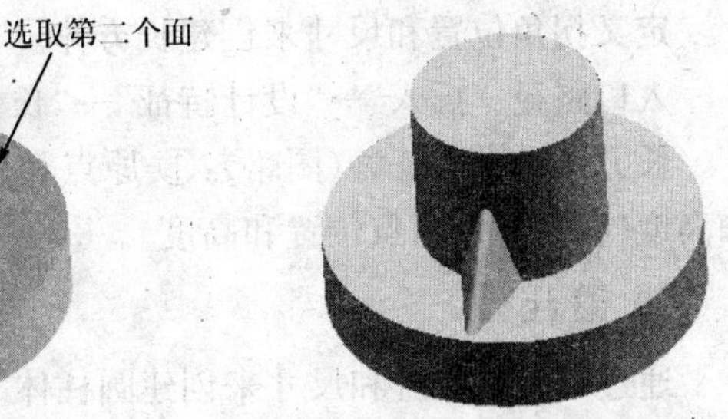

图 7.97 生成的加强筋

7.2.11 螺纹

将符号或详细螺纹添加到实体的圆柱面。

(1) 绘制如图 7.98 所示的螺栓本体。

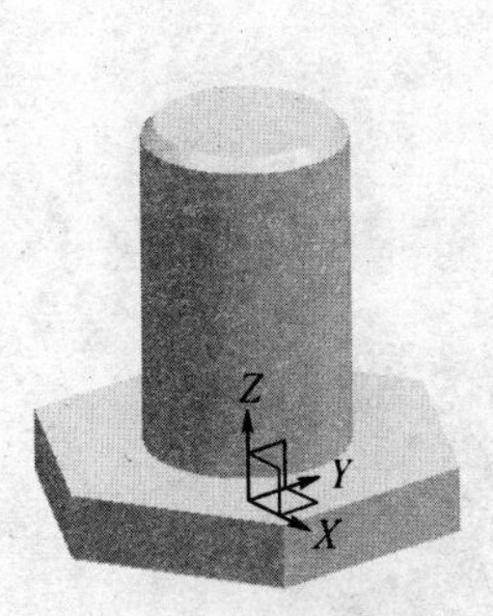

图 7.98 螺纹圆柱

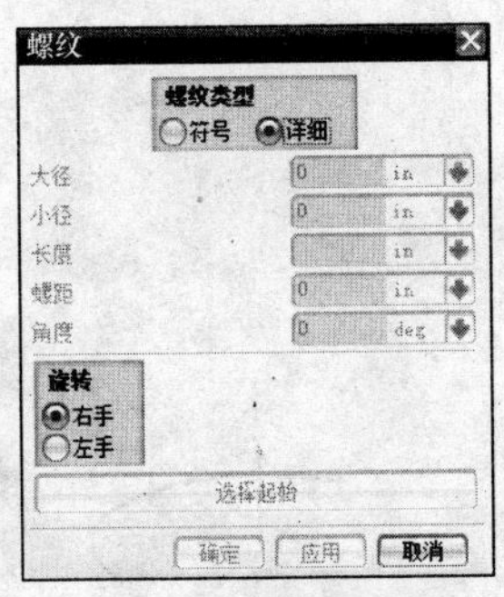

图 7.99 螺纹对话框

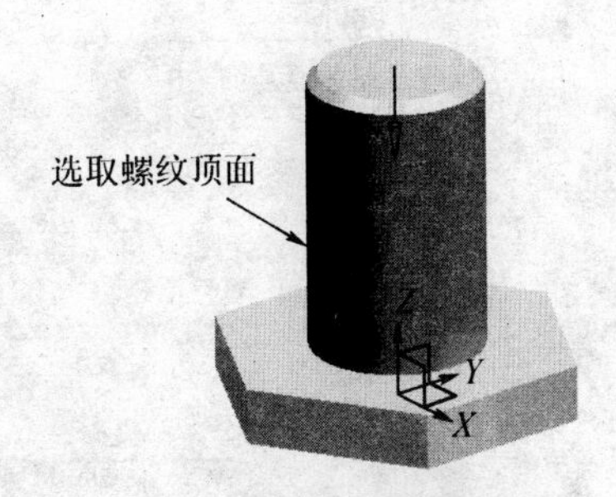

图 7.100 选取螺纹顶面

(2) 点击“插入”→“设计特征”→“螺纹”命令，弹出螺纹对话框，点击“详细”如图 7.99 所示。

(3) 选取螺纹顶面，如图 7.100 所示，选择起始面，如图 7.101 所示。

(4) 确定螺纹方向，设定螺纹参数，如图 7.102 所示，生成的详细螺纹，如图 7.103 所示。

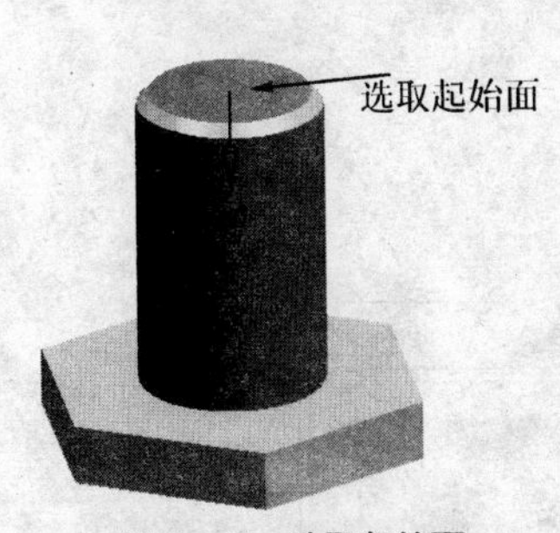

图 7.101 选取起始面

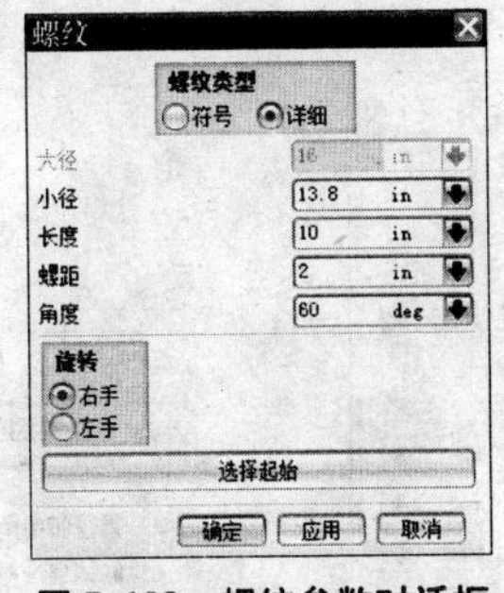

图 7.102 螺纹参数对话框

图 7.103 生成的详细螺纹

7.2.12 基本实体

基本实体包括：长方体、圆柱体、圆锥、球等实体。

1）长方体

定义拐角位置和尺寸来创建长方体。

入口路径:“插入”→“设计特征”→“长方体”。

长方体类型有三种(图略):① 原点和边长(即左下角位置和长、宽、高三个边长)。② 两点和高度(底面对角两点位置和高度)。③ 两个对角点(长方体的斜对角两点位置)。

2）圆柱体

通过定义轴位置和尺寸来创建圆柱体。

入口途径:点击“插入”→“设计特征”→“圆柱体”命令,弹出圆柱对话框,如图 7.104 所示。选取圆弧,设定高度,按“确定”,结果如图 7.105 所示。圆柱类型有两种:① 轴、直径和高度(圆柱的中心轴方向、圆柱直径的高度)。② 圆弧和高度(选取的圆弧作为圆柱的圆弧轮廓加上高度)。

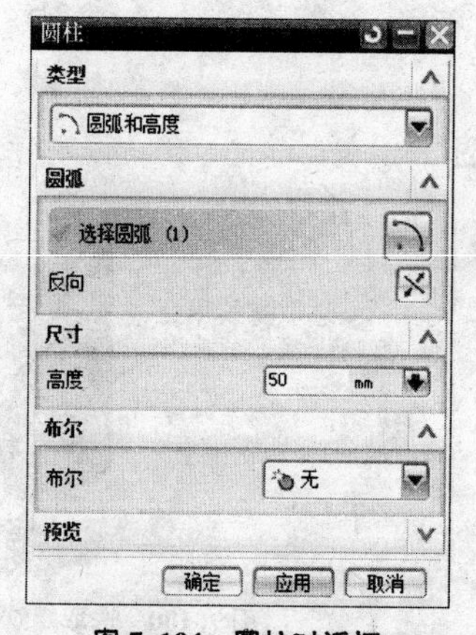

图 7.104　圆柱对话框

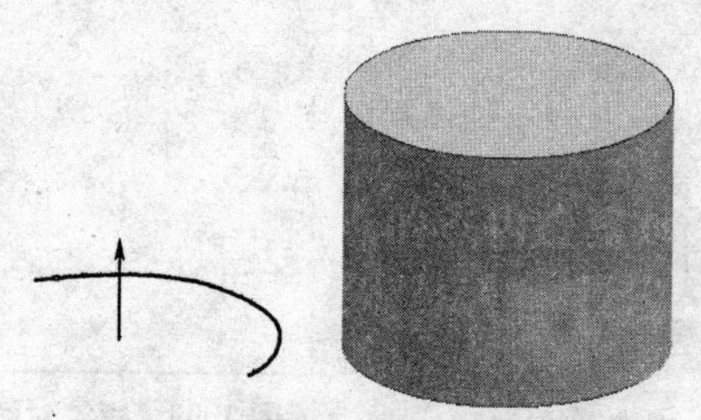

图 7.105　圆弧和高度生成的圆柱体

3）圆锥

通过定义轴位置和尺寸来创建圆锥。

入口途径:点击“插入”→“设计特征”→“圆锥”命令,弹出图 7.106 所示对话框。

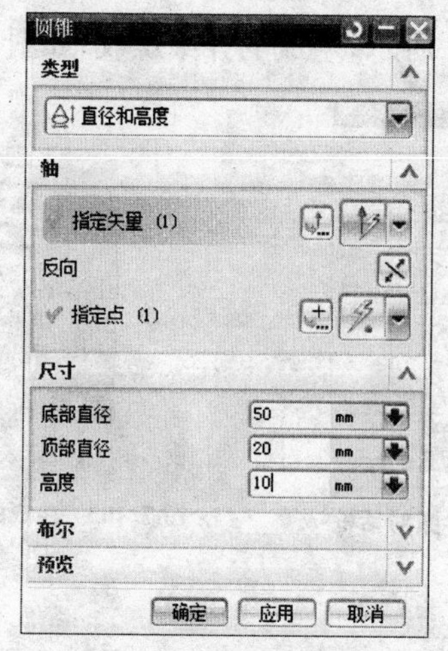

图 7.106　圆锥对话框

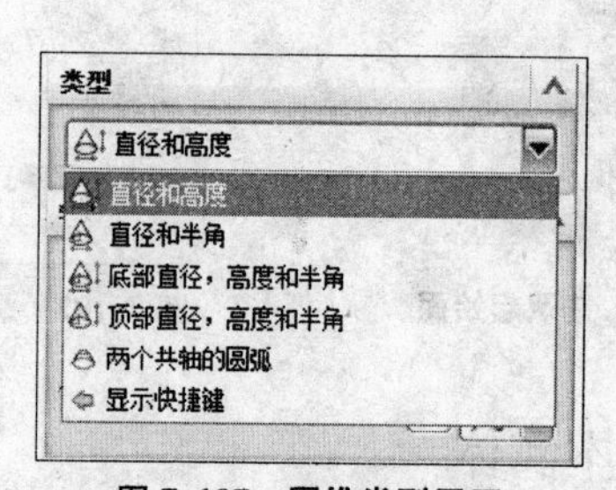

图 7.107　圆锥类型展开

圆锥类型有 5 种，如图 7.107 所示。① 直径和高度：指定圆锥轴矢量、圆锥基点位置、底部直径、顶部直径、高度。② 直径和半角：指定圆锥轴矢量、圆锥基点位置、底部直径、顶部直径、半角。③ 底部直径，高度和半角：指定圆锥轴矢量、圆锥基点位置、底部直径、高度、半角。④ 顶部直径，高度和半角：指定圆锥轴矢量、圆锥基点位置、顶部直径、高度、半角。⑤ 两个共轴的圆弧：圆弧轴线矢量方向相同的两个圆弧。

例：类型选择两个共轴的圆弧，对话框如图 7.108 所示，选取一个圆弧，选取另一个圆弧，生成如图 7.109 所示的圆锥。

图 7.108 圆锥对话框

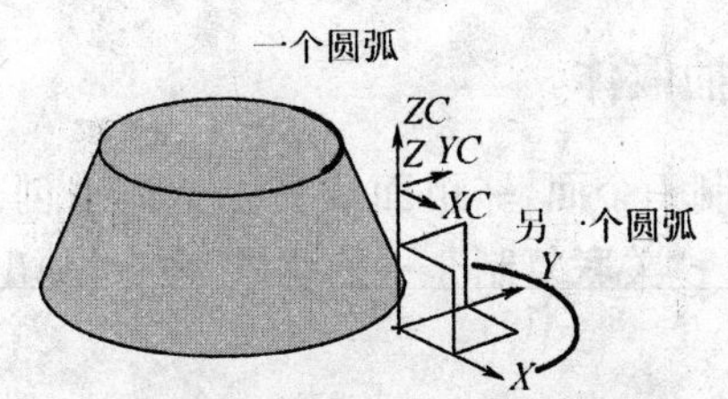

图 7.109 两个共轴的圆弧生成的圆锥

4）球

通过定义中心位置和尺寸(直径)来创建球体。

入口路径：点击“插入”→“设计特征”→“球”命令，弹出球对话框，如图 7.110 所示。

构建球的类型有两种，如图 7.111 所示。① 中心点和直径：指定球的中心点和设定直径。② 圆弧：选择一圆弧(作为球的某一截面轮廓，圆弧的圆心就是球的球心)。

图 7.110 球对话框

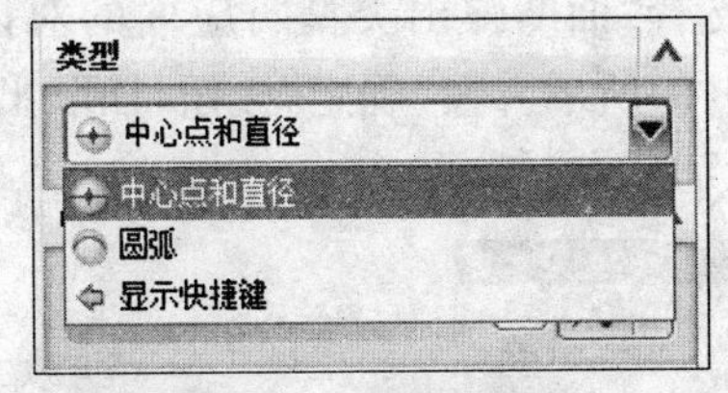

图 7.111 构建球的类型

例：对话框中的类型选择圆弧，用鼠标选取界面上的一个圆弧，按“确定”，生成如图 7.113 所示的球。

图 7.112　球对话框

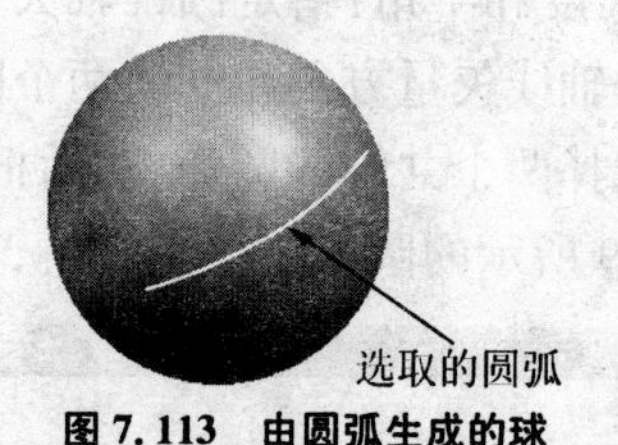

图 7.113　由圆弧生成的球

7.3　关联复制

7.3.1　抽取体

通过复制一个面，一组面或另一个体来创建面或体。打开如图 7.114 所示的侧盖图形。点击“插入”→“关联复制”→“抽取体”命令，弹出抽取体对话框，如图 7.115 所示。

图 7.114　侧盖

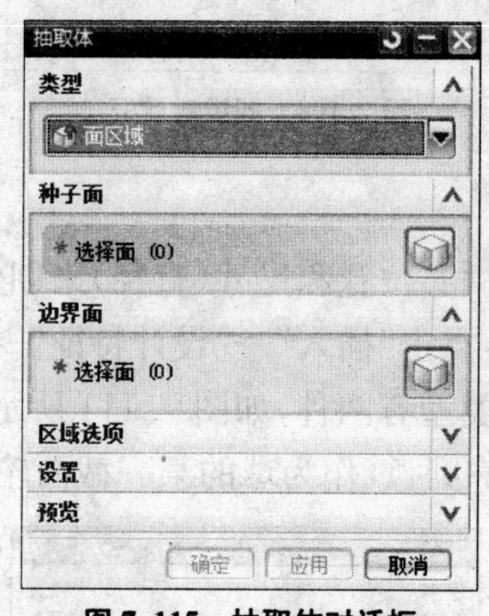

图 7.115　抽取体对话框

其中类型有三种：面、面区域、体。

(1) 类型选择“面”，弹出类型对应面的对话框，如图 7.116(a)所示。选取零件凸台上表面，如图 7.116(b)所示。按“确定”按钮，抽取出凸台的上表面。隐藏实体后，抽取出的凸台上表面如图 7.117 所示。

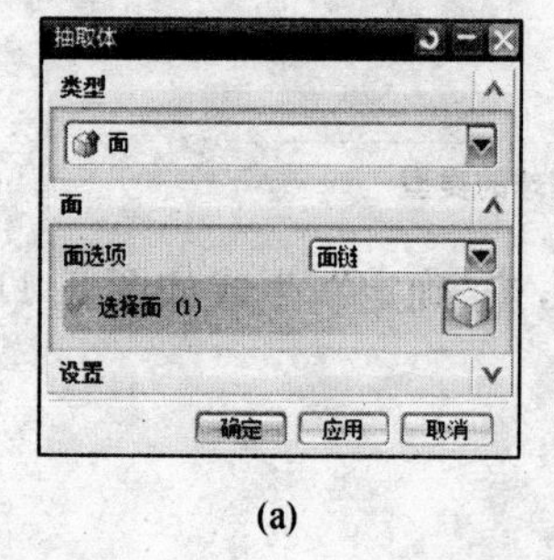

(a)

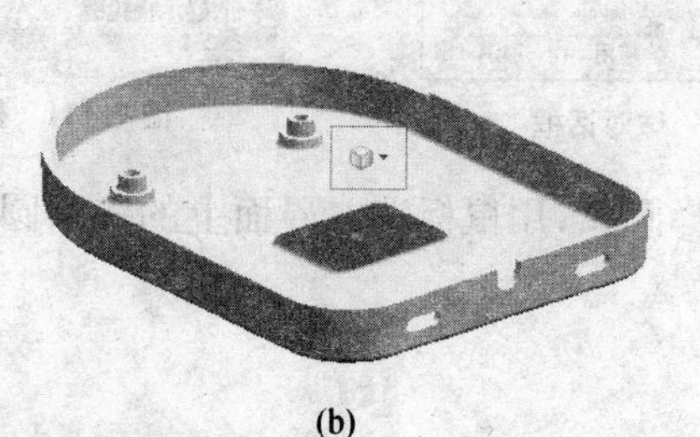

(b)

图 7.116　选取将要抽取的面

图 7.117　抽取的面

(2) 类型选择"面区域",弹出类型对应面区域的对话框,如图 7.118(a)所示。选取种子面,选取边界面,如图 7.118(b)所示。按"确定" 按钮,抽取出选取的区域面,隐藏实体后的区域面如图 7.118(c)所示。

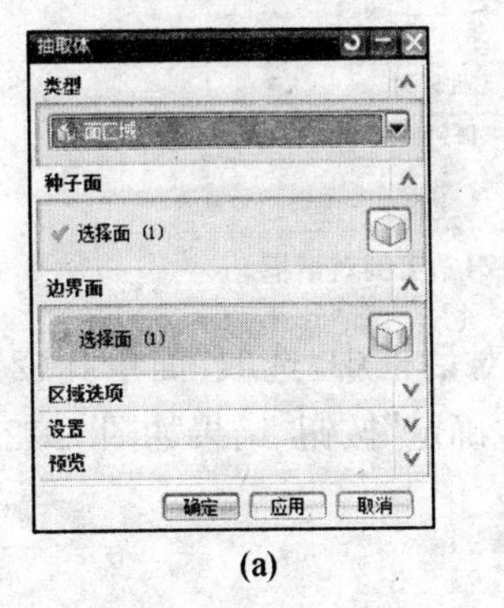

(a)

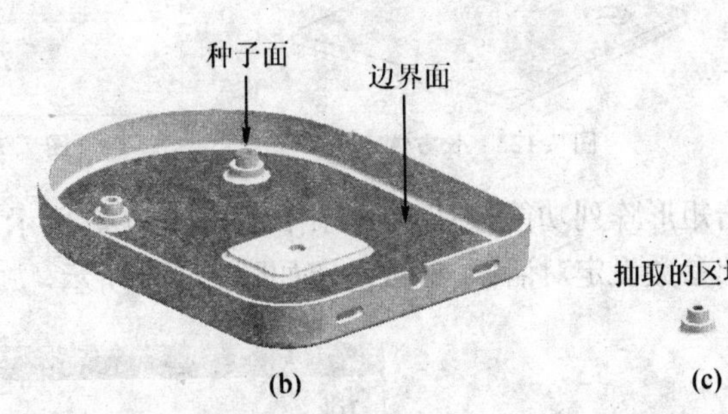

(b)　(c)

图 7.118　面区域抽取操作图例

(3) 类型选择"体",弹出类型对应体的对话框。选择实体,按"确定"按钮,抽取出选取的实体(相当于把选取的实体,在原空间位置复制一个)。

7.3.2　复合曲线

通过复制其他曲线或边来创建曲线。

构建如图 7.119 所示的矩形块和六边形曲线。图层设置:1 层。

点击"插入"→"关联复制"→"复制曲线"命令,弹出复制曲线对话框,如图 7.120 所示。选取一个边,按"应用",如图 7.121 所示,选取六边形的三个边,按"确定"按钮。

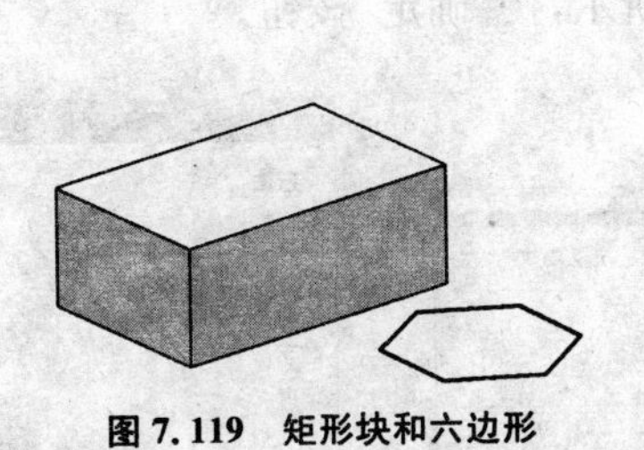

图 7.119　矩形块和六边形

复合曲线
曲线
选择曲线 (0)
反向
Specify Origin Curve
设置
确定　应用　取消

图 7.120　复合曲线对话框

工作层设为 2 层,关闭 1 层,结果如图 7.122 所示。

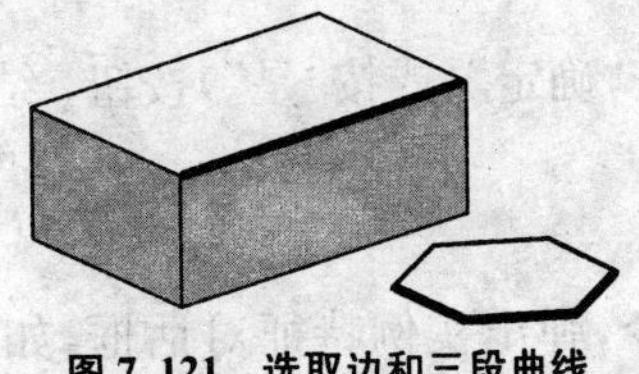

图 7.121　选取边和三段曲线

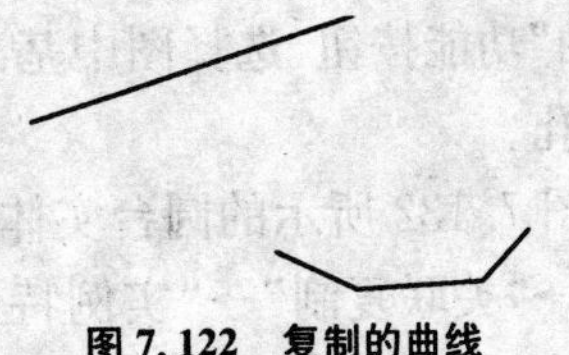

图 7.122　复制的曲线

7.3.3　实例特征

将特征复制到矩形或圆形阵列中。

入口路径:"插入"→"关联复制"→"实例特征"。

有三种实例特征命令:矩形阵列、圆形阵列、阵列面。打开如图 7.123 所示的实体图形。点击"插入"→"关联复制"→"实例特征"命令,弹出实例特征对话框,如图 7.124 所示。

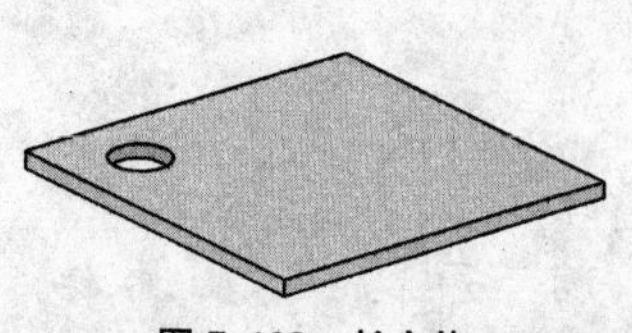

图 7.123　长方体

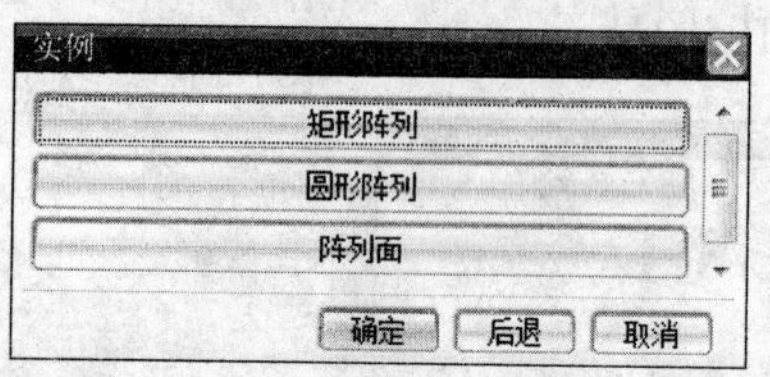

图 7.124　实例对话框

(1) 点击矩形阵列功能按钮,在弹出的如图 7.125 所示对话框中,选取"简单孔(2)",按"确定"按钮,弹出参数设定对话框,参数设定如图 7.126 所示,按"确定"按钮,结果如图 7.127 所示。

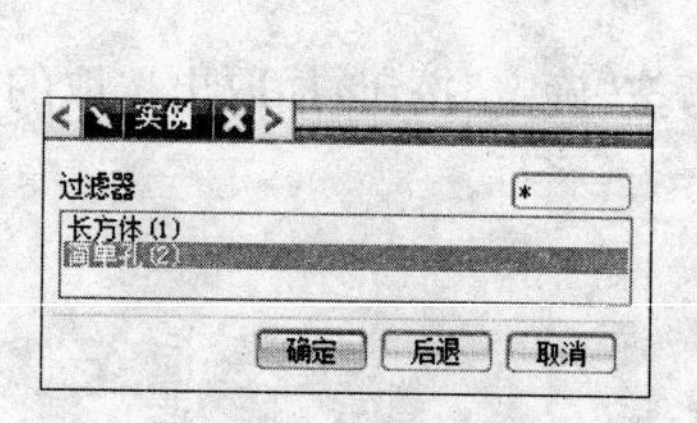

图 7.125　实例对话框

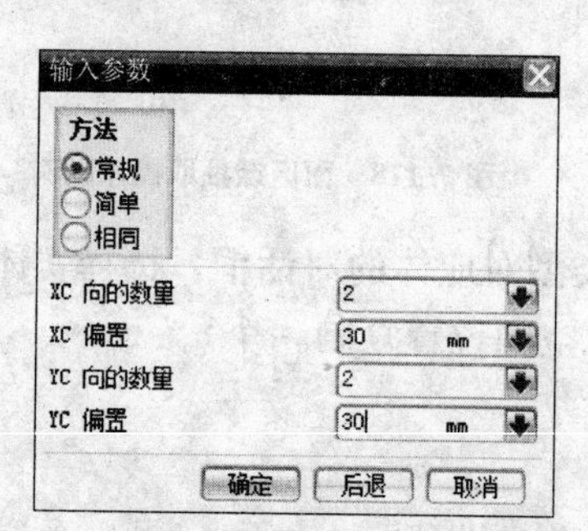

图 7.126　输入参数对话框

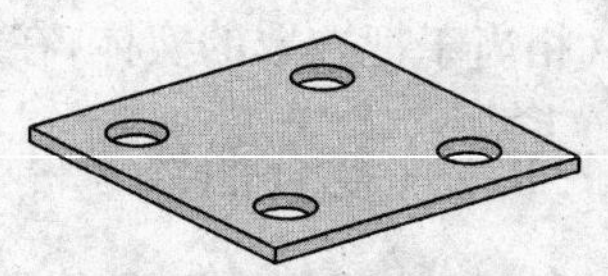

图 7.127　矩形阵列孔

(2) 打开如图 7.128 所示实体图形。

点击"插入"→"关联复制"→"实例特征"命令,弹出实例特征对话框,如图 7.124 所示,点击圆形阵列功能按钮,弹出如图 7.129 所示的实例对话框,选取"简单孔(2)",按"确定"按钮,弹出实例参数设定对话框,参数设定如图 7.130 所示,按"确定"按钮。

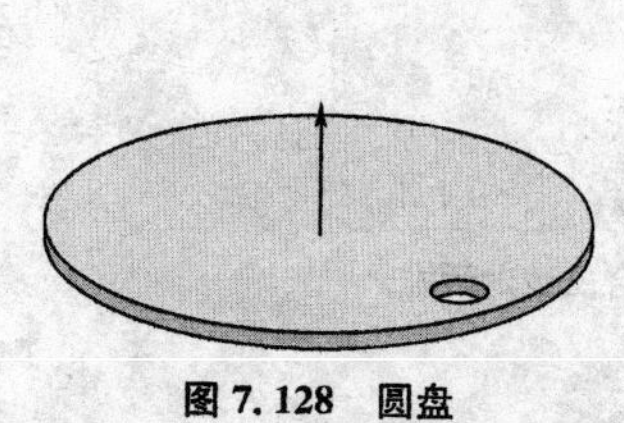

图 7.128　圆盘

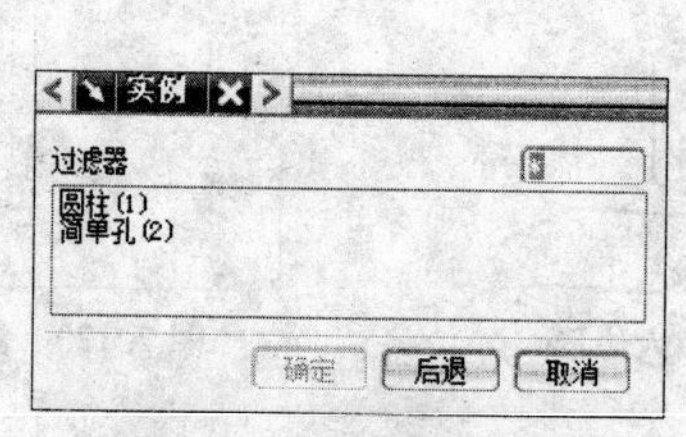

图 7.129　实例对话框

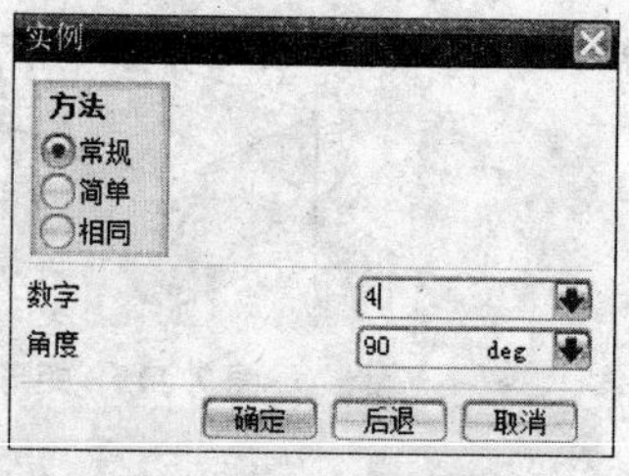

图 7.130　实例对话框

选取"基准轴"功能按钮,选择图中基准轴,按"确定"(或按"是")按钮,结果生成如图7.131所示的圆形阵列孔。

(3) 打开如图 7.132 所示的圆台实体图形。

点击"插入"→"关联复制"→"实例特征"命令,弹出实例特征对话框,如图 7.124 所示,点击"阵列面功能"按钮,弹出阵列面操作对话框,如图 7.133 所示,类型选择"圆形阵列",选择面,指定矢量、指定点、增量角度、圆数量,如图 7.133 所示,按"确定"按钮,结果如图 7.134 所示。生成六个圆台面的阵列。

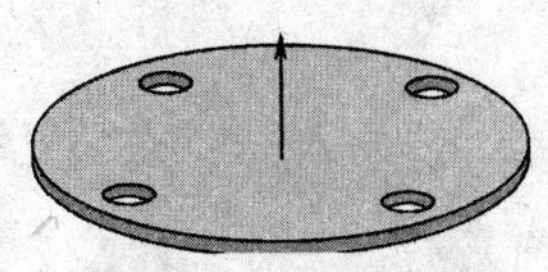

图 7.131 圆形阵列孔

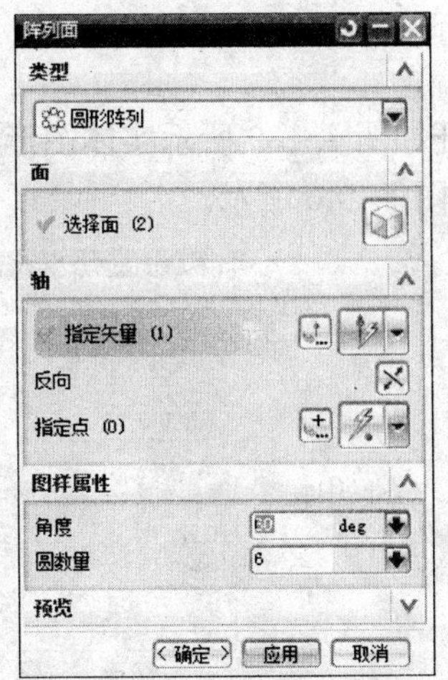

图 7.133 阵列面对话框

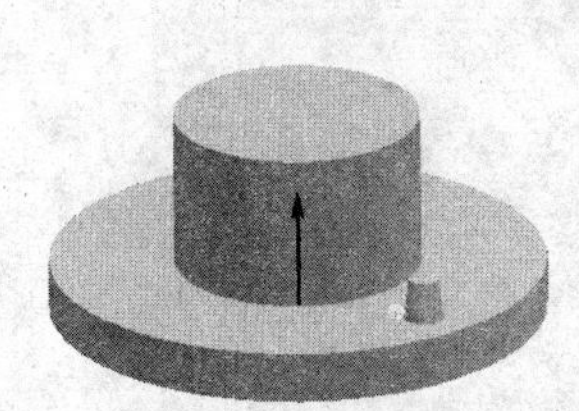

图 7.132 圆台实体

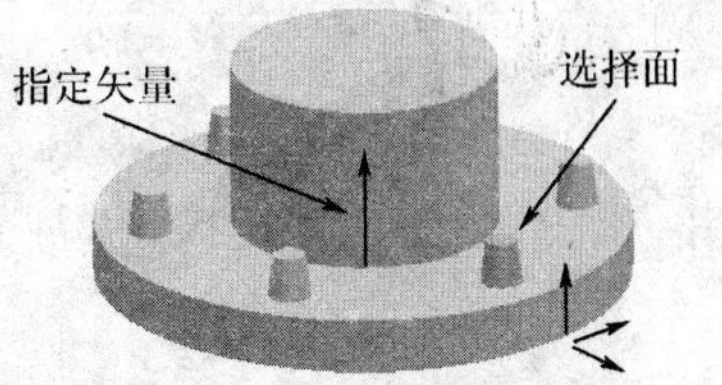

图 7.134 圆形阵列面特征

7.3.4 镜像特征

复制特征,对称平面进行镜像。

图 7.135 凹腔体

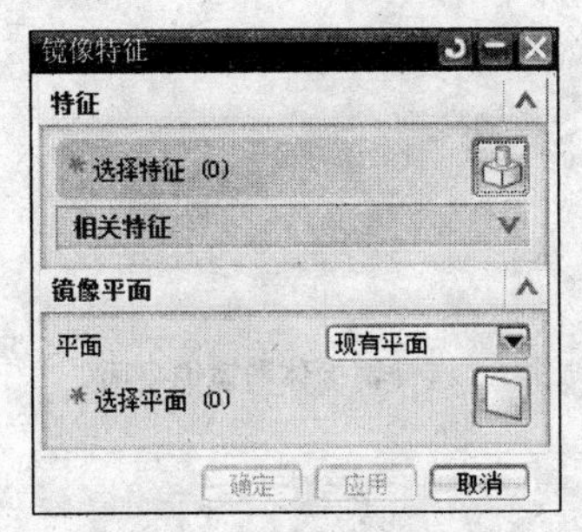

图 7.136 镜像特征对话框

打开如图 7.135 所示的实体,点击“插入”→“关联复制”→“镜像特征”命令,弹出镜像特征对话框,如图 7.136 所示。选择特征(小凸台支座),选择镜像平面,如图 7.137 所示。按“确定”按钮,结果如图 7.138 所示。

图 7.137 择特征和镜像平面

图 7.138 镜像特征结果

7.3.5　镜像体

复制体，对称平面进行镜像。打开如图 7.139 所示实体图形，点击“插入”→“关联复制”→“镜像体”命令，弹出镜像体对话框，如图 7.140 所示。

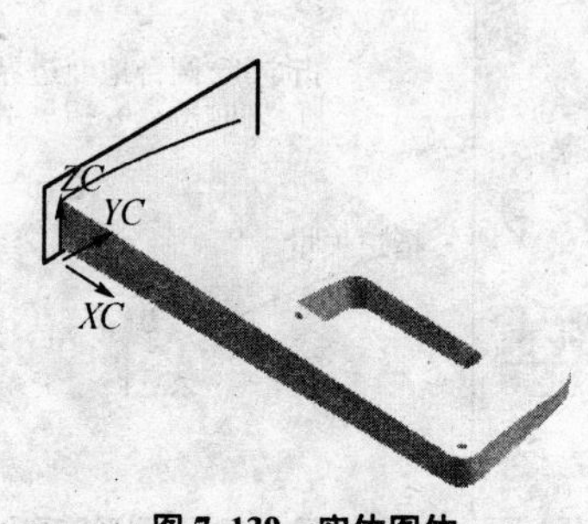

图 7.139　实体图体

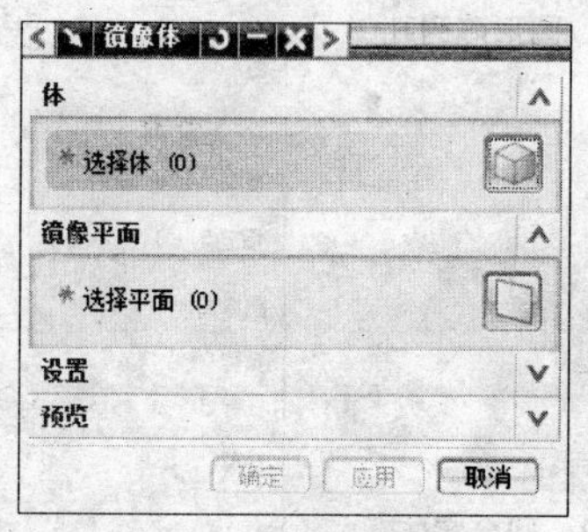

图 7.140　镜像体

选择要镜像的实体，选择镜像平面，如图 7.141 所示。按“确定”按钮，镜像结果如图 7.142 所示。

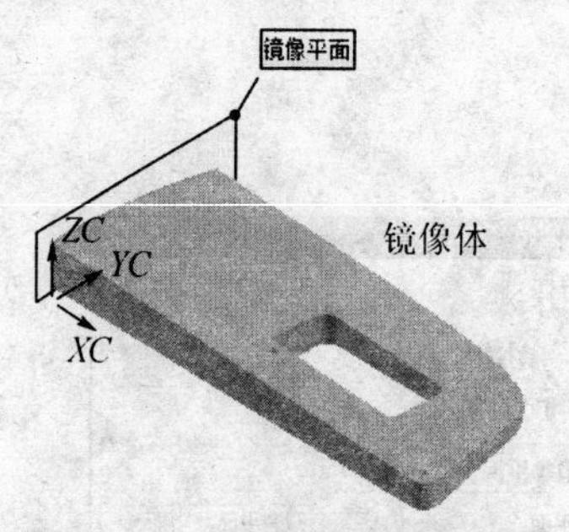

图7.141　选择镜像体和镜像平面

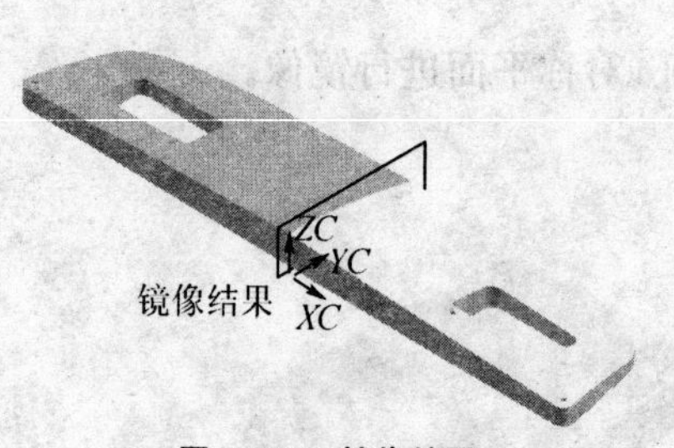

图 7.142　镜像结果

8 创建曲面

曲面造型是 UG 建模中的一个重要组成部分。主要包括直纹面、通过曲线组、通过曲线网络、艺术曲面、截面、扫掠、弯曲、延伸、有界平面、点云等曲面。

实体特征建模效率高、参数化可对特征修改，但是如果物体的外形比较复杂，用实体特征建模就比较困难、有的难以构建，用曲面建模就可以。所以对于复杂外形物体，如汽车覆盖件、漂亮的手机外壳等用曲面建模比较多。但曲面建模是非参数化的。

8.1 网格曲面

网格曲面包含有直纹面、通过曲线组、通过曲线网络、艺术曲面、截面、N 边曲面等几种，这是曲线建模主要的几种方法。其中截面曲面在曲面过渡处理上功能很强、功能多，抽出该功能在第 8.4 节中介绍。

8.1.1 直纹面

在两个截面线之间以线性过渡，创建体或面。打开如图 8.1 所示的线框图形。

点击“插入”→“网络曲面”→“直纹面”命令，弹出直纹面创建对话框，如图 8.2 所示。

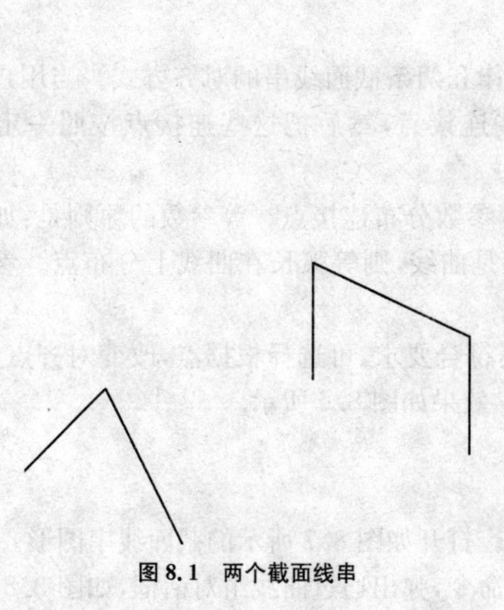

图 8.1 两个截面线串

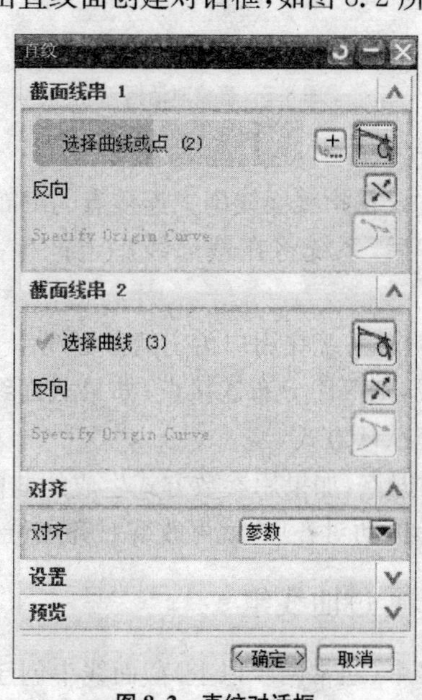

图 8.2 直纹对话框

点击第一个线串，按中键，点击第二个线串，按中键，如图 8.3 所示，生成如图 8.4 所示的直纹曲面(对齐方式，默认参数方式)。

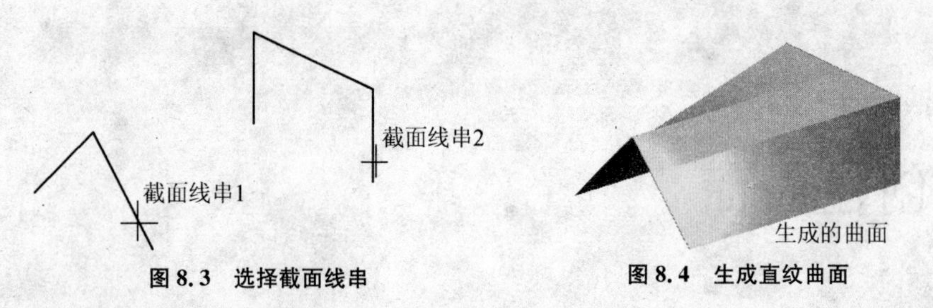

图 8.3　选择截面线串　　　　图 8.4　生成直纹曲面

当对齐方式设置为根据点，如图 8.5 所示，将第一个截面线串中间的两个点都拉到中间两线的交点处，生成的曲面如图 8.6 所示。

图 8.5　直纹对话框

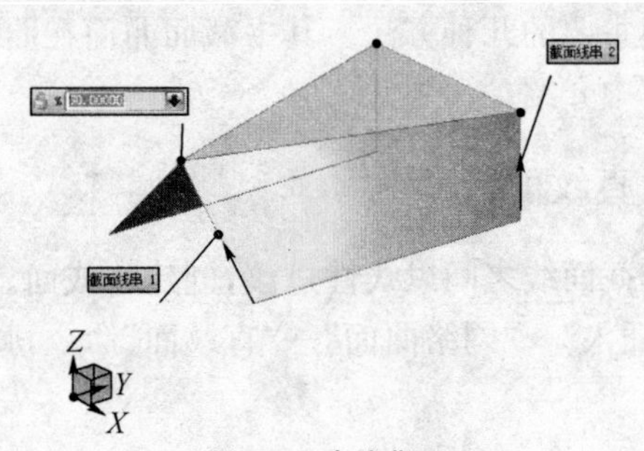

图 8.6　直纹曲面

对齐方式说明：

对齐方式是指截面线串上连接点的分布规律和两条截面线串的对齐方式。当用户指定两条截面线串后，系统将在截面线串上产生一些连接点，然后把这些连接点按照一定的方式对齐。

(1) 参数：系统在用户指定的截面线串上等参数分布连接点。等参数的原则是：如果截面线串是直线，则等距分布连接点；如果截面线串是曲线，则等弧长在曲线上分布点。参数对齐方式是系统默认方式。

(2) 根据点：如果用参数方式生成的曲面不符合要求，可选择根据点，改变对齐点的位置，即可用鼠标拖动对齐点，就可改变对齐点位置。效果如图 8.6 所示。

8.1.2　通过曲线组

通过多个(通常两个以上)截面线串创建体。打开如图 8.7 所示的截面线串图形。

点击“插入”→“网络曲面”→“通过曲线组”命令，弹出通过曲线组对话框，如图 8.8 所示。

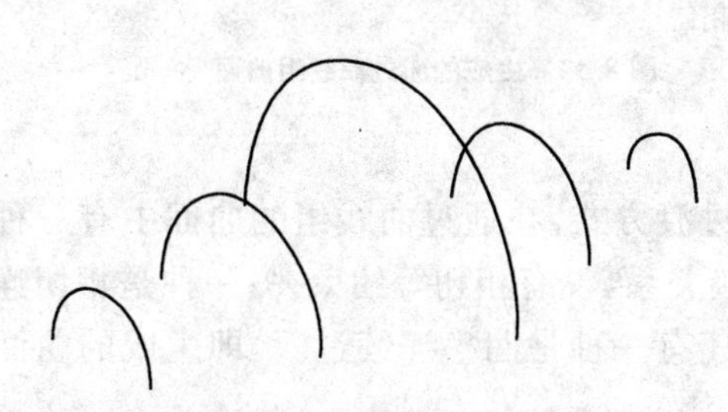

图 8.7　截面线串

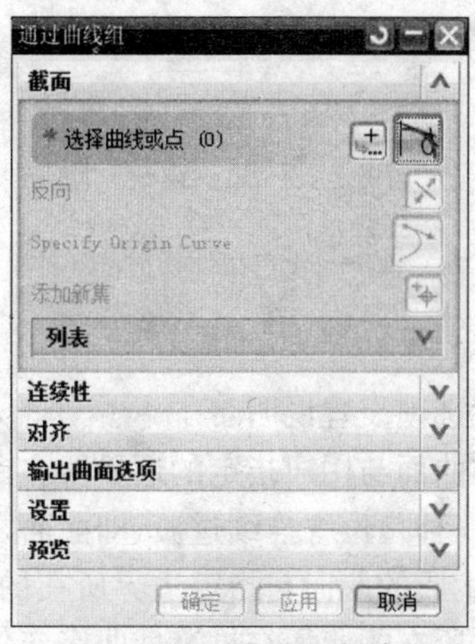

图 8.8　通过曲线组对话框

选取第一条截面线，按中键，选取第二条截面线，按中键，选取第三条截面线，按中键，选取第四条截面线，按中键，选取第五条截面线，按中键，如图 8.9 所示，定义完所有曲线，按“确定”按钮，生成的通过曲线组曲面如图 8.10 所示。

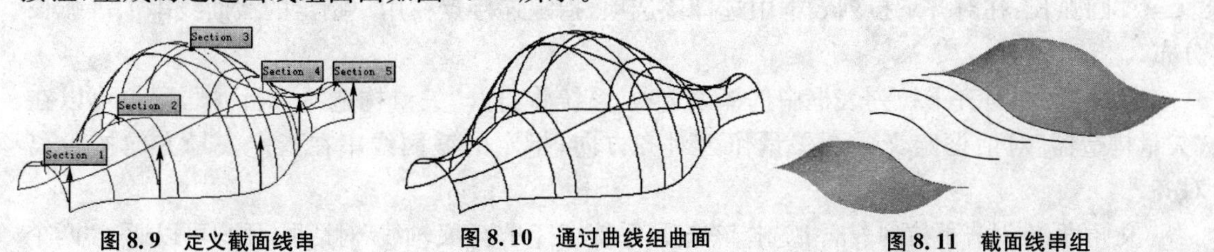

图 8.9　定义截面线串　　图 8.10　通过曲线组曲面　　图 8.11　截面线串组

另一例：

打开 图形文件，如图 8.11 所示。

点击“插入”→“网络曲面”→“通过曲线组”命令，弹出通过曲线组对话框，如图 8.12 所示。

选取第一条截面线串，按中键，……，选取第五条截面线串，按中键(选取所有的截面线串)，如图 8.13 所示。

连续性框组设定：第一截面：G1(相切)；最后截面：G1(相切)。

选取第一截面的选择面的“面”按钮，点击图中第一条线串所在的曲面(相切面)；

选取最后截面的选择面的“面”按钮，点击图中最后一条线串所在的曲面(相切面)。

按“确定”按钮，生成如图 8.14 所示的通过曲线组曲面(与两端的已有曲面相切)。

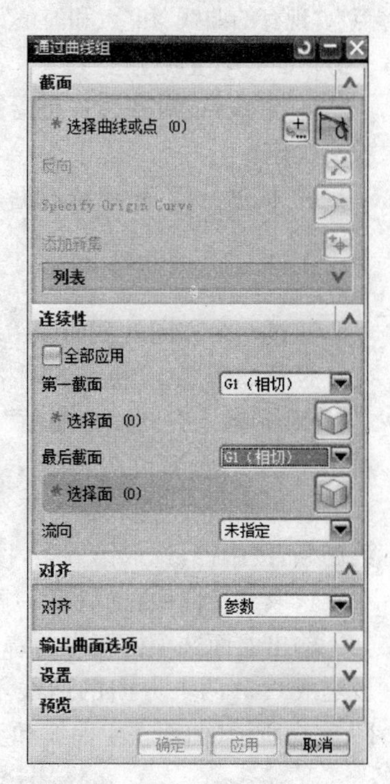

图 8.12　通过曲线组对话框

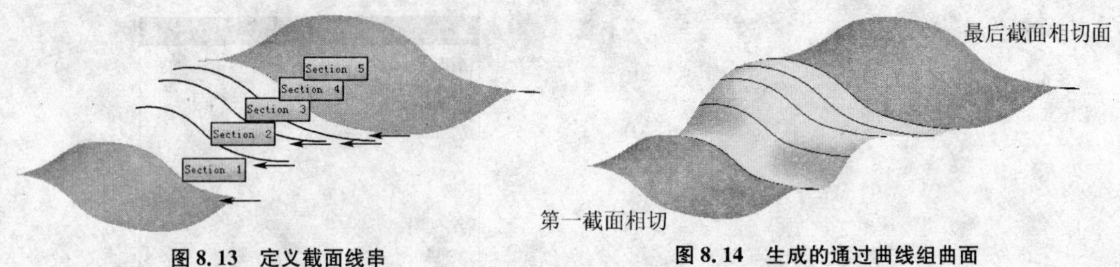

图 8.13 定义截面线串　　图 8.14 生成的通过曲线组曲面

连续性选项设置说明：

创建的曲面与用户指定的边界所在曲面之间的过渡方式，在通过曲线组的曲面中有三种过渡方式：一种是位置连续过渡，即曲面之间仅是连接关系，没有相切等约束；另一种是相切连续过渡，即生成的曲面与指定边界所在的曲面相切；还有一种是曲率连续过渡，即生成的曲面与指定边界所在的曲面在过渡处曲率变化连续，没有突变。

对齐方式说明：

通过曲线组的对齐方式有：参数、圆弧长、根据点、距离、角度、脊线和根据分段等 7 种。其中"参数"和"根据点"的两种对齐方式与"直纹"曲面中的概念相同。

① 圆弧长：在对齐下拉列表框中选择该选项，指定连接点在用户指定的截面线串上等弧长分布。

② 距离：在对齐下拉列表框中选择该选项，系统将打开"矢量构造器"对话框，用户可以在"矢量构造器"对话框定义一个矢量作为对齐方向，指定的截面线串在指定矢量方向按距离对齐。

③ 角度：在对齐下拉列表框中选择该选项，系统将打开"定义轴线"对话框，用户可以通过"两个点"、"现有的曲线"和"点和矢量"三种方式定义一条轴线。定义轴线后系统将沿着定义的轴线角度平分截面线串生成连接点。

④ 脊线：该对齐方式是指系统根据用户指定的脊线来生成曲面，此时曲面的长度由脊线的长度决定。

⑤ 根据分段：指系统根据样条曲线上的分段来创建曲面。

8.1.3 通过曲线网格

通过一个方向的截面线组和另一个方向的引导线组创建体。

打开如图 8.15 所示的网格曲线图形。

点击"插入"→"网格曲面"→"通过曲线网格"命令，弹出通过曲线网格对话框，如图 8.16 所示。

选择主曲线：选取第一条，按中键，选取第二条，按中键，选取第三条截面线，按中键，选取第四条，按中键，选取第五条，按中键，再按中键。

选取交叉曲线：选取第一条，按中键，选取第二条，按中键，如图 8.17 所示。

输出曲面选项框组中的着重，选择"两者皆是"。将设置框组中的公差的交点的设置数值设定成 0.5(两个方向的曲线不相交，设定公差值必须大些)，按"确定"，生成的网格曲面如图 8.18所示(曲面在主曲线和交叉曲线之间)。

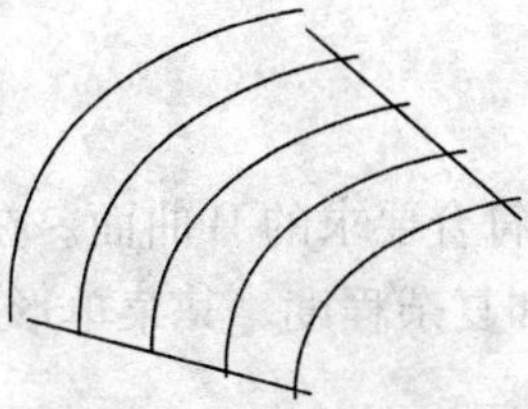

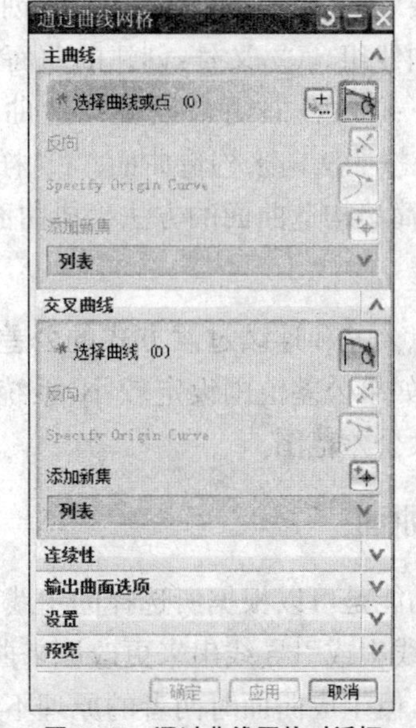

图 8.15 网格曲线

图 8.16 通过曲线网格对话框

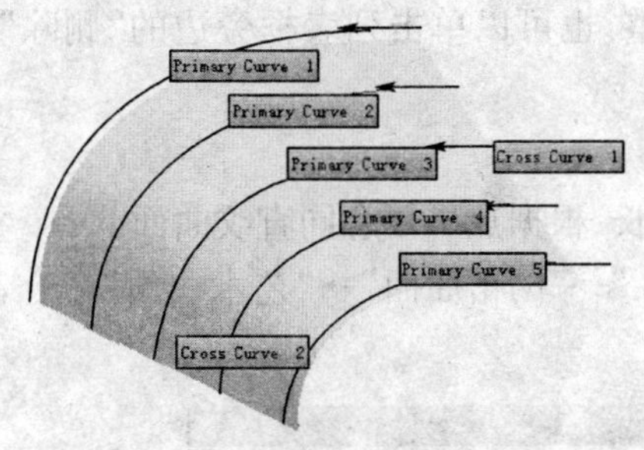

图 8.17 选取主曲线和交叉曲线

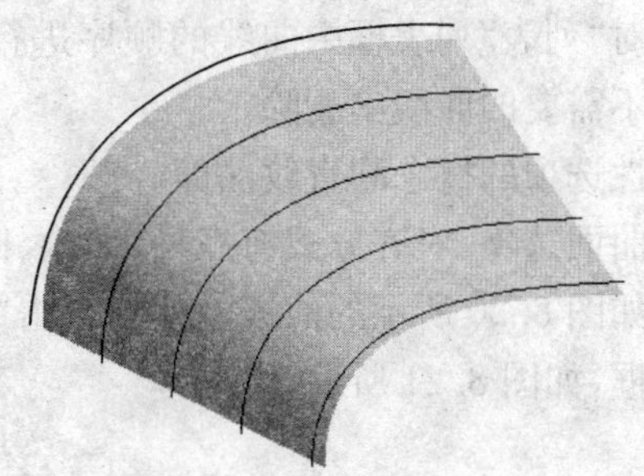

图 8.18 生成的网格曲面

输出曲面选项框组中有不同的着重，其选项意义参见图 8.19 所示。

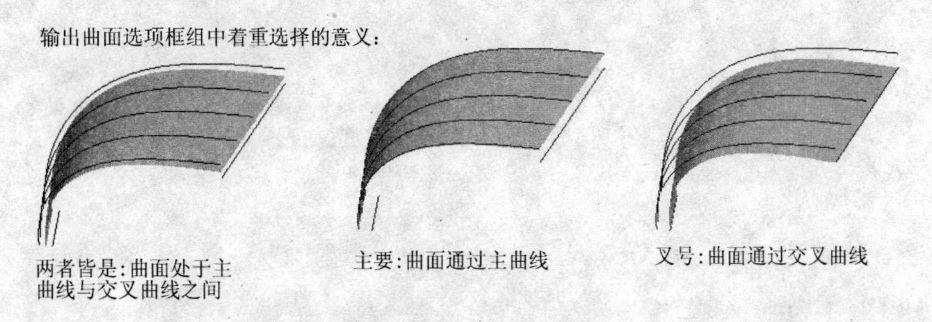

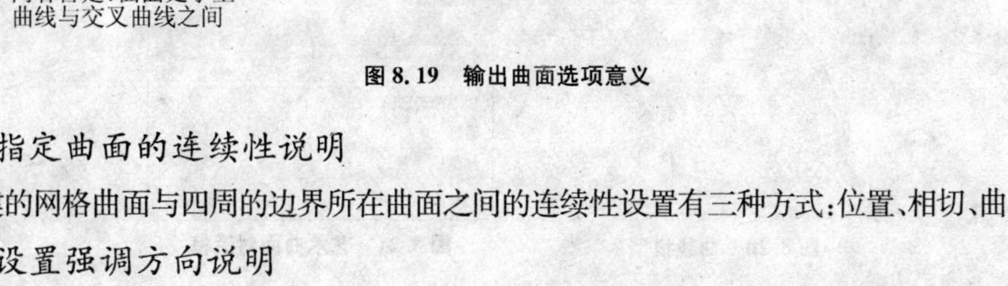

图 8.19 输出曲面选项意义

1) 指定曲面的连续性说明

创建的网格曲面与四周的边界所在曲面之间的连续性设置有三种方式：位置、相切、曲率。

2) 设置强调方向说明

在“输出曲面选项”的选项组中有两个参数，分别是：“着重”下拉列表框和“构造”下拉列表框。

(1) “着重”下拉列表框中有三个选项用来设置创建的曲面靠近哪一组截面线串，分别是：

“两者皆是”、“主要”、“叉号”。① 两者皆是：创建的曲面在两组线串的中间位置。② 主要：创建的曲面通过主曲线组。③ 叉号：创建的曲面通过交叉曲线组。

(2)“构造”下拉列表框用来设置构造曲面的方法。有三个选项：法向、样条点、简单。① 法向：指定系统按照法向来构造曲面。② 样条点：指定系统按照样条点来构造曲面。③ 简单：指定系统采用简单构造曲面的方法生成曲面。

3) 设置公差

分为指定交点公差和连续过渡方式的公差。当主曲线和交叉曲线不相交时，系统将寻找两组曲线的交点，如果公差范围设定较小，系统不能在该公差范围内寻找到两组曲线的交点，解决的方法是增大公差范围。

8.1.4 艺术曲面

艺术曲面的功能是可以根据所选择的主线串自动创建符合要求的B曲面。在生成曲面之后，可以添加交叉线串或引导线串来更改原来曲面的形状和复杂程度。其菜单形式类似于“通过曲线网格”曲面，但生成曲面时两者的原理不同。

截面(主要)曲线、引导(交叉)曲线、连续性等都与“通过曲线网格”曲面中的定义方法相同。可以对“列表”列表框中曲线的顺序进行调整，也可以单击列表框旁边的“删除”按钮将选择错误或不需要的曲线串删除。

连续性选项的概念同直纹曲面。

输出曲面选项：对齐方式有三种：参数、圆弧长、根据点。概念同直纹曲面。

打开如图8.20所示的曲线模型。点击“插入”→“网格曲面”→“艺术曲面”命令，弹出艺术曲面对话框，如图8.21所示。

图8.20　曲线模型

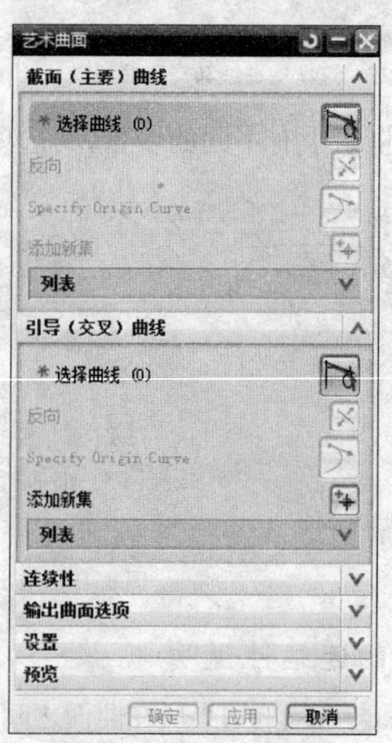

图8.21　艺术曲面对话框

选取第一条截面线，选取第二条截面线。

选取第一条引导曲线，选取第二条引导曲线。如图8.22所示。按“确定”，生成的艺术曲面如图 8.23 所示。

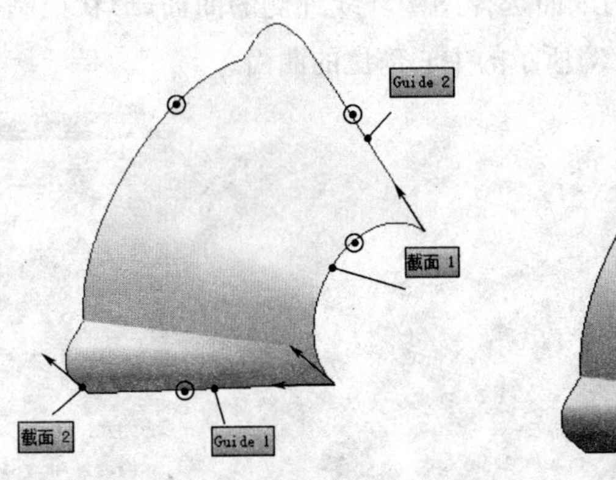

图 8.22 选取截面线引导线

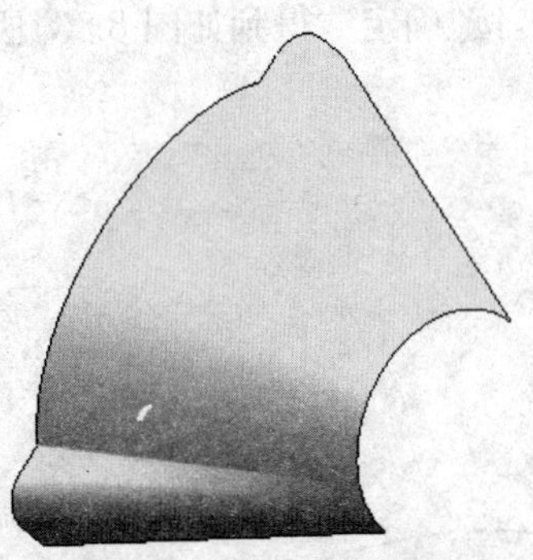

图 8.23 生成的艺术曲面

8.1.5 N边曲面

由一组端点相连的封闭曲线创一个封闭曲线为边界的三维曲面。

(1) 打开如图 8.24 所示的封闭曲线图形。

点击“插入”→“网格曲面”→“N 边曲面”命令，弹出 N 边曲面对话框，如图 8.25 所示。

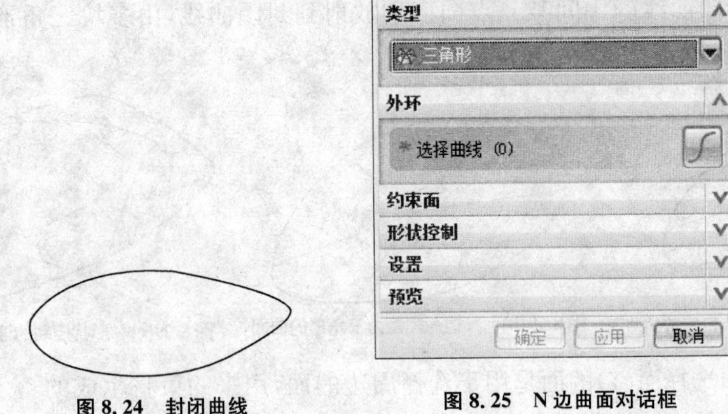

图 8.24 封闭曲线

图 8.25 N 边曲面对话框

类型：选择“三角形”。

选择如图 8.24 所示的环形 3 D 曲线，按“确定”，结果如图 8.26 所示。

(2) 打开图 8.27 的图形，图中有一条封闭的曲线。

点击“插入”→“网格曲面”→“N 边曲面”命令，弹出 N 边曲面对话框，如图 8.28 所示。

类型:选择“三角形”。

选取图中所示的环形 3D 曲线,约束面选择图中环线外侧的曲面,形状控制中的连续性选择 G1(相切),按“确定”,得到如图 8.27 所示的中心部位的曲面。

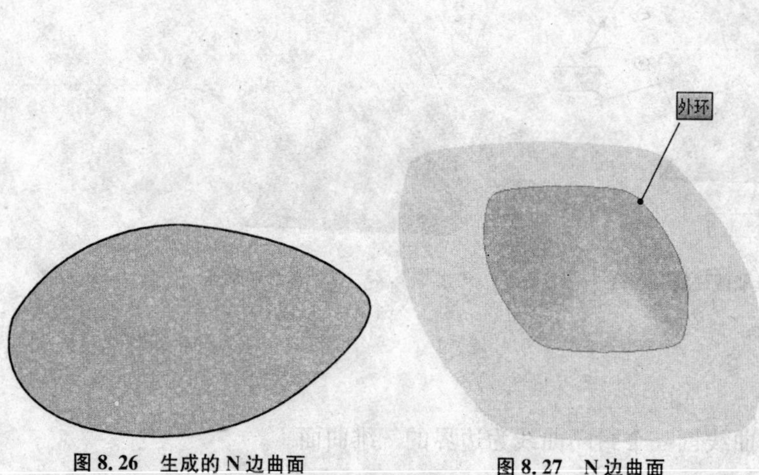

图 8.26　生成的 N 边曲面　　图 8.27　N 边曲面　　图 8.28　N 边曲面对话框

N 边形曲面的类型有两种:已修剪和三角形。

已修剪:生成一个通过封闭曲线的四边形曲面,用封闭曲线进行修剪生成的曲面,如图 8.29(a)所示。

三角形:从封闭曲线的中间某一点向四周放射到封闭曲线,由多块三角形曲面形成封闭面,如图 8.29(b)所示。

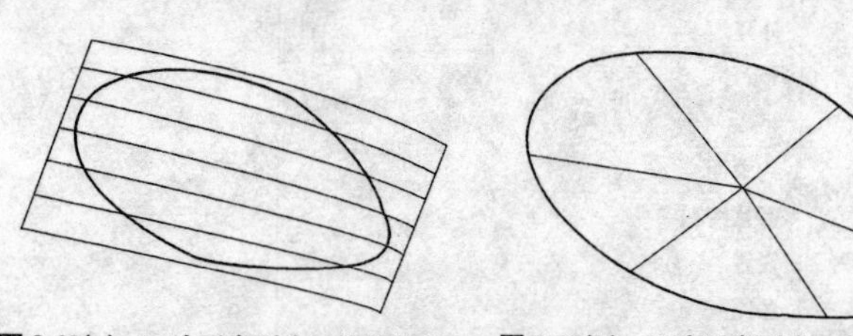

图 8.29(a)　N 边形类型为已修剪的曲面　图 8.29(b)　N 边形类型为三角形的曲面

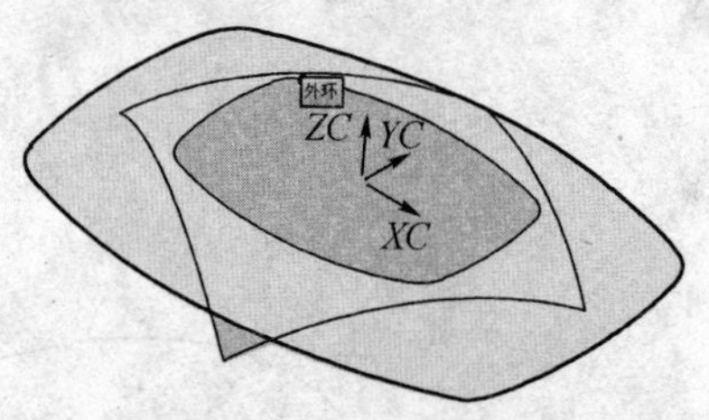

图 8.29(c)　形状控制的连续性为相切的情况

约束面选项中选择面(1)的面是用于选择周边的面,用来约束将生成的 N 边形面,约束关系在形状控制约束的连续性选项中设定,有位置(连接)和相切两种。

8.2　扫掠

扫掠就是通过指定引导线和截面方式来创建曲面或实体。

扫掠包括:样式扫掠、扫掠、沿引导线扫掠、变化的扫掠、管道。

8.2.1　样式扫掠

从一组曲线创建一个精确光滑的 A 类曲面。

(1) 打开如图 8.30 所示线框图形。

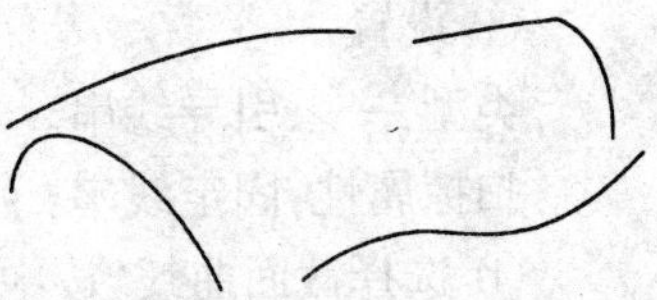

点击“插入”→“扫掠”→“样式扫掠”命令，弹出样式扫掠对话框，如图 8.31 所示。

类型：选择“2 条引导线串”(曲线规则，选择：相连曲线)。

图 8.30 两条截面线和两条引导线

选择“截面 1”线串，按中键，选择“截面 2”线串，按中键，再按中键。

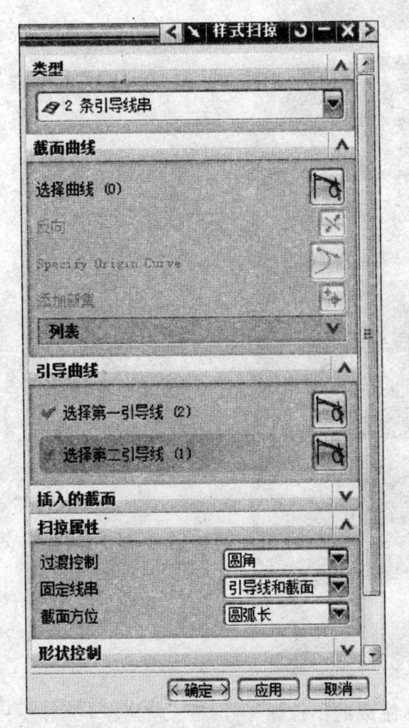

图 8.31 样式扫掠对话框

选择“引导线 1”，按中键，选择“引导线 2”，按中键，再按“确定”，生成的样式扫掠曲面如图 8.32所示。

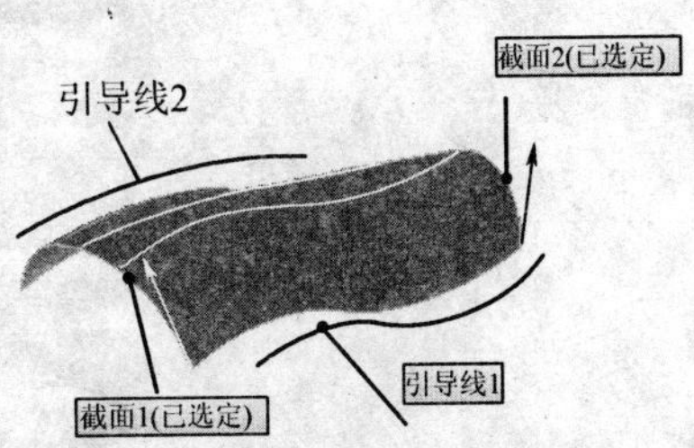

图 8.32 样式扫掠曲面

图 8.31 样式扫掠对话框中的类型有：

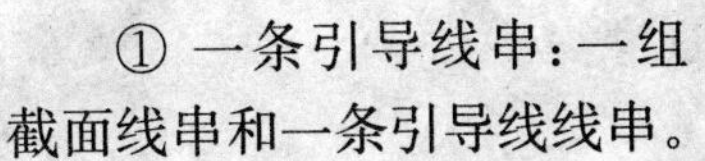

① 一条引导线串：一组截面线串和一条引导线线串。

② 一条引导线串、一条接触线串：一组截面线串、一条引导线串和一条接触线串。

③ 一条引导线串、一条方位线串：一组截面线串、一条引导线串和一条方位线串。

④ 两条引导线串：一组截面线串和两条引导线串。

(2) 一个截面和一条导向线，截面方位平移。

① 打开如图 8.33 所示的线框图形。

② 点击“插入”→“扫掠”→“样式扫掠”命令，弹出样式扫掠对话框，如图 8.34 所示。

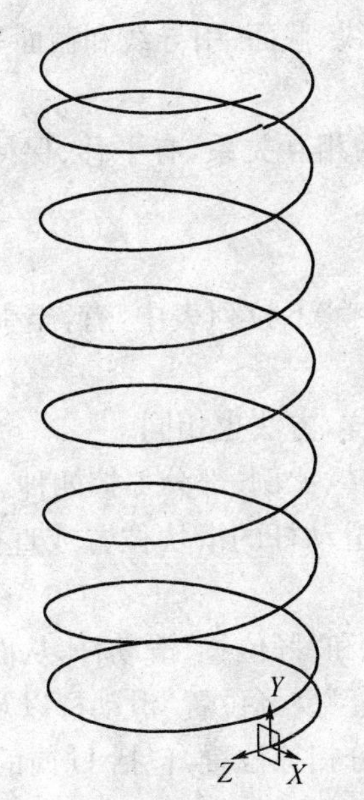

图 8.33 矩形截面和螺旋引导线

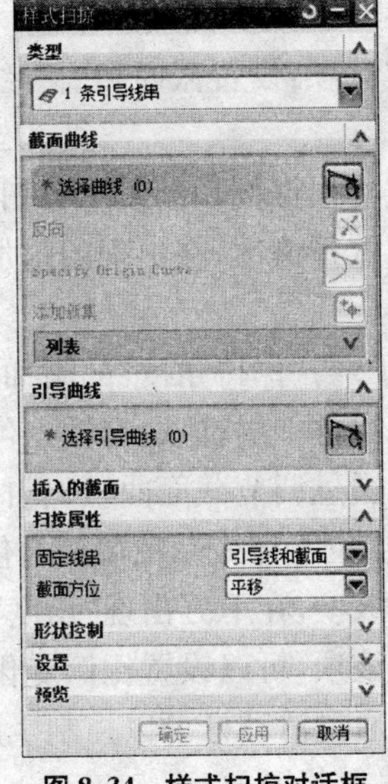

图 8.34 样式扫掠对话框

③ 设置：

类型：一条引导线串。

扫掠属性：固定线串：引导线和截面；截面方位：平移。

④ 选择截面曲线，按中键，再按中键。

⑤ 选择引导线，按中键，如图 8.35 所示。按“确定”，生成的扫掠体如图 8.36 所示。

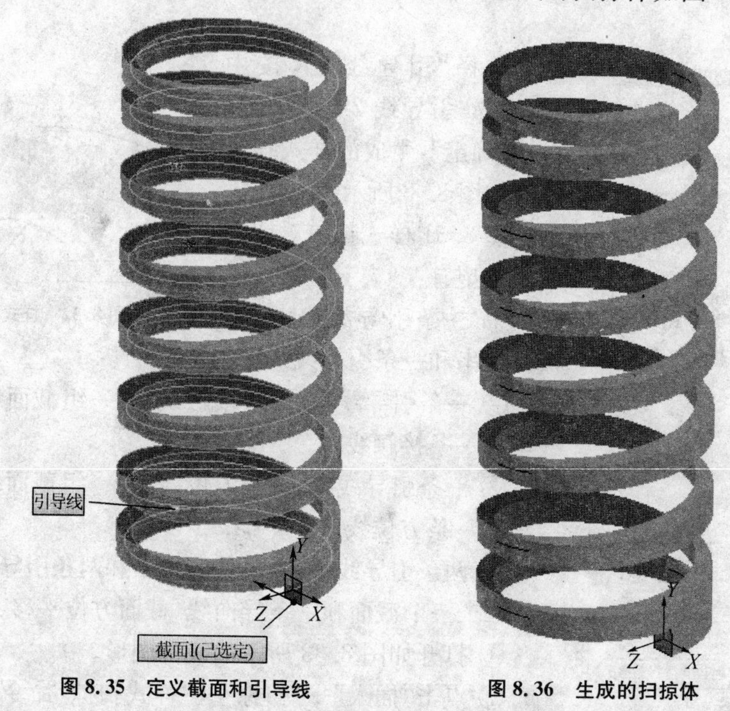

图 8.35　定义截面和引导线　　　　**图 8.36　生成的扫掠体**

扫掠属性选项组中有控制扫掠的固定线串、截面方位等参数。

(1) 固定线串选项：在此下拉列表中，有引导线、截面、引导线和截面三个选项，即选择决定生成样条扫掠过程中固定的曲线。

(2) 截面方位选项：设置截面和引导线之间的相互关系，有平移、保持角度、设为垂直于以及用户定义四种。

① 平移：系统将根据剖切曲线进行扫描。

② 保持角度：选择该项，在出现的附加的“参考”下拉列表中，有：至引导线、至脊线曲线和脊线矢量参考。

③ 设为垂直于：与“保持角度”的附加选项一样，方法也相同。

(3) 形状控制组框中的选项：有轴点位置、旋转、比例、部分扫掠四种。

① 轴点位置：通过调节截面曲线上引导线的滑动杆的滑块位置或直接在输入框中输入数据，来设置该控制点位于样式扫掠曲面的位置。

② 旋转：选择该项，在下方出现“角度”文本框和“%位置”滑动杆，从而可以设置参数数值。

③ 比例：选择该项，可以设置比例变化的“深度”、“%位置”滑动杆以及“值”的大小。

④ 部分扫掠：通过滑动杆可以控制生成的部分扫掠位置，包括 U 向的起点和终点位置，以及 V 向的起点和终点位置。

8.2.2 扫掠

通过沿一个或多个引导线扫掠截面来创建体，使用各种方法控制沿着引导线的形状。

一个截面，二条引导线，一条脊线。

① 打开如图 8.37 所示的线框图形。

② 点击“插入”→“扫掠”→“扫掠”命令，弹出扫掠对话框，如图 8.38 所示。

（注：曲线规则选择“相切曲线”）

③ 选择截面曲线，按中键，按中键。

④ 选择引导线 1，按中键，选择引导线 2，按中键。

⑤ 点击脊线框组的选择曲线按钮，选择脊线。如图 8.39 所示。

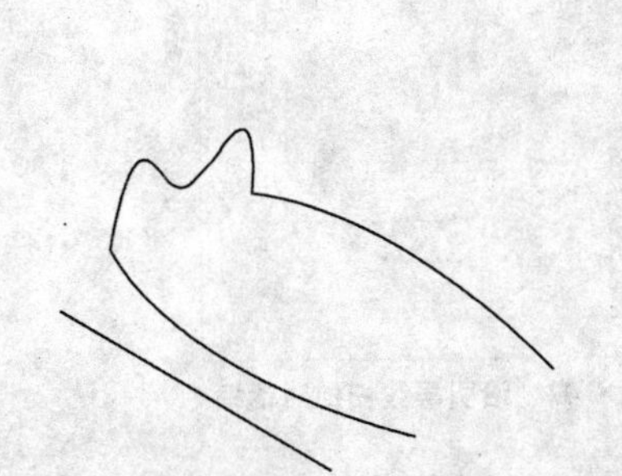

图 8.37 一个截面和二条引导线和一条脊线

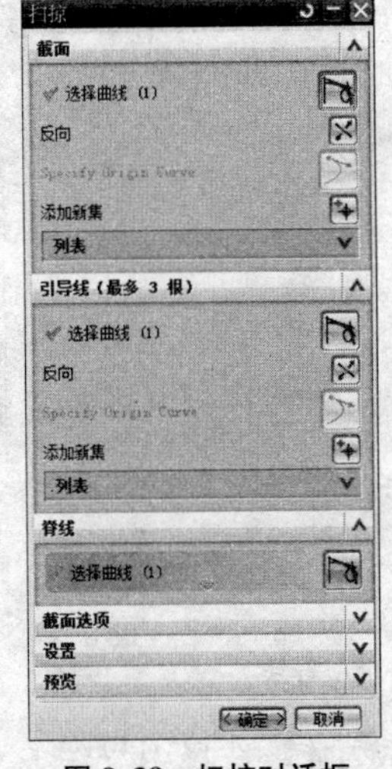

图 8.38 扫掠对话框

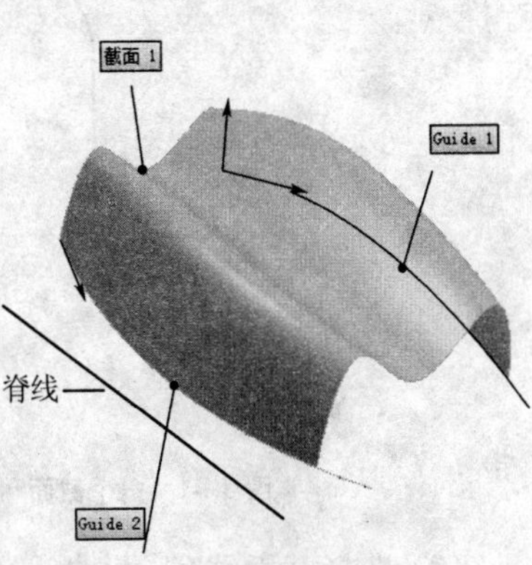

图 8.39 定义截面、引导线和脊线

⑥ 按“确定”，生成的扫掠曲面如图 8.40 所示。

（1）截面曲线的选择：通常一条截面线直接选取就行。当有多个截面线时，可以通过单击“添加新集”来继续第二条或更多条截面线串的添加。

（2）引导线：即扫掠路径的指定。最多可以指定三条引导线。

（3）脊线：用于控制扫掠曲面的截面方位。脊线通常使用直线，当比引导线短时，曲面扫掠到脊线终点就停止。参见图 8.40 所示。

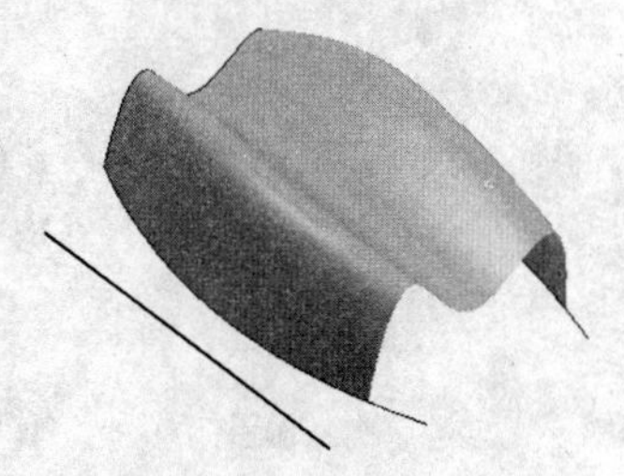

图 8.40 生成的扫掠曲面

当引导线是一条，不能选取脊线选项，引导线在一条以上脊线功能才能起作用。

（4）截面选项设置

截面位置：指定扫掠过程中截面位置的变化。截面位置是指截面线串在扫掠过程中相对引导线的位置。截面位置有沿引导线任何位置和引导线末端两个选项。

① 沿引导线任何位置：截面线串的位置对扫掠轨迹不产生影响，扫掠轨迹仅根据移动线串来决定。

② 在引导线末端：在扫掠过程中，扫掠曲面从引导线的末端开始，即引导线的末端是扫掠曲线的开始端。

(5) 截面选项设置与引导线条数有关

① 当引导线为三条时,既没有对齐方法控制也没有缩放方法控制。

② 当引导线为两条时,对齐方法有两种:参数、圆弧长;缩放方法有两种:均匀、横向。

③ 当引导线为一条时,对齐方法有两种:参数、圆弧长;定位方法有七种:固定、面的法向、矢量方向、另一条曲线、一个点、角度规律、强制方向;缩放方法有六种:恒定、倒圆功能、另一条曲线、一个点、面积规律、周长规律。

8.2.3 沿引导线扫掠

通过沿引导线扫掠截面来创建体(截面是封闭曲线)。

(1) 打开如图 8.41 所示线框图形。

(2) 点击"插入"→"扫掠"→"沿引导线扫掠"命令,弹出沿引导线扫掠对话框,如图 8.42 所示。

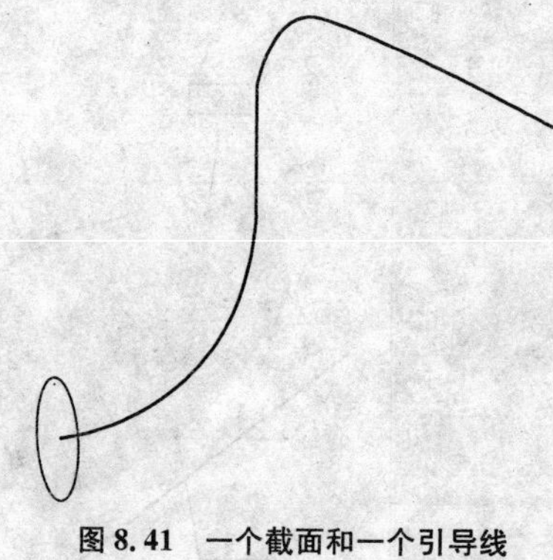

图 8.41　一个截面和一个引导线

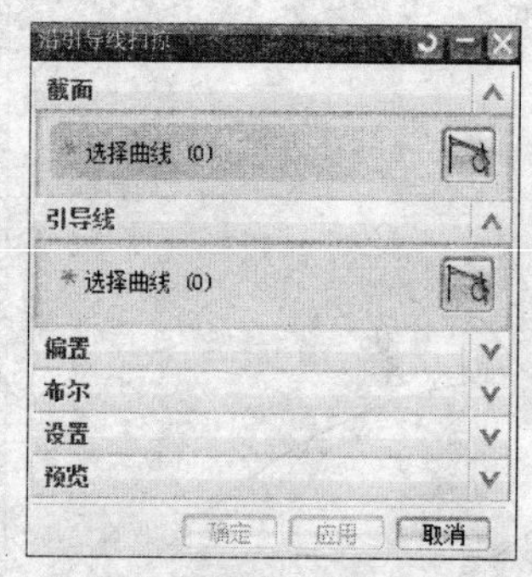

图 8.42　沿引导线扫掠对话框

(3) 选择截面线(椭圆曲线),按中键,选择引导线。如图 8.43 所示,按"确定",生成的实体如图 8.44 所示。

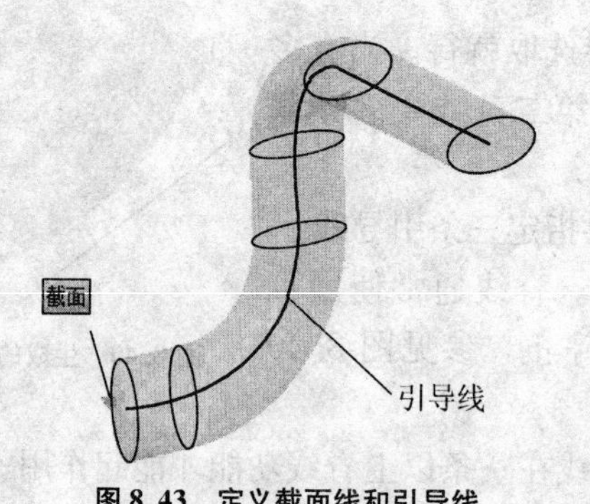

图 8.43　定义截面线和引导线

图 8.44　沿引导线扫掠实体

8.2.4 变化的扫掠

通过沿路径扫掠横截面来创建体,此时横截面形状沿路径可以改变。

操作举例

(1) 新建一个扫掠体文件。如,D:\SMGJ.PRT

(2) 绘制一条将作为扫掠轨迹的曲线。

点击“插入” →“任务环境中草图”命令，弹出创建草图对话框，设定如图 8.45 所示。

设定 YOZ 平面为草图平面，X 方向为水平方向。按“确定”按钮，在草图中创建一条扫掠轨迹曲线，如图 8.46 所示。点击“完成草图”按钮，完成草图的创建，退出草图。

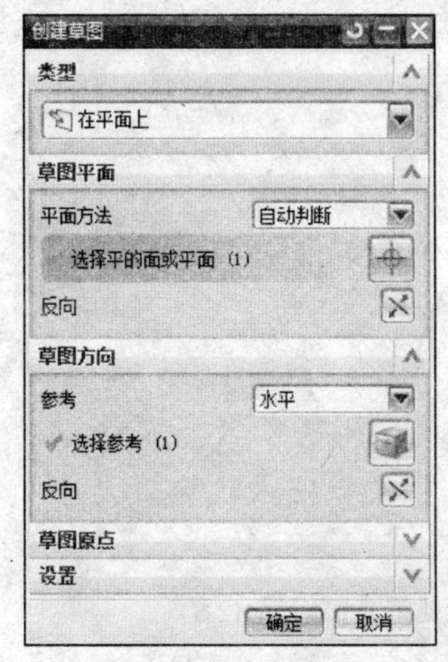

图 8.45　创建草图对话框

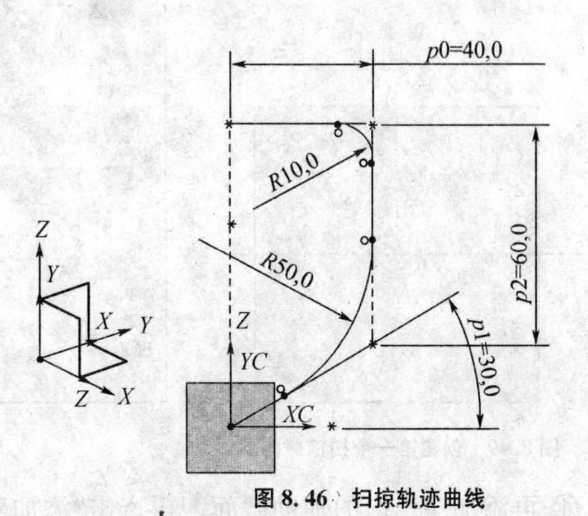

图 8.46　扫掠轨迹曲线

(3) 创建多个可变扫掠截面

① 点击“插入”→“扫掠”→“变化的扫掠”命令，弹出变化的扫掠对话框，如图 8.47 所示。

② 首先创建第一个截面。

在“截面”选项组中单击“绘图截面”按钮，系统弹出“创建草图”对话框。

选择图上扫掠轨迹曲线的端点(点击一次，再点击一处，在点击处显示正交的基准平面)，如图 8.48 所示。按中键，进入创建截面草图环境，绘制草图，即创建一个直径为 20 的圆，如图 8.49所示，点击“完成草图”，退出草图状态。

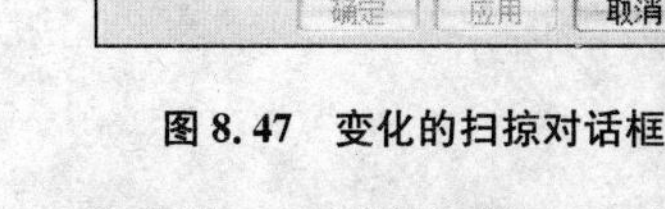

图 8.47　变化的扫掠对话框

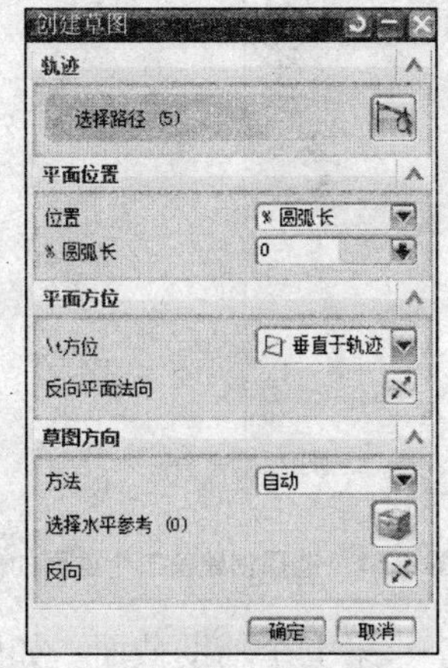

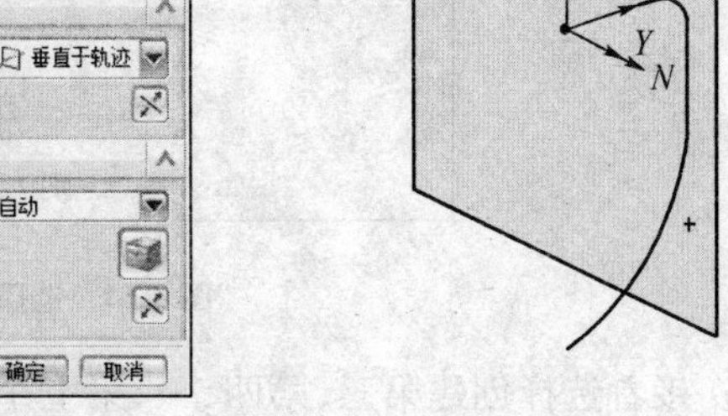

图 8.48　选取创建第一个截面的位置

③ 添加一个辅助截面。在“变化的扫掠”对话框中，展开“辅助截面”选项组，单击“添加新集”按钮，从“定位方法”下拉列表中选择“通过点”选项，在曲线链中选择一个中间点，作为创建第二个扫掠截面的位置，如图 8.50 所示。

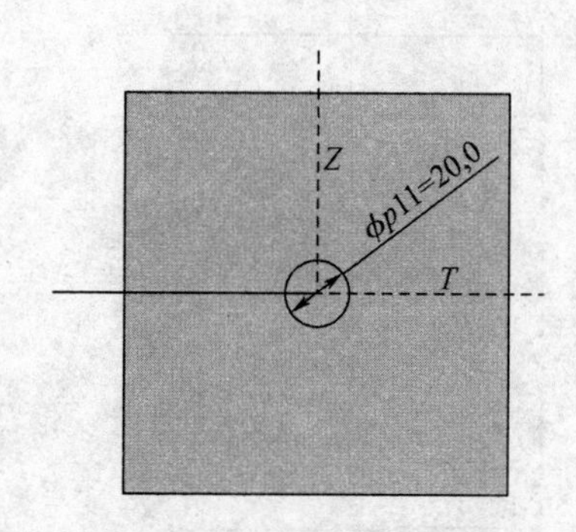

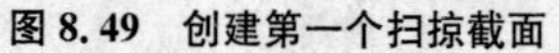

图 8.49　创建第一个扫掠截面

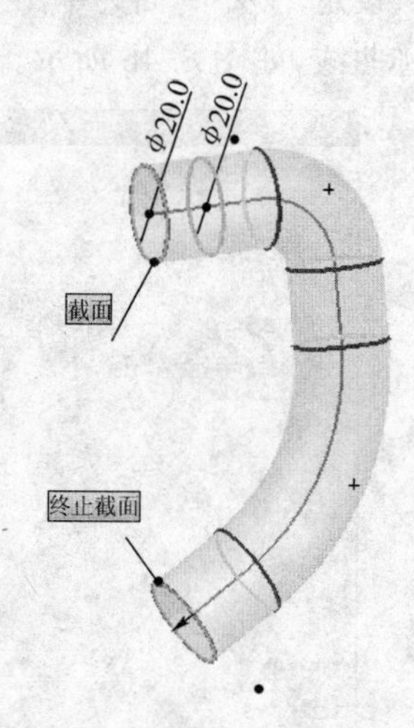

图 8.50　选择创建第二个截面的位置

④ 再添加一个新的辅助截面。再点击“添加新集”按钮，同样从“定位方法”下拉列表中选择“通过点”选项，在曲线链中选择另一个中间点，作为创建第三个扫掠截面的位置，如图 8.51 所示。

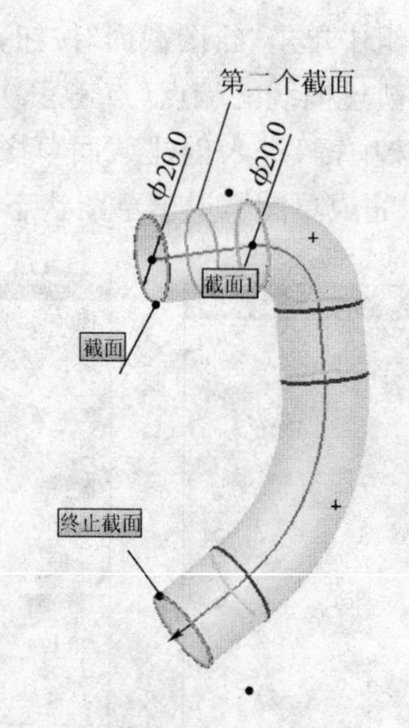

图 8.51　选择创建第三个截面的位置

⑤ 接着选择创建第三、第四、…、第七个辅助截面。如图 8.52(a)所示。

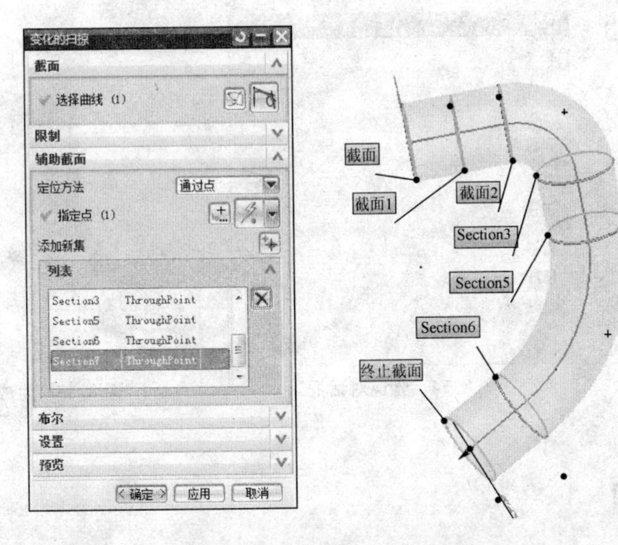

图 8.52(a) 变化的扫掠对话框

⑥ 在绘图区单击其中一个中间截面的标签，显示该截面的草图尺寸，单击“f(x)”按钮，从其中打开的下拉列表菜单中选择“设为常量”命令，然后将该尺寸修改为 12，如图 8.52(b)所示。

使用同样的方法，根据需要修改其他的几个中间截面的截面尺寸，然后按“确定”按钮。修改后的实体模型如图 8.52(c)所示。

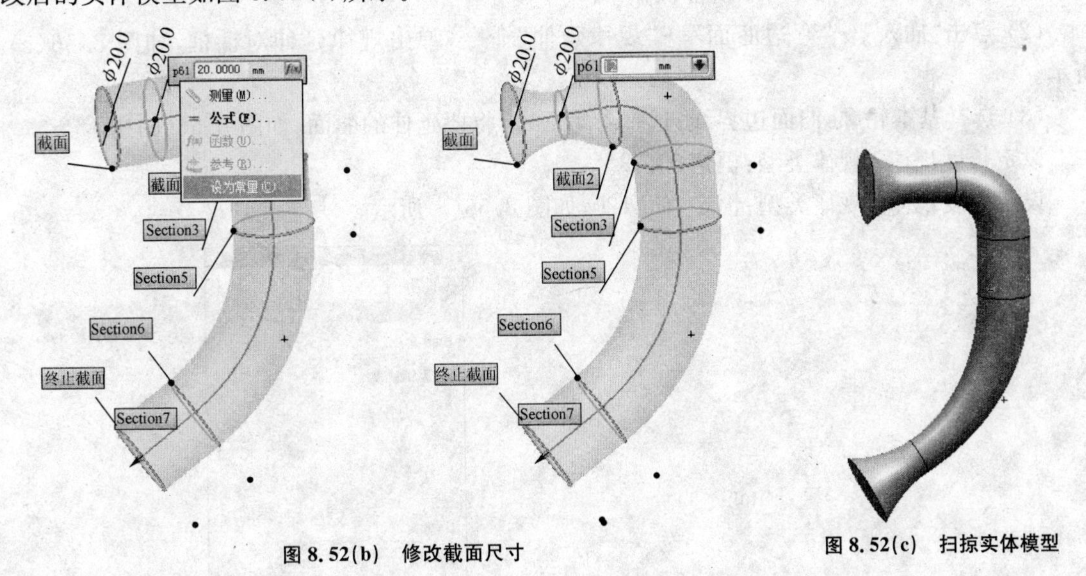

图 8.52(b) 修改截面尺寸

图 8.52(c) 扫掠实体模型

8.2.5 管道

通过沿曲线扫掠生成圆形横截面实体，可以设定外径和内径。引导线是管道的中心线，不需要绘制截面曲线。

(1) 打开如图 8.53 所示的三维曲线图形。

(2) 点击“插入”→“扫掠”→“管道”命令，弹出管道对话框，如图 8.54 所示。

(3) 选择曲线，按“确定”，结果如图 8.55 所示。

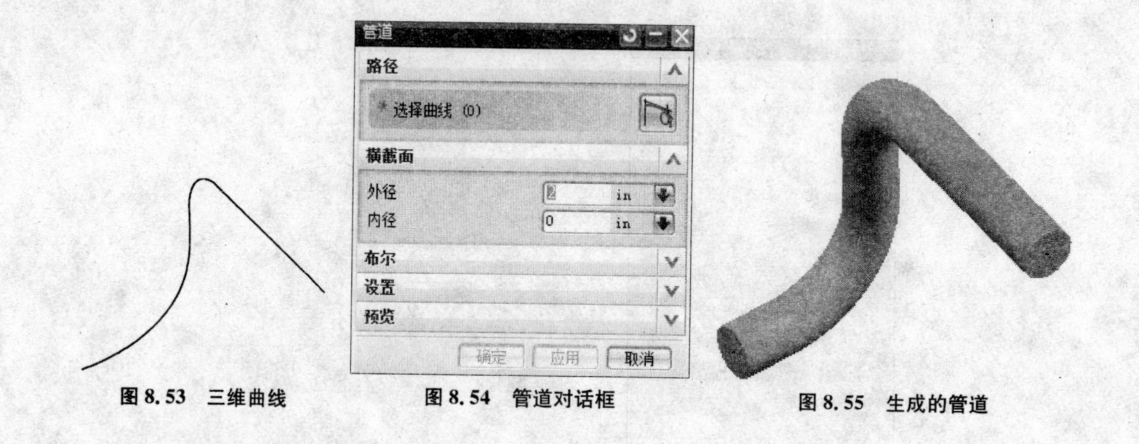

图 8.53　三维曲线　　图 8.54　管道对话框　　图 8.55　生成的管道

8.3　弯边曲面

弯边曲面功能组中有二项建模功能:规律延伸、轮廓线弯边。

8.3.1　规律延伸

动态地或基于距离和角度规律,从基本片体创建一个规律控制的延伸。

(1) 打开如图 8.56(a)所示的曲面。

(2) 点击"插入"→"弯边曲面"→"规律延伸"命令,弹出规律延伸对话框,如图 8.56(c)所示。

(3) 选择基本轮廓:曲面边界线;选择参考面;即将要延伸的曲面,如图 8.56(b)所示。

设定长度规律: 规律类型:恒定;值:2。

设定角度规律: 规律类型:恒定;值:120,如图 8.56(c)所示。

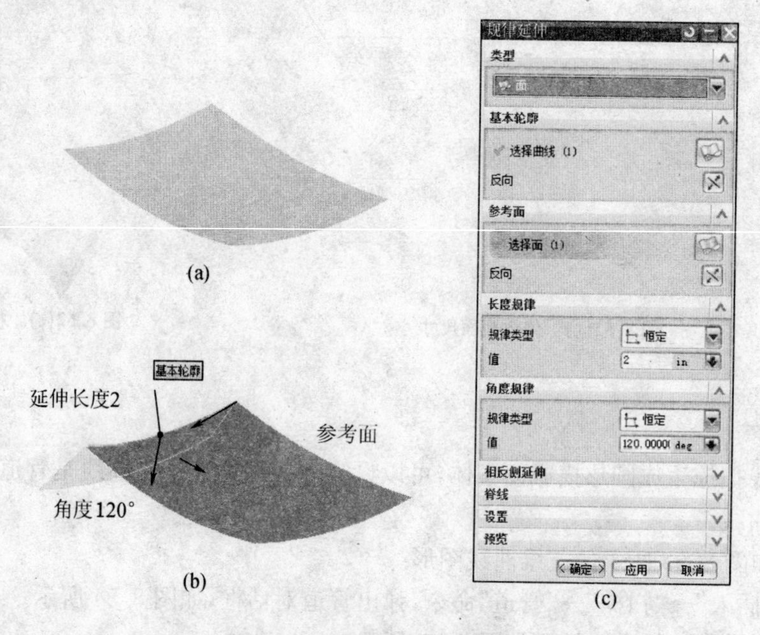

图 8.56　创建规律延伸曲面操作

按“确定”生成的延伸曲面，如图 8.57 所示。

图 8.57 生成的延伸曲面

图 8.58 曲面

8.3.2 轮廓线弯边

创建具备光顺边细节、最优化外观形状和效率连续性的 A 类曲面。

(1) 打开如图 8.58 所示的曲面图形。

(2) 点击“插入”→“弯边曲面”→“轮廓线弯边”命令，弹出轮廓线弯边对话框，如图 8.59 所示。

(3) 选择基本曲线(将要弯边的曲面边线)。

(4) 选择基本面(将要弯边的面)。

(5) 设定参考方向(指定矢量方向，X 方向)。

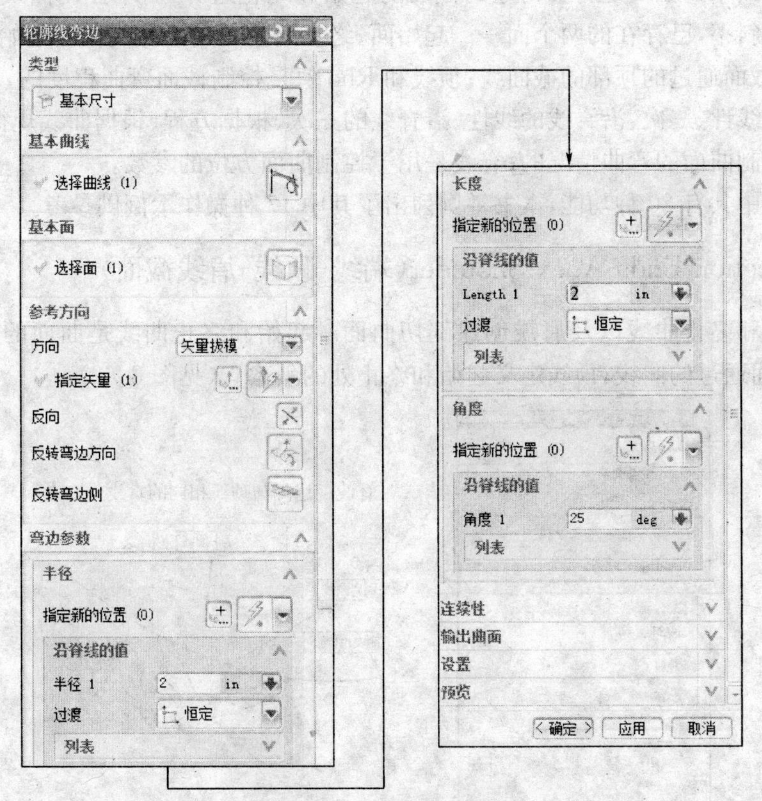

图 8.59 轮廓线弯边对话框

(6) 设定弯边半径：恒定、2。

(7) 设定弯边长度：恒定、2。

(8) 设定弯曲角度：沿脊线值 25°。如图 8.60 所示。

(9) 按"确定"，生成的轮廓线弯边曲面如图 8.61 所示。

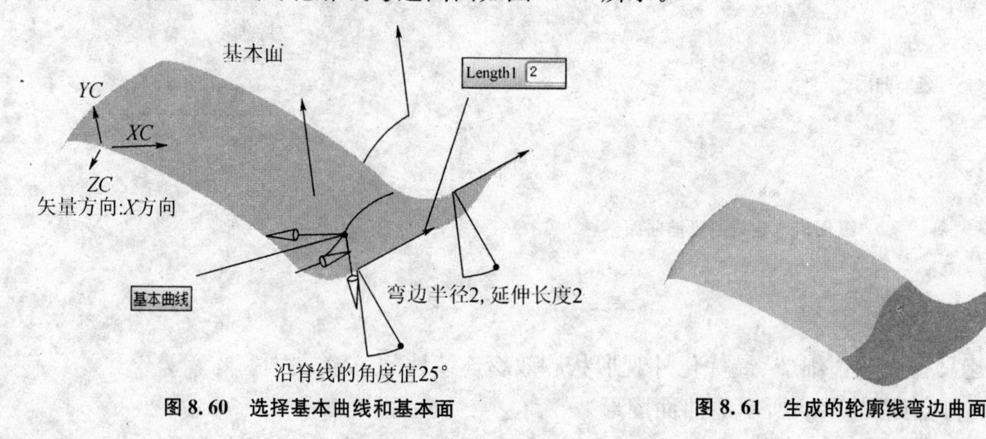

图 8.60　选择基本曲线和基本面　　图 8.61　生成的轮廓线弯边曲面

8.4　截面

截面功能主要用于两曲面之间的曲面过渡连接。根据不同的已知条件，有多种构建过渡曲面的方法。其中的端线是将要构建的截面的起始和终止边界；斜率控制曲线是控制截面起始和终止处的斜率，已存在的两个面——起始面、终止面也是用于控制截面起始和终止处的斜率的；肩线是截面通过的顶部的截面线；顶线和 Rho 值是控制截面弯曲程度的，其中 Rho 有多种规律：恒定、线性、三次、沿脊线的线性、沿脊线的三次、根据方程、根据曲线规律；开始结束高亮曲线也是控制曲面的弯曲情况的；脊线是用于控制曲面方位的参数。

截面功能中共有 20 种功能，本书举例列出了其中 17 种操作示例供参考。

8.4.1　Section Ends-Apex-Shoulder（端线-顶线-肩线截面）

使用起始和终止曲线以及肩线创建剖切曲面。起始和终止曲线是曲面的起始和终止边界，肩线是曲面通过的曲线，顶线定义起始和终止处的斜率。（见图 8.62）

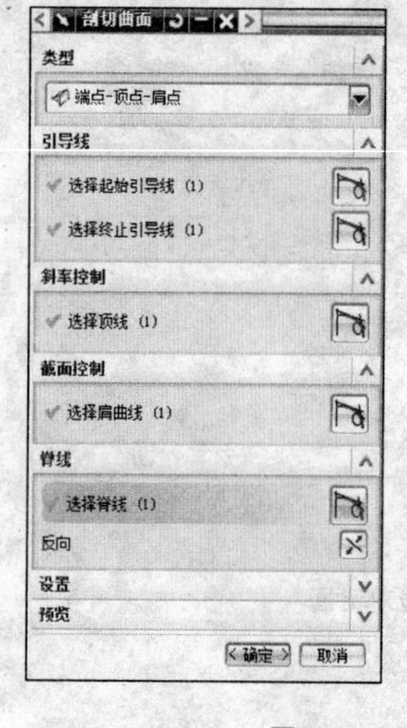

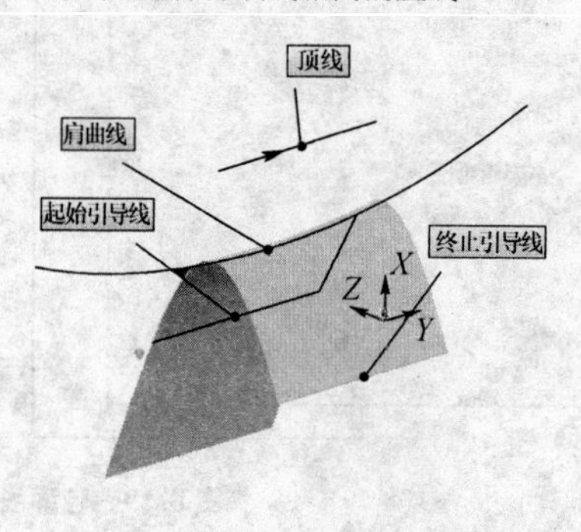

图 8.62　端线顶线和肩线创建截面

8.4.2 Section End-Slope-Shoulder(端线-斜率-肩线截面)

使用起始和终止曲线以及内部肩线创建剖切曲面。起始和终止曲线、肩线是曲面通过的曲线,两条斜率曲线分别定义截面起始和终止处的斜率(见图 8.63)。

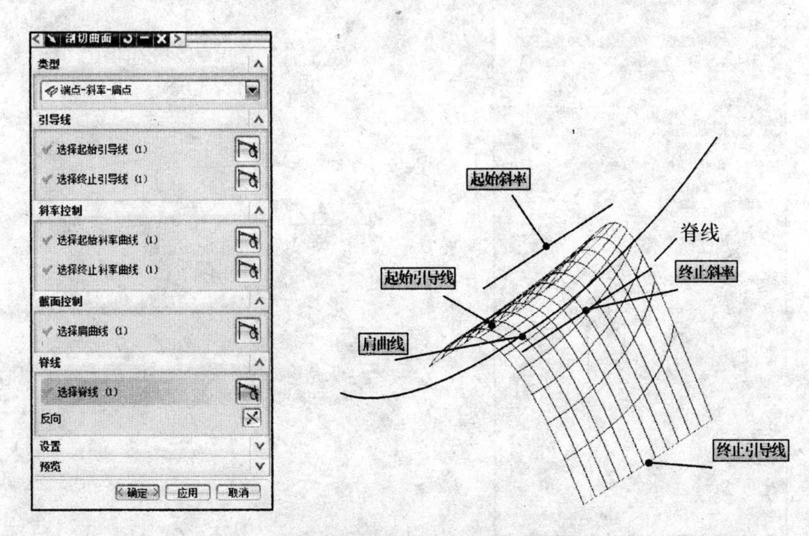

图 8.63 端线斜率控制曲线和肩线创建截面

8.4.3 Section Fillet-Shoulder(圆角-肩线截面)

使用起始和终止曲线以及内部肩曲线创建剖切曲面。起始和终止曲线、肩线是曲面的通过曲线,起始和终止曲线所在的两个面定义截面起始和终止处的斜率(见图 8.64)。

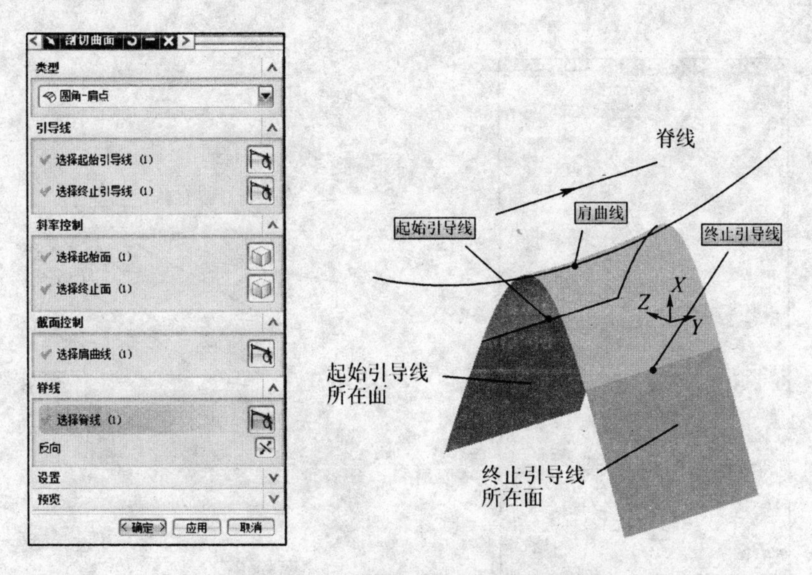

图 8.64 端线斜率控制曲面和肩线创建截面

8.4.4 Section Ends-Apex-Rho(端线-顶线- Rho 截面)

使用起始和终止曲线以及 Rho 值创建剖切曲面,顶线定义起始和终止处的斜率,Rho 值决定截面顶部的弯曲程度。截面控制的剖切方法有:Rho控制和最小拉伸。Rho控制的Rho规律有:恒定、线性、三次、沿脊线的线性、沿脊线的三次、根据方程、根据曲线规律(见图8.65)。

(注:生成的剖切曲面与起始和终止曲线所在的面没有相互关系)

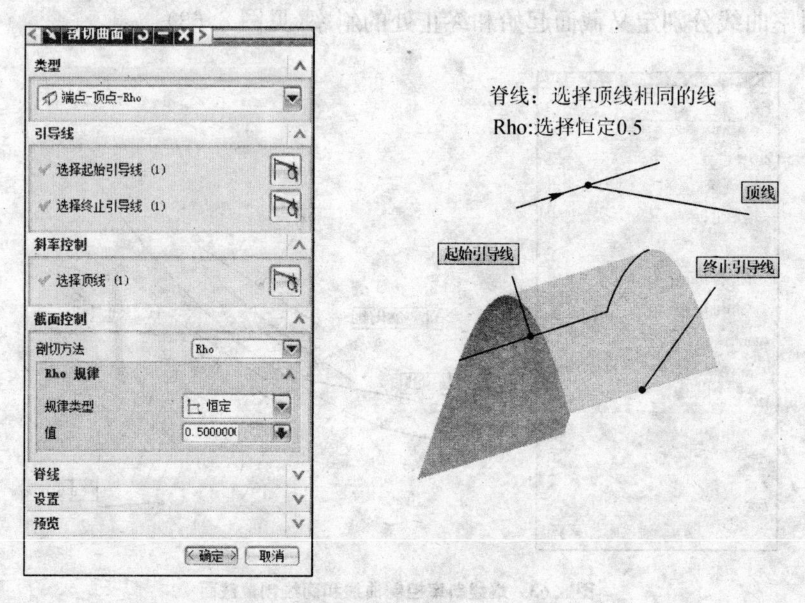

图8.65　端线顶线和Rho值创建截面

8.4.5　Section End-Slope-Rho(端线-斜率-Rho截面)

使用起始和终止曲线以及Rho值创建剖切曲面。两条斜率曲线分别定义起始和终止处的斜率(见图8.66)。

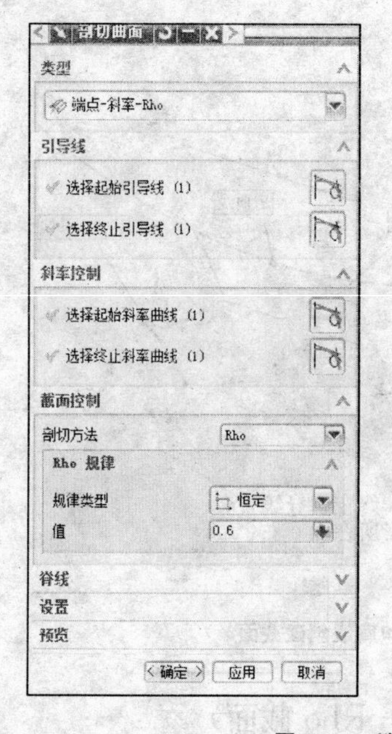

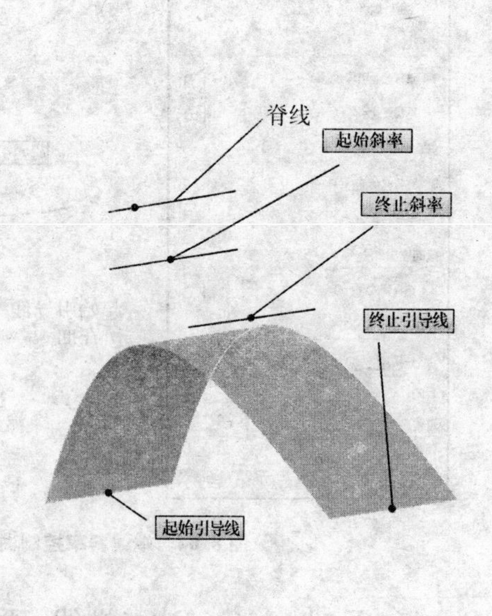

图8.66　端线斜率和Rho值创建截面

8.4.6 Section Fillet-Rho(圆角-Rho截面)

使用起始和终止曲线以及Rho值创建剖切曲面。起始和终止曲线所在的两个面定义截面起始和终止处的斜率,剖切曲面的弯曲程度用Rho值进行定义,Rho控制的Rho规律有:恒定、线性、三次、沿脊线的线性、沿脊线的三次、根据方程、根据曲线规律(见图8.67)。

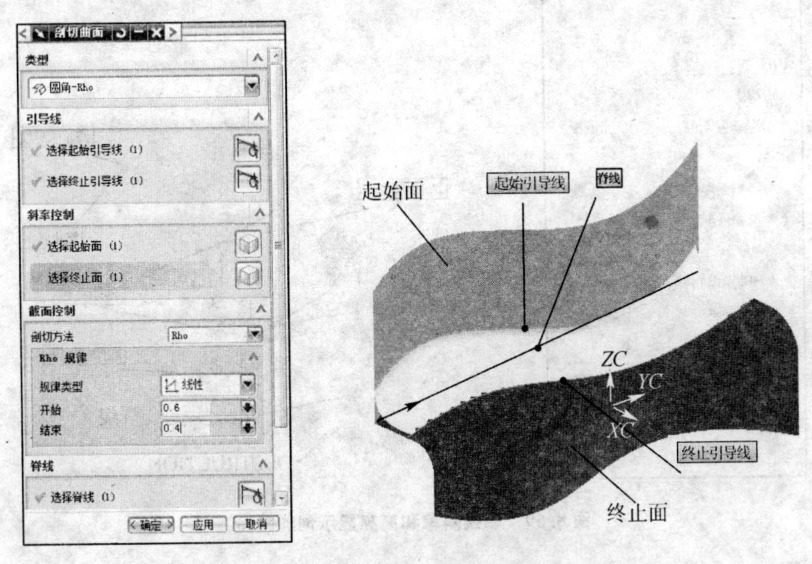

图8.67 端线斜率控制面和Rho值创建截面

8.4.7 Section Ends-Apex-Hilite(端点-顶线-高亮显示截面)

使用起始和终止曲线、顶线、高亮曲线来创建剖切曲面。顶线控制截面起始和终止处的斜率,开始和结束高亮曲线控制截面的形状,该例中用于控制避让管子(见图8.68)。

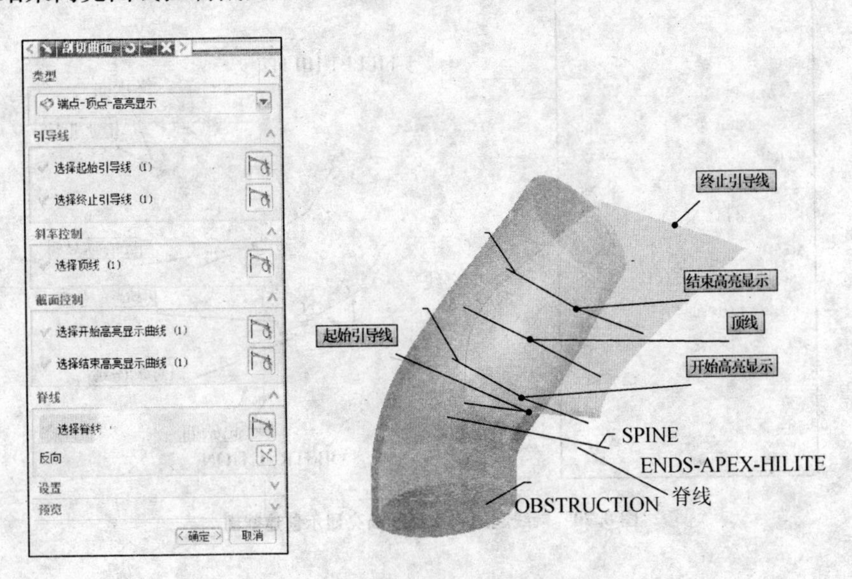

图8.68 端线顶线和高亮显示创建截面

8.4.8　Section Ends-Slope-Hilite(端点-斜率-高亮显示截面)

使用起始终止曲线、控制起始终止斜率曲线和控制截面形状的开始结束高亮曲线三组曲线来创建剖切曲面(见图 8.69)。

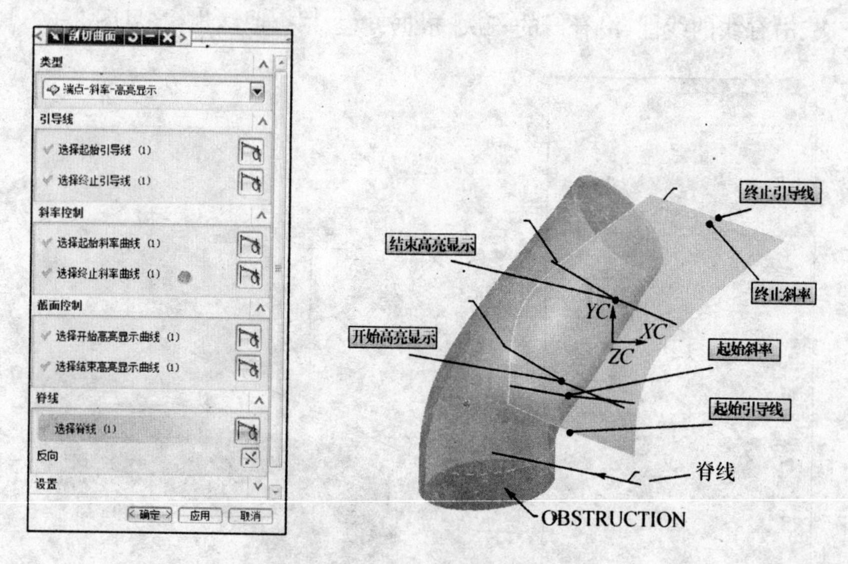

图 8.69　端线斜率和高亮显示创建截面

8.4.9　Section Fillet-Hilite(圆角-高亮显示截面)

使用起始和终止曲线、起始终止面、开始结束高亮曲线来创建剖切曲面。起始和终止控制截面起始和终止处的斜率,开始结束高亮曲线控制截面的形状(见图 8.70)。

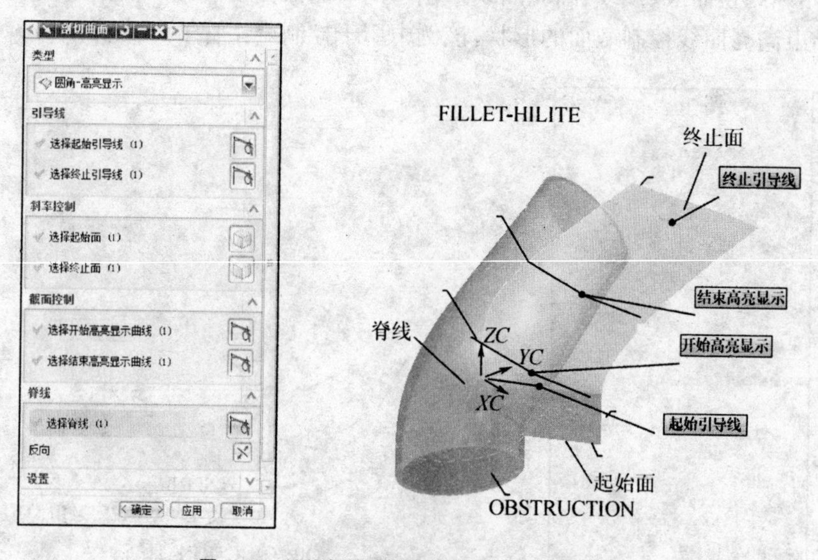

图 8.70　端线起始终止面和高亮显示创建截面

8.4.10　Section Four-Points-Slope(四点-斜率截面)

使用起始终止曲线、两条内部引导线、一条斜率控制线来创建截面。截面通过起始终止曲线和两条内部引导线,斜率控制曲线控制曲面起始处的斜率(见图 8.71)。

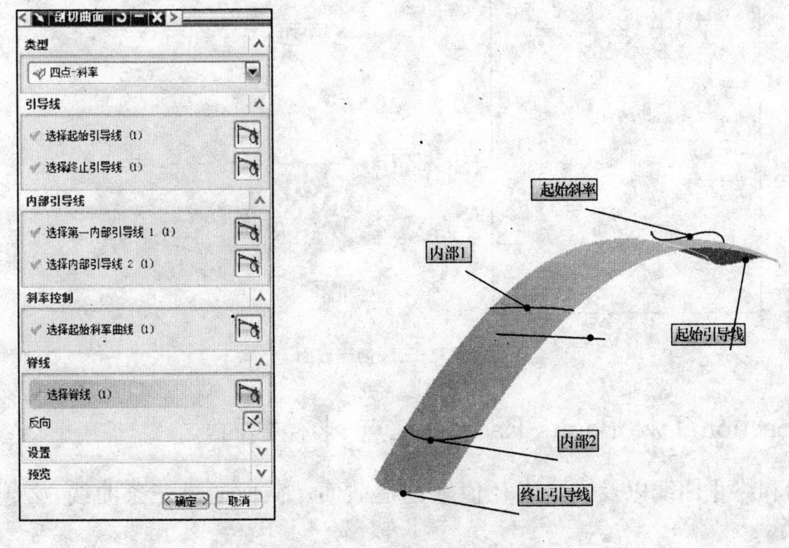

图 8.71　四线和斜率创建截面

8.4.11　Section Five-Points(五点截面)

使用起始终止曲线以及三条内部控制曲线来创建截面。截面通过五条曲线,必须定义一条脊线(见图 8.72)。

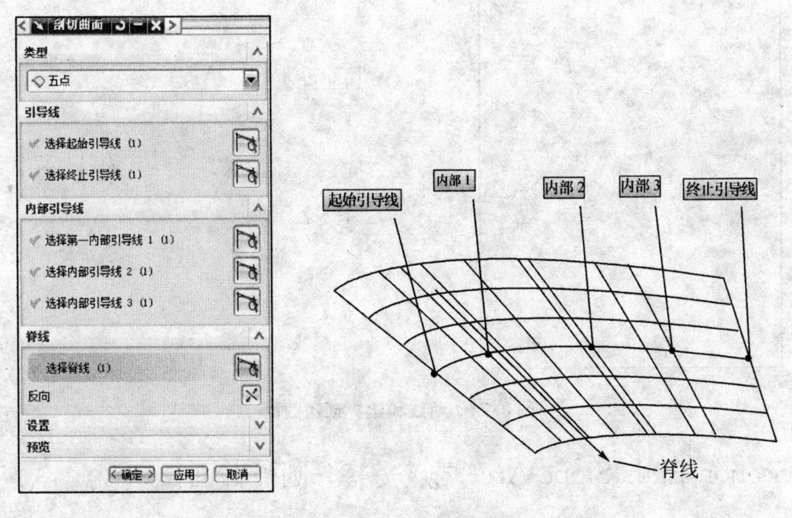

图 8.72　五线创建截面

8.4.12　Section Three-Points-Arc(三点-圆弧截面)

使用起始和终止曲线以及一条内部控制曲线来创建截面。截面通过三条曲线,必须定义一条脊线(见图8.73)。

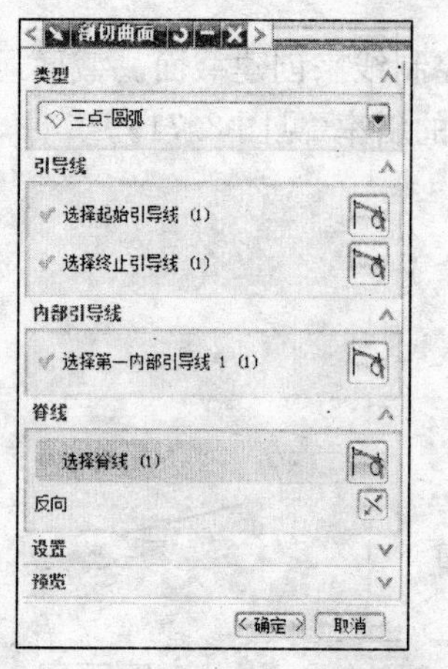

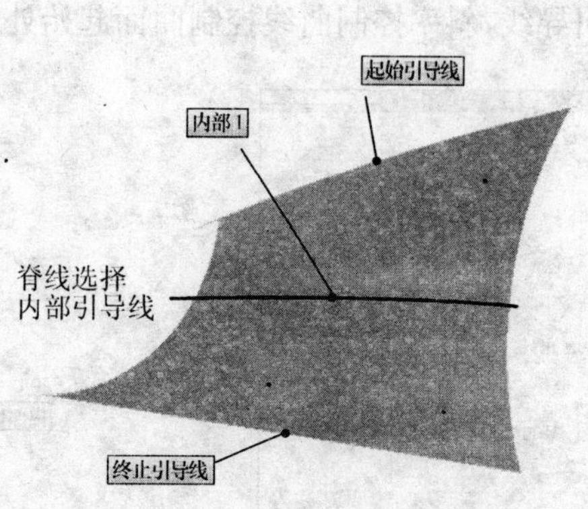

图8.73　三线创建截面

8.4.13　Section Two-Points-Radius(二点-半径截面)

使用起始和终止曲线以及一个半径值来创建截面。截面通过三条曲线,必须定义一条脊线(见图8.74)。

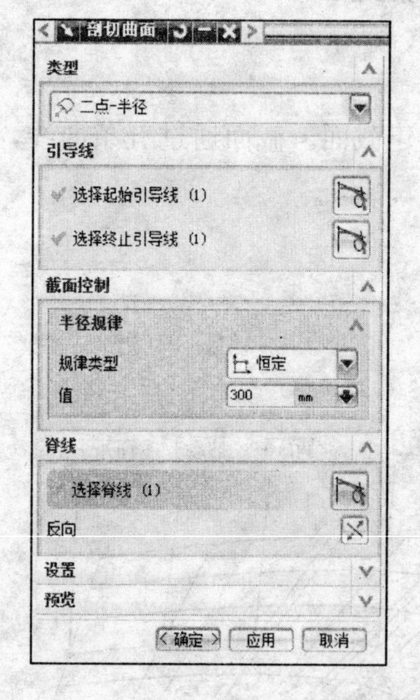

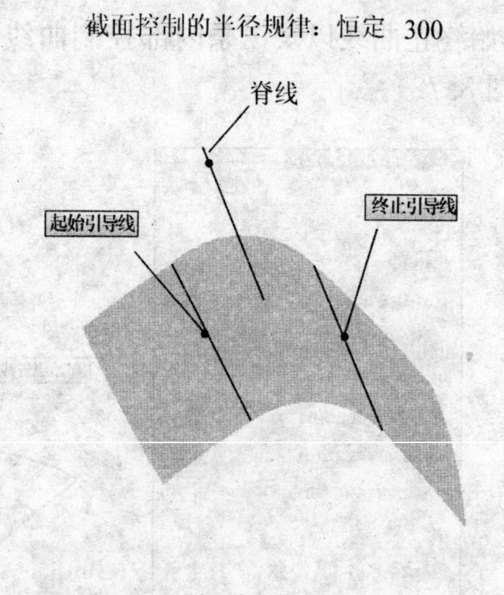

图8.74　两线和边界创建截面

8.4.14　Section Ends-Slope-Arc(端点-斜率-圆弧截面)

使用起始终止曲线和控制起始斜率曲线创建剖切面。一条控制斜率曲线定义曲面起始处的斜率,必须定义一条脊线(见图8.75)。

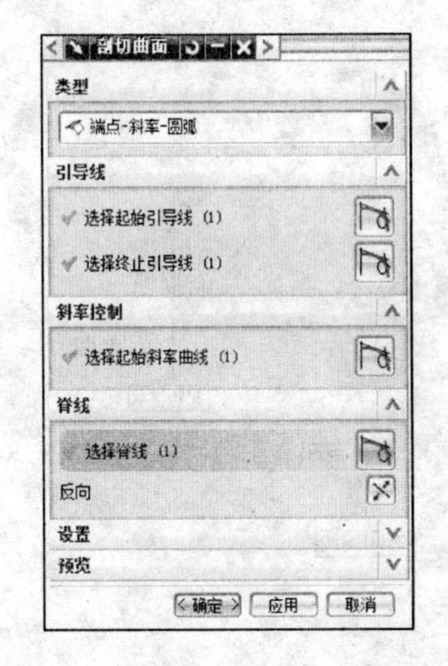

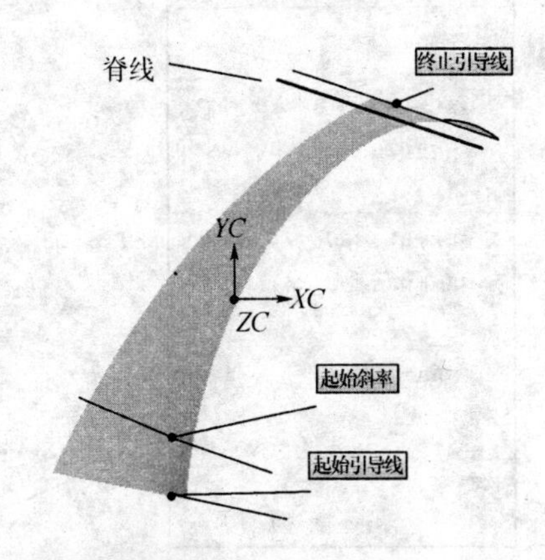

图 8.75　端线和斜率曲线创建截面

8.4.15　Section Circle(圆截面)

使用引导线、可选方位曲线和半径值创建全圆截面(见图 8.76)。

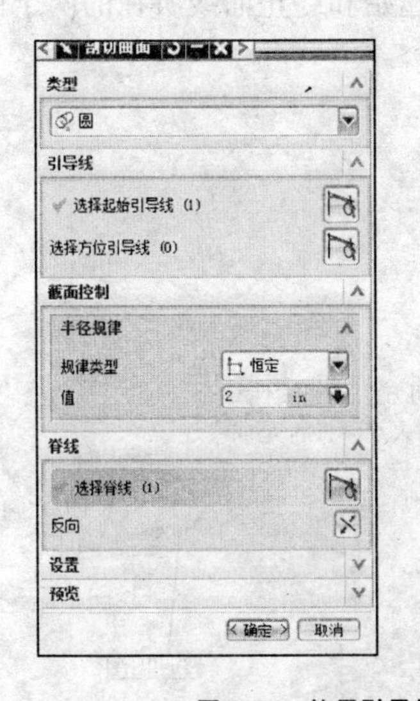

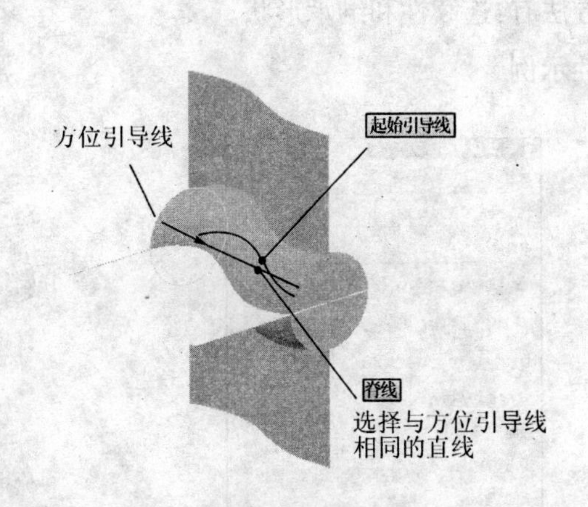

图 8.76　使用引导线、可选方位曲线和半径值创建全圆截面

8.4.16　Section Ends-Slope-Cubic(端点-斜率-三次曲线截面)

使用起始终止曲线和斜率创建三次曲线剖切面。两条斜率曲线分别定义起始和终止处的斜率,必须定义一条脊线(见图 8.77)。

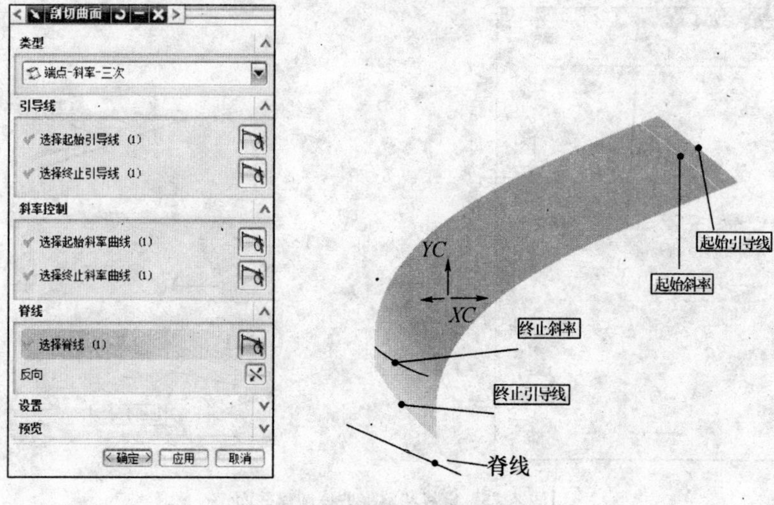

图 8.77　端线和斜率曲线创建剖切曲面

8.4.17　Section-Fillet-Brige(圆角-桥接截面)

使用起始终止曲线和斜率创建三次曲线剖切面。起始和终止曲线所在的两个面定义截面曲面起始和终止处的斜率(见图 8.78、图 8.79)。

剖切方法有:连续性和继承形状。

连续性示例

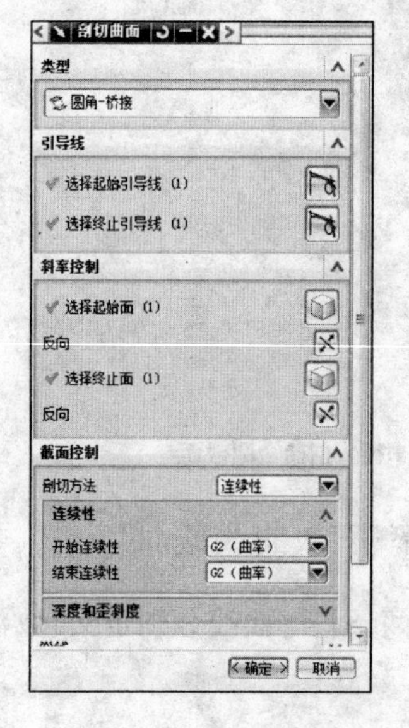

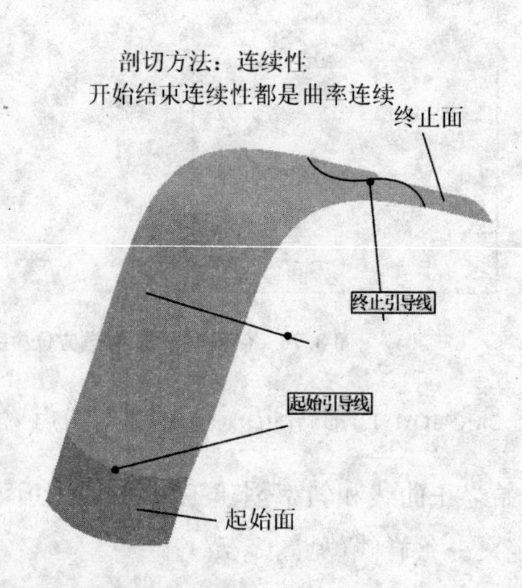

图 8.78　引导线和斜率曲线创建剖切面

继承形状示例

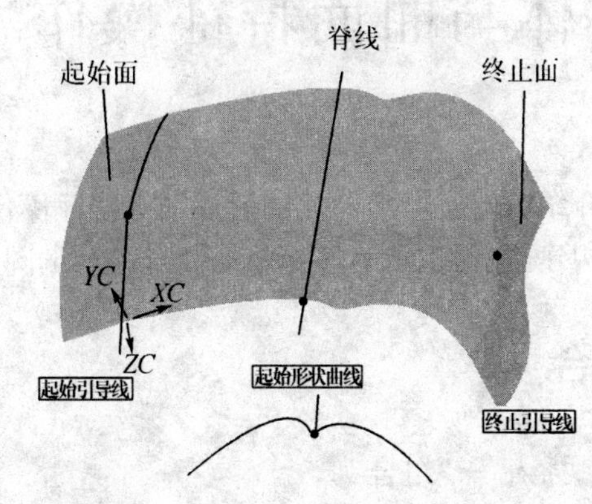

图 8.79 引导线斜率曲线和形状曲线创建剖切面

9 实体与曲面特征操作

本章主要介绍创建实体与曲面的后期细节特征操作。细节特征操作就是在主体特征构建后细节部分的构建(包括逻辑运算部分),如:拔模、倒圆角、薄壳、缝合、修剪等。

9.1 组合

入口路径:“插入”→“组合”。

9.1.1 求和

将两个或更多实体的体积合并为单个体。

条件是:两个实体有重合的部分,即相交或两个物体面接触。不相交或点、线接触都是不行的。如图 9.1 所示。

图 9.1 面接触和两种线接触的两实体

9.1.2 求差

从一个实体的体积中减去另一个实体的体积,留下剩余部分。

条件是:工具体与目标体必须相交,即有重合的部分。如图 9.2 所示。

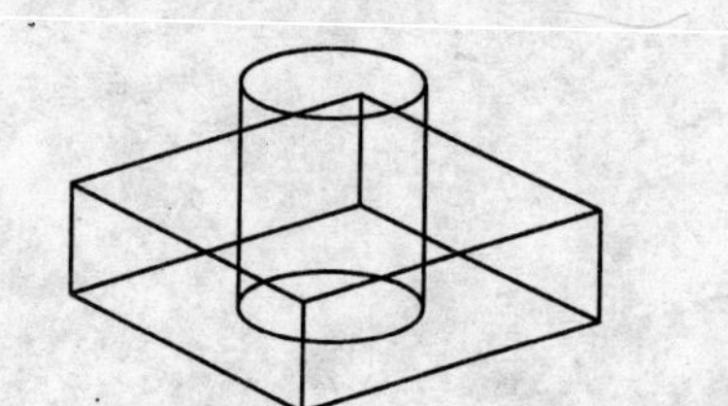

图 9.2 两实体求差

9.1.3 求交

创建一个体,它包含两个不同的体共享的体积。

条件是:两体必须相交即有共同部分。

打开如图 9.3 所示的有重叠的两个实体。(一个六面体,一个倒角的圆柱体)
点击“插入”→“组合”→“求交”命令,弹出求交对话框,如图 9.4 所示。

图 9.3　二个有重叠的实体

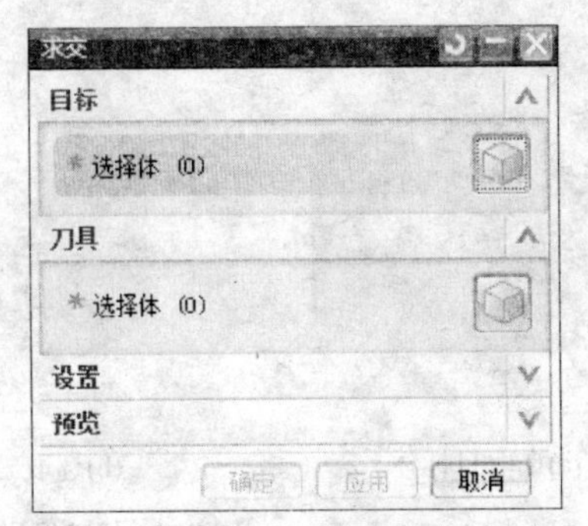

图 9.4　求交对话框

选取六面体,选取倒角的圆柱体,生成求交的结果,如图 9.5 所示。

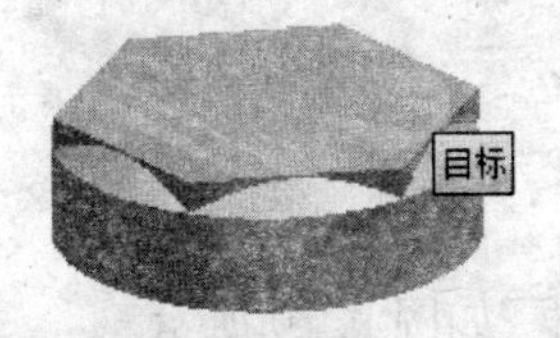

选取目标体

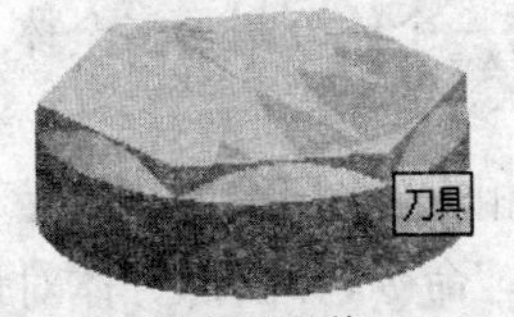

选择刀具体

求交的结果

图 9.5　求交的过程和结果

9.2　修剪

入口路径:“插入”→“修剪”。

9.2.1　修剪体

使用面或基准平面修剪掉一部分体。
打开图 9.6 所示实体与曲面相交的图形。
点击“插入”→“修剪”→“修剪体”命令,弹出修剪体对话框,如图 9.7 所示。

图9.6　长方体与相交的曲面

图 9.7　修剪体对话框

选取目标体(实体),按中键,选取刀具(曲面),按“确定”,目标体被修剪了一部分,如图 9.8 所示。

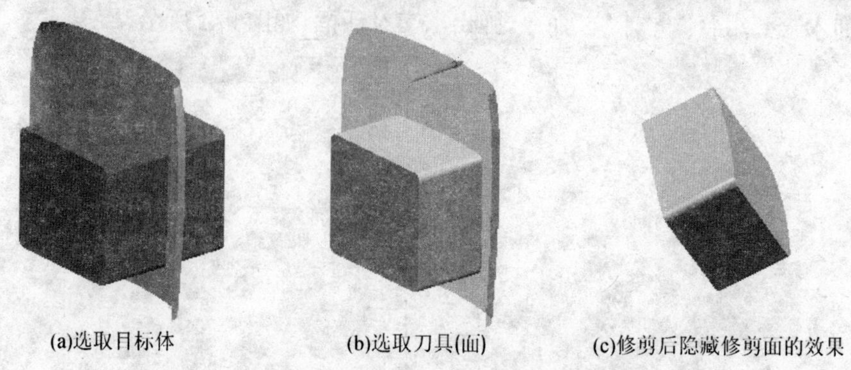

(a)选取目标体　(b)选取刀具(面)　(c)修剪后隐藏修剪面的效果

图 9.8　修剪操作过程与修剪的结果

9.2.2　拆分体

用面、基准平面或另一几何体将一个体分割为多个体。

拆分体操作与修剪体操作相似。

打开如图 9.9 所示实体与曲面相交的图形。

点击“插入”→“修剪”→“拆分体”命令,弹出拆分体对话框,如图 9.10 所示。

图 9.9　长方体与相交的曲面

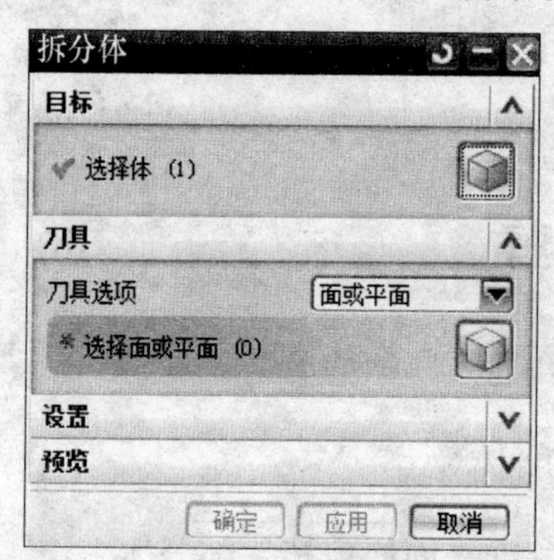

图 9.10　拆分体对话框

选取目标体(实体),按中键,选取刀具(曲面),按“确定”,目标体拆分成两个实体,如图 9.11所示。

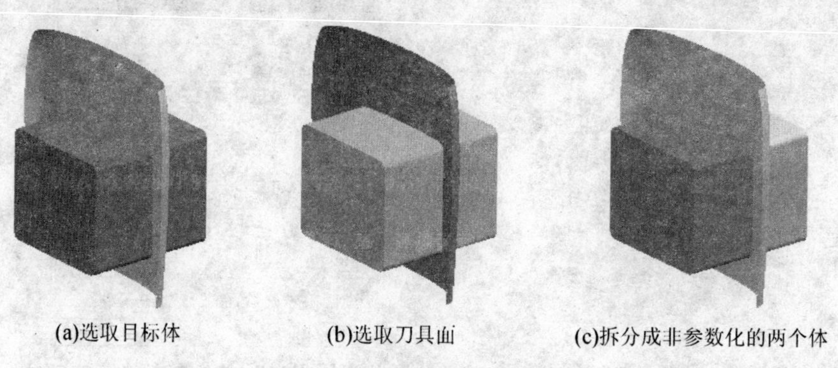

(a)选取目标体　(b)选取刀具面　(c)拆分成非参数化的两个体

图 9.11　拆分操作过程和拆分结果

9.2.3　修剪的片体

用曲线、面或基准平面修剪片体的一部分。

打开如图 9.12 所示的一个片体和两个修剪用封闭曲线。

点击“插入”→“修剪”→“修剪的片体”命令，弹出修剪片体对话框，如图 9.13 所示。

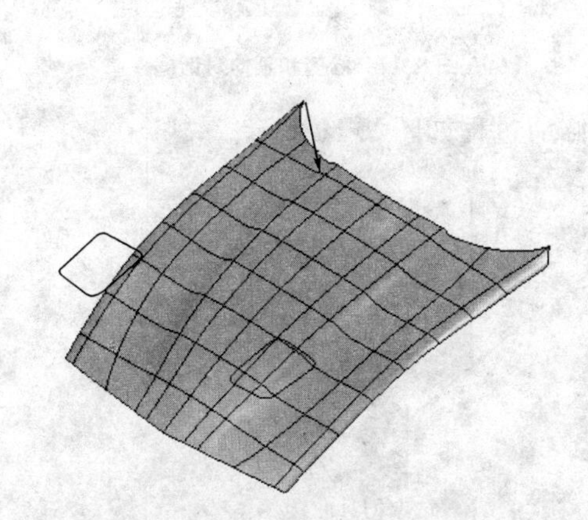

图 9.12　片体和修剪用线框

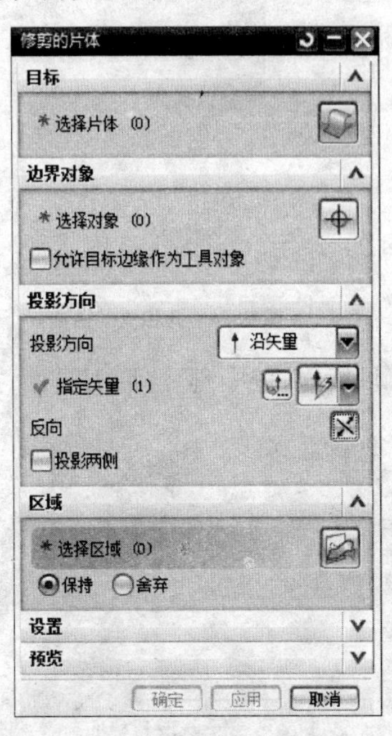

图 9.13　修剪的片体对话框

操作：选取片体，按中键，选取两个封闭的投影线串，设定投影方向（沿矢量、负 Z 方向），如图 9.14 所示。按“确定”，修剪结果如图 9.15 所示。

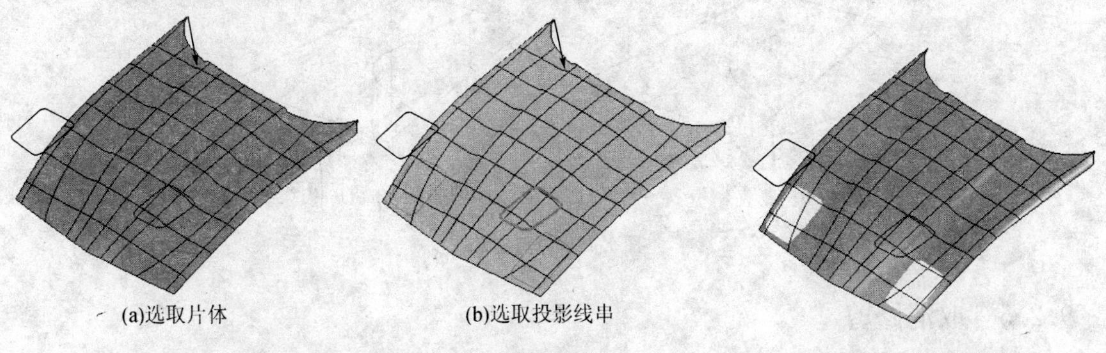

图 9.14　选取片体和选取修剪曲线和设定投影方向　　图 9.15　片体修剪结果

9.2.4　修剪与延伸

按距离或与另一组面的交点修剪或延伸一组面。

打开如图 9.16 所示的两相交的曲面。

点击“插入”→“修剪”→“修剪与延伸”命令，弹出修剪和延伸对话框，如图 9.17 所示。

图 9.16 两相交的曲面

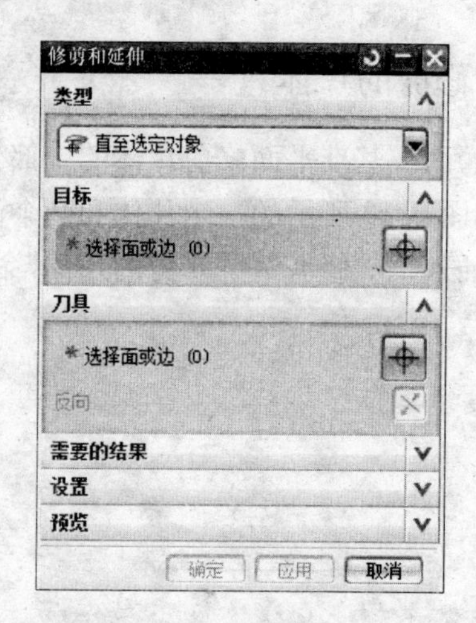

图 9.17 修剪和延伸对话框

选取目标面,按中键,选取刀具面,按中键,修剪过程如图 9.18 所示。

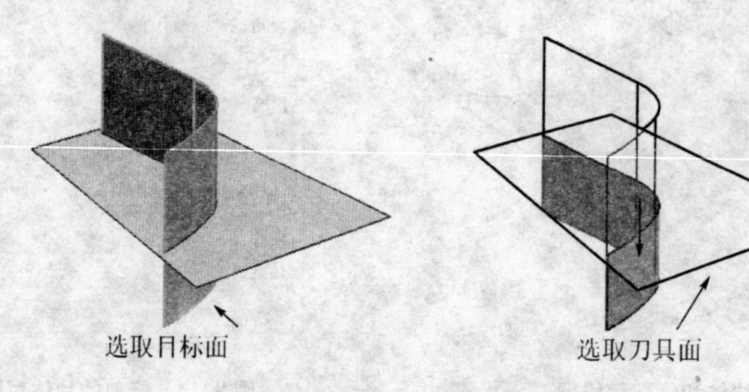

图 9.18 选取目标面和选取刀具面

按“确定”,修剪结果如图 9.19 所示。

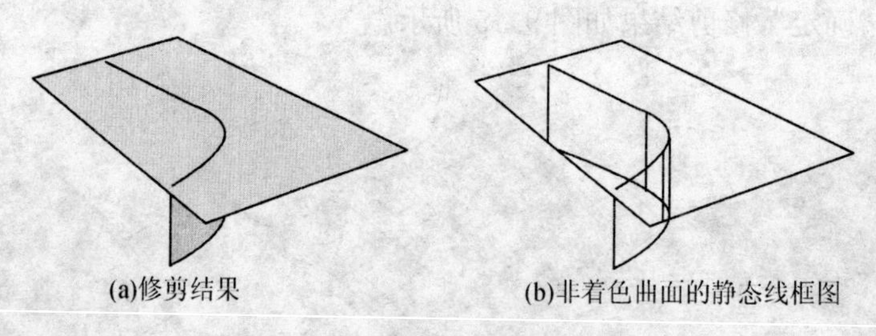

图 9.19 修剪结果

9.2.5 取消修剪

移除修剪过的边界,形成边界自然的面。

打开 9.2.3 修剪过的片体，如图 9.20 所示。

点击“插入”→“修剪”→“取消修剪”命令，弹出取消修剪对话框，如图 9.21 所示。

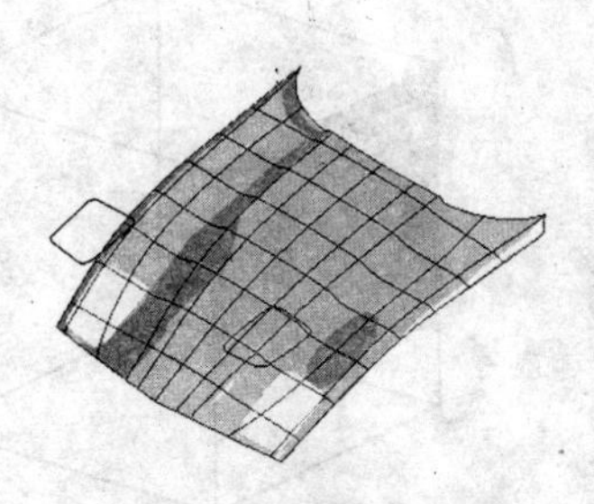

图 9.20　修剪过的曲面

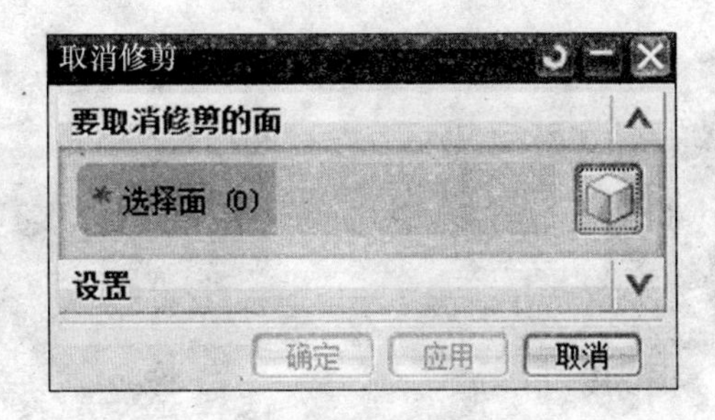

图 9.21　取消修剪对话框

选取图中已修剪的曲面，按“确定”，其结果如图 9.22 所示。

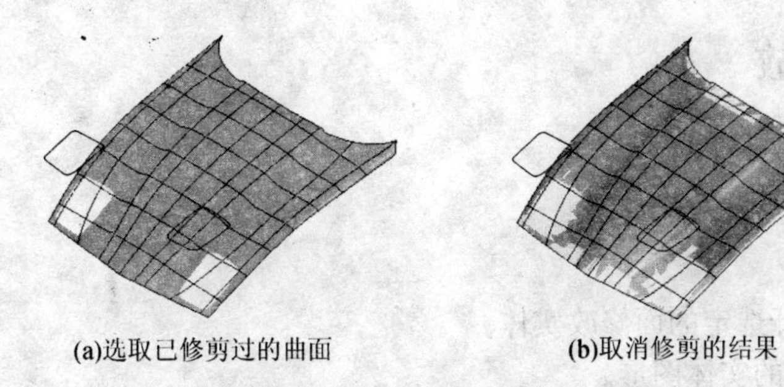

(a)选取已修剪过的曲面　　(b)取消修剪的结果

图 9.22　取消修剪操作和结果

9.2.6　分割面

用曲线、面或基准平面将一个面分割为多个面。

打开如图 9.23 所示的长方体，侧面上有一条折线。

点击“插入”→“修剪”→“分割面”命令，弹出分割面对话框，如图 9.24 所示。

图 9.23　长方体和侧面有一条折线

图 9.24　分割面对话框

选取要分割的面，按中键，选取分割对象折线，按中键，如图 9.25 所示。按“确定”，长方体左侧面分割成两部分，分割的结果用局部显示，如图 9.26 所示。

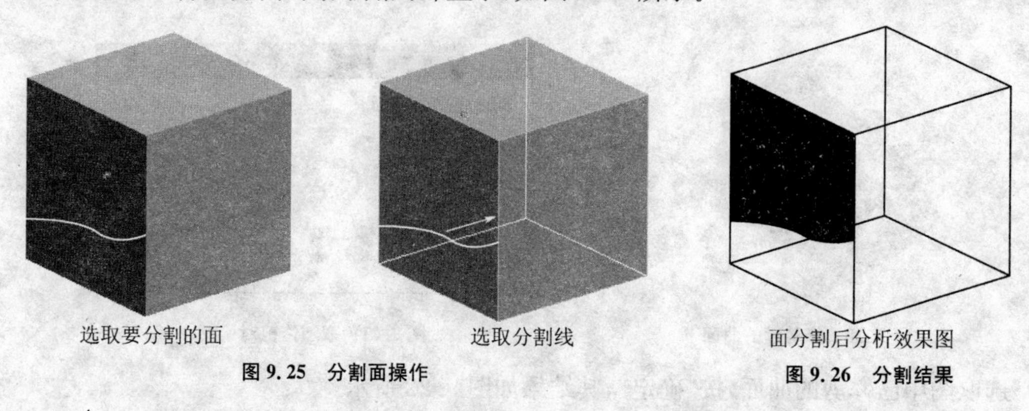

图 9.25　分割面操作　　图 9.26　分割结果

9.3　偏置/缩放

入口路径：“插入”→“偏置/缩放”。

9.3.1　抽壳

通过应用壁厚并打开选定的面修改实体。

打开如图 9.27 所示的实体图形。

点击“插入”→“偏置/缩放”→“抽壳”命令，弹出壳对话框，如图 9.28 所示，

图 9.27　带槽实体

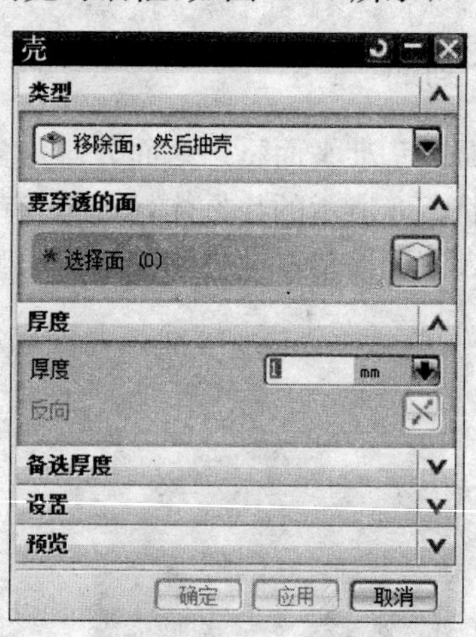

图 9.28　壳对话框

设置：类型：移除面，然后抽壳；厚度：1；工具栏的面规则，设定为：相切面。选择移除的面，如图 9.29(a)所示，周边相切面。按“确定”，抽壳结果如图 9.29(b)所示。

另例，如图 9.30(a)移除上表面(相切面)，选取后如图 9.30(b)所示，抽壳的结果如图 9.30(c)所示。

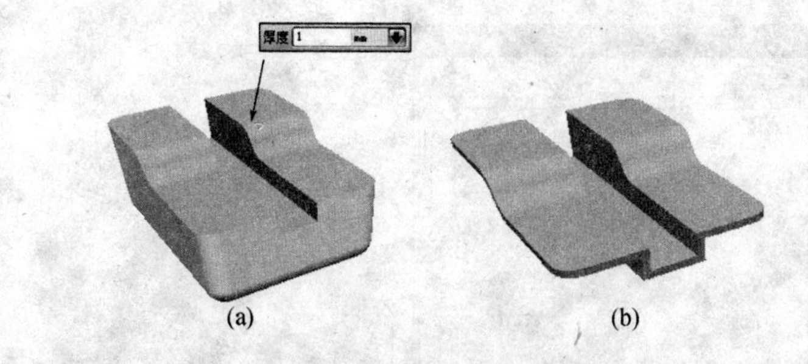

图 9.29　选取移除面和抽壳结果

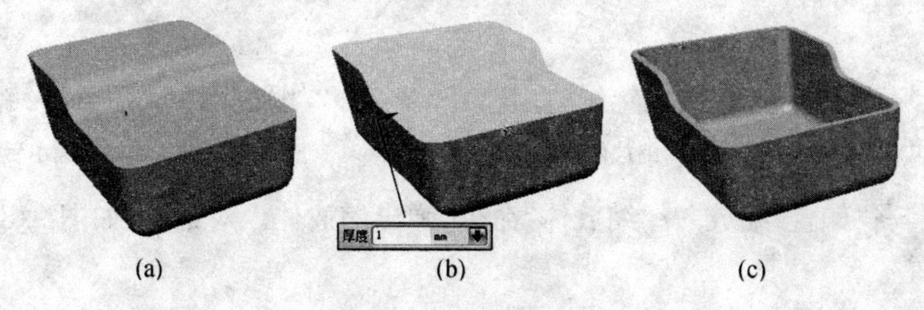

图 9.30　抽壳操作和结果

9.3.2　加厚

通过为一组面增加厚度来创建实体。

打开如图 9.31 所示的片体。

点击"插入"→"偏置/缩放"→"加厚"命令，弹出加厚对话框，如图 9.33 所示。

选取将要加厚的片体，如图 9.32 所示，偏置 1 设为 0，偏置 2 设为 0.2，如图 9.33 所示。

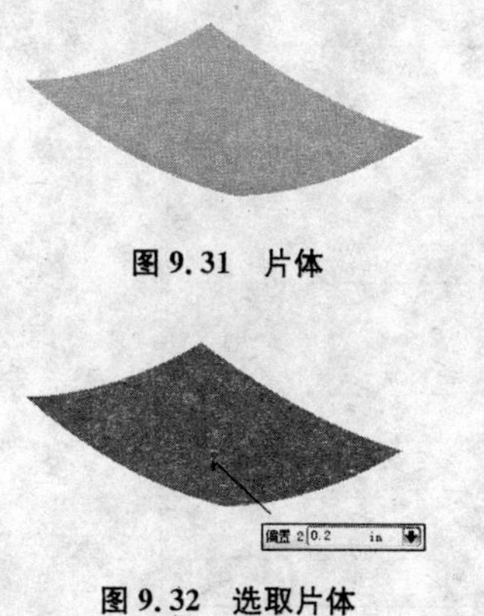

图 9.31　片体

图 9.32　选取片体

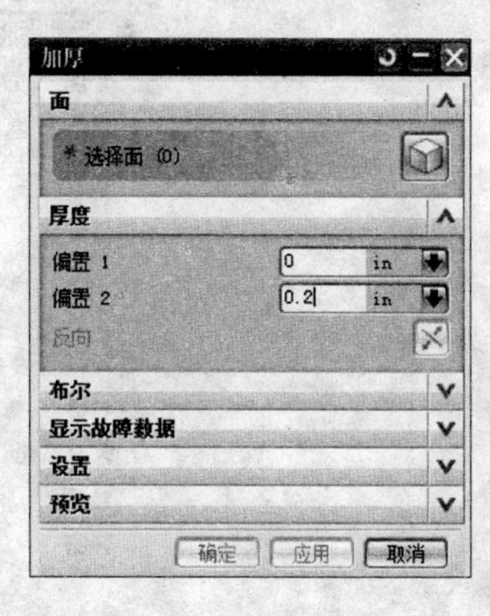

图 9.33　加厚对话框

图 9.34　加厚片体

按"确定"，生成的加厚片体如图 9.34 所示。

9.3.3　缩放体

缩放实体/片体。

打开如图 9.35 所示的实体。

图 9.35　缩放用实体

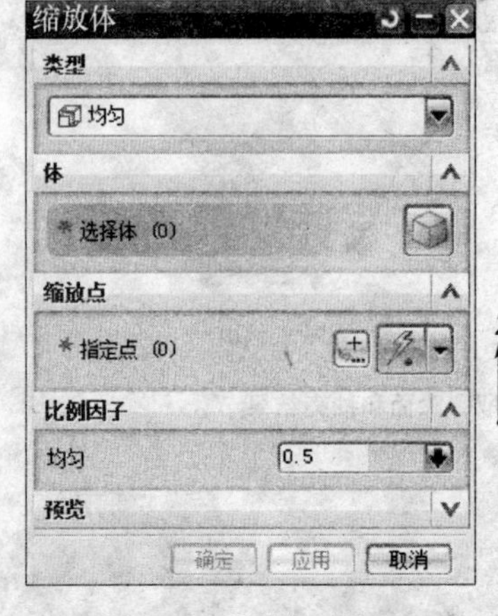

图 9.36　缩放体对话框

选取实体

缩小0.5倍的实体

图 9.37　选取实体和缩小后的结果

点击“插入”→“偏置/缩放”→“缩放体”命令，弹出缩放体。对话框，如图 9.36 所示。

对话框设置：

类型：均匀；指定点：(0,0,0)；比例因子：0.5。

选取实体，按“确定”，缩小后的结果如图 9.37 所示。

9.3.4　偏置曲面

通过偏置一组面来创建偏置曲面，曲面上的点沿法向偏置一个设定的数值。

打开如图 9.38 所示曲面图形。

图 9.38　偏置用曲面

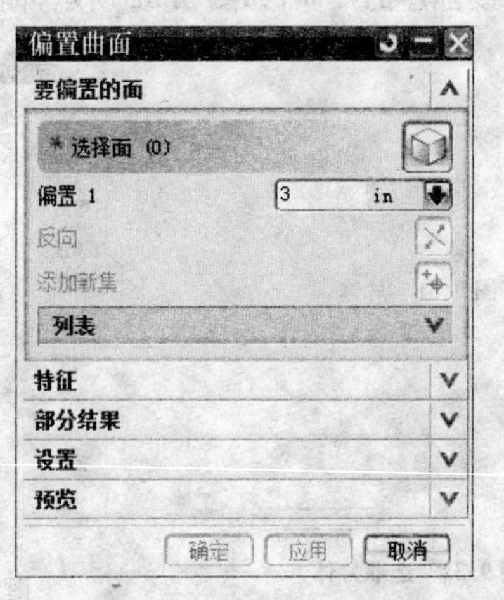

图 9.39　偏置曲面对话框

点击“插入”→“偏置/缩放”→“偏置曲面”命令，弹出偏置曲面对话框，如图 9.39 所示。

选取曲面，如图 9.40(a)所示，反向可以改变偏置的方向。

按“确定”，生成的偏置曲面如图 9.40(b)所示。

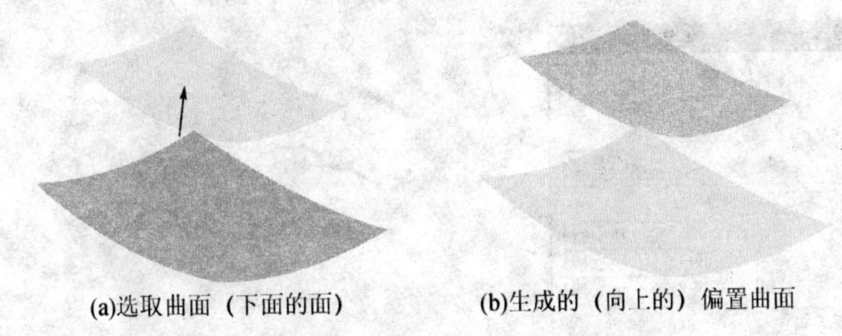

(a)选取曲面（下面的面） (b)生成的（向上的）偏置曲面

图 9.40 选取曲面与生成的偏置曲面

9.3.5 可变偏置

使面偏置一个距离，该距离可能在四个角点处有变化。

打开如图 9.41 所示的可变偏置用曲面。

点击“插入”→“偏置/缩放”→“可变偏置”命令，弹出可变偏置曲面对话框，如图 9.42 所示。

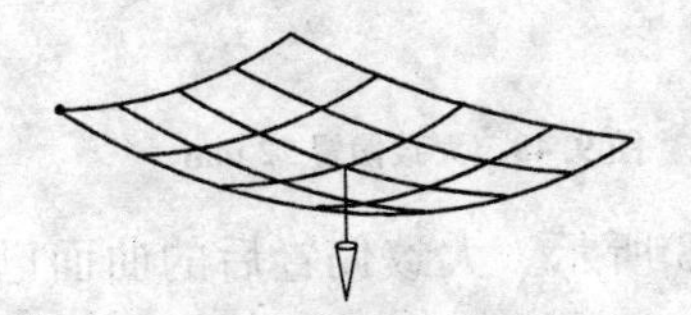

图 9.41 可变偏置用曲面

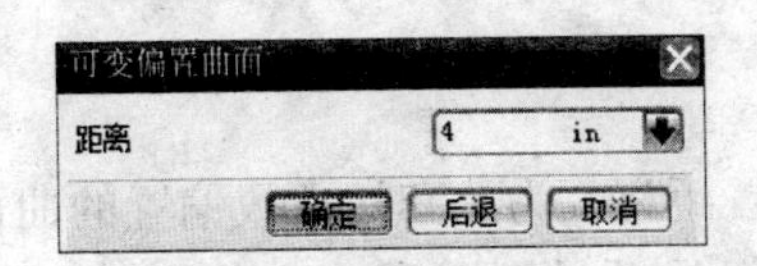

图 9.42 可变偏置曲面对话框

选取曲面，弹出点对话框，设置曲面四个角点处的偏置量：选取一个角点，设置一个偏置量，按“确定”，再选取一个角点，设置一个偏置量，按“确定”……设置完 4 个角点，如图 9.43 所示。生成的曲面如图 9.44 所示。

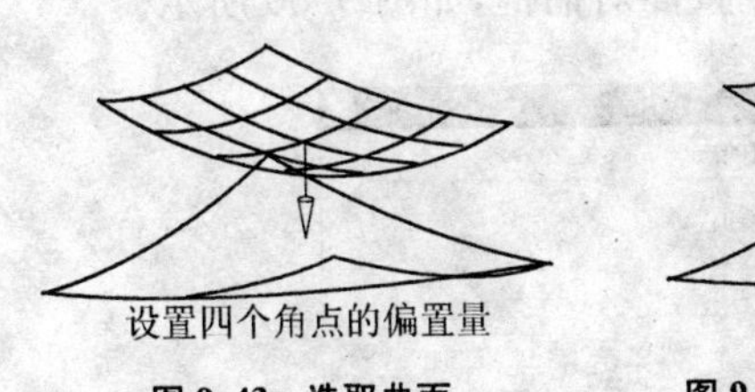

图 9.43 选取曲面

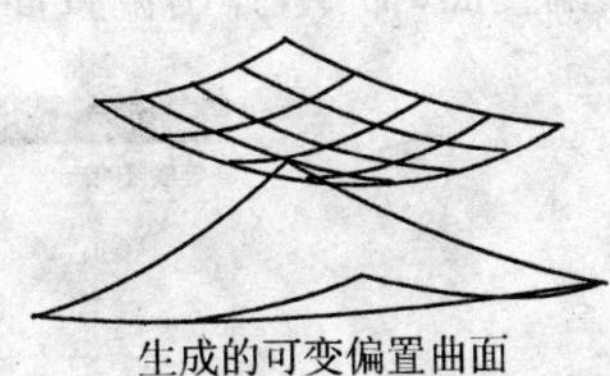

图 9.44 生成的可变偏置曲面

图 9.45 偏置用曲面

9.3.6 大致偏置

从一组面或片体上创建无自相交、锐边或拐角的偏置片体。

打开如图 9.45 所示的偏置用曲面。

点击“插入”→“偏置/缩放”→“大致偏置”命令，弹出大致偏置曲面对话框，如图 9.46 所示。

选取将要偏置的曲面，按中键，设置偏置距离：10（偏置偏差、步距不改）。按“确定”，生成的大致偏置曲面如图 9.47 所示。

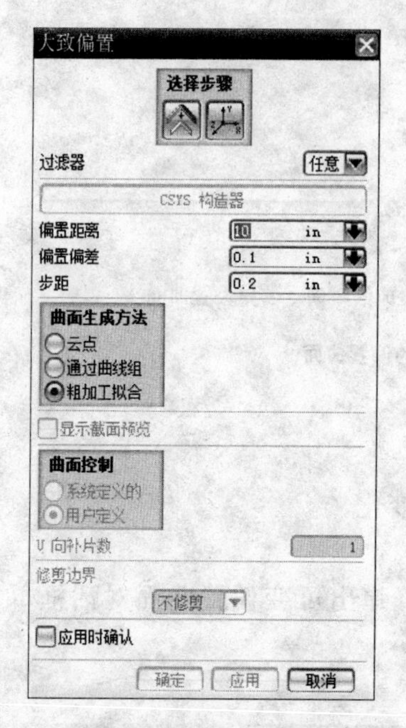

图 9.46　大致偏置对话框

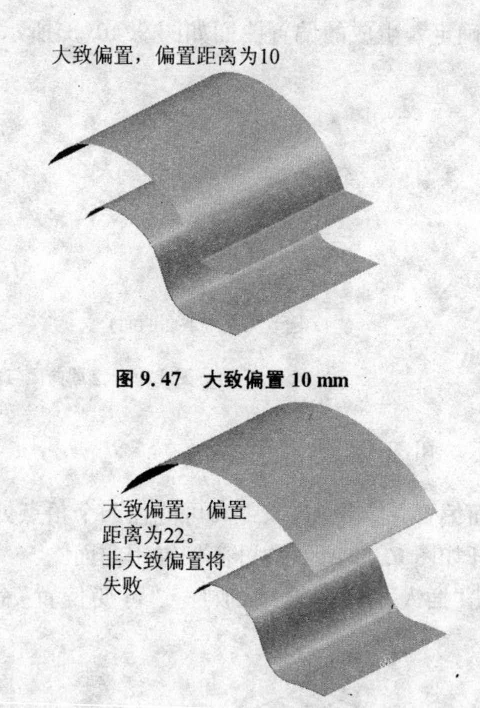

图 9.47　大致偏置 10 mm

图 9.48　大致偏置 22 mm

当偏置距离改为 22 时，大致偏置的曲面如图 9.48 所示。大致偏置后的曲面已没有原曲面的平面部分，非大致偏置将失败。

9.3.7　偏置面

从它们当前位置偏置一组面，即偏置实体的表面，实体随着表面而改变。

打开如图 9.49 所示实体模型。

点击“插入”→“偏置/缩放”→“偏置面”命令，弹出偏置面对话框，如图 9.50 所示。

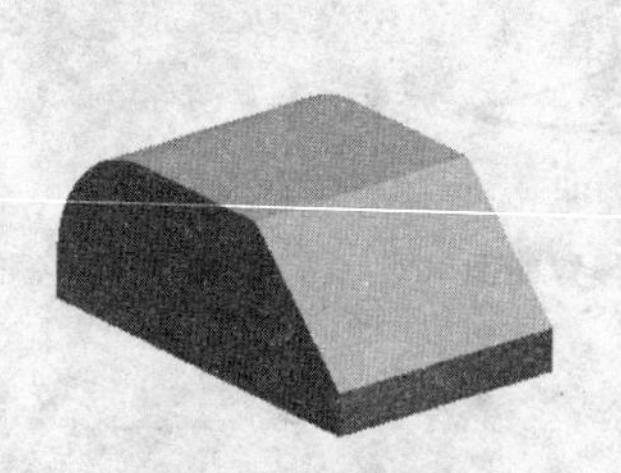

图 9.49　偏置用实体

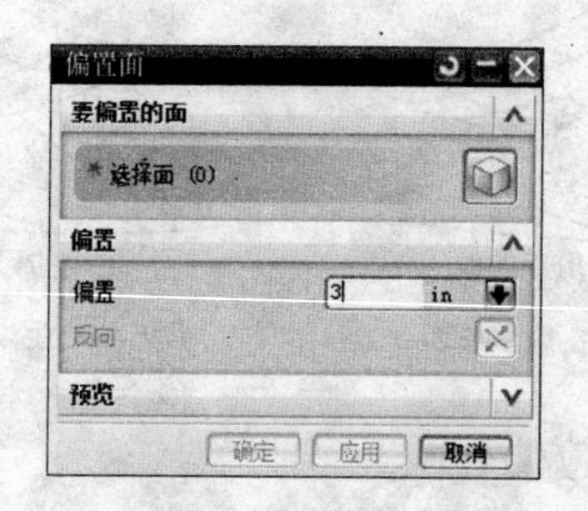

图 9.50　偏置面对话框

选择将偏置的实体表面（面规则，选择：相切面），偏置值设置为：3，如图 9.51 所示。按“确定”，偏置面的结果如图 9.52 所示。图 9.52 的实体在高度方向比图 9.49 的实体要高 3 mm。

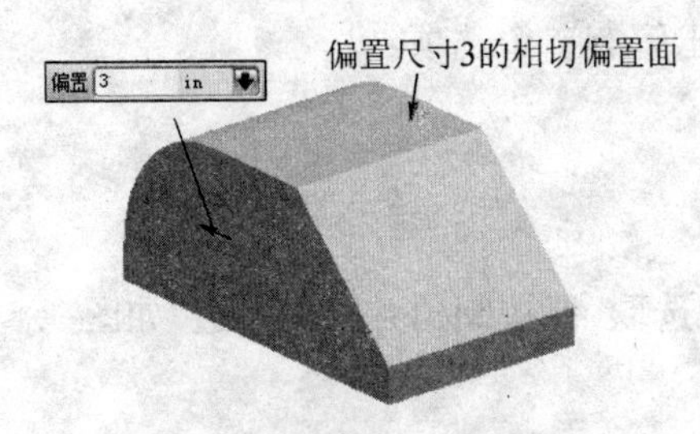

图 9.51 选择将偏置的实体表面

图 9.52 偏置结果

9.4 细节特征

入口路径:“插入”→“细节特征”。

9.4.1 边倒圆

对实体棱边倒圆角,半经可以是常数或变量。

打开如图 9.53 所示的实体模型。点击“插入”→“细节特征”→“边倒圆”命令,如图 9.54 所示。

图 9.53 倒圆角用实体

图 9.54 边倒圆对话框

选择要倒圆的棱边,如图 9.55 中三处。

按“确定”,倒出三处圆角,如图 9.56 所示。

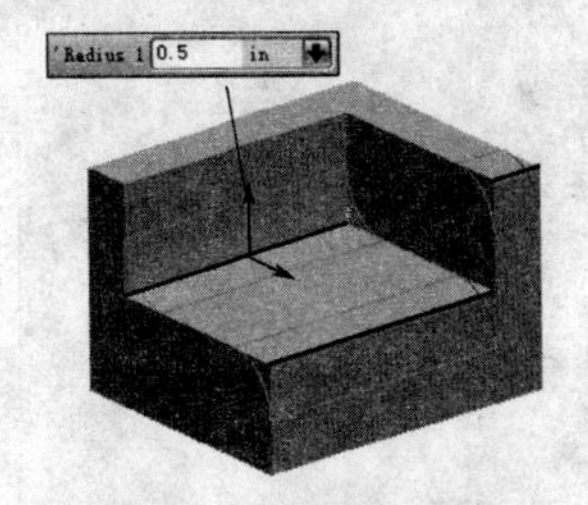

图 9.55 选择要倒圆的棱边

图 9.56 倒圆结果

边倒圆对话框中的溢出解组框中的允许溢出解有三个选项：

(1) 在光顺边上滚动；

(2) 在边上滚动(光顺或尖锐)；

(3) 保持圆角并移动锐边。

当三个选项都不选取，如图 9.57 所示，当仅选取“保持圆角并移动锐边”如图 9.58 所示。

图 9.57　倒圆角 1

图 9.58　倒圆角 2

当同时选取“在边上滚动(光顺或尖锐)”和“保持圆角并移动锐边”，如图 9.59 所示。

变半径倒圆如图 9.60 所示。

图 9.59　倒圆角 3

图 9.60　倒圆角 4

9.4.2　面倒圆

在选定面组之间添加相切圆角面。圆角形状可以是圆形、二次曲线或规律控制。

打开如图 9.61 所示的两相交曲面图形。

点击“插入”→“细节特征”→“面倒圆”命令，弹出面倒圆对话框，如图 9.62 所示。

图 9.61　两相交曲面

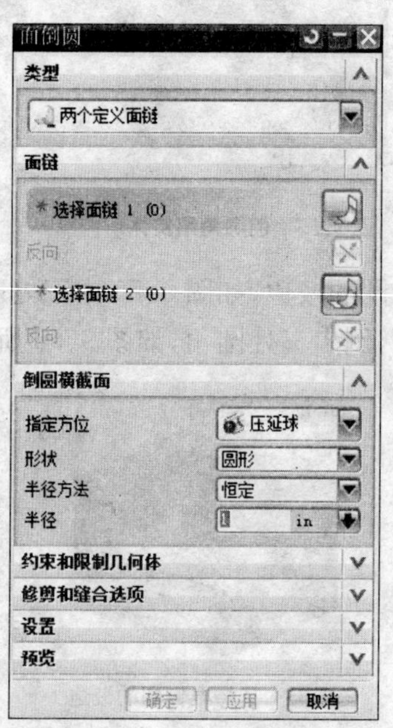

图 9.62　面倒圆对话框

类型设置:两个定义面链。选取一个曲面,按中键,选取另一个曲面(面法向和其他设置,参见图 9.62 和图 9.63 所示),按"确定",生成的面倒圆曲面如图 9.64 所示。

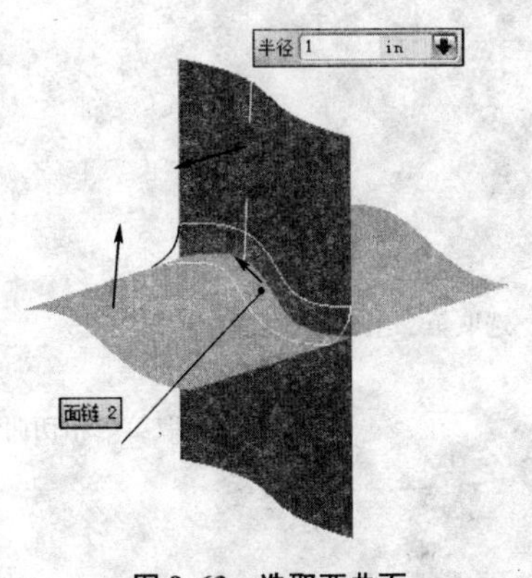

图 9.63 选取两曲面

图 9.64 两曲面倒圆结果

9.4.3 软倒圆

在选定面组之间添加相切和曲率连续圆角面,曲面边界可以用曲线指定。

打开如图 9.65 所示实体模型。

点击"插入"→"细节特征"→"软倒圆"命令,弹出软倒圆对话框,如图 9.66 所示。

图 9.65 实体(相交面画有两条曲线)

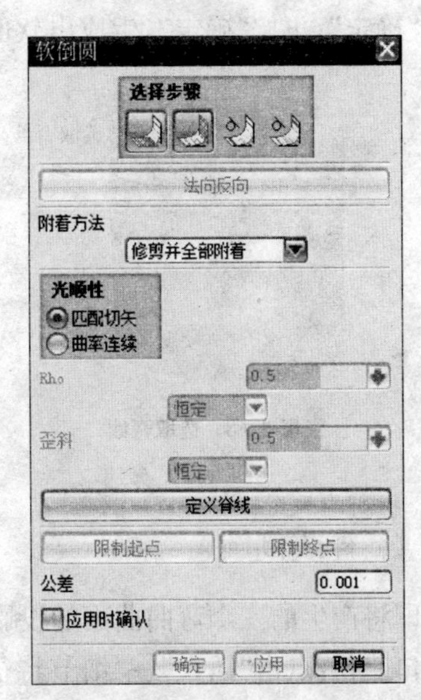

图 9.66 软倒圆对话框

选取第 1 组曲面,按中键,选取第 2 组曲面,按中键,选取第 1 相切曲线,按中键,选取第 2 相切曲线,按中键,如图 9.67 所示。

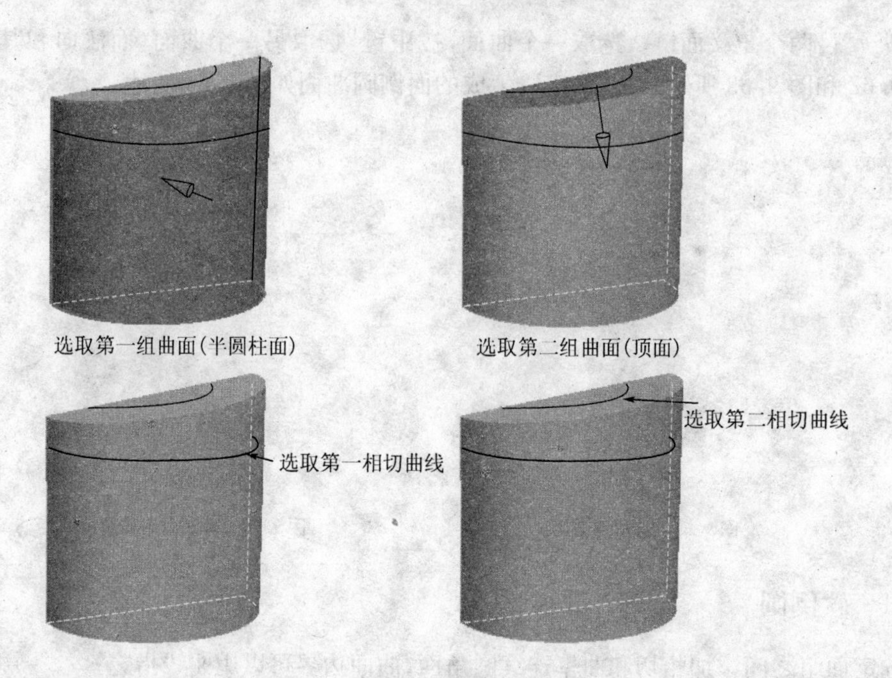

图 9.67　选取两倒圆角面和两条相切曲线

点击“定义脊线”按钮,弹出脊线对话框,选取上部圆弧棱边为脊线,如图 9.68 所示。

按“确定”,再按“确定”,生成出软倒圆面,如图 9.69 所示。

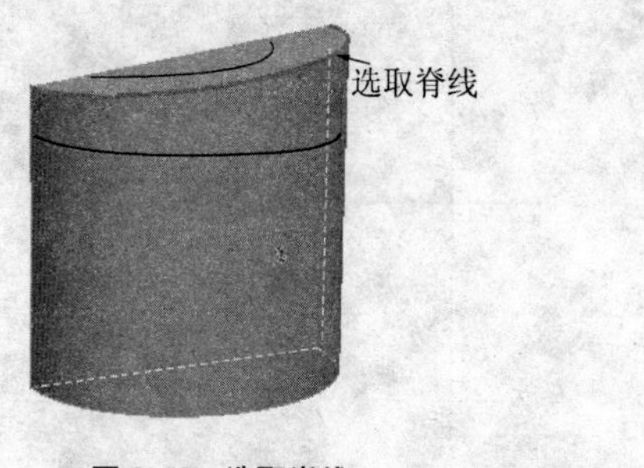

图 9.68　选取脊线

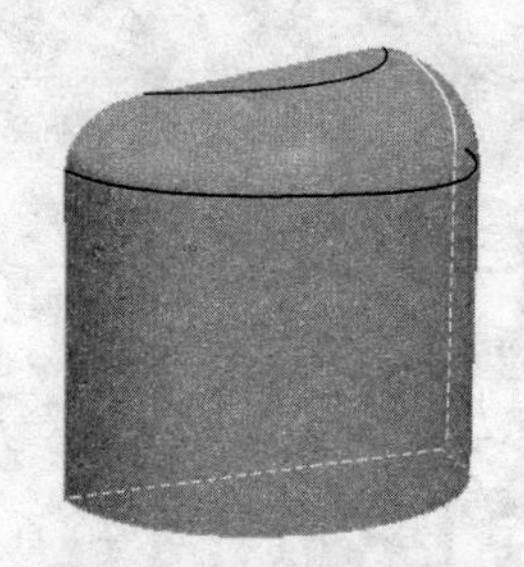

图 9.69　生成的软倒圆角面

9.4.4　样式倒圆

在即将产生的三个弯曲曲面的投影交点,创建一个精确、美观的 A 类拐角。

入口路径:点击“插入”→“细节特征”→“样式倒圆”命令,弹出样式倒圆对话框,构建样式倒圆。图例略。

9.4.5　美学面倒圆

在圆角的圆角切面处,施加相切或曲率约束倒圆曲面。圆角截面形状可以是圆形、锥形或切入类型。

入口路径:点击“插入”→“细节特征”→“美学面倒圆”命令,弹出美学面倒圆对话框,构建美学面倒圆。图例略。

9.4.6　桥接

将两个片体光顺地连接起来。

打开如图 9.70 所示的曲面图形。

点击"插入"→"细节特征"→"桥接"命令，弹出桥接对话框，如图 9.71 所示。

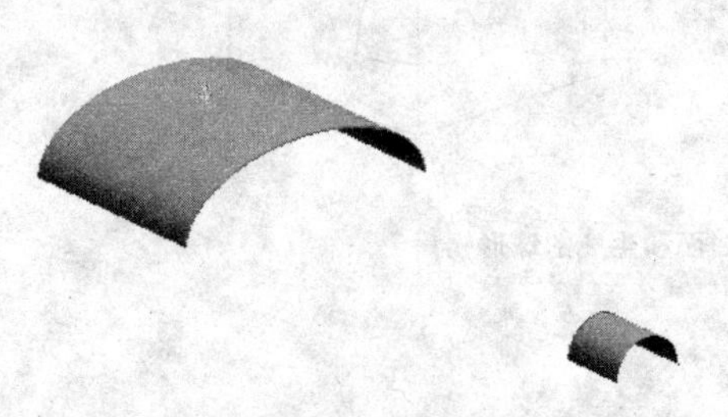

图 9.70　两曲面

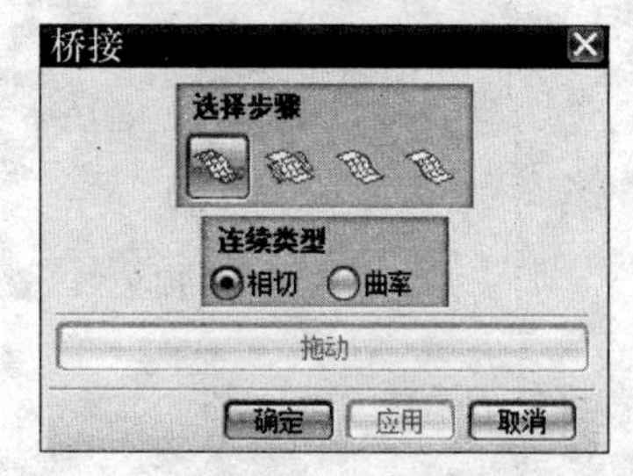

图 9.71　桥接对话框

选取第一个曲面，再选取第二个曲面。如图 9.72 所示。注意：点击的是曲面边缘位置。

按"确定"，生成的桥接曲面如图 9.73 所示。

图 9.72　分别选取两个曲面　　图 9.73　生成的桥接曲面

9.4.7　样式拐角

在即将产生的三个弯曲曲面的投影点创建一个精确、美观的 A 类拐角。

入口路径：点击"插入"→"细节特征"→"样式拐角"命令，弹出样式拐角对话框，构建样式拐角。图例略。

9.4.8　球形拐角

以三个壁创建一个球形拐角。

打开图形文件，如图 9.74(a)所示。

点击"插入"→"细节特征"→"球形拐角"命令，弹出球形拐角对话框，如图 9.74(b)所示。

图 9.74　球形拐角模型和球形拐角对话框

选取第一个、第二个、第三个曲面，如图 9.75(a)所示。按“确定”，生成球形拐角，静态线框图如图 9.75(b)所示。

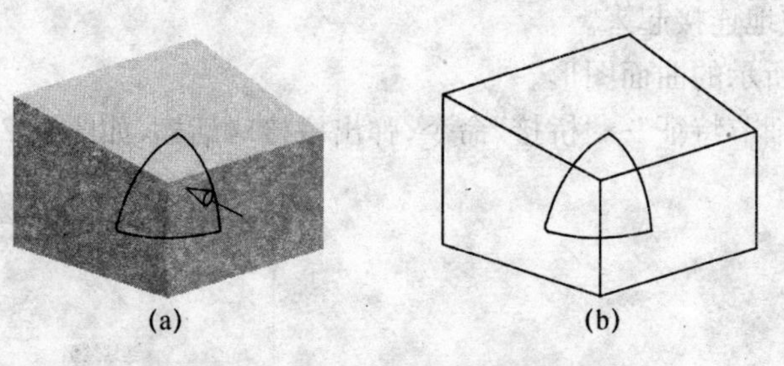

图 9.75 选取曲面和生成的球形拐角

9.4.9 倒斜角

对面之间的锐边进行倒斜角。

打开如图 9.76 所示的长方体。

点击“插入”→“细节特征”→“倒斜角”命令，弹出倒斜角对话框，如图 9.77 所示。

图 9.76 长方体

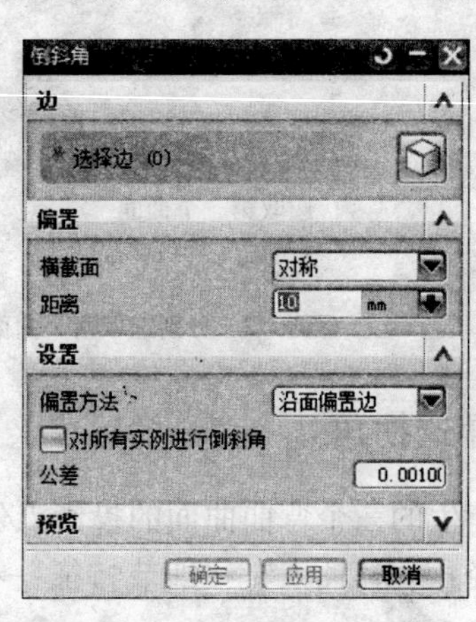

图 9.77 倒斜角对话框

设置：横截面：对称； 距离：10； 偏置方法：沿面偏置边。

选取要倒斜角的边，如图 9.78 所示。按“确定”，生成的倒斜角面，如图 9.79 所示。

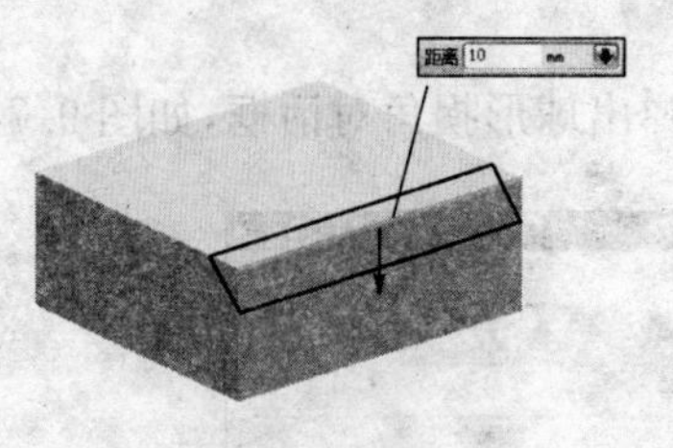

图 9.78 选取要倒斜角的边

图 9.79 生成的倒斜角面

其他几种倒斜角的偏置形式：不对称，如图 9.80 所示。偏置和角度，如图 9.81 所示。

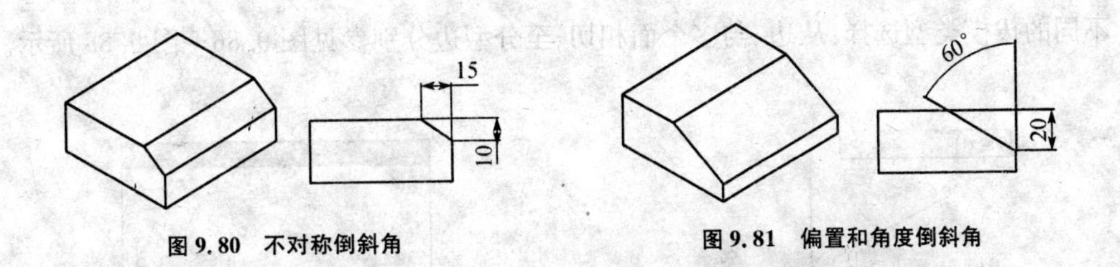

图 9.80 不对称倒斜角　　　　图 9.81 偏置和角度倒斜角

9.4.10 拔模

通过更改相对于脱模方向的角度来修改小平面。

打开如图 9.82 所示的实体模型。

点击“插入”→“细节特征”→“拔模”命令，弹出拔模对话框，如图 9.83 所示。

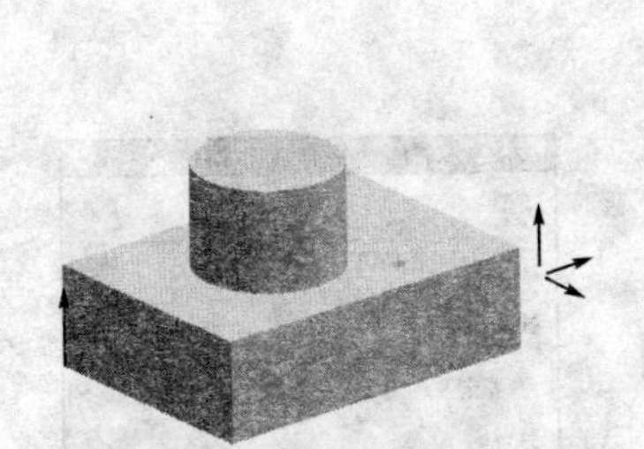

图 9.82 方块上圆柱

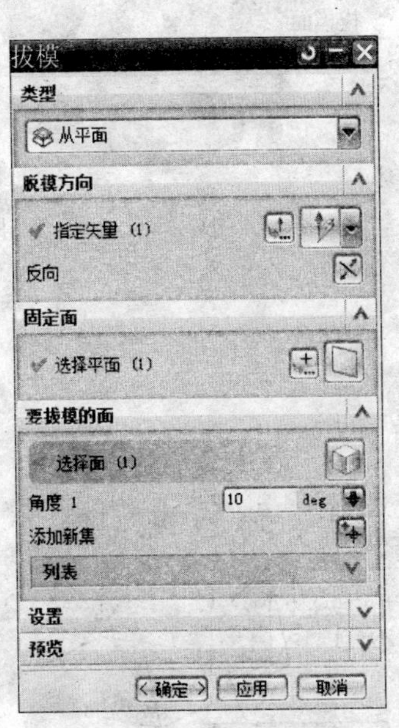

图 9.83 拔模对话框

拔模类型有四种：从平面、从边、与多个面相切、至分型边。

选择拔模类型：从平面；指定脱模方向：Z 向。

指定固定面；指定要拔摸的面；设定拔模角度：10°，如图 9.84 所示。

拔模结果如图 9.85 所示。

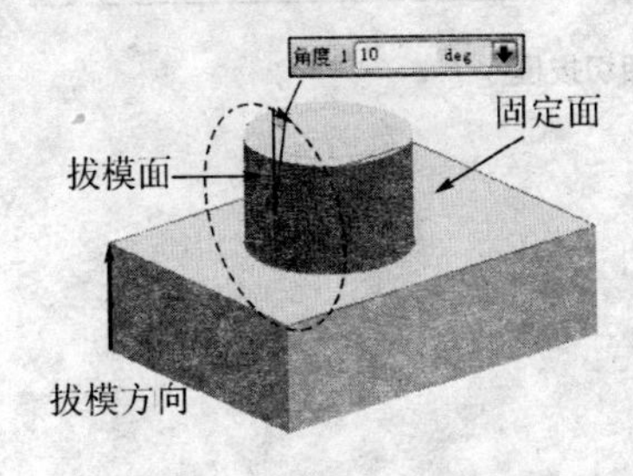

图 9.84 选择拔模面和固定面

图 9.85 拔模结果

不同的拔模类型选择:从边、与多个面相切、至分型边分别参见图 9.86～图 9.88 所示。

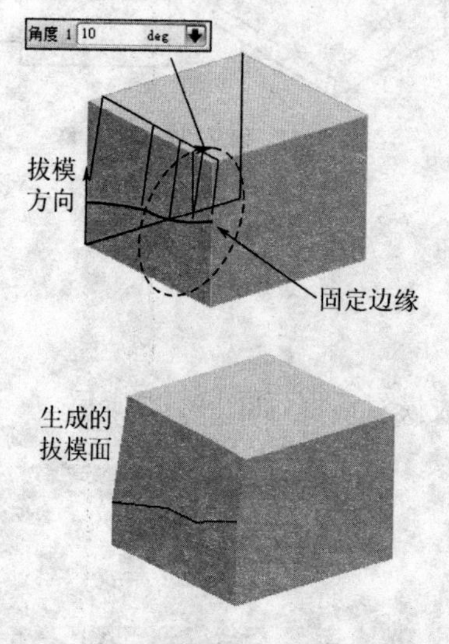

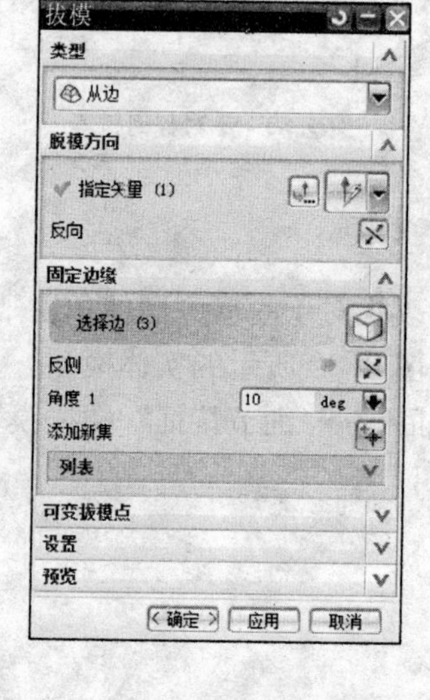

图 9.86　从边拔模

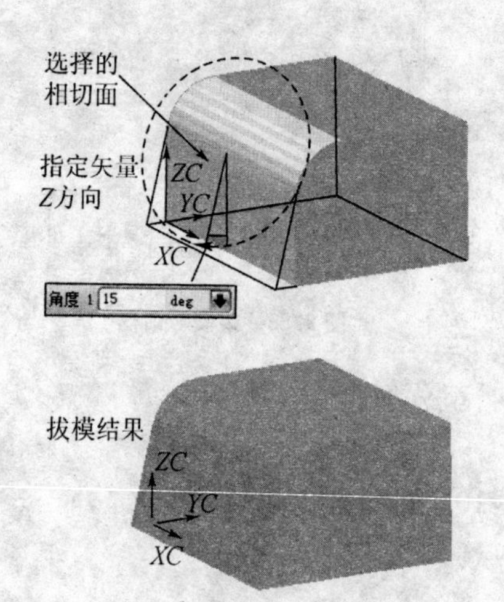

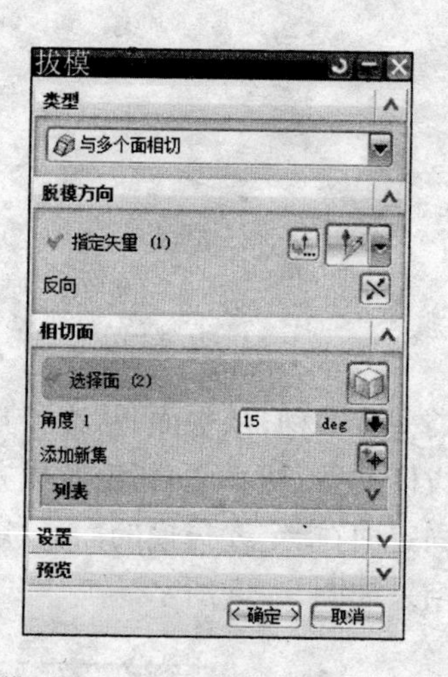

图 9.87　与多个面相切拔模

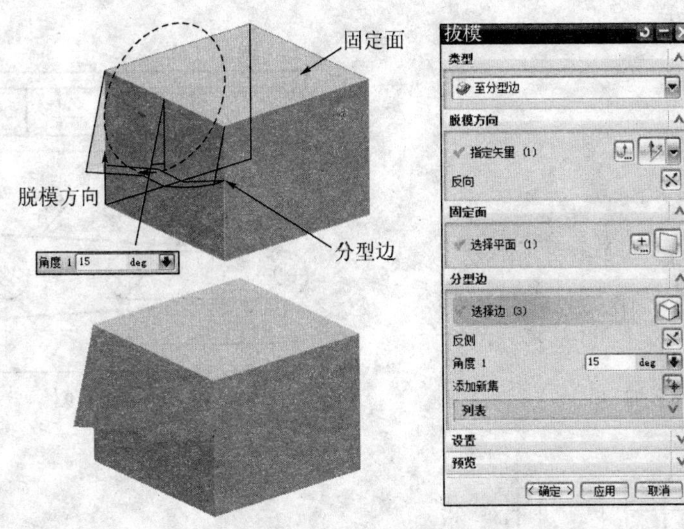

图 9.88 至分型边拔模

9.4.11 拔模体

在分型面的两侧添加并匹配拔模。

打开如图 9.89 所示的图形文件。

点击“插入”→“细节特征”→“拔模体”命令，弹出拔模体对话框，如图 9.90(a)所示。

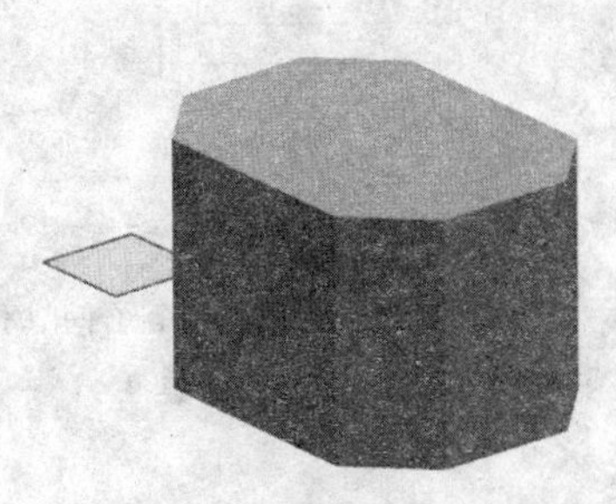

图 9.89 将拔模的实体

类型选择：

选择分型对象：如图 9.90 右图所示的分型对象(基准平面)。

指定脱模的方向：Z 向。

选择要拔模的面：柱体四周的面。

指定拔模角度：10°。

按“确定”，生成如图 9.91 所示的拔模体。

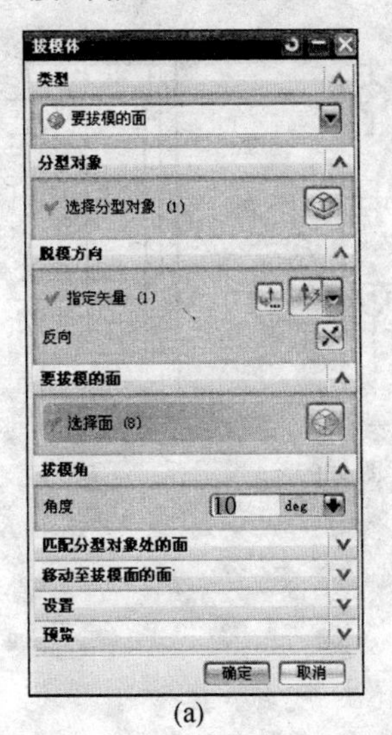

(a)

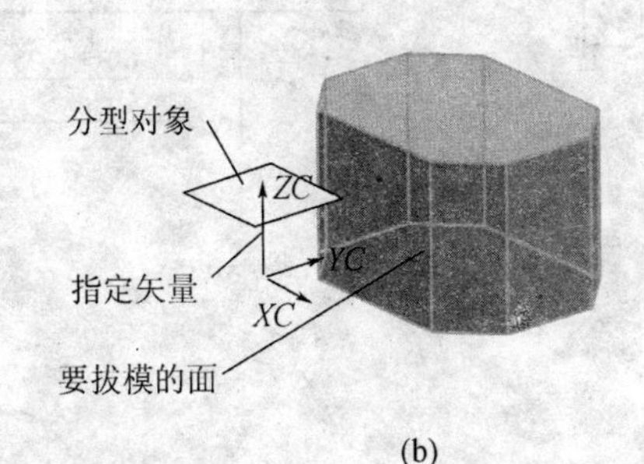

(b)

图 9.90 拔模体对话框和操作

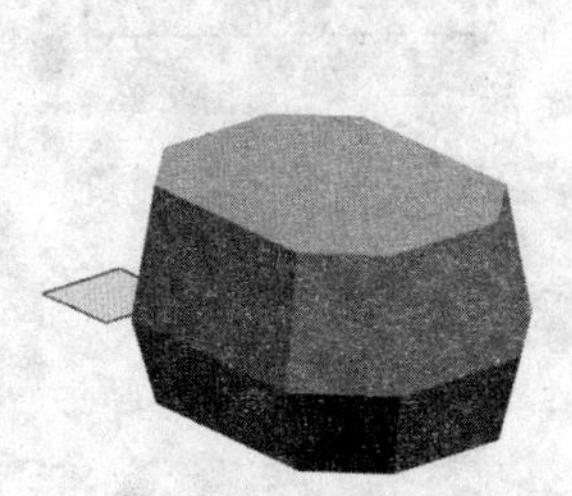

图 9.91 拔模效果图

建模练习图

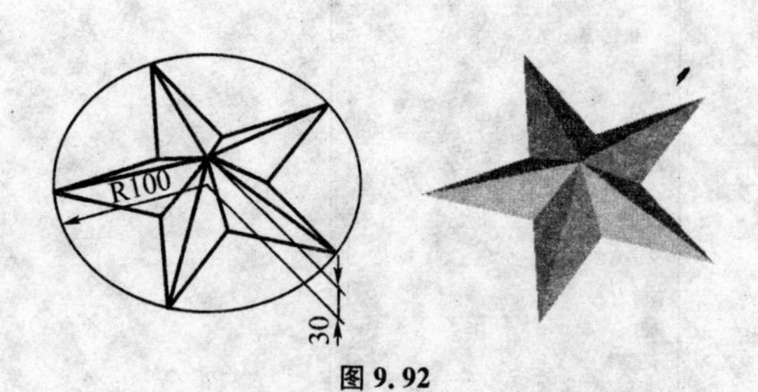

图 9.92

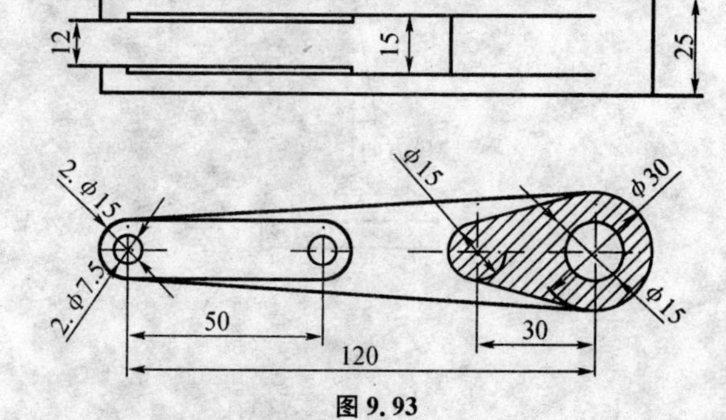

图 9.93

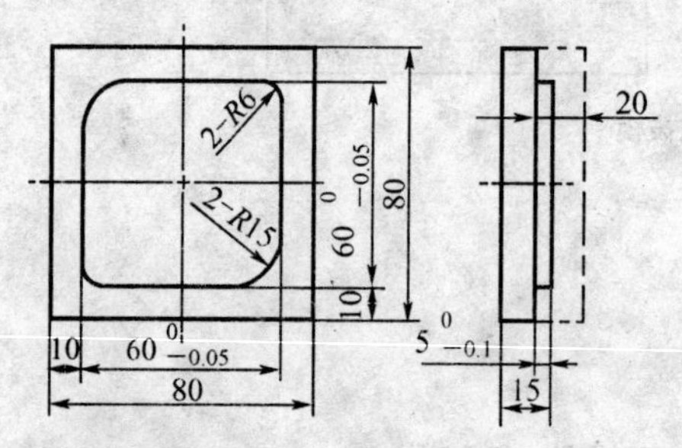

零件名：凸台 1
技术要求
材料：铝块
粗糙度：全部 3.2 μm
本件与凹腔 1 10－2 配合间隙不大于 0.1 mm

图 9.94

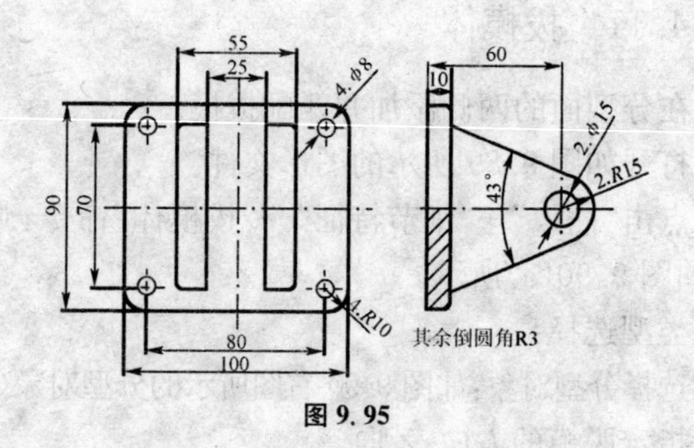

图 9.95

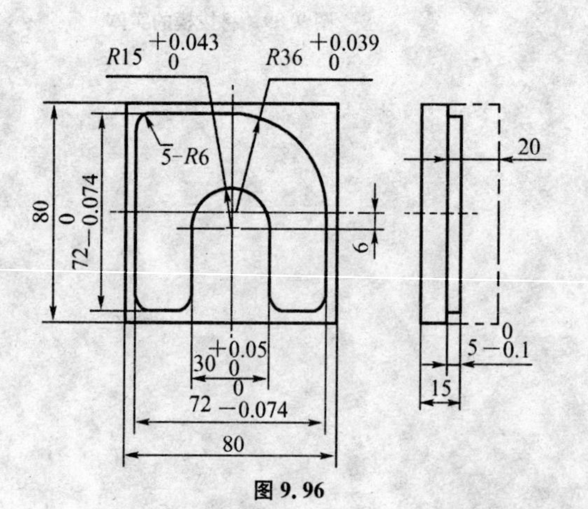

图 9.96

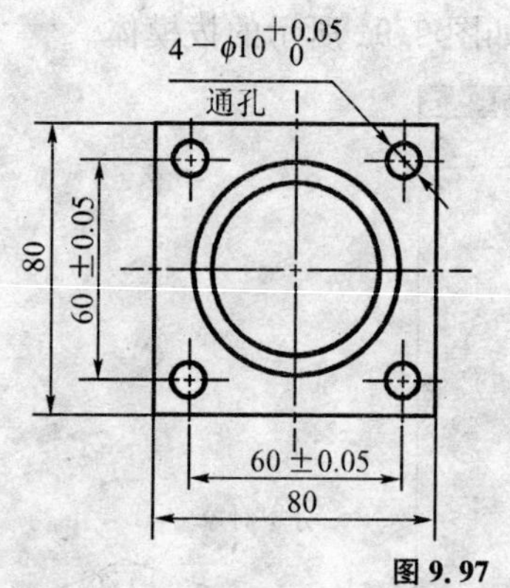

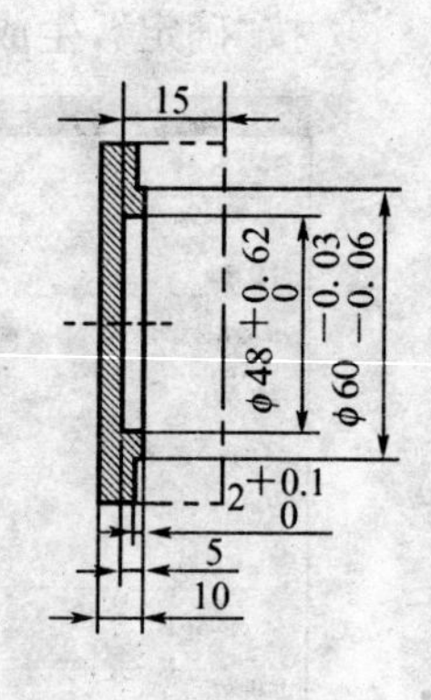

图 9.97

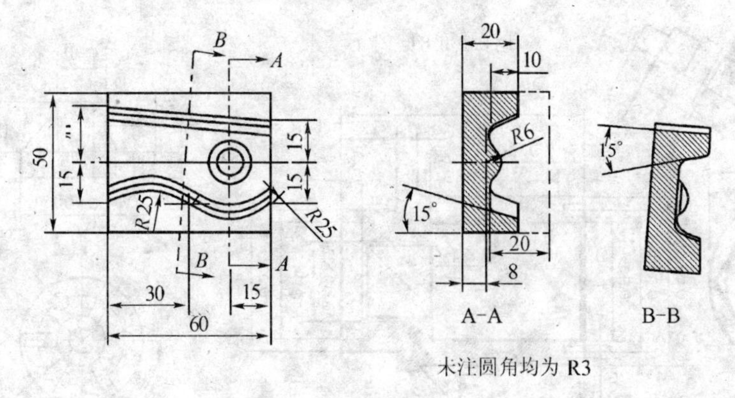

未注圆角均为 R3

图 9.98

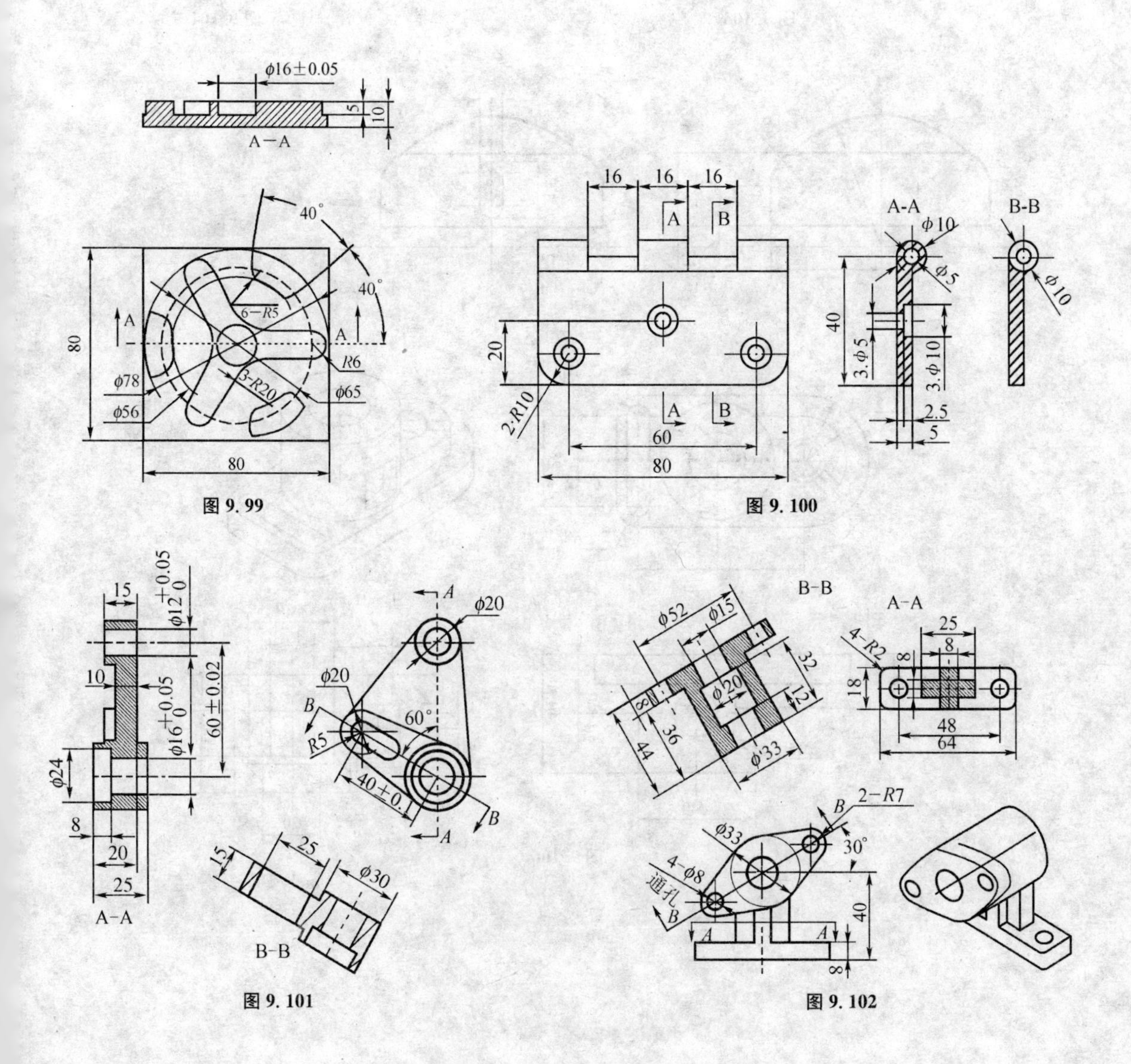

图 9.99

图 9.100

图 9.101

图 9.102

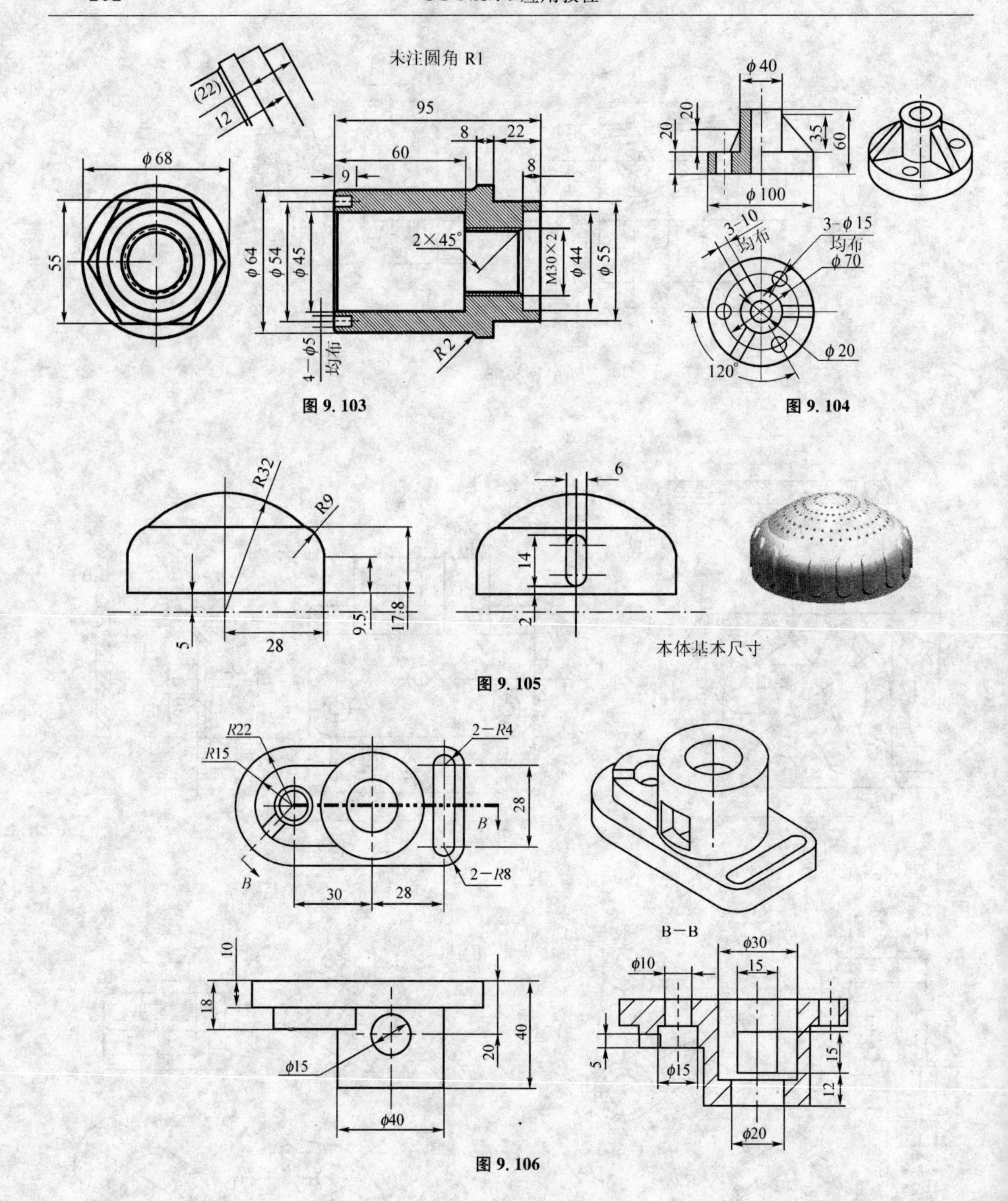

图 9.103

图 9.104

图 9.105

图 9.106

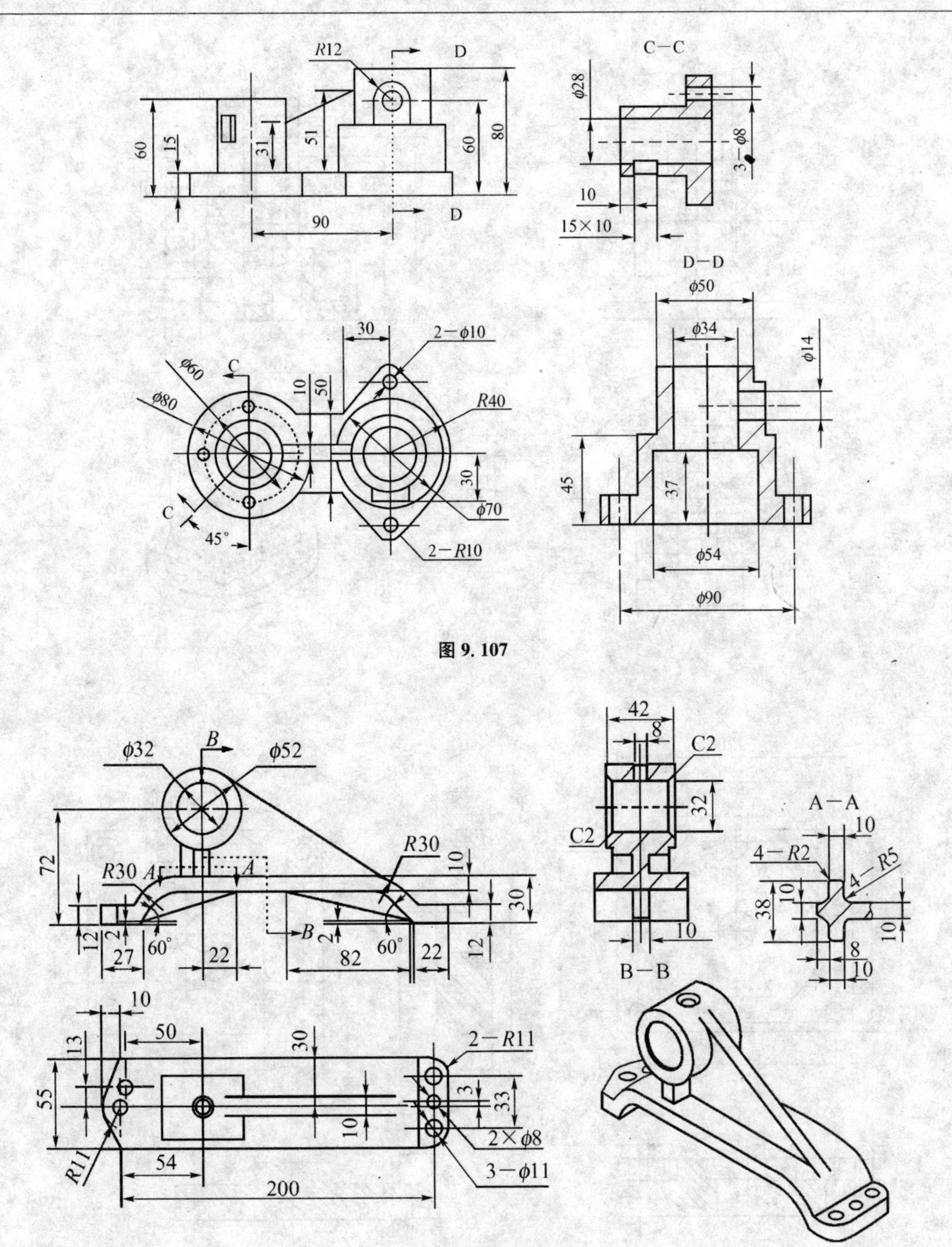
R12
D
C－C
φ28
3－φ8
60
15
31
51
60
80
90
10
15×10
D－D
φ50
φ34
φ14
30
2－φ10
φ60
φ80
C
10
50
R40
30
φ70
45°
2－R10
45
37
φ54
φ90
42
8
C2
32
C2
φ32
B
φ52
72
R30
A
A
R30
10
30
12
2
27
60°
22
B
2
82
60°
22
12
A－A
10
4－R2
4－R5
10
38
10
8
10
10
B－B
10
50
13
30
2－R11
55
3
33
10
2×φ8
R11
54
3－φ11
200

图 9.107

图 9.108

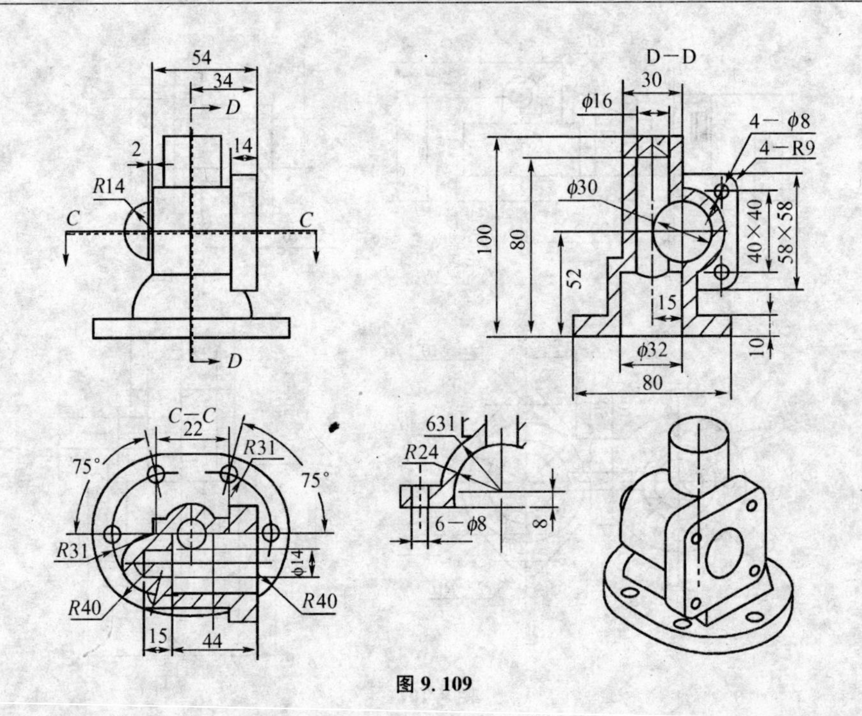
54
34
D
2
14
R14
C
C
D
D－D
30
ϕ16
4－ϕ8
4－R9
100
80
ϕ30
52
40×40
58×58
15
ϕ32
10
80
C－C
22
75°
R31
75°
R31
ϕ14
R40
R40
15
44
631
R24
6－ϕ8
8

图 9.109

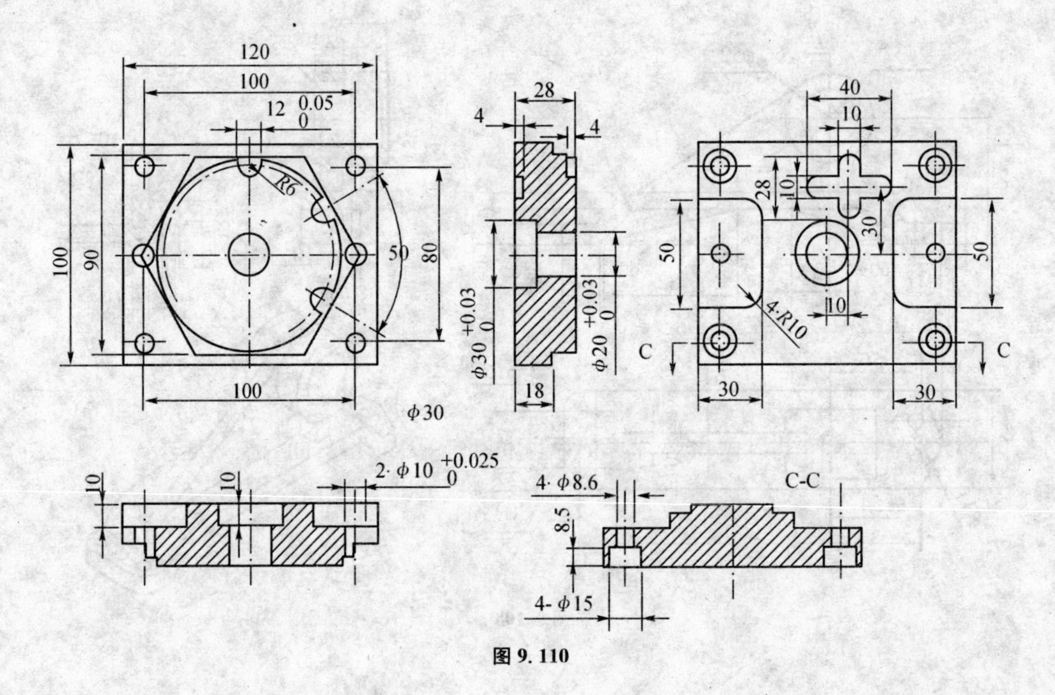
120
100
12
0.05
0
R6
100
90
50
80
100
ϕ30
28
4
4
ϕ30 +0.03 0
ϕ20 +0.03 0
18
40
10
28
10
30
50
50
4-R10
10
C
C
30
30
10
10
2·ϕ10 +0.025 0
4·ϕ8.6
C-C
8.5
4-ϕ15

图 9.110

习 题

名词解释

(1) 显示部件(Displayed Part)：

(2) 工作部件(Work Part)：

(3) 线串(String)：

(4) 定义线串(Define String)：

(5) 脊柱线(Apex)：

(6) 组件(Component)：

(7) 距离公差(Distance Tolerance)：

(8) 自底向上建模(Bottom－up Modeling)：

(9) 片体(Sheet)：

(10) 自由形状特征(Free Form Feature)：

(11) 样条(Spline)：

(12) 引用集(Reference Set)：

(13) 部件(Part)：

(14) 体(Body)：

(15) 修剪片体(Trimmed Sheet)：

(16) 特征(Feature)：

(17) 面(Face 或 Surface)：

(18) 顶点(Vertex)：

(19) 平面(Plane)：

(20) 原始片体(Original Sheet)：

(21) 定义点(Defining Point)：

(22) 斜率(Slope)：

简答题

(1) 写出修剪实体或片体共有几种修剪方法？

(2) 引用特征是一种什么功能？

(3) 扫掠特征包含哪几类？

(4) 设计特征中的键槽构建功能能够建什么类型的键槽(写出四种)？

填空题

(1) 在进行拉伸等操作时，我们经常要使用选择意图工具(selection intent)，它的作用是：____________。

(2) 在创建孔、键槽、腔等成型特征时，我们需要对其进行定位约束，常用的定位方式有：________、________、________、________。

(3) Thread(螺纹)特征的类型有________、________。

(4) ________是控制每个截面的丰满 (Fullness) 度的值。

(5) 对于圆周阵列：个数(圆周上复制特征的数量)＝________/(圆周方向上复制特征之间的角度)。

(6) ________是对实体或者片体表面按指定半径进行倒圆，并且使倒圆面相切于所选择的平面。

(7) ________引用方式使实体中的特征相对于基准平面或实体表面镜像。

选择题

(1) 在扫掠特征建模中的扫掠建模功能，其引导线的数量不能超过(　　)条。

A. 1　　B. 2　　C. 3　　D. 4

(2) 在以下构造曲面的功能中，可以定义边界约束条件的有(　　)。

A. 过点构造面　　B. 过曲线网格构造面

C. 直纹面　　D. 扫描

(3) 在两个基础片体之间构造一个过渡片体并保持边界相切或连续的选项为(　　)。

A. 直纹面　　B. 扫描　　C. 桥接面　　D. 截面体

(4) 特征阵列(Instances)对于具有规律分布的特征可以提高设计效率。以下不是特征陈列类型的是(　　)。

A. 矩形阵列　　B. 圆形阵列　　C. 镜像物体　　D. 旋转特征

(5) 下列(　　)项操作不属于对象变换的范畴。

A. 平移　　B. 修改特征参数　　C. 阵列　　D. 旋转

(6) 下列不是Scale(比例缩放)的类型的是(　　)。

A. Uniform(均匀比例)　　B. Axisymmetric(轴对称比例)

C. General(常规比例)　　D. 中心对称比例

(7) (　　)可看成是由位于脊线法向平面上无穷多族截面曲线组成的。

A. 边倒圆　　B. 软倒角　　C. 面倒圆　　D. 倒角

(8) 下面(　　)方式是指通过两条曲线轮廓线生成的片体或实体，是通过曲线构建曲面的特殊情况。

A. 通过曲线　　B. 通过曲线网格　　C. 直纹　　D. 扫描

论述题

(1) 论述UG的产品三维建模方法。

(2) 用UG完成产品生产的过程。

(3) 论述基于特征的建模过程。

10 建模操作实例

10.1 手机建模

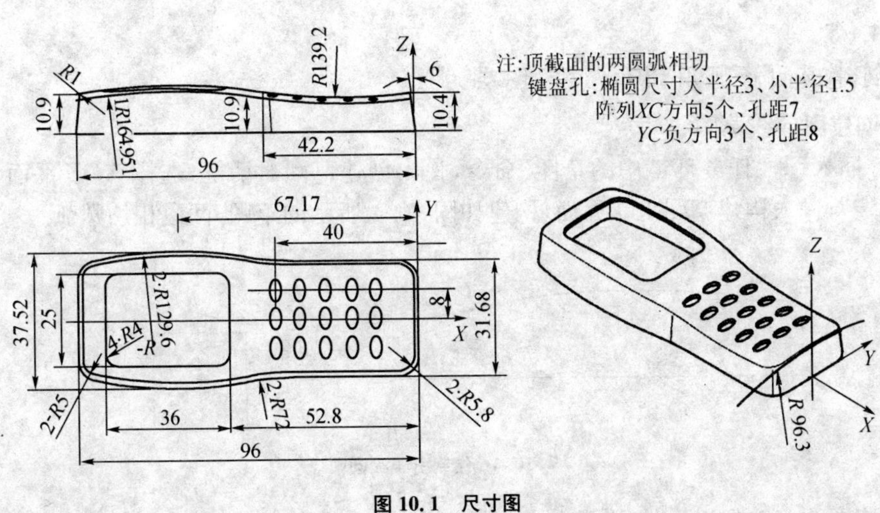

图 10.1 尺寸图

1) 底面轮廓草图的创建(图层 1)

单击“插入”→“任务环境中的草图”命令,弹出创建草图对话框,按“确定”,自动选择了 *XOY* 平面为草图平面,构建如图 10.2 所示的手机外轮廓一半图形。

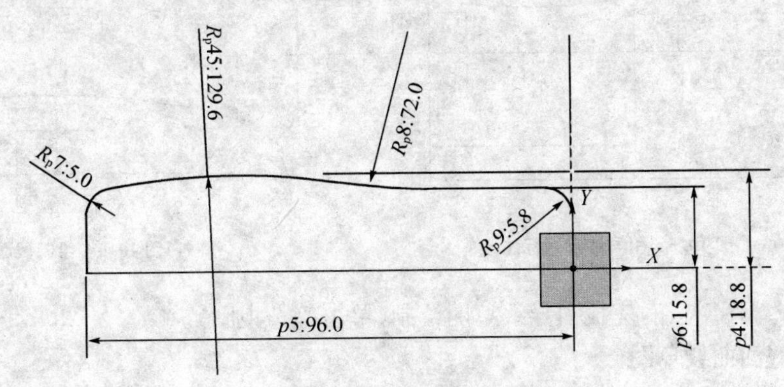

图 10.2 手机外轮廓一半图形

单击“插入”→“草图曲线”→“镜像曲线”(或直接点选最下面快捷菜单上的镜像曲线按钮),弹出镜像曲线对话框。

选择上图中除与 *X* 轴重合的直线外,所有的曲线为“选择对象”的曲线,选择与 *X* 轴重合的直线为“中心线”,单击应用,结果如图 10.3 所示。

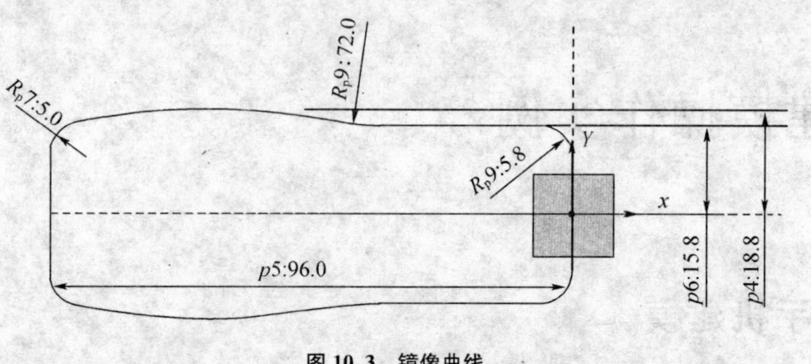

图 10.3　镜像曲线

2) 创建顶面修剪用曲面(设定图层为 2)

(1) 创建引导线草图

单击“插入”→“任务环境中的草图”命令，弹出创建草图对话框，选择 XOZ 平面为草图平面，按“确定”，进入构建草图工作界面，构建如图 10.4 所示的草图，两段相切圆弧。

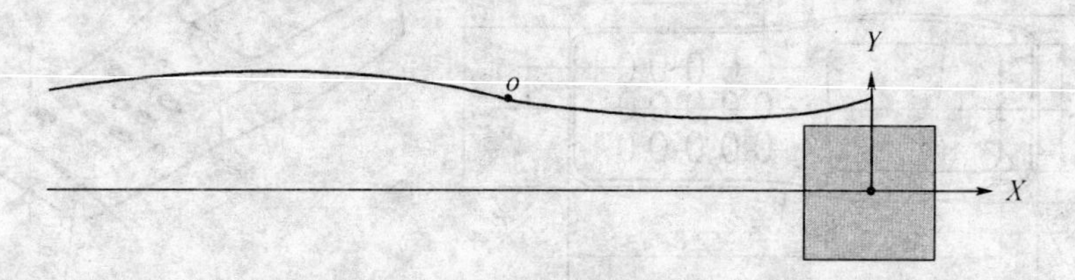

图 10.4　绘制引导线圆弧

单击草图约束工具栏上的“自动判断尺寸”按钮，对草图施加尺寸约束，如图 10.5 所示。

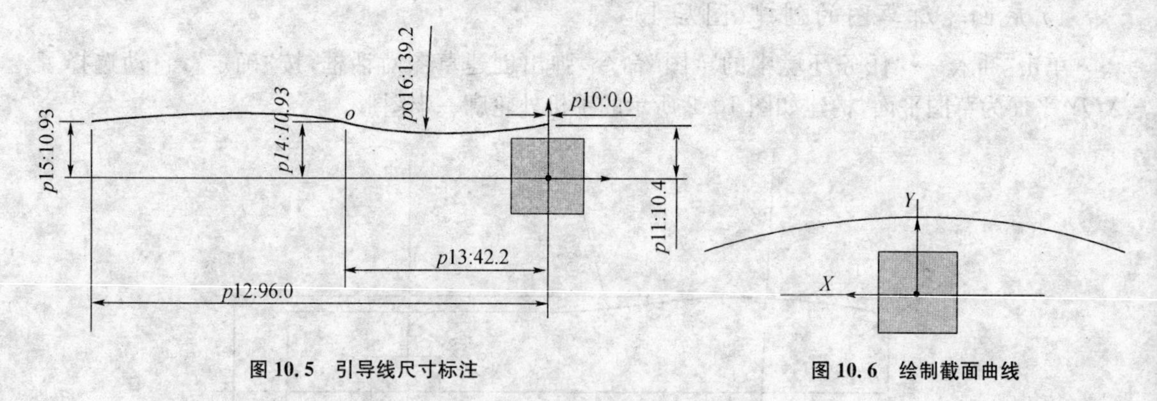

图 10.5　引导线尺寸标注

图 10.6　绘制截面曲线

单击“完成草图”按钮，完成引导线草图绘制(单击等角视图)。

(2) 创建截面曲线草图

单击“插入”→“任务环境中的草图”命令，弹出创建草图对话框，选择 YOZ 平面为草图平面，按“确定”，进入构建草图工作界面。

在草图曲线工具栏上选择“轮廓”按钮“”，弹出“轮廓”对话框，利用“圆弧”图标“”功能，绘制一条圆弧，如图 10.6 所示。

单击草图约束工具栏上的“自动判断尺寸”按钮，标注尺寸，单击“约束”按钮，加位置约束，

将圆弧圆心约束到 Y 轴上，如图 10.7 所示。

单击“完成草图”按钮完成草图，退出草图状态。

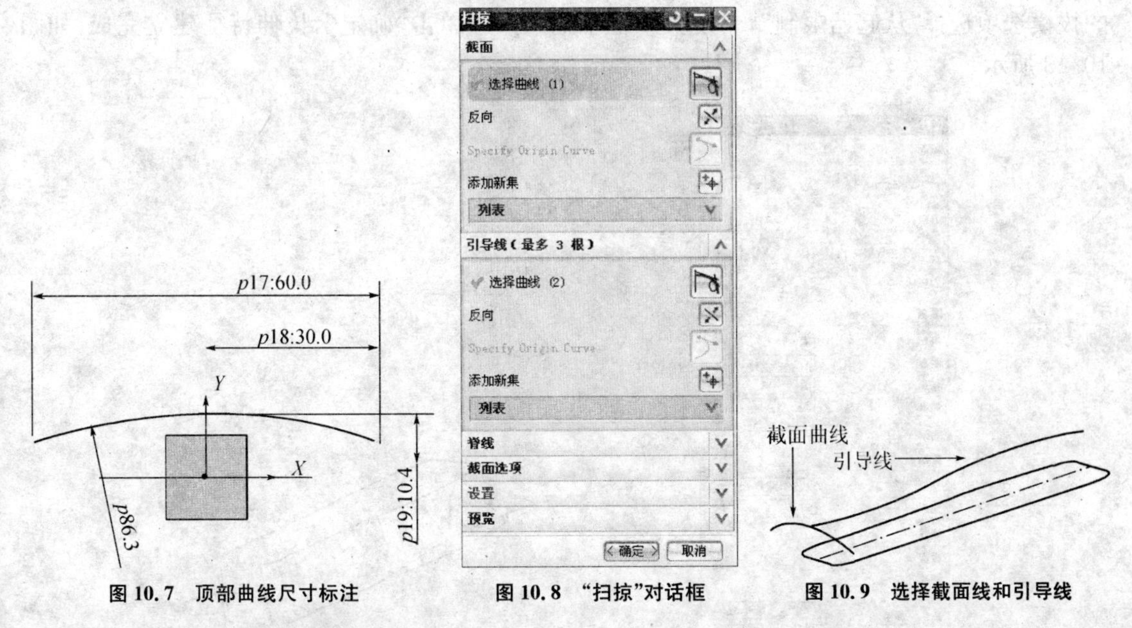

图 10.7　顶部曲线尺寸标注　　图 10.8　“扫掠”对话框　　图 10.9　选择截面线和引导线

(3) 创建扫掠曲面(设定图层为 3)

单击“插入”→“扫掠”→“扫掠”命令，弹出扫掠对话框，如图 10.8 所示。

在“截面”组框中，单击“截面”按钮，在图形区选择如图 10.9 所示的截面曲线线串，然后在“引导线”组框中，单击“引导线”按钮，在图形区选择如图 10.9 所示的引导线。

“扫掠”对话框中其他选项选择默认设置，单击“确定”按钮，完成曲面扫掠创建，如图 10.10 所示。

3) 拉伸与修剪体

(1) 创建拉伸特征

单击“插入”→“设计特征”→“拉伸”(命令或单击快捷菜单中的拉伸图标)，弹出拉伸对话框，如图 10.11 所示。

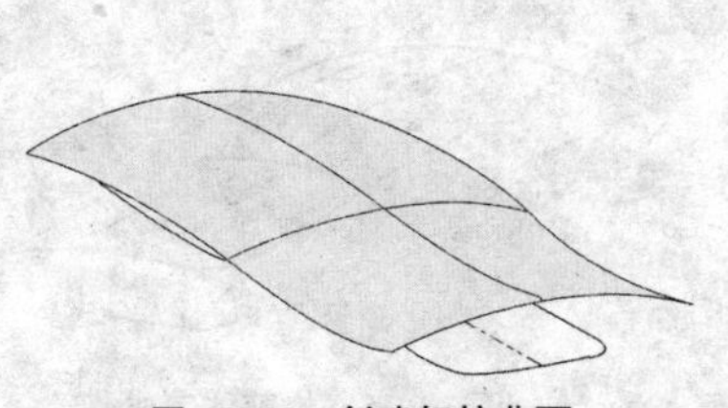

图 10.10　创建扫掠曲面

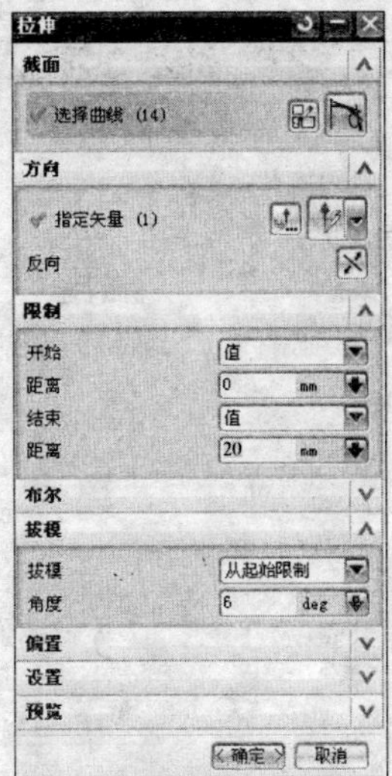

图 10.11　“拉伸”对话框

点击截面组框的“选择曲线”按钮，选择第一步画的底面轮廓草图为要拉伸的曲线，在限制组框中选择“值”的拉伸方式，在开始距离和结束距离文本框中输入“0”和“20”。在拔模组框中的拔模选项选择“从起始限制”，角度文本框中输入“6”，单击“确定”，拉伸特征建立完成，如图 10.13 所示。

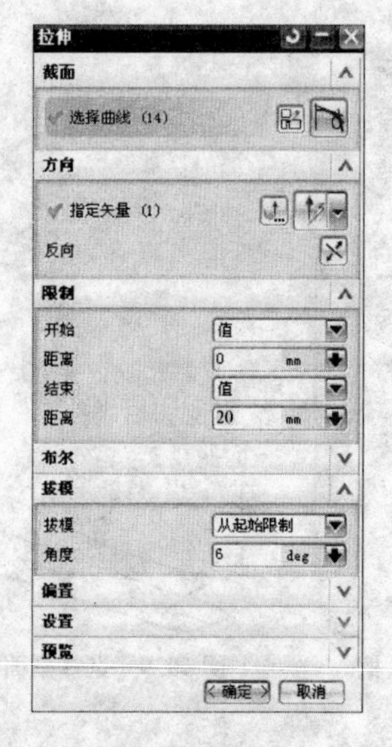

图 10.12　创建拉伸特征

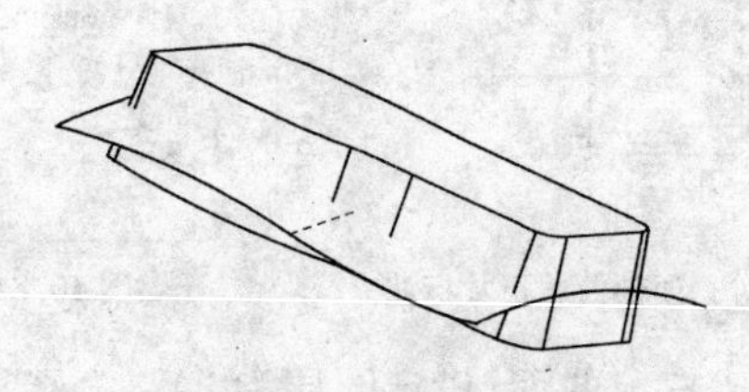

图 10.13　创建拉伸特征

(2) 修剪体

单击特征操作工具栏上的“修剪体”按钮(或选择“插入”→“修剪”→“修剪体”)，弹出修剪体对话框，如图 10.14 所示。

单击目标组框中“选择体”按钮，在图形区选择拉伸实体为修剪目标体，在“刀具”组框中的“刀具选项”下拉列表选择“面或平面”，单击“面或平面”按钮，在图形区选择扫掠出的曲面作为修剪面，图形区会显示修剪效果预览，确认修剪方向，单击“确定”按钮，完成本体上部的修剪，如图 10.15 所示。

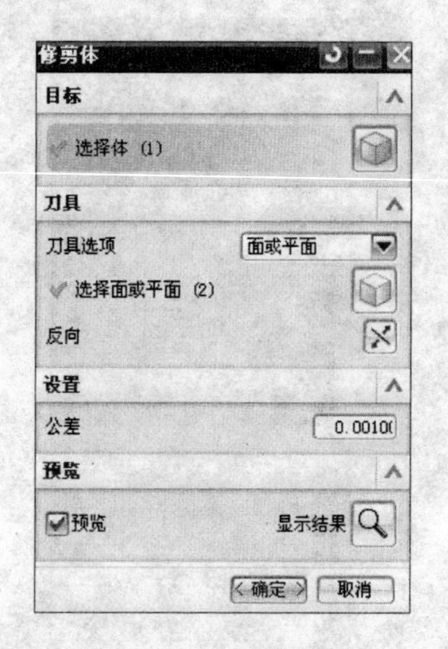

图 10.14　“修剪体”对话框

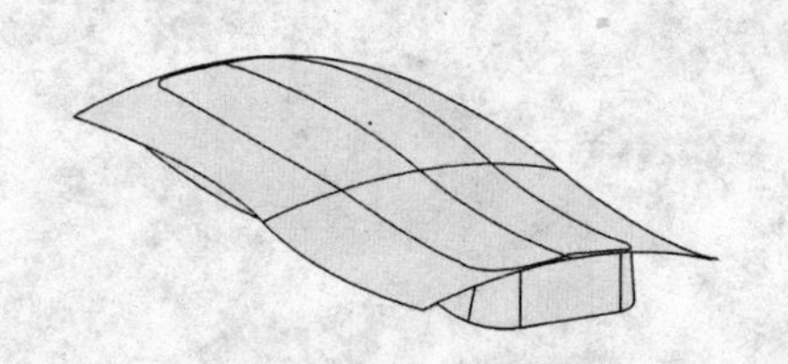

图 10.15　修剪体完成

4）边倒圆与抽壳

（1）边倒圆

在部件导航器栏，将光标放在扫掠特征上单击右键，在弹出的下拉菜单中单击隐藏，关闭曲面的显示。

单击特征操作工具栏上的“边倒圆”按钮“ ”（或选择下拉菜单中的“插入”→“细节特征”→“边倒圆”命令），弹出边倒圆对话框，如图 10.16 所示。在图形区选取将要倒圆的边缘线，在对话框中输入倒圆半径为 1，单击“确定”，如图 10.17 所示。

图 10.16　边倒圆对话框

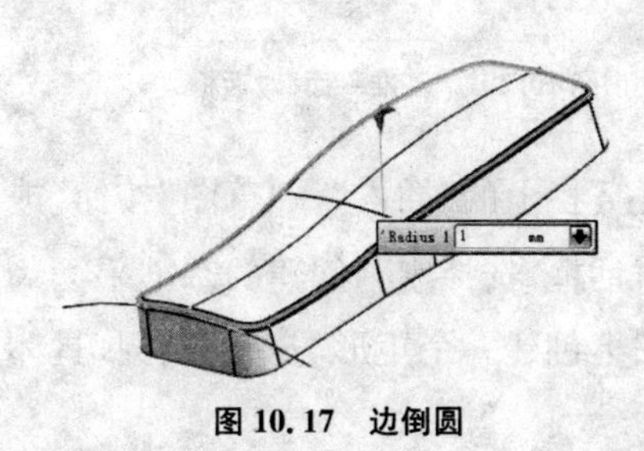

图 10.17　边倒圆

（2）抽壳

单击特征操作工具栏上的“抽壳”按钮，弹出壳对话框。在类型组框中选择“移除面，然后抽壳”的抽壳类型，在图形区选择手机实体底面，然后在厚度组框中的“厚度”文本框中输入 1 mm，如图 10.18 所示。单击“确定”，完成抽壳特征创建，如图 10.19 所示。

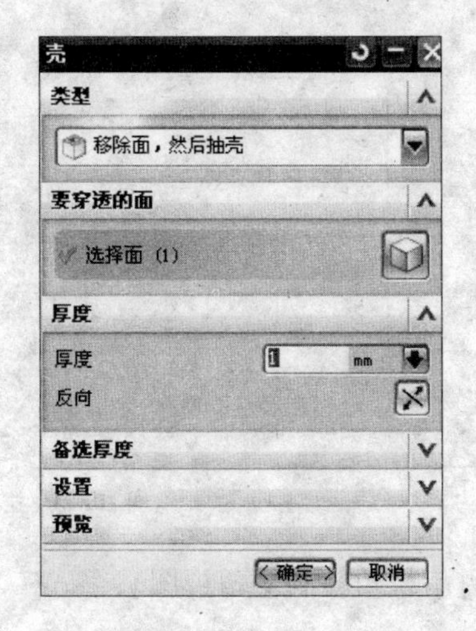

图 10.18　“抽壳”对话框

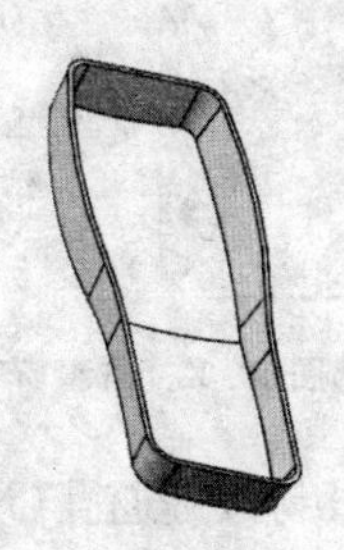

图 10.19　抽壳特征

5）屏幕窗口与按键孔的创建

（1）草图的创建（设定图层为4，关闭图层1、2）

单击任务栏上的“插入”→“基准/点”→“基准平面”按钮，弹出基准平面对话框，如图10.20所示。选择 *XOY* 面为选择对象，距离为30 mm，数量为1，单击确定，基准平面建立完成，如图10.21所示。再关闭图层3。

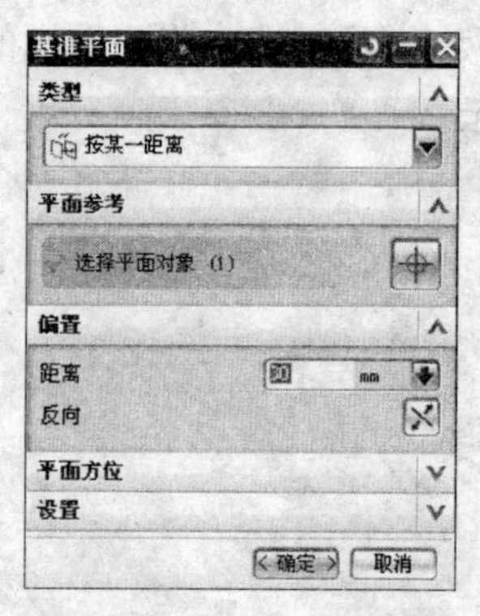

图10.20　“基准平面”对话框

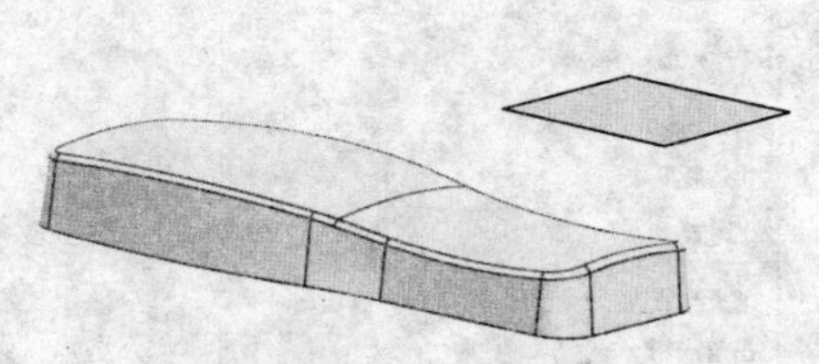

图10.21　基准平面创建

单击任务栏上的“插入”→“草图”按钮（或直接点选最下面快捷菜单上的“”草图图标），创建草图对话框，选择刚刚创建的基准平面为草图平面，单击“确定”，草图环境建立完成。

在草图上创建一个矩形与一个椭圆，具体尺寸约束如图10.22所示。

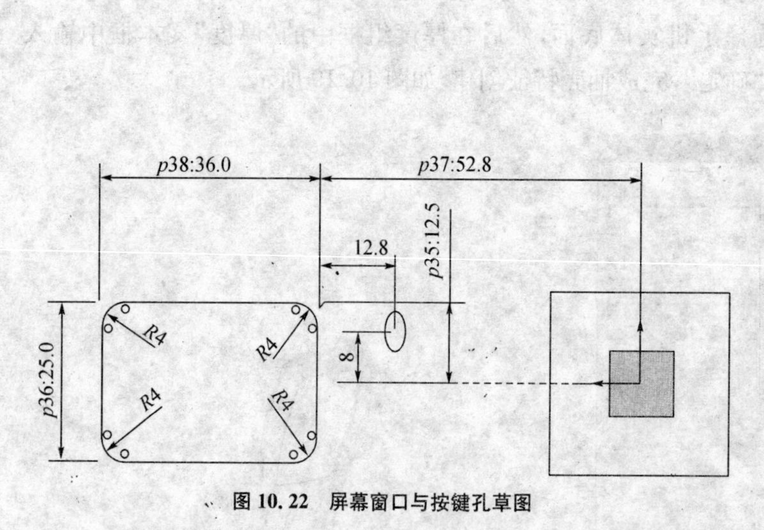

图10.22　屏幕窗口与按键孔草图

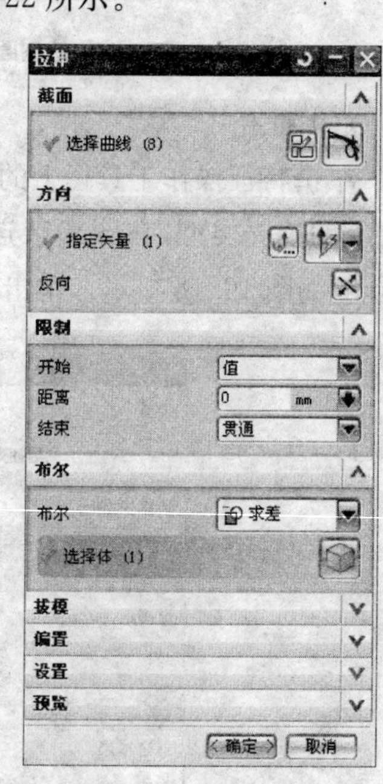

图10.23　拉伸对话框

（2）创建窗口与按键通孔（设定图层3可选择，视角转到等角视图）

单击“插入”→“设计特征”→“拉伸”或者单击快捷菜单中的拉伸图标“”，弹出拉伸对话框，如图10.23所示。

在选择曲线工具栏中选择上一步画的屏幕草图为要拉伸的曲线，在限制组框中选择“值”的拉伸方式，在开始距离和结束距离文本框中输入“0”和“贯通”。在布尔组框中选择“求差”，选择体为手机实体，单击“确定”，屏幕窗口拉伸切割完成，如图 10.24 所示。

用同样的方法选择手机按键的草图，拉伸切割手机按键孔，如图 10.25 所示。

单击“插入”→“关联复制”→“实例特征”命令，弹出实例对话框，如图 10.26 所示。

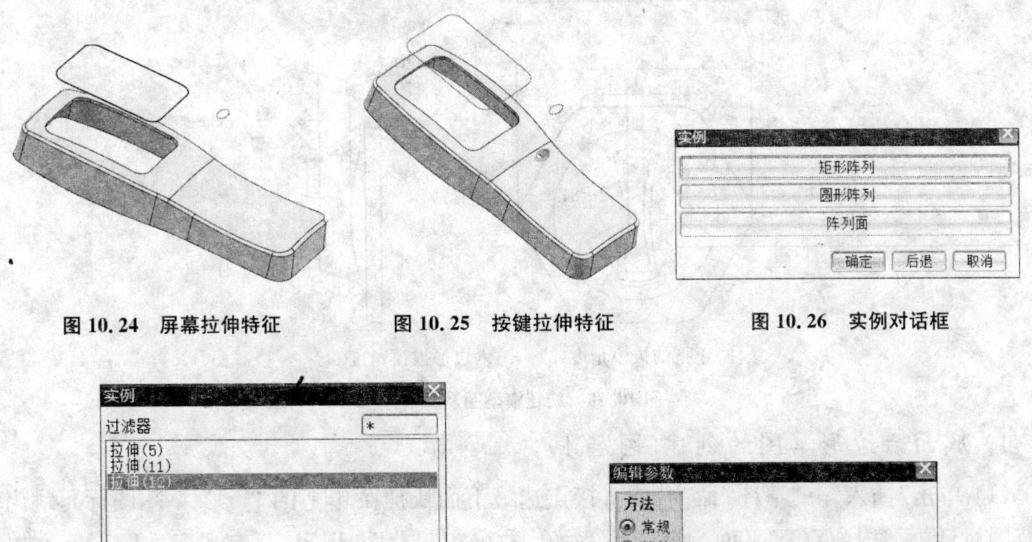

图 10.24 屏幕拉伸特征　　图 10.25 按键拉伸特征　　图 10.26 实例对话框

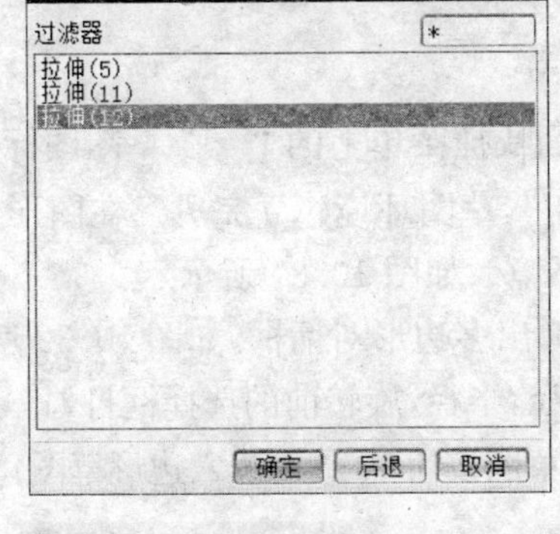

图 10.27 特征选择

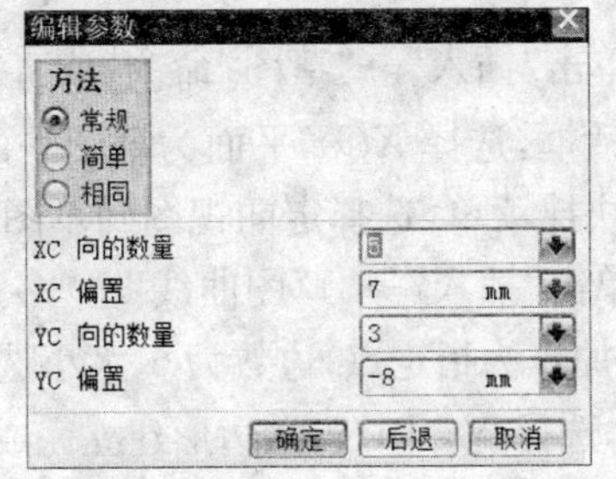

图 10.28 编辑参数

单击“矩形阵列”按钮，弹出选择阵列特征的对话框，选择上一步骤创建的按键拉伸特征，拉伸(12)特征，如图 10.27 所示。

在弹出的“编辑参数”对话框中设置矩形阵列参数，如图 10.28 所示，单击“确定”按钮，完成矩形阵列特征创建，如图 10.29 所示。至此，手机建模完成。

图 10.29 手机正反面

10.2　旋钮建模

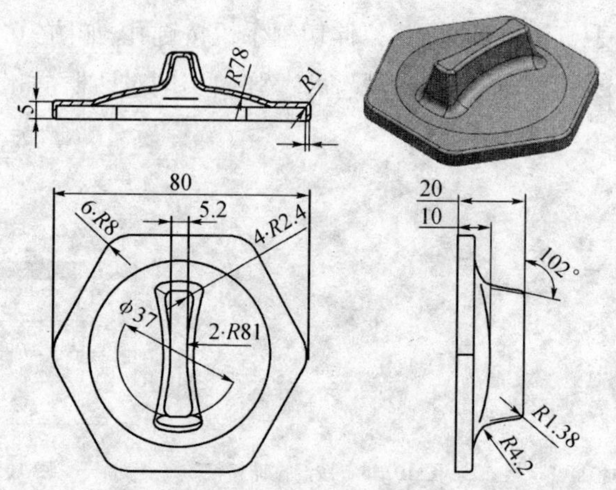

图 10.30　旋钮模型图及其尺寸

1) 底面六边形草图的创建(图层 1)

(1) 单击“插入”→“草图”命令(或直接点选最下面快捷菜单上的“ ”草图图标),跳出创建草图对话框,选择 *XOY* 平面为草图平面,单击“确定”,草图环境建立完成。在图形区右击并保持弹出快捷菜单,选择定向视图到草图,进入草图环境。如图 10.31 所示。

(2) 单击“插入”→“草图曲线”→“多边形”命令,弹出多边形对话框,如图 10.32 所示,选择 *XOY* 面的原点为指定点,边数为 6,大小选择外接圆半径,半径,旋转前的选择框打勾。半径长度设置为 40,选择 0°。回车,六边形建立完成。单击完成草图按钮“完成草图”六边形草图建立完成。

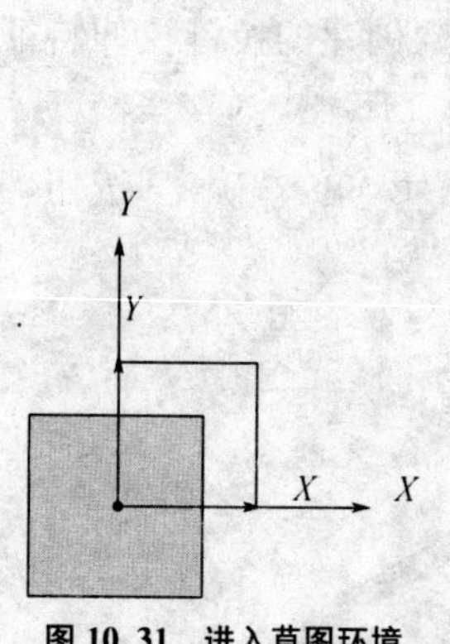

图 10.31　进入草图环境

图 10.32　多边形对话框

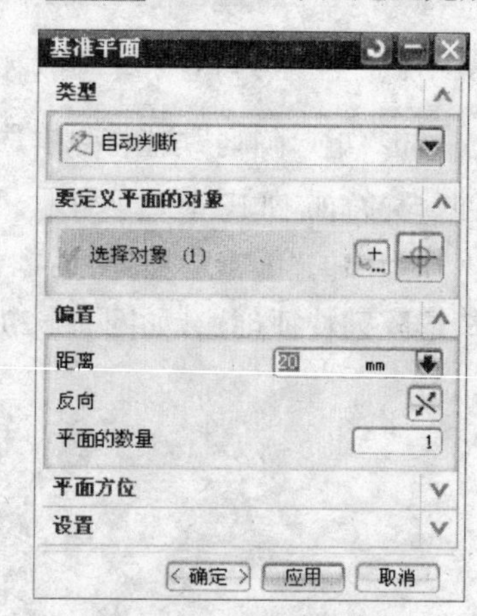

图 10.33　基准平面对话框

2) 手把草图的创建(设定图层为 2,可设定图层 1 为不可见)

(1) 单击“插入”→“基准/点”→“基准平面”命令,弹出基准平面对话框,如图 10.33 所示。选择 *XOY* 面为选择对象,距离为 20 mm,数量为 1,单击确定,基准平面建立完成,如图 10.34 所示。

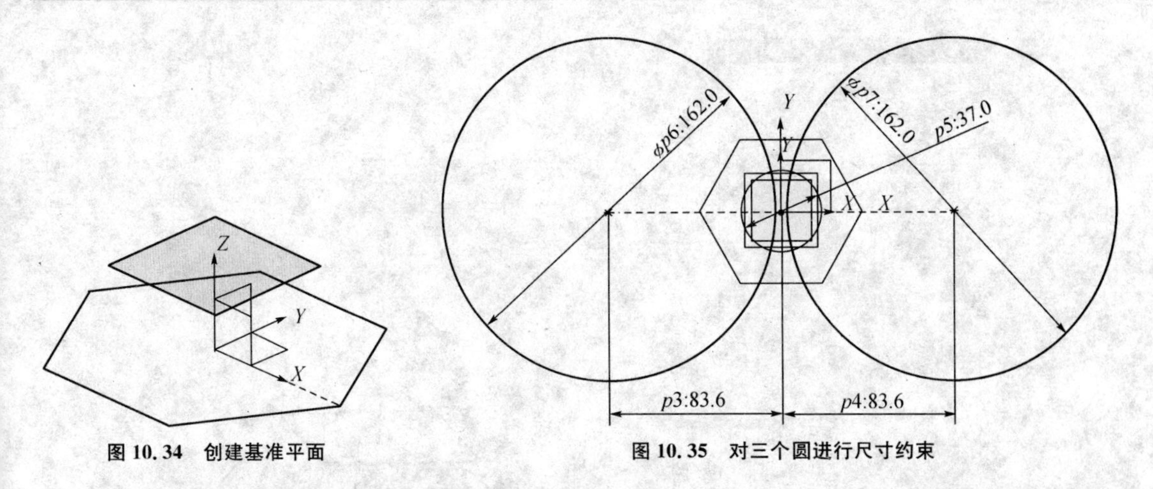

图 10.34　创建基准平面　　　　**图 10.35　对三个圆进行尺寸约束**

(2) 单击“插入”→“草图”命令(或直接点选最下面快捷菜单上的“ ”草图图标),选择刚刚创建的基准平面为草图平面,单击“确定”,草图环境建立完成。在图形区右击并保持弹出快捷菜单,选择定向视图到草图,进入草图环境。

(3) 单击“插入”→“草图曲线”→“圆”命令,画出三个圆,周围两个圆圆心通过约束工具与X轴共线,中间的圆圆心约束在原点上。再将三个圆进行尺寸约束,约束如图 10.35 所示。

(4) 单击“编辑”→“草图曲线”→“快速修建”命令(或单击下方快速命令栏的“快速修剪”“ ”),使用快速修剪修剪出所需要的手把草图,修剪出的草图如图 10.36 所示。

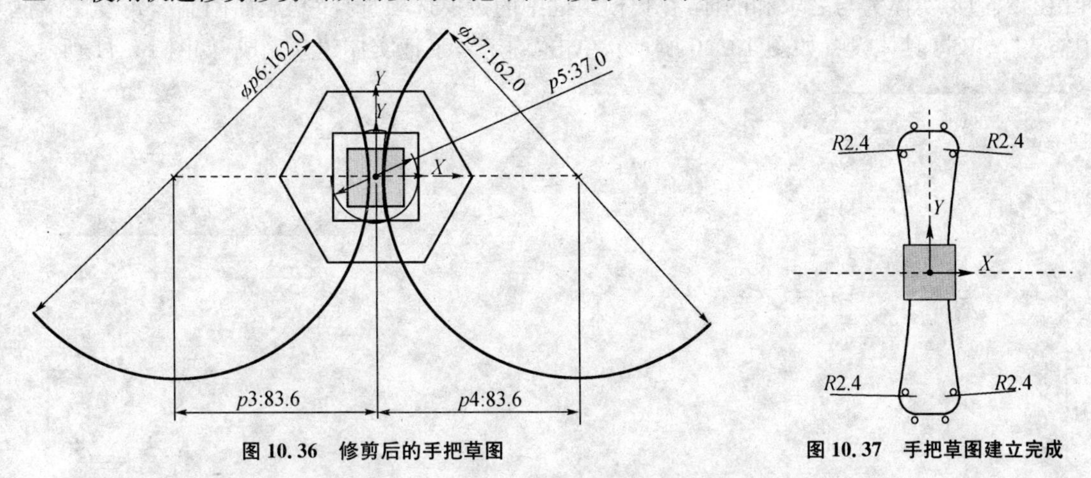

图 10.36　修剪后的手把草图　　　　**图 10.37　手把草图建立完成**

(5) 单击快速命令栏中的“圆角”命令,输入半径为 2.4,点击图中旋钮的四个边角,倒出四个半径为 2.4 的圆角,结果如图 10.37 所示。单击“完成草图”,手把草图建立完成。

3) 实体建立

(1) 拉伸六边形实体。设置图层 3 为工作图层。单击“插入”→“设计特征”→“拉伸”命令(或单击快捷菜单中的拉伸图标“ ”),弹出拉伸对话框。

在截面组框点击“选择曲线”按钮,选择六边形为要拉伸的曲线,在限制组框中选择“值”的拉伸方式,在开始距离和结束距离文本框中输入“0”和“5”。在拔模组框中的拔模选项选择“从起始限制”,角度文本框中输入“6”(具体设置如图 10.38 所示),单击“确定”,六边形底座实体建立完成(见图 10.39)。

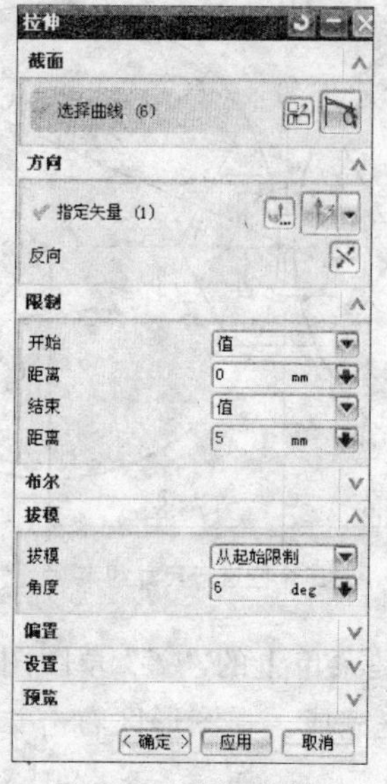

图 10.38　拉伸对话框

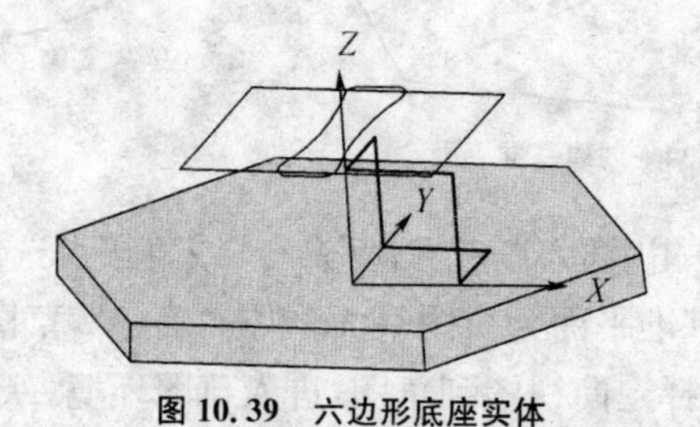

图 10.39　六边形底座实体

(2) 拉伸手把实体。同上调出拉伸命令，选择手把草图为所要拉伸的截面曲线，如果拉伸方向朝上，因为是向下拉伸，所以点下反向，拉伸方向就向下了。在限制组框中选择“值”的拉伸方式，在开始距离和结束距离文本框中输入“0”和“15”。布尔运算选择“求和”，选择上面拉伸出的六边形实体为与之求和的体，在拔模组框中的拔模选项选择“从起始限制”，角度文本框中输入“－12”(具体设置如图 10.40 所示)，单击“确定”，手把实体建立完成，如图 10.41 所示。

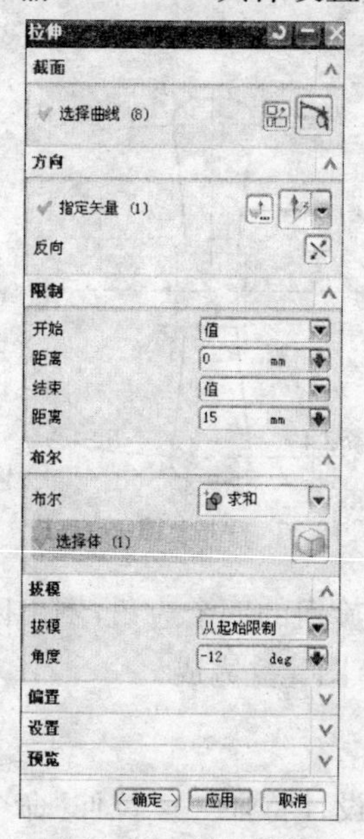

图 10.40　拉伸对话框

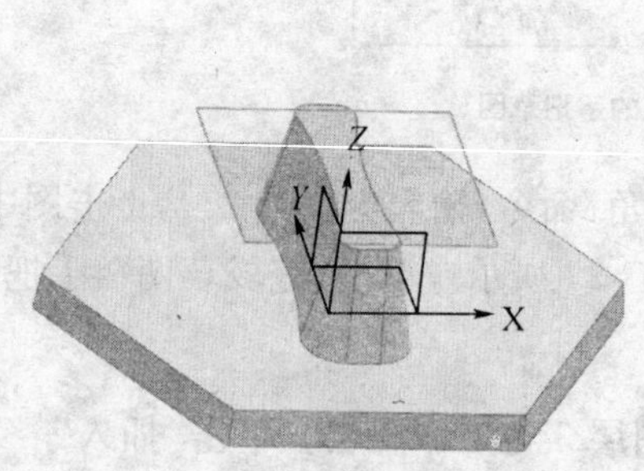

图 10.41　手把实体建立

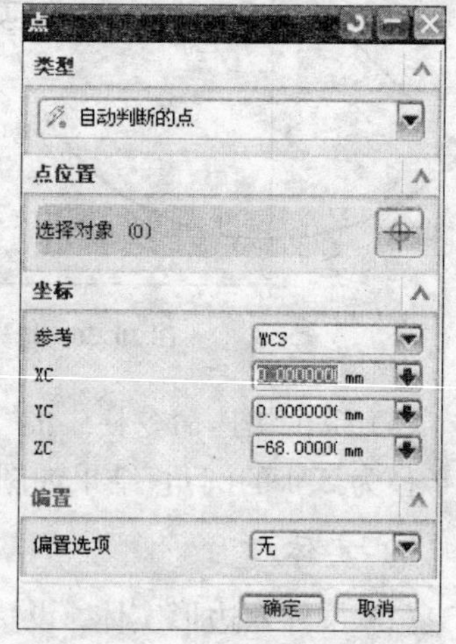

图 10.42　点对话框

(3) 球面实体的建立

单击“插入”→“设计特征”→“球”命令，弹出球对话框，类型标签选择“中心点与直径”，指定点选择，单击“点对话框”按钮“ ”，在弹出的点对话框中，坐标组框中参考选择“WCS”，XC、YC、ZC 分别输入“0”、“0”、“－68”，如图 10.42 所示。单击“确定”回到球对话框，直径输入

156,单击“确定”,球体建立完成,如图 10.43 所示。

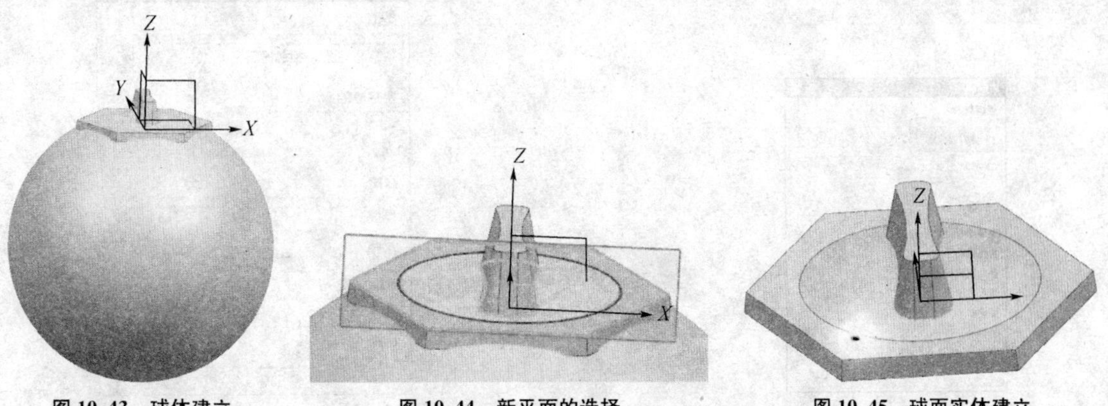

图 10.43 球体建立　　图 10.44 新平面的选择　　图 10.45 球面实体建立

单击“插入”→“修剪”→“修剪体”命令,弹出修剪体对话框,选择刚刚建立的球体为目标体,刀具选项中选择“新平面”,点选如图 10.44 六边形实体的上表面为新平面,由于是要切掉下半个球体,所以选择反向,单击确定,球面实体建立完成,如图 10.45 所示。

(4) 实体求和

单击“插入”→“组合”→“求和”命令,弹出求和对话框。选择前面修建好的球面实体为目标体,六边形实体为刀具体,单击“确定”,实体求和完成。

(5) 细节修改(设定图层 1、2 为不可见)

单击“插入”→“细节特征”→“边倒圆”命令,弹出边倒圆对话框,如图 10.46 所示。将六边形实体六个角倒 $R8$ mm,六边形顶面倒 $R1$ mm,如图 10.47 所示。

图 10.46 边倒圆对话框

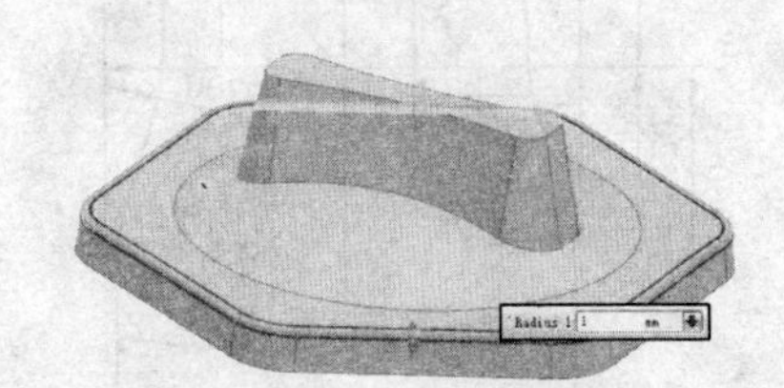

图 10.47 六边形顶面倒 1 mm 圆

手把与球体交界处边倒 $R4.2$ mm,手把顶面边倒 $R1.38$ mm,完成后如图 10.48 所示。

(6) 抽壳

单击“插入”→“偏置/缩放”→“抽壳”命令,弹出壳对话框,如图 10.49 所示。类型选择“移除面,然后抽壳”,面选择六边形底面,厚度为 1 mm,具体设置如对话框所示,抽壳的结果如图 10.50所示。

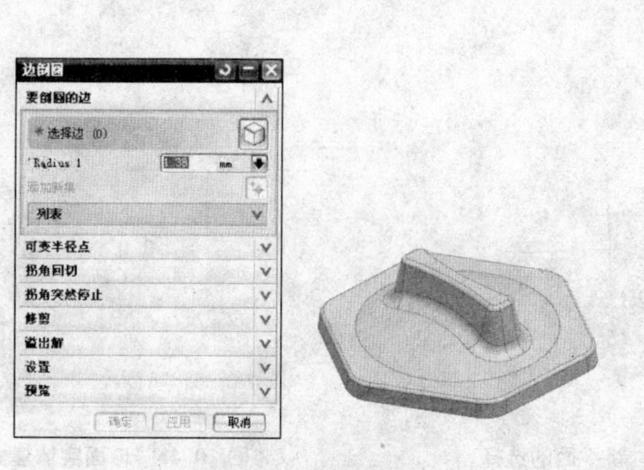

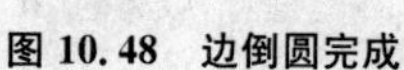

图 10.48 边倒圆完成

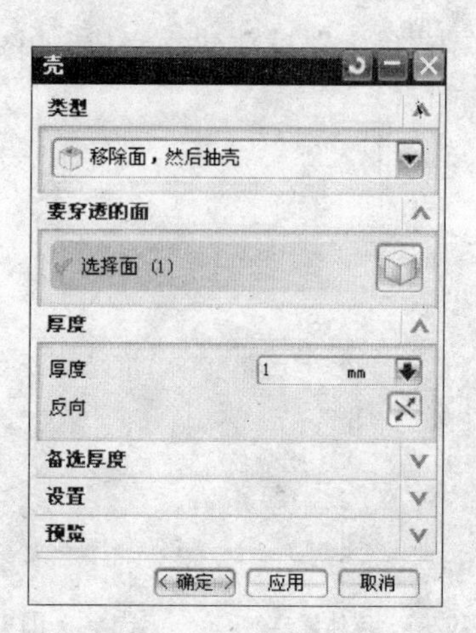

图 10.49 抽壳对话框

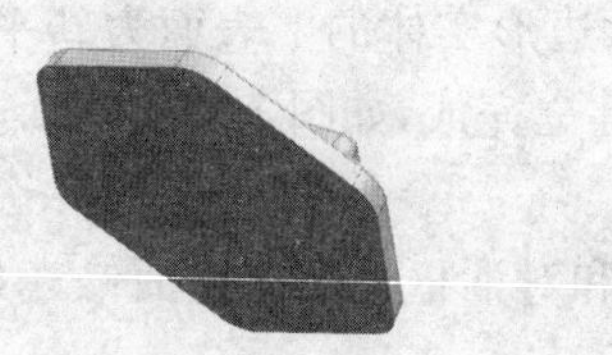

图 10.50 抽壳前和抽壳后

10.3 显示器壳主体建模

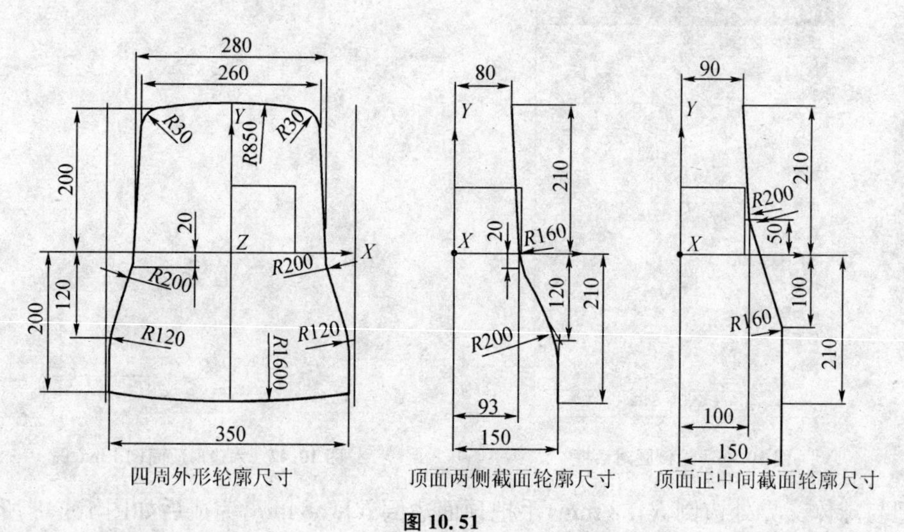

图 10.51

1）外形轮廓草图的创建

单击“插入”→“任务环境中的草图”命令，弹出创建草图对话框，按“确定”，自动选择了 *XOY* 平面为草图平面。

创建图 10.52 所示的外形左侧轮廓草图及其相应的约束。

在工具栏中选择倒圆角快捷键，分别倒 *R*200、*R*120 的圆角，再单击“插入”→“草图曲线”

→"镜像曲线",弹出镜像曲线对话框。

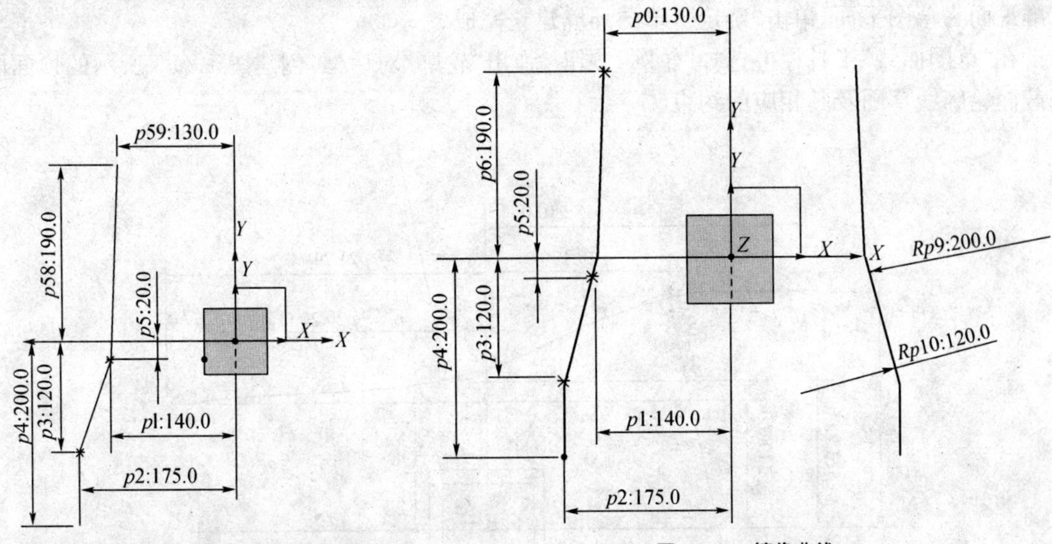

图 10.52 外形左侧轮廓草图及尺寸约束　　　　图 10.53 镜像曲线

选择图 10.52 中草图曲线为"选择对象"的曲线,选择 Y 轴为"中心线",单击"应用",结果如图 10.53 所示。

在工具栏中选中"[]"快捷键,通过两端点画 R850 圆弧,再倒两个 R20 的圆角,再通过下部两个端点画一条直线。如图 10.54 所示。

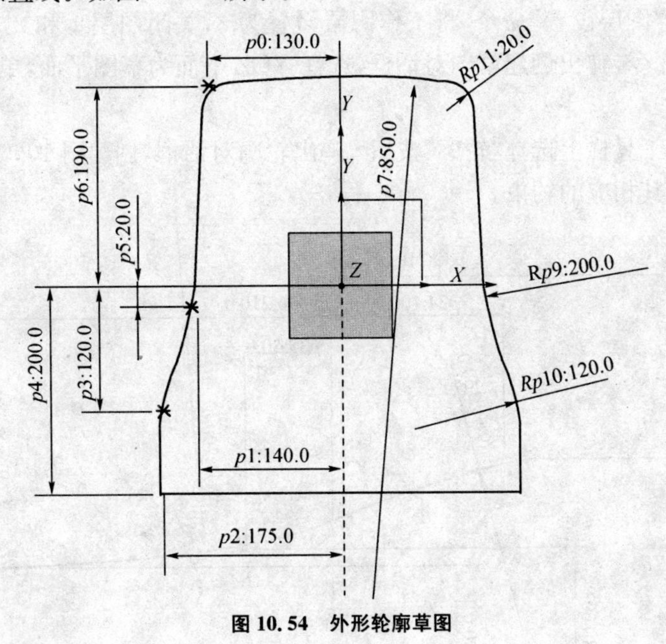

图 10.54 外形轮廓草图

2) 创建顶面修剪用曲面

(1) 创建顶面两侧截面轮线草图

单击"格式"→"图层设置"命令,将"工作图层"设置为 2,关闭层 1,即设为不可见,再点击"插入"→"基准/点"→"基准平面"命令,选取 YC-ZC 平面,距离为 180,单击"应用"。

再单击“插入”→“任务环境中的草图”命令，弹出创建草图对话框，在图形区选择刚创建的基准平面为草图平面，单击“确定”，草图环境建立完成。

在“草图曲线”工具栏上选择“轮廓”按钮，弹出“轮廓”对话框，创建图 10.55 所示的顶面两侧截面轮廓线草图及其相应的约束。

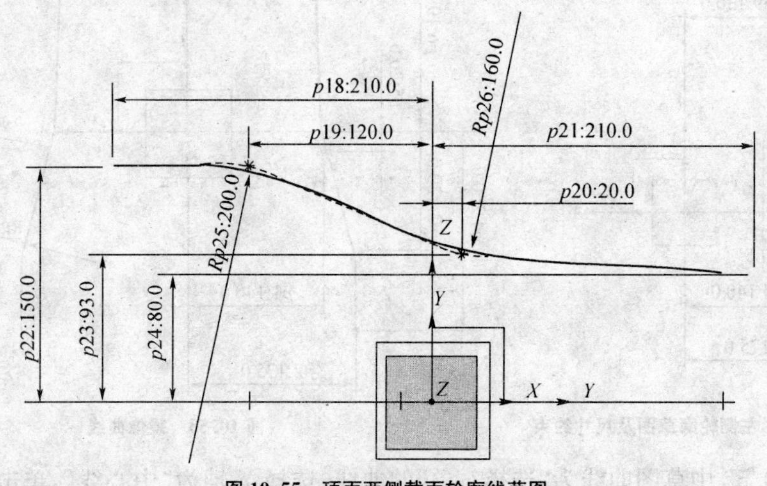

图 10.55　顶面两侧截面轮廓线草图

单击“完成草图”按钮，完成截面轮廓线草图。

(2) 创建顶面正中间截面轮廓线草图

单击“格式”→“图层设置”命令，将工作图层设置为 3，关闭图层 1 和 2，单击“插入”→“任务环境中的草图”命令，弹出创建草图对话框，选择 YOZ 平面为草图平面，单击“确定”，草图环境建立完成。

在“草图曲线”工具栏上选择“轮廓”按钮，弹出轮廓对话框，创建图 10.56 所示顶面正中间截面轮廓线草图及其相应的约束。

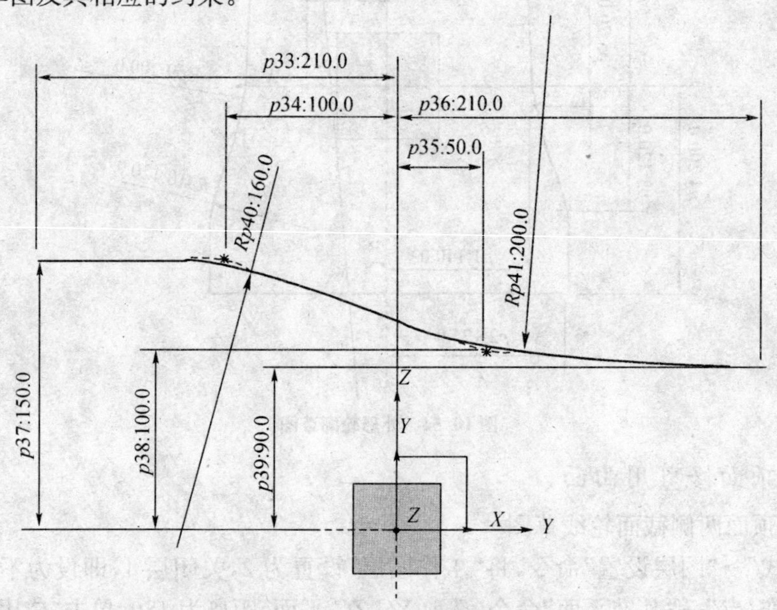

图 10.56　顶面正中间截面轮廓线草图

单击“ 完成草图 ”按钮，完成草图绘制。

（3）单击“插入”→“来自曲线集的曲线”→“镜像”命令，弹出镜像曲线对话框，如图10.57所示。先选取镜像的曲线（两侧截面轮廓线），再选取 YOZ 平面作为镜像平面，得到图 10.58 所示的镜像曲线。（设定层 1 可见）

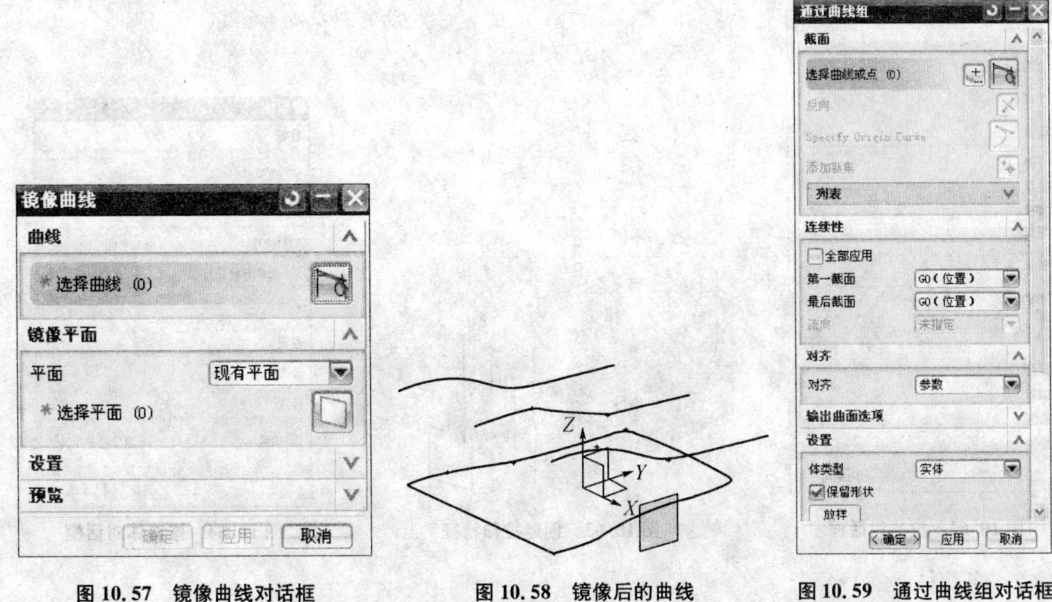

图 10.57　镜像曲线对话框　　图 10.58　镜像后的曲线　　图 10.59　通过曲线组对话框

（4）创建顶面修剪用曲面

单击“格式”→“图层设置”命令，将工作图层设置为 4，关闭图层 1。

单击“插入”→“网格曲面”→“通过曲线组”命令，弹出通过曲线组对话框，如图 10.59 所示。

在“截面”组框中，单击“选择曲线或点”，在图形区定义如图 10.60 所示的三条截面曲线。

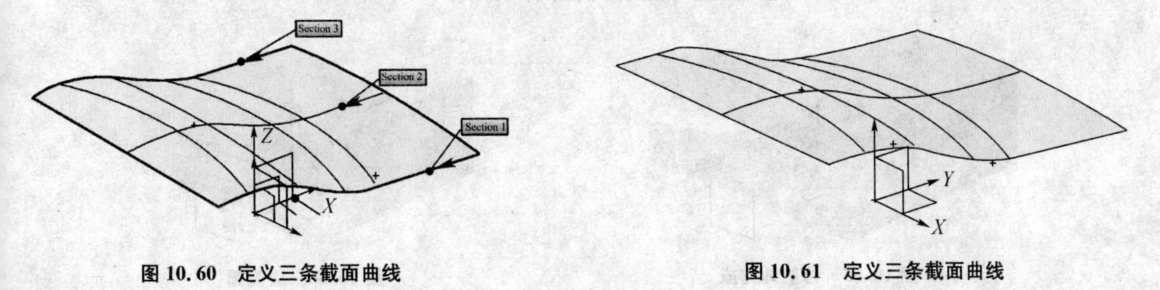

图 10.60　定义三条截面曲线　　图 10.61　定义三条截面曲线

通过曲线组对话框中其他选项选择默认设置，单击“确定”按钮，生成如图 10.61 所示的曲面。

3）拉伸与修剪体

（1）创建拉伸特征

单击“格式”→“图层设置”命令，将工作图层设置为 5，关闭图层 2、3 和 4，打开 1。

单击“插入”→“设计特征”→“拉伸”命令，弹出拉伸对话框，如图 10.62 所示。

在选择曲线工具栏中选择第一步画的外形轮廓草图为要拉伸的曲线，在限制组框中选择

“值”的拉伸方式，在开始距离和结束距离文本框中分别输入“0”和“160”，单击“确定”，拉伸特征建立完成，如图 10.63 所示。

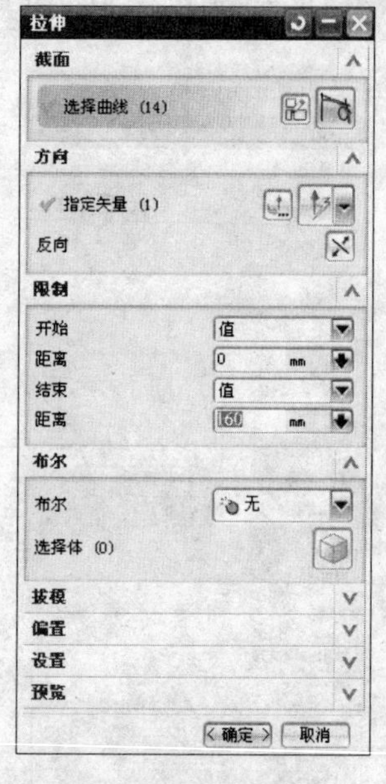

图 10.62　拉伸对话框

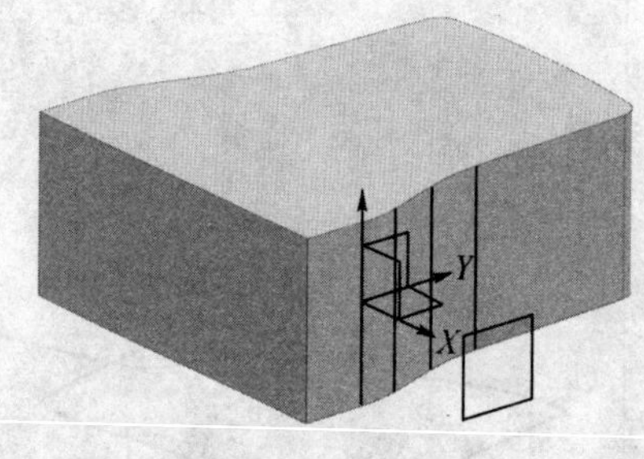

图 10.63　创建拉伸特征

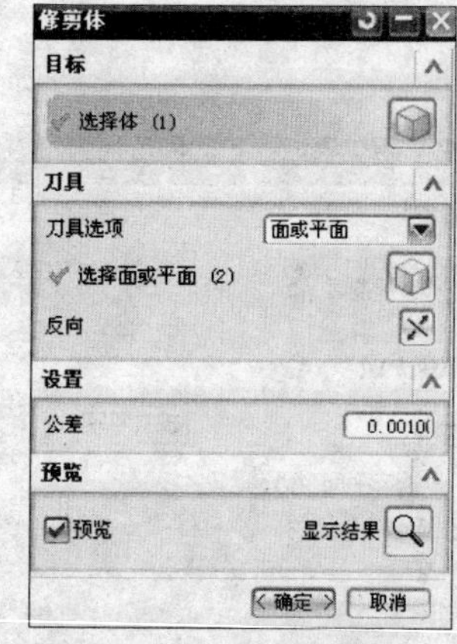

图 10.64　修剪体对话框

(2) 修剪体

单击“格式”→“图层设置”命令，将工作图层设置为 6，打开图层 1、2、3、4 和 5。

单击“特征操作”工具栏上的“修剪体”按钮“”(或选择“插入”→“修剪”→“修剪体”)，弹出修剪体对话框，如图 10.64 所示。

单击目标组框中“选择体”按钮，在图形区选择拉伸实体为修剪目标体，在刀具组框中的刀具选项文本框的下拉列表中选择“面或平面”，在图形区选择修剪曲面，图形区会显示修剪效果预览，确认修剪方向，单击“确定”按钮，完成修剪操作，如图 10.65 所示。

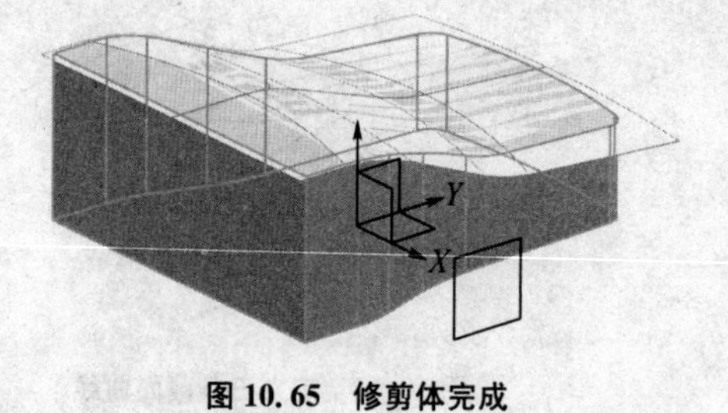

图 10.65　修剪体完成

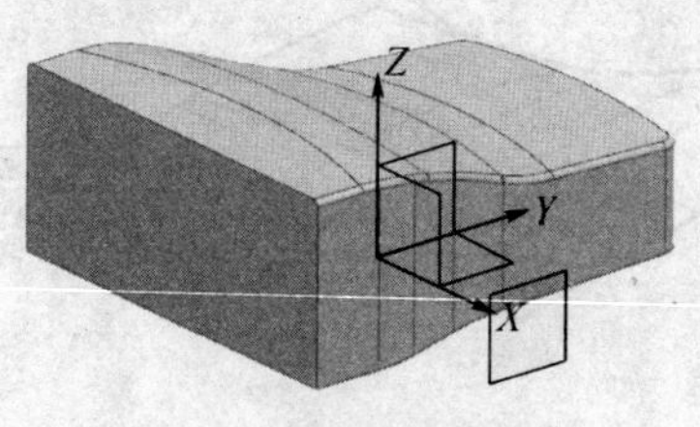

图 10.66　边倒圆

4) 边倒圆、镜像与抽壳

(1) 边倒圆

单击“格式”→“图层设置”命令，将工作图层设置为 7，关闭图层 2、3、4、5 和 6。

单击“特征操作”工具栏上的“边倒圆”按钮“”(或选择下拉菜单中的“插入”→“细节特征”→“边倒圆”)，弹出边倒圆对话框。在图形区选择要倒圆的边缘线，输入倒圆半径为 5，单击“确定”，如图 10.66 所示。

(2) 镜像体

单击“插入”→“关联复制”→“镜像体”命令，弹出如图 10.67 所示的镜像体对话框，选取图 10.66中的实体，选取 *XOY* 平面作为镜像面，生成如图 10.68 所示的镜像体。

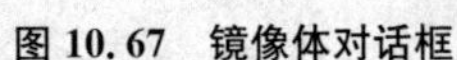
图 10.67 镜像体对话框

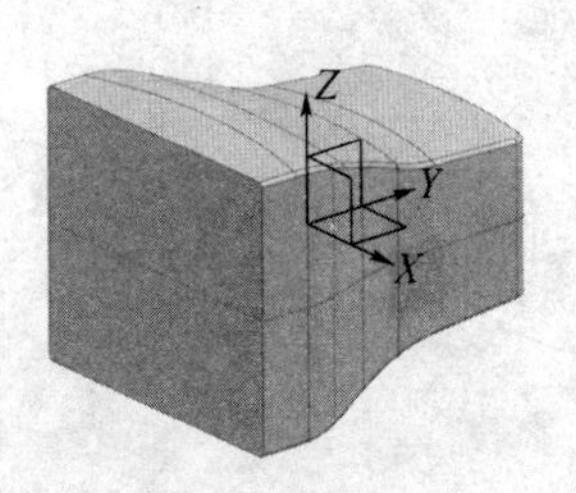

图 10.68 镜像体

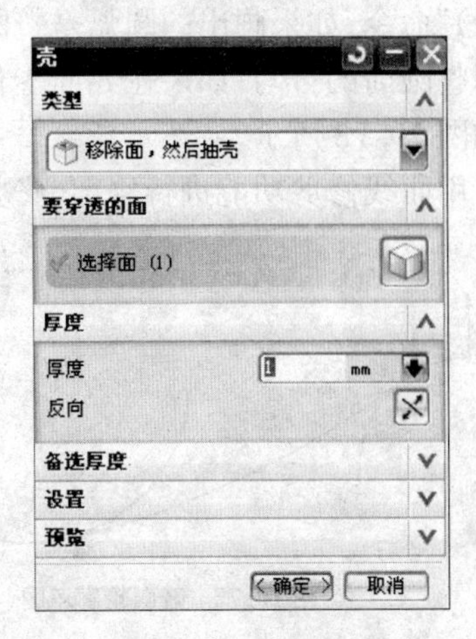

图 10.69 壳对话框

(3) 抽壳

单击特征操作工具栏上的“抽壳”按钮(或选择命令菜单中的“插入”→“偏置/缩放”→“抽壳”)，弹出壳对话框，如图10.69所示。在类型组框中选择“移除面，然后抽壳”的类型，在图形区选择前面为“要穿透的面”，然后在厚度组框中的厚度文本框中输入 1 mm。单击“确定”，完成抽壳特征创建，如图10.70所示。

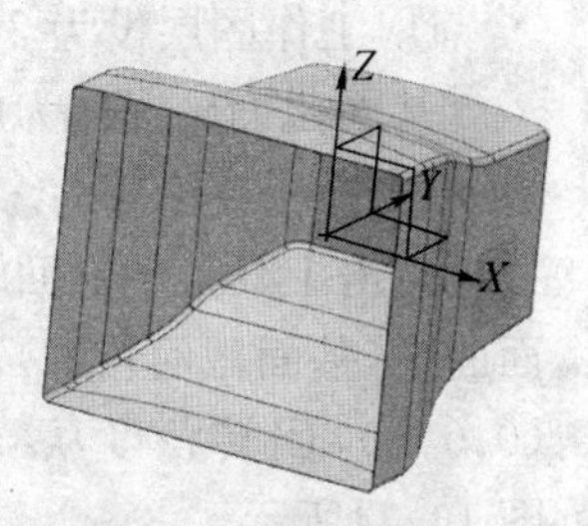

图 10.70 抽壳特征

10.4 波轮建模

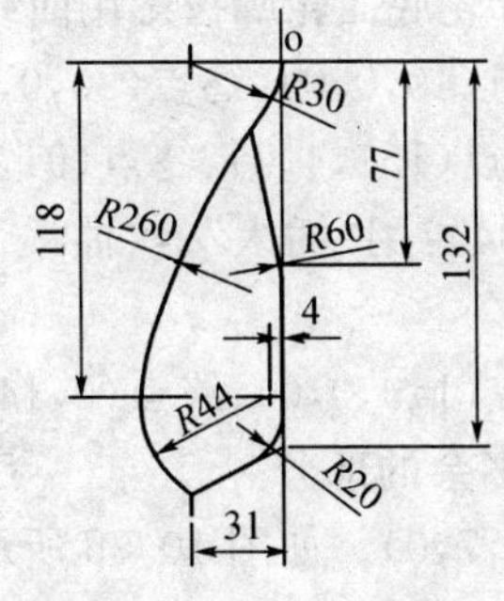

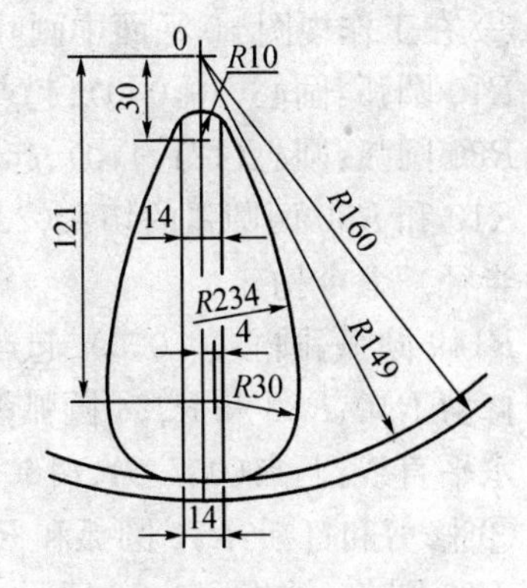

图 10.71 “控制面板”窗口

(1) 在指定的目录下新建一个零件名称。例如 F:\bolun\bolun. prt。

(2) 构建波轮截面轮廓曲线(用曲线功能构建)。

① 建模前的基本设定：隐藏基准坐标系，显示并旋转工作坐标系 *YC*→*ZC*(90°)。

② 构建截面轮廓曲线：工作层 1，视图为前视。在前视图方向构建基面的截面轮廓曲线，轮廓数据如下：*R*30 的圆弧：圆心(0，－30，0)、起点(30，－30，0)、终点(0，0，0)。

$R44$ 的圆弧：圆心（118，−4，0）、起点（74，−4，0）、终点（162，−4，0）。

直线：起点（160，−31，0）、平行 X 轴，给定一个合适的长度，与 $R44$ 圆弧相交即可。

（注：画两圆弧的切弧（$R260$）：用"插入" →"曲线" →"直线和圆弧" →"圆弧（相切-相切-半径）"命令；如果画出的圆弧是整圆，可以用可回滚编辑。在限制组框中，不选取整圆方式，即去掉整圆前的打勾；如果在界面上保留的是大半圆，可点击补弧，按"确定"。）构建截面轮廓草图如图 10.72 所示。

用曲线修剪功能进行修剪，修剪完成后的截面轮廓如图 10.73 所示。

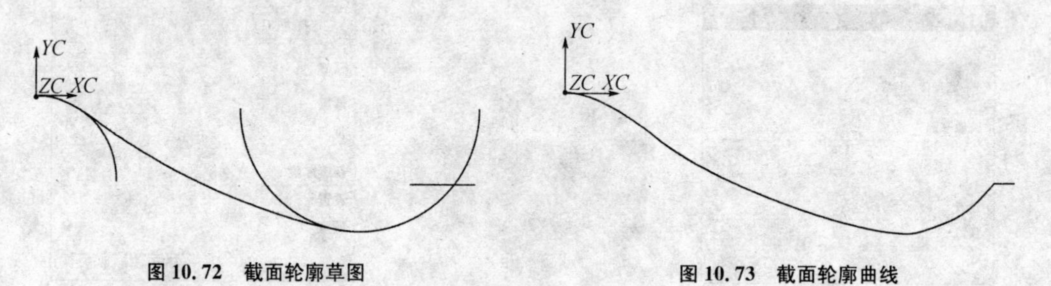

图 10.72　截面轮廓草图　　　　图 10.73　截面轮廓曲线

（3）构建基面（用回转功能将基面截面轮廓旋转一周）。

① 工作图层设为 2，视角设为等角视图。

基面截面轮廓作为旋转截面，旋转轴：用指定矢量，指定 Y 轴，指定点 WCS（0，0，0）。

② 构建波轮基面。

点击工具条中的回转功能，（曲线规则选择相连曲线）选择截面曲线（基面截面轮廓），设定指定矢量（YC 轴），回转中心指定点（0，0，0），回转角度从 0°～360°。按"确定"，生成的回转基面如图 10.74所示。

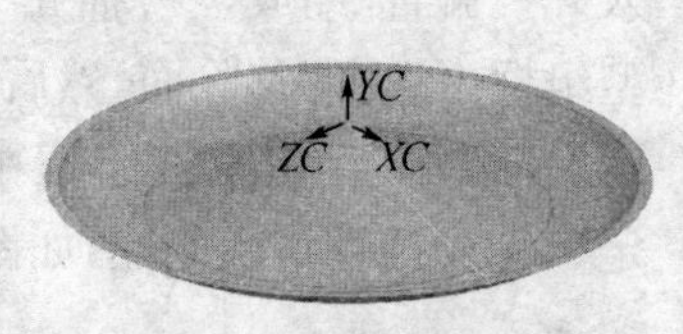

图 10.74　波轮基面

（4）构建叶轮线框模型

① 工作层设为 3，层 1、2 设为不可见，工作坐标系 ZC 转向 YC（90°），定向视图到俯视图。

② 在工作视图 $z0$ 平面中画叶轮底面轮廓投影用曲线和一条辅助打断用的直线。

$R10$ 圆弧：圆心（30，0，0）、起点（40，0，0）、终点（20，0，0）。

$R30$ 圆弧：圆心（121，4，0）、起点（151，4，0）、终点（91，4，0）。

$R10$ 和 $R30$ 两圆弧的切弧（234）：用"插入"→"曲线"→"直线和圆弧"→"圆弧（相切—相切—半径）"命令构建。

$R149$ 圆弧：圆心（0，0，0）、起点（149，0，0）、终点（0，149，0）。

修剪 $R10$、$R30$ 和 $R234$ 圆弧多余的部分

水平直线：两点（0，7，0）、（160，7，0）。如图 10.75 所示（$R149$ 圆弧图中仅显示一部分）。

③ 修剪和打断：$R10$ 圆弧和 $R149$ 圆弧与水平直线相交处打断，$R30$ 圆弧和 $R149$ 圆弧之间倒 $R20$ 圆角。如图 10.76 所示。

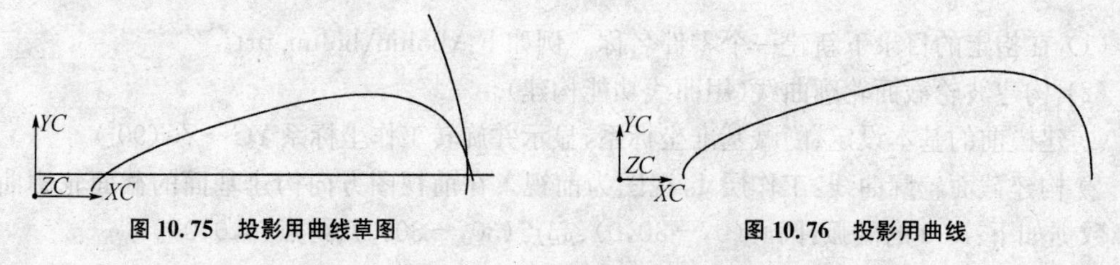

图 10.75　投影用曲线草图　　　　图 10.76　投影用曲线

④ 投影曲线：先打开图层 2，点击“插入”→“来自曲线集的曲线”→“投影”命令，弹出投影曲线对话框。要投影的曲线：选择图 10.76 的曲线(注：一条一条曲线分开投影，曲线规则选择单条曲线)，要投影的对象：图层 2 中的波轮基面，投影方向：*ZC* 反方向，指向基面。关闭图层 2，结果如图 10.77 所示。

⑤ 构建叶轮顶面轮廓线：将工作坐标系从 *YC* 向 *ZC* 方向旋转 90°，再将工作坐标系原点向－*ZC*方向移－7。

点击“插入”→“曲线”→“基本曲线”命令，弹出基本曲线对话框。选取基本曲线中的直线功能，在线串模式前打勾，构建点的方法选择点构造器，用鼠标捕捉端点(*R*10 圆弧的打断点)、输入点(77,0,0)、输入点(132,0,0)、捕捉端点(*R*149 圆弧的打断点)画出叶轮顶面轮廓线，如图10.78所示。

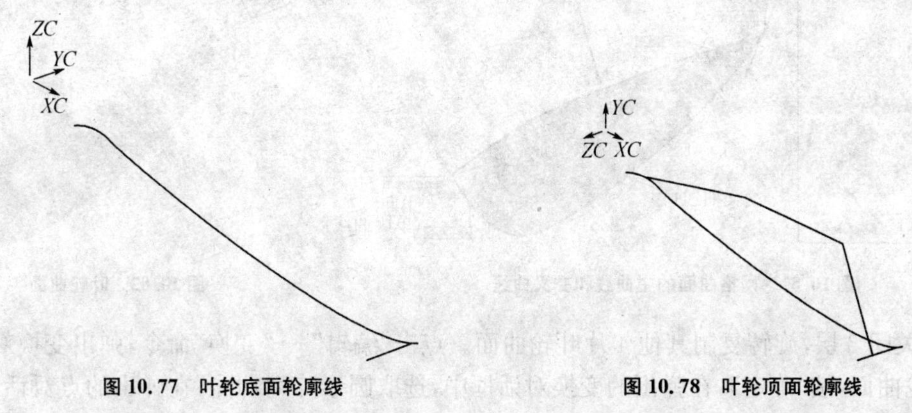

图 10.77　叶轮底面轮廓线　　　　**图 10.78　叶轮顶面轮廓线**

点(77,0,0)处倒 *R*60 圆角和点(132,0,0)处倒 *R*20 圆角，如图 10.79 所示。

⑥ 镜像另一半叶轮轮廓曲线：视角转向俯视图，显示基准坐标系。点击“编辑”→“变换”命令，弹出变换对话框。点击“类型过滤器”类型选择“曲线”，按“全选”按钮，按“确定”，弹出变换对话框，选取“通过一平面镜像”，选取 *XOZ* 平面作为镜像平面，距离 0，按“确定”，在弹出的变换对话框中，点击“复制”功能键，按“取消”，如图 10.80 所示。

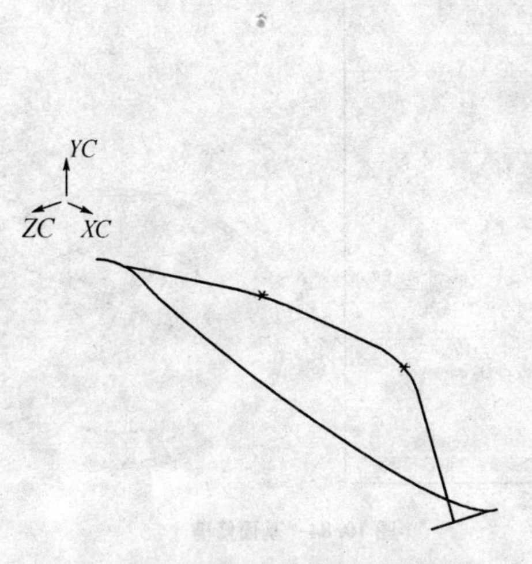

图 10.79　倒角后的叶轮顶面轮廓线

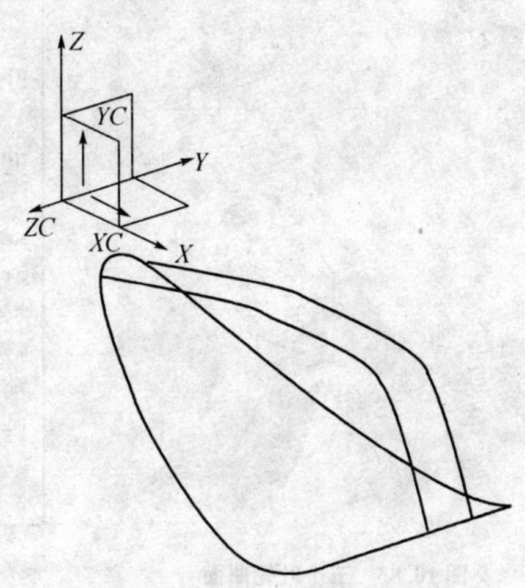

图 10.80　叶轮线框模型

(5) 构建叶轮曲面

① 工作层设为 4，叶轮曲面分成三片绘制。点击“插入”→“网格曲线”→“通过曲线网格”

命令，弹出通过曲线网格对话框，定义网格曲面的主曲线和交叉曲线(注：主曲线 1 是点，主曲线 2 是单段曲线)，按“确定”，如图 10.81 所示，生成网格曲面。用同样的方法构建对称的另一面。接着构建中间曲面，结果如图 10.82 所示。

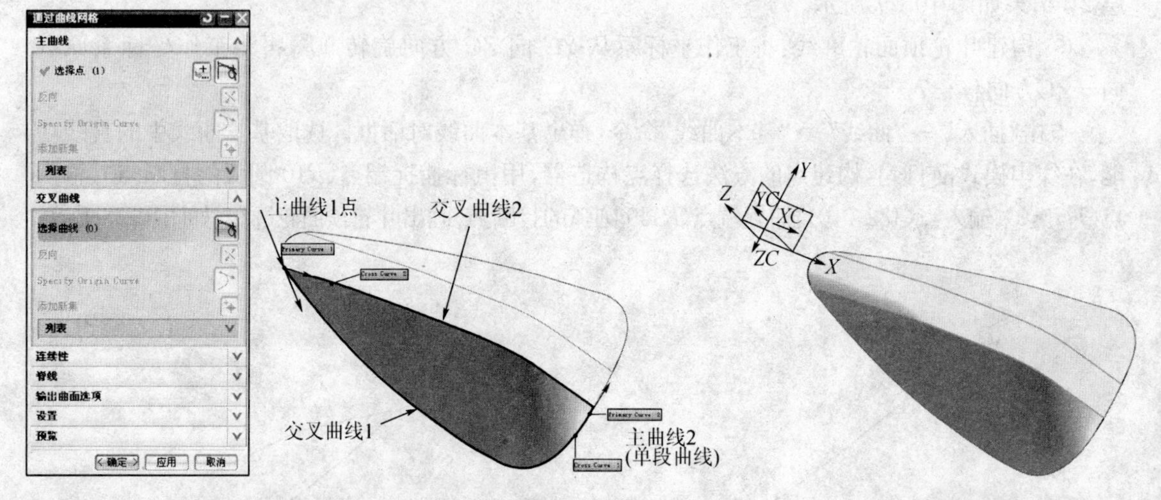

图 10.81　网格曲面的主曲线和交叉曲线　　　　**图 10.82　叶轮曲面**

② 关闭 3 层，旋转复制其他 4 片叶轮曲面。点击“编辑”→“变换”命令，弹出变换对话框，选取叶轮曲面，按“确定”，在弹出的变换对话框中，选取圆形阵列功能，在弹出的点对话框中选择坐标：绝对工作坐标，(0,0,0)，按“确定”，按“确定”，按“确定”，选择“变换类型一圆形阵列”功能，选择“绕直线旋转”，选择“点和矢量”，弹出点对话框，按“确定”，弹出矢量对话框：类型选择“自动判断的矢量”，选取界面上的 Z 轴矢量，按“确定”。变化角度设定为 72°，按“确定”。按“复制”四次，如图 10.83 所示。

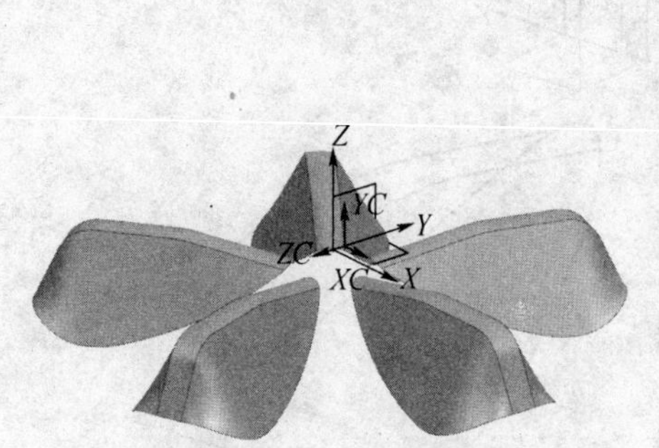

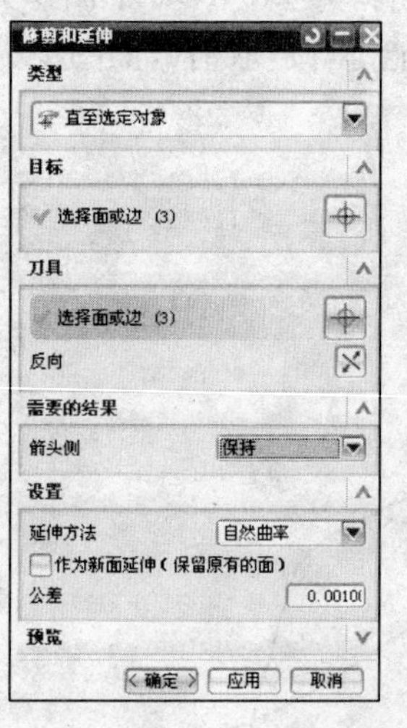

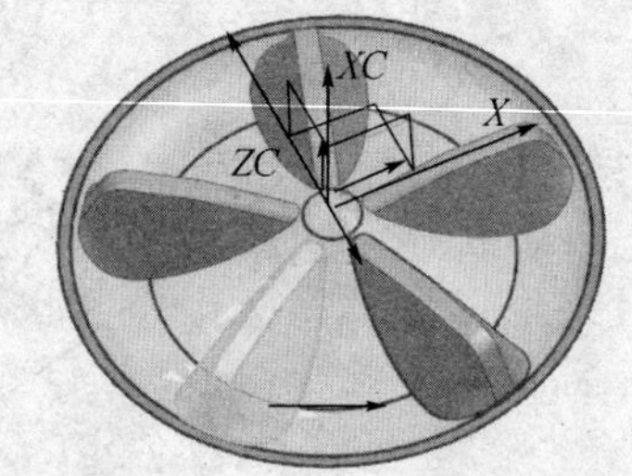

图 10.83　五个叶轮曲面　　　　**图 10.84　基面修剪**

③ 打开图层 2。

④ 点击“插入”→“修剪”→“修剪与延伸”命令，弹出修剪与延伸对话框。目标面选择基面、刀具面选择(一个)叶轮曲面(3 片面)，按“确定”。如图 10.84 所示。

接着用同样的方法修剪其他四处,修剪之后的波轮曲面的正面和反面,如图 10.85 所示。将 5 个叶轮与基面缝合。

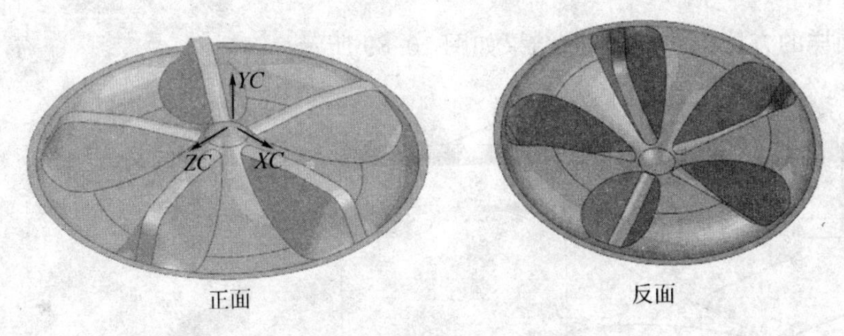

图 10.85　波轮曲面的正面和反面

⑤ 倒圆角:视角转到俯视图。先倒叶轮顶部的圆角,半径 $R2$。再倒叶轮底部的圆角,半径 $R2$。最后倒基面上的一个圆角,半径 $R2$。

⑥ 加厚:将曲面加厚 2 mm,生成实体。单击"插入" →"偏置/缩放"→"加厚"命令,弹出加厚对话框。

设定加厚曲面,点击波轮曲面(面规则:相切面)。设定偏置 1(2 mm),偏置 2(0 mm),方向向下。按"确定"。将工作坐标系 ZC→YC,YC 原点向负方向移 7。外侧面向 −ZC 方向拔模 6°,拔模后的下边缘实体倒 $R1.5$ 的圆角。如图 10.86 所示。

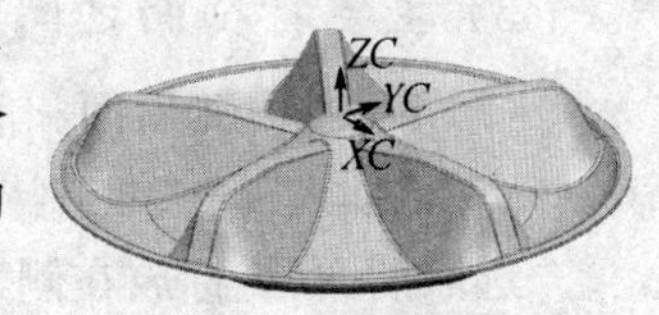

图 10.86　波轮实体图

点击"文件" →"保存"命令,保存已构建的波轮实体模型。

10.5　汽车外壳建模

初始条件:已构建好小汽车线框模型,将线框模型构建成曲面模型。

1) 打开小车的线框模型

小车的外形的线框模型(car、prt)。

为了便于观察,隐藏部分线条,如图 10.87 所示。

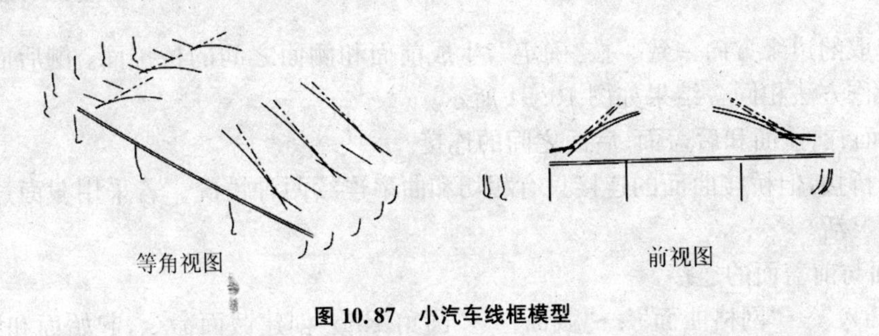

图 10.87　小汽车线框模型

2) 用"通过曲线组"曲面功能,构建前后面、前后盖面和侧面

构建小车的前面,点击"插入"→"网格曲面" →"通过曲线组"命令,弹出通过曲线组对话框。适当放大图形,按顺序定义 5 条截面曲线,首先定义最边上的一条:将光标放在曲线

的上端部分，按左键接着按中键（接着定义第 2 条、第 3 条……直到第 5 条），定义完全部 5 条曲线（顺序定义、方向要一致），其余选项、设置按默认值，如图 10.88 所示，按“应用”，生成前面曲面。

接着用同样的方法构建其他面，结果如图 10.89 所示。

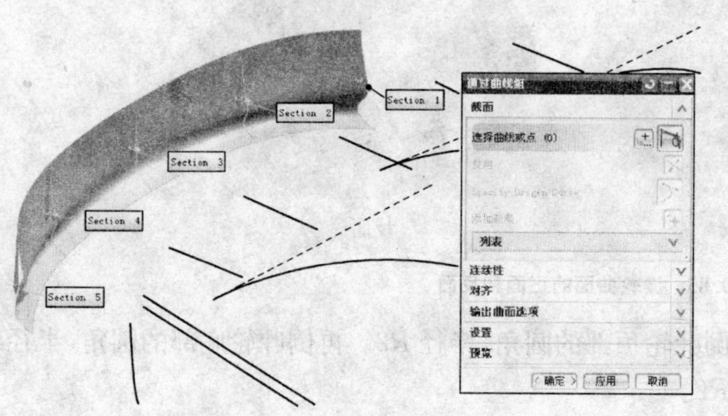

图 10.88　定义小汽车前面曲面

图 10.89　定义侧后面、前后盖面和顶面

3）主要特征面之间的连接

（1）前侧面、侧后面和前后盖面之间桥接。

点击“插入”→“细节特征”→“桥接”命令，弹出桥接对话框。

选取前面（光标放在侧边线上），选取侧面（光标放在侧边线上），如图 10.90 所示。

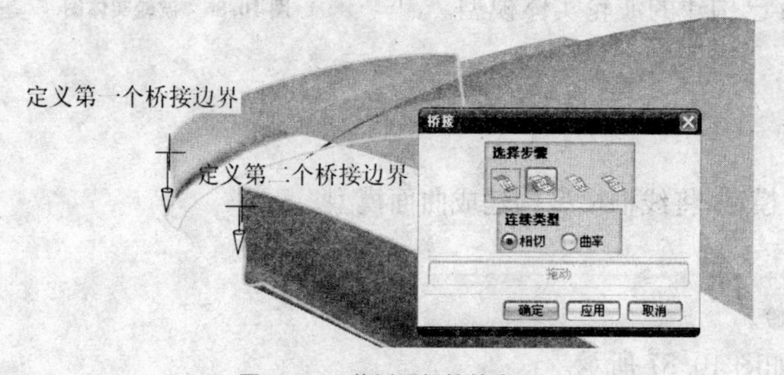

图 10.90　前侧面桥接的定义

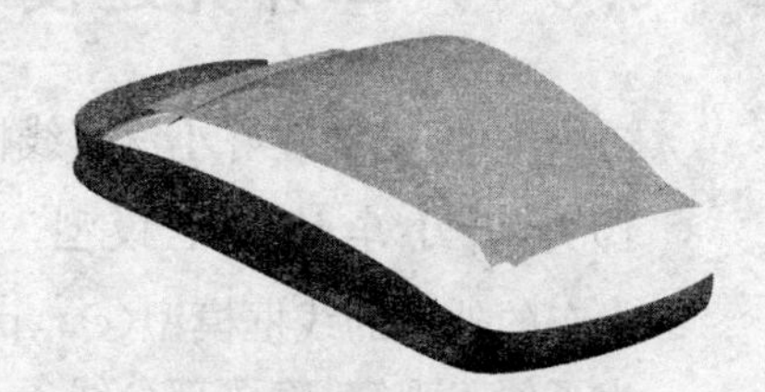

图 10.91　前侧面、侧后面桥接

注意选取的边缘方向一致。按“确定”，生成前面和侧面之间的桥接面。侧后面、前后盖面之间桥接操作方法相同。结果如图 10.91 所示。

（2）前面、前盖面和后盖面、后面之间的连接

可以用桥接，但桥接曲面的连接只有相切和曲率连续两种情况。若采用截面过渡功能，则过渡情况更灵活。

① 前面与前盖面的连接

点击“插入”→“网格曲面”→“截面”→“圆角-Rho”创建截面命令，起始面和终止面为要连接的两个面，选择两个面要相连的线为起始线和终止线（与起始面和终止面对应），Rho 规律类型设为恒定，值设为 0.6，脊线的选择如图 10.92 所示，按“应用”。

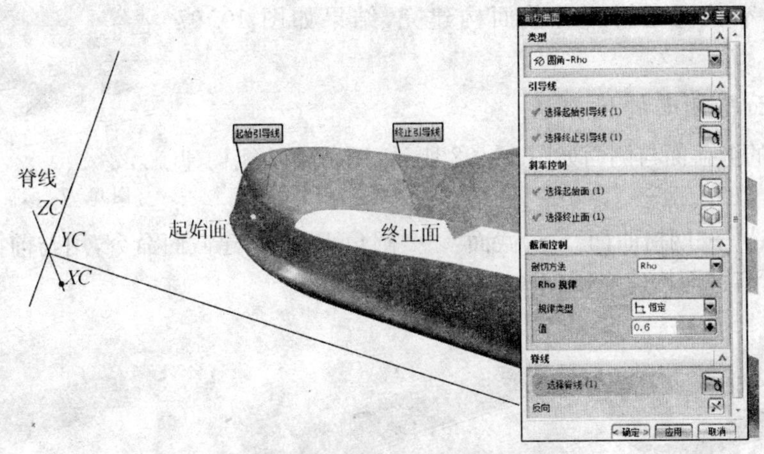

图 10.92　前面与前盖面创建截面的定义

② 用同样的方法，将后面与后盖面相连接，结果如图 10.93 所示。

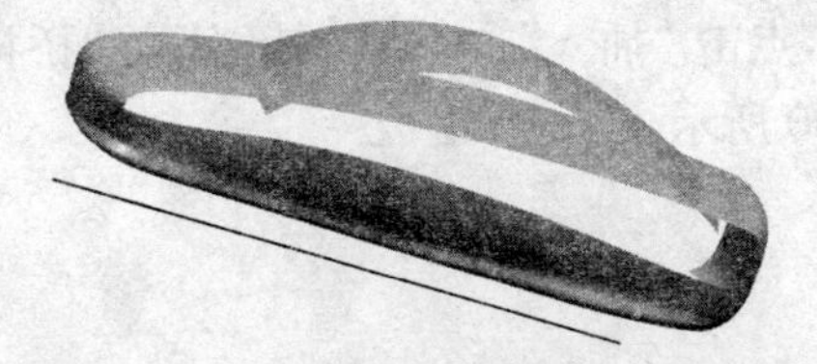

图 10.93　后面与后盖面的截面连接结果

图 10.94　创建小窄长曲面

4) 顶面与小窄长面的连接

构建小窄长面。

点击“插入”→“网格曲面”→“通过曲线组”命令，创建如图 10.94 所示的小窄长曲面。

将要连接的两个曲面，如图 10.95 所示，用截面功能构建连接曲面。

图 10.95　将要连接的两个曲面

点击“插入”→“网格曲面”→“截面”→“圆角-Rho”创建截面 命令，用同样的方法(脊线不同)，构建曲面，如图 10.96 所示(注：相连的面 Rho 值必须相同，这里都设为 0.6)。

图 10.96　顶面的截面连接定义

顶面与小窄长面之间所有截面构建完，结果如图 10.97 所示。

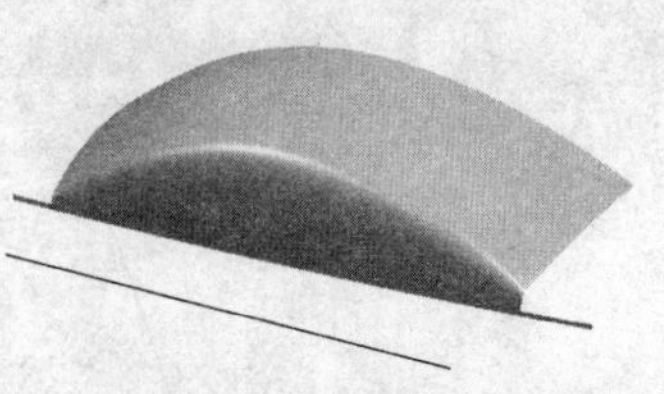

图 10.97　所有顶面的截面连接

5）上盖面与侧面的连接

将要连接的上盖面与侧面如图 10.98 所示，用截面功能构建连接曲面。

点击“插入”→“网格曲面”→“截面”→“圆角-Rho”创建截面命令，用与前面同样的方法来构建截面，所有截面构建完，结果如图 10.99 所示。

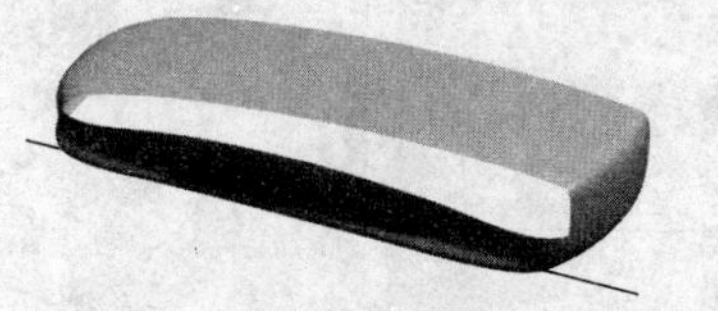

图 10.98　侧面要连接的面

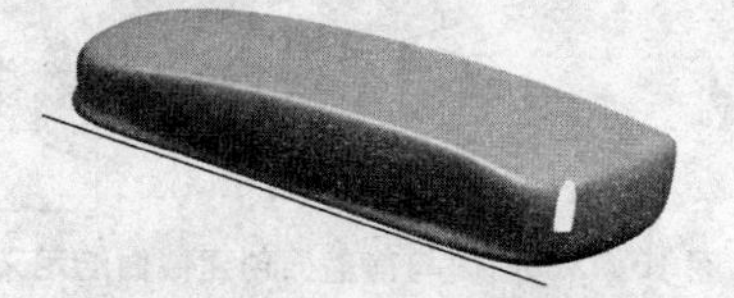

图 10.99　所有侧面的截面连接

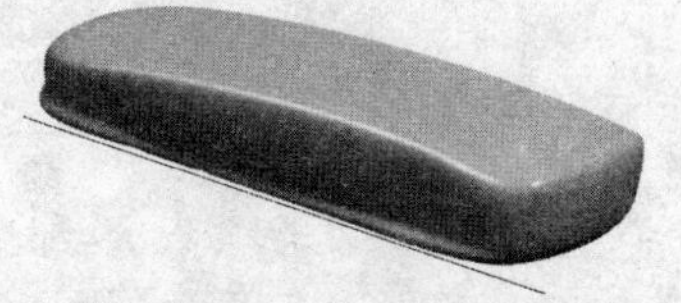

图 10.100　所缺部分的桥接

尾部最后未连接的一块曲面用桥接功能构建，点击“插入”→“细节特征”→“桥接”命令，选择要连接的两个面，按“确定”。结果如图 10.100 所示。

6）缝合及修剪曲面

先将图 10.97 所创的小窄长面隐藏

(1) 车顶缝合

点击“插入”→“组合”→“缝合”命令，弹出缝合对话框。目标选择顶面上的一个面，刀具选择其他 5 个面，如图 10.101 所示，按“确定”。

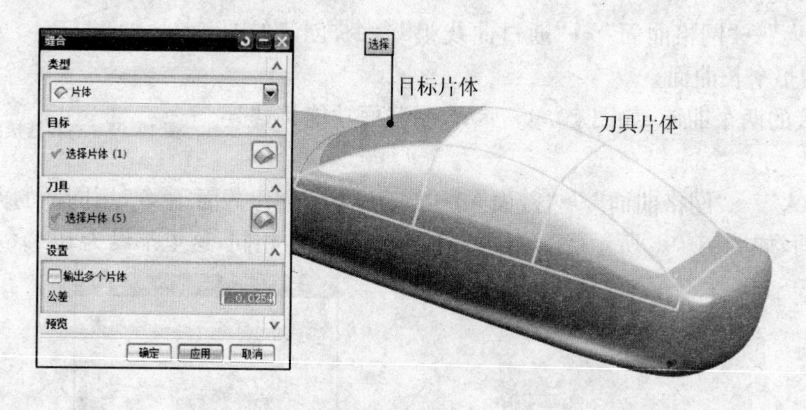

图 10.101　车顶缝合

(2) 侧面缝合

用同样的方法将剩下的面全部缝合。

(3) 修剪

① 修剪顶面

点击“插入”→“修剪”→“修剪和延伸”命令，弹出修剪和延伸对话框，目标选择顶面，刀具选择侧面(若修剪掉的是顶面的顶部，则刀具反向)，如图 10.102 所示，按“应用”。

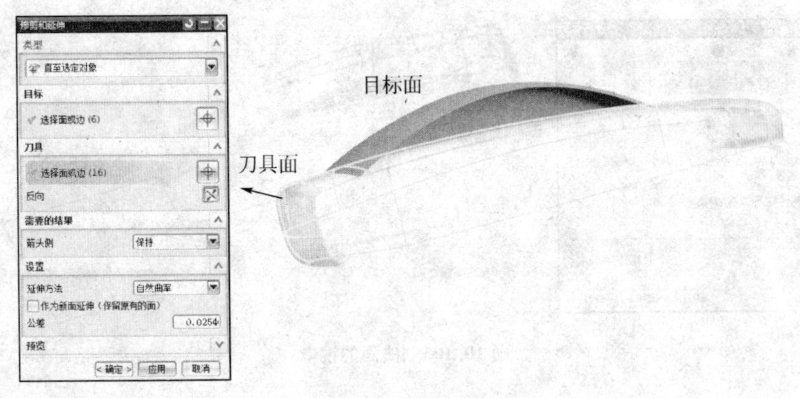

图 10.102 顶面的修剪

② 修剪侧面

点击“插入”→“修剪”→“修剪和延伸”命令，目标选择侧面，刀具选择顶面，如图 10.103 所示，按“确定”。

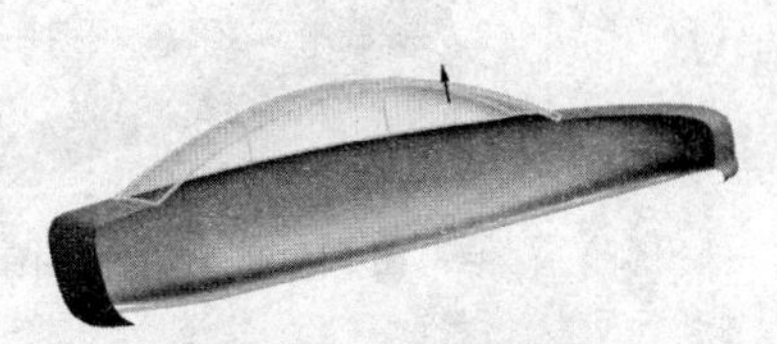

图 10.103 侧面的修剪

(4) 缝合顶面和侧面

点击“插入”→“组合”→“缝合”命令，目标选择顶面，刀具选择侧面，按“确定”。

7）镜像

到此为止构建的曲面不是将要构建的小汽车的全部曲面，仅构建了一大半的曲面，通过修剪得到完整的一半曲面，再用修剪后的曲面镜像另一半，曲面对称处就不会出现凸棱。

(1) 修剪

点击“插入”→“修剪”→“修剪体”命令，弹出修剪体对话框。

选择体：选择所有曲面，刀具：选择 *XOZ* 面，如图 10.104 所示，按“确定”。

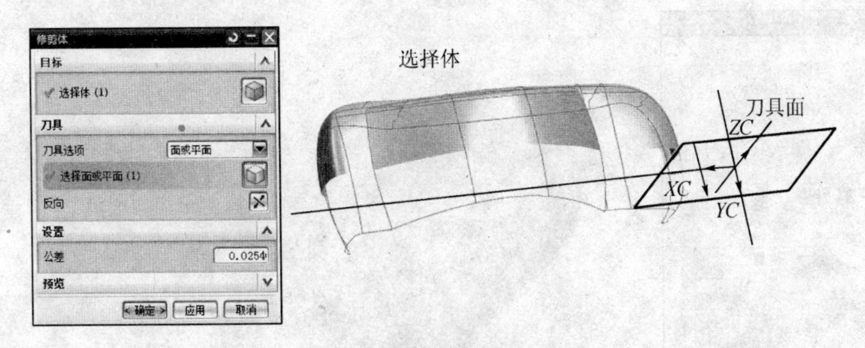

图 10.104 修剪曲面

(2) 镜像

点击“插入”→“关联复制”→“镜像体”命令，弹出镜像体对话框，选择体：所有面，镜像平面：*XOZ* 平面，如图 10.105 所示，按“确定”。

(3) 缝合

将镜像后的对应两个面缝合起来。

点击“插入”→“组合”→“缝合”命令，选择两个要缝合的面，按“确定”。结果如图 10.106 所示。

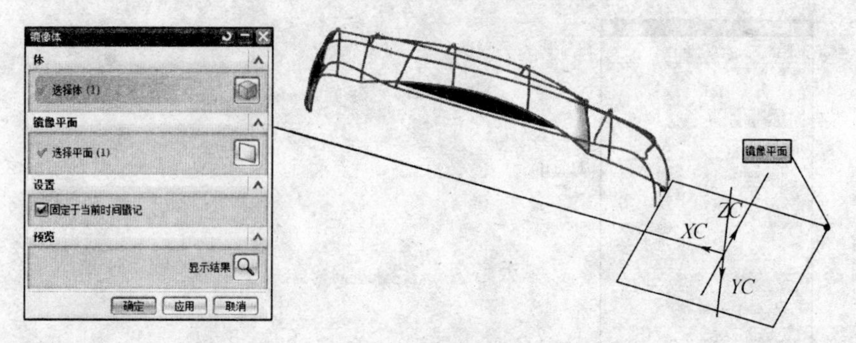

图 10.105　曲面的镜像

图 10.106　缝合的曲面

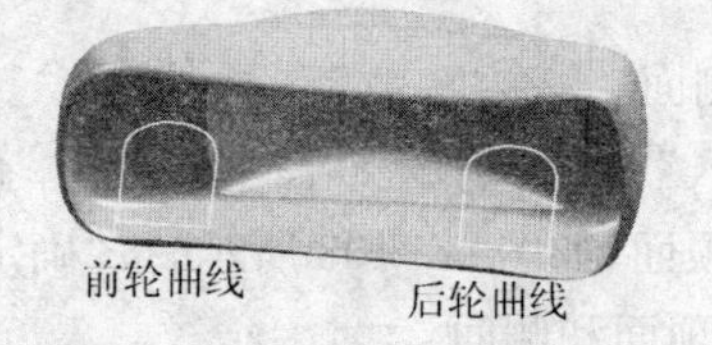

图 10.107　汽车轮胎缺口部位修剪用曲线

8）轮胎缺口部位的修剪

（1）显示汽车轮胎缺口部位修剪用曲线，如图 10.107 所示。

（2）修剪轮胎缺口部位

点击"插入"→"修剪"→"修剪的片体"命令，弹出修剪片体对话框。

选择片体：汽车曲面，边界对象：前后轮修剪用曲线，投影方向 *YC* 方向矢量（向两侧修剪），如图 10.108 所示，按"确定"。

小汽车曲面构建完成，结果如图 10.109 所示。

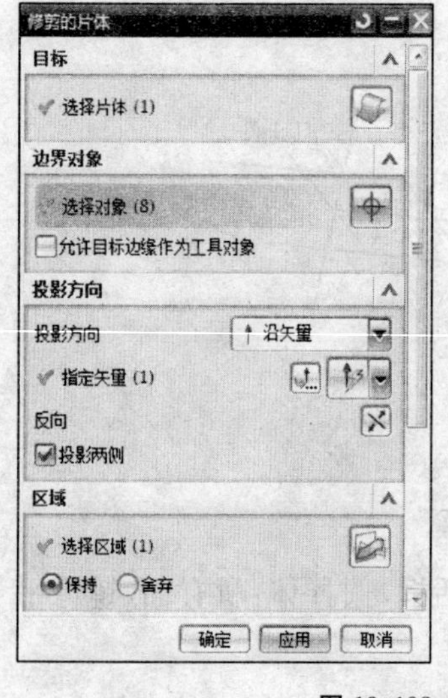

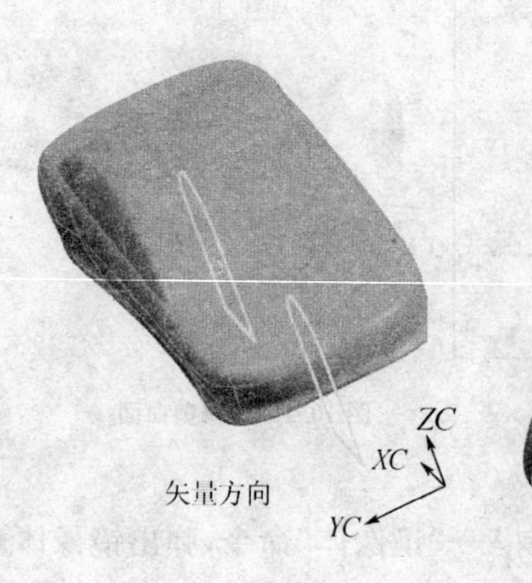

图 10.108　修剪的片体定义

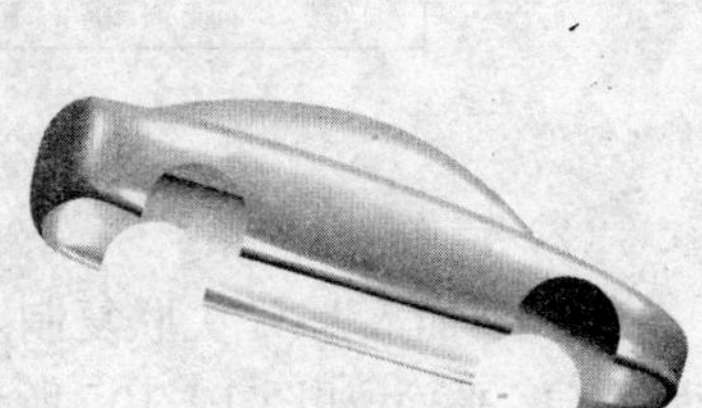

图 10.109　构建完成的小汽车曲面

11 二维加工(mill_planar)

11.1 UG CAM 加工基本流程

数控加工工艺的常见流程如图 11.1 所示。

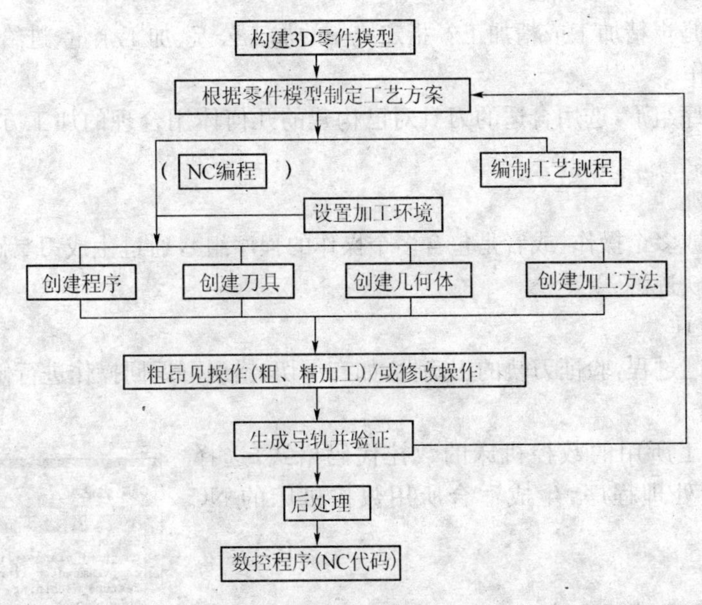

图 11.1 CAM 加工常见流程

(1) 创建部件模型

UG 部件模型有:零件、毛坯和装配三种形式。零件模型是进行数控编程的基础,用户必须在进入加工模块之前,先在建模环境中构建完零件的三维模型。当然,也可以通过格式转换引入其他 CAD 软件创建的三维模型。

创建程序的合理性,关键是 CAM 中的各项操作,特别是“创建操作”中选项、参数设置的正确性、合理性。

刀轨仿真部分一定要有毛坯:二维加工通常用自动块,较方便,但三维加工必须创建毛坯。

(2) 工艺分析、计算加工参数

根据零件模型,进行工艺分析,制定加工工艺规程,计算切削用量,选择加工方式等。

详细的工艺分析参见第三章的数控加工工艺知识。

(3) 设置加工环境

加工环境设置包括 CAM 进程配置和 CAM 设置,选择合适的刀具库、材料库、切削用量库以便于加快编程速度。

(4) 创建程序组

用于组织各种加工操作和排列各操作在程序组中的次序，合理地将各操作组成一个程序组。具体操作对初学者而言，就是设定程序名。

(5) 创建刀具组(铣削加工)

创建铣削加工中使用的刀具。常用的刀具有：平头立铣刀、球头立铣刀、倒圆角的立铣刀等。

(6) 创建几何体

创建几何体就是在零件上定义要加工的几何对象和设定零件在机床上的方位，包括定义加工坐标系、工件边界和切削区域等。

(7) 创建方法

是粗加工还是半精加工或精加工？指定统一的加工公差、加工余量、进给量等。

(8) 创建操作

在指定的程序组下，选用合适的刀具对已构建的几何体用合理的加工方法进行的各种各样的一系列操作。

(9) 生成刀轨

刀轨是一个或多个操作(或者是包含多个操作的程序组)，通过生成刀具路径，产生加工过程中刀具的运动轨迹。

(10) 刀轨仿真

通过模拟切削过程，验证刀轨的正确性，如有过切、错误可返回操作进行修改。

(11) 后处理

根据实际加工所用的数控机床的数控代码格式，选择一个合适的后置处理程序，生成适合所用数控机床的NC代码。

11.2 UG CAM 加工环境和工作界面

1) 加工环境初始化

首先在UG NX中构建或打开一个待加工零件，点击“开始”→“加工”命令，弹出加工环境对话框，如图11.2所示。根据对象的不同，选择不同的配置，其中有CAM会话配置和要创建的CAM设置。

选择会话配置和CAM设置后，点击“确定”进入CAM加工环境。

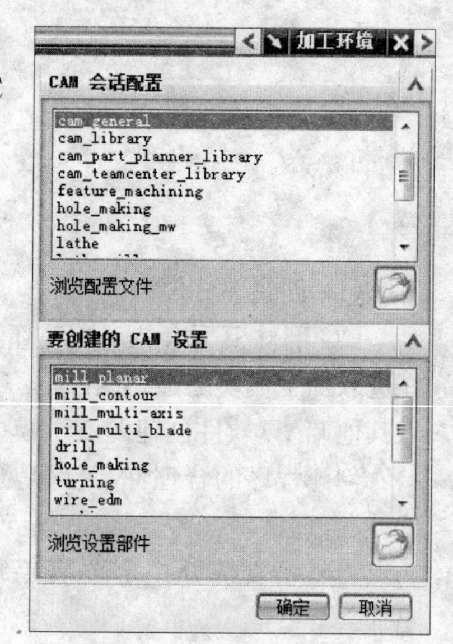

图11.2 加工环境配置

下表11.1列出了加工类型所包含的设置和可创建内容。

表 11.1　CAM 加工环境配置内容

设　置	初始设置内容	可以创建内容
mill_planar	MCS、工件、程序等,用于钻、粗铣、半精铣和精铣的方法	二维的钻和平面腔体加工的操作、刀具和组
mill_contour	MCS、工件、程序等,用于钻、粗铣、半精铣和精铣的方法	三维的型腔、轮廓的铣操作、刀具和组
mill_multi_axis	MCS、工件、程序等,用于钻、粗铣、半精铣和精铣的方法	三轴以上多轴的名种铣操作、刀具和组
drill	MCS、工件、程序等,用于钻加工的方法	钻的操作、刀具和组
machining_knowledge	包括一个可使用的基于特征的加工创建的操作子类型、操作子类型的默认程序父项以及默认加工方法的列表	钻孔、锪孔、铰、埋头孔加工、沉头孔加工、镗孔、型腔铣、面铣削和攻丝的操作、刀具和组
hole_making	MCS、工件、若干进行钻孔操作的程序等,以及用于钻孔的方法	钻的操作、刀具和组,包括优化的程序组,以及特征切削方法几何体组
turming	MCS、工件、程序等	车的操作、刀具和组
wire_edm	MCS、工件、程序和线切割方法	线切割的操作、刀具和组,包括用于内部和外部修剪序列的几何体组
die_sequences	mill_contour 中的所有内容,以及用于进行冲模加工的若干刀具和方法。工艺助理将引导用户完成创建设置的若干步骤。这可确保系统将所需的选择存储在正确的组中	几何体按照冲模加工的特定加工序列进行分组。工艺助理每次都将引导用户完成创建序列的若干步骤,这可确保系统将 所需的选择存储在正确的组中
mold_sequences	mill_contour 中的所有内容,以及用于进行冲模加工的若干刀具和方法。工艺助理将引导用户完成创建设置的若干步骤。这可确保系统将所需的选择存储在正确的组中	几何体按照冲模加工的特定加工序列进行分组。工艺助理每次都将引导用户完成创建序列的若干步骤,这可确保系统将 所需的选择存储在正确的组中
probing	MCS、工件、程序和铣削方法	使用此设置来创建探测和一般运动操作、实体工具和探测工具

2) 工作界面简介

进入 CAM 加工环境,工作界面上增加了一个 CAM 操作导航器,工具栏中增加了导航器和插入两个工具条,如图 11.3 所示。

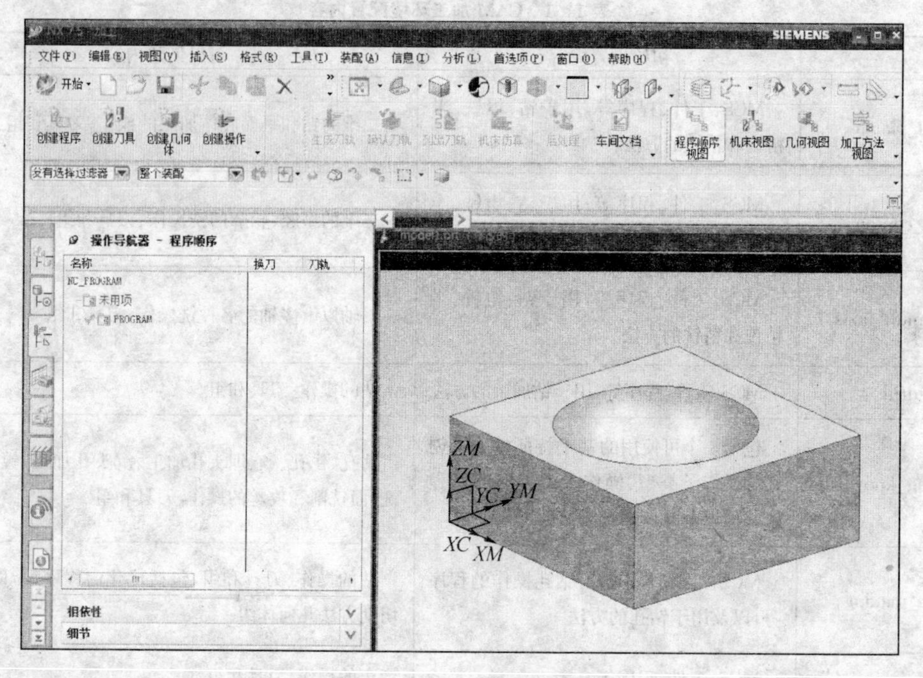

图 11.3　CAM 初始界面

(1) 菜单简介

CAM 菜单主要有插入、工具等。CAM 操作可以从菜单栏的插入菜单、工具菜单进入，通常从工具条的插入、导航器快捷菜单进入。

(2) 工具条

CAM 工具条主要有插入、导航器、操作等。其中插入如图 11.4 所示，导航器如图 11.5 所示，操作如图 11.6 所示。

图 11.4　插入工具条

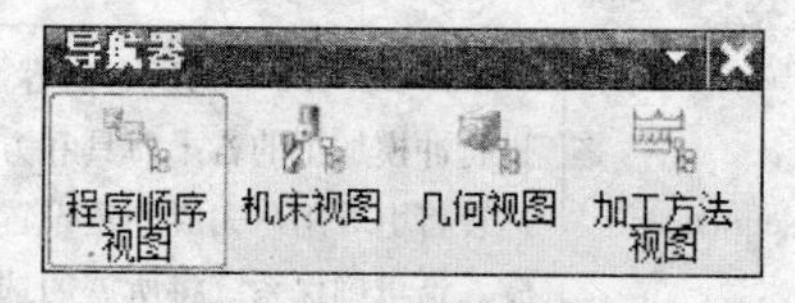

图 11.5　导航器工具条

图 11.6　操作工具条

(3) 操作导航器

操作导航器包括程序顺序视图、机床视图、几何体视图和加工方法视图四个部分。在导航器工具条上点击“程序顺序视图”功能键，再将光标移动到界面左侧的“操作导航器”功能框的右边界上向右拉开，如图 11.7 所示，其中三个刀路已正常生成。操作导航器是为了便于观察各种操作的。

操作导航器 - 程序顺序

名称	换刀	刀轨	刀具	刀具号	时间	几何体	方法
NC_PROGRAM					03:27:01		
未用项					00:00:00		
PROGRAM					03:27:01		
PLANAR_MILL	▮	✔	T1	0	01:11:46	WORKPIECE	---
PLANAR_MILL_1		✔	T1	0	01:38:04	WORKPIECE	---
PLANAR_MILL_2		✔	T1	0	00:37:00	WORKPIECE	MILL_METHOD

图 11.7 操作导航器 1

图 11.8 中,三个刀路的状态不一样,详细见以下的解释。

操作导航器 - 程序顺序

名称	换刀	刀轨	刀具	刀具号	时间	几何体	方法
NC_PROGRAM					03:27:01		
未用项					00:00:00		
⊘ PROGRAM					03:27:01		
⊘ PLANAR_MILL	▮	✕	T1	0	01:11:46	WORKPIECE	---
PLANAR_MILL_1		✔	T1	0	01:38:04	WORKPIECE	---
✔ PLANAR_MILL_2		✔	T1	0	00:37:00	WORKPIECE	MILL_METHOD

图 11.8 操作导航器 2

说明:

名称栏:列出了程序组的名称和每个程序名下几个 CAM 加工的名称。

CAM 加工名称前标志:"⊘"表示刀轨路径还没有正确生成出来。

"!"表示刀轨路径生成正常。

"✔"表示刀轨路径已进行后处理。

换刀栏:列出了每个 CAM 加工的换刀状况。

刀轨栏:×表示没有正确生成出刀轨。

√表示已生成出刀轨路径。

刀具栏:显示每个 CAM 加工所用的刀具名称。

刀具号栏:显示每个 CAM 加工所用的刀具的号。

时间栏:列出了每个 CAM 加工的时间。

几何体栏:显示每个加工的几何体名称。

方法栏:显示了每个 CAM 加工的加工方法。

(4) 面向对象的弹出菜单

将光标指针指向操作导航器的各个节点或节点下的各种 CAM 加工操作,点击鼠标右键,弹出快捷菜单,如图 11.9 所示,该快捷菜单的大多数命令与加工创建工具条、加工对象工具条、加工操作工具条中的命令一一对应。该快捷菜单操作

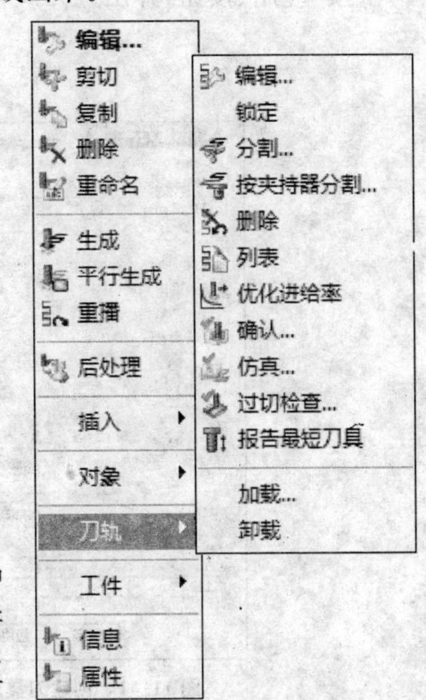

图 11.9 面向对象的弹出菜单

方便，是常用的一个快捷菜单。

11.3　基本操作

介绍CAM加工过程中基本操作，对应前节介绍的CAM加工基本流程，本节介绍各流程部分的操作。

1）创建程序组

通常一个零件的加工，需要在不同的机床上，用不同的刀具，即用多个程序加工才能完成，所以需要设定多个程序组名，来管理加工程序。以便操作、分析和刀具路径的修改。

点击插入工具条中的“创建程序”快捷功能按钮，弹出创建程序对话框，如图11.10所示。

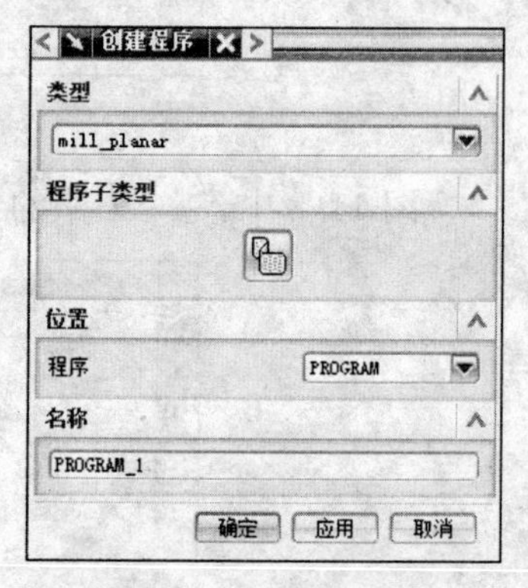

图11.10　创建程序对话框

在“类型”下拉列表框中选择新建程序所属的加工类型。

在“位置”下拉列表框中选择新建程序所处的位置。

在“名称”文本框中输入新建程序的名称。

也可以使用默认名称，不用输入，直接按“确定”。

2）创建刀具组

创建各个CAM操作中所用的刀具，根据不同的零件形状、零件材料，选择合适的刀具材料和类型，在创建刀具组中，设置刀具的形状和尺寸。

点击插入工具条中的“创建刀具”快捷菜单按钮，弹出创建刀具对话框，如图11.11所示。

在刀具子类型中可以选择创建立铣刀、球刀、倒圆角刀、锥度模具铣刀、盘铣刀、T型铣刀、鼓形铣刀等。

按“应用”按钮，弹出铣刀尺寸参数设定对话框，如图11.12所示。

图11.11　创建刀具对话框

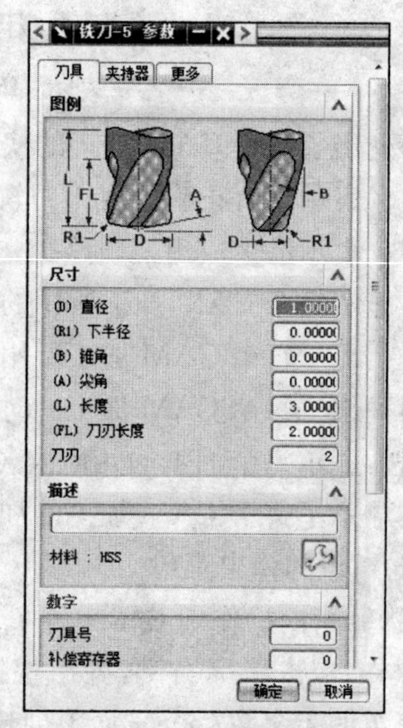

图11.12　刀具参数对话框

参数设置说明：

(D)直径：刀具的直径。

(R1)下半径：倒圆角半径。

(B)锥角：刀具侧面与刀具轴线之间的夹角，即锥度模具铣刀的半锥度角。

(A)尖角：刀具底面的顶角。

(L)长度：铣刀的长度。

(FL)刀刃长度：铣刀切削刃的长度，对应于排槽长度。

刀刃：切削刃的个数，通常用 2 刃铣刀，也有 3 刃、4 刃的铣刀。

材料：从刀具材料库中为刀具指定一种刀具材料。

刀具号：刀具在刀具库中的编号。

长度补偿：在机床控制器中，刀具的长度补偿值所在的寄存器编号。

刀具补偿：在机床控制器中，刀具的直径补偿值所在的寄存器编号。

3) 创建几何体

创建几何体就是指定在被加工零件上需要加工的几何对象，以及零件在机床上的方位。包括定义加工坐标系、工件、边界和切削区域等。

点击插入工具条的“创建几何体”快捷功能按钮，弹出创建几何体对话框，如图 11.13 所示。

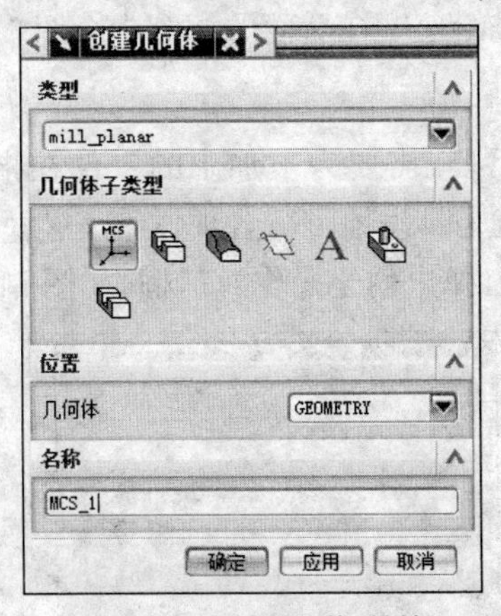

图 11.13　创建几何体对话框

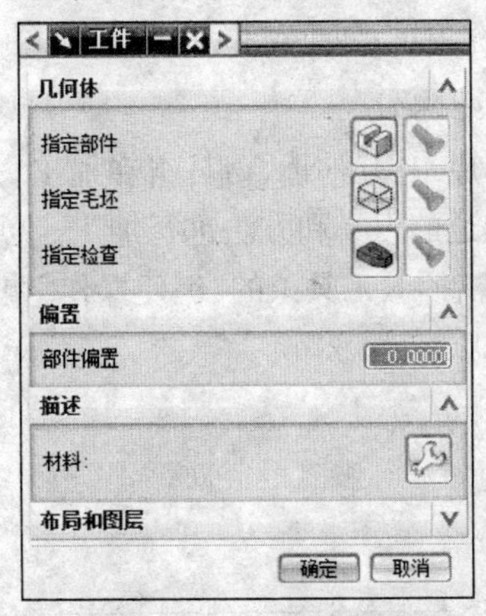

图 11.14　工件对话框

在类型文本框的下拉列表中选择一种加工方式，如 mill_planar 方式。通常不用选择，在加工环境初始化时，已经选择。

如设定坐标系，则在几何体子类型中，点击“MCS”按钮；如设定工件，则在几何体子类型中，点击“WORKPIECE”按钮。

在几何体下拉列表框中几何体父组：GEOMETRY、MCS、NONE、WORKPIECE 中选择一项。

在名称文本框中输入新建几何体名称，或使用默认的名称。

点击“确认”或“应用”按钮，弹出工件对话框，如图 11.14 所示。

进行指定部件、指定毛坯、指定检查的指定设置。

4) 创建方法

就是创建加工工艺方法，工艺简单地划分，可以分为：粗加工、半精加工、精加工，不同的加工方法对应不同的走刀路径、加工公差、加工余量、进给量等参数。

点击插入工具条的“创建方法”快捷功能按钮，弹出创建方法对话框，如图 11.15 所示。

在类型文本框的下拉列表中，选择一种加工方法，选法与创建几何体中的操作相同，通常不用选择。

在位置的方法下拉列表中选择一种加工工艺方法，如：粗加工。按“确定”或“应用”按钮，弹出铣削方法对话框，如图 11.16 所示。

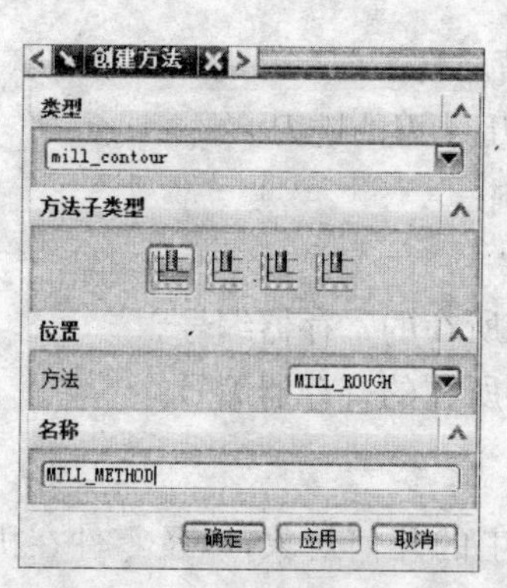

图 11.15　创建方法对话框

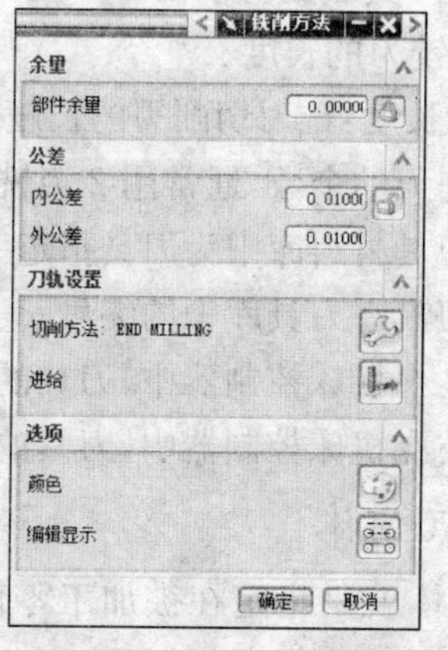

图 11.16　铣削方法对话框

设定其中的部件余量、内外公差等，通常不用设定。

注：部件余量：即本道粗加工后，所留下的余量，进给速度在后面的章节中介绍。

5）创建操作

完成程序组、几何体、刀具组和加工方法的创建后，就需要为被加工的零件在指定的程序组中指定合适的刀具和方法进行加工。创建操作也就是具体地进行各项详细工艺过程设置。

(1) 点击插入工具条的“创建操作”快捷功能按钮，弹出创建操作对话框，如图 11.17 所示。

图 11.17　创建操作对话框

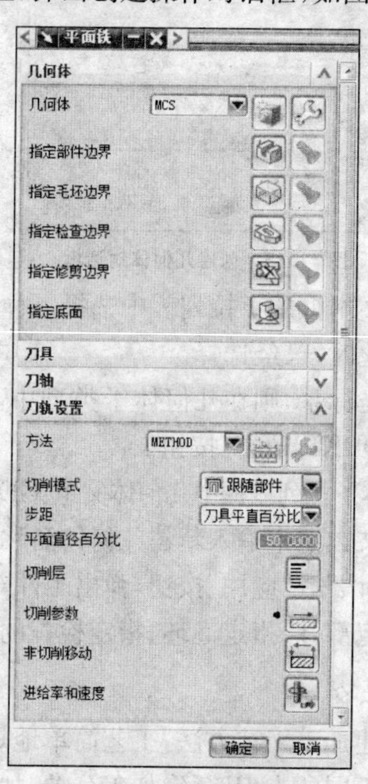

图 11.18　平面铣操作对话框

对话框各项设置的具体操作如下：

① 在类型选项选择一种加工方法，如选择平面铣(mill_planar)类型。

② 在操作子类型选项组中选择与表面加工要求相适应的操作模板，在上一项中选择的加工类型不同，对话框中的操作子类型也不同。

图 11.17 中位置组框各项的说明如下：

③ 在程序下拉列表中选择程序父组，如 PROGRAM。

④ 在刀具下拉列表中选择已定义的刀具，如 T1 或 T2 等。

⑤ 在几何体下拉列表框中选择已建立的几何组，如 MCS 或 WORKPIECE。

⑥ 在方法下拉列表中选择合适的加工方法，如粗加工或精加工。

⑦ 在名称文本框中为新建操作命名，或采用默认值。

单击“应用”，弹出设定的操作模板的对话框，图 11.18 所示的是平面铣对话框。(以下以平面铣为例，介绍基本操作)。

(2) 几何体组框部分

① 几何体组框中的几何体的文本框下拉列表中可以选择：MCS、NONE、WORKPIECE。

接着的后面两个按钮，可以编辑下拉列表中选择的坐标系和工件，或者新建坐标系和工件。

② 指定部件边界的“选择或编辑部件边界”按钮，用于设定平面铣的边界。点击按钮弹出创建边界对话框(边界几何体)，如图 11.19 所示。

几何边界的设置模式有 4 种，点击模式右边的文本框下拉列表可以选择其中的曲线/边、边界、面、点。当选择“曲线/边”模式，对话框转换成创建边界对话框，如图 11.20 所示。

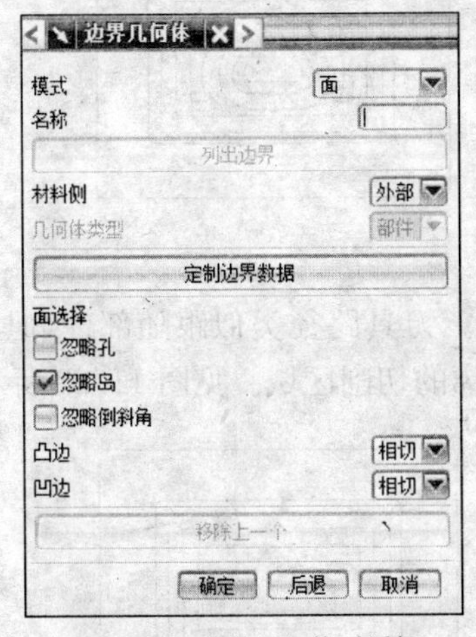

图 11.19　边界几何体对话框

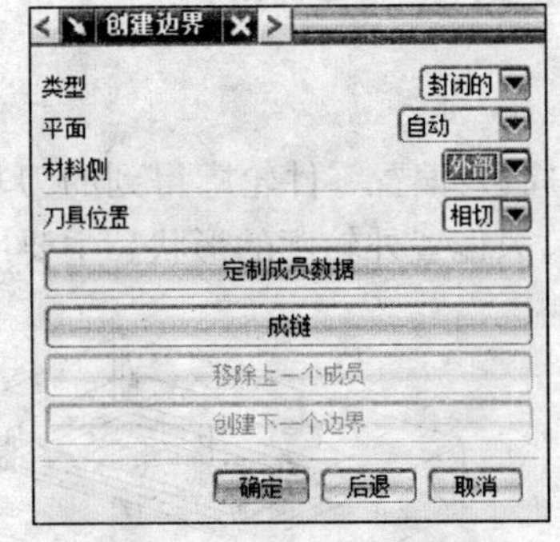

图 11.20　创建边界对话框

类型文本框的下拉列表中有：封闭的、开放的两种选择，加工部分是封闭轮廓选择封闭的，加工部分是开放轮廓选择开放的。

平面文本框的下拉列表中有：自动、用户定义两种可选择，通常是选择用户定义。

材料侧是指边界的一侧不希望切削掉的部件或保留材料的那一侧，对于修剪边界，指定未生成刀轨的一侧作为材料侧。开放轮廓的材料侧是指沿加工路径向前看不加工的那一侧(左侧或右侧)。

材料侧文本框的下拉列表中有：内部、外部两种可选择。当加工封闭区域的内部时，选取的是腔体的上部边界，材料侧就是外部，当腔体中有不同高度的台阶时，选取的是腔体的底面边界时，则材料侧就是内部。当加工封闭边界的外部时，材料侧就是内部，刀具位置文本框的下拉列表中有：相切、对中两种可选择，通常选相切。

选取一个一个边界，直到选取完成，按“确定”，按“确定”，回到平面铣对话框。

③ 指定毛坯边界的“选择或编辑毛坯边界”按钮，用于设定毛坯边界，即毛坯上表面的四周边界。

④ 指定检查边界的“选择或编辑检查边界”按钮，用于设定刀具避让的边界。

⑤ 指定修剪边界的“选择或编辑修剪边界”按钮，用于设定修剪刀轨的边界，将边界另一侧的刀轨删除。

⑥ 指定底面的“选择或编辑底平面几何体”按钮，用于指定铣削最深的底面。

(3) 刀轨设置组框部分

① 刀轨设置组框中的方法的文本框下拉列表中，可以选择其中的一种加工方法，是粗加工、半精加工还是精加工。

② 切削模式的文本框下拉列表中有8种切削模式。主要是根据零件形状和加工方法来选择。

● 跟随部件：也称为仿形加工，产生一系列跟随加工零件指定轮廓的刀轨，即刀具路径是根据偏置零件的轮廓得到的。产生的刀具轨迹与零件形状相似，该切削模式不仅偏置外围的轮廓形状，还偏置岛屿、内腔的形状。见图11.21所示。

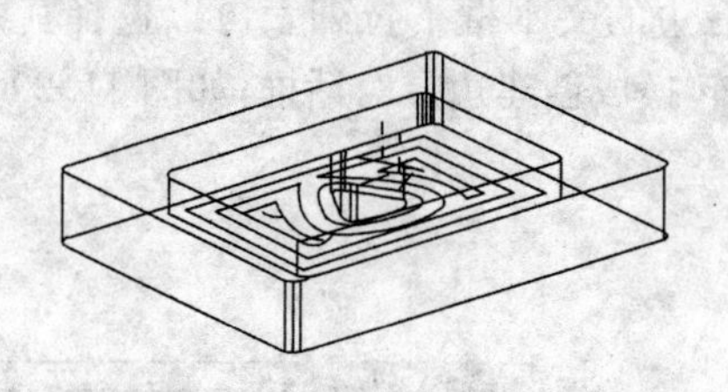
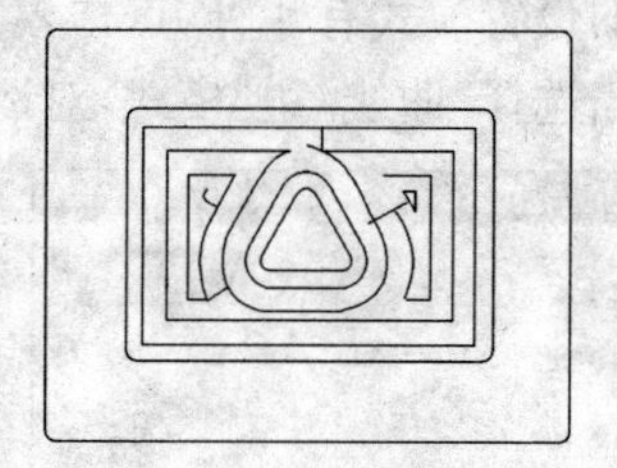

图 11.21

● 跟随周边：偏置零件轮廓得到的刀具路径轨迹。刀具路径类似跟随部件，但是有内、外轮廓的情况，只偏置外轮廓的形状。主要用于封闭轮廓的切削区域。见图11.22所示。

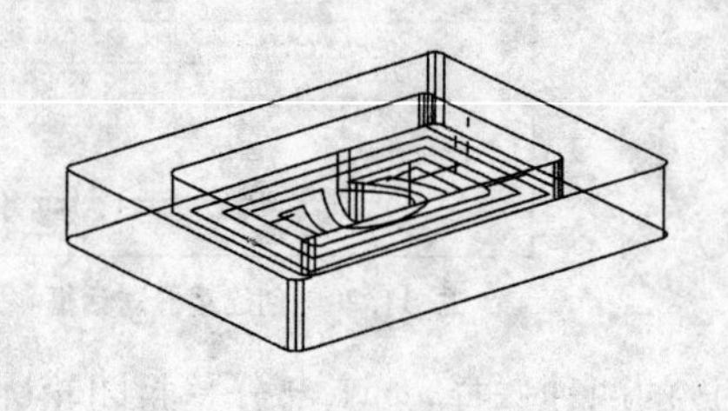
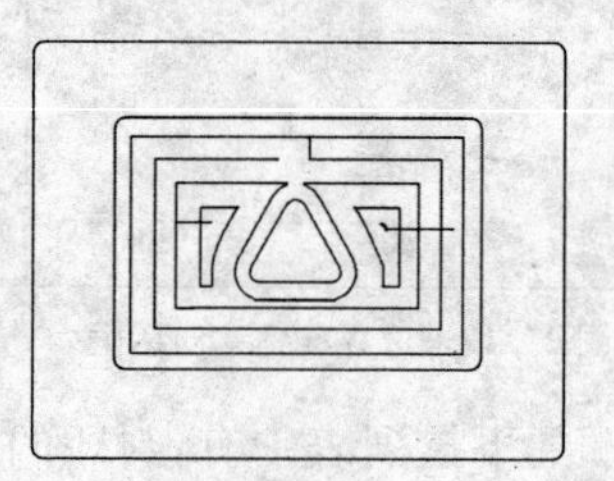

图 11.22

● 标准驱动：按照指定的边界驱动刀具运动，不做任何修改(图略)。

● 轮廓：产生一系列单一或指定数量的沿着切削轮廓的刀具路径轨迹。主要用于外形的精加工。见图11.23所示。

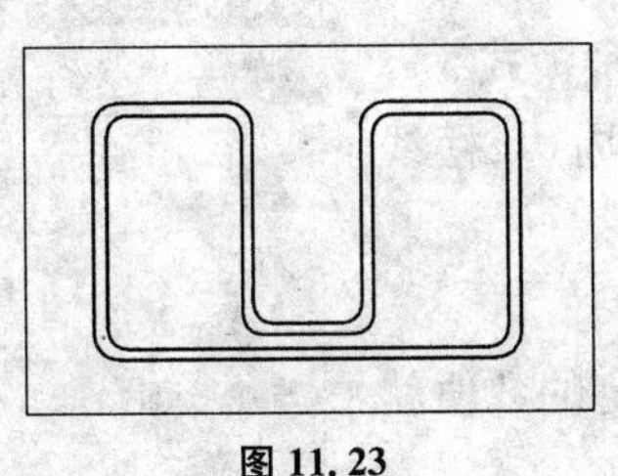

图 11.23

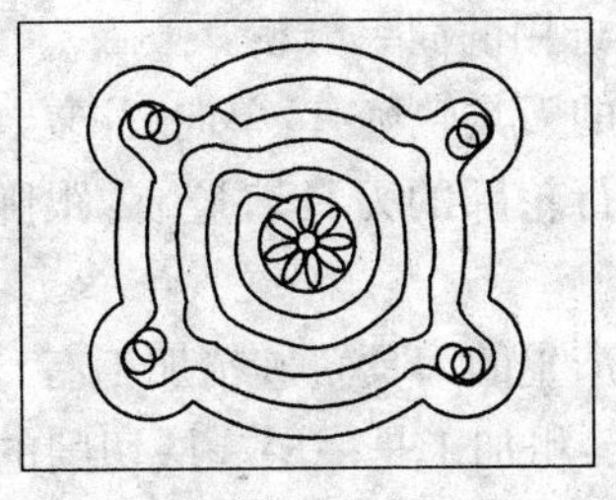

图 11.24

标准驱动与轮廓驱动的区别:标准驱动没有自动边界修剪功能,轮廓驱动的刀具轨迹之间允许发生相交的路径。

● 摆线:产生一系列类似于轮廓的摆线形刀具路径轨迹。没有相互交叉路径。该模式能够避免刀具在切削材料时发生过切现象,切削负荷比较均匀,所以一般用于高速铣加工。见图 11.24 所示。

● 单向:产生一系列单向的平行线轨迹,回程是快速横越移动。该切削模式特点:刀具轨迹在每一次铣削过程中都有抬刀运动,切削过程中零件受力一致性好,对侧壁面的加工质量好于往复式切削,例如用于薄壁件的加工。但效率比往复式低。见图 11.25 所示。

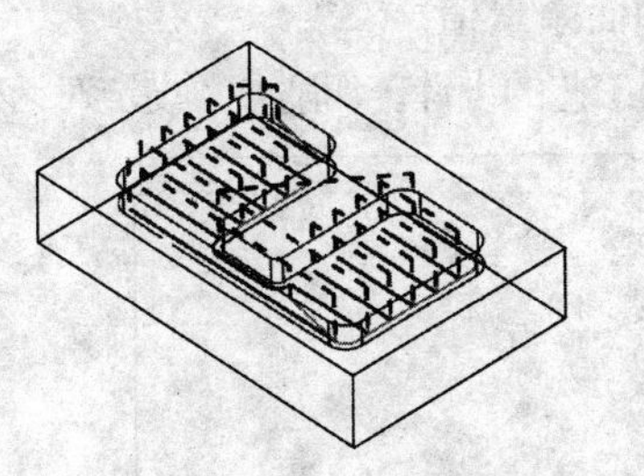

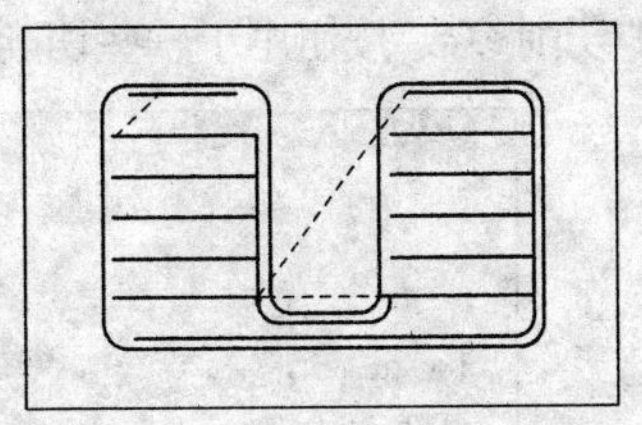

图 11.25

● 往复:产生一系列平行连续的线性往复轨迹,空行程少、效率高。见图 11.26 所示。

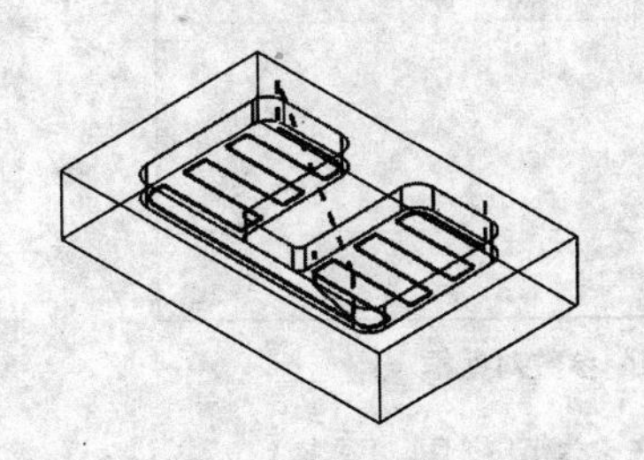

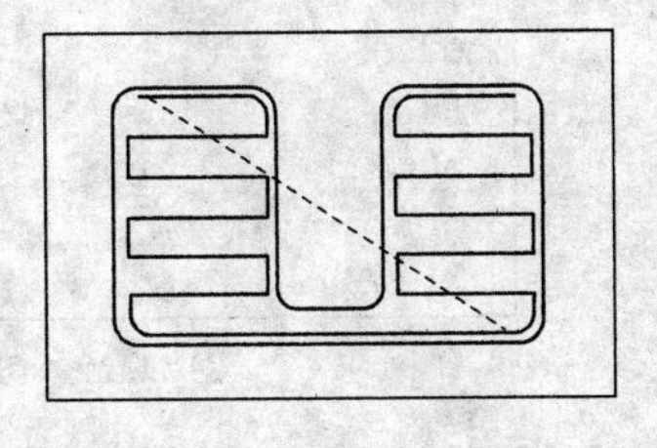

图 11.26

● 单向轮廓:产生一系列单向平行的线性轨迹,回程是快速横越移动,在两段连续刀轨之间跨越,他的刀轨是切削壁面的刀轨,加工质量比单向和往复都好。见图 11.27 所示。

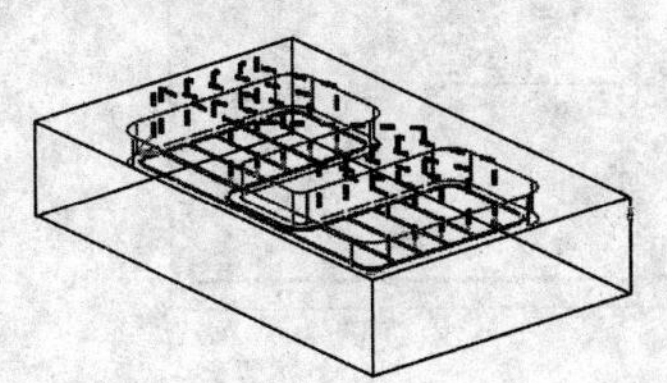

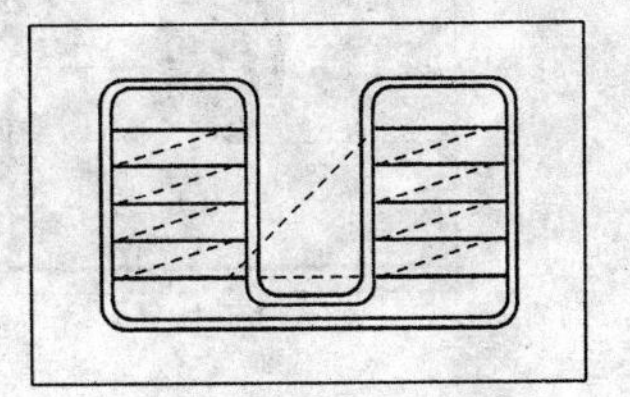

图 11.27

切削模式选用的简单分析：

● 平行线的刀具轨迹有：单向、往复、单向轮廓三种模式。

● 环绕平行轮廓的刀具轨迹有：跟随部件、跟随周边、摆线三种。

● 沿轮廓产生的刀具轨迹精加工有：轮廓。

③ 切削层：粗加工是一层一层切削的，切削层设定的数值就是每层切削的深度。

点击切削层的“切削层”按钮，弹出切削层对话框，如图11.28所示。

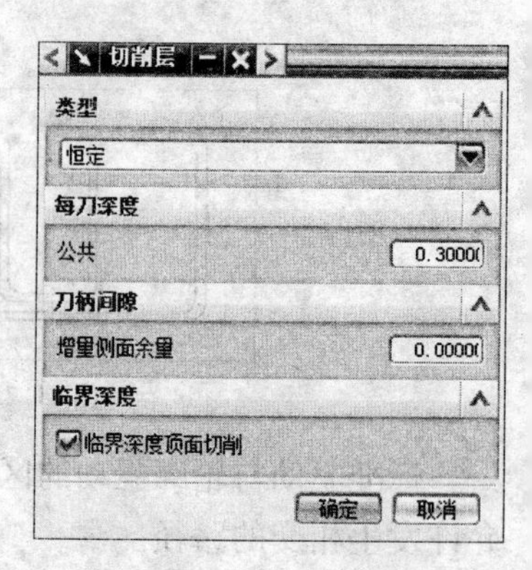

图 11.28　切削层对话框

类型文本框的下拉列表中有五种类型。

● 用户定义：切削层的每层深度、最小一层的深度、岛屿顶面留多少余量等。

● 仅底面：在深度方向一刀直接加工到底面，就一层加工到尺寸。

● 底面及临界深度：一刀直接加工到顶面深度和底面。

● 临界深度：直接加工到各设定层的深度。岛屿顶面、底面、侧面都可以设定余量。

● 恒定：设定一个恒定的每层切削深度、侧面余量值。

④ 切削参数的“切削参数”按钮用于一些切削工艺的设计。切削参数设定对话框如图 11.29 所示。

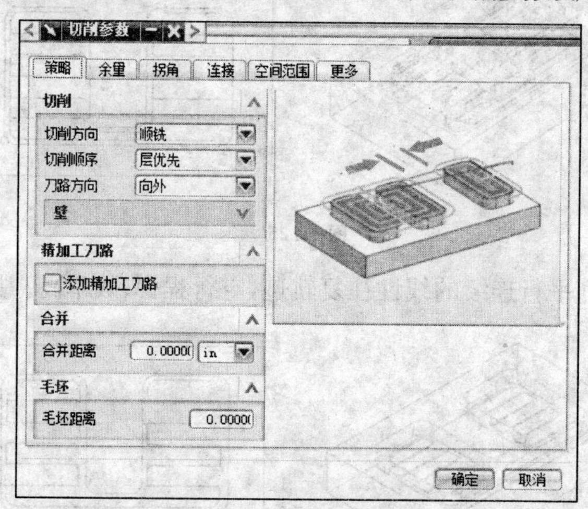

图 11.29　切削参数对话框

其中设定内容包括(策略、余量、拐角、连接、空间范围、更多)。

● 切削方向有：顺铣、逆铣、跟随边界、边界反向。如图 11.30 所示。

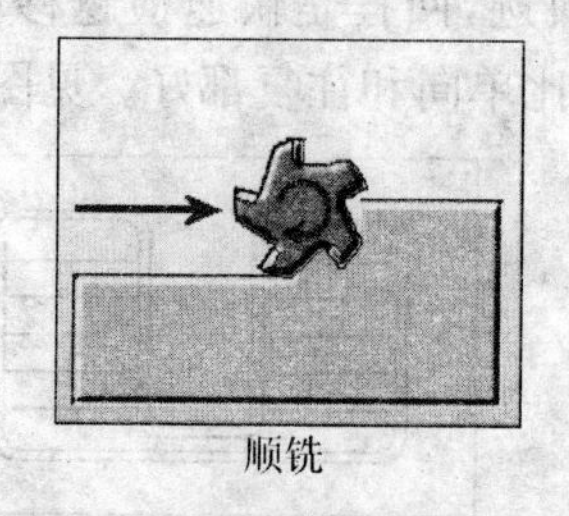
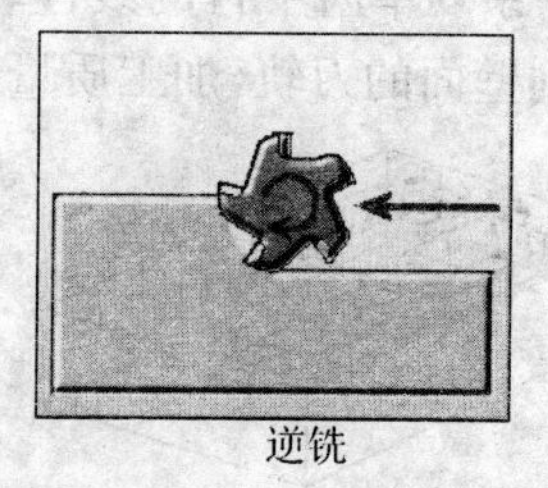

顺铣　逆铣

图 11.30　顺铣与逆铣

● 切削顺序有:层优先、深度优先。如图 11.31 所示。

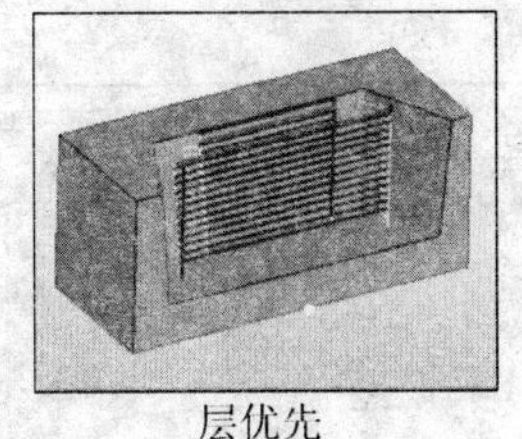

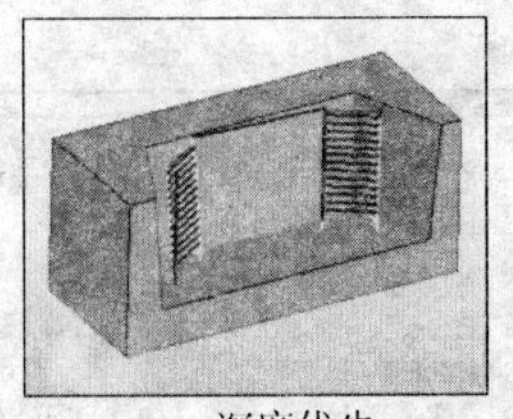

图 11.31 层优先与深度优先的区别

● 刀路方向有:向外、向内。即设定刀路是从外侧向内侧加工还是从内部向外侧加工。

● 是否添加精加工路径:不添加精加工路径就是本道加工后还留有余量。其中余量设置内容有:部件余量、底面余量,内、外公差等。

● 拐角设置的内容有:

对凸角的处理:绕对象滚动、延伸并修剪。图 11.32 所示。

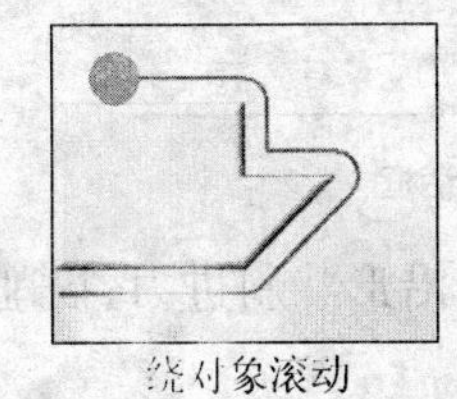

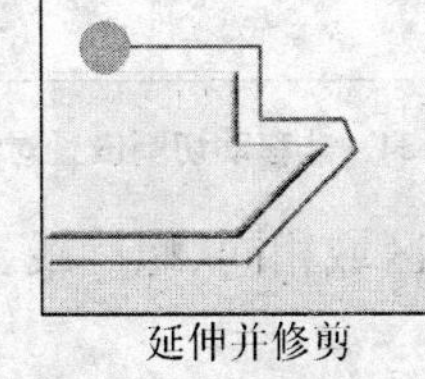

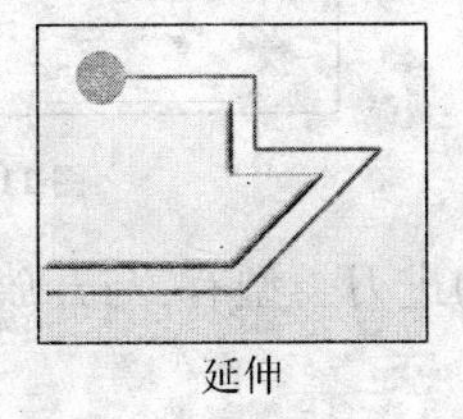

图 11.32 凸角的处理

● 刀具进刀路径处理是否光顺:无、所有刀路。

● 安全距离的部件安全距离:设置刀柄与零件轮廓相遇之间,有可能的最小距离。

⑤ 非切削移动

"非切削移动"选项用于指定在切削之前、之后,以及切削中间刀具定位的移动。非切削移动将多个刀轨连接成相连的完整刀轨,进行切削运动之前、之后和之间的刀具定位移动。各段非切削移动的名称及意义见图 11.33。

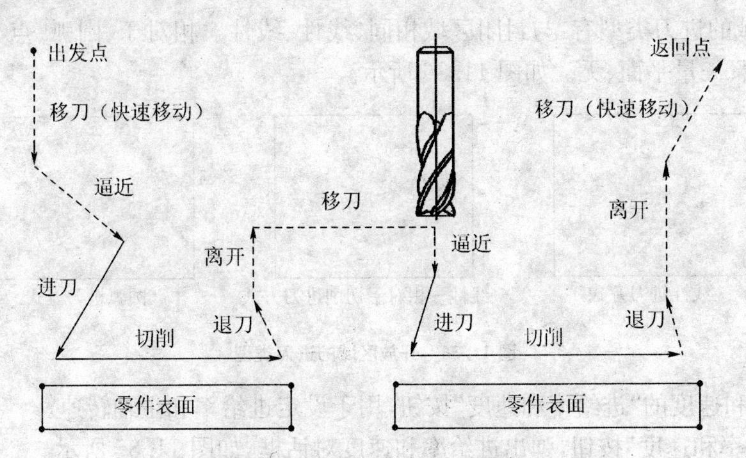

图 11.33 非切削移动的名称及意义

非切削移动的“非切削移动”按钮，用于非切削的进、退刀等的设置。如图 11.34 所示的螺旋进刀方式。

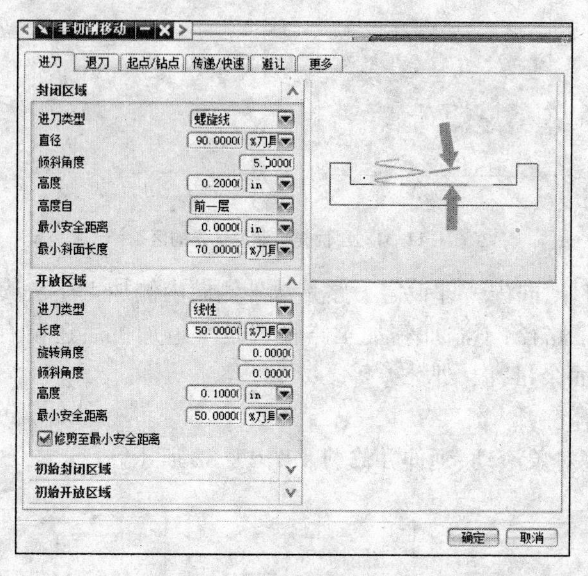

图 11.34　非移动切削设置对话框

● 封闭区域的进刀类型有：与开放区域相同、螺旋线、沿形状斜进刀、插削、无。如图 11.35 所示。

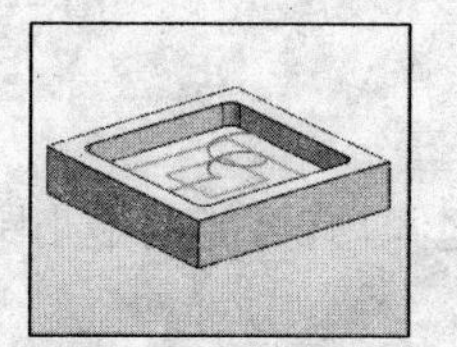

沿着螺旋线从上向下进刀，可设定螺旋线的起点高度、螺旋角、螺旋半径等

沿着形状斜向进刀，可设定高度、斜向角度、最小完全距离、最小斜面长度等

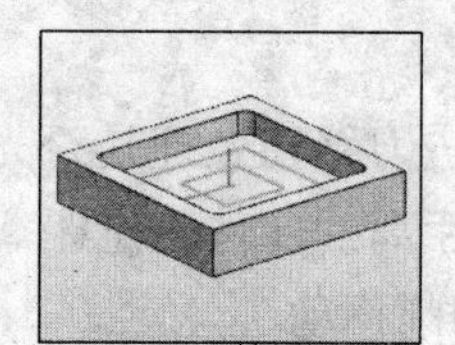

沿-Z方向直接进刀

图 11.35　封闭区域的进刀类型

● 开放区域的进刀类型有：与封闭区域相同、线性、线性—相对于、圆弧、点、线性-沿矢量、角度 角度 平面、矢量平面、无。如图 11.36 所示。

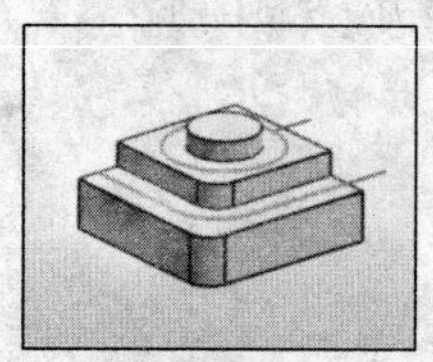

线性进刀方式

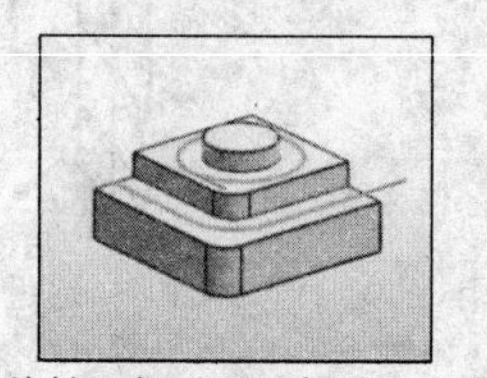

线性—相对于切削进刀方式

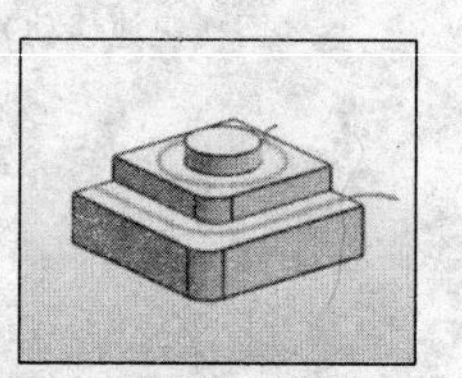

圆弧进刀方式

图 11.36　开放区域的进刀类型

⑥ 进给率和速度的“进给率和速度”按钮，用于设定进给率和主轴转速。
点击“进给率和速度”按钮，弹出进给率和速度对话框，如图 11.37 所示。

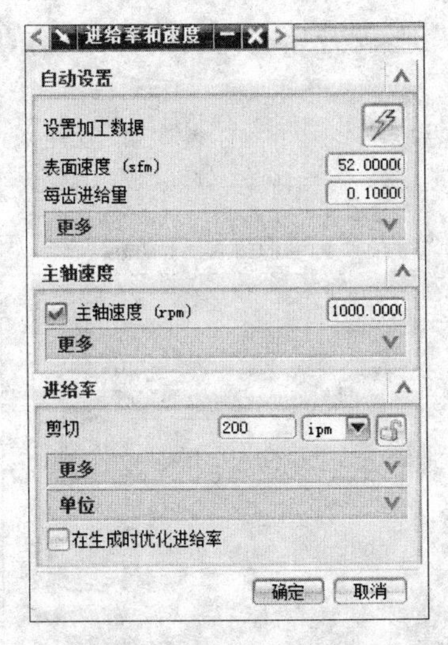

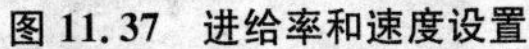
图 11.37　进给率和速度设置

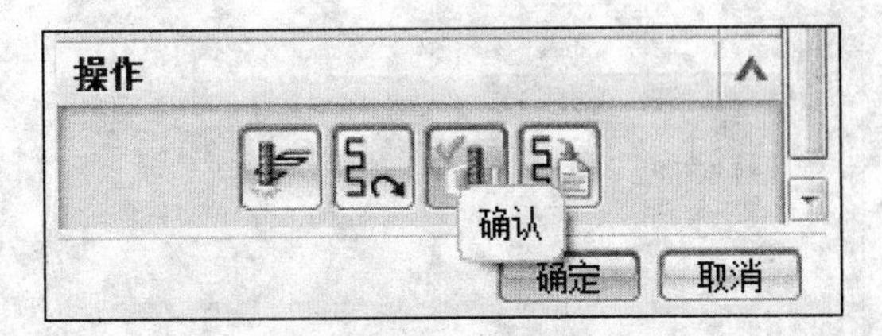

图 11.38　"确认"按钮

其中有两种设定方法:一是设定表面速度和每齿进给量两个基本切削要素,系统计算出主轴转速和进给率。另一种是直接设定主轴转速和进给率。对于企业的加工人员可以在进给率展开项中设置更详细的进给量。

以上平面铣的所有设置都设置完成,按"生成"功能按钮,系统计算生成出刀具路径。

(4) 实体切削仿真

生成刀具路径后,通常要进行实体切削仿真验证刀具路径是否正确,确保没有切削干涉。

操作步骤如下:

点击"确认"按钮,如图 11.38 所示,弹出刀轨可视化对话框。

① 选择 2D 动态仿真,如图 11.39 所示。点击"播放"键,就开始实体切削仿真,仿真切削结果示例如图 11.40 所示。

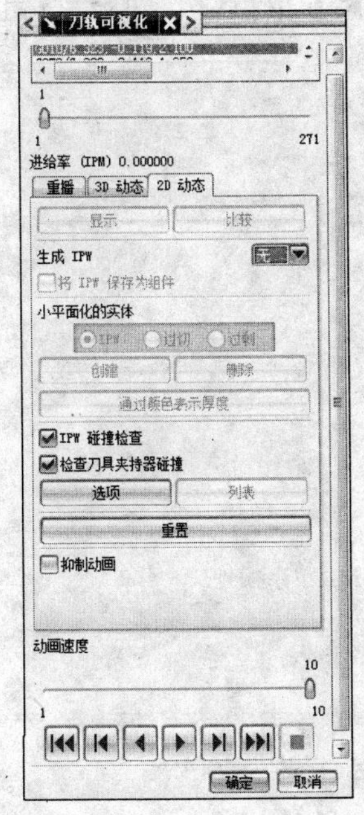

图11.39　刀轨二维动态可视化操作

图 11.40　二维切削仿真效果

② 如选择 3D 动态仿真，如图 11.41 所示，点击“播放”键，就开始实体切削仿真，仿真切削结果如图 11.42 所示。

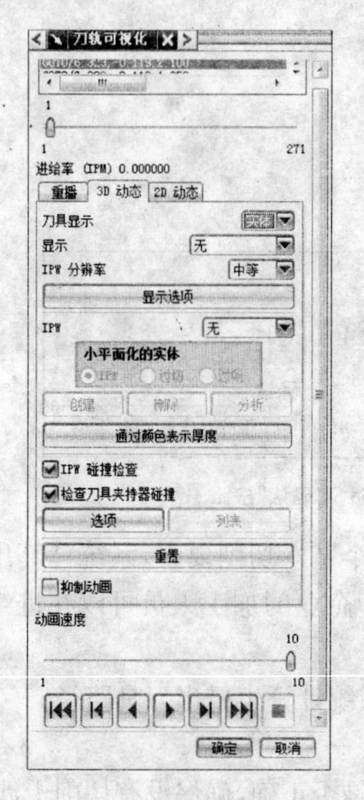

图 11.41　刀轨三维动态可视化操作

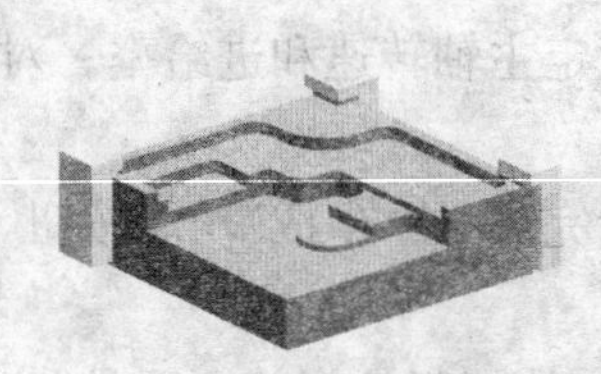

图11.42　三维切削仿真效果

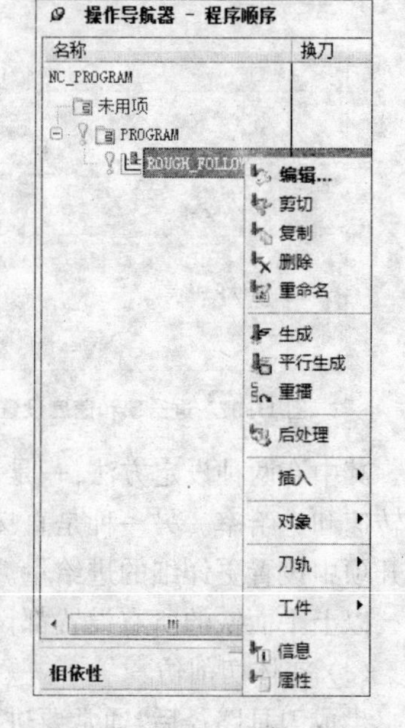

图 11.43　面向加工对象下拉菜单

(5) 后置处理

在操作导航器栏中，把光标放在要进行后置处理的加工操作上，点击鼠标左键，再点击右键，在弹出的下拉菜单(见图 11.43)中，点击“后处理”功能按钮，弹出后处理对话框，如图11.44 所示。选择后处理器、设定输出文件名、设置输出程序的尺寸单位，按“确定”按钮，界面上弹出生成的数控程序，如图 11.45 所示。

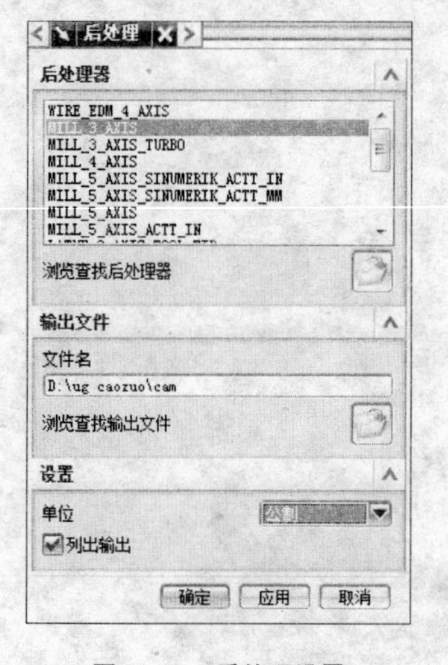

图 11.44　后处理设置

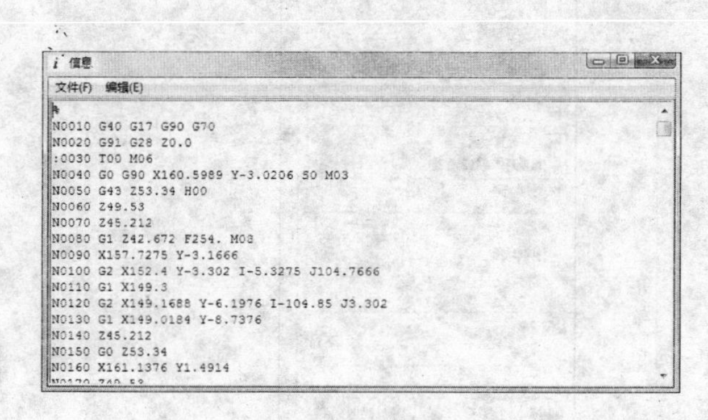

图 11.45　程序列表

11.4　铣平面(mill_planar)概述

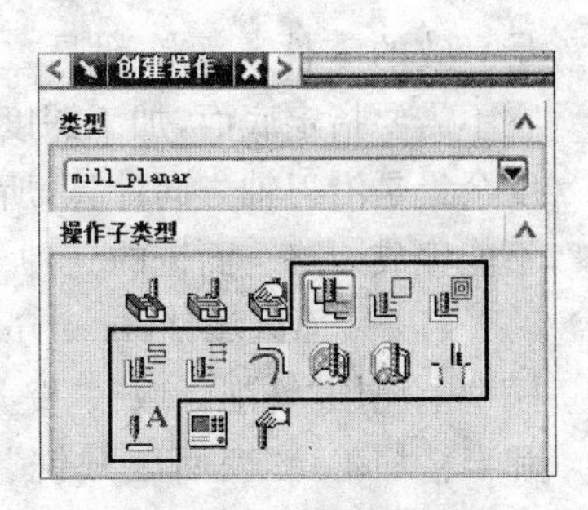

图 11.46　平面铣类型

1）平面铣概述(planar_mill)

平面铣主要加工二维的平面和型腔，通过指定部件边界(零件要加工的轮廓)、指定底面(加工的最深底面)、指定毛坯边界(加工时所用的毛坯的边界)等对零件进行加工。

平面铣类型在 mill_planar 模板内，它是基于水平切削层上创建刀路轨迹的一种加工类型。有多种子类型，如图 11.46 所示，按照加工的对象分类有：精铣底面、精铣壁、铣轮廓、挖槽等。按照切削模式有：往复、单向、轮廓等。

子类型列表如表 11.2 所示。

表 11.2　子类型列表

图标	名　称	说　明
	平面铣(planar_mill)	平面加工的基本操作，适用于各种切削模式进行平面类工件的粗加工和精加工
	平面轮廓铣(plan_profile)	适用于无需指定几何体、仅使用"轮廓加工"切削模式精加工侧壁轮廓
	跟随工件粗铣(rough_follow)	适用于使用"跟随部件"切削模式进行区域的粗加工
	往复粗铣(rough_zigzag)	适合于使用"往复"切削模式进行区域的粗加工
	单向粗铣(rough_zig)	适合于使用"单向轮廓"切削模式进行区域的粗加工
	清根轮廓铣(cleanup_corners)	适合于使用"跟随部件"切削模式清除以前操作在拐角处余留的材料
	精铣侧壁(finish_walls)	适合于使用"轮廓加工"切削模式精加工侧壁轮廓，默认情况下，自动在底平面留下余量
	精铣底面(finish_floor)	适合于使用"轮廓加工"切削模式精加工平面，默认情况下，自动在侧壁留下余量
	螺纹铣(thread_milling)	适用于在(内孔)铣削螺纹
	平面字体雕刻(planr_text)	适用于在平面上雕刻文字

2）面铣概述

面铣削是通过选择面区域来指定加工范围的一种操作，主要用于加工区域为面且表面余量一致的零件。面铣削是二维铣削中比较简单的加工类型。它不需要指定底面,加工深度由设置的余量决定。因为设置深度余量是沿刀轴方向计算,所以加工面必须与刀轴垂直。否则不能生成刀路。面铣的三种子类型如图 11.47 所示。

图 11.47 面铣子类型

(1) 表面区域铣(face_milling):表面区域铣适用于在实体模型上使用"铣削区域"、"壁几何体"等几何体类型进行精加工和半精加工。"表面区域铣"操作中包含部件几何体、切削区域、壁几何体、检查几何体和自动选择壁等。

(2) 面铣削(face_mill):面铣削适用于在实体模型上使用"面边界"等几何体进行的精加工和半精加工。"面铣削"操作中包含部件几何体、面(毛坯边界)、检查边界和检查几何体。

(3) 表面手工铣(face_mill_manual):表面手工铣可以代替使用某一种可选择、预定义的切削模式。"表面手工铣"操作包含所有几何体类型,并且切削模式设为:"混合"。

面铣削适用零件特点:面铣削适用于侧壁垂直底面或顶面为面的工件的加工,如型芯和型腔的基准面、台阶面、底面、轮廓外形等。通常粗加工用面铣,精加工也用面铣。

面铣削加工常用于多个底面的精加工,也可以用于粗加工和侧壁的精加工。

3) 平面铣与面铣的区别及特点

两者都是 UG NX 提供的基于 2.5～3 轴加工的操作,平面铣通过定义的边界在 XY 平面创建刀位轨迹。面铣是平面铣的特例,它基于平面的边界,在选择了工件几何体的情况下,可以自动防止过切。

平面铣特点如下:

(1) 基于边界曲线来计算的,所以生成速度快;

(2) 属于平面二维刀轨。

平面铣与面铣的区别如下:

(1) 平面铣通过边界和底面的高度差来定义切削;

(2) 平面铣的毛坯和检查体只能是边界,而面铣可以选择实体、片体或边界;

(3) 平面铣必须定义底面,而面铣削不用定义底面,因为选择的平面就是底面。

11.5 操作示例 1

1) 打开或构建图形文件

从指定文件夹打开 cam 001. prt 零件或构建该零件,如图 11.48 所示。

2) 进入 cam 功能模块

点击工具栏中的"开始"功能键的下拉菜单中的"加工"命令,启动"加工"应用模块,弹出加工环境配置对话框,见图 11.2 所示,配置如下:

CAM 会话配置选择:"cam_general"。

CAM 设置选择:"Mill_planar",按"确定",进入 CAM 功能模块。

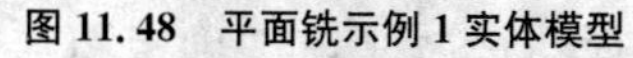
图 11.48　平面铣示例 1 实体模型

图 11.49　创建程序位置和名称

图 11.50　创建刀具类型和名称

3) 创建程序和刀具

(1) 点击工具栏的插入工具条的“创建程序”功能按钮，弹出创建程序对话框，设置如下：

类型：Mill_planar，位置：PROGRAM，程序名称：P1，如图 11.49 所示，按“应用”，弹出程序对话框，按“确定”，回到创建程序对话框，设置程序名称：P2，按“确定”，再按“确定”。

退出程序组的创建。已经创建了 P1、P2 两个程序组。

(2) 点击工具栏的插入工具条的“创建刀具”功能按钮，弹出创建刀具对话框。设置如图 11.50所示：

刀具子类型选择：MILL，刀具名称设置为：T1。

按“应用”功能键，弹出“铣刀—5 参数”对话框，设置：(D)直径：12，参见图 11.12。

按“确定”，再按“取消”，退出创建刀具。

(3) 点击工具栏的导航器工具条的“几何视图”功能按钮，在操作导航器—几何栏中，将光标放在 MCS_MILL 这一行，点击鼠标右键，在弹出的下拉菜单中，点击编辑，弹出 Mill Orient 对话框，如图 11.51 所示，点击机床坐标系的指定 MCS 的“CSYS 的对话框”按钮，弹出 CSYS 对话框，如图 11.52 所示，选择如下：

图 11.51　加工坐标系设置

图 11.52　CSYS 坐标设置

参考 CSYS 的参考为：WCS，按“确定”，再按“确定”。

4）创建操作

点击工具栏的插入工具条的“创建操作”功能按钮，弹出创建操作对话框。

选择如下：

操作子类型：PLANAR_MILL

程序：P1

刀具：T1

几何体：WORKPIECE

方法：MILL_ROUGH

如图 11.53 所示，按“确定”，弹出平面铣对话框。参见图 11.18。

（1）点击几何体组框的几何体这一行的“编辑”按钮，弹出铣削几何体对话框，点击指定部件的“选择或编辑部件几何体”按钮，弹出部件几何体对话框。

选择选项选择：“几何体”，选择图形绘图区的零件，点击“确定”，点击指定毛坯的“选择或编辑毛坯几何体”按钮，弹出毛坯几何体对话框，选择选项选择“自动块”，按“确定”，再按“确定”。

图 11.53　创建操作

图 11.54　创建边界

（2）指定部件边界

点击指定部件边界的“选择或编辑部件边界”按钮，弹出边界几何体对话框，模式选择“曲线/边”，弹出创建边界对话框。如图 11.54 所示。

设置如下：

类型：封闭的；平面：自动；材料侧：外部；刀具位置：相切。

工具栏中的曲线规则选择：相切曲线。

点击将要加工零件的矩形腔的棱边，点击“创建下一个边界”按钮，点击矩形腔底部圆形腔棱边，如图 11.55 所示。按“确定”，按“确定”。

图 11.55　指定部件边界

（3）指定毛坯边界

点击指定毛坯边界的“选择或编辑毛坯边界”按钮，弹出编辑边界对话框，如图 11.56 所示。

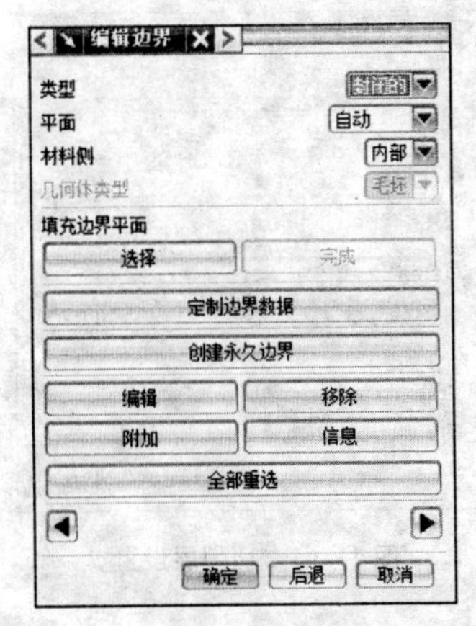

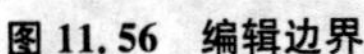

图 11.56　编辑边界

图 11.57　指定毛坯边界

图 11.58　指定加工最底面

选择零件上表面的四周轮廓线,如图 11.57 所示。按"确定"。

注:该题中指定检查边界、指定修剪边界没有,所以不用指定。

(4) 指定底面

点击指定底面的"选择或编辑底平面几何体"按钮,弹出平面对话框,如图 11.58 所示。选择零件上加工的最深底面,如图 11.59 所示,按"确定"。

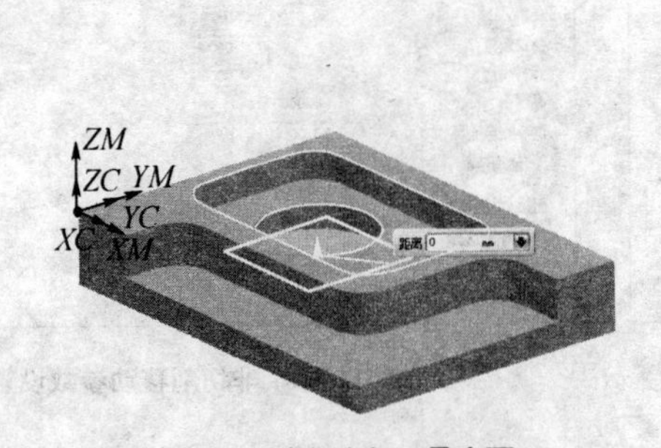

图 11.59　指定加工最底面

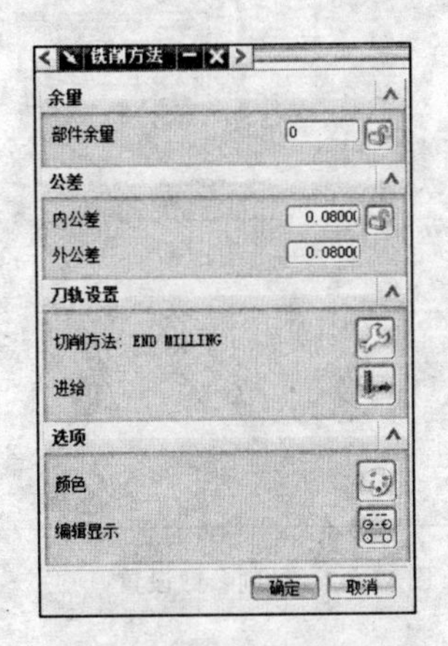

图 11.60　铣削方法对话框

(5) 方法

点击刀轨设置方法的"编辑"按钮,弹出铣削方法对话框,设定部件余量为:0,作为操作 CAM 练习,其余项可以采用默认值。如图 11.60 所示,按"确定"。

注:该部分的平面铣挖槽加工工序,假定加工后不留余量。

(6) 切削模式

点击切削模式的文本对话框的下拉列表,选择"跟随周边"的切削模式。

(7) 步距、平面直径百分比

该两个设置选项是设置的同一个项目:进给步距。设置如下:

步距:刀具直径百分比(平面直径百分比:50)。

(8) 切削层

点击切削层的“切削层”按钮，弹出切削层对话框，设定每刀切深的公共值为：2，其余设置如图11.61所示。按“确定”。

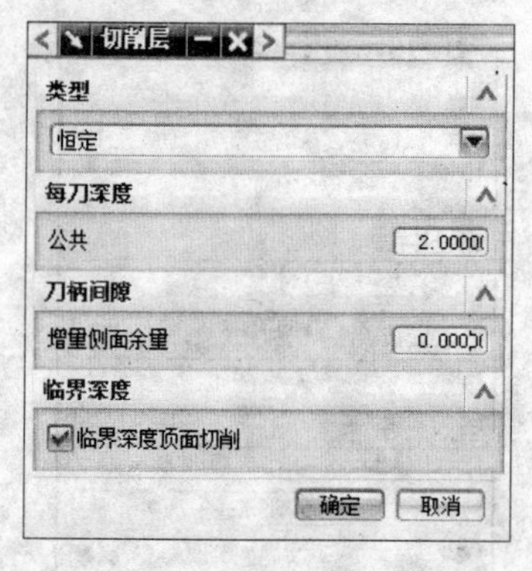

图11.61　切削层设置

(9) 切削参数

点击切削参数的“切削参数”按钮，弹出切削参数对话框(单个腔体可采用略省设置)。

策略组框设置：

切削方向：顺铣；切削顺序：层优先；刀路方向：向外；在添加精加工刀路前打勾；刀路数：1；精加工步距：5%刀具；合并距离：0；毛坯距离：0。

余量组框设置：

所有项的余量都设置为：0；内公差：0.02；外公差：0.02。

设定后的切削参数对话框如图11.62所示，按“确定”。

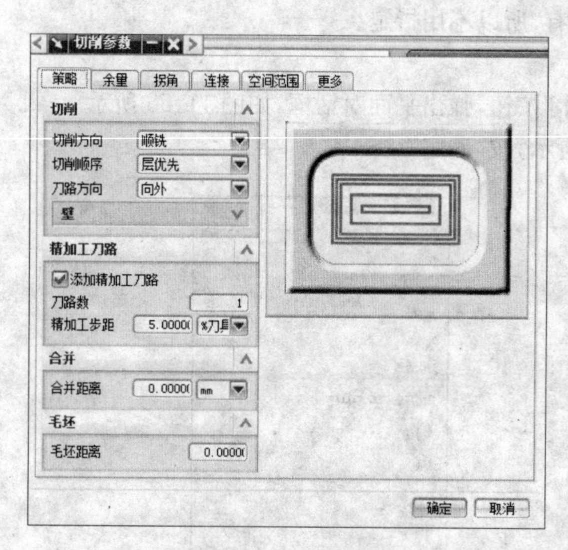

图11.62　铣削参数设置

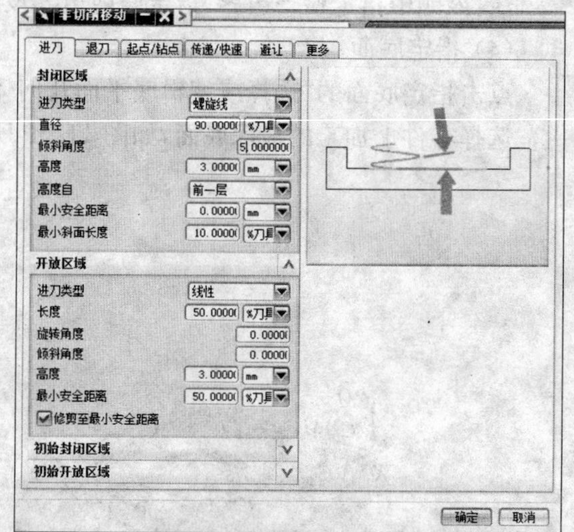

图11.63　非切削移动参数设置

注：内、外公差根据零件公差、加工条件而定。其他拐角、连接等选项采用默认值，不设置。

(10) 非切削移动

点击非切削移动的“非切削移动”按钮，弹出非切削移动对话框，设定封闭区域的倾斜角度5°。其余所有设置都采用默认值，如图11.63所示，按“确定”。

(11) 进给率和速度

点击进给率和速度的“进给率和速度”按钮，弹出进给率和速度对话框。

设定：主轴速度：1 200 r/min；进给率的剪切：200 mm/m。如图11.64所示，按“确定”。

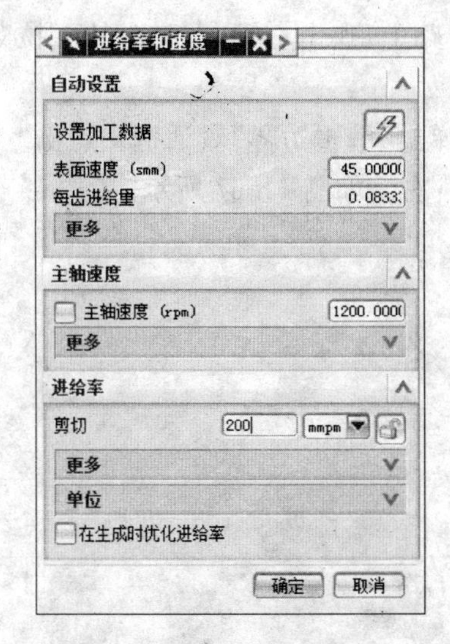

图 11.64　进给率和速度设定

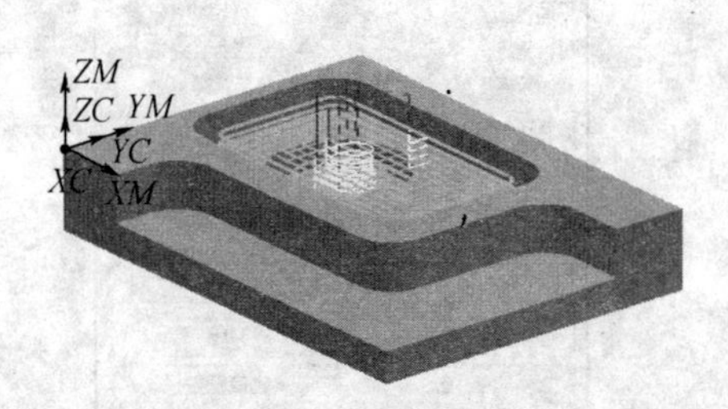

图 11.65　平面铣刀具路径

(12) 操作

点击操作组框的“生成”按钮,系统计算、生成出零件加工刀具路径,如图 11.65 所示,按“确定”,完成平面铣的生成刀路的 CAM 操作。

11.6　操作示例 2

上例是封闭型腔的操作示例,以下介绍示例 1 实体模型的另一部分开放式区域的加工操作,与上例相同的操作设置就不重复介绍,仅列出不同的设置选项。程序放在 P2 程序组下,选用的刀具为:直径 12 的立铣刀。

(1) 点击工具栏的导航器工具条的“程序顺序视图”按钮,在操作导航器-程序顺序栏,将 P1 程序组下的 PLANAR_MILL 刀轨复制到 P2 程序组下,如图 11.66 所示。

图 11.66　加工程序对话框

(2) 将光标放在复制的 PLANAR_MILL_COPY 刀路上，点击右键，在弹出的下拉菜单中选择“编辑”，弹出平面铣对话框。

(3) 点击指定部件的“选择或编辑部件边界”按钮，弹出“编辑边界”对话框。点击“全部重选”按钮，其他项选择：类型：开放的；平面：自动；材料侧：右。如图 11.67 所示。

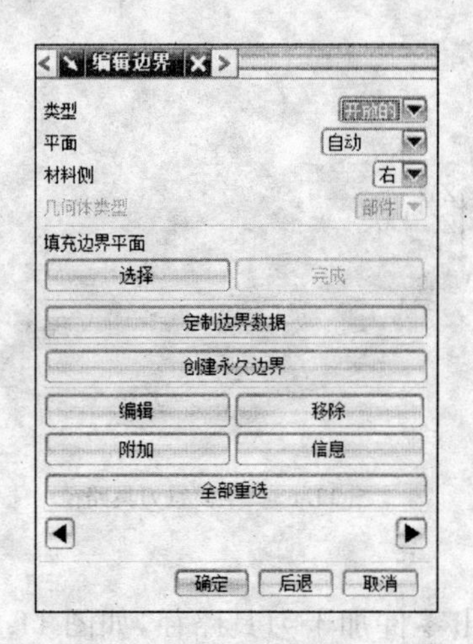

图 11.67　编辑边界

图 11.68　指定加工边界

选择零件上如图 11.68 所示的边界，按“确定”，再按“确定”。

注：本例开放式边界与上例封闭边界不是同一边界，要重新选。

(4) 点击指定检查边界的“选择或编辑检查边界”按钮，弹出编辑边界对话框，选择设置如图 11.69 所示。

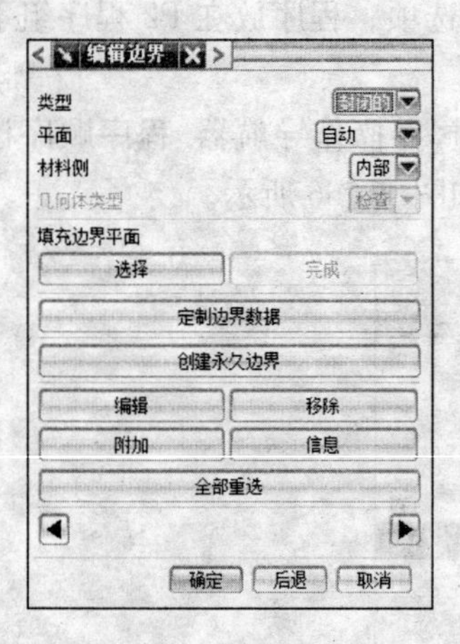

图 11.69　指定检查边界

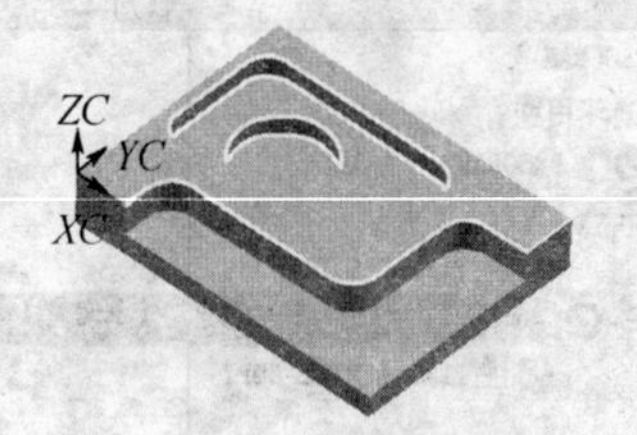

图 11.70　指定零件边界

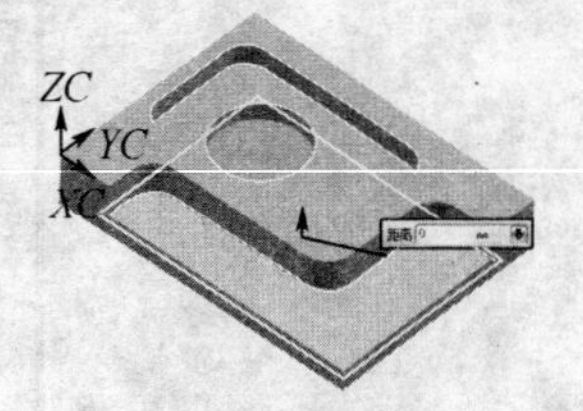

图 11.71　指定底面

选择零件边界，如图 11.70 所示，按“确定”。该项选择是为了防止过切。

(5) 指定底面

点击指定底面的“选择或编辑底平面几何体”按钮，弹出平面对话框，选择 11.71 所示的平面，按“确定”。

(6) 切削模式选择

点击切削模式的文本框对话框的下拉列表，选择“跟随部件”。

(7) 点击操作组框的“生成”功能按键，系统计算、生成出零件加工刀具路径，如图 11.72 所示，按“确定”，完成开放式轮廓的平面铣。

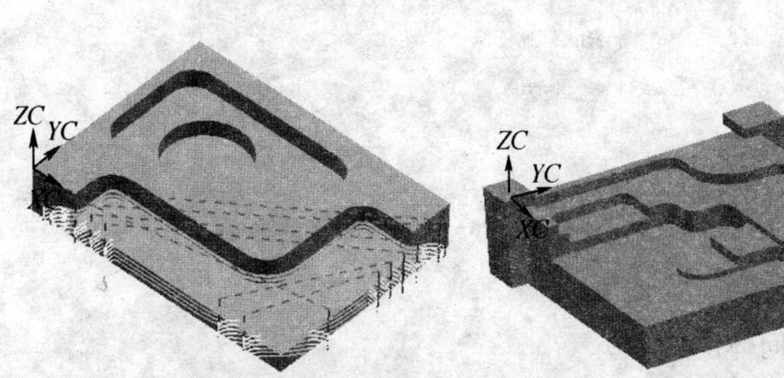

图 11.72　生成的零件切削刀具路径

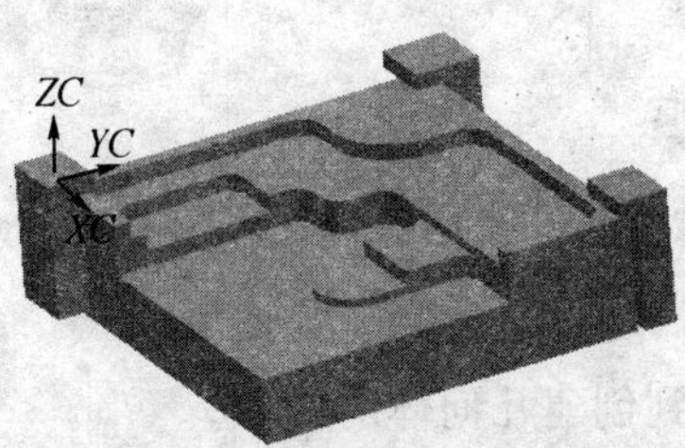

图 11.73　平面铣示例 3 实体模型

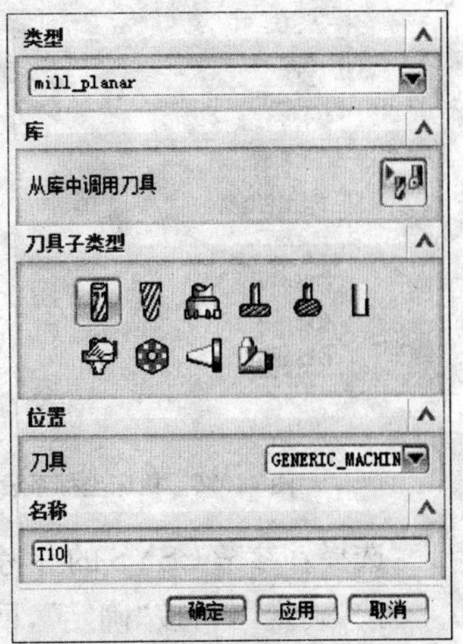

图 11.74　刀具类型和名称设置

11.7　操作示例 3

1) 打开图形文件

打开 cam002-prt 图形文件，如图 11.73 所示。

2) 进入 CAM 模式

点击“开始”，在下拉菜单中点击“加工”，进入 CAM 模式。

3) 创建程序

点击工具栏“插入”工具条的“创建程序”功能按钮，弹出创建程序对话框。设置：类型：mill_planar；（程序）名称：P10。按“确定”，再按“确定”。

4) 创建刀具

点击工具栏插入工具条的“创建刀具”功能按钮，弹出创建刀具对话框。

设置：刀具子类型：MILL；　名称：T10。如图 11.74 所示。按“确定”弹出“铣刀-5 参数”对话框。设置：直径：0.5（单位：in，其余参数按默认值）。按“确定”。

5) 创建几何体

(1) 创建坐标系

点击工具栏的插入工具条的“创建几何体”功能按钮，弹出创建几何体对话框。

设置：几何体类型：MCS；位置框组的几何体：GEOMETRY；名称：MCS。按“应用”，弹出 MCS 对话框，如图 11.75 所示。点击机床坐标系的指定 MCS 的“CSYS 的对话框”按钮，弹出 CSYS 对话框。

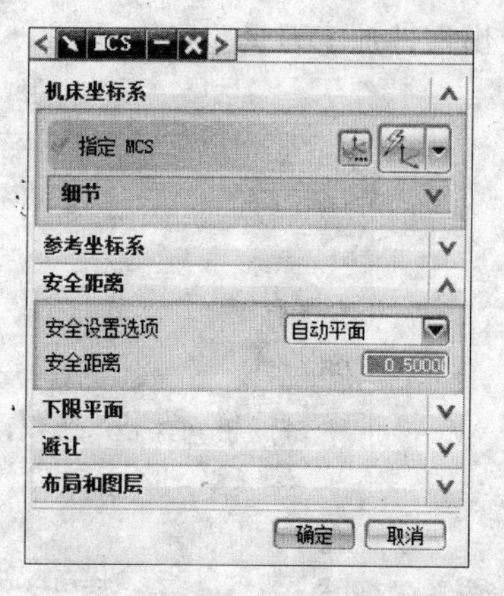

图 11.75　机床坐标系设置

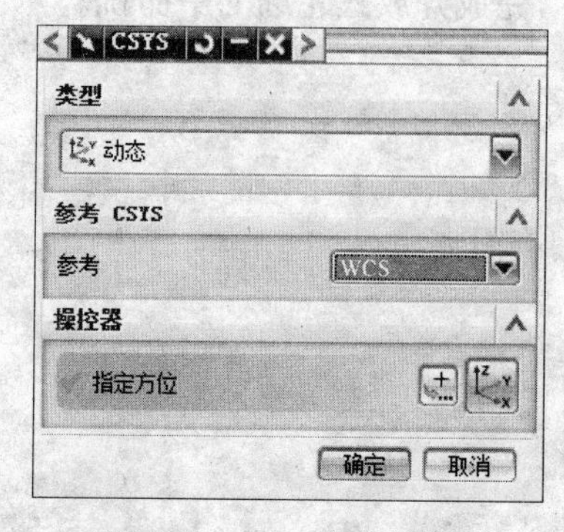

图 11.76　CSYS 的参考设置

选择：参考 CSYS 的参考：WCS，如图 11.76 所示。

按"确定"，再按"确定"，回到创建几何体对话框。

(2) 创建几何体

几何体子类型：WORKPIECE；位置组框的几何体：MCS；名称：WORKPIECE。

按"应用"，弹出工件对话框。

① 指定部件

点击几何体的指定部件的"选择或编辑部件的几何体"按钮，弹出部件几何体对话框。

选择：选择选项：几何体。用光标点击界面上的加工几何体。按"确定"，回到工件对话框。

② 指定毛坯

点击几何体的指定毛坯的"选择或编辑毛坯几何体"按钮，弹出毛坯几何体对话框。

选择：选择选项：自动块。按"确定"，回到工件对话框。按"确定"，按"确定"，按"取消"。

6) 创建操作

(1) 点击工具栏的插入工具条的"创建操作"功能按钮，弹出创建操作对话框。

设置：操作子类型：PLANAR_MILL；程序：P10；

刀具：T10；几何体：MCS；

方法：NONE。

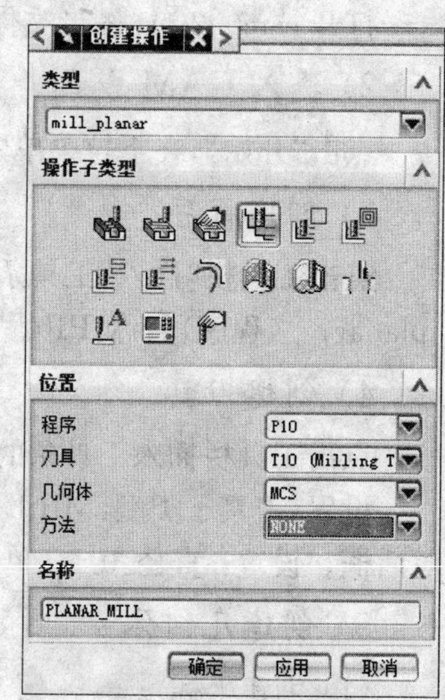

图 11.77　创建操作对话框

如图 11.77 所示。按"应用"，弹出平面铣对话框，进行几何组框设置、刀轨设置组框设置操作。如图 11.78 所示。

(2) 几何体组框设置

① 点击指定部件边界的"选择或编辑部件边界"按钮，弹出边界几何体对话框，模式选择：曲线/边，弹出创建边界对话框，设置如图 11.79 所示。

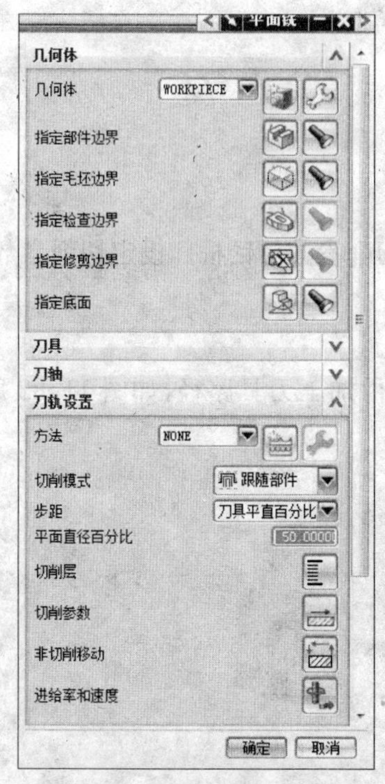

图 11.78 平面铣操作对话框

图 11.79 创建边界对话框

用光标选取零件顶面的边界,点击“创建下一个边界”按钮;

用光标选取零件第二层面的边界,点击“创建下一个边界”按钮;

用光标选取零件再下一层面的边界,点击“创建下一个边界”按钮;

用光标选取零件再下一层面的边界,点击“创建下一个边界”按钮;

用光标选取零件再下一层面的边界,点击“创建下一个边界”按钮;

用光标选取零件最底一层面的边界,如图 11.80 所示;

按“确定”,按“确定”,回到平面铣对话框。

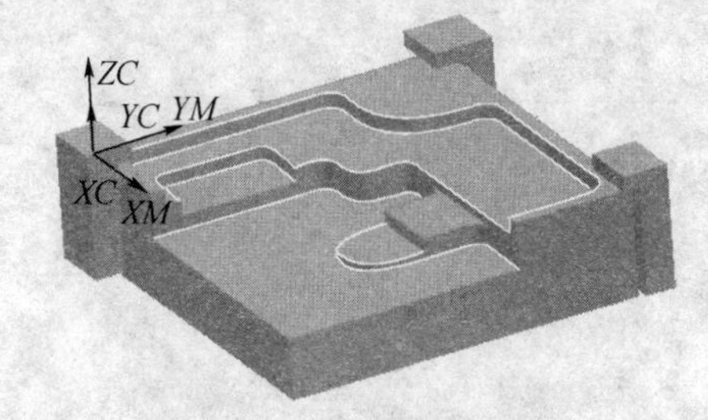

图 11.80 指定加工边界

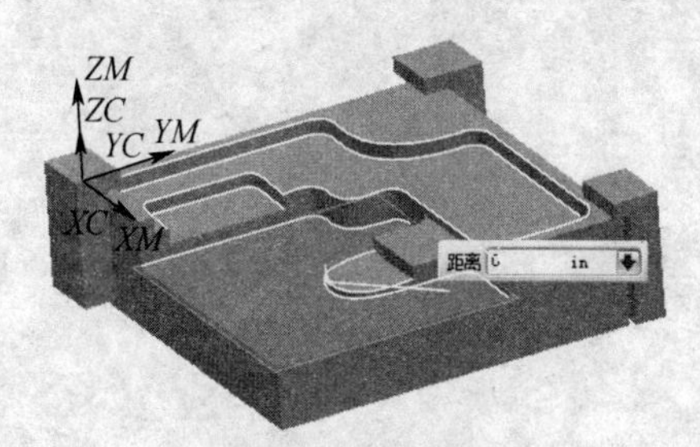

图 11.81 指定底面

② 点击指定底面的“选择或编辑低平面几何体”按钮,选取零件加工的最低平面,如图 11.81所示。按“确定”,退回到平面铣对话框。设定切削参数。

③ 刀轨设置组框设置

a. 切削模式:跟随部件。

b. 步距:刀具直径百分比。

c. 平面直径百分比:50。

d. 点击切削层的“切削层”按钮，弹出切削层对话框。

设置：

类型：恒定；每刀深度的公共：0.2；

临界深度顶面切削前打勾；

按“确定”，退回到平面铣对话框。

e. 点击切削参数的“切削参数”功能按钮，弹出切削参数对话框。设定切削参数。

f. 点击非切削参数的“非切削参数”功能按钮。

设定：倾斜角度：5°，其余按默认值，按“确定”。

i. 按操作的“生成”功能键，系统计算、生成出零件加工刀具路径，如图 11.82 所示，按“确定”，完成开放式型腔的平面铣。

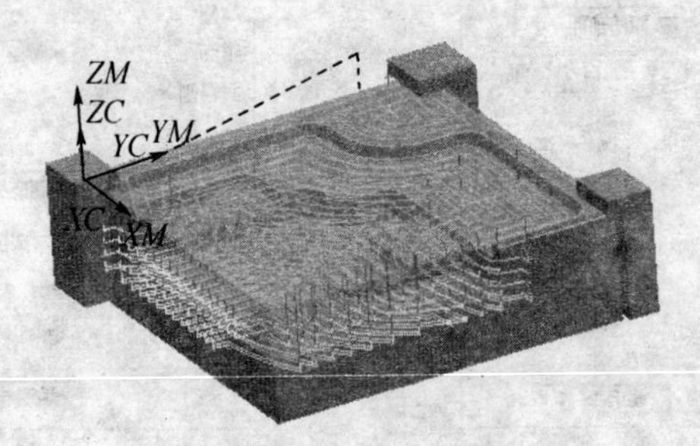

图 11.82 平面铣刀具路径

12 三维加工(mill_contour)

12.1 概述

三维加工是 UG 加工的主要功能部分,包括轮廓铣、固定轴曲面轮廓铣、可变轮廓铣和顺序铣等类型。

轮廓铣主要用于粗加工型腔轮廓或区域,根据型腔形状,将准备的切除部位在深度方向上分成多个切削层进行切削,切削深度可以不同。切削时的刀轴与切削层平面垂直。型腔铣以边界、面、曲线和实体定义要切削的材料(底面和侧面可以是斜面也可以是曲面)。

固定轴曲面轮廓铣用于曲面的半精加工和精加工。该方法将空间上的几何轮廓投影到零件表面上,驱动刀具以固定轴形式加工曲面,具有多种切削形式和进退刀控制,可作螺旋线切削、放射状切削和清根切削。

可变轮廓铣与固定轴铣方法基本相同,不同的是刀轴可以摆动,满足特殊部位的加工需要。

顺序铣用于连续加工一系列相接表面,并对面与面之间的相交线进行清根加工,一般用于零件的精加工,可以保证相切表面光顺过渡,是一种空间曲线加工方法。

就加工工艺而言,复杂零件和模具的加工工艺一般为:毛坯准备→粗加工→半精加工→精加工→钳工抛光,在高速铣上采用高速铣削方式就不需要钳工抛光工序。毛坯准备由铸、锻、锯、普通铣床的铣削工序来完成,而半精加工是在粗加工之后进行一些大的残余量的切除、一些次要表面,如光孔、键槽、螺孔等的加工。

三维加工的粗、精加工方式类似于二维加工,粗加工用于解决切除零件上大部分余量,要求留给精加工一个比较均匀的余量,粗加工采用分层切削的方式,根据零件形状的不同,分层的深度可以设定成不同的值,一层一层地切除材料;而精加工的目的就是切出符合零件图纸工序要求的轮廓形状、尺寸精度,精加工刀具沿工件表面切削。各种不同的粗、精加工方法,应根据零件形状合理地选择,才能生成高质量的加工程序,高效地加工出优质零件。

前章介绍的平面铣用于切削二维型腔轮廓,型腔底面水平、侧面垂直底面。本章介绍的轮廓铣是加工三维的型腔轮廓,底面和侧面都可以是斜面和曲面。刀轴可以不垂直底面,但是刀轴是垂直切削层的。

轮廓铣主要用于粗加工,而平面铣可以用于粗加工,也可以用于精加工。

轮廓铣操作可以通过任何几何对象,包括体、曲面区域和面等来定义加工几何体。而平面铣只能通过边界来定义加工几何体,边界可以是曲线、点、平面上的边界。

轮廓铣操作通过部件几何体和毛坯几何体来确定切深,不需要指定部件底面。而平面铣是通过部件边界和选择底面来确定切削深度的。

轮廓铣操作与平面铣操作比较而言,主要创建步骤基本相同,都是刀轴垂直切削层一层一层切削零件余量的，且刀轴轨迹的生成方法和验证方法基本相同。

图 12.1　轮廓铣类型

12.1.1　轮廓铣类型概述

(1) UG 轮廓铣包含型腔铣、插铣、轮廓粗铣、深度加工铣，都在 mill_contour 的轮廓铣模板中。如图 12.1 所示。

型腔铣主要用于粗加工，插削用于深壁粗加工或精加工，轮廓粗加工铣用于粗加工或半精加工，后面 3 种铣削类型主要用于半精加工或精加工。

表 12.1　列出了轮廓铣削的类型和说明

图标	名称	说明
	型腔铣 (CAVITY_MILL)	该铣削类型为型腔体类零件加工的基本操作，可使用所有切削模式来切除由毛坯几何体、IPW 和部件几何体所构成的材料量
	插铣 (PLUNGE_MILLING)	该切削类型是 Z 向进给切削，适用于高速铣削的粗加工
	轮廓粗加工 (CORNER_ROUGH)	该切削类型用于由于前道工序刀具直径大或步距大留下的过大的不均匀余量(二次粗加工)
	剩余铣 (REST_MILLING)	该切削模式清除前道粗加工在拐角或圆角过渡处留下的不均匀残余材料(二次粗加工)
	深度加工轮廓 (ZLEVEL_PROFILE)	该切削类型沿着轮廓走刀切削，在相同的高度上仅走一圈(二次粗加工)又称等高加工
	深度加工拐角 (ZLEVEL_CORNER)	该切削类型适用于切除轮廓拐角处由于前道加工刀具直径较大而留下的较大的不均匀余量(二次粗加工)

(2) 型腔铣是轮廓铣类型中最常用、最基本的粗加工铣削方式。

(3) 插铣加工说明

插铣模式，在传统的切削方式中插铣由于铣刀端面刀刃后角小，Z 向进给速度较低，效率较差，很少使用，在现代的高速切削方式下转速很高，即使每转进给很小，进给率也能达到很高。

插铣加工通常用螺旋下刀或斜坡下刀方式将腔体先铣出一个空腔，再用插铣方式加工。

插铣加工的优点：刀具径向受力小，主要受轴向力，即刀具在切削过程中受力性能优越，径向受力变形小。同时由于在高速切削方式下，加工效率高。

插铣加工主要用于粗加工，插铣精加工用于插铣模具拔模斜度的陡壁，是一种较好的加工方式。

插铣加工示例如图 12.2 所示。

插铣加工过程，参见实例的影像 Coromill210.mpg。

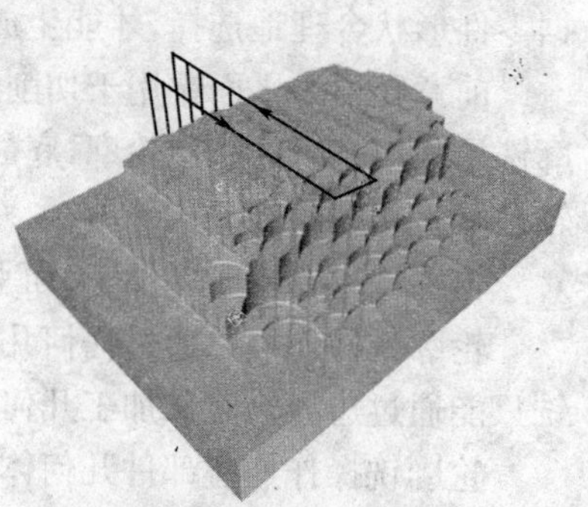

图 12.2　插铣加工图例

(4) 轮廓粗加工(CORNER_ROUGH)(是通用的二次粗加工方法)用法图例

图 12.4 是型腔铣粗加工效果图,所用刀具 ϕ10 的平头刀,切削模式跟随部件,由于所用刀具半径比图 12.3 所示零件的凹腔圆角半径大,凹腔部位留有残余量,所以粗加工后采用轮廓粗加工(通用的二次粗加工),所用刀具 ϕ4 的球头刀如图 12.5 所示。

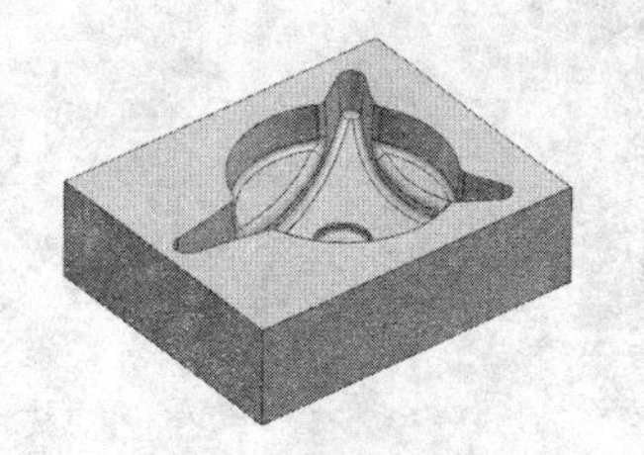

图 12.3 零件模型

图12.4 型腔铣粗加工效果图

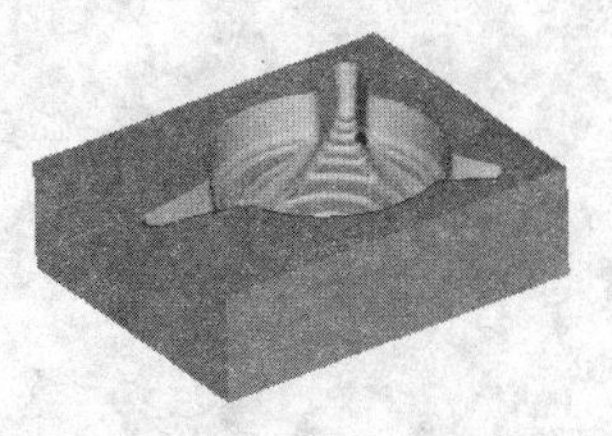

图 12.5 轮廓粗加工效果图

(5) 深度加工轮廓(ZLEVEL_PROFILE)解说

刀具逐层切削材料的一种加工类型,以给定进给步距,在曲面相同的高度上走一圈。它适合用于零件陡壁的精加工,当曲面比较平坦时通常用固定轴轮廓铣。切削图例见图 12.6 所示。

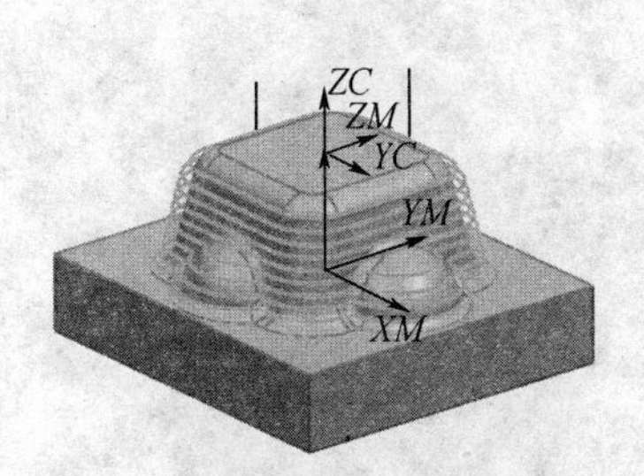

图12.6 等高轮廓铣刀具路径示例

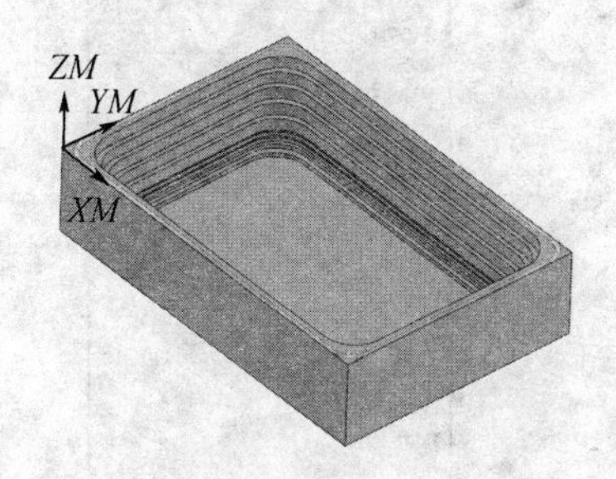

图 12.7 凹腔型腔铣粗加工效果图

(6) 深度加工拐角(ZLEVEL_CORNER)解说

在轮廓较小的拐角处,粗加工考虑到切削效率,所选用的刀具半径比拐角处的圆角半径大,在拐角处残留有比设定余量大的残留量,用深度加工拐角功能切除该部分余量。图 12.7 是凹腔型腔铣粗加工效果图,图 12.8 是凹腔深度加工拐角刀具路径和切削效果。

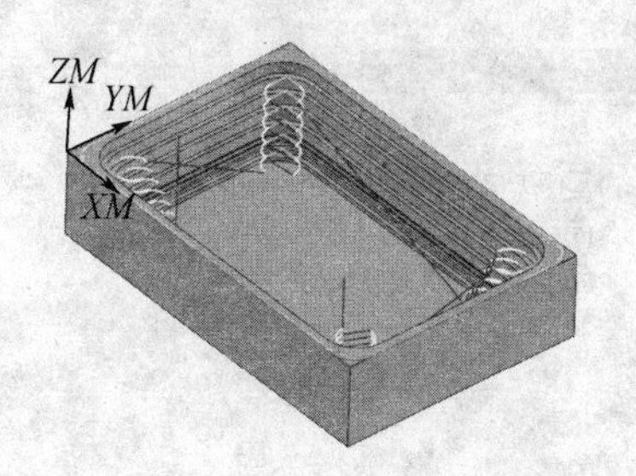

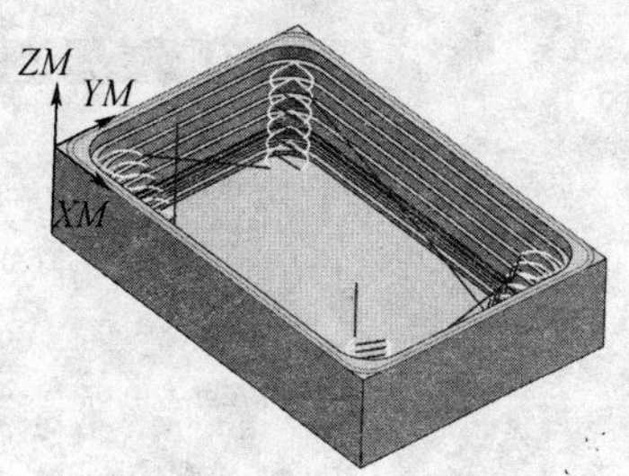

图 12.8 凹腔深度加工拐角刀具路径和切削效果

(7) 切削层设置用法

当加工一个饭盒的腔体时,饭盒总深 19 mm,主体部分深度 16 mm。设定每刀切深3 mm,底部圆角部分打算分成每刀切深 1 mm。如图 12.9 所示。

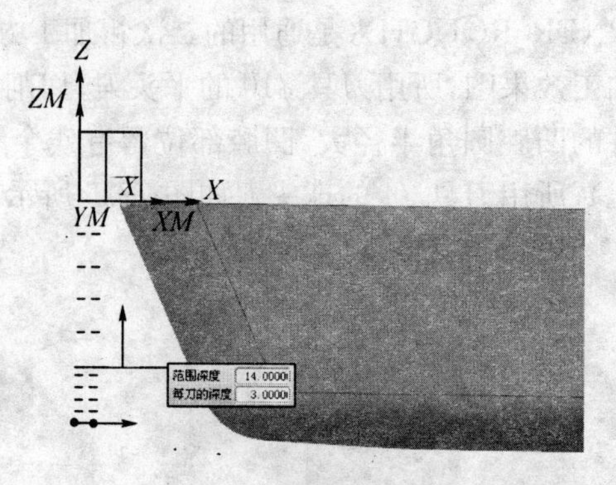

图 12.9　切削层设定要求

在任一种铣削模式中，点击切削层的“切削层”按钮，弹出切削层对话框。如图 12.10 所示。

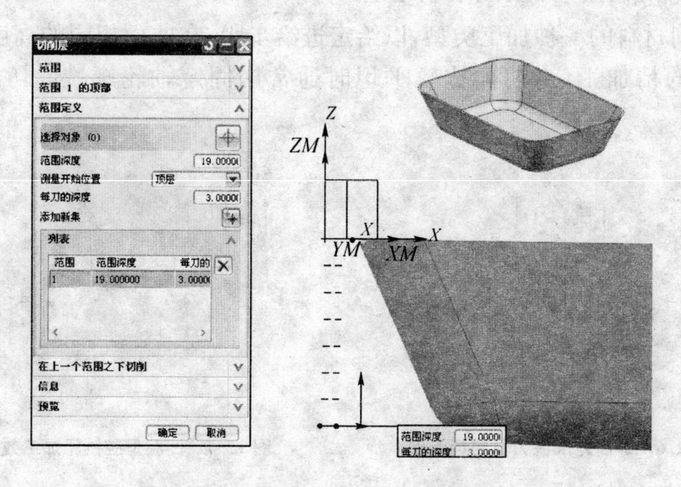

图 12.10　切削层对话框及加工对象示意

范围组框的设定(展开范围和范围 1 的顶部组框)：

范围类型：用户定义；切削层：恒定；每刀切削深度：恒定；距离：3 mm；范围 1 的顶部的 *ZC*：0。如图 12.11 所示。

图 12.11　范围和范围 1 的顶部组框的设定

范围定义组框的设置：

① 第一步设定：范围深度：16；测量开始位置：顶层；每刀的深度：3。如图 12.12 所示。

② 点击添加新集的“添加新集”按钮，如图 12.13 如下：

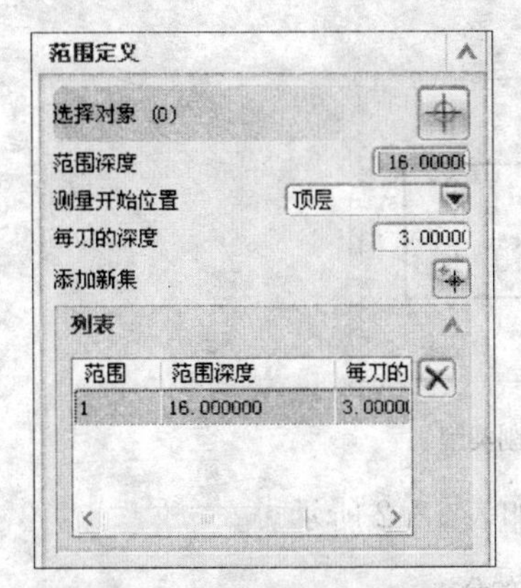

图 12.12 范围定义第一步设定

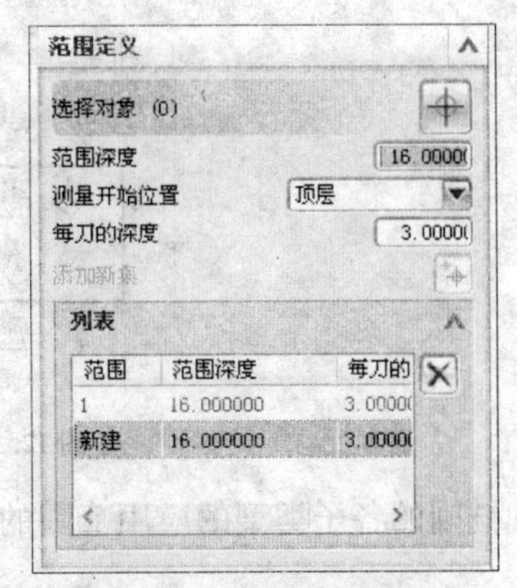

图 12.13 添加新集第一步

③ 将范围深度 16 改为 19，将每刀深度 3 改为 1，如图 12.14 左图所示。

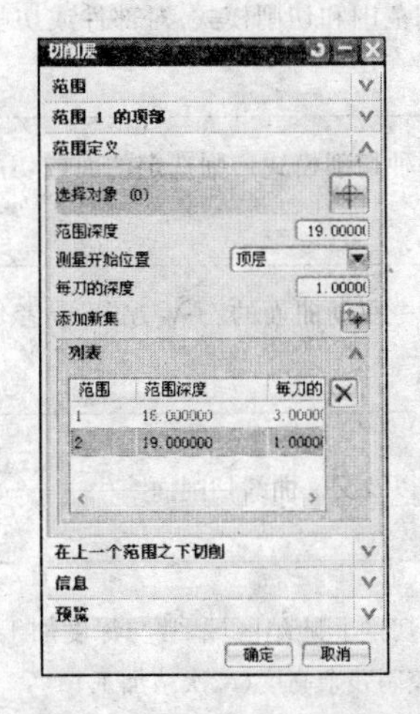

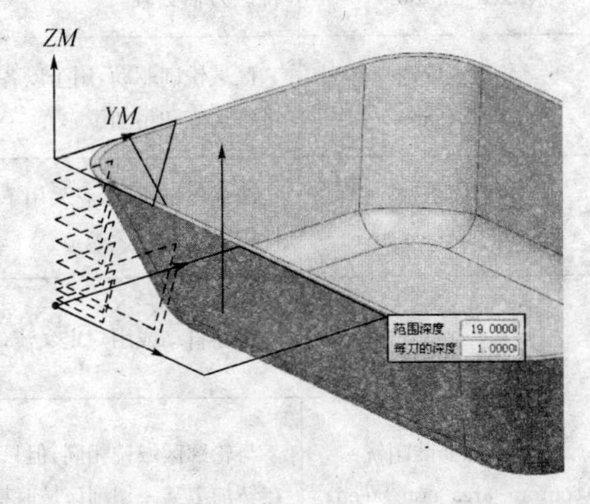

图 12.14 修改深度和每刀深度

④ 按“确定”，设定完成，如图 12.14 右图所示。退出切削层设置。

12.1.2 固定轴轮廓铣类型概述

(1) 固定轴轮廓铣用于精加工由轮廓曲面形成的区域的加工，并允许通过精确控制和投影矢量，使刀具沿着复杂的曲面轮廓运动。

固定轴铣的特点是：刀轴固定，具有多种切削形式和进退刀控制，可投射空间点、曲线、曲面、和边界等驱动几何进行加工，可做螺旋线切削、射线切削以及清根切削。

在固定轴铣中，刀轴与指定的方向始终保持平行，即刀轴固定。固定轴铣将空间驱动几何投射到零件表面上，驱动刀具以固定轴形式加工曲面轮廓。

固定轴铣子类型包括固定轴铣、轮廓区域铣、轮廓面积铣、流线、轮廓区域非陡峭铣和轮廓区域方向陡峭铣，如图 12.15 所示。

图 12.15　固定轴铣削类型

固定轴铣削的各子类型的应用范围的简略说明如表 12.2 所示。

表 12.2　固定轴铣削的分类

图　标	名　称	说　明
	固定轴铣 (fixed_contour)	用于各种驱动方法、空间范围和切削模式，对部件或切削区域进行轮廓铣。刀轴 Z 轴
	轮廓区域铣 (contour_area)	区域铣削驱动，用于以各种切削模式切削选定的面或切削区域。常用于半精加工和精加工
	轮廓面积铣 (contour_surface_area)	曲面区域驱动，它采用单一驱动曲面的 U-V 方向，或者是曲面的直角坐标栅格
	流线 (streamline)	跟随自动或用户定义流，以及交叉曲线切削面
	轮廓区域非陡峭铣 (contour_area_non_steep)	与轮廓区域铣相同，但只切削非陡峭区域，常与深度加工轮廓结合使用，在精加工某一切削区域时控制残余高度(二次精加工)
	轮廓区域方向陡峭铣 (contour_area_dir_steep)	区域铣削驱动，根据切削方向，仅用于切削陡峭区域，与轮廓双向或轮廓区域结合使用，通过与前一次往复切削成十字交叉方式来减小残余高度(二次精加工)
	单路径清根 (flowcut_single)	用于对零件根部刀具未加工的部分进行铣削加工，单条刀具路径(二次精加工)
	多路径清根 (flowcut_multiple)	用于对零件根部刀具未加工的部分进行铣削加工，多条刀具路径(二次精加工)
	参考刀具清根 (flowcut_ref_tool)	用于对零件根部刀具未加工的部分进行铣削加工，以参考刀具作为参照来生成清根刀具路径(二次精加工)

续表 12.2

图　标	名　称	说　明
	实体轮廓-3D (solid_proofile_3D)	与参考刀具清根相同,只是平稳进刀、退刀和移刀。用于高速加工
	光顺清根 (flowcut_3D)	特殊的三维轮廓铣切削类型,其深度取决于边界中的边或曲线,常用于修边
	刻字加工 (contour_text)	切削制图注释中的文字,用于三维雕刻

(2) 固定轴铣是 UG 三维加工中最基本的精加工方式,刀具在指定的区域沿着曲面走刀切削,驱动方法有:边界、区域铣削、清根、文本等。

驱动方法组框选项中,如选用“区域铣削”,则几何体组框选项中必须指定切削区域,即用面选取切削区域。

当驱动方法组框选项中,方法选用“边界”,如图 12.16 所示,则必须点击之后的“编辑”按钮,弹出边界驱动方法对话框,如图 12.17 所示。

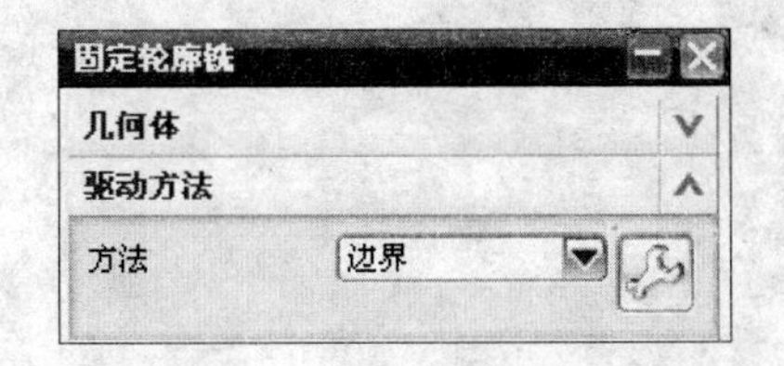

图 12.16　驱动方法选用边界

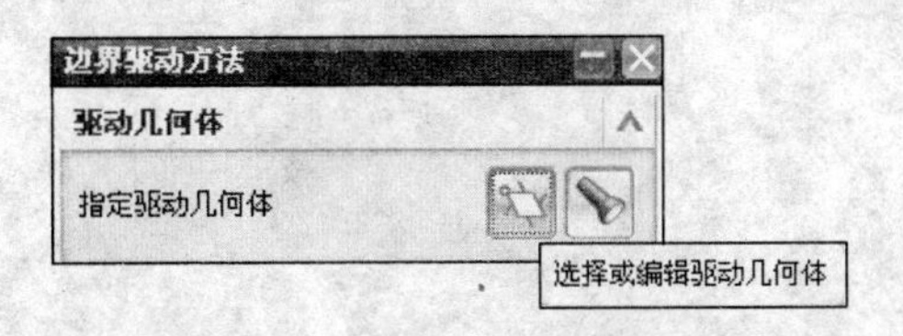

图 12.17　选择或编辑驱动几何体

点击指定驱动几何体的“选择或编辑驱动几何体”按钮,弹出“边界几何体”对话框,用“曲线、边”定义切削区域的边界,如图 12.18 所示。

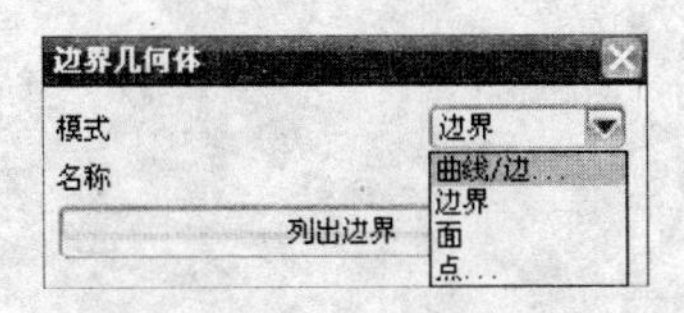

图 12.18　定义切削区域边界

完成固定轴铣的所有操作,生成出的精加工刀具路径就在以上设定的边界范围以内。

固定轴铣的各步骤的详细操作参见之后的多个实例。

(3) 轮廓区域铣与固定轴轮廓铣的菜单和操作基本相同,略。

(4) 轮廓区域非陡峭,在三维曲面精加工中,曲面中有局部比较平坦的地方,用指定非陡峭角度区域的方法进行二次精加工。前面的图 12.5 轮廓粗加工后,侧面余量较均匀,底面较平坦区域余量均匀性不好,在最后精加工之前可以用轮廓区域非陡峭铣对底部指定角度(0°~25°)的非陡峭区域进行一次切削。切削效果如图 12.19 所示,左图是非陡峭切削的刀具路径,右图是非陡峭切削的加工效果。

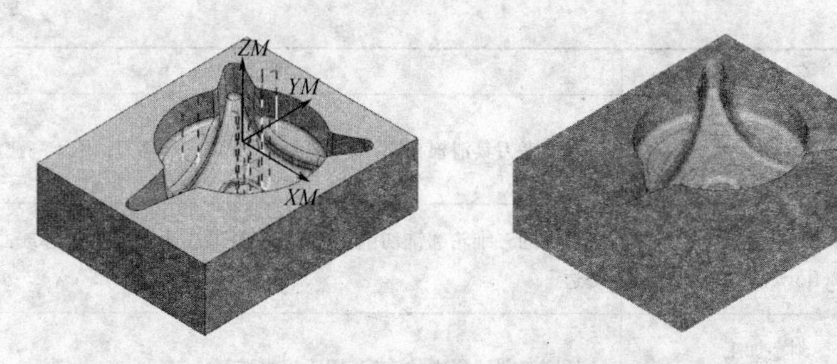

图 12.19　轮廓区域非陡峭切削

(5) 轮廓区域方向陡峭，在三维曲面精加工中，曲面中有局部陡峭的地方，在指定方向、指定的陡峭角度区域用陡峭切削的方法进行二次精加工。图 12.20 是陡峭角 70°～90°、与 X 轴成 90°方向，用轮廓区域方向陡峭的加工方式生成的刀具路径。

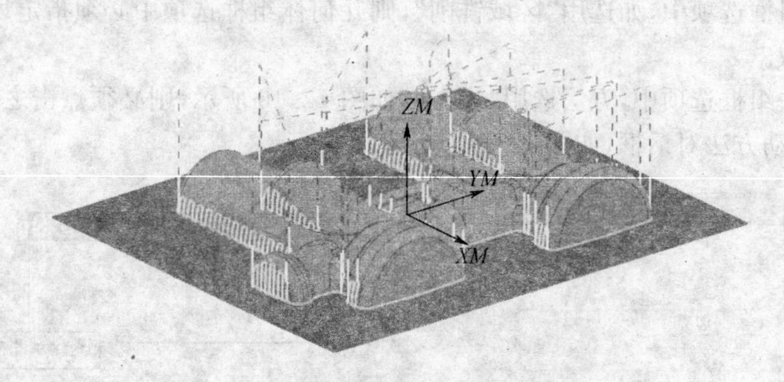

图 12.20　轮廓区域方向陡峭切削的刀具路径

(6) 单路径、多路径、参考刀具清根的切削方式都是在曲面精加工之后，在曲面相交面的交线处或相交的小圆角部位，用更小直径的刀具清除其局部残余量。如图 12.21 所示。

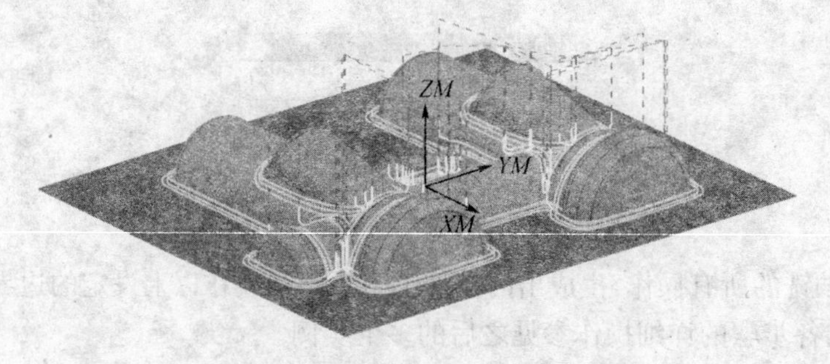

图 12.21　多路径清根的刀具路径

12.2　饭盒加工举例

1）型腔铣加工环境

(1) 打开饭盒本体模型文件：cam－xqjg. prt，如图 12.22所示。

(2) 点击工具栏的标准工具条的“开始”功能按钮，在下拉功能菜单中，点击“加工”功能按钮，进入加工功能模块。在工具栏中弹出

图 12.22　饭盒模型

"插入"工具条和"导航器"工具条。界面侧面资源栏位置,出现加工操作导航器。

2) 创建程序组(创建 P1、P2 两个程序组)

(1) 点击工具栏的导航器工具条的"程序顺序视图"功能按钮。导航器栏显示操作导航器-程序顺序。

(2) 点击工具栏的插入工具条的"创建程序"功能按钮,弹出创建程序对话框。如图12.23所示。

图 12.23　创建程序对话框

对话框内容设置如下:

类型:mill_contour;程序(位置):PROGRAM;名称:P1。按"应用",再按"确定"。退回创建程序对话框。

对话框内容设置:

名称:P2;(其他项不设置)。按"确定",再按"确定"。退出创建程序组。

3) 创建刀具(创建 ϕ10 平头刀和 ϕ8 球头刀)

(1) 点击工具栏的导航器工具条的"机床视图"功能按钮。

(2) 点击工具栏的插入工具条的"创建刀具"功能按钮,弹出创建刀具对话框,如图 12.24 所示。

设置如下:

类型:mill_contour;刀具子类型:Mill;刀具(位置):GENERIC_MACHIN;名称:T1。按"应用",弹出"铣刀-5 参数"对话框,界面略。

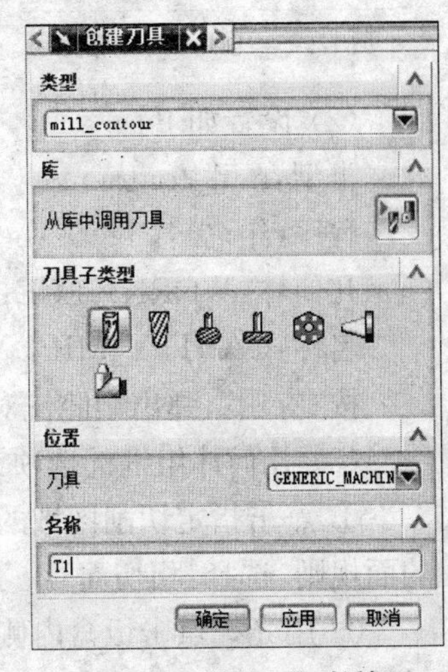

图 12.24　创建刀具对话框

设定:(D)直径:10;

其余参数都按默认值,不进行设定。

按"确定",退回到创建刀具对话框。(再设定另一把球头铣刀)。

设置:名称:T2;其他设置不用改。按"应用",弹出"铣刀-5 参数"对话框。

设置:(D)直径:8;(R1)下半径:4。其余参数都按默认值。

按"确定",退出创建刀具对话框。按"取消"退出。

4) 创建几何体

点击工具栏"导航器"工具条的"几何体"功能按钮。

用鼠标左键点击"WORKPIECE",再点击右键,在弹出的下拉菜单中,点击编辑,弹出铣削几何体对话框。

点击指定毛坯的"选择或编辑毛坯几何体"按钮,弹出毛坯几何体对话框。

选择:

选择选项:自动块,按"确定",再按"确定"。创建几何体操作结束。

注:从操作导航器-几何栏可以看出已经自动生成合适的加工坐标系和零件几何体。这两项不用再设定了。该例创建方法没有变化,略去设定。

5）创建操作(粗加工)

(1) 点击工具栏的“插入”工具条的“创建操作”功能按钮，弹出创建操作对话框，如图12.25所示。

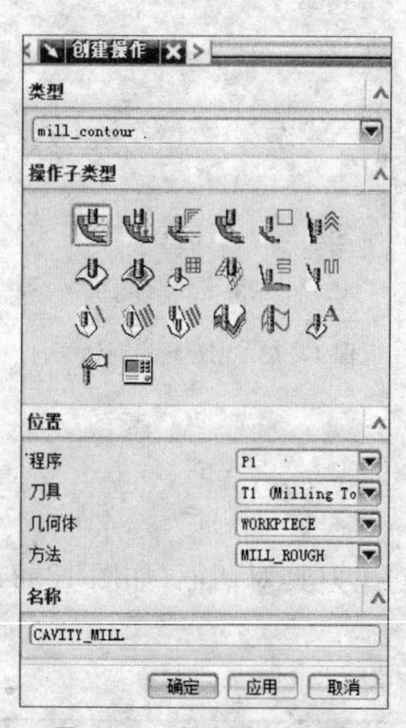

图 12.25　创建操作对话框

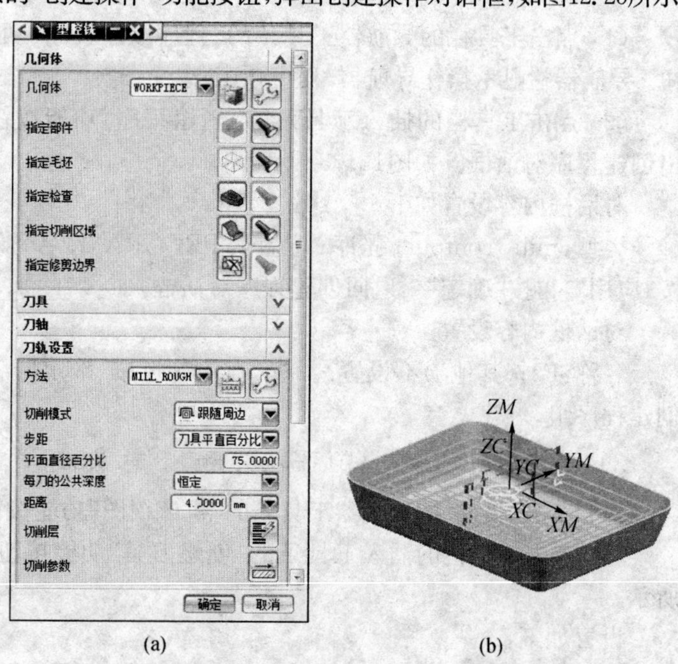

图 12.26　饭盒模腔加工的粗刀具路径

(2) 设置如下：

类型：mill_contour；　操作子类型：CAVITY_MILL；

程序(组名)：P1；　刀具：T1；

几何体：WORKPIECE；　方法：MILL_ROUGH；

名称：CAVITY_MILL。

按“应用”，弹出型腔铣对话框，如图 12.26 所示。

(3) 几何体组框的选项设定：

① 点击指定切削区域的“选择或编辑切削区域几何体”按钮，弹出切削区域对话框(工具栏的面规则，选择：相切面)。

② 用光标点击饭盒内侧的某一个面(选取整个内侧面)，点击对话框的“确定”，退回型腔铣对话框。

(4) 刀轨设置组框的设定：

方法：MILL_ROUGH；　切削模式：跟随周边；

平面直径百分比(步距)：75；　每刀公共深度：恒定；

距离：4；　切削层：(不设定，按每刀公共深度 4)；

切削参数：(默认值)；　非切削参数：(默认值)。

点击进给率和速度的“进给率和速度”按钮，弹出进给率和速度对话框，设定主轴转速1 200r/min，进给率 200 mm/min，其余默认值。按“确定”，结束进给率和速度设置，退回型腔铣对话框。

(5) 点击操作组框的“生成”功能按钮，系统计算、生成出饭盒模腔粗加工的刀具路径，如图 12.26(b)所示。按“确定”，完成 P1 程序组刀具路径的生成。按“确定”，退到创建程序操作。

6）创建操作(精加工)

(1) 点击工具栏的插入工具条的“创建操作”功能按钮，弹出创建操作对话框，如图 12.27 所示。

(2) 设置如下：

类型：mill_contour； 操作子类型：CONTOUR_AREA；

程序：P2； 刀具：T2； 几何体：WORKPIECE；

方法：MILL－FINISH 名称：CONTOUR_AREA。

如图 12.27 所示。

图 12.27 创建操作对话框

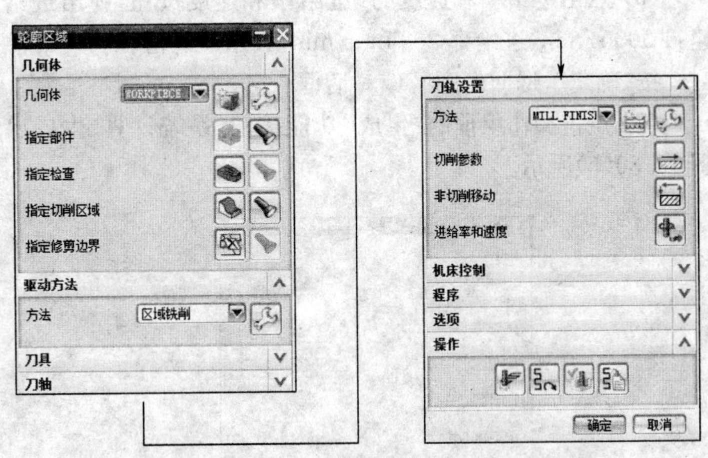

图 12.28 型腔铣曲面精加工

按“应用”，弹出轮廓区域对话框，如图 12.28 所示。

(3) 轮廓区域铣加工设置如下：

① 几何体组框的设置：

点击指定切削区域的“选择或编辑切削区域几何体”按钮，弹出切削区域对话框，选择设置：

选择选项：几何体；过滤方法：面；

(工具栏的面规则，选择：相切面)

用光标点击饭盒内侧的某一个面(选取整个内侧面)。

点击对话框的“确定”，退回轮廓区域对话框。

(4) 驱动方法组框的设置：方法：区域铣削

点击驱动方法组框的方法的“编辑”按钮，弹出区域铣削驱动方法对话框。如图 12.29 所示。

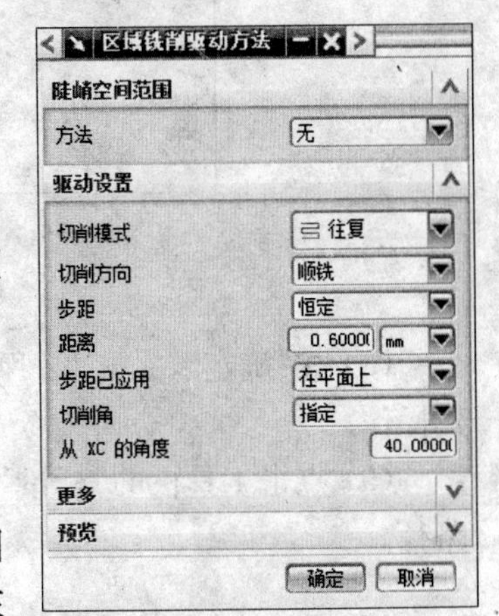

图 12.29 区域铣削驱动方法对话框

设置如下：

陡峭空间范围组框的方法：无。

驱动设置组框设置：

切削模式：往复；切削方向：顺铣；步距：恒定；距离：0.6(图例为 3，为了在后面的图 12.30 中看清楚刀路)；步距已应用：在平面上；切削角：指定从 X 轴的角度：40；按“确定”，退出区域铣驱动方法设定。

(5) 刀轨设置组框的设置：

① 方法：MILL_FINISH；

② 点击切削参数的“切削参数”按钮，弹出切削参数对话框，该项按默认值，不进行设置，按“确定”，弹出切削参数设置。

③ 点击非切削移动的“非切削移动”按钮，弹出非切削移动对话框，首先选择“进刀”界面。

在开放区域组框的设置：

进刀类型：顺时针螺旋；进刀位置：距离；高度：200(%刀具)；直径：90(%刀具)；倾斜角度：5；初始组框的进刀类型：与开放区域相同，其他界面按默认值，不进行设置。

按“确定”，退回轮廓区域对话框。

(6) 点击进给率和速度的“进给率和速度按钮，弹出进给率和速度”对话框。设定主轴转速：1 500 r/min，进给率 200 mm/min，其余默认值。

按“确定”，退回轮廓区域对话框。

(7) 点击操作组框的“生成”功能按钮，系统计算、生成出饭盒模腔的精加工刀具路径，如图 12.30(b)所示。

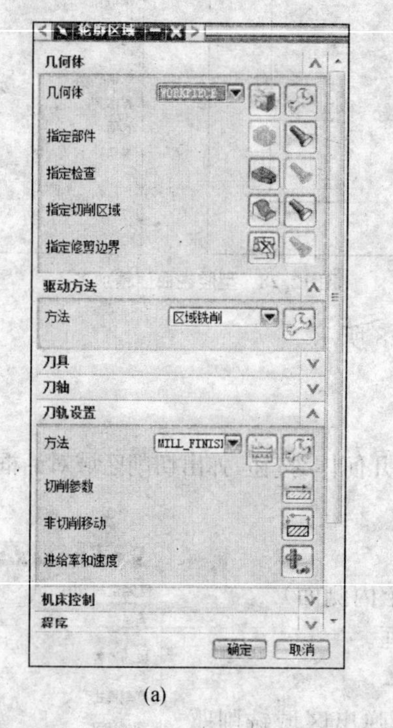

(a)

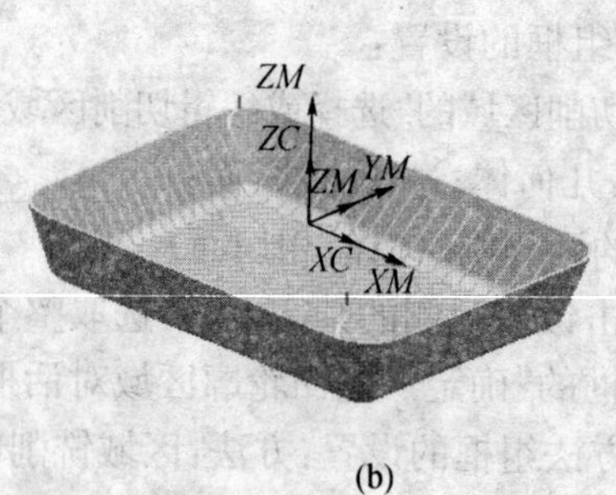

(b)

图 12.30　生成出饭盒模腔的精加工刀具路径

(8) 按“确定”，完成 P2 程序组刀具路径的生成，退回创建程序对话框。按“取消”，退出创建操作。

(9) 点击工具栏的“标准”工具条的“保存”功能按钮，保存刚生成的饭盒粗、精加工刀具路径。

12.3 旋钮加工举例

(1) 打开已创建的旋钮图形文件 xunniu-1. prt,如图 12. 31 所示。

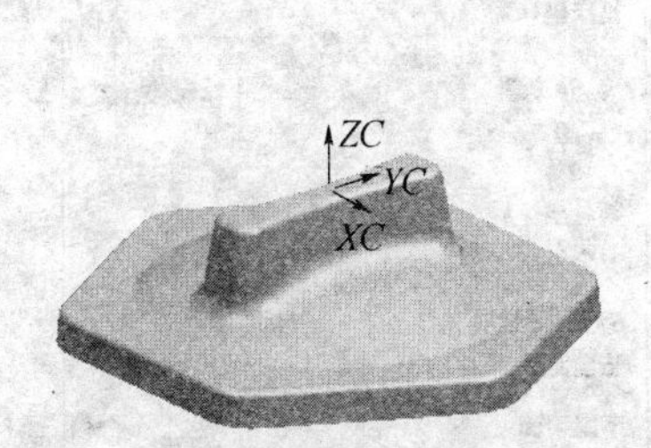

图 12.31 旋钮模型

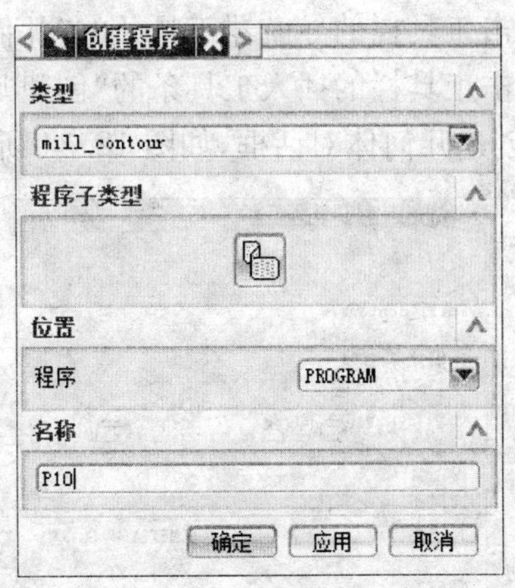

图 12.32 创建程序对话框

(2) 点击工具栏的标准工具条的“开始”功能按钮,在下拉功能菜单中,点击“加工”功能按钮,进入加工功能模块。

(在工具栏中弹出插入工具条和导航器工具条。界面左侧资源栏位置,出现加工操作导航器栏)

(3) 创建程序组(创建 P10、P20 两个程序组)。

① 点击工具栏的导航器工具条的“程序顺序视图”功能按钮,导航器栏为操作导航器一程序顺序。

② 点击工具栏的插入工具条的“创建程序”功能按钮,弹出创建程序对话框。

对话框内容如下:

类型:mill_contour;

程序位置:PROGRAM;

名称:P10。

如图 12. 32 所示。

按“应用”,再按“确定”,退回创建程序对话框。

设置如下:

类型、程序(位置)不变;名称:P20。

按“确定”,再按“确定”。退出创建程序组。

(4) 创建刀具(创建一把 $\phi16$ 平头刀,粗、精加工都用这把刀)。

① 点击工具栏的导航器工具条的“机床视图”功能按钮。

② 点击工具栏的插入工具条的“创建刀具”功能按钮,弹出创建刀具对话框,设置如下:

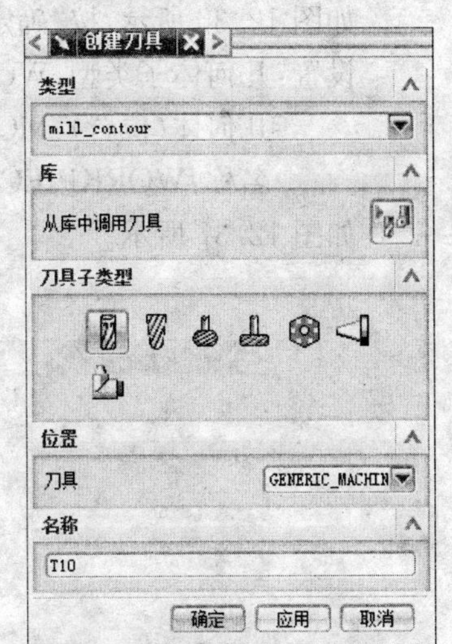

图 12.33 创建刀具对话框

类型:mill_contour;刀具子类型:MILL;

刀具(位置):GENERIC_MACHIN;名称:T10。

如图 12. 33 所示。

按“应用”，弹出“铣刀-5 参数”对话框。
设定：(D)直径：16；其余参数都按默认值。
按“确定”，退出创建刀具对话框。
(5) 创建几何体。
① 点击工具栏的导航器工具条的“几何视图”功能按钮。
② 点击工具栏的插入工具条的“创建几何体”功能按钮。
弹出创建几何体对话框，如图 12.34 所示。

图 12.34　创建几何体对话框

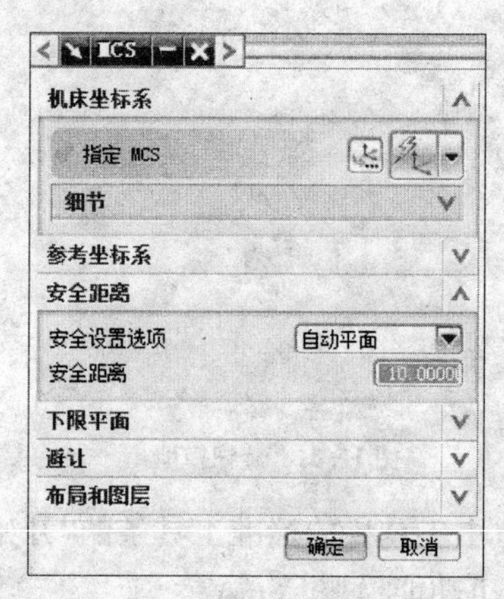

图 12.35　MCS 对话框

设置如图 12.34 所示，按“应用”，弹出“MCS”对话框，如图 12.35 所示。
点击机床坐标系的指定 MCS 的“CSYS 对话框”按钮，弹出 CSYS 对话框。
设置：
类型：动态；
参考 CSYS 的参考：WCS。
如图 12.36 所示，按“确定”，再按“确定”，退回创建几何体对话框。
设置：几何体子类型：WORKPIECE；
　　几何体(位置)：MCS；
　　名称：WORKPIECE。
如图 12.37 所示。

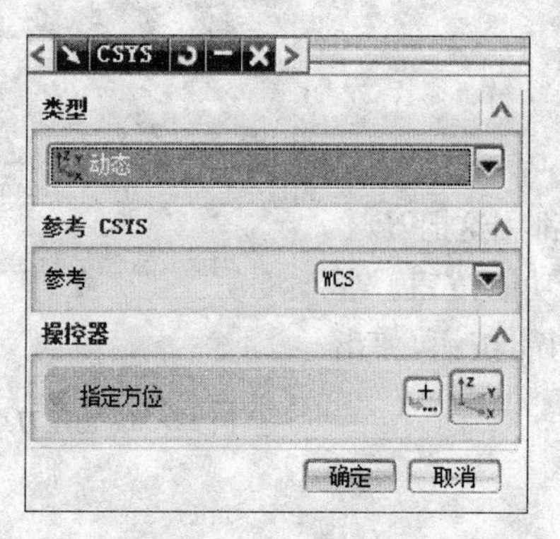

图 12.36　CSYS 对话框

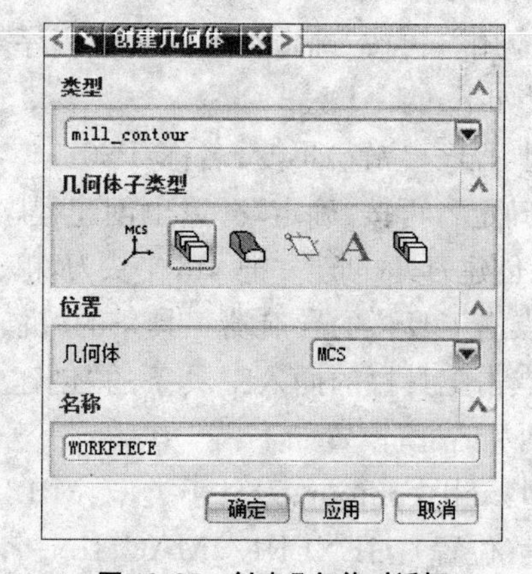

图 12.37　创建几何体对话框

按"应用",弹出工件对话框,如图 12.38 所示。

点击指定部件的"选择或编辑部件几何体"功能按钮,弹出部件几何体对话框。

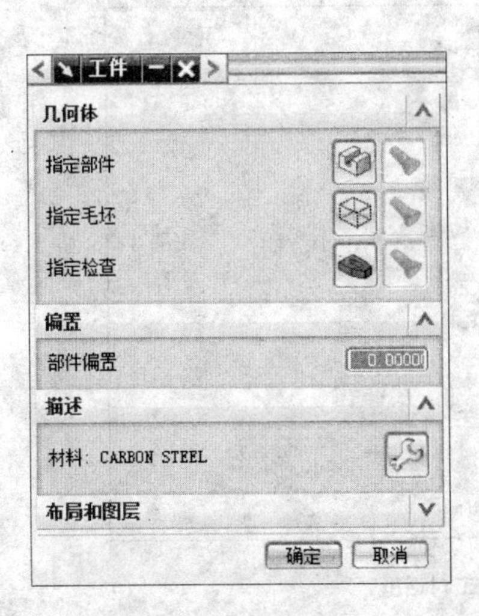

图 12.38　工件对话框

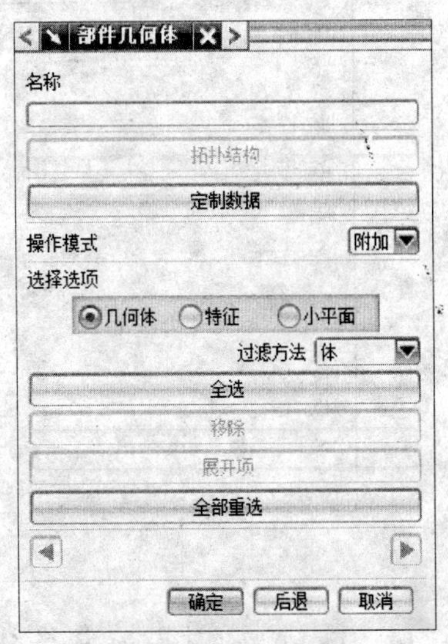

图 12.39　部件几何体对话框

设置:选择选项:几何体。

如图 12.39 所示,用鼠标选取图形界面的旋钮几何体(或点击"全选"按钮),按"确定",退回工件对话框。

点击设定毛坯的"选择和编辑毛坯几何体"功能按钮,弹出毛坯几何体对话框。

设置:

选择选项:自动块,按"确定",退回工件对话框,按"取消",退出几何体创建。

(6) 创建方法:本例加工工序较简单,创建方法可以不设置。

(7) 创建操作(创建粗加工和精加工两道工序)。

首先创建粗加工程序:点击工具栏的插入工具条的"创建操作"功能按钮,弹出创建操作对话框,如图 12.40 所示。

设置如下:

类型:mill_contour;

操作子类型:CAVITY MILL;

程序:P10;

刀具:T10;

几何体:WORKPIECE;

方法:MILL_ROUGH;

名称:CAVITY_MILL。

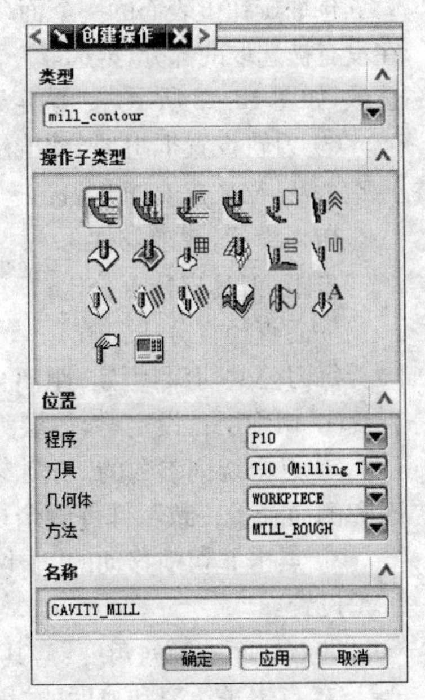

图 12.40　创建操作对话框

点击“应用”，弹出型腔铣对话框，如图 12.41 所示。

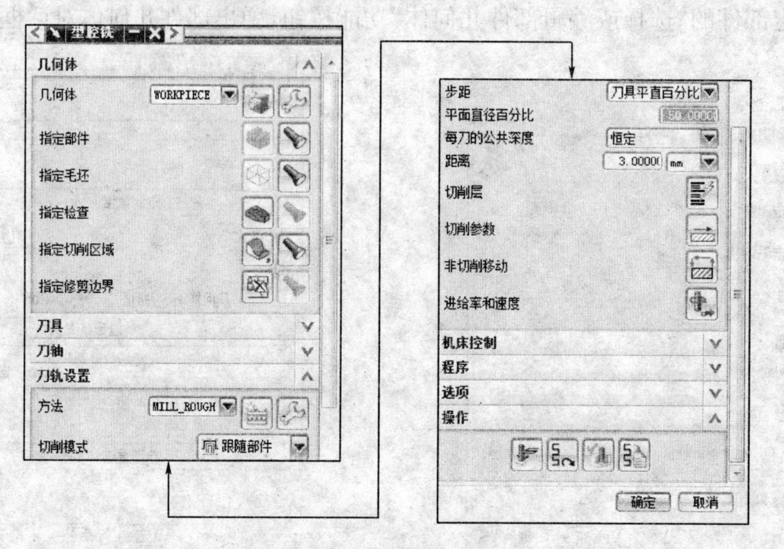

图 12.41　型腔铣粗加工对话框

设置如下：

① 几何体框组的几何体、指定部件、指定毛坯、指定检查体在本例中前面已指定或不需要指定，所以不需要操作。

② 点击指定切削区域的“选择或编辑切削区域几何体”功能按钮，弹出切削区域对话框。

设置：

过滤方法：面。将工具栏的面规则设置为：相切面。

选取旋钮上表面的一个面(与其相切的面都会被选取)，在没有被选取的部分，再选取一个面，则旋钮的上表面都会被选取，如图 12.42 所示，按“确定”，退回型腔铣对话框。

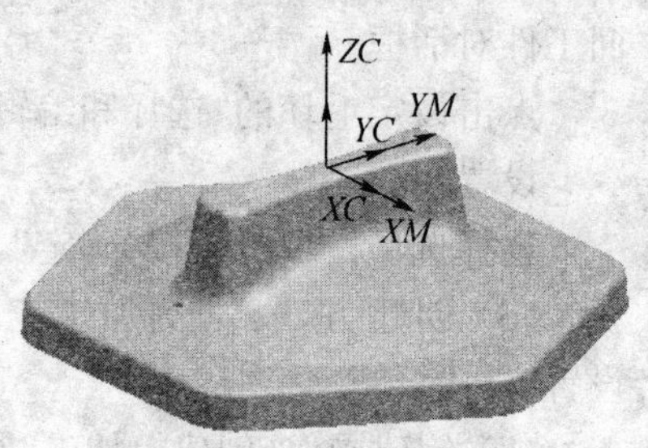

图 12.42　选取切削区域

③ 刀轨设置框组部分设置：

方法：MILL_ROUGH；

切削模式：跟随部件；

步距：刀具直径百分比；

平面直径百分比：50；

每刀公共切深：恒定；距离：3(mm)。

④ 切削层：(设定略，每层为 3)。

⑤ 点击切削参数的“切削参数”功能按钮，弹出切削参数对话框，在余量组框设定：使用“底面和侧面余量一致”；部件侧余量 0.5。其余都按默认值。

⑥ 点击非切削移动的“非切削移动”功能按钮，弹出非切削移动对话框。

设置：

进刀界面的倾斜角度：5，其他参数采用默认值。按“确定”，退回型腔铣对话框。

⑦ 点击进给率和速度的“进给率和速度”功能按钮，弹出进给率和速度对话框。

设置：主轴转速：700 r/min；剪切(进给率)：200 mm/min。

(注：进给率其余详细设置略)

如图 12.43 所示。按“确定”,退回型腔铣对话框。

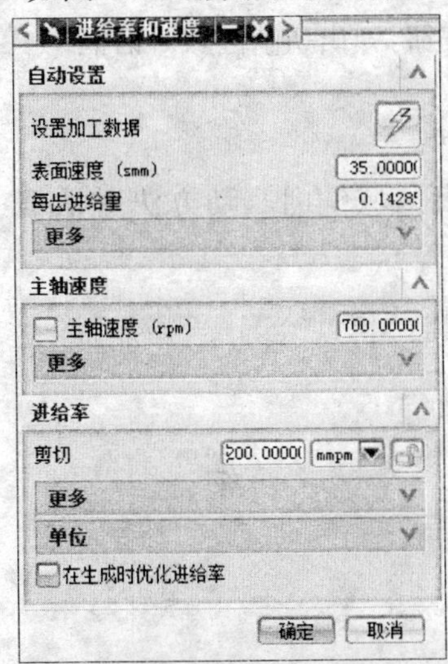

图 12.43 进给率和速度对话框

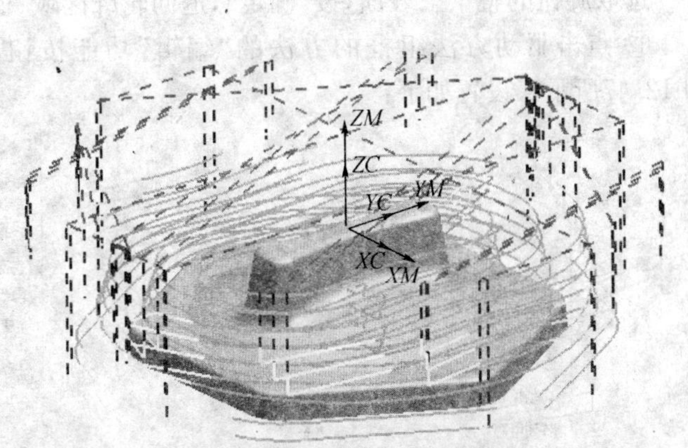

图 12.44 旋钮的粗加工刀具路径

⑧ 点击操作组框的“生成”功能按钮,系统计算生成出旋钮的粗加工刀具路径,如图 14.44 所示。按“确定”退出型腔铣对话框。

⑨ 接下来创建精加工程序

对话框设置如下:

类型:mill_contour; 操作子类型:CONTIUR_AREA;

程序:P20; 刀具:T10;

几何体:WORKPIECE; 方法:MILL_FINISH;

名称:CONTOUR_AREA。

如图 12.45 所示。

⑩ 按“确定”,弹出轮廓区域对话框,如图 12.46 所示。

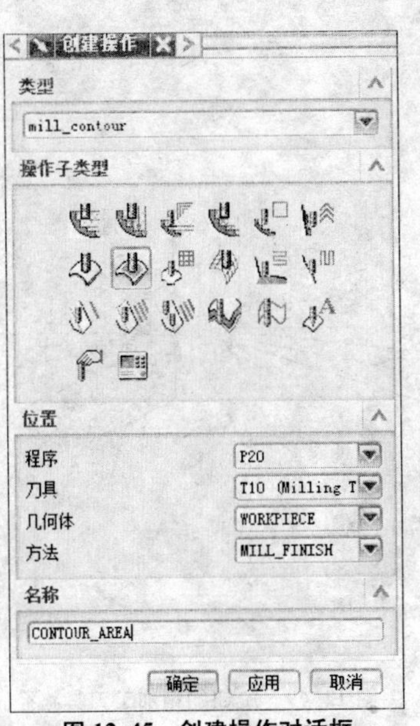

图 12.45 创建操作对话框

轮廓区域
几何体
几何体 WORKPIECE
指定部件
指定检查
指定切削区域
指定修剪边界
驱动方法
方法 区域铣削
刀具
刀轴
刀轨设置
方法 MILL_FINISH
切削参数
非切削移动
进给率和速度
确定 取消

图 12.46 轮廓区域铣对话框

设置如下：(指定切削区域方法与粗加工相同)。

⑪ 点击指定切削区域的“选择或编辑区域几何体”功能按钮，弹出切削区域对话框。

设置过滤方法：面。将工具栏的面规则设置为：相切面。

选取旋钮的整个上表面，按“确定”，退回轮廓区域铣对话框。

⑫ 点击驱动方法组框的方法的“编辑”功能按钮，弹出区域铣削驱动方法对话框，如图 12.47所示。设置如下：

区域铣削驱动方法
陡峭空间范围
方法　无
驱动设置
切削模式　径向单向轮廓
阵列中心　自动
刀路方向　向内
切削方向　顺铣
步距　角度
度　2.00000
更多
预览
确定　取消

图 12.47　区域铣削驱动方法对话框

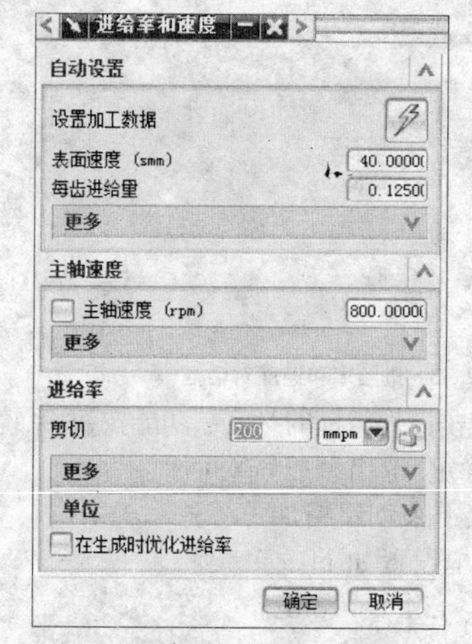

图 12.48　进给率和速度对话框

方法(陡峭空间范围)：无；　　切削模式：径向单向步距；

陈列中心：自动；　　刀路方向：向内；

切削方向：顺铣；　　步距：角度；

角度：2。

按“确定”，退回轮廓区域对话框。

⑬ 刀轨设置组框设置：

方法：MILL_FINISH

⑭ 切削参数：(采用默认值)

⑮ 非切削参数：(采用默认值)

⑯ 点击进给率和速度的“进给率和速度”功能按钮，弹出进给率和速度对话框。

设置：主轴速度：800 r/min；

剪切(进给率)：200 mm/min。

如图 12.48 所示。

按“确定”退回轮廓区域对话框。

⑰ 点击操作组框的“生成”功能按钮，系统计算，生成出旋钮的精加工刀具路径，如图 12.49 所示。

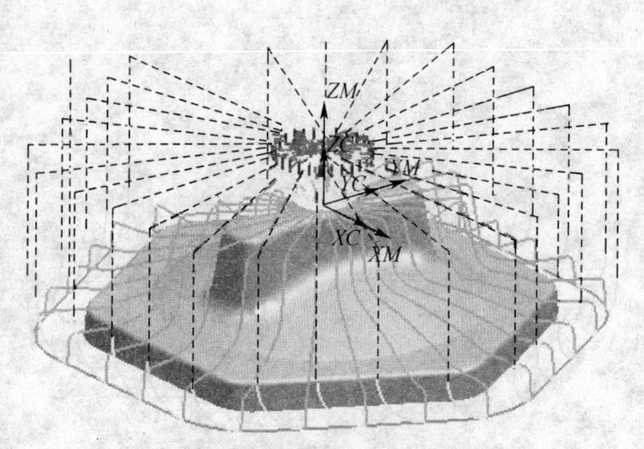

图 12.49　旋钮的精加工刀具路径

按“确定”,保存精加工操作,退出程序创建操作。

⑱ 按住 Ctrl 键,同时选取粗加工(CAVITY_MILL)和精加工(CONTOUR_AREA)两个操作,点击工具栏的操作工具条的“确定刀轨”按钮,弹出刀轨可视化对话框。

点击“2D 动态”按钮,再点击“播放”按钮,确认结果如图 12.50 所示,刀具路径正确。

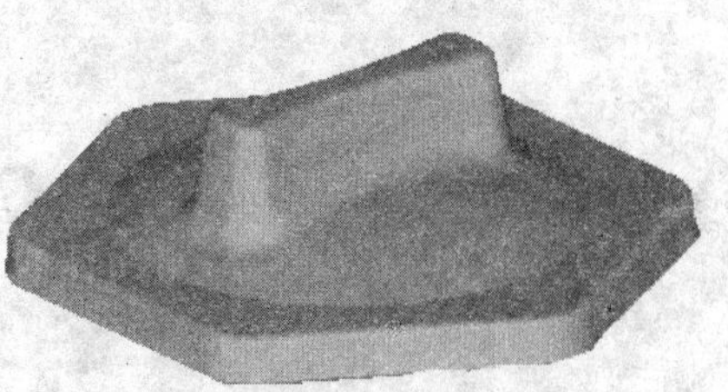

图 12.50　刀路确认结果

12.4　波轮模具的模腔加工举例

12.4.1　模芯的加工

(1) 打开波轮模具的模芯(bolun_core_006.prt)零件,如图 12.51 所示。

加工工艺分析:假设模具材料为 45 钢调质,选用涂层硬质合金刀具加工。波轮工作面最大直径 326.4 之外的平面,选择尺寸 ϕ16 的平头立铣刀,用平面铣,波轮工作面选择尺寸 ϕ12 平头立铣刀粗铣、尺寸 ϕ8 的球头立铣刀精铣,再选用尺寸 ϕ3 的球头平铣刀清根铣。

在 *XOY* 平面中创建 ϕ320 圆作为平面铣的边界,创建毛坯外边界矩形尺寸 375×375,保存图形,如图 12.52 所示。

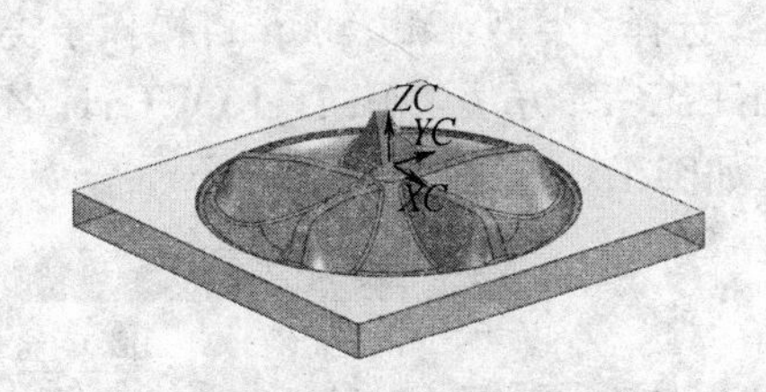

图 12.51　波轮模芯

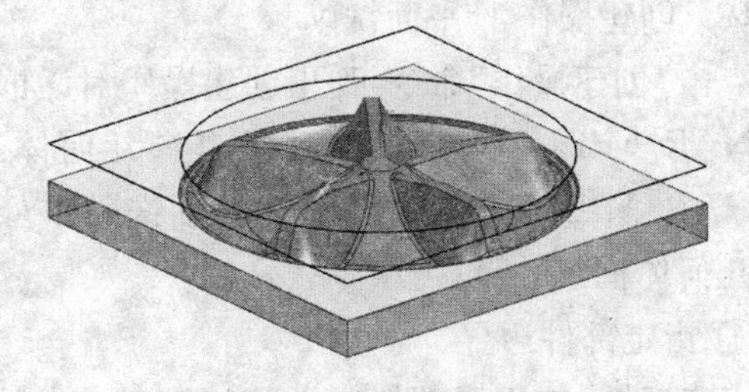

图 12.52　创建的平面铣边界

点击“开始” →“加工”命令,弹出加工环境对话框,选择 mill_contour,点击“确定”。

(2) 创建 O1、O2、O3、O4 四个程序名,O1 程序的类型:mill_planar,位置:PROGRAM 目录下;O2、O3、O4 程序的类型:mill_contour,位置:PROGRAM 目录下。

创建 T1(ϕ16 平刀)、T2(ϕ12 平刀)、T3(ϕ8 球刀)、T4(ϕ3 球刀)四把刀具。

创建几何体:

点击导航器工具条中的“几何视图”按钮,在操作导航器栏,可以修改加工坐标系和编辑指定部件、指定毛坯。

四个操作都采用 MCS_MILL 坐标系,不用操作指定。

编辑指定部件、指定毛坯:右键点击“WORKPIECE”,在下拉列表中再右键点击“编辑”,如图 12.53 所示。

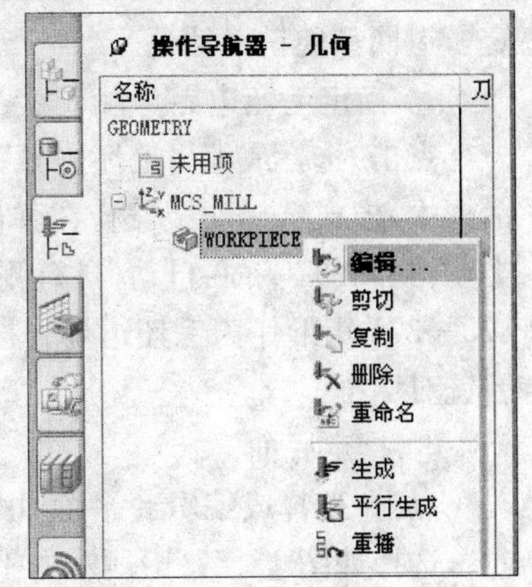

图 12.53　编辑 WORKPIECE

弹出“铣削几何体对话框”,指定几何体和毛坯,如图 12.54(a)所示。指定零件为模芯零件实体,指定毛坯为自动块，如图 12.54(b)所示。

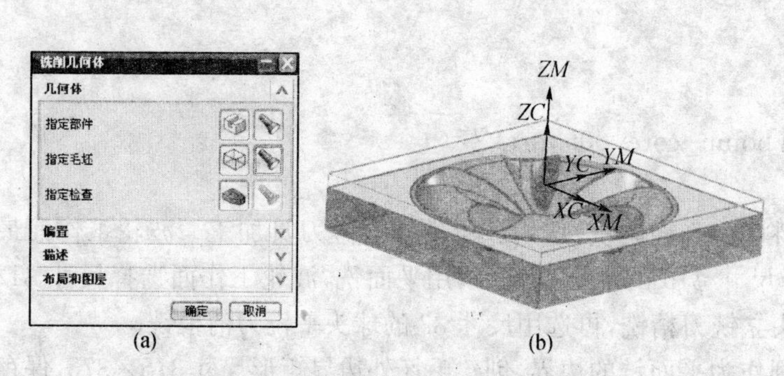

(a)　　(b)

图 12.54　铣削几何体对话框和指定的对象

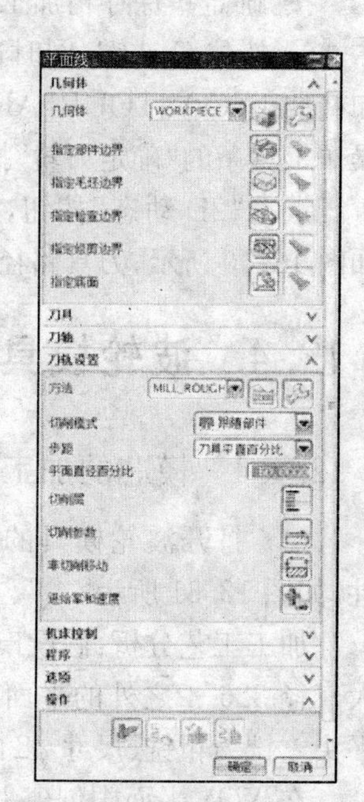

图 12.55　平面铣对话框

(3) 创建操作 1：平面铣削

点击“创建操作”命令，弹出创建操作对话框。设定、选择：类型：mill_planar；操作子类型：PLANAR_MILL；程序：O1；刀具：T1；几何体：WORKPIECE；方法：MILL_ROUGH；名称：PLANAR_MILL，按“应用”，弹出平面铣操作对话框。如图 12.55 所示。

几何体框组的设置：

① 指定部件边界

点击“选择或编辑部件边界”按钮，在弹出的边界几何体对话框中，模式选择曲线/边，如图 12.56所示，按“确定”。在弹出的创建边界对话框中设定类型：封闭的，平面：自动，材料侧：内部，刀具位置：相切，选择直径 320 的圆。按“确定”，再按“确定”，退回型腔铣对话框。

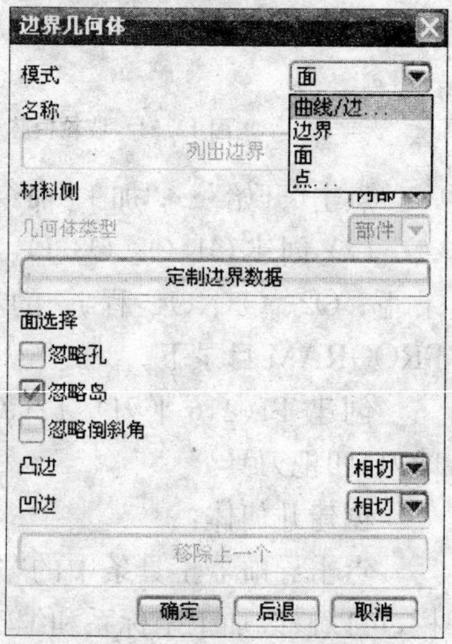

图 12.56　边界几何体对话框

② 指定毛坯边界

点击“选择或编辑毛坯边界”按钮，在弹出的边界几何体对话框中，模式选择曲线/边，在弹出的创建边界对话框中，设定类型：封闭的，平面：自动，材料侧：内部，刀具位置：相切。选择 375＊375 矩形作为毛坯边界。按“确定”，再按“确定”，退回型腔铣对话框。

③ 指定底面

点击“选择或编辑底平面几何体”按钮，在弹出平面指定对话框中，类型选择为“自动判断”，选择如图 12.57(b)所示的平面。按“确定”，退回型腔铣对话框。

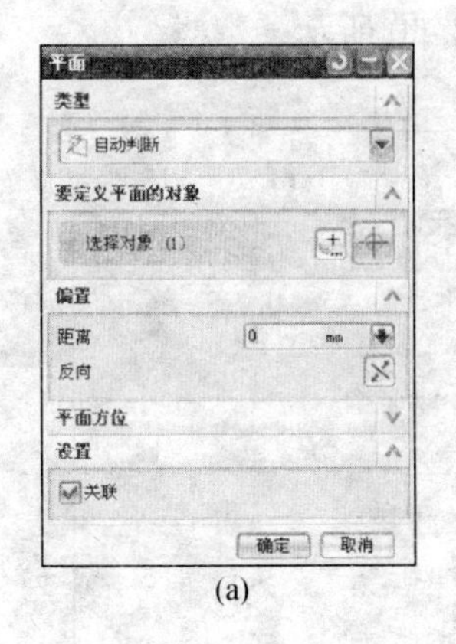

(a)

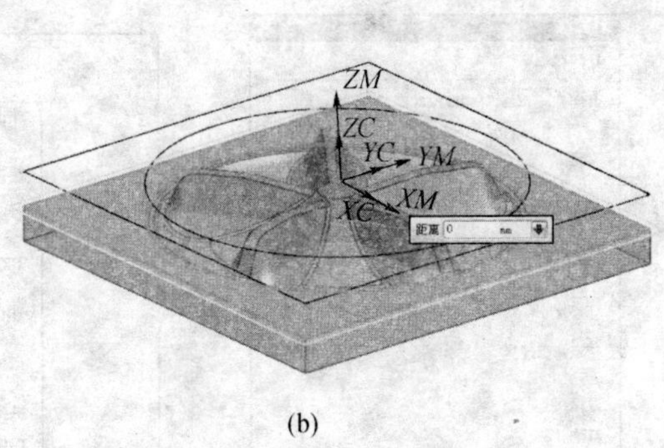

(b)

图 12.57　指定底面

刀轨设置框组的设置

a. 方法:MILL_ROUGH。

b. 切削模式:跟随部件。

c. 步距:刀具直径百分比、平面直径百分比:60。

d. 切削层:点击“切削层”按钮,弹出切削层对话框。设定:类型:恒定;每刀深度:5 mm;临界深度选择:打勾。按“确定”,退回平面铣对话框。

e. 进给率和速度:单击“进给率和速度”按钮,弹出进给率和速度对话框。设定:表面速度:40;每齿进给量:0.2 ,按“确定”。如图 12.58 所示。

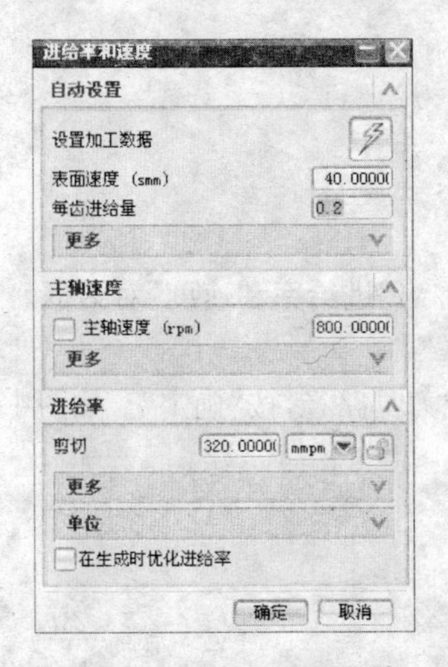

图 12.58　进给率和速度对话框

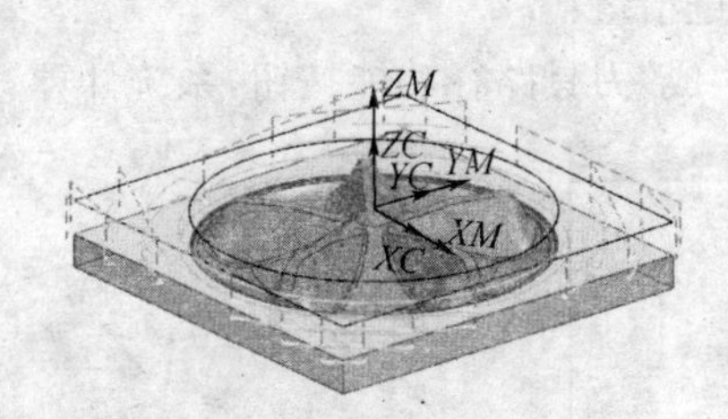

图 12.59　平面铣刀具路径(示意图)

注:其余未设定的按默认值。以后未设定的都按默认值。

点击“生成”刀具路径按钮系统,计算、生成刀具路径,按“确定”。图 12.59 中为了图示清楚,每刀深度和步距设定的大了些。

④ 创建操作 2(波轮工作面粗加工)

点击“创建操作”命令,弹出创建操作对话框。设定选择:类型:mill_contour;操作子类型:CAVITY_MILL;程序名:O2;刀具:T2;几何体:WORKPIECE;方法:MILL_ROUGH,名称:

CAVITY_MILL。按“应用”，弹出型腔铣对话框，如图 12.60 所示。

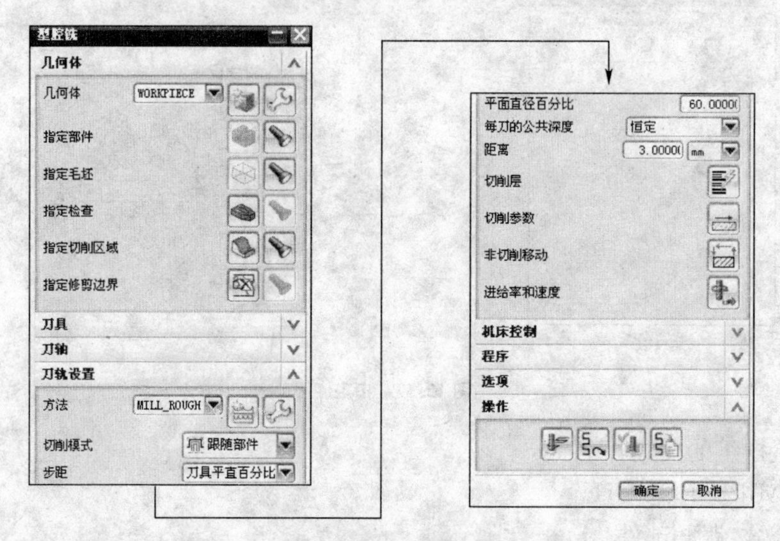

图 12.60　型芯的型腔铣对话框

几何体框组的设置：

指定切削区域：单击“选择或编辑切削区域几何体”按钮，弹出切削区域对话框，如图 12.61(a)所示，指定切削区域(面规则：相切面，选取波轮上表面的某一个面，按“确定”)，如图 12.61(b)所示。

刀轨设置框组的设置：

a. 方法：MILL_ROUGH；

b. 切削模式：跟随部件；

c. 步距：刀具直径百分比，平面直径百分比：60；

d. 每刀的公共深度：恒定，距离：3 mm；

e. 进给率和速度：单击“进给率和速度”按钮，弹出“进给率和速度”对话框。设定：表面速度：40，每齿进给量：0.2 。

点击“生成”刀具路径功能按钮，系统计算、生成刀具路径，按“确定”。如图 12.62 所示。

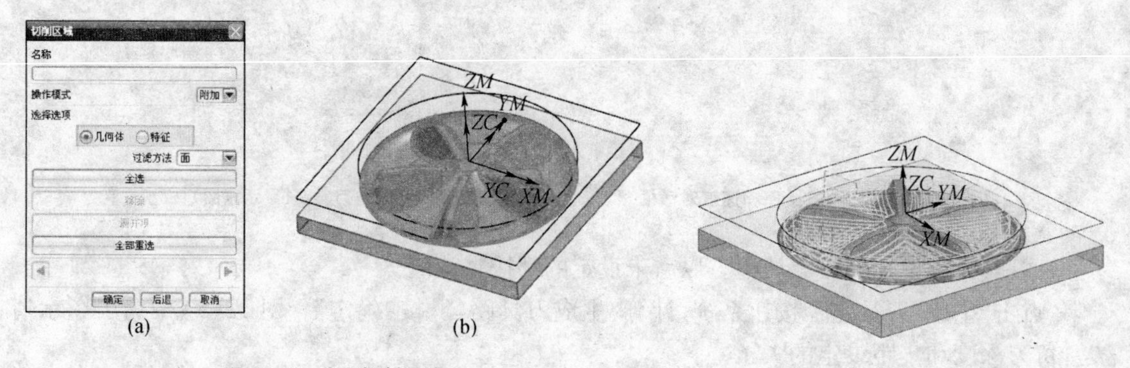

图 12.61　定义切削区域　　图 12.62　粗加工刀具路径

⑤ 创建操作 3(波轮工作面精加工)

点击“创建操作”命令，弹出创建操作对话框。设定选择：类型：mill_contour，操作子类型：

CONTOUR_AREA,程序名:O3,刀具:T3,几何体:WORKPIECE,方法:MILL_FINISH,名称:CONTOUR_AREA。按“应用”,弹出轮廓区域铣对话框,如图 12.63 所示。

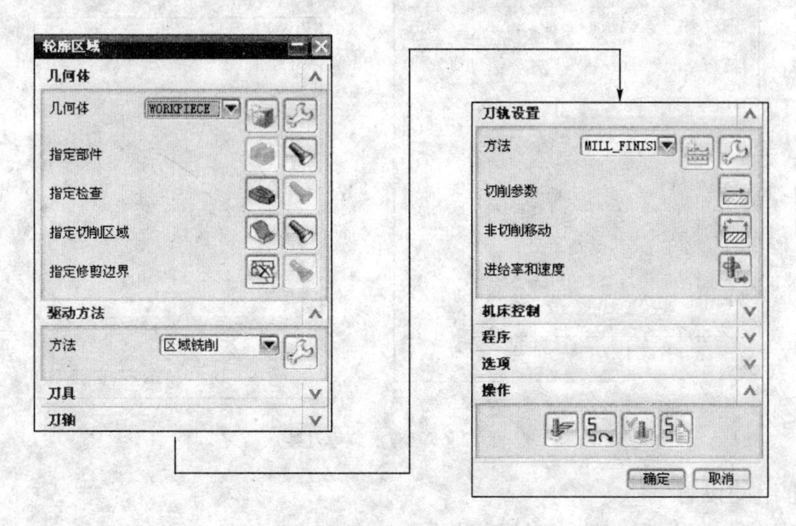

图 12.63　型腔铣对话框

几何体框组的设置

指定切削区域:单击“选择或编辑切削区域几何体”按钮,弹出“切削区域”设定对话框。指定切削区域与粗加工方法一样,如图 12.61 所示。按“确定”,退回轮廓区域铣对话框。

驱动方法的设置

方法:区域铣削,点击“编辑”按钮,弹出区域铣削方法对话框。设置如下:

陡峭空间的方法:无;

驱动设置:

切削模式:跟随周边；　　刀路方向:向内;

切削方向:顺铣;　　步距:恒定(距离:0.8 mm);

步距已应用:在部件上;

按“确定”,退回轮廓区域铣对话框。

切削参数、非切削移动设置略。

刀轨设置框组的设置:

a. 方法:MILL_FINISH;

b. 进给率和速度:操作方法同上,设定:表面速度:40,每齿进给量:0.08。

点击“生成”刀具路径功能按钮,系统计算生成刀具路径,按“确定”,如图 12.64 所示。

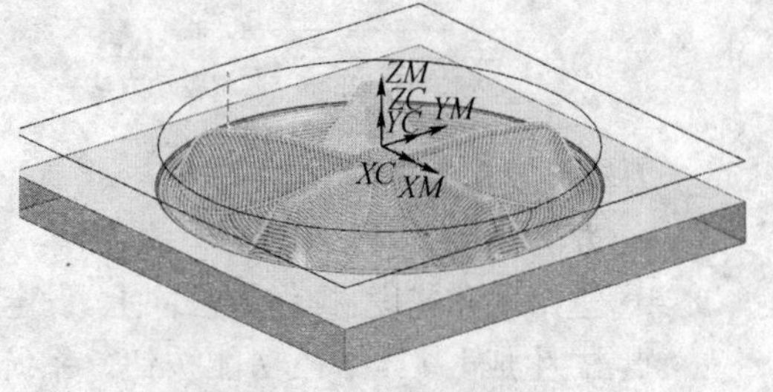

图 12.64　精加工刀具路径

⑥ 创建操作 4(二次精加工,残料清除铣削)

点击“创建操作”命令,弹出创建操作对话框。设定选择:类型:mill_contour,操作子类型:FLOWCUT_REF_TOOL,程序名:O4,刀具:T4,几何体:WORKPIECE,方法:MILL_FINISH,按“确定”,弹出清根参考刀具对话框,如图 12.65 所示。

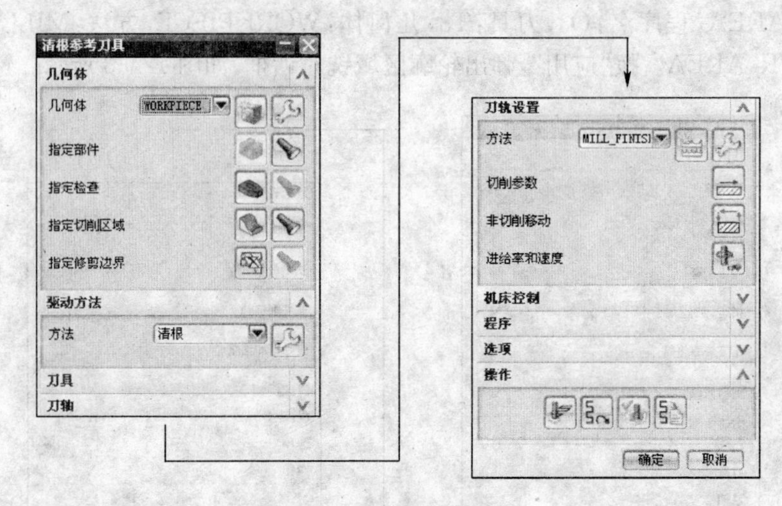

图 12.65　清根参考刀具

几何体框组的设置

指定切削区域:同前面的精加工操作相同。

驱动方法框组的设置

设定与设置如图 12.66 所示。

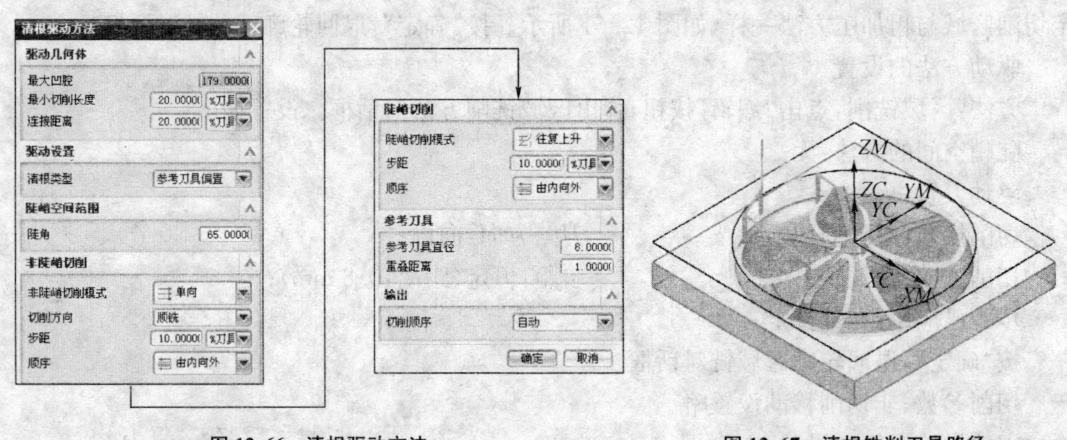

图 12.66　清根驱动方法　　图 12.67　清根铣削刀具路径

刀轨设置框组的设置

a. 方法:MILL_FINISH

b. 进给率和速度:操作方法同上,设定:表面速度:50,每齿进给量:0.08。

点击"生成"刀具路径功能按钮。系统计算、生成刀具路径,如图 12.67 所示。

⑦ 波轮凸模实际切削加工仿真效果如图 12.68 所示。

图 12.68　凸模仿真切削效果图

12.4.2　模腔的加工

① 打开波轮的凹模(bolun_cavity_002)零件,如图 12.69 所示。

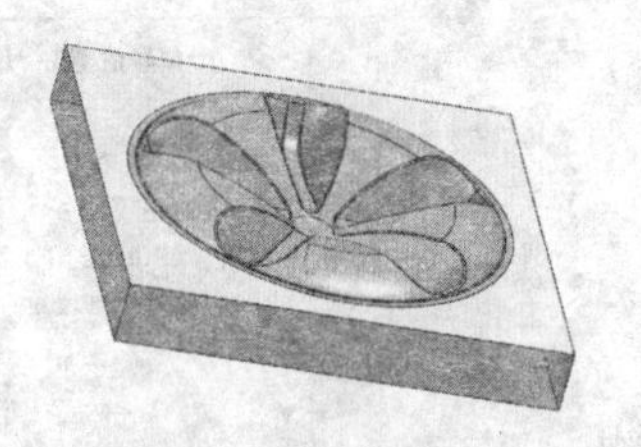

图 12.69　波轮模腔

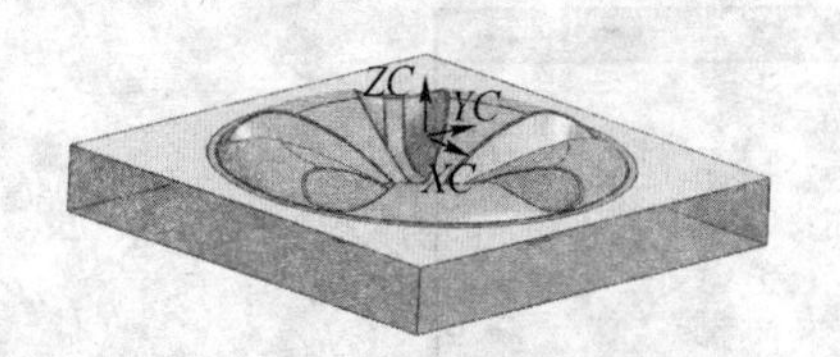

图 12.70　移动坐标系

加工工艺分析:模腔与模芯的模型特征、材料都相同,曲面的最小圆角半径都是 $R2$,所以采用与模芯相同的工艺,即工序相同、各工序所用刀具也一样。

工作坐标系重新设定:先在建模模式下,将 WCS 坐标的 Z 轴向负方向移动 50 mm,将 Z 轴向 Y 轴方向旋转 180°,如图 12.70 所示(即 Z 轴向上,零点在毛坯的上表面)。

用曲线功能在 XOY 平面中创建 ϕ320 圆作为平面铣的内侧边界,创建 375 * 375 矩形作为毛坯的外边界。如图 12.71 所示。

点击"开始" →"加工"命令,弹出加工环境对话框,选择 mill_contour,点击"确定"。

② 创建 O1、O2、O3、O4 四个程序名。O1 程序的类型:mill_planar,位置:PROGRAM 目录下,O2、O3、O4 程序的类型:mill_contour,位置:PROGRAM 目录下。

创建 T1(ϕ16 平刀)、T2(ϕ12 平刀)、T3(ϕ8 球刀)、T4(ϕ3 球刀)四把刀具。

创建几何体:

点击导航器工具条中的"几何视图"按钮,在操作导航器栏修改加工坐标系和编辑指定部件、指定毛坯。

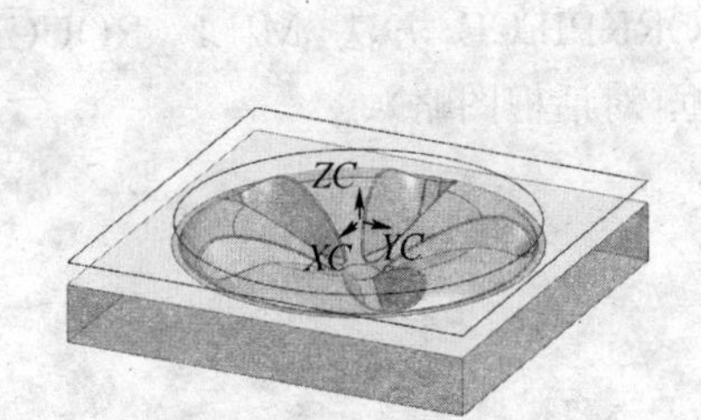

图 12.71　平面铣边界

图 12.72　编辑加工坐标系

修改加工坐标系:右键点击"MCS_MILL",在下拉列表菜单中再右键点击"编辑",如图 12.72 所示。

弹出 MILL Orient 对话框,点击机床坐标系组框的指定 MCS 的"CSYS 对话框"命令,弹出 CSYS 对话框,参考设定为 WCS,如图 12.73 所示。

以下四个操作都采用此坐标系。

编辑指定部件、指定毛坯(与模芯的操作相同)。

右键点击"WORKPIECE",在下拉列表中再右键点击"编辑",如图 12.74 所示。

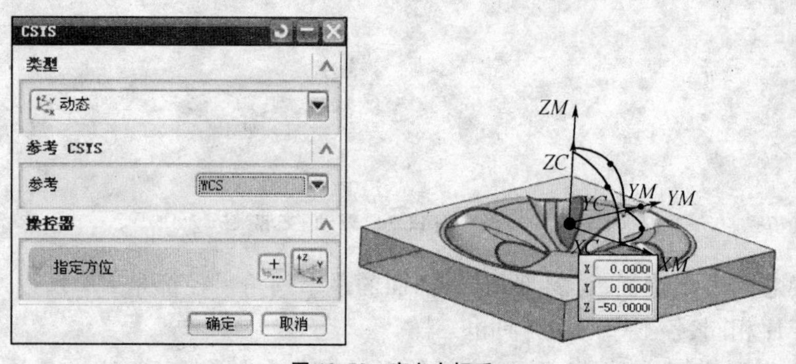

图 12.73　定义坐标系

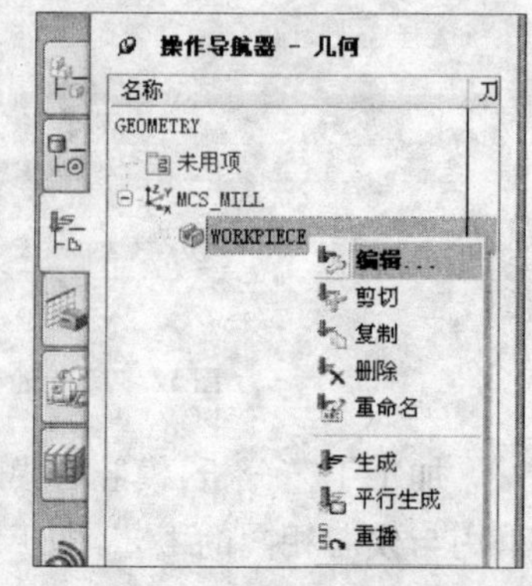

图 12.74　编辑 WORKPIECE

弹出"铣削几何体对话框",如图 12.75 左图所示,指定几何体和毛坯。指定零件为型腔零件实体,指定毛坯为自动块,如图 12.75 右图所示。

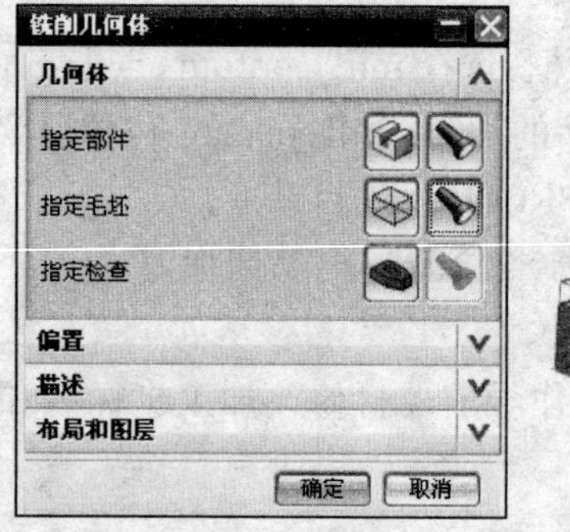

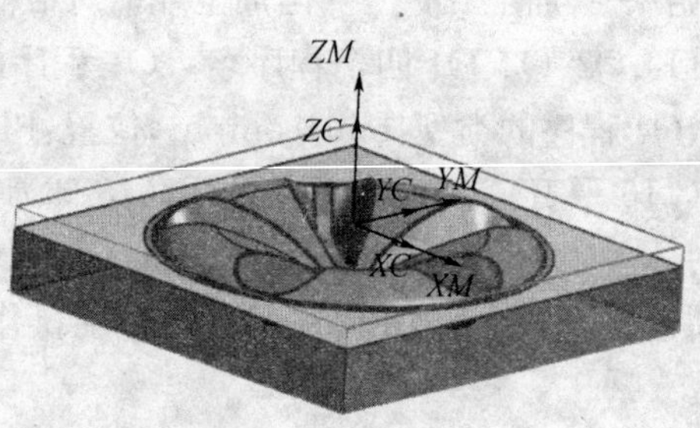

图 12.75　铣削几何体对话框和指定的对象

③ 创建操作 1:平面铣削(操作方法、参数设置都与模芯的相同)

点击"创建操作"命令,弹出创建操作对话框。设定、选择:类型:mill_planar,操作子类型:PLANAR_MILL,程序:O1,刀具:T1,几何体:WORKPIECE,方法:MILL_ROUGH,名称:PLANAR_MILL,按"应用",弹出平面铣操作对话框(对话框图略)。

几何体框组的设置:

a. 指定部件边界;

b. 指定毛坯边界;

c. 指定底面。

刀轨设置框组的设置:设置都与模芯的相同。

注:其余未设定的按默认值。以后未设定的都按默认值。

点击"生成"刀具路径按钮,计算生成刀具路径,按"确定"。如图 12.76 所示。

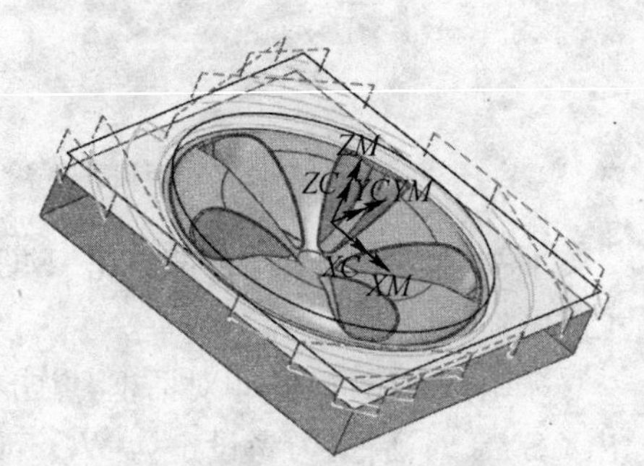

图 12.76　平面铣刀具路径(示意图)

④ 创建操作 2(波轮工作面粗加工)

点击"创建操作"命令,弹出创建操作对话框。设定选择:类型:mill_contour,操作子类型:CAVITY_MILL,程序名:O2,刀具:T2,几何体:WORKPIECE,方法:MILL_ROUGH,名称:CAVITY_MILL。按"应用",弹出型腔铣对话框(对话框图略)。

几何体框组的设置:

指定切削区域：单击"选择或编辑切削区域几何体"按钮，指定切削区域（面规则：相切面，选取波轮上表面的某一个面，按"确定"），如图 12.77 所示。

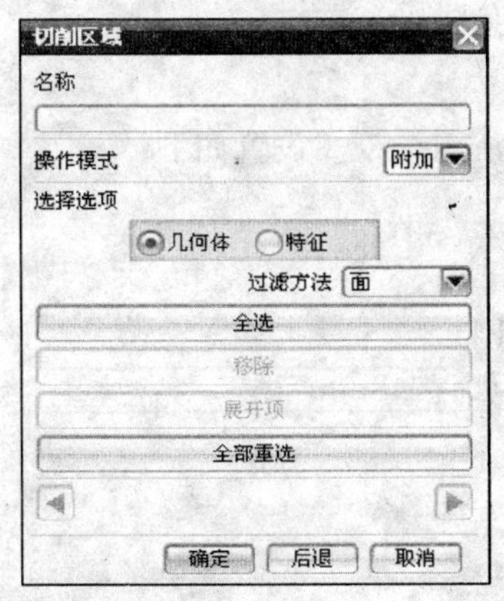

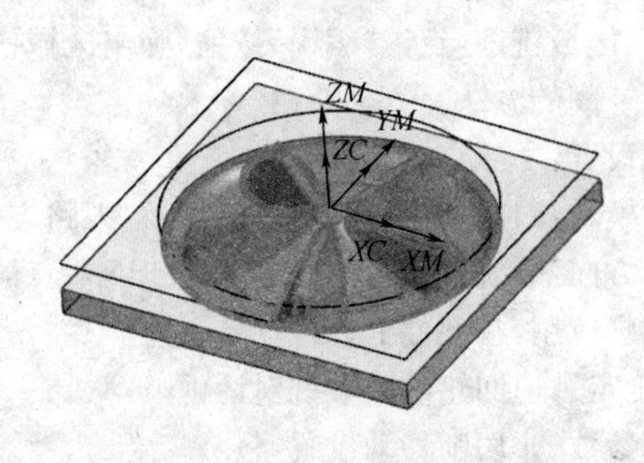

图 12.77 定义切削区域

刀轨设置框组的设置：设置都与模芯的相同。

点击"生成"刀具路径功能按钮，系统计算、生成刀具路径，按"确定"，如图 12.78 所示。

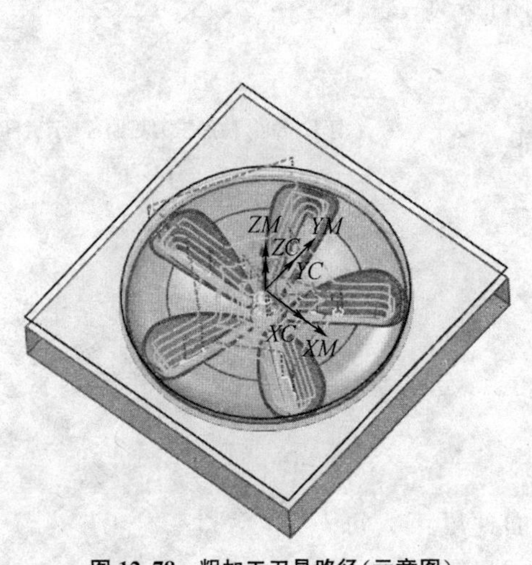

图 12.78 粗加工刀具路径(示意图)

图 12.79 型腔铣对话框

⑤ 创建操作 3(波轮工作面精加工)

点击"创建操作"命令，弹出创建操作对话框。设定选择：类型：mill_contour，操作子类型：CONTOUR_AREA，程序名：O3，刀具：T3，几何体：WORKPIECE，方法：MILL_FINISH，名称：CONTOUR_AREA。按"应用"，弹出轮廓区域铣对话框，如图 12.79 所示。

几何体框组的设置：

指定切削区域：单击“选择或编辑切削区域几何体”按钮，弹出“切削区域”设定对话框。指定切削区域与粗加工方法一样。按“确定”，退回轮廓区域铣对话框。

驱动方法的设置：

方法：区域铣削，点击“编辑”按钮，弹出区域铣削方法对话框。设置如下：

陡峭空间的方法：无；

驱动设置：

切削模式：跟随周边； 刀路方向：向内；

切削方向：顺铣； 步距：恒定(距离：0.8mm)；

步距已应用：在部件上；

按“确定”，退回轮廓区域铣对话框。

切削参数、非切削移动设置略。

刀轨设置框组的设置：

a. 方法：MILL_FINISH；

b. 进给率和速度：操作方法同上，设定：表面速度：40；每齿进给量：0.08。

点击“生成”刀具路径功能按钮，系统计算、生成刀具路径，按“确定”，如图12.80所示。

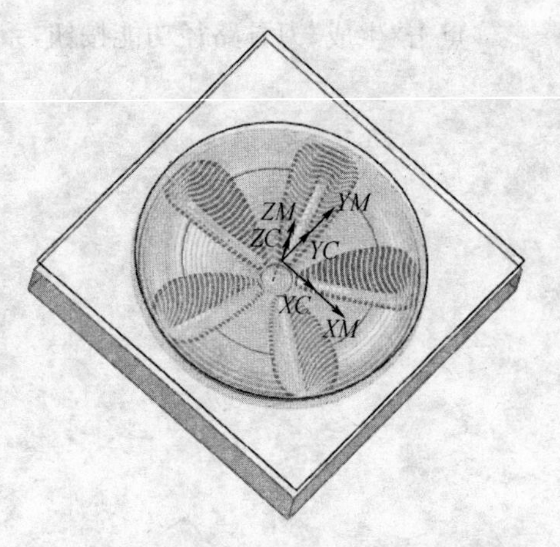

图12.80 精加工刀具路径(示意图)

⑥ 创建操作4(二次精加工 残料清除铣削)

点击“创建操作”命令，弹出创建操作对话框。设定选择：类型：mill_contour，操作子类型：fixed_contour，程序名：O4，刀具：T4，几何体：WORKPIECE，方法：MILL_FINISH，按“应用”，弹出“清根驱动方式”对话框，如图12.65所示。

几何体框组的设置：

a. 指定切削区域：同前面的精加工操作相同。

驱动方法框组的设置：

a. 非陡峭切削模式：往复；

b. 步距：0.3 mm；

c. 每侧步距：2；

d. 顺序：由外向内。

刀轨设置框组的设置：

a. 方法：MILL_FINISH；

b. 进给率和速度：操作方法同上，设定：表面速度：50，每齿进给量：0.08。

点击“生成”刀具路径功能按钮。计算生成刀具路径。如图12.81所示。

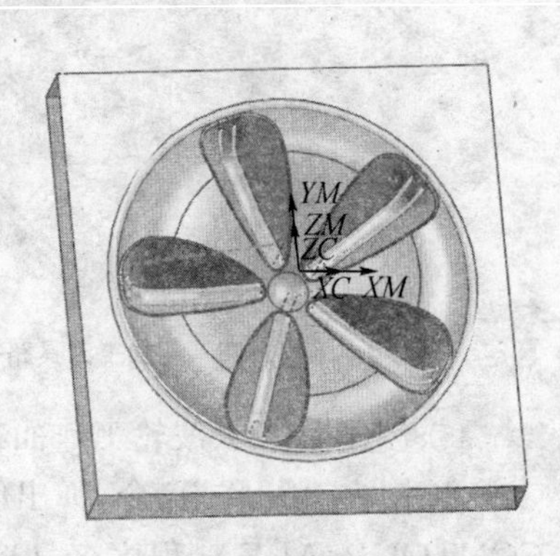

图12.81 刀路清根加工刀具路径(示意图)

⑦ 波轮模腔实际切削加工仿真效果如图 12.82 所示。

图 12.82　模腔仿真切削效果图

13 CAD/CAM在模具制造中的应用

13.1 模具制造概述

(1) 模具的概念:在工业生产过程中,为了提高生产效率、减轻劳动强度、保证产品质量而将冲压机、注塑机、压铸机装上各种专用工具,从而使金属或非金属在各种专用工具中变形或浇铸,得到产品的形状和尺寸,这种专用工具就叫模具。

在现代工业生产中,60%～90%的工业产品需要使用模具,模具工业已经成为工业发展的基础。根据国际生产技术协会的预测,21世纪机械制造工业零件粗加工的75%,精加工的50%都需要通过模具来完成,其中在汽车、电器、通信、石化和建筑等行业表现得最为突出。

(2) 国内外模具制造业的现状和趋势:在国外工业发达国家,模具制造业已成为一个专门的行业,其标准化、专业化、商品化程度高。模具作为一种高附加值的技术密集产品,它的技术水平已经成为衡量一个国家制造业水平的重要评价指标。早在CAD/CAM技术还处于发展的初期,CAD/CAM就被模具制造业竞相吸收应用。

目前国内的模具制造企业约20 000家,并且以每年10%～15%的速度高速增长。在约400亿元的模具工业产值中,自产自用模具的企业约占2/3,50%～60%的企业较好地应用CAD/CAE/CAM/PDM技术。模具相关的CAD/CAE/CAM技术一直是研究开发、教育培训和推广应用的热点。

但目前,我国在采用CAD/CAM/CAE/CAPP等技术设计与制造模具方面,无论是应用的广泛性,还是技术水平上与发达国家相比都存在很大的差距。在应用CAD技术设计模具方面,约有50%的模具在设计中采用了CAD,在应用CAE进行模具方案设计和分析计算方面,才刚起步,在应用CAPP技术进行工艺规划方面,基本上处于空白状态,需要进行大量的标准化基础工作;在模具共性工艺技术,如模具快速成型技术、抛光技术、电铸成型技术、表面处理技术等方面的CAD/CAM技术应用在我国才刚刚起步。

中国已成为世界最大的制造中心之一,我国的模具行业已有了很大的发展,制造业和模具行业大而不强。加快高技术设备如数控加工、快速制模、特种加工在模具行业中的应用,加大新兴CAD/CAM技术在模具设计与制造中的应用比例,加速模具新结构、新工艺、新材料的研究和强化模具高技术人员的培养,已成为我国模具行业再上一个新台阶的关键。

(3) 模具在工业生产中的作用:模具在工业生产中是一种非常重要的工艺装备,使用模具生产具备下列优点:

① 可实现产品与零件高速度大批量生产,提高生产效率,大大降低成本,提高制品和零件在市场的竞争力。可以实现生产自动化和半自动化。

② 可保证制品和零件的质量,能使尺寸统一,具有较好的互换性,使产品质量稳定,并可以制造较复杂的零件。

③ 能大量节约原材料，可实现少切削和无切削，如冲压件、精密压铸等可以一次成形不需要再加工。

④ 使用模具生产操作工艺简单，不需要有较高操作工艺水平。

模具生产必须是定型产品才能制作模具，新产品或试制产品不能使用模具。因此在现代工业生产中模具的使用非常广泛，它是当代工业生产的重要手段和发展方向。工厂必须要具备高级设计人才和一定的机床设备与各种数控机床，并带有 UG、Pro/E、Mastercam 等 CAD/CAM 软件，才能制造高级与复杂的模具。

13.2　模具制造分析

13.2.1　模具设计制造的特点

模具制造属于机械制造业，从设计、加工（包括热处理）到装配类似一般的机械加工业，但又具有自身的特点：

(1) 对于模具开发者来说，每开发一副模具的过程都是一次新的探索。模具既是一个最终产品又是一个加工工艺装置，类似于一般的机械加工中的夹具，每一副模具由于需成形零件的形状及技术要求的不同，则成形工艺存在区别，反映到模具上，其结构设计与制造工艺不同，因此，模具行业是一个典型的开发型行业，其典型特点是批量小，一般都是单件生产。

(2) 模具的设计水平与设计能力的形成不仅仅是一个理论学习的过程，更重要的是一个经验积累的过程。模具是一种机械产品，其设计与制造的共性基础虽没有超越机械设计与制造的范围，但是难以用一般的机械设计和模具设计书本知识来准确、快速地完成其设计过程。

(3) 由于模具大多数零件加工精度和技术要求较高，模具制造条件的建立，需要较多的集中资金投入，配备具有高精度的数控加工设备。

(4) 在模具设计与制造过程中，对开发者自身素质的依赖占有相当大的比重，而人的技术和知识的不全面常常导致模具和产品的返工和报废，造成不必要的损失、浪费及工期的延误，因此，有必要寻求计算机辅助的方法来减少模具开发对人的过度依赖。

(5) 在模具设计过程中，从制件设计、成形工艺设计、模具结构设计、模具制造规划到模具装配等，设计环节较多，且各环节相互制约和影响。所以，模具的设计和制造是一个多环节、多反复的复杂过程。

(6) 在模具开发的实际过程中，多采用主任设计师制，即一人负责全面设计，其余开发人员进行各个方面的详细设计，由主任设计师控制开发过程，进行协调管理工作，但由于设计手段的落后（不是单一数据库的 CAD，无统一产品信息模型），协调、修改、验证的工作难度都很大，严重制约了开发过程的进展。如能以先进的开发手段，例如以单一数据库的网络型工作站等为基础，用先进的制造理论（并行工程、虚拟制造、CIM）作指导，则在模具开发质量、成本、周期等方面都有可能取得很好的效果。

13.2.2　传统模具生命周期的分析

产品生命周期是一个重要概念，它强调产品设计阶段就考虑产品整个生命周期内的价值，这些价值不仅包括产品所需要的功能，还包括可制造性，可测试性，可循环利用性，环境友好性等。

产品的生命周期具体包含了三个过程：根据市场的需求形成新概念及其在逻辑世界中描述实现的过程；产品开发与生产过程；产品服务与维护过程。对于传统的模具设计、制造，从市场或用户需求开始，到最终丧失使用价值的生命周期过程可划分为四个阶段，如图 13.1 所示。

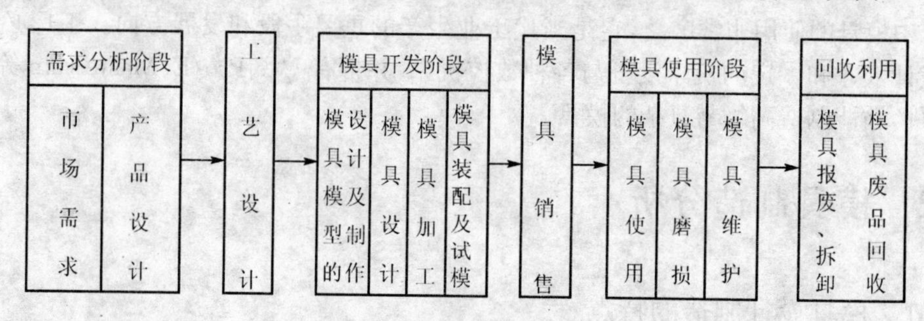

图 13.1　传统的模具生命周期

对模具生命周期各阶段分析如下：

(1) 需求分析阶段：根据市场的需求及发展趋势的分析，开发设计产品。而模具制品通常不是直接作为一个产品，而是产品中的几个零部件，有新的产品就需求新的模具。

(2) 模具开发阶段：

工艺设计：根据顾客产品的要求，对其特点进行分析，拟定冲压（注塑）加工方法和冲压（注塑）工艺方案，确定模具类型、基本工艺参数，并从实际制造环境及经济角度出发，优化工艺方案，选出最佳加工方案。

模型设计及制作：对于大型的复杂的模具，通常根据产品零件，首先制作一个模具模型，检测、确认后达到要求才进行模具设计。

模具设计：根据模型数据，设计模型工作面、模具的模架结构。其中包括模具受力，发热，注塑模的流动，冲压模材料与模具工作面的摩擦等的分析。

模具加工：用 CAM 软件生成出加工程序，在数控机床上进行加工。

装配及试模：把加工好的模具零件（或购买来的标准通用的模架结构件）进行组装，装配好后再把样品进行试模。

(3) 模具使用阶段：

模具销售：按合同要求通过销售部门移交用户。

模具使用：进行冲压、注塑等生产活动。

模具磨损：在模具使用过程中，由于制件与模具之间的相对运动，受到摩擦、震动或疲劳龟裂导致磨损，特别是局部相对运动较大，发热量大，磨损严重，所以从模具使用角度来考虑，要求工作部件具有较高的耐磨性，且磨损一致性好。

模具维护：针对模具在使用不同时期的问题，可采取相应措施加以解决，以避免模具过早失效；同时在模具设计阶段，应考虑模具的维护问题。

(4) 回收利用阶段：

模具报废：由于模具工作面和其他运动部件磨损，使冲出或注塑出的零件形状或尺寸不能满足图纸的要求等失去原设计的效能。

回收利用：根据可持续发展的理论，要求不破坏环境，降低资源消耗，废模具应可拆卸作为废料再回收利用。

从以上分析可知:模具的开发过程是典型的单件生产方式,开发过程覆盖了制品(产品)设计与分析、成形工艺设计、模具结构设计、模具加工、装配、试模等一系列环节,各环节之间互有联系,要确保模具质量则迫切需要现代制造理念,利用 CAD/CAM 手段,虚拟制造、并行工程等技术。

传统模具的制作过程用框图的形式表达如图 13.2 所示。

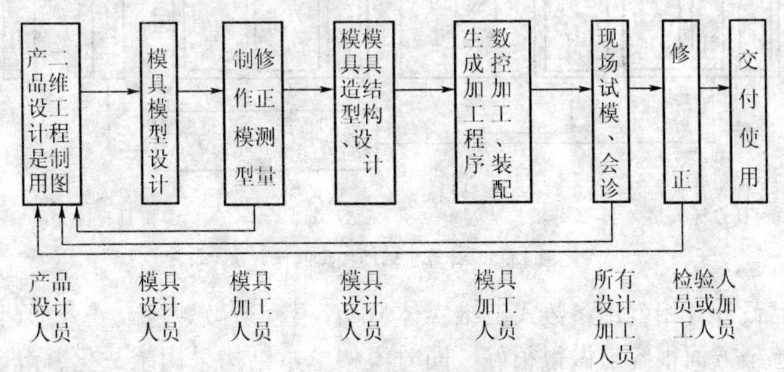

图 13.2　传统模具的制作过程

传动模具制作过程的分析:

产品设计部门的产品(零件)设计数据,不能直接被模具制造部门使用,还需要用 CAD/CAM 重新造型,这个重新造型过程浪费人力、物力,延长制作周期,重新造型一次,对于复杂曲面模具,设计人员难以 100%表达出产品设计人员的意图。特别是在现场会诊、修正的阶段模具仍不能正常使用或冲出的(或注塑出的)零件不合格,就有返工重做的可能性,这将严重影响产品的配套、产品的整个生产周期。在现代先进工业国家汽车、摩托车行业,车型 2 年左右(国内通常 4～5 年)更新一次,这就跟不上发展的要求,就有遭受淘汰的危险。而且模具质量和寿命很大程度上要依靠模具制造人员的工作经验。

虽然也有很多大、中型企业使用 FEM(有限元分析法)法分析冲压模具材料的成型、模具曲面成型的易难性,根据零件材料成型时材料弹塑性变形、模具的发热情况,解决冲压成型后的回弹翘曲、起皱、开裂、个别地方的不正常磨损等,注塑模用网格图分析注塑材料的流动过程、填充的均匀情况等,但是软件不是用的同一数据库,存在数据重复制作的重复劳动。

13.2.3　CAD/CAM 在模具制造中的应用

通过以上分析对于传统的模具设计和制造方法主要有以下几个方面的不足:①一次性设计合理性差;②设计、制造的串行工作模式周期长、效率低,不适应现代制造业发展的形势;③过度依赖设计、制造人员的经验积累。为了弥补传统方法的不足之处,制造汽车、摩托车等的大型模具,使用单一数据库 CAD/CAM 系统(细分可称为 CAD/CAE/CAM/CAT 系统)。单一数据库系统的网络型工作站(参见第一章)能充分发挥网络功能,分散作业,同一时刻做多个工作。常用的网络型工作站通常一台服务器,一台主机,带有多个子机,把直列作业状态转变为并列作业状态。其工艺过程通常如图 13.3 所示。

使用单一数据库有如下优点:

(1) 使各工序的信息、数据基准统一,整个过程的标准化,数据共享。

(2) 过去靠个人经验、诀窍等模拟量信息,现在数字化,社会共有。

(3) 由于单一数据库可以共享,省掉各工序之间的重复 CAD 操作。

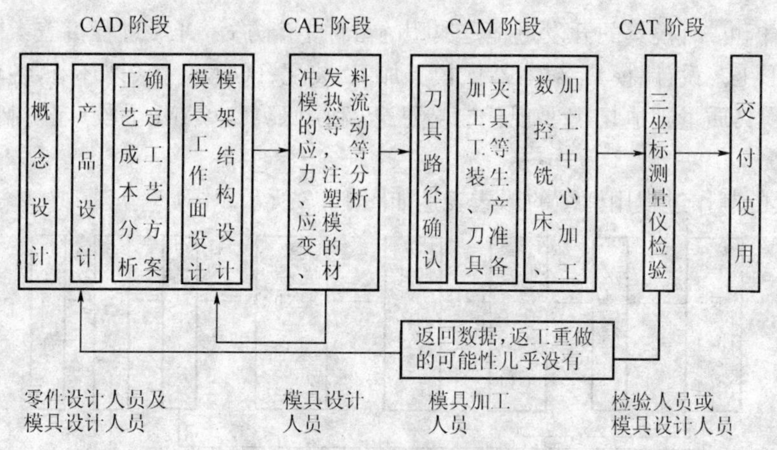

图 13.3 计算机辅助模具制作方法

而且从产品设计开始就用参数式三维实体造型，很容易微妙地改变外形，且能着色外形，从外形的美学感染方面很容易做得很好。同时模架基本结构采用统一化、标准化节省模架的设计时间。

CAD/CAM 在模具制造中的并行性，表现在以下两个方面：

(1) CAD 阶段的并行性：由于产品零件多为最终产品的生产厂家设计，但较多考虑的是产品零件的使用要求，对成形工艺性，模具设计与制造的方面很少顾及。但是，产品零件设计与冲压工艺设计，模具设计之间是紧密联系相互依赖的。有的问题，单从模具方面很难解决，且并不是影响产品的使用性能。因此从这一点来讲，制件的设计阶段应充分考虑工艺与模具的相关因素。

产品零件与模具的并行设计主要表现在：在产品零件设计的同时，应尽早地从设计、工艺、时间、成本等角度考虑与产品零件有关的冲压工艺、冲压模具等因素，以避免等到产品零件与模具设计完以后才发现问题。

(2) 产品零件与模具设计的并行性：模具设计人员参与产品零件的设计，应综合考虑以下四个方面：①产品零件本身的设计与评价，包括使用性能，外观，可靠耐用度等；②工艺评价，包括可冲压性，模具结构，冲压设备及能力等；③时间评价，包括项目开发周期，模具设计时间，模具制造时间，制件生产准备时间等；④成本评价，包括材料费用，模具设计费用，模具制造费用，冲压生产费用等。

其优点在于：由于产品零件设计与模具设计师之间的相互沟通，使得所设计的产品零件能不断地接受模具设计师的评价，审查。产品零件的设计从一开始就充分重视了工艺性，从而使成型工艺和模具的实现变得更为易行。

模具设计能直接利用零件设计的三维实体图形数据，对冲模、注塑模的最终成型模利用分模功能，从三维实体零件图形直接取得凹凸模的型腔工作面。分析模具工作面周围的结构，减轻模具结构的总重量，增加刚性；分析冲压过程中模具各部的发热情况以便于模架结构设计时合理分布冷却水管，延长模具耐用度。分析注塑模的注塑过程的材料流动情况，使材料流动更合理，更好地解决材料收缩问题。分析三维数据是否正确，核对图形，分析曲面形状的曲率变化情况，把分析的结果反馈给 CAD，使之外观更好看，工件更容易成形。

对关键工序的模具工作面从粗加工到精加工，电极从设计到质检，都可以在计算机中预先虚拟进行。

如何在保证模具质量的前提下，以最短的周期将模具提交给用户，是当前模具业追求的主要目标。

根据模具设计图针对不同的部位生成各个粗、精加工程序，对假设的毛坯进行数控加工，观察加工过程和加工出的结果。在生成程序的过程中，根据图纸的不同要求，零件材料，刀具材料，选用不同的加工方法，走刀路径。制定出一个合理的工艺过程。即先在计算机中进行虚拟制造，优化加工过程，订出合理工艺，找出最佳参数。在工艺上缩短加工时间，目前较为流行的方法有：在高速铣床上(主轴转速 1×10^4 r/min以上最高可达 10×10^4 r/min)，用硬质合金基体涂层刀具，例如：切削量0.05 mm/r，转速 2×10^4 r/min，理论上进给量可达1 200 mm/min。同时CAM中刀具路径的实体切削仿真功能，与实际切削情况一样，只要实体切削仿真没有问题，实际切削就不会有问题。就冲模而言，通过CAE过程，实体仿真可以减少试模中试打的次数，试模一次成功。

13.3　工业生产中模具的分类

在工业生产中，根据成形的金属和非金属材料、使用成形工艺与成形设备，将模具主要分为冷冲模、轻工模具、锻模和粉末冶金模、铸造和压铸模四大类，如图13.4所示。

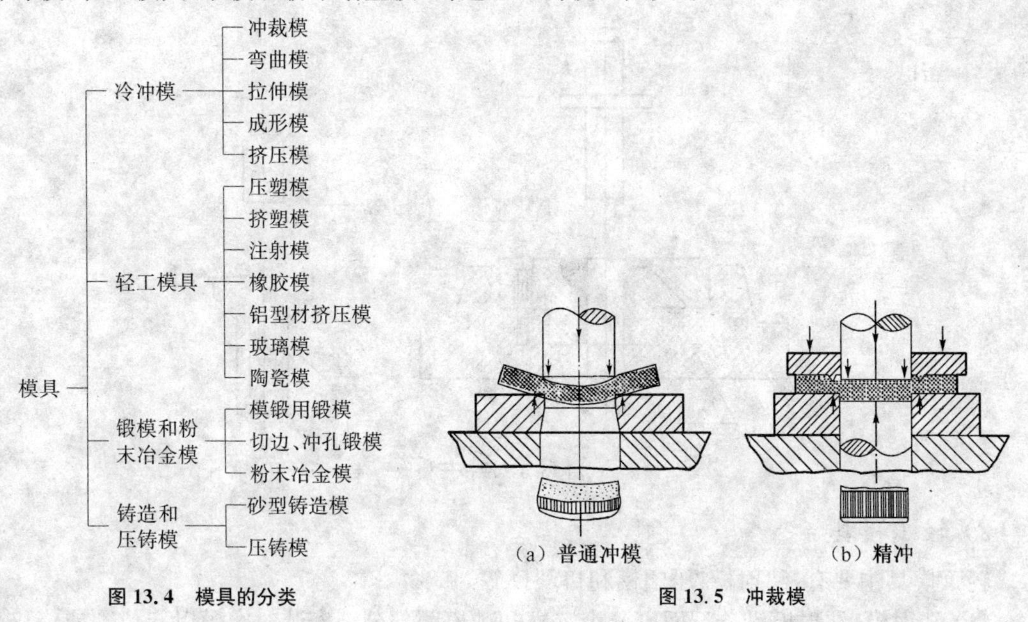

图13.4　模具的分类

图13.5　冲裁模

1) 冷冲模

冲压属于板材加工，是在冲床的压力作用下使金属板材产生分离或变形，以获得一定形状和尺寸的零件的加工方法。由于板材在常温下进行加工，所以称之为冷冲模。

冷冲模有五类：冲裁模、弯曲模、拉伸模、成形模和冷挤压模。

(1) 冲裁模：冲床的压力传递给模具的凸模，从整体板料中分离出所需要的零件，如图13.5所示。

(2) 弯曲模：弯曲模是将板料或冲裁后的坯料通过压力机在模具内弯曲成一定角度和形状的零件，如图13.6所示。

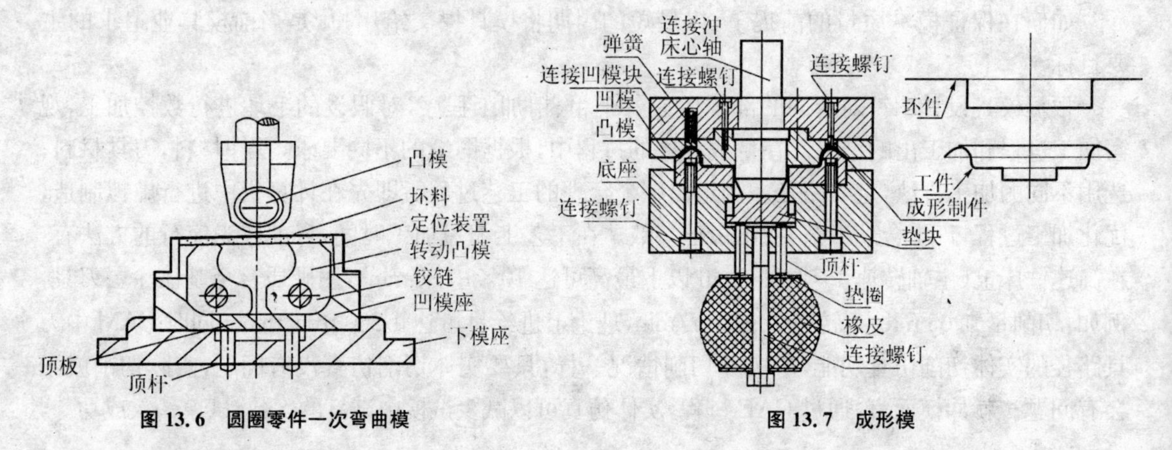

图 13.6 圆圈零件一次弯曲模

图 13.7 成形模

(3) 拉伸模:将已冲裁下来的平整坯料通过压力机压制成开口的空心零件。

(4) 成形模:用各种局部变形的方法来形成坯件的形状,如图 13.7 所示。

(5) 冷挤压模:在常温下,通过压力机的压力作用于模具内,使金属坯件产生塑性变形,挤压而形成所需尺寸和形状的零件,如图 13.8 所示。

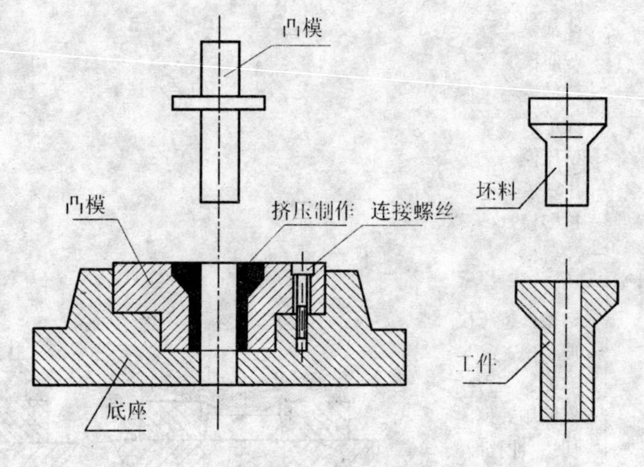

图 13.8 冷挤压模

2) 轻工模具

轻工模具主要有:注射模、压塑模和挤塑模等。

(1) 注射模:注射模沿分型面可分为定模和动模两部分。安装时定模以定位圈或浇口套与注射机定模板上的定位孔配合,并将定模部分紧固在定模板上,动模紧固在注射机的动模板上。工作时注射机模板的锁模机构推动其动模板,使动模与定模压紧,然后注射机的注射机构以 400~1 200 kg/cm^2 的注射压力将注射机料筒内已加热均匀塑化的塑料,通过料筒喷嘴和定模部分的浇口套及浇道系统注入模腔,在模腔内冷却硬化到一定强度后,锁模机构松压,并带动其动模板使动模与定模沿分型面分开,并由注射机向上顶出机构,推动动模部分的顶出系统,将塑料件从模具内顶出,取出制件。注射模如图 13.9 所示。

(2) 压塑模:压塑模是将塑料放在模具内在压力机上加热后,使塑料软化,然后加压使塑料填充型腔保持一定的温度和时间,使塑料固化形成所需尺寸和形状,如图 13.10 所示。

(3) 挤塑模:挤塑模是将塑料放在专用加热室内,通过压力机加热、加压,使塑料软化,其熔

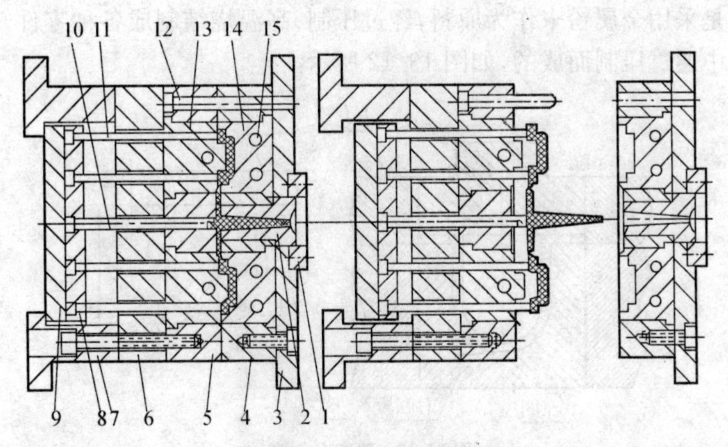

图 13.9　单分型面注射模具

1—定位环　2—主流道衬套　3—定模底板　4—定模板　5—动模板
6—动模垫板　7—模脚　8—顶出板　9—顶出底板　10—拉料杆
11—顶杆　12—导柱　13—凸模　14—凹模　15—冷却水通道

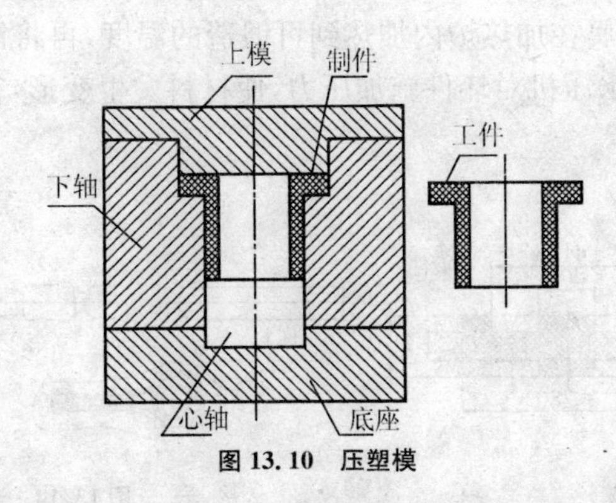

图 13.10　压塑模

液经过浇注系统压入模具的型腔内，待固化后形成所需的形状，如图 13.11 所示。

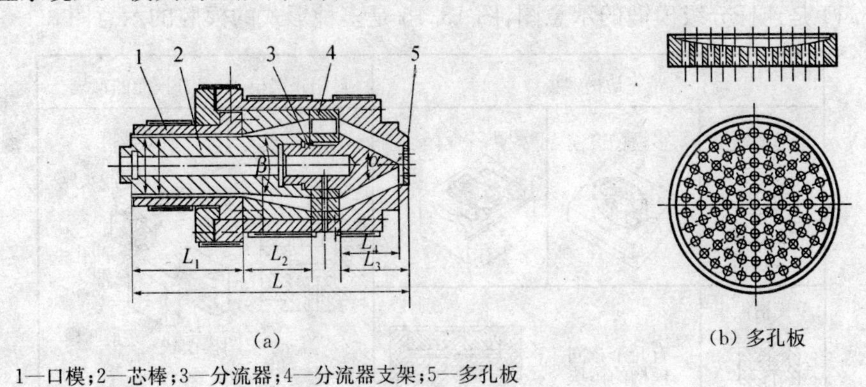

1—口模；2—芯棒；3—分流器；4—分流器支架；5—多孔板

图 13.11　塑料圆管挤出成型机头

3）粉末冶金模与锻模

(1) 粉末冶金模：粉末冶金模既是制取金属材料的一种方法，又是制造机械零件的一种加工方法。

粉末冶金模是采用金属粉末作为原料，经过压制、高温烧结制成各种零件。制件是粉状的金属放置在模具中通过压制而成的，如图 13.12 所示。

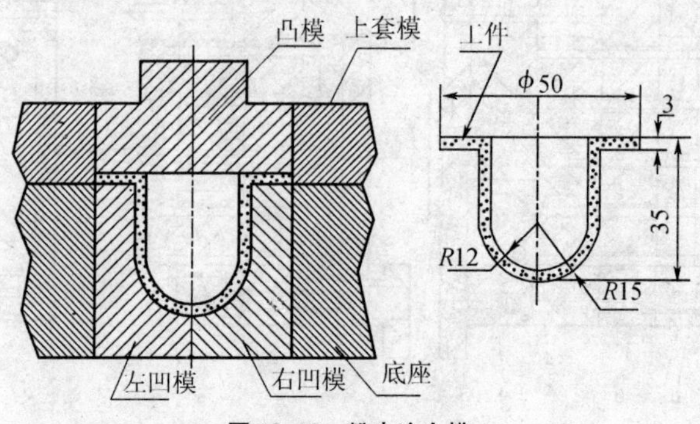

图 13.12　粉末冶金模

粉末冶金方法能生产各种具有特殊性能的材料，如多组元材料、多孔材料、硬质合金和难熔金属材料等；可制造无切削或少切削的机械零件；生产效率高，材料利用率高；零件精度高。

(2) 锻模：锻模是将金属在加热炉内加热到可锻造的温度，再将制件毛坯放置在固定的锻模内，用空气锤、蒸汽锤或水压机对坯件施加压力，使材料发生变形，待填充型腔后，形成锻件，如图 13.13 所示。

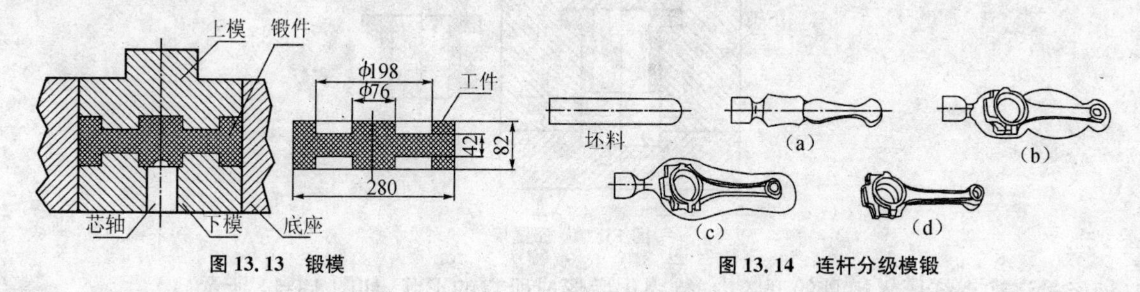

图 13.13　锻模　　　　图 13.14　连杆分级模锻

图 13.14 是连杆分级模锻的示意图，图 13.15 是多种形式的模腔的示意图。

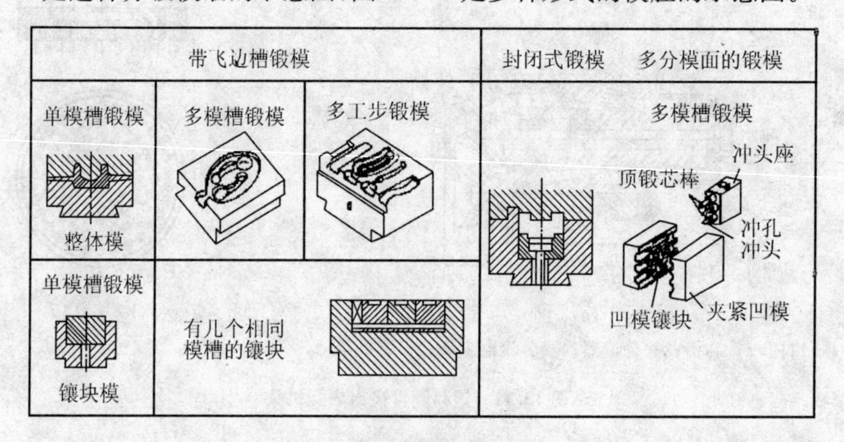

图 13.15　多种形式的模腔

在锻造过程中由于金属的塑性变形的结果，使毛坯金属获得较细的晶粒，同时能压合锻件组织内的缺陷，因此可提高金属的机械性能和使用的可靠性。

4）铸造模和压铸模

(1) 铸造模：常用铸造金属有铸铁、铸钢和有色金属。设计铸造模时必须考虑对样件制造、造型、制芯、合箱、浇铸、清理等工序的操作要求，它的模型有木模和金属模，根据不同铸件而进行设计，如图 13.16 所示。

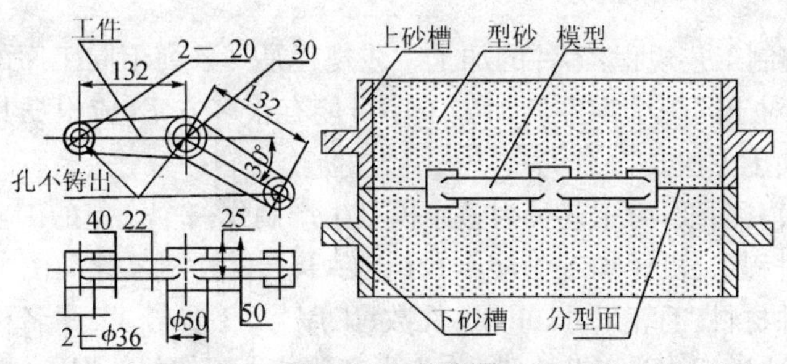

图 13.16 铸造模

(2) 压铸模：压力铸造是精密铸造的一种方法，不宜用于厚壁铸件。

它是把加热后熔化成液体的有色金属或黑色金属合金，放置在压铸机的加料室内，用压力活塞加压后，进入模具内，待冷却后固化成所需要的形状，如图 13.17 所示。

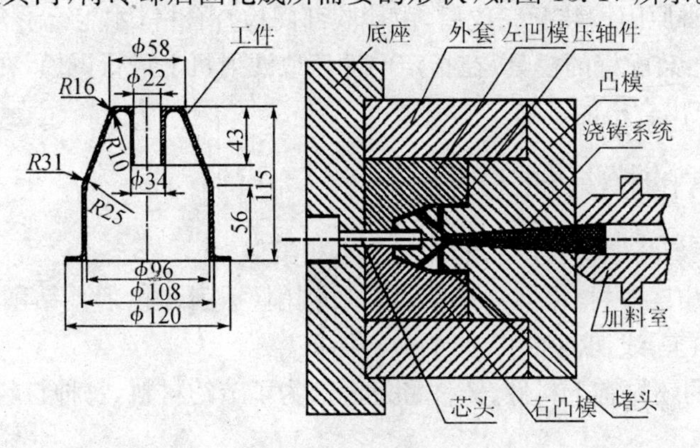

图 13.17 压铸模

13.4 模具制造过程

13.4.1 一般模具生产过程

模具生产是根据被加工零件的形状、尺寸和精度的要求设计出合理的结构，使其使用方便、寿命长，生产出的零件达到图纸的尺寸和精度要求。

它的主要生产过程包括模具工程图设计、模具制造工艺编制、模具制造的材料准备、模具零件的机械加工和热处理、模具装配和调试。

(1) 模具工程图设计：设计者根据零件图纸的形状、尺寸、材料和用途来确定用什么模具。如果是钣金件，则用冷冲模；如果是塑料件，则选用塑料模；如果是粉末冶金制件，则选用粉末冶金压铸模。

确定使用什么模具后，则设计模具的总图，在设计总图时尽量采用通用部件和标准件，并在总图标注联系尺寸，然后编制零件明细表，标注编号、名称、材料、件数、热处理，并编写必要的技术要求，再绘制零件图。

在零件图上标注详细的尺寸、尺寸公差、形位公差、选用材料、热处理，还要编写制造的技术要求。

在零件图完成后与总图校对、审核，然后打印成图纸，交工艺部门编制工艺规程，最后投入车间生产。

(2) 工艺部门编制工艺规程：零件的加工工艺规程是一系列不同工序的综合，由于生产规模与具体情况不同，对于同一个零件的加工工序可能有很多方案，应根据具体条件，采用其中最完善和最经济的加工方法。

工艺部门根据模具图纸，由工艺员为整个模具生产制作一个完整的工艺方案，然后对每个零件填写机械加工过程卡、机械加工工序卡（在工序卡上要绘制零件简图）、填写产品名称、零件名称、零件号、零件材料、毛坯尺寸、重量、件数、工序号、工步号、工序名称、使用刀具、量具、夹具和使用机床等，这样就成为工艺文件，作为生产前技术工作的依据。

(3) 组织生产模具零件：按照工艺部门编制的工艺文件准备材料，将材料分送到各车间。车间按图纸和工艺生产，可采用车、铣、刨、磨、镗、插、拉削等方式，复杂曲面采用数控铣加工。

(4) 装配模具：零件制造完成后，要经过检验部门严格检查合格后才可以进行装配。如果某零件装不上，要检查原因。装配完成后，由检验部门检查合格，才能给予合格证。

(5) 试模和调整：装配好的模具，在指定的冲床或注射机上进行试模，在试模过程中可以调整、校正，一直到生产出合格的产品。

13.4.2 通常的模具加工方法

模具的常规加工与其他机械产品的加工基本相类似。

常用的加工方法有：备料（锯削）、车削、铣削、刨削（插削和拉削）、钻削（扩孔、铰孔和锪）、镗孔、磨削、电火花加工、线切割加工、加工中心加工。

(1) 备料：模具的坯料有下料件、铸件、锻件等，为了节约材料，每种材料都要考虑选取最小的加工余量。

(2) 车削加工：车削是最常见的加工方法，对回转体工件进行加工，在车床的床头箱主轴的卡盘上夹持工件使主轴旋转，刀架纵向横向移动进行切削。车削可加工内外圆柱面、内外圆锥面、端面、沟槽、内外螺纹、内外曲面及滚花等。

① 粗车削：粗车削的目的是尽快地从坯件切去大部分加工余量，使工件接近所要求的形状和尺寸。粗车削应给半精车削和精车削留有合适的加工余量（一般为 1～2 mm），而对精度和表面粗糙度无严格的要求。为了提高生产率和减小车刀磨损，粗车应优先选用较大的切削深度和进给量，推荐使用如下硬质合金车刀粗车的切削用量：切削深度 t 取 3～5 mm，进给量 s 取 0.2～0.6 mm/r，切削速度 v 取 50～60 m/min（加工钢件），取 30～50 m/min（加工铸件），当坯件表面凹凸不平时，切削用量要减小。

② 精车削：精车削的关键是保证加工精度和表面粗糙度要求，生产率在此前提下尽可能提高。

精车削选用较小的切削深度 t 和进给量 s，较高的切削速度 v，可减小残留面积，使 Ra 值减小。精车切削用量可参考附录 1。

(3) 铣削加工：铣削也是最常见的加工方法，可加工各类平面、沟槽、铣齿轮、铣花键、铣伞齿轮、钻孔、铰孔等。

常用的铣床有:卧式铣床、立式铣床、龙门铣床、万能工具铣床等。

常用铣床附件有:分度头、回转台、各种虎钳等。

铣刀有圆柱铣刀、立铣刀、整体套式面铣刀、镶齿套式面铣刀、三面刃圆盘铣刀、槽(花键)铣刀、切槽铣刀等。

铣削用量可参考附录。

13.4.3 模具材料和热处理

在制造模具时选用模具材料是设计工作的一个重要环节,选用的材料要具有较高硬度、强度、韧性、耐磨性和抗疲劳性等。

(1) 常用的冷冲模材料:冷冲模材料除了硬度、强度、韧性、耐磨性和抗疲劳性,还有耐冲击性。常用材料有:碳素工具钢、低合金工具钢、高合金工具钢和钢结硬质合金。

(2) 常用的型腔模材料:型腔模常用材料有:优质碳素结构钢、碳素工具钢、合金结构钢、低合金工具钢和高合金工具钢。

(3) 模具零件的热处理工艺:热处理是模具制造中的一个重要工序,模具零件热处理的目的是利用加热和冷却的方法,有规律地改变零件金属内部组织,从而使零件的硬度提高。

热处理工艺分为整体热处理、表面热处理、化学热处理三大类。模具制造中经常采用的热处理有正火、退火、淬火和回火、调质等整体热处理工艺,还有碳氮共渗、盐浴渗硼、碳氮硼三元共渗等。

(4) 模具零件的热处理工序安排。

① 冲模零件热处理工序。

a. 用型材做毛坯的热处理工序(一般精度普通冲模)。

型材→加工成形→淬火与回火→装配。

b. 锻件做毛坯的热处理工序(一般精度冲模)。

锻件→球化退火或高温回火→加工成形→淬火与回火→装配。

c. 用锻件做毛坯的热处理工序(较高精度冲模)。

锻件→球化退火→粗加工→淬火与回火→精加工→装配。

d. 锻件做毛坯的热处理工序(高精度冲模)。

锻件→球化退火→粗加工→高温回火或调质→加工成形→淬火与回火→精细加工→装配。

② 塑料模零件的热处理工序。

a. 锻件→正火或退火→粗加工→冷挤压型腔(多次挤压时需中间退火)→加工成形→渗碳或碳氮共渗等→淬火与回火→钳修抛光→镀硬铬→装配。

b. 锻件→退火→粗加工→调质或高温回火→精加工→淬火与回火→钳修抛光→镀硬铬→装配。

c. 锻件→退火→粗加工→调质→精加工→淬火与回火→钳修抛光→镀铬→装配。

d. 锻件→正火或高温回火→精加工→淬火与回火→钳修抛光→镀铬→装配。

13.4.4 UG 加工模具的一般流程

在 CAD/CAM 技术尚未广泛应用之前,模具设计与制造皆依赖技术人员的手艺和经验,导致模具设计和制造的差异性大,同时带来修改难、技术延续难等一系列问题。CAD/CAM 技术在模具行业中的应用,极大地提高了模具设计与制造的精度、效率和相容性。

在模具加工领域 UG 是该行业最广泛使用的软件之一。利用该软件的 CAD 进行模具设计，公用数据库(或称单一数据库)的系统零件模型不用设计，可以直接从产品数据库中调出，再利用该软件的分模功能，生成出凹凸模腔。利用该软件的 CAM 功能进行模具加工，UG CAM 提供二、三、四、五轴的铣削功能。

UG 针对模具设计有三个模块的功能：注塑模向导、级进模向导、电极设计。用模具设计功能设计出模具后，再用 CAM 功能加工出模具工作面和其他零件，通过后处理转化成 NC 程序，再利用通信功能(或用 DNC 方式)传送给数控铣床或加工中心进行加工。

13.4.5　波轮模型分模操作举例

下面举例介绍 UG 加工模具的一般流程：

建模(调用模型)→分模→加工。

(1) 设计零件：用 UG CAD 功能设计零件模型(或从产品数据库中直接调出)。如调出第 10 章中构建的图 10.86 所示的洗衣机波轮。

(2) 利用 UG 模具设计功能的注塑模向导功能生成凹凸模，如图 13.18 所示。

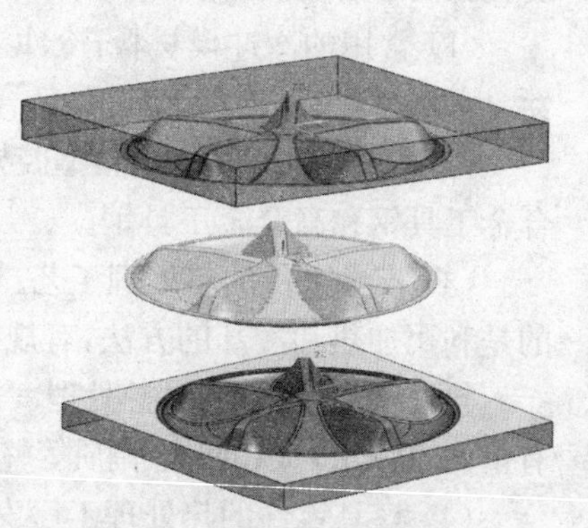

图 13.18　用模型生成的凹凸模

具体操作如下：

① 从指定文件夹打开波轮模型(如图 13.18 所示的中间的零件模型)。

② 点击“开始”从功能模块中选取注塑模向导功能模块，弹出注塑模向导工具条，如图 13.19所示。分模的所有操作都用该工具条中的命令。

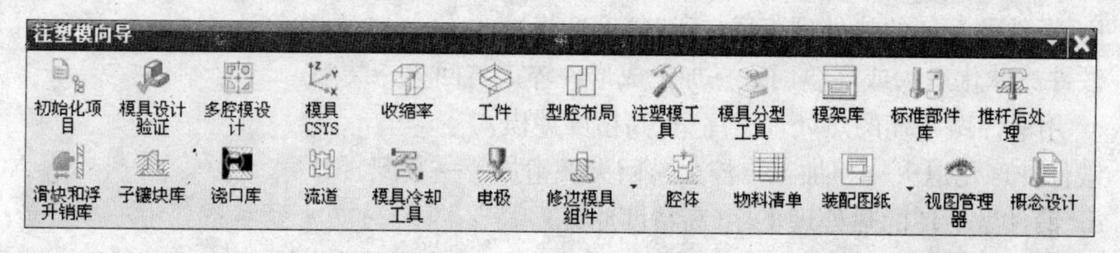

图 13.19　注塑模向导工具条

③ 单击“初始化项目”功能键，弹出初始化项目对话框，如图 13.20 所示。

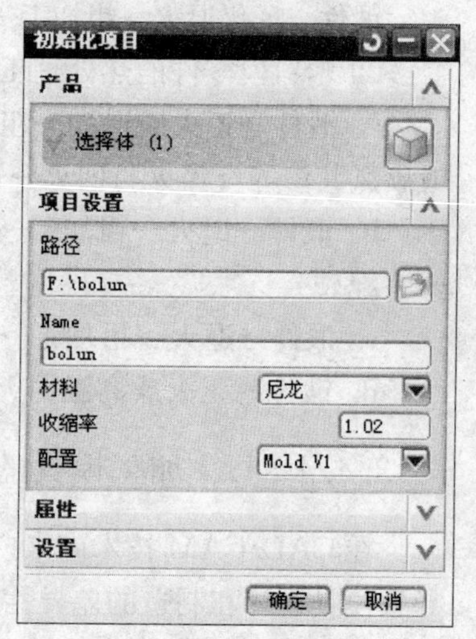

图 13.20　初始化项目

项目设置：默认路径 F:\bolun，名称 bolun，设置注塑所用零件材料和其收缩率，按“确定”。

接着弹出部件名管理对话框，不用修改直接按“确定”。

④ 单击“模具设计验证”功能键，弹出模具设计验证对话框，如图 13.21 所示。界面显示默认验证对象、默认矢量方向，可以选择验证对象、指定矢量。用默认对象和矢量直接按“确定”。

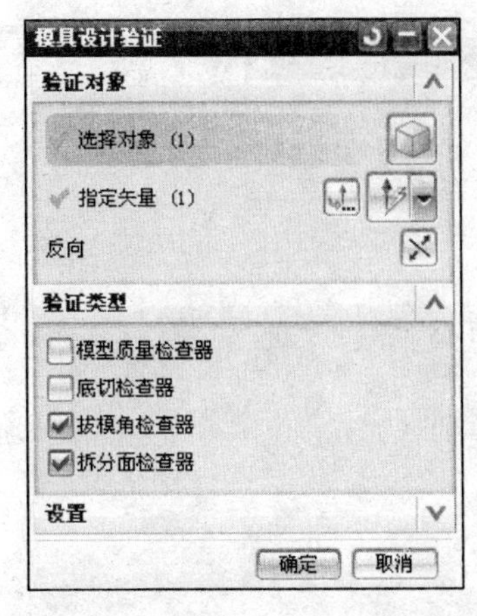

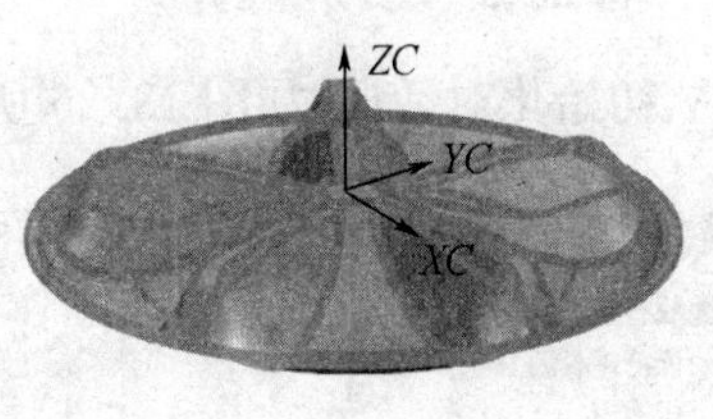

图 13.21 模具设计验证

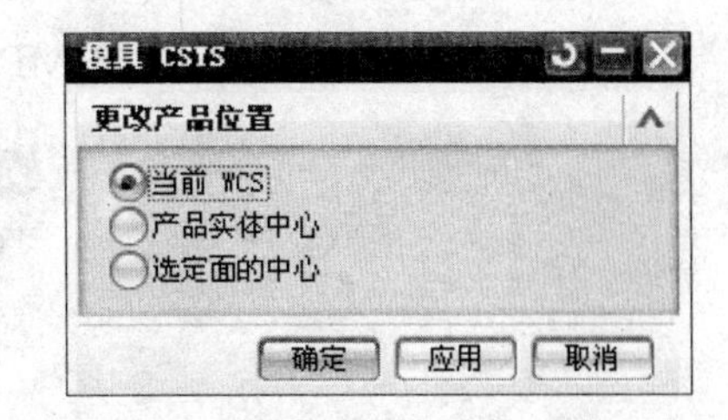

图 13.22 模具 CSYS 对话框

本例为单腔模具,不用设置多腔模设置。

⑤ 单击“模具 CSYS”功能键,弹出模具 CSYS 对话框,如图 13.22 所示。根据需要选择模具的中心位置,如选用“当前 WCS”,直接按“确定”即可。

⑥ 单击“收缩率”功能键,弹出缩放体对话框,如图 13.23 所示。设定缩放类型,根据零件所用的材料,指定缩放点,设定一个合适的缩放比例因子。本例设定:“均匀”比例,相对工作坐标系零点,比例因子 1.02,按“确定”。

注:尼龙材料的比例因子设定为 1.02 仅仅是作为用法举例,工程实用中需根据材料查表。

图 13.23 缩放体对话框

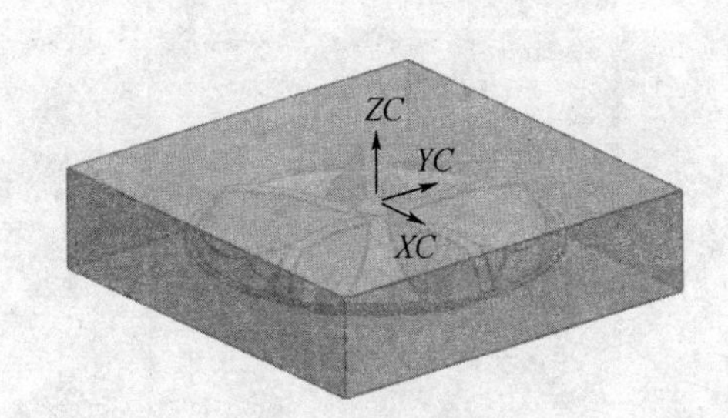

图 13.24 零件毛坯

⑦ 单击“工件”功能键,弹出工件对话框。设定模腔、模芯的总毛坯尺寸。按“确定”。显示透明的尚未分模的毛坯块,如图 13.24 所示。

简单的单腔模具,可以不用设置“型腔布局”和“注塑模工具”。

⑧ 单击“模具分型工具”按键,弹出“模具分型工具”工具条,如图 13.25 所示,同时在部件导航器右侧显示分型对象栏。

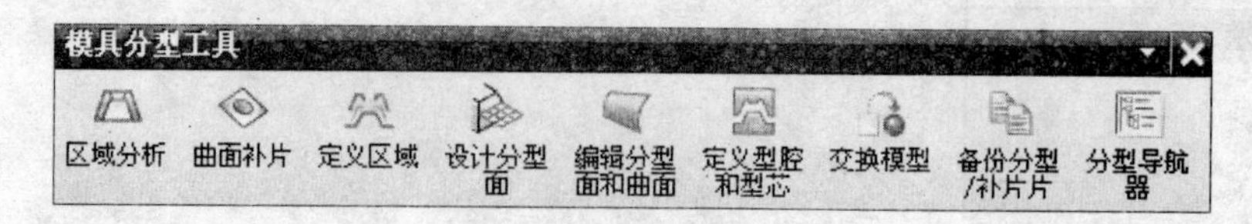

图 13.25　模具分型工具

a. 点击“区域分析”，弹出 MPV 初始化对话框，如图 13.26 所示。

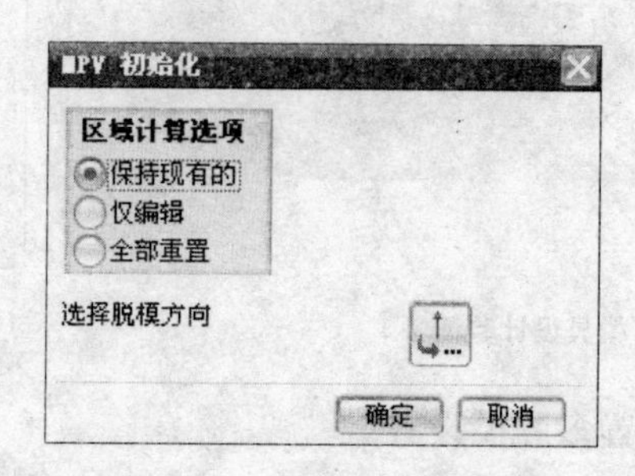

图 13.26　MPV 初始化对话框

如默认“保持现有的”，直接按“确定”。弹出塑模部件验证对话框，如图 13.27 所示。

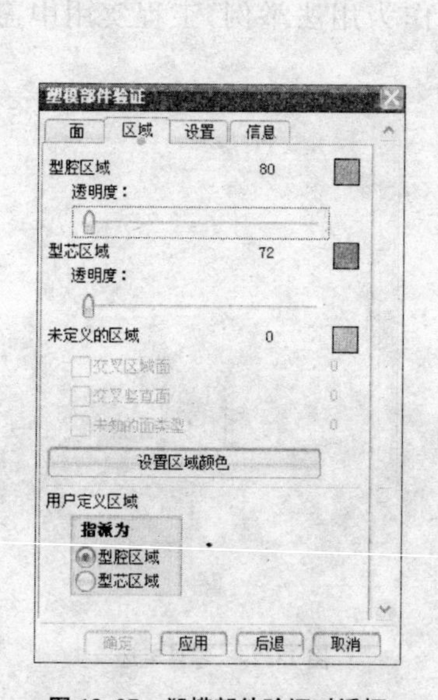

图 13.27　塑模部件验证对话框

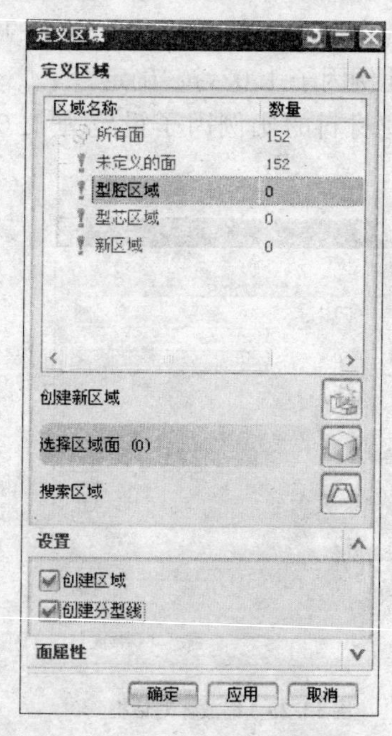

图 13.28　定义区域对话框

其中显示验证的面、区域等一些信息，如型腔区域 80 个、型芯区域 72 个、未定义区域 0 个。验证模型的信息无错误，则按“取消”退出区域分析。如有错误退出分模修改模型。

本例没有通空的腔，不用曲面补片。

b. 点击“定义区域”功能按键，弹出“定义区域”对话框，如图 13.28 所示。

在定义区域框组点击“型腔区域”，在设置框组勾选“创建区域”、“创建分型线”。选择作为型腔面的波轮表面。点击波轮实体上表面的一个面（面规则选择：相切面），按“应用”，定义出型腔区域 80 个，如图 13.29 所示。

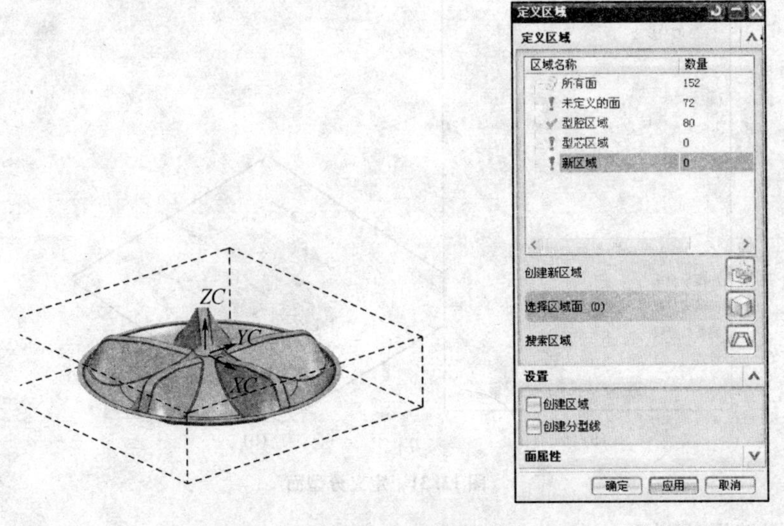

图 13.29 定义型腔区域

在定义区域框组点击“型芯区域”，在设置框组点击“创建区域”。选择作为型芯面的波轮下表面(反面)。点击波轮实体上表面的一个面(面规则选择：相切面)，定义出型芯区域 72 个，如图 13.30 所示。按“取消”退出。

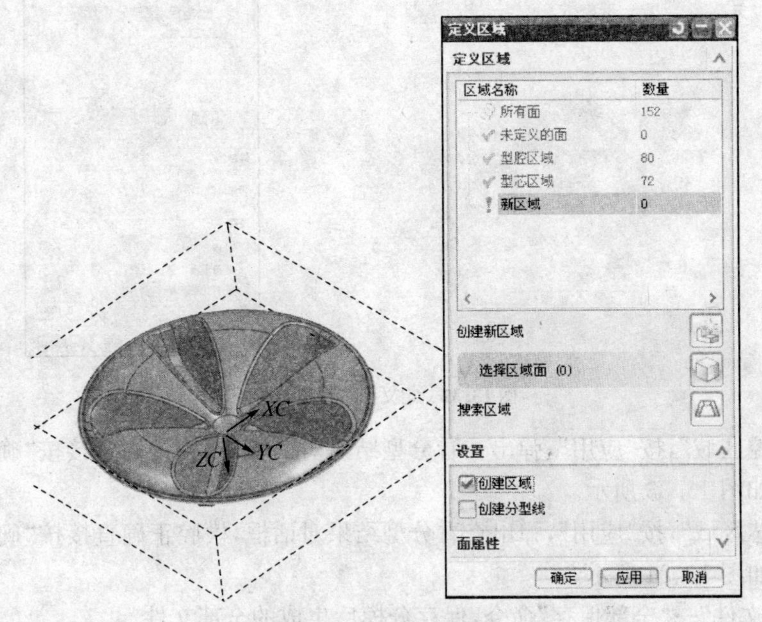

图 13.30 定义型芯区域

c. 点击“设计分型面”功能按键，弹出设计分型面对话框，如图 13.31 左所示。用鼠标拽动分型面边界上的小圆球，拉开一个合适距离，让分型面比毛坯大就可以，按“确定”，如图 13.31(b)所示。

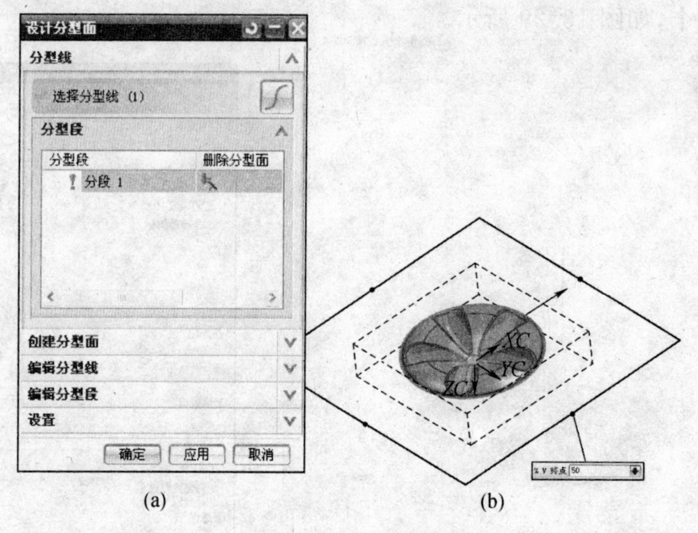

图 13.31　定义分型面

该例不用编辑分型面。

d. 点击“定义型腔和型芯”功能按键，弹出“定义型腔和型芯”对话框，如图 13.32 所示。

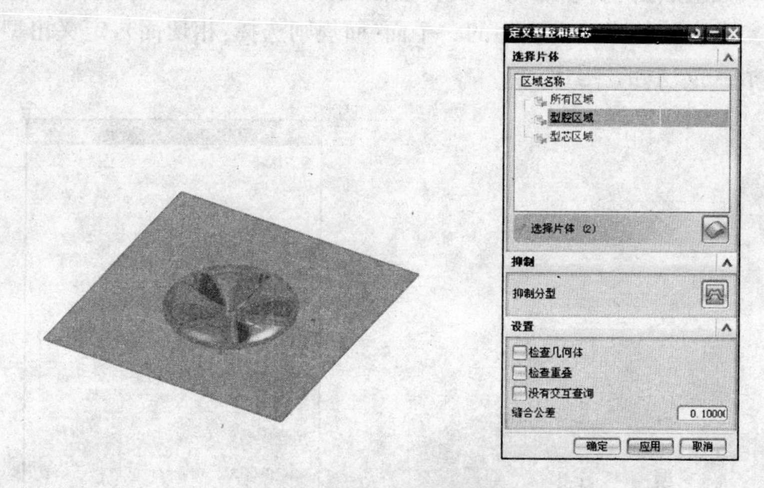

图 13.32　定义型腔和型芯区域

点击“型腔区域”，按“应用”，弹出查看分型结果对话框，模腔正确直接按“确定”，就生成出模具的型腔，如图 13.33 所示。

点击“型芯区域”，按“应用”，弹出查看分型结果对话框，模腔正确直接按“确定”，就生成出模具的型芯，如图 13.34 所示。

e. 点击“文件”→“全部保存”命令，保存分模后生成的全部文件。

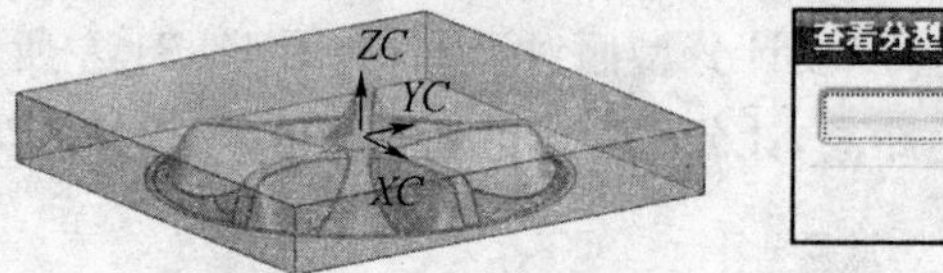

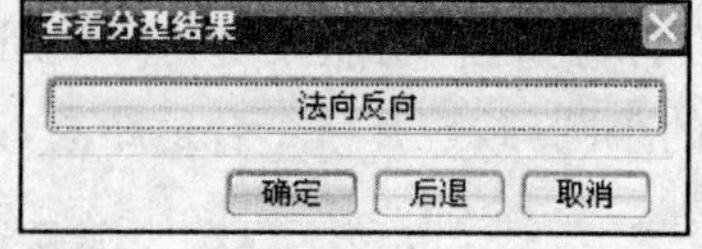

图 13.33　模具型腔模型

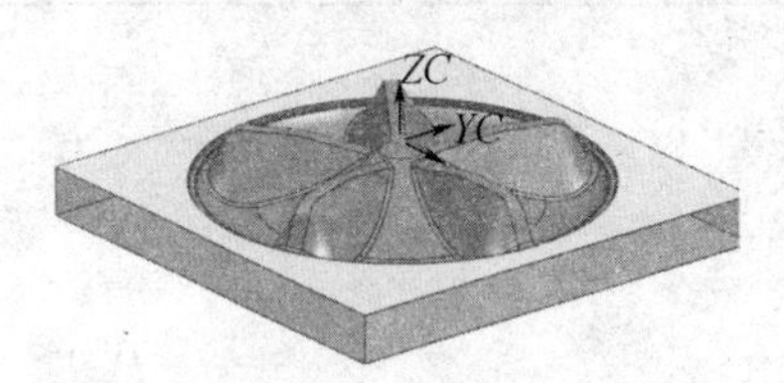

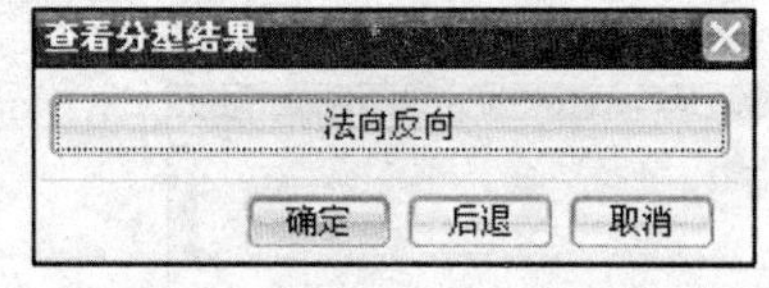

图 13.34　模具型芯模型

(3) 根据凹凸模的类型、形状和材料等情况，分析加工工艺，规划刀具路径、计算切削用量生成出加工用刀具路径。参见第 12 章中的 12.4 的波轮模具的模腔加工举例。

13.4.6　手机模型分模操作举例

建模(本例调用第 10 章的第 10.1 节手机建模构建的手机模型)→分模(本节详细介绍)→加工(省略，加工方法参见第 12 章的三维加工)设计零件：调用 UGCAD 功能设计的零件模型或从产品零件库中直接调出，本例调用第 10 章的手机建模构建的，如图 10.29 所示的手机模型。

分模操作

(1) 项目初始化

单击“开始”→“所有应用模块”→“注塑模向导”，弹出“注塑模向导”对话框如图 13.19 所示。

图 13.35　初始化项目

单击初始化项目按钮“ ”，弹出“初始化项目”对话框，设置分模要保存的路径、文件夹名称、材料、收缩率等，如图 13.35所示，单击“确定”，弹出部件名管理对话框，按“确定”，初始化项目完成。

(2) 设定 CSYS 和工件

单击模具 CSYS 按钮“ ”，弹出“模具 CSYS”对话框。选择“当前 WCS”，则模具 CSYS(坐标系)为当前工作坐标系，WCS 的原点不变，如选“产品实体中心”，则模具 CSYS 的原点移到模具毛坯的中心。“锁定在 Z 位置”，如图 13.36 所示，单击“确定”，模具 CSYS 坐标建立完成。

图 13.36　模具 CSYS

单击工件按钮“ ”，弹出工件对话框，如图 13.37 所示。在定义尺寸中可自由调整工件(即模具毛坯)大小，选择默认值，直接单击“确定”，工件建立完成。

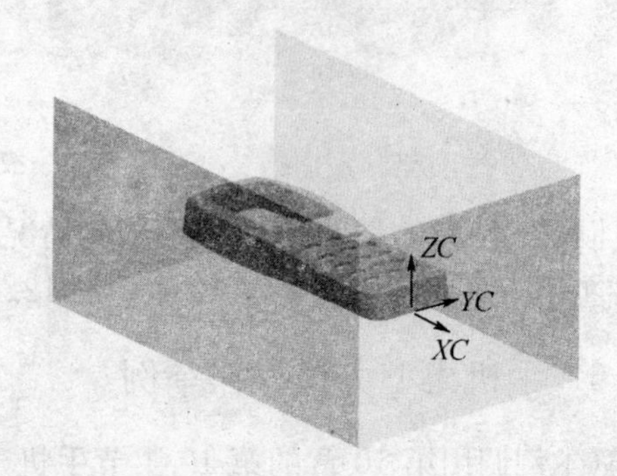

图 13.37　工件(模具毛坯)设定对话框

(3) 分型

单击"模具分型工具"按钮，弹出模具分型工具对话框，如图 13.38 所示。

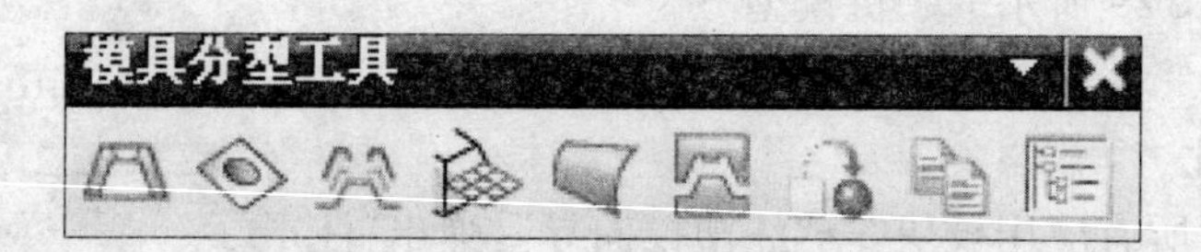

图 13.38　模具分型工具对话框

① 单击其中的区域分析按钮，弹出"MPV 初始化"对话框，如图 13.39 所示。选择"保持现有的"，单击确定，弹出"塑模部件验证"对话框，如图 13.40 所示。单击"应用"、"取消"，区域分析完成。

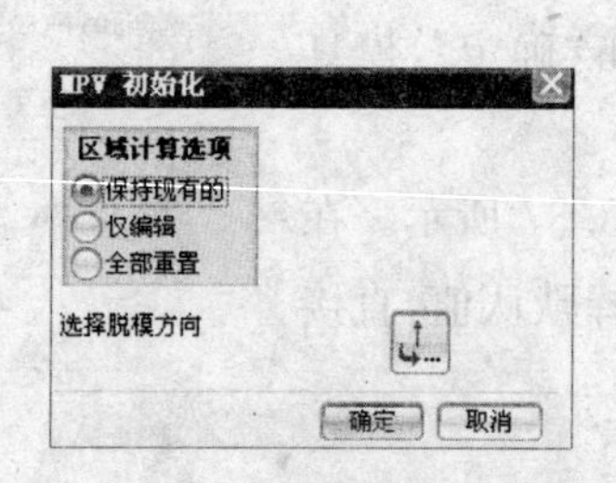

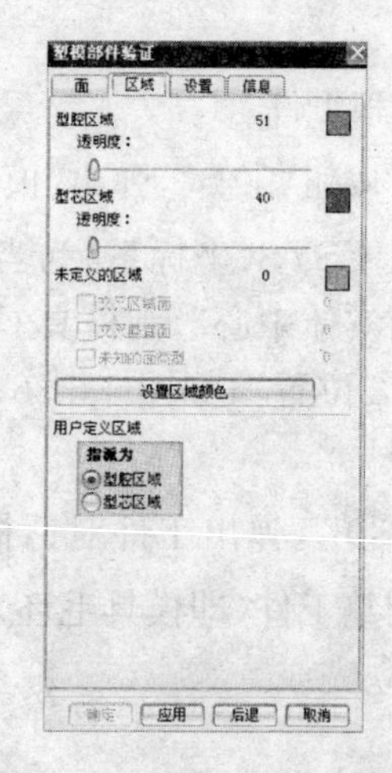

图 13.39　MPV 初始化对话框　　　　**图 13.40　模塑部件验证对话框**

② 单击"曲面补片"按钮""，弹出边缘修补对话框，如图 13.41 所示，(系统自动选择手机实体)，界面上用红色显示要修补的按键孔边缘和显示屏孔边缘，同时在边缘修补对话框中会自动列出需要修补的通孔边缘，图中自动修补合适，单击"确定"按钮，补片完成，如图 13.42 所示。如果手动补片，类型定义为面，用鼠标选取手机的上表面，按"确定"。

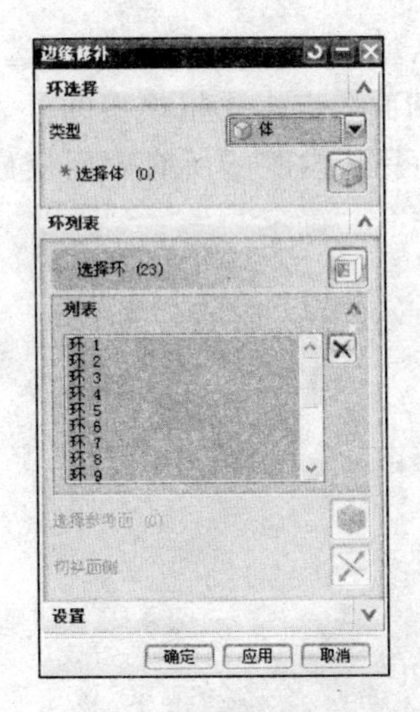

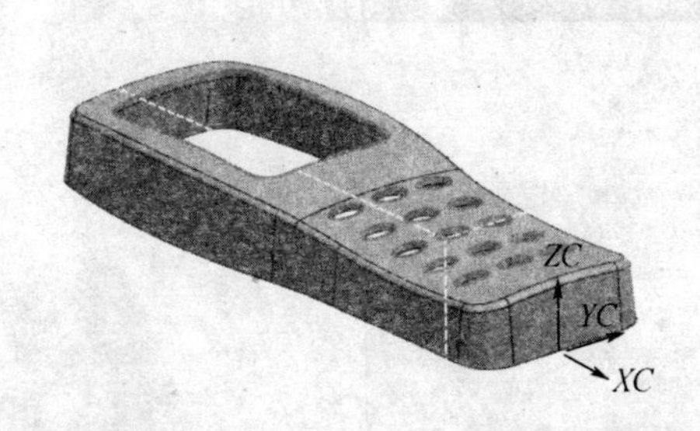

图 13.41　边缘修补对话框

图 13.42　通孔补片

③ 单击“定义区域”按钮“”，弹出定义区域对话框。在区域名称中选取型腔区域，在定义区域的下部选取“选择区域面”，在设置组框中，勾选“创建区域”以及“创建分型线”，面规则选取“相切面”，点击手机模型的外表面（外表面变成红色），单击“应用”，定义出的型腔区域数量 28 个，如图 13.43 所示。

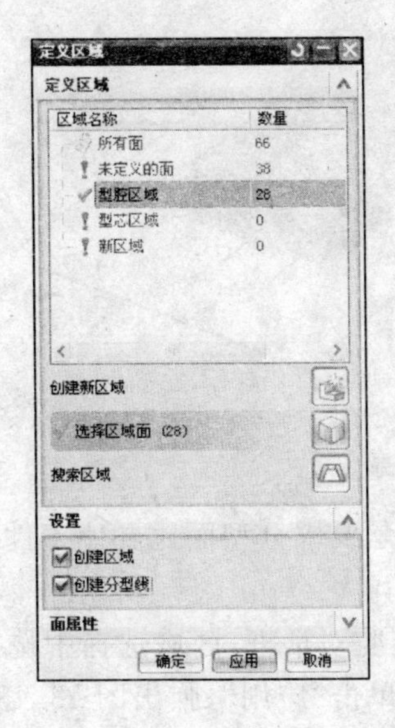

图 13.43　定义型腔区域

同上操作创建型芯区域：在区域名称中选取型芯区域，在定义区域的下部选取“选择区域面”，在设置组框中，勾选“创建区域”，面规则选取“相切面”，点击手机模型的外表面以外的所有其余表面（键盘孔的内侧面、显示窗的内侧面、手机底面，内腔的所有表面变成红色），单击“应用”，定义出的型腔区域数量 38 个，如图 13.44所示。按“确定”。

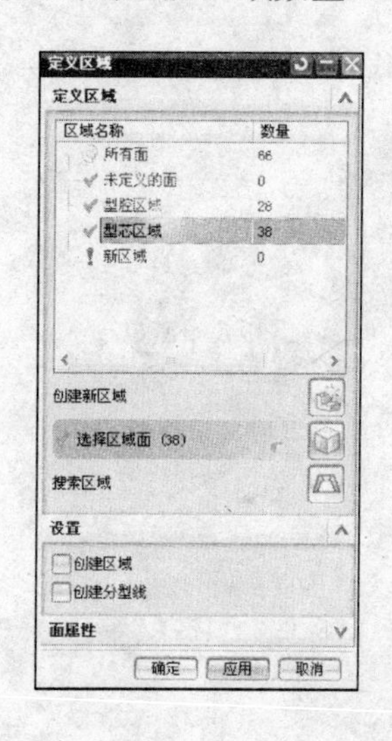

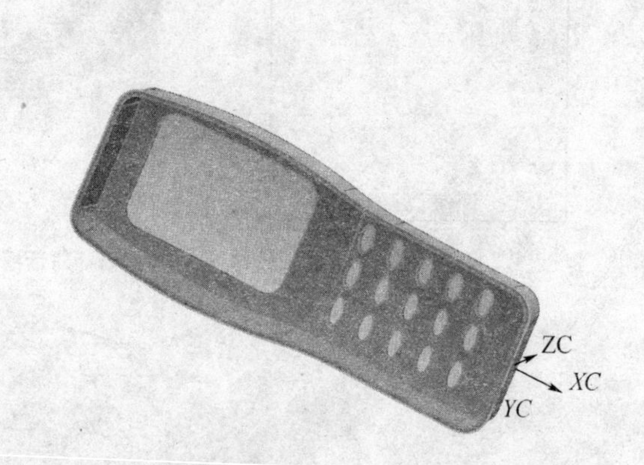

图 13.44　定义型芯区域

④ 单击“设计分型面”按钮，弹出设计分型面对话框，界面显示创建分型面的边界，如图 13.45 所示。

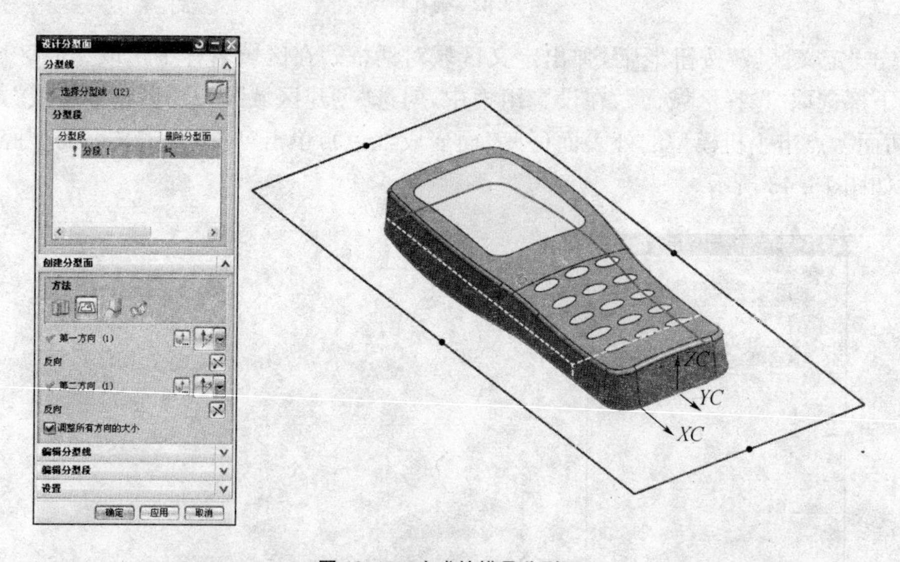

图 13.45　生成的模具分型面

由于前面已经创建了分型线，自动生成出分型面，但是要求分型面比要比工件大，可手动拖动分型面至合适大小，如图 13.46 所示。

⑤ 单击“定义型芯型腔”按钮“”，弹出定义型芯型腔对话框，区域选择中选择“型腔区域”，设置组框的缝合公差为“0.100”，如图 13.47 所示。单击“应用”，弹出图 13.48 所示的型腔预览和查看分型结果对话框，分型生成出的型腔正确，按“确定”，型腔生成完成。

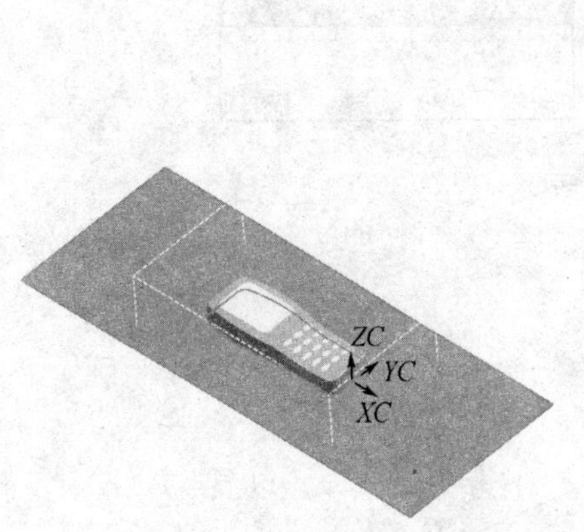

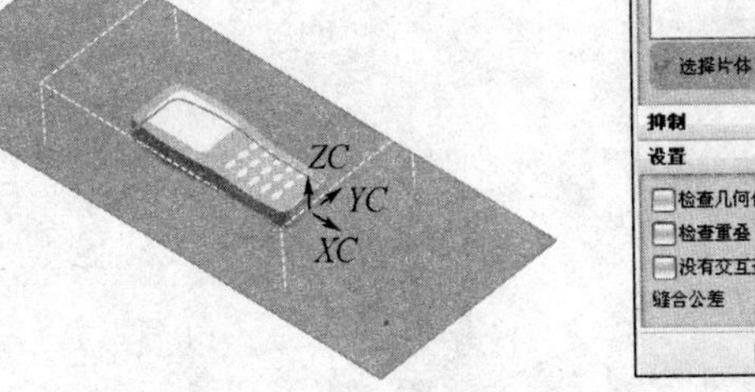

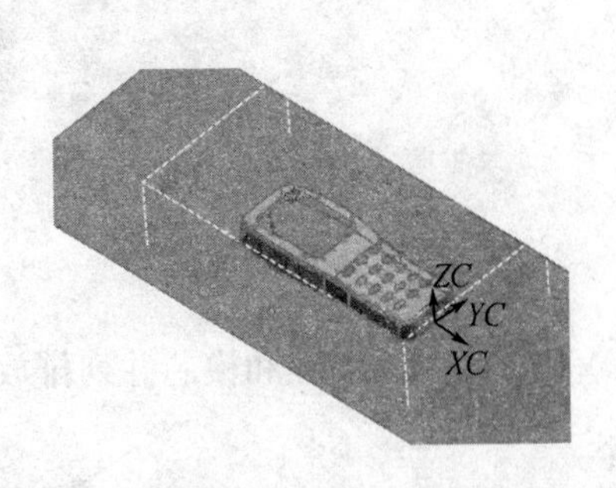

图 13.46　生成的模具分型面

图 13.47　定义型腔区域

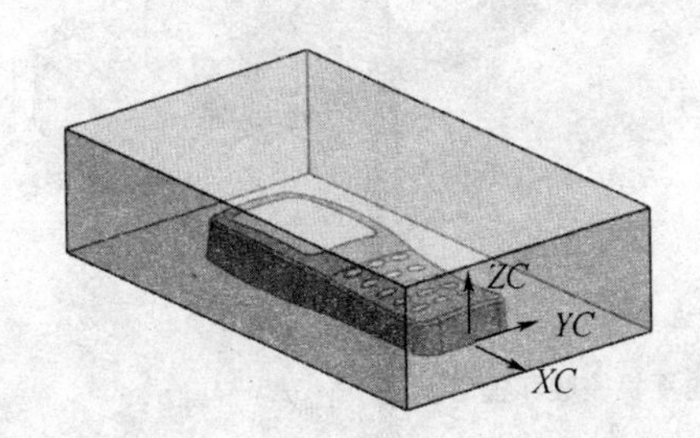

图 13.48　型腔生成预览

在弹出定义型芯型腔对话框，区域选择中选择“型芯区域”，设置組框的缝合公差为“0.100”，如图 13.49 所示。单击“应用”，弹出图 13.50 所示的型芯预览和查看分型结果对话框，分型生成出的型芯正确，按“确定”，型芯生成完成。

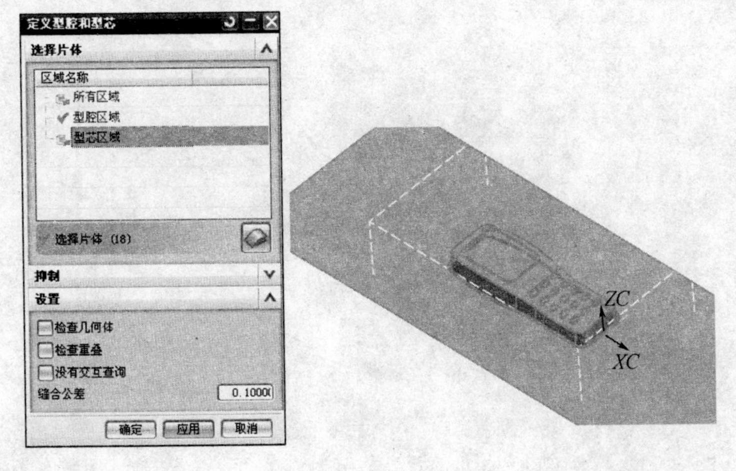

图 13.49　定义型芯区域

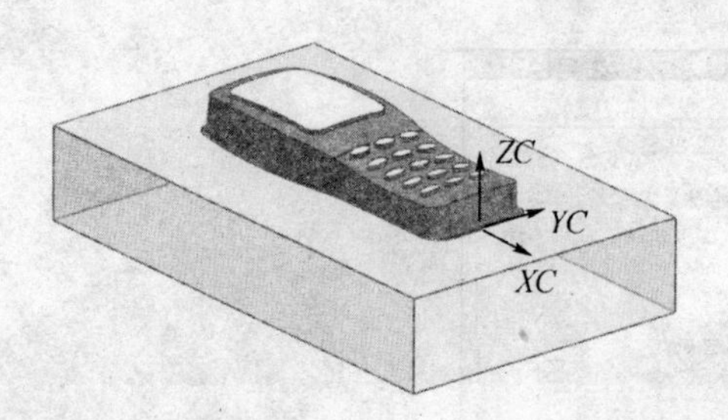

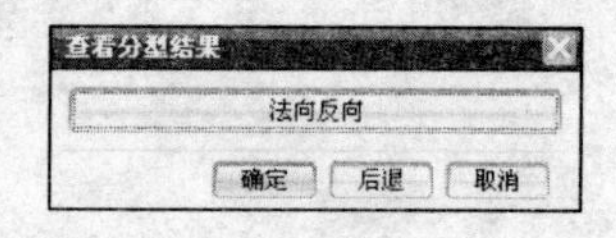

图 13.50　型芯生成预览

生成的模腔和模芯并列排放如图 13.51 所示。

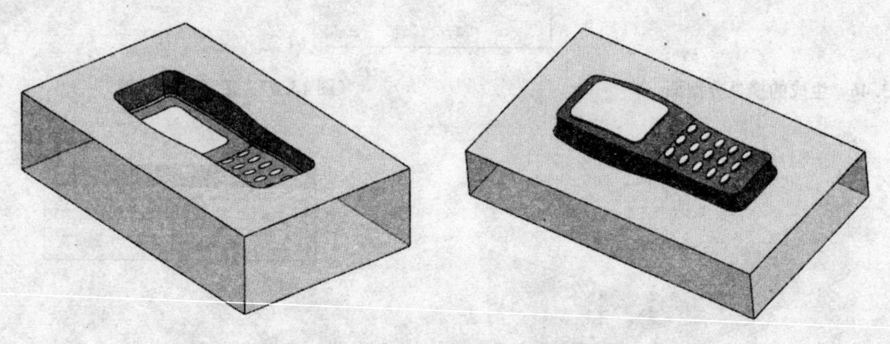

图 13.51　分模生成的手机模腔和模芯

附　录

附录 1　常用切削用量表

表 1　用高速钢钻头加工铸铁的切削用量

项目	材料硬度	$\sigma_b = 520 \sim 700$ （钢 35、45）		$\sigma_b = 700 \sim 900$ （钢 15Cr、20Cr）		$\sigma_b = 1\,000 \sim 1\,100$ （合金钢）	
	切削用量	V (m/min)	S_0 (mm/r)	V (m/min)	S_0 (mm/r)	V (m/min)	S_0 (mm/r)
钻头直径 (mm)	1～6	8～25	0.05～0.1	12～30	0.05～0.1	8～15	0.03～0.08
	6～12		0.1～0.2		0.1～0.2		0.08～0.15
	12～22		0.2～0.3		0.2～0.3		0.15～0.25
	22～50		0.3～0.45		0.3～0.45		0.25～0.35

表 2　用高速钢钻头加工铝件的切削用量

钻头直径 (mm)	V (m/min)	S_0(mm/r)		
		纯　铝	铝合金（长切削）	铝合金（短切削）
3～25 25～50	20～50	0.03～0.2 0.06～0.5 0.15～0.8	0.05～0.25 0.1～0.6 0.2～1.0	0.03～0.1 0.05～0.15 0.08～0.36

表 3　用高速钢钻头加工黄铜及青铜

项　目	工件材料	黄铜、青铜		硬青铜	
	切削用量	V(m/min)	S_0(mm/r)	V(m/min)	S_0(mm/r)
钻头直径 (mm)	3～8	60～90	0.05～0.15	25～45	0.05～0.15
	8～25		0.15～0.30		0.12～0.25
	25～50		0.30～0.75		0.25～0.5

表4 按H7与H8级精度加工已预先铸出或热冲出的孔 (mm)

加工孔的直径	直径					加工孔的直径	直径				
	粗镗		半精镗	精铰或二次半精镗	精铰或精镗成		粗镗		半精镗	精铰或二次半精镗	精铰或精镗成
	第一次	第二次					第一次	第二次			
30	—	28.0	29.8	29.93	30	100	95	98.0	99.3	99.85	100
32	—	30.0	31.7	31.93	32	105	100	103.0	104.3	104.8	105
35	—	33.0	34.7	34.93	35	110	105	108.0	109.3	109.8	110
38	—	36.0	37.7	37.93	38	115	110	113.0	114.3	114.8	115
40	—	38.0	39.7	39.93	40	120	115	118.0	119.3	119.8	120
42	—	40.0	41.7	41.93	42	125	120	123.0	124.3	124.8	125
45	—	43.0	44.7	44.93	45	130	125	128.0	129.3	129.8	130
48	—	46.0	47.7	47.93	48	135	130	133.0	134.3	134.8	135

表5 H7与H8级精度孔加工方式及余量(在实体材料上加工) (mm)

加工孔的直径	直径							
	钻		粗加工		半精加工		精加工	
	第一次	第二次	粗镗	或扩孔	粗铰	或半精镗	精铰	或精镗
3	2.9		—	—	—	—	3	—
4	3.9		—	—	—	—	4	—
5	4.8		—	—	—	—	5	—
6	5.0		—	5.85	—	—	6	—
8	7.0		—	7.85	—	—	8	—
10	9.0		—	9.85	—	—	10	—
12	11.0		—	11.85	11.95	—	12	—
13	12.0		—	12.85	12.95	—	13	—
14	13.0		—	13.85	13.95	—	14	—
15	14.0		—	14.85	14.95	—	15	—
16	15.0		—	15.85	15.95	—	16	—
18	17.0		—	17.85	17.95	—	18	—
20	18.0		19.8	19.8	19.95	19.90	20	20
22	20.0		21.8	21.8	21.95	21.90	22	22
24	22.0		23.8	23.8	23.95	23.90	24	24
25	23.0		24.8	24.8	24.95	24.90	25	25
26	24.0		25.8	25.8	25.95	25.90	26	26
28	26.0		27.8	27.8	27.95	27.90	28	28
30	15.0	28.0	29.8	29.8	29.95	29.90	30	30
32	15.0	30.0	31.7	31.75	31.93	31.90	32	32
35	20.0	33.0	34.7	34.75	34.93	34.90	35	35
38	20.0	36.0	37.7	37.75	37.93	37.90	38	38
40	25.0	38.0	39.7	39.75	39.93	39.90	40	40
42	25.0	40.0	41.7	41.75	41.93	41.90	42	42
45	30.0	43.0	44.7	44.75	44.93	44.90	45	45
48	36.0	46.0	47.7	47.75	47.93	47.90	48	48
50	36.0	48.0	49.7	49.75	49.93	49.90	50	50

表 6　用高速钢扩孔、钻孔的切削用量

项目	工件材料	铸铁		钢、铸钢		铝、铜	
	切削用量	扩通孔 S_0(mm/r) (V=10～18 m/min)	沉孔 S_0(mm/r) (V=8～12 m/min)	扩通空 S_0(mm/r) (V=10～20 m/min)	沉孔 S_0(mm/r) (V=8～14 m/min)	扩通孔 S_0(mm/r) (V=30～40 m/min)	沉孔 S_0(mm/r) (V=20～30 m/min)
扩孔钻直径(mm)	10～15	0.15～0.2	0.15～0.2	0.12～0.2	0.08～0.1	0.15～0.2	0.15～0.2
	15～25	0.2～0.25	0.15～0.3	0.2～0.3	0.1～0.15	0.2～0.25	0.15～0.2
	25～40	0.25～0.3	0.15～0.3	0.3～0.4	0.15～0.2	0.25～0.3	0.15～0.2
	40～60	0.30～0.4	0.15～0.3	0.4～0.5	0.15～0.2	0.3～0.4	0.15～0.2
	60～100	0.40～0.6	0.15～0.3	0.5～0.6	0.15～0.2	0.4～0.6	0.15～0.2

注：采用硬质合金扩孔钻加工铸铁时 $V = 35 \sim 60$ m/min。

表 7　用高速钢铰刀铰孔的切削用量

项目	工件材料	铸铁		钢及合金钢		铝铜及合金	
	切削用量	V(m/min)	S_0(mm/r)	V(m/min)	S_0(mm/r)	V(m/min)	S_0(mm/r)
铰刀直径(mm)	6～10	2～6	0.3～0.5	1.2～5	0.3～0.4	8～12	0.3～0.5
	10～15	2～6	0.5～1	1.2～5	0.4～0.5	8～12	0.5～1
	15～25	2～6	0.8～1.5	1.2～5	0.5～0.6	8～12	0.8～1.5
	25～40	2～6	0.8～1.5	1.2～5	0.4～0.6	8～12	0.8～1.5
	40～60	2～6	1.2～1.8	1.2～5	0.5～0.6	8～12	1.5～2

注：机铰的切削速度 V 参照表 21。

表 8　镗孔切削用量

项目	工件材料	铸铁		钢		铝及其合金	
	切削用量	V(m/min)	S_0(mm/r)	V(m/min)	S_0(mm/r)	V(m/min)	S_0(mm/r)
工序	刀具材料						
粗镗	高速钢	20～25	0.4～1.5	15～30	0.35～0.7	100～150	0.5～1.5
	硬质合金	35～50		50～70		100～250	
半精镗	高速钢	20～35	0.15～0.45	15～50	0.15～0.45	100～200	0.2～0.5
	硬质合金	50～70		95～135			
精镗	高速钢	70～90	D1级<0.08	100～135	0.12～0.15	150～400	0.06～0.1
	硬质合金		D级0.12～0.15				

注：当采用高精度的镗头镗孔时，切削余量较小，直径上不大于 0.2 mm，切削速度可提高一些，铸铁件为 100～150 m/min，钢件为 150～250 m/min，铝合金为 200～400 m/min，巴氏合金为 250～500 m/min。每转走刀量可在 $S = 0.03 \sim 0.1$ mm 范围内。

表 9　攻丝切削用量

加工材料	铸铁	铜及其钢	铝及其合金
切削速度 V(m/min)	2.5～5	1.5～5	5～15

表10　用硬质合金端面铣刀的铣削用量

加工材料	工序	铣削深度(mm)	铣削速度	每齿走刀量
			V(mm/min)	S_z(mm/齿)
钢 σ_b=(520～700)MPa	粗	2～4	80～120	0.2～0.4
	精	0.5～1	100～180	0.05～0.2
钢 σ_b=(700～900)MPa	粗	2～4	60～100	0.2～0.4
	精	0.5～1	90～150	0.05～0.15
钢 σ_b=(1 000～1 100)MPa	粗	2～4	40～70	0.1～0.3
	精	0.5～1	60～100	0.05～0.1
铸　铁	粗	2～5	50～80	0.2～0.4
	精	0.5～1	80～130	0.05～0.2
铝及其合金	粗	2～5	300～700	0.1～0.4
	精	0.5～1	500～1 500	0.05～0.03

表11　车削碳钢、合金钢的切削速度

加工材料	硬度 HB	切削速度 V＝(m/min)	
		高速钢车刀	硬质合金车刀
碳　钢	125～175	36	120
	175～225	30	107
	225～275	21	90
	275～325	18	75
	325～375	15	60
	375～425	12	53
合金钢	175～225	27	100
	225～275	21	83
	275～325	18	70
	325～375	15	60
	375～425	12	45

表12　车削铸铁、铸钢件的切削速度

工件硬度 HB	硬质合金车刀的切削速度 V(m/min)			
	灰铸铁	可锻铸铁	球墨铸铁	铸钢
100～140	110	150		78
150～190	75	110	110	68
190～220	66	85	75	60
220～260	48	50	57	54
260～320	27		马氏体 26	42
300～400			马氏体 8	

表 13　车削不锈钢的切削速度

加工材料	硬度 HB	切削速度 V(m/min)	
		高速钢车刀	硬质合金车刀
铁素体不锈钢	135～185	30	90
奥氏体不锈钢	135～185	24	75
	225～275	18	60
马氏体不锈钢	137～175	30	100
	175～225	27	90
	275～325	15	60
	375～425	9	45

表 14　车削轻金属切削速度

加工材料	切削速度 V(m/min)	
	高速钢车刀	硬质合金车刀
铸铝合金(未经热处理)	230	480
铸铝合金(热处理后)	180	360
冷拉可锻铝合金	180	360
热处理可锻铝合金	180	360
镁合金	240	600
铜合金	60　75	150　170

表 15　车削工具钢、耐热合金及钛合金的切削速度

加工材料	切削速度 V(m/min)	
	高速钢车刀	硬质合金
高速钢 HB200～250	18	60
耐热合金 1.5～4.5	1.5～4.5	7.5～18
钛合金 618	6～18	24～53

表 16　铣削时的切削速度

加工材料	硬度 HB	切削速度 V(m/min)	
		高速钢铣刀	硬质合金铣刀
低碳钢 中碳钢	125～175	24～42	75～15
	175～225	21～40	70～125
	225～275	18～36	60～115
	275～325	15～27	54～90
	325～375	9～21	45～75
	375～425	7.5～15	36～60
高碳钢		21～36	75～135
		18～33	68～120
		15～27	60～105
		12～21	53～90
		9～15	45～68
		6～12	36～54
合金钢	175～225	21～36	75～130
	225～275	15～30	60～120
	275～325	12～27	55～100
	325～375	7.5～18	37～80
	375～425	515	30～60
高速钢	200～250	12～23	45～83
灰铸铁	100～140	24～36	110～150
	150～190	21～30	68～120
	190～220	15～24	60～105
	220～260	9～18	45～90
	260～320	4.5～10	21～30
可锻铸铁	110～160	42～60	105～210
	160～200	24～36	83～120
	200～240	15～24	72～120
	240～280	9～21	42～60
铸钢 低碳	100～150	18～27	63～105
铸钢 中碳	100～160	18～27	68～105
	160～200	15～24	60～90
	200～225	12～21	53～75
铸钢 高碳	180～240	9～18	53～80
铝合金		180～300	360～600
钼合金		45～100	120～190
镁合金		180～270	150～600

表 17　高速钢铣刀的每齿走刀量 S_z(mm/齿)举例

加工材料	硬度 HB	立铣刀						
		切深 6.5 mm			切深 1.25 mm			
		铣刀直径(mm)			铣刀直径(mm)			
		10	20	25 以上	3	10	20	25 以上
低碳钢	～150	0.05	0.1	0.15	0.025	0.075	0.15	0.2
	150～200	0.05	0.075	0.12	0.025	0.075	0.15	0.18
中高碳钢	120～180	0.05	0.1	0.15	0.025	0.075	0.15	0.2
	180～220	0.05	0.075	0.12	0.025	0.075	0.075	0.18
	220～300	0.025	0.025	0.05	0.01	0.075	0.075	0.075
合金钢含碳量＜3%	125～170	0.05	0.1	0.12	0.025	0.1	0.15	0.2
	170～220	0.05	0.1	0.12	0.025	0.075	0.15	0.2
	220～280	0.025	0.05	0.075	0.012	0.05	0.075	0.1
	280～320	0.012	0.025	0.05	0.012	0.025	0.05	0.025
合金钢含碳量＞3%	170～220	0.05	0.1	0.12	0.025	0.075	0.15	0.2
	220～280	0.05	0.05	0.075	0.012	0.05	0.075	0.1
	280～320	0.0.12	0.025	0.05	0.012	0.025	0.05	0.075
	320～380		0.025	0.025		0.025	0.05	0.05
工具钢	200～250	0.05	0.075	0.1	0.025	0.075	0.1	0.1
	250～300	0.025	0.05	0.075	0.012	0.05	0.075	0.075
灰铸铁	150～180	0.075	0.125	0.15	0.025	0.1	0.18	0.18
	180～220	0.05	0.1	0.125	0.025	0.075	0.15	0.15
	220～300	0.025	0.075	0.075	0.012	0.075	0.1	0.1
可锻铸铁	110～160	0.075	0.125	0.18	0.025	0.125	0.15	0.2
	160～200	0.05	0.1	0.125	0.025	0.075	0.15	0.2
	200～240	0.05	0.05	0.075	0.025	0.05	0.075	0.1
	240～300	0.0125	0.025	0.05	0.012	0.05	0.05	0.075
铸　钢	100～180	0.075	0.1	0.15	0.025	0.075	0.15	0.2
	180～240	0.05	0.075	0.12	0.025	0.075	0.15	0.18
	240～300	0.025	0.05	0.075	0.012	0.05	0.075	0.1
锌合金		0.1	0.2	0.3	0.05	0.125	0.2	0.3
铜合金	80～100	0.075	0.2	0.25	0.025	0.1	0.2	0.25
	100～150	0.05～0.075	0.1～0.15	0.15～0.25	0.025～0.012	0.1～0.075	0.12～0.2	0.2～0.25
	150～250	0.05～0.075	0.1～0.15	0.15～0.25	0.25～0.012	0.1～0.075	0.12～0.2	0.2～0.25
铸铝合金		0.075	0.2	0.25	0.05	0.075	0.25	0.3
		0.075	0.15	0.2	0.05	0.075	0.25	0.25
冷拉可锻铝合金		0.075	0.2	0.25	0.05	0.075	0.25	0.3
镁合金		0.075	0.2	0.3	0.05	0.1	0.25	0.35
不锈钢		0.05～0.075	0.075～0.125	0.125	0.025	0.075～0.1	0.1～0.15	0.15～0.2
硬橡皮及塑料		0.075	0.2	0.25	0.05	0.1	0.25	0.35

表 18　高速钢铣刀的每齿走刀量 S_z　　（mm/齿）

加工材料	硬度 HB	立铣刀	端面铣刀
低碳钢	～150	0.12～0.2	0.15～0.3
	150～200	0.12～0.2	0.15～0.3
中高碳钢	120～180	0.12～0.2	0.15～0.3
	180～220	0.12～0.2	0.15～0.25
	220～300	0.07～0.15	0.1～0.2
合金钢含碳量小于 3%	125～170	0.12～0.2	0.15～0.3
	170～220	0.1～0.2	0.15～0.25
	220～280	0.07～0.12	0.12～0.2
	280～320	0.05～0.1	0.07～0.12
合金钢含碳量大于 3%	170～220	0.12～0.2	0.15～0.25
	220～280	0.07～0.15	0.12～0.2
	280～320	0.05～0.12	0.07～0.12
工具钢		0.05～0.1	0.05～0.1
	200～250	0.07～0.13	0.12～0.2
	250～300	0.05～0.1	0.01～0.12
灰铸铁	150～180	0.2～0.3	0.2～0.35
	180～220	0.15～0.25	0.15～0.3
	220～300	0.1～0.2	0.1～0.15
可锻铸铁	110～160	0.2～0.35	0.2～0.4
	160～200	0.2～0.3	0.2～0.35
	200～240	0.12～0.25	0.15～0.3
	240～300	0.1～0.2	0.1～0.2
铸　钢	100～180	0.12～0.2	0.15～0.3
	180～240	0.12～0.2	0.15～0.25
	240～300	0.07～0.15	0.1～0.2
锌合金		0.2～0.3	0.2～0.5
铜合金	80～100	0.2～0.35	0.25～0.4
	100～150	0.15～0.28	0.25～0.4
	150～250	0.1～0.2	0.2～0.3
		0.2～0.35	0.3～0.55
铸铝合金		0.15～0.25	0.25～0.4
冷拉可锻铝合金		0.2～0.35	0.3～0.5
镁合金		0.25～0.4	0.3～0.55
不锈钢		0.15～0.2	0.2～0.3
硬橡皮及塑料		0.15～0.35	0.25～0.5

表 19 硬质合金铣刀的每齿走刀量 S_z (mm/齿)

加工材料	硬度 HB	端面铣刀	立铣刀
低碳钢	~200	0.2~0.5	0.12~0.3
中高碳钢	120~180	0.2~0.5	0.12~0.3
	180~220	0.15~0.5	0.10~0.25
	220~300	0.125~0.25	0.05~0.2
合金钢含碳量<3%	125~170	0.15~0.5	0.10~0.3
	170~220	0.15~0.5	0.10~0.3
	220~280	0.1~0.3	0.05~0.25
	280~320	0.075~0.2	0.05~0.15
合金钢含碳量>3%	170~220	0.125~0.5	0.10~0.3
	220~280	0.1~0.3	0.05~0.2
	280~320	0.075~0.2	0.05~0.15
	320~380	0.075~0.2	0.05~0.125
工具钢	退火状态	0.15~0.2	0.10~0.3
	RC 32 42	0.1~0.2	0.05~0.3
	RC 42 50	0.1~0.2	0.05~0.125
	RC 52 60	0.015~0.2	0.05~0.125
灰铸铁	150~180	0.2~0.5	0.10~0.3
	180~220	0.2~0.5	0.10~0.3
	220~300	0.15~0.3	0.10~0.2
可锻铸铁	110~160	0.2~0.5	0.10~0.3
	160~200	0.2~0.5	0.10~0.3
	200~240	0.15~0.5	0.1~0.25
	240~260	0.1~0.3	0.1~0.2
铸 钢	100~180		
	180~240	0.15~0.5	0.12~0.3
	240~300	0.125~0.3	0.10~0.25
	0.2~0.5		0.05~0.2
锌合金	0.125~0.5	0.10~0.38	
	100~250	0.2~0.5	0.12~0.3
铜合金		0.15~0.35	0.10~0.25
铝合金、镁合金		0.2~0.5	0.12~0.3
不锈钢	0.15~0.38	0.10~0.3	
塑料及硬橡皮	0.15~0.38	0.10~0.3	

表 20 钻孔的走刀量 S_0 (mm/r)

钻头直径 D(mm)	走刀量 S_0(mm/r)
<3	0.025~0.05
3~6	0.05~0.1
6~12	0.10~0.18
12~25	0.15~0.38
大于 25	0.38~0.62

表 21　钻孔与铰孔的切削速度 V　(m/min)

加工材料	硬度 HB	切削速度 V(m/min)		
		高速钢钻头	高速钢铰刀	硬质合金铰刀
低碳钢	100～125	27	18	75
	125～175	24	15	53
	175～225	21	12	20
中高碳钢	125～175	22	15	72
	175～225	20	12	60
	225～275	15	9	53
	275～325	12	7	36
合金钢	175～225	18	12	54
	225～275	15	9	48
	275～325	12	7	30
	325～375	10	6	22
高速钢	200～250	13	9	30
灰铸铁	100～140	33	21	80
	140～190	27	18	54
	190～220	21	13	45
	220～260	15	9	36
	260～320	9	6	27
可锻铸铁	110～160	42	27	72
	160～200	25	16	51
	200～240	20	13	42
	240～280	12	7	33
球墨铸铁	140～190	30	18	60
	190～25	21	15	50
	225～260	17	10	33
	260～300	12	7	25
铸　钢	低　碳	24	24	60
	中　碳	18～24	12～15	48～60
	高　碳	15	10	48
铝合金、镁合金		75～90	75～90	210～250
铜合金	20～48	18～48	60～108	

表 22　用高速钢钻头加工铸铁的切削用量

材料硬度 切削用量		HB160～200		HB200～241		HB300～400	
		V (m/min)	S_0 (mm/r)	V (m/min)	S_0 (mm/r)	V (m/min)	S_0 (mm/r)
钻头直径(mm)	1～6 6～12 12～22 22～50	16～24	0.07～0.12 0.12～0.2 0.2～0.4 0.4～0.8	10～18	0.05～0.1 0.1～0.18 0.18～0.25 0.25～0.4	5～12	0.03～0.08 0.08～0.15 0.15～0.2 0.2～0.3

注：硬质合金钻头加工铸铁时取 $V = 20 \sim 30$ m/min。

表 23　车削深度与走刀量变化后切削速度的修正系数 K

走刀量 S_0	修正系数 K	走刀量 S_0	修正系数 K	切深 t	修正系数 K	切深 t	修正系数 K
0.075	2	0.63	0.64	0.125	1.80	6.3	0.87
0.13	1.69	0.7	0.61	0.25	1.50	8	0.83
0.2	1.27	0.76	0.58	0.5	1.40	9.5	0.8
0.25	1.12	0.9	0.52	0.75	1.30	12.5	0.76
0.3	1.0	1	0.48	1.5	1.15	16	0.72
0.38	0.87	1.27	0.42	2.4	1.05	19	0.7
0.45	0.78	1.5	0.38	3	1.0	2.54	0.66
0.5	0.74			3.8	0.96		
0.55	0.70			5	0.91		

表 24　硬质合金车刀粗车进给量

工件材料	工件直径 (mm)	切削深度		
		$t \leqslant 3$	$3 \leqslant t \leqslant 5$	$5 \leqslant t \leqslant 8$
		进给量 S_0(mm/r)		
碳素钢 合金钢	10	0.2～0.3		
	20	0.3～0.4		
	40	0.4～0.5	0.3～0.4	
	60	0.5～0.7	0.4～0.6	0.3～0.5
	100	0.6～0.9	0.5～0.7	0.5～0.6
灰铸铁 铜合金	40	0.4～0.5		
	60	0.6～0.8	0.5～0.8	0.4～0.6
	100	0.8～1.2	0.7～1.0	0.6～0.8

表 25　硬质合金车刀粗车进给量

工　件 材　料	表面粗糙度 Ra(μm)	切削速度 (m/min)	刀尖圆弧半径(mm)		
			0.5	1.0	2.0
			进给量 S_0(mm/r)		
铸　铁	10		0.25～0.40	0.40～0.50	0.50～0.60
青　铜	5	不限	0.12～0.25	0.25～0.40	0.40～0.60
铝合金	2.5		0.10～0.15	0.15～0.20	0.20～0.35
	10	≤50	0.30～0.50	0.45～0.60	0.55～0.70
		>80	0.40～0.55	0.55～0.65	0.65～0.70
	5	≤50	0.20～0.25	0.25～0.30	0.30～0.40
		>80	0.25～0.30	0.30～0.35	0.35～0.40
	2.5	≤50	0.10	0.11～0.15	0.15～0.20
		>80	0.10～0.20	0.16～0.25	0.25～0.35

表 26　高速钢车刀切削用量

工件材料及抗拉强度		进给量(mm/r)	切削速度(m/mim)
碳素钢	600	0.2 0.4 0.8	35～60 25～45 20～30
	700	0.2 0.4 0.8	25～45 20～35 10～25
合金钢	850	0.2 0.4 0.8	20～30 15～25 10～15
	1 000	0.2 0.4 0.8	15～25 10～15 5～10
铸　钢	500	0.2 0.4 0.8	30～50 20～40 15～25
	700	0.2 0.4 0.8	20～30 15～25 10～15
灰铸铁	180～280	0.2 0.4 0.8	15～30 10～15 8～10
铝合金	100～300	0.2 0.4 0.8	55～130 35～80 25～55

注:本表是粗加工车削用量,表 11～表 15 是刀具对应不同材料的容许车削速度。

表 27　金刚石车刀切削用量

项　目	切深 t(mm)	S_0(mm/r)	V(m/min)
铝合金	0.05	0.05	200～750
紫铜	0.5	0.1	150～200
黄铜	0.5	0.03～0.08	400～500
	1.4	0.03～0.08	70～100

附录 2　数控机床用刀柄、刀具示意图

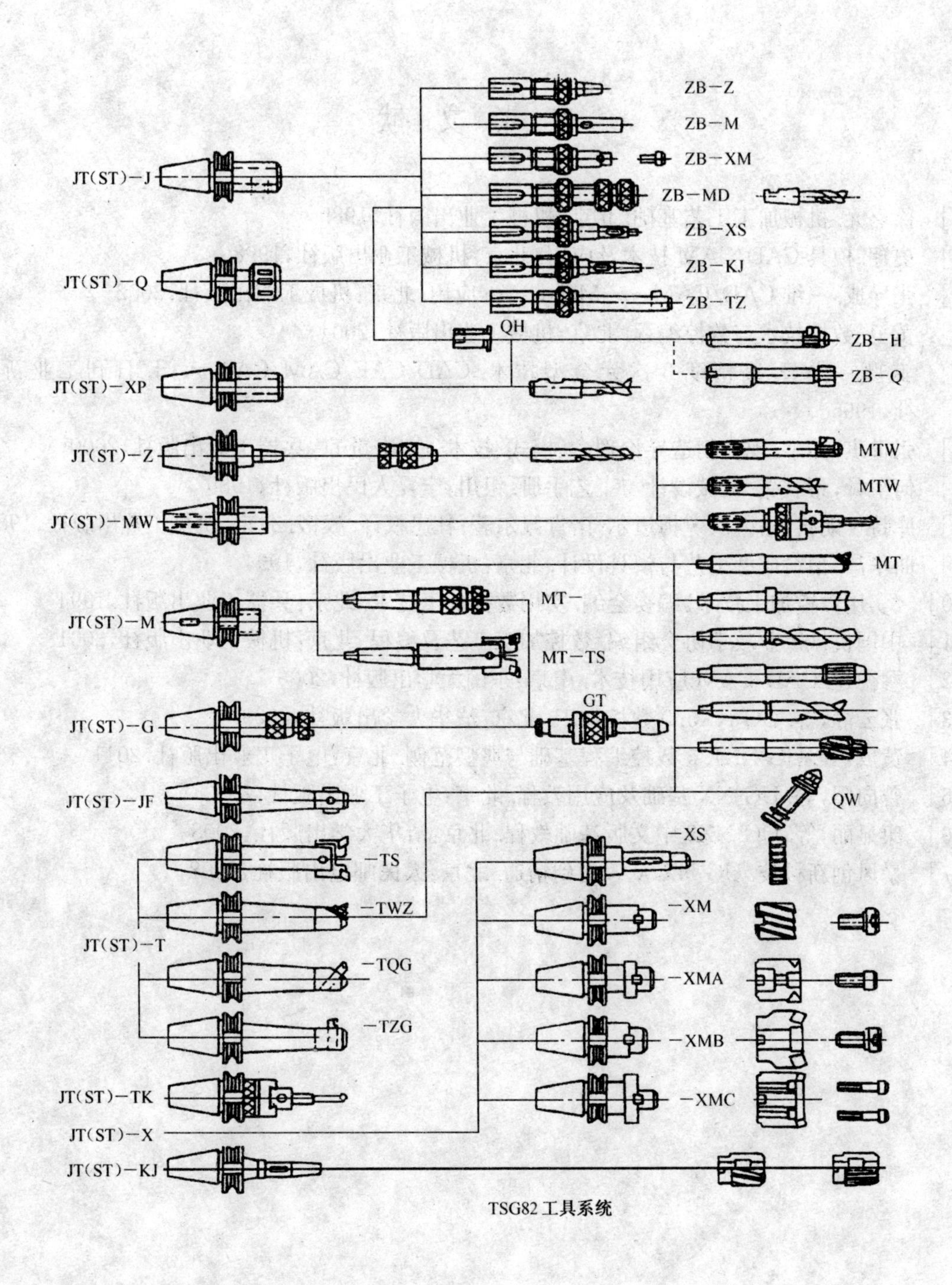

TSG82 工具系统

参 考 文 献

[1] 徐嘉元.机械加工工艺基础.北京:机械工业出版社,1989

[2] 史翔.模具CAD/CAM技术及应用.北京:机械工业出版社,1998

[3] 张导成.三维CAD/CAM——Mastercam应用.北京:机械工业出版社,2002

[4] 黄卫.数控技术与数控编程.北京:机械工业出版社,2004

[5] 武藤一夫著.高精度3次元金型技术.CAD/CAE/CAM/CAT入门.日刊工业新闻社,1995

[6] 张世琪,孙宇.现代制造导论理念、模式、技术、应用.北京:兵器工业出版社,2000

[7] 何祖舜,蔡君亮.机械设计与工艺手册.银川:宁夏人民出版社,1989

[8] 库特·朗格,格因茨·梅迈尔-诺肯佩尔著;杜忠权译.模锻.北京:机械工业出版社,1989

[9] 曲华昌.塑料成型工艺与模具设计.北京:机械工业出版社,1994

[10] 《实用数控加工技术》编委会编.实用数控加工技术.北京:兵器工业出版社,1994

[11] 中国机械工业教学协会组编.数控加工工艺及编程.北京:机械工业出版社,2001

[12] 缪德建.CAD/CAM应用技术.南京:东南大学出版社,2006

[13] 张云静,等.UG NX5.0数控加工.北京:清华大学出版社,2009

[14] 黄成,等.UG NX7.5数控编程基础与典型范例.北京:电子工业出版社,2011

[15] 曾向阳,等.UG NX基础及应用教程.北京:电子工业出版社,2003

[16] 康显丽,等.UG NX5中文版基础教程.北京:清华大学出版社,2008

[17] 暴风创新科技.UG NX从入门到精通.北京:人民邮电出版社,2008